오사카

교토 | 고베 | 나라

| 테마북 |

**절대 놓칠 수 없는
최신 여행 트렌드**

오원호 · 정숙영 지음

무작정 따라하기 오사카·교토·고베·나라

The Cakewalk Series - OSAKA·KYOTO·KOBE·NARA

초판 발행 · 2024년 4월 24일
초판 2쇄 발행 · 2024년 8월 14일

지은이 · 오원호, 정숙영
발행인 · 이종원
발행처 · (주)도서출판 길벗
출판사 등록일 · 1990년 12월 24일
주소 · 서울시 마포구 월드컵로 10길 56(서교동)
대표 전화 · 02)332-0931 | **팩스** · 02)323-0586
홈페이지 · www.gilbut.co.kr | **이메일** · gilbut@gilbut.co.kr

편집 팀장 · 민보람 | **기획 및 책임편집** · 서랑례(rangrye@gilbut.co.kr) | **디자인** · 강은경 | **제작** · 이준호, 손일순
마케팅 · 정경원, 김진영, 조아현, 류효정 | **유통혁신** · 한준희 | **영업관리** · 김명자 | **독자지원** · 윤정아

진행 ·김소영 | **본문 디자인** · 박찬진, 현주희 | **교정교열** · 이정현 | **지도** · 팀맵핑 | **CTP 출력 · 인쇄 · 제본** · 상지사

ISBN 979-11-407-0929-8(13980)
(길벗 도서번호 020239)

정가 19,800원

✦✦✦

매거진과 가이드북을 한 권에!
여행자의 준비 패턴에 따라 내용을 분리한 최초의 가이드북
여행 무작정 따라하기

"백과사전처럼 지루하지 않고, 잡지처럼 보는 재미가 있는 가이드북은 없을까?"
"내 취향에 맞는 여행 정보만 쏙쏙 골라서 볼 수 있는 구성은 없을까?"

〈여행 무작정 따라하기〉 시리즈는 여행 작가, 편집자, 마케터가 함께
여행 가이드북 독자 100여 명의 고민을 수집한 후
그들의 불편을 해소해주기 위해 계발 과정만 수년을 거쳐서 만들었습니다.

매거진 형식의 다양한 읽을거리와 최신 여행 트렌드를 담은 테마북
꼭 가봐야 할 지역별 대표 명소와 여행 코스를 풍성하게 담은 가이드북

두 권의 정보와 재미를 한 권으로 담은
여행 무작정 따라하기 시리즈가
여러분의 여행을 응원합니다.

PROLOGUE

내겐 묵은 장맛 같은 여행지, 칸사이

《무작정 따라하기 오사카·교토》가 세상에 나온 지 벌써 10년 가까이 흘렀습니다. 10여 년 전 취재를 위해 처음 칸사이를 여행한 이래로 해마다 나오는 개정판을 위해 매년 일본행 비행기에 몸을 실었습니다. 팬데믹 기간 약 3년간 칸사이에 가지 못했고, 여행이 재개된 뒤에야 전면 개정판 출간이 결정되었습니다. 몇 년 만에 칸사이를 찾는 마음은 여행지를 간다기보다 예전에 살던 동네를 오랜만에 다시 가보는 듯한 기분이었습니다. 오랜만에 옛 동네를 찾으면 그대로인 것, 새롭게 바뀐 것이 눈에 들어옵니다. 변하지 않은 것은 오랜만에 봐서 반갑고, 새로운 것은 신선한 느낌을 주었습니다. 몇 년간 방문하지 못했던 단골 술집에도 들러 반가운 사람들과 인사하고 술도 함께 기울일 수 있었습니다.

전면 개정판인 만큼 처음부터 끝까지 모든 원고를 새로 썼기 때문에 책이 출간되는 데 1년이라는 시간이 더 소요되었습니다. 그간 독자의 의견 중 가장 많았던 것이 '어렵다, 복잡하다'라는 것이었다는 이야기를 듣고, 새로 쓰면서 가능한 한 심플하면서 눈에 잘 들어오도록 신경 썼습니다. 불필요하다고 생각되는 내용은 과감히 배제하고 실제로 여행에 도움이 될 만한 정보만 간추려 적었습니다. 새로 생기거나 바뀐 장소 중 소개할 만한 곳을 선별해 최신 정보도 빠뜨리지 않으려 했습니다. 또 기존 사진에 새로 촬영한 사진을 더해 새 책 느낌을 주려 했습니다.

오랜만에 다시 세상에 나오는 자식 같은 책이 부디 독자의 여행에 조금이나마 도움이 되어주었으면 하는 마음입니다. 모쪼록 《무작정 따라하기 오사카·교토·고베·나라》와 함께 여행하는 독자분들이 칸사이의 매력을 느끼고 즐거운 경험을 하게 되길 바랍니다.

오원호

lohee505@naver.com

프리랜스 여행작가. 곳곳을 돌아다니며 여러 책을 썼다. 지은 책으로는 《무작정 따라하기 오사카·교토》(공저), 《반나절 주말여행》(공저), 《스토리엠 오사카》, 《스토리엠 세부》, 《무작정 따라하기 오키나와》 등이 있다.

Special Thanks to

함께 책을 집필하신 정숙영 작가에게 고생했고 감사하다는 말을 전하고 싶습니다. 늦어지는 원고에도 가능한 독촉의 말을 아끼며 배려해주신 길벗출판사의 서랑례 에디터님, 진행을 맡아주신 김소영 님께도 감사드립니다. 언제나 격려를 아끼지 않고 지지해주는 강수진, 물심양면 도움을 준 아버지와 오예송, 오희재, 오성혜, 프로필 사진을 찍어주신 이승연 님을 비롯한 주변 모든 분께 감사드립니다.

"칸사이가 얼마나 재미있는 동네인지 알려 드릴게요!"

생각해보면 칸사이 지역은 꽤나 어이없는 동네입니다. 특급열차도 아닌 일반 전철로 1~2시간 이내에 한 나라에서 가장 중요한 관광 도시 네 곳이 얽혀 있는 지역은 세계적으로도 드물지 않을까요? 그런데 칸사이는 그 드문 걸 해냅니다. 일본 제2의 도시이자 맛과 웃음의 고장인 오사카, 1000년 수도이자 일본 최고의 전통미 관광지인 교토, 일본의 역사가 시작된 곳이자 사슴의 도시인 나라, 낭만 있는 항구도시이자 쇠고기와 니혼슈의 고장인 고베…. 하나하나가 뚜렷한 개성과 대표성을 지닌 일본 여행의 슈퍼스타급 도시들입니다. 4~5일 정도에 모든 도시를 다 돌아보는 샘플러 같은 여행을 해도 좋고, 한 도시에 눌러 앉아 국물 한 방울까지 모두 들이켜는 일품요리 같은 여행을 해도 만족스러운 곳입니다.

이 책은 제 인생 두 번째 칸사이 책입니다. 제가 첫 책을 작업했던 십 수 년 전과 지금의 칸사이는 적지 않게 달라졌지만, 달라지지 않은 것이 있다면 여전히 재미있는 동네라는 사실입니다. 역사와 현대가 공존하고, 일본 제일의 수다쟁이와 일본 제일의 새침데기가 공존합니다. 뒷골목에는 외국인과 쉽게 친구가 되는 정이 넘치고, 오래전부터 풍경이 변하지 않은 유명한 골목 사이사이에는 아직 관광객에게 발견되지 않은 새로운 트렌드가 흐릅니다. 슈트케이스를 빼곡하게 메운 짐 사이에 호기심과 열린 마음을 챙겨 넣는다면 해외여행을 처음 떠나는 초보라도 어렵지 않게 칸사이 여행을 성공적으로 마칠 수 있을 것이라 장담합니다.

정숙영

mickeynox@naver.com

여행 작가이자 번역가. 유럽과 아시아, 일본 곳곳을 돌아다니며 여행에 관련된 여러 책을 쓰고, 영어와 일본어로 된 글을 한국어로 옮기면서 살고 있다. 지은 책으로는 《금토일 해외여행》, 《일주일 해외여행》, 《노플랜 사차원 유럽여행》, 《도쿄 만담》, 《앙코르와트 내비게이션》, 《여행자의 글쓰기》, 《무작정 따라하기 도쿄》, 《무작정 따라하기 크로아티아》, 《무작정 따라하기 이탈리아》 등이 있고, 지금도 무언가를 부지런히 쓰는 중이다.

Special Thanks to

이 책을 쓰며 여러 분의 도움을 받았습니다. 먼저 이 책의 공저자인 오원호 작가님께 가장 큰 감사를 전합니다. 매번 원고 마감에 늦는 작가를 어르고 뺨 치며 조련해주신 담당 편집자 서랑례 에디터님께도 감사 말씀 전합니다. 우리 가족 모두에게 사랑을 전하고, 친구들에게도 감사합니다. 그리고 코로나19 팬데믹이라는 하늘이 무너지는 비극을 이겨나가며 그동안 꾹꾹 눌러온 여행 욕구를 이제야 터뜨리고자 하는 우리 모두에게 감사와 응원의 말을 전합니다.

INSTRUCTIONS

이 책은 전문 여행작가 2명이 오사카, 교토, 고베, 나라 전 지역을 누비며 찾아낸 관광 명소와 함께, 독자 여러분의 소중한 여행이 완성될 수 있도록 테마별, 지역별 정보와 다양한 여행 코스를 소개합니다. 이 책에 수록된 관광지, 맛집, 숙소, 교통 등의 여행 정보는 2024년 4월 기준이며 최대한 정확한 정보를 싣고자 노력했습니다. 하지만 출판 후 또는 독자의 여행 시점과 동선에 따라 변동될 수 있으므로 주의하실 필요가 있습니다.

• VOL. 1 테마북 •

VOL. 1 테마북은 오사카, 교토, 고베, 나라의 다양한 여행 테마를 관광, 음식, 쇼핑, 체험 4가지 카테고리로 나눠 소개합니다. 잡지를 보는 듯한 시원한 화보와 흥미로운 이야기로 여행을 떠나기 전 기대감을 충족시켜 주는 테마 가이드북입니다.

추천 스폿
가이드북에서 소개하는 페이지와 지도 페이지를 명시, 여행 동선을 짤 때 참고하세요!

인덱스
오사카, 교토, 고베, 나라의 다양한 읽을거리를 12개 테마로 나눠 인덱스로 구분해 독자가 읽고 싶은 여행 테마를 쉽게 찾을 수 있도록 했습니다.

이 책은 최대한 일본어 현지 발음에 가깝게 표기 했습니다. 다만 우리에게 익숙한 지명은 관용적 표현으로 그대로 사용했습니다. 또한 현지에서 도움이 되도록 한글 표기와 함께 일본어를 병기했습니다.

• VOL. 2 가이드북 •

VOL. 2 가이드북은 오사카, 교토, 고베, 나라의 인기 여행지와 현재 새롭게 뜨고 있는 핫 플레이스까지 총 16개 지역을 선정해 소개합니다. 각 지역별 대표 여행 코스와 함께 지도를 제시하니, 참고해서 알찬 여행 계획을 세우세요.

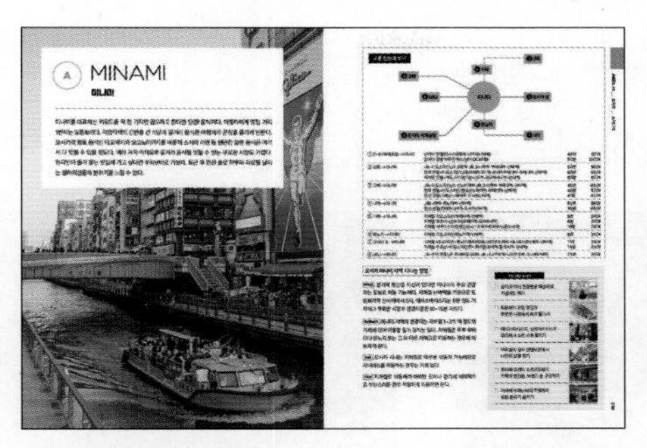

지역&교통편 한눈에 보기
놓치지 말아야 할 투 두 리스트와 함께 비행기, 기차, 버스 등 해당 지역으로 이동할 때 이용해야 할 교통 정보를 한눈에 보여줍니다.

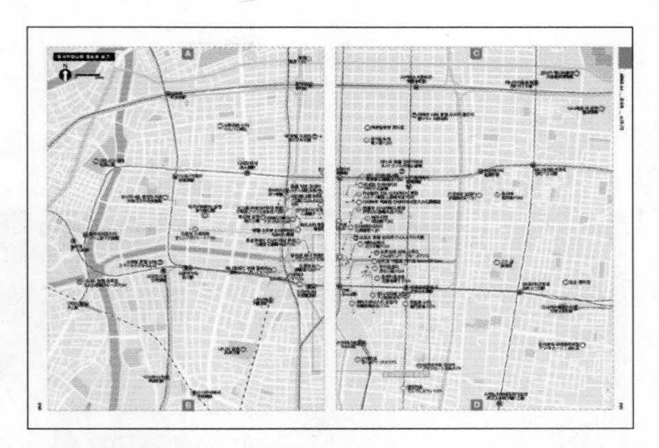

지역 상세 지도 한눈에 보기
각 지역별로 소개하는 관광, 음식, 쇼핑, 체험 장소를 실측 지도를 통해 자세히 알려줍니다. 지도에는 한글과 일어, 소개된 페이지가 함께 표시되어 있습니다.

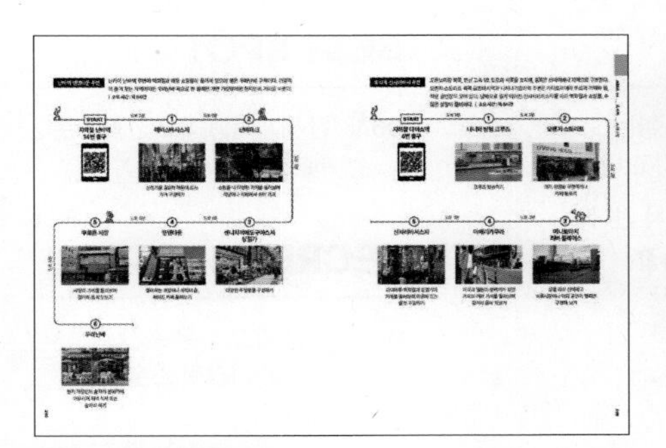

지역별 추천 여행 코스
해당 지역을 완벽하게 돌아볼 수 있는 코스를 구글 지도와 함께 소개합니다. 코스마다 삽입되어 있는 큐알코드를 찍으면 구글 지도로 연동되어 한눈에 동선이 파악됩니다.

여행 정보
지역별 관광, 음식, 쇼핑, 체험 장소 정보를 역 출구나 대표 랜드마크 기준으로 구분해서 소개해 여행 동선을 쉽게 짤 수 있도록 해줍니다.

이 책에 사용된 아이콘

- 관광 명소
- 쇼핑 명소
- 음식점
- 체험 명소
- (회색은 본문 외 명소)
- 숙박 시설
- 학교
- 관공서
- Ⓜ 전철 역
- 기차 역
- Ⓣ 트램 역
- 케이블카·로프웨이 역
- 페리 터미널·선착장
- 버스 정류장
- 관광안내소
- Ⓘ VOL. 2 페이지
- Ⓜ VOL. 2 지도
- MAP 지도 페이지
- VOL. 1 VOL. 1 페이지
- Ⓕ 찾아가기
- Ⓣ 전화
- 운영 시간
- Ⓗ 휴무
- Ⓟ 가격
- Ⓤ 홈페이지
- 구글 지도 본문에 기재된 명소, 식당 등의 명칭과 구글 지도 검색어가 다를 경우에는 따로 명시해두었습니다.

CONTENTS Vol.1

STORY

BEST SPOT

SECRET SPOT

PHOTO SPOT

SEASONAL SPOT

MUST EAT

CAFÉ

DESSERT

DRINK

ADULT vs KIDULT

ONSEN

SHOPPING

CONTENTS Vol.2

INTRO

OSAKA

KYOTO

KOBE

NARA

2024~2025

KANSAI
HOT & NEW 7

News Letter

그 강에는 무슨 일이 생겼나

① 도톤보리 뉴스 道頓堀

네온사인이 휘황찬란하다 못해 정신사납게 번쩍이는 오사카의 명물 거리 도톤보리. 영원히 네온사인이 번쩍이고 아저씨가 뛰고 있으며 그 아래에서 관광객들이 두 팔을 벌리고 인증샷을 찍고 있을 것만 같은 도톤보리지만, 이곳도 사람 사는 곳인 만큼 크고 작은 변화는 언제든지 일어난다. 콕 집어 말하자면, 이런 거다.

복어가 사라졌어요!

도톤보리 거리는 너무나 유명해서 가보지 않은 사람조차 몇몇 풍경은 알고 있을 정도다. 길 입구에서 존재감을 과시하는 거대 게 간판, 글자만 봤는데도 눈이 아플 정도로 화려한 간판의 물결, 공중에 떠 있는 커다란 복어 조형물, 거리 곳곳에서 맛있는 김을 피우고 있는 타코야키 포장마차 등등. 무엇 하나 도톤보리를 대표하는 풍경으로 빼놓으면 서운하지 않을 것이 없어 보이는데, 서운하게도 그 중 하나가 빠지게 되었다. 바로 복어 조형물이다. 오사카의 대표적인 노포였던 복어 전문점 '즈보라야 づぼらや'의 상징물이었는데, 2020년 가을 폐점하며 오랫동안 그 자리를 지키고 있던 복어도 역사의 뒤안길로 사라지고 말았다. '즈보라야'가 폐점한 이유는 여러가지 있지만 아무래도 가장 큰 것은 코로나19의 유행 때문이었다고 한다.

글리코맨의 새로운 포토 포인트 등장!

1년 365일 불철주야 도톤보리 강가를 달리는 남자가 있다. 이름하여 글리코맨. 오사카에 본사를 둔 일본의 유명 과자회사 글리코 Glico의 광고 간판으로, 도톤보리의 수많은 광고 간판 사이에서도 단연 눈에 띄는 모습이다. 오사카를 여행하는 사람들은 누구나 이 간판을 배경으로 인증샷 하나 쯤은 찍기 마련인데, 간판 바로 앞부터 다리 위, 강 건너편까지 다양한 포인트가 있다. 그리고 2023년 초부터 또 하나의 포인트가 등장해 주목받고 있다. 이 포인트에서는 글리코맨이 뛰고 있는 트랙이 마치 연장되는 것 같은 효과가 나서 결과적으로 글리코맨을 뒤로 제치고 내가 1등으로 들어온 듯한 재미있는 사진을 찍을 수 있다. 위치는 글리코맨 광고판 강 건너편에 위치한 나노하나 nanohana라는 화장품 가게의 2층 발코니. 구체적인 위치는 2권의 지도를 참고할 것. VOL.2 ⓘ P.268 Ⓜ P.262E

한신 타이거즈 우승 = 도톤보리 다이빙?

프로 야구팀인 한신 타이거즈는 오사카 사람들의 모태신앙이라고 해도 좋을 만큼 절대적인 지지를 받고 있지만, 아쉽게도 그 사랑과 지지를 성적으로 자주 보답하는 팀이라고하기는 어렵다. 일본 프로 야구 역사 동안 주로 하위권을 도맡아 하는 팀이었기 때문. 그래도 1985년에는 일본 리그 전체에서 우승을 하는 영광을 안았고, 그때 흥분한 오사카 시민들이 도톤보리강에 입수한 사실은 아직까지 회자되고 있다. 이때부터 '한신 우승=도톤보리강 다이빙' 공식이 생겼지만, 오랜 시간 증명될 기회는 없었다. 그러던 2023년 말, 드디어 한신이 18년 만에 우승할 기색이 강해지자 전 일본의 시선이 도톤보리강으로 집중됐다. 그리고 우승이 결정되자, 26명의 오사카 시민이 도톤보리강으로 뛰어들었고, 이 공식은 비로소 참임이 입증되었다.

요즘 오사카 여행의 아이돌

② 마부장의 맛집을 찾아라!

시작은 오사카의 모 부동산 회사에서 운영하는 소소한 채널이었으나 지금은 100만명이 훌쩍 넘는 구독자를 지닌 대세 유튜브 채널로 매우 번창하게 된 '오사카에 사는 사람들', 일명 '오사사'. 채널의 주인공인 마츠다 부장, 일명 '마부장'은 CF를 몇 개씩 찍은 대스타가 되었다.

빼어난 외모의 미중년 마부장이 멋진 음색과 유창한 한국어로 소개하는 오사카의 일상, 그리고 구석구석의 모습은 오사카 여행자에게 적지 않은 '뽐뿌'를 안겨준다. 특히 마부장이 오사카의 현지인 맛집에 들러 술과 음식을 즐기는 모습은 이 채널의 백미라고 해도 과언이 아니다. 오사사를 보고 현지 맛집이 궁금했다면, 이 페이지를 유심히 살펴 보자.

이거야말로 오사카의 '찐' 쿠시카츠

시치후쿠진 七福神

오사사에서 소개한 맛집 중 많은 수가 키타 지역에 위치하는데, 이유는 간단하다. 당시 채널의 배경이었던 부동산 회사가 우메다 인근에 있었기 때문. 키타 지역 중에서도 텐진바시스지의 맛집을 종종 소개했는데, '시치후쿠진'도 그중 하나다. 마부장과 오사사 멤버들이 진짜로 즐겨 찾는 단골집이라 오사사 멤버 전용 메뉴판까지 만들기도 했다. 이곳은 '쿠시카츠'를 선보이는 이자카야로서, 그야말로 '근본'에 가까운 쿠시카츠를 선보인다. 주문하면 그 즉시 재료를 튀겨 하나하나씩 앞에 놓아주고, 소스는 단지에 들어 있는 것을 딱 한번만 찍어 먹거나 작은 국자로 떠서 바른다. 원조 동네인 신세카이의 쿠시카츠보다 더 정통파인 듯한 느낌이 든다. 본점이라 할 수 있는 아주 작은 매장이 있고 그 옆에는 넓고 쾌적한 분점이 붙어 있는데, 아무래도 본점이 현지 느낌 제대로다. 다만 실내 흡연이 가능하다는 사실은 미리 알아둘 것.

VOL.2 ⓘ P.301 Ⓜ P.287C

육식주의자를 위한 오코노미야키

치구사 千草

시치후쿠진과 마찬가지로 텐진바시스지 상가 내에 위치한 곳으로, 초창기 맛집 소개 영상에 등장한다. 매우 좁고 후미진 골목 안에 자리하며 옛날 느낌의 맛과 인테리어를 고수하고 있는 오코노미야키 노포이다. 오사사에서 소개한 메뉴는 이 가게의 간판 메뉴인 '치구사야키 千草焼き'로서, 두툼한 돼지 목살 한쪽이 통으로 들어가는 육식주의자형 오코노미야키이다. 모든 테이블에 불판이 설치되어 있어 직접 해 먹어야하나 하고 난감할 수 있으나 주문하고 나면 종업원이 알아서 모두 조리해 주므로 안심해도 좋다. 저녁 시간에는 단골 현지인들로 가득차 자리잡기 쉽지 않으므로 꼭 가보고 싶다면 낮 시간을 추천한다. VOL.2 ⓘ P.301 Ⓜ P.287C

낯설지만 싫지 않은 국물

무기토토리 麦×鶏

오사사에서 '일본에서 엄청난 인기를 누렸고 한국 방송에도 나온 라멘 맛집'으로 소개한 곳으로, 신사이바시 한복판에 자리한다. 닭을 뼈가 녹을 정도로 푹 고아서 뽀얀 국물을 낸뒤 교반기로 휘저어 촘촘한 거품 상태로 만드는데, 덕분에 국물이 입안에 닿는 느낌이 마치 휘핑크림을 머금은 것처럼 부드럽다. 특히 성게를 넣은 국물은 쌉쌀한 성게향이 은은히 감돌며 지금까지 먹어보지 못한 새로운 감칠맛을 선사한다. 세숫대야만 한 그릇에 매우 예쁜 연출을 해서 내기 때문에 SNS에 올리기도 좋다. 일반 라멘과 츠케멘, 두 종류가 있는데, 츠케멘 쪽이 조금 더 평가가 높은 편이다. 가게 내부가 매우 청결하고 인테리어도 깔끔하다.

VOL.2 ⓘ P.283 Ⓜ P.261C

따끈한 '아츠캉', 그리고 고래힘줄 오뎅

타코우메 본점 たこ梅 本店

오사사는 인지도가 올라간 뒤 한국의 유명 유튜버 및 채널과 협업한 콘텐츠를 많이 선보였는데, 미식가로 유명한 가수 성시경도 그 중 하나다. 성시경이 자신의 채널 '성시경의 먹을텐데'에서 오사카로 마부장을 찾아가서 콘텐츠를 만들었는데, 영상 마지막 부분에서 찾아가 따끈한 '아츠캉(熱燗, 데운 술)'과 함께 오뎅을 즐기는 곳이 바로 타코우메다. 도톤보리 동쪽 끝자락에 위치한 작은 오뎅 전문 식당으로, 무려 170년의 역사를 자랑하는 오사카의 유명 맛집이다. 특이한 것은 오뎅 전문점의 단골 메뉴인 소심줄(규스지) 오뎅이 없고 대신 고래힘줄 오뎅이 있다는 것. 고래 혀 오뎅인 '사에즈리'도 맛볼 수 있다. 고래 오뎅이 사실 한국인 입맛에 잘 맞는 편은 아니라는 것이 반전이라면 반전. 그러나 다른 메뉴는 맛있는 편이고, 무엇보다 분위기가 정말 맛깔나므로 도톤보리 일대에서 가볍게 한잔이 생각난다면 찾아가볼 것. VOL.2 ⓘ P.273 Ⓜ P.262E

무따기가 직접 확인했다!

③ 지금 SNS에서 잘나가는 맛집들

인스타그램, 페이스북, X 등에는 오늘도 수많은 칸사이의 맛집 정보가 올라온다. 여행자가 직접 가보고 올린 리뷰도 있고, 국내외 해외 여행 정보 채널에서 만들어 올리는 것도 있다. 그중에는 진짜 순수한 정보도 있고, 광고성 정보도 있다. 그렇다면 이런 맛집들 음식은 정말 맛있는 걸까? 그래서 무따기가 직접 가봤다. SNS에서 가장 많은 정보와 입소문이 떠도는 맛집 세 곳을 무따기가 냉정하고 맛있게 파헤쳐본다.

흥겨운 줄만 알았더니 맛도 있다!

양식당 키치키치 ザ洋食屋キチキチ

틱톡, 유튜브, 페이스북 등에서 아주 자주 볼 수 있는 영상 중에 유쾌하고 시끄러운 일본인 요리사 할아버지가 음악을 크게 틀어놓고 흥겹고도 요란스럽게 오므라이스를 만드는 것이 있다. 할아버지의 액션이 너무 웃기기도 하지만 그렇게 만들어놓은 오므라이스가 너무 먹음직스러워 보여 눈길을 끄는 영상이다. 통통하게 만든 오믈렛을 반으로 쓱 가르면 달걀물이 주르르륵 흘러내리는 모습은 기립박수가 나올 정도로 멋지다. 이곳은 교토 폰토쵸 부근에 위치한 '양식당 키치키치 ザ洋食屋キチキチ'로, 오므라이스를 준비하고 만들어 서빙하는 전 과정을 쇼처럼 즐길 수 있어 관광객에게 높은 인기를 끌고 있다. 전반적으로 소문이 요란하다보니 과연 맛은 어떨까 의심스러울수도 있는데, 음식이 생각보다 맛있는게 의외의 반전이다. 달걀 조리 정도도 완벽하고 소스도 맛있다. 거의 모든 좌석이 카운터석인데, 자리마다 영상 촬영을 위한 스마트폰 거치대가 놓여있다. 이 가게가 왜 그렇게 바이럴이 많이 되는지 짐작이 되는 지점이기도 하다. 요리 쇼와 식사 시간을 포함해 한 타임당 1시간 제한으로 운영된다.

VOL.2 Ⓘ P.294 Ⓜ P.286B

+ PLUS TIP +

키치키치 예약, 오픈런에 성공하자!

2023년 말까지 키치키치는 온라인 예약 절반, 오프라인 내점 절반으로 운영했다. 워낙 온라인 예약이 1~2개월 전에 차다 보니 오프라인 내점 경쟁이 치열해서 점심, 저녁 오픈 시간 전후에는 줄이 길게 늘어서곤 했다. 그래서 2024년 초, 예약 방식을 완전히 바꿨다. 온라인 예약을 없애고 내점 당일 예약만 받게된 것. 가게 앞에 설치된 QR과 비밀번호를 통해 당일 원하는 시간대를 예약하면 된다. 점심 타임은 오전 9시, 저녁 타임은 오후 1시부터 예약 가능하다.

② 두터운 네타가 일품이지만…

카메스시 소혼텐 亀すし 総本店

인스타그램과 일본 여행 동호회 등지에서 최근 오사카 대표 스시 맛집으로 많이 회자되는 곳이다. 한국 여행자들 사이에서 어찌나 유명한지 최근에는 이 가게 앞에 줄 선 사람의 70~80%가 한국 사람일 정도다. 전 좌석이 카운터석이어서 스시 만드는 과정을 볼 수 있고, 요즘 흔한 태블릿이나 키오스크 등의 디지털 주문이 아니라 종이에 적거나 사람을 불러 주문하는 아날로그 스타일이라 오히려 신선하다. 이곳의 특징은 초밥 윗재료, 일명 '네타'인데 신선한 재료를 매우 두툼하게 썰어 초밥에 얹는다. 연어, 장어, 도미, 성게, 광어 뱃살, 참치 등은 실패 확률이 없다고 봐도 무방하다. 가격이 저렴한 편인 것도 무시 못할 매력. 다만 솜씨가 섬세하다고 보기는 어려우며 샤리가 작아 밸런스가 아주 좋지는 않다. 한국의 회전 초밥집 정도의 예산으로 푸짐하게 먹고 싶은 사람에게 추천. 30분 정도 줄 설 가치는 충분하다. VOL.2 ⓘ P.294 Ⓜ P.286B

③ 여름 가족 여행에만은 절대 강추!

카니도라쿠 かに道楽

불철주야 달리는 글리코맨과 더불어 도톤보리의 풍경을 결정 짓는 또 하나의 상징물이 있다. 바로 간판에 매달려 10개의 다리를 버둥거리는 거대 게의 조형물이다. 이 조형물의 임자는 바로 오사카의 유명 게 전문점 '카니도라쿠 かに道楽'. 도톤보리 입구라는 지나치게 뛰어난 입지와 한번만 봐도 꿈에 나올 것 같은 강렬한 간판 때문에 맛집이 아닐 거라는 근거 없는 확신을 갖기 좋으나 의외로 오랫동안 오사카의 가장 유명한 관광객 맛집 중 한 곳으로 군림하는 곳이다. 게찜, 게샤부샤부, 게만두, 게솥밥 등 다채로운 게 요리를 단품과 코스로 선보이는데, 특히 점심 코스 요리가 충실하다. 다만 가성비가 좋다고 하기는 어렵다. 그러나 생명의 위협을 느낄 정도로 더운 오사카의 여름날에 에어컨이 잘 나오는 실내에서 도톤보리의 풍경을 보며 게 맛을 즐기다 보면 돈과 메뉴의 값어치가 강하게 와닿는다. 예산에 여유가 있으며 부모님이나 어린이를 동반한 여행에 강력하게 추천한다. 웬만하면 예약할 것. VOL.2 ⓘ P.270 Ⓜ P.262E

당신을 요정의 숲으로 초대합니다

④ 팀랩 보태니컬 가든 teamLab Botanical Garden

'팀랩 teamLab'은 일본의 유명한 미디어아트 팀으로 조명, 음악, 영상, 설치 미술 등을 조합해 환상적인 작품을 만들어내는 것으로 세계적인 명성을 떨치고 있다. 일본에는 도쿄, 후쿠오카, 오키나와, 타케오 등에 상설 전시장이 있고, 싱가포르, 베이징, 상하이, 두바이 등에서도 상설 및 장기 전시를 진행 중이다. 2021년에는 서울에서도 장기 전시를 선보였다. 그리고 2022년부터 지금까지 오사카에서도 전시를 선보이는 중이다. 어쩌면 전 세계 모든 팀랩의 전시를 통틀어 가장 특별한 전시를 말이다.

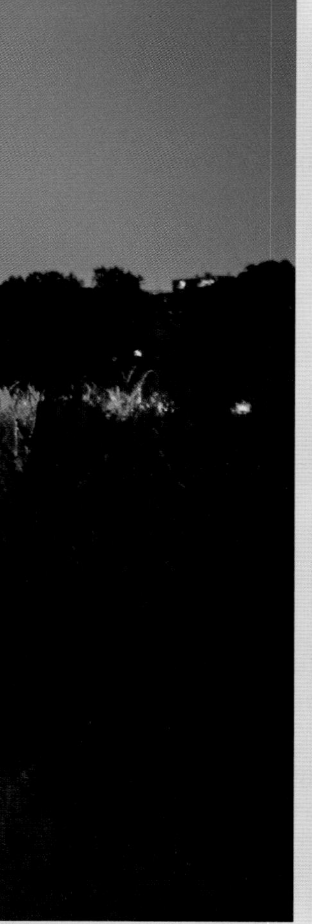

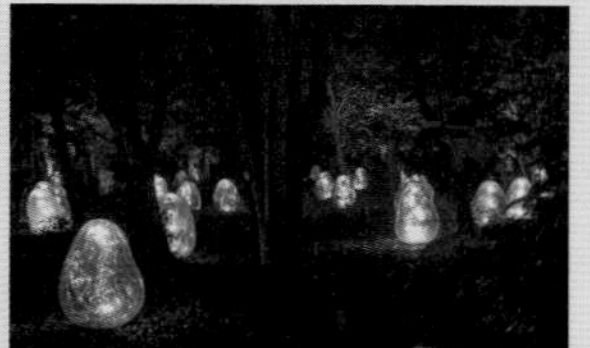

+ PLUS TIP +

팀랩 보태니컬 가든 전시를 보기 전에 알고 갈 것

① **예약은 필수!** | 인기 전시이기 때문에 비수기라도 하루 이틀 전에는 티켓이 매진된다. 티켓 예매는 홈페이지에서 가능하다. 한국어 페이지는 없으나 영어 페이지가 마련되어 있다.

② **티켓을 캡처하자!** | 나가이 식물원은 시내에서 다소 거리가 있는 곳이라 유심의 인터넷이 잘 터지지 않는다. 와이파이도 없으므로 티켓은 미리 캡쳐해두는 것이 좋다.

③ **밥 먹고 가자!** | 식물원 내에는 밥 먹을 곳이 전혀 없고, 식물원 주변에도 딱히 식사할 곳이 없다. 미리 밥을 든든히 먹고 갈 것.

④ **벌레 & 비에 대비할 것!** | 한밤중의 숲속이다 보니 벌레를 걱정하지 않을 수 없다. 기피제를 꼭 준비할 것. 또 비가 오면 피할 곳이 마땅치 않으므로 예보를 보고 비 소식이 있으면 우산과 우비를 꼭 준비하자.

오사카 남부에 위치한 '오사카 시립 나가이 식물원 大阪市立長居植物園'은 밤마다 요정의 숲이 된다. 숲속 곳곳에 설치된 설치 미술 작품과 오브제에서는 신비한 불빛과 영상이 흘러나오고, 조명과 영상은 어딘가에서 들려오는 음악과 하나가 되어 시공간을 비현실적인 것으로 만든다. 이 세상의 것이 아닌 듯한 황홀하고 아름다운 밤의 숲을 탐험하는 경험. 이곳은 바로 일본의 세계적인 미디어아트 팀인 팀랩이 2022년부터 오사카에서 선보이고 있는 '팀랩 보태니컬 가든 teamLab Botanical Garden'이다.

팀랩의 전시는 보통 실내 공간에서 진행된다. 조명과 영상, 음악을 사용하는 미디어아트의 특성상 실외 보다는 실내가 적합하기 때문. 오사카의 팀랩 보태니컬 가든은 그런 의미에서 매우 특별하다. 나가이 식물원 서쪽의 광범위한 부분을 전시장으로 이용 중인 야외 전시기 때문. 조명과 영상의 효과를 극대화하기 위해 밤에만 열리는 것도 특징 중 하나다.

어둠 속에서 숲의 향기를 맡으며 다양한 설치물이 뿜어내는 신비한 빛을 따라 여기저기를 홀린 기분으로 다니다 보면 마치 다른 차원의 세계를 여행하는 기분까지 든다. 현재 오사카에서 가장 핫한 전시이자 관광 명소 중 한 곳이므로, 평소 예술이나 전시에 손톱만큼이라도 관심이 있었다면 저녁 술 약속 하나 정도는 빼고 이곳을 목적지로 삼아보자. VOL.2 ⓘ P.334

여자 어린이가 일본 여행을 하는 이유의 팔할

⑤ 칸사이의 산리오 숍

요즘은 어린이들 사이에서는 누가 뭐래도 산리오가 대세다. 엄마보다 쿠로미나 마이멜로디가 더 좋다는 아이들도 있을 정도다. 모처럼 가는 일본 여행에서 아이에게 좋은 경험을 시켜주기 위해 정성 들여 코스를 짜고 다양한 곳으로 데려가봤자 나중에 어디가 제일 좋았냐고 물어보면 산리오숍이라고 답하기 일쑤다. 자녀나 조카에게 사다줄 선물을 고를 때도 가장 실패 확률이 적은 것이 바로 산리오 제품이다. 한국에도 산리오 캐릭터 물건은 다이소부터 편의점까지 없는 데가 없지만, 예쁘고 특이한 디자인은 단연 본토인 일본이 훨씬 많다. 그래서 모아봤다. 오사카, 교토, 고베의 관광지와 중심가에 위치한 모든 산리오 숍을 말이다. 이번 여행에서 산리오 쇼핑을 노리고 있다면 이 페이지를 정독할 것.

+ PLUS TIP +

라라포트와 린쿠 타운에도 매장이 있다. 두 곳 모두 시내 매장보다 규모가 크고 구색도 좋다.

오사카

난바 에비스바시점

난바에서 도톤보리 방향으로 이어지는 에비스바시 상점가에 위치한다. 가장 무난하게 들를 수 있는 곳이다.

MAP P.261D, 262E

⊙ 11:30~20:00

타카시마야점

난바 타카시마야 백화점 6층에 있다. 타카시마야 백화점은 난카이선 난바역과 이어지므로 공항으로 오가는 길에 이용하기 좋다.

MAP P.261D, 262F

⊙ 10:00~20:00

아베노 하루카스점

아베노 하루카스 내 입점해 있는 킨테츠 백화점의 본점 타워관 8층에 위치한다. 전망대 감상과 함께 루트를 짜면 좋다.

MAP P.304B

⊙ 10:00~20:00

다이마루 우메다점

우메다역과 연결된 백화점인 다이마루 백화점 5층에 있다. 13층의 캐릭터 상점가와 연계해서 돌아보는 것을 추천.

MAP P.286B

⊙ 10:00~20:00

한큐 백화점 우메다점

우메다에 위치한 한큐 백화점의 본점 11층에 위치한다. 규모가 크지 않으므로 한큐 백화점 쇼핑 계획이 있는 사람에게 추천한다.

MAP P.286A

⊙ 10:00~20:00

헵 파이브점

헵 파이브 4층에 위치한다. 성인 취향의 산리오 상품을 취급하는 '산리오 비비틱스 Sanrio Vivitix' 매장으로 운영된다.

MAP P.286A

⊙ 11:00~21:00

루쿠아점

오사카역과 직결되는 루쿠아 1층에 있다. '산리오 나우 Sanrio Now!!!' 매장으로 운영되는데, 규모가 매우 작다.

MAP P.286A

⊙ 10:30~20:30

교토

산리오 갤러리 교토점

카와라마치 대로변에 있다. 지하철 카와라마치역 6번 출구역 바로 옆 건물 1층에 위치한다. 칸사이의 산리오 매장 중 규모가 가장 큰 편이다.

MAP P.352
11:30~20:00

타카시마야점

카와라마치 대로변에 위치한 대형 백화점 타카시마야 교토점의 5층에 위치해 있다. 규모는 크지 않다.

MAP P.352
10:00~20:00

교토역점

교토역 빌딩 지하 2층에 위치해 있다. 성인 취향의 산리오 상품을 취급하는 '산리오 비비틱스 Sanrio Vivitix' 매장으로 운영된다.

MAP P.387C
10:00~20:00

고베

산노미야점

산노미야역에서 시내까지 이어지는 상점가인 '산노미야 센타가이'에 있다. 산노미야역에서 약 150m 거리에 위치한다. 규모는 작다.

MAP P.443C
11:30~20:00

고베 다이마루점

고베 시내 중심부에 자리한 다이마루 백화점의 5층에 입점해 있다. 고베 지하철 쿠쿄류치-다이마루마에역과 연결된다.

MAP P.459C
10:00~19:00

하버랜드점

모자이크 2층에 있다. 모자이크를 비롯한 하버랜드 일대를 산책하다 들르기 좋다.

MAP P.458B
10:00~20:00

요즘 일본 백화점은 이런 층이 대세

⑥ 다이마루 우메다점 13층 Daimaru 梅田

한국에 K-팝이 있다면 일본에는 오타쿠 문화가 있다. 일본의 게임 및 애니메이션의 캐릭터는 전 세계적인 스타라고 봐도 전혀 과장이 아니다. 전 세계인도 사랑하지만, 일본인도 못지않게 자국의 게임과 애니메이션, 캐릭터를 사랑한다. 이런 이유로 최근 일본의 백화점이나 대형 쇼핑몰에서는 1개 층을 통크게 게임·애니메이션 관련 상품 전문 플로어로 사용하는 것이 대세다. 오사카도 상황이 다르지 않아서, 최근 다이마루 우메다점이 13층을 통째로 애니메이션·게임 캐릭터 및 관련 상품, 이른바 '오타쿠' 플로어로 새 단장했다. 다음의 캐릭터 또는 상품에 관심이 있다면 다이마루 백화점을 여행 루트에 꼭 끼워 넣어볼 것. VOL.2 Ⓘ P.295 Ⓜ P.286B

① 포켓몬센터 오사카 Pokémon Center Osaka

일본이 낳아 전 세계가 키우는 주머니 괴물 포켓몬의 공식 상품을 판매하는 숍으로, 어린이 여행자들의 성지 중 한 곳이다. 피카츄, 파이리, 꼬부기, 이브이, 뮤 등 인기 캐릭터는 물론 한국에서는 구입하기 힘든 상당히 레어한 캐릭터의 상품도 볼 수 있다. 다양한 사이즈의 인형을 비롯해 포켓몬 캐릭터를 활용한 문구, 생활용품, 팬시류 등의 상품을 구입 가능하다.

2 닌텐도 오사카 Nintendo Osaka

일본의 대표적인 게임 소프트웨어 및 게임 콘솔 회사 '닌텐도'의 공식 숍. 닌텐도 스위치 기계 및 각종 게임 소프트웨어와 <수퍼 마리오>, <동물의 숲>, <젤다의 전설> 등 인기 게임의 공식 캐릭터 상품을 구입할 수 있다. 이곳에서 스위치를 구입하고 포켓몬센터에서 포켓몬 게임을 구입하는 환상적인 루트가 가능하다.

3 캡콤 스토어 & 카페 CAPCOM Store & Café

<스트리트 파이터>, <바이오하자드>, <몬스터 헌터> 등 주옥같은 게임 타이틀을 수없이 배출한 게임 회사 캡콤의 공식 숍 겸 카페. 캡콤 게임에 관련된 다양한 기념품을 판매한다. 겉으로 보기에는 작지만 내부는 꽤 큰 편이며 카페도 입점해 있다.

4 무기와라 스토어 麦わらストア

30년 가까운 세월 동안 100권이 넘는 단행본이 출간된 이 시대 최고의 소년만화 <원피스 ONE PIECE>의 공식 상품을 판매하는 숍. '무기와라'는 일본어로 '밀짚'이라는 뜻으로, 루피의 밀짚모자 해적단을 가리키는 것이다. 피규어를 비롯해 의류, 팬시, 문구, 생활잡화 등 다양한 캐릭터 상품을 판매한다.

+ PLUS TIP +

팝업 스토어도 열려요!

13층에는 상점이 입점한 공간 외에도 마치 공터처럼 보이는 널찍한 자리가 있는데, 이 자리에는 주로 팝업 스토어가 열린다. 캐릭터의 성지 다이마루 13층 답게 주로 게임·애니메이션 관련 숍이 열리는데, 특히 그 당시에 개봉하는 애니메이션이나 갓 출시한 따끈따끈한 게임 등 가장 핫한 이슈의 상품을 접할 수 있어 운이 좋다면 상설 매장보다 더 재미있을 수도 있으니 놓치지 말 것.

5 토미카 숍 TOMICA Shop

일본의 유명 미니카 브랜드 토미카의 공식 숍. 토미카에서 출시한 다양한 미니카 관련 기념품을 판매한다. 옆에 열차 모형 전문 숍인 '플라 레일 숍 Pla Rail Shop'도 함께 자리하고 있다.

칸사이의 관광용 패스에 지각 변동이 일어났다!

⑦ 오사카 e-PASS & 칸사이 레일웨이 패스

칸사이 지역 여행을 한 번이라도 준비해 본 사람이라면 오사카 주유 패스와 칸사이 스루 패스의 이름을 안 들어봤을 수가 없다. 오사카의 각종 관광 명소를 자유롭게 이용하고 싶은 사람은 오사카 주유 패스, 칸사이 여러 지역을 자유롭게 이동하면서 각종 명소에서 할인도 받고 싶다면 칸사이 스루 패스를 이용하는게 칸사이 여행의 정석이었다. 그러나 2024년 봄과 여름 사이에 모든 것이 바뀌었다. 이제 두 패스는 역사의 뒤안길로 사라지고, 그 빈 자리를 오사카 e-PASS와 칸사이 레일웨이 패스가 채우고 있다. 몇달 전까지만 해도 멀쩡하게 있던 패스가 갑자기 사라져서 당황했다면, 이 페이지를 좀 더 유심히 보시길.

이젠, 모바일로 사용하세요!

1 오사카 e-Pass

'오사카 주유 패스'는 오사카의 주요 시설을 무료 또는 할인 가격으로 이용할 수 있는 만능 패스로, 오사카를 집중 탐구하는 여행자의 필수 아이템으로 통했다. 그러나 2024년 6월을 끝으로 오사카 주유 패스는 과거형이 되었고, 그 자리를 오사카 e-PASS가 완전히 대신하게 되었다. 오사카 e-PASS는 오사카 명소 25곳의 무료 입장 또는 입장료 할인 혜택을 제공하는 패스로, QR 코드를 이용하는 모바일 패스로 제공된다. 패스를 챙겨 다녀야하는 번거로움은 줄었지만, 오사카 주유 패스의 핵심 기능 중 하나였던 교통 패스 기능이 빠진 것은 아무리 생각해도 아쉽다. 오사카의 웬만한 명소는 죄다 섭렵하고 싶다면 구입을 고려해 볼 것. VOL.2 ⓘ P.251

형식	모바일 패스(QR 코드)
성격	사용기간 내 오사카 명소 25곳의 무료 입장 또는 입장료 할인(우메다 스카이 빌딩 공중정원 전망대, HEP FIVE 관람차, 오사카 시립 주택 박물관, 톤보리 리버 크루즈, 레고랜드 디스커버리, 츠텐카쿠, 시텐노지, 천연온천 히나타노유 등)
사용 방법	온라인 여행사 등지에서 구매하면 QR 코드가 포함된 모바일 패스를 받게 된다. 구매시 원하는 사용 날짜를 지정해야 한다. 사용 시에는 QR 코드를 제시한다.
가격	1일권 2400¥ l 2일권 3000¥ (연속 사용)
꼭 알아둘 것	• 교통 패스 기능 없음 • 주요 관광지 중 오사카성 텐슈카쿠는 포함되어 있지 않음

칸사이 스루 패스의 변신

2 칸사이 레일웨이 패스

칸사이 스루 패스는 오사카를 중심으로 교토, 고베, 나라 등을 돌아보는 여행자에게는 필수품이나 그야말로 만능 패스였다. 그러나 이 패스도 2024년 4월부터 과거의 추억이 되었고, 그 자리를 대신해 '칸사이 레일웨이 패스'가 여전히 칸사이 지역의 많은 사철과 지하철을 자유롭게 이용할 수 있지만, '레일웨이'라는 이름답게 철도 중심으로 개편되어 시내버스를 이용할 수 없게 되었다. 또한 란덴 등의 일부 철도 노선도 이용 범위에서 빠졌다. 이 와중에 가격은 올랐다는 것이 슬픈 반전. 본인의 여행 동선을 꼼꼼히 따져서 이득이 될 패스일지 판단해보자. VOL.2 ⓘ P.230

형식	실물 패스
성격	JR을 제외한 사철, 시영 지하철 등을 무제한 이용할 수 있다. (한큐열차, 한신열차, 케이한열차. 킨테츠열차, 오사카 지하철, 교토 지하철, 난카이 전철 등) 제휴된 관광 명소에서 입장료를 할인받을 수 있다.
사용 방법	클룩, 와그, kkday, 마이리얼트립 등에서 바우처를 구매한 후 일본 현지의 지정 교환처에서 실물카드로 교환한다. 칸사이 공항 인포메이션 센터에서 교환하는 것이 가장 편하다. 2일권, 3일권 모두 사용기간 내 비연속적으로 원하는 날짜에 사용 가능하다.
가격	1일권 5600¥ l 2일권 7000¥
꼭 알아둘 것	• 시내 버스 이용 불가. • 교토 란덴 이용 불가

KANSAI

2024~2025

Writer's Note

News Letter

위로의 불빛이 돌아왔다

고베 루미나리에 神戸ルミナリエ

저는 고베 루미나리에를 꽤나 공포스럽게 기억합니다. 다른 게 무서운 게 아니라, 너무 무시무시하게 많이 걸었거든요. 루미나리에의 하이라이트인 빛의 터널이 100m 좀 안 되게 이어지는데, 그 아래를 한번 거닐어보겠다고 발랄하게 고베시에서 만든 루트를 따라 걸었다가 족히 1시간은 넘게 걷게 된 겁니다. 루미나리에가 열리는 회장까지 도착하는 루트를 매우 멀리 돌고 돌고 또 돌게 만들어놓은 탓이었습니다. 인파가 너무 몰리다 보니 이 터널까지 그 많은 사람을 사고 없이 이동시키기 위한 고육지책이었을 거라고 생각합니다. 고베 루미나리에는 고베의 대표적인 겨울 이벤트입니다. 시작은 이렇게 화려한 의미는 아니었어요. 한신아와지 대지진에서 돌아가신 분들을 추모하고 남은 이들을 위로하기 위해 시작된 것이었으니까요. 그러나 겨울과 빛이라는 조합이 주는 어쩔 수 없는 낭만은 이 기간에 어마어마한 인파를 고베로 끌어들였습니다. 이 행사는 30년 가까이 끊임없이 이어졌지만, 몇 년 전 어쩔수 없이 잠시 중지 버튼을 누를 수밖에 없었습니다. 전 세계를 덮친 코로나19의 마수가 고베에도 덮쳤으니까요. 이렇게 사람이 많이 모이는 행사는 언감생심이었거든요. 그렇게 고베 루미나리에는 2020년부터 3년을 쉬게 됩니다. 그리고 전 세계가 코로나와 함께 살아가기로 결심한 지금, 고베 루미나리에는 역병과 싸워 이겨낸 우리를 위로하기 위해 다시 돌아왔습니다. 2024년 1월을 시작으로 앞으로는 매해 열릴 예정이라고 합니다. 아마 이렇게 오랜만에 돌아왔다면 2024년 행사에서는 2시간쯤 걸어야 회장에 도착하지 않았을까 싶습니다.

ROLL SHOW

유니버설 스튜디오 재팬 USJ 완전 공략집

요즘 유니버설 스튜디오 재팬(Universal Studio Japan, 이하 USJ)의 인기가 심상치 않다. 한동안은 인기가 시들한 듯 했으나 2021년 '슈퍼 닌텐도 월드'가 문을 열며 전 세계적인 관심이 대폭발해 현재는 오픈 이래 최고의 인기를 구가하는 중이다. 한국에서도 오로지 USJ만을 위해 오사카행 비행기에 오르는 사람들이 적지 않을 정도. 그래서 지금, USJ 여행을 준비하는 당신을 위한 특집 페이지를 준비했다. 최소한 이 정도만 알면 USJ에서 제대로 즐기지 못할 일은 없을 것이다.

유니버설 스튜디오 재팬(Universal Studio Japan)이란?

미국의 영화사 유니버설 픽처스에서 만든 테마파크 브랜드인 '유니버설 스튜디오'의 일본 브랜치. 약칭인 USJ로 더 유명하다. 유명 블록버스터 영화와 인기 만화·애니메이션의 세계관을 바탕으로 한 박진감 넘치는 놀이기구와 화려한 특수 효과가 돋보이는 쇼를 선보인다. 칸사이 일대에서 가장 큰 테마파크인 것은 물론, 일본 전체의 테마파크 중에서도 다섯 손가락 안에 꼽히는 규모와 인기를 자랑한다. VOL.2 ⓘ P.326 Ⓜ P.324A

USJ로 떠나기 전에 준비할 것들

'그냥 아무 때나 가서 자유 이용권 끊고 타면 되는 거 아님?' 절대로 아니다. 지나치게 안이한 생각이다. USJ는 세계적인 인기를 누리고 있는 놀이동산인 데다 익스프레스 티켓 시스템을 실시하고 있어 어지간히 발 빠르게 준비하지 않으면 솜사탕 씻은 너구리 꼴이 되어 남들 즐겁게 노는 것만 구경하다가 오는 불상사가 벌어질 수도 있다. 기왕 USJ에 갈 거라면 다음에 소개하는 것들은 꼭 미리 준비할 것.

1. 유니버설 익스프레스 패스 최소 한 달 전에 구입!

USJ에 가기로 결정했는지? 주 목적이 놀이기구 탑승인지? 그렇다면 유니버설 익스프레스 패스부터 재빨리 알아보자. USJ 내의 인기 어트랙션을 줄 서지 않고 탑승할 수 있는 우선 탑승 티켓으로, 가격대가 상당히 높음에도 1~2개월 전에 매진되기 일쑤다. 이 티켓이 없으면 2~3시간을 하염없이 줄을 서거나 글자 그대로 '오픈런'에 사활을 걸어야 한다. USJ가 오사카 여행의 주목적이라면 아예 패스를 구할 수 있는 날짜에 여행 기간을 맞추는 것도 추천한다.

Q. 어디서 구입하나요?

USJ의 공식 티켓 판매 대행사인 하나투어, 클룩, 와그, 마이리얼트립, 투어비스의 웹사이트 및 앱에서 구매 가능합니다. 이메일 첨부파일로 온 바우처에 있는 QR코드로 입장하면 돼요!

Q. 종류는 뭐가 있나요?

크게 보면 두 종류에요. 우선 입장 가능한 어트랙션의 개수에 따라 '익스프레스 패스 4'와 '익스프레스 패스 7'이 있습니다. 7은 가장 전통적으로 가장 인기 많은 어트랙션 7종의 우선 입장권을 모은 패스입니다. 4는 인기 어트랙션 9~10종 중 4개에 입장할 수 있는 패스인데, 다양한 조합으로 4개씩 묶은 여러 패키지 중 원하는 것을 고르는 타입입니다. 기간 한정 어트랙션은 7에 없고 4에만 있는 경우가 종종 있습니다. 두 패스 모두 최고 인기 구역인 '슈퍼 닌텐도 월드'와 '위저딩 월드 오브 해리 포터'의 구역 입장 확약권을 포함하고 있습니다.

익스프레스 패스 한눈에 보기

패스	종류	어트랙션
익스프레스 패스 7 1만7800~3만¥		마리오카트 : 쿠파의 도전장, 요시 어드벤처, 해리 포터 앤드 더 포비든 저니, 플라이트 오브 더 히포그리프, 미니언 메이헴, 더플라잉 다이너소어(신장 제한 132~198cm), [택 1] 할리우드 드림 더라이드/죠스
익스프레스 패스 4 1만2000~2만4000¥	리미티드	마리오카트 : 쿠파의 도전장, 해리 포터 앤드 더 포비든 저니, 귀멸의 칼날 XR 라이드 : 꿈속을 달리는 무한열차,나의 히어로 아카데미아 : 더 리얼 4-D
	리미티드 & 버라이어티	요시 어드벤처, 명탐정 코난 4-D 라이브 : 별하늘의 보석,미니언 메이헴, 죠스
	리미티드 & 버라이어티	해리 포터 앤드 더 포비든 저니, 귀멸의 칼날 XR 라이드 : 꿈속을 달리는 무한열차, 나의 히어로 아카데미아 : 더리얼 4-D, [택 1] 할리우드 드림 더 라이드/죠스
	버라이어티 라이드	마리오카트 : 쿠파의 도전장, 해리 포터 앤드 더 포비든 저니, 귀멸의 칼날 XR 라이드 : 꿈 속을 달리는 무한열차,나의 히어로 아카데미아 : 더 리얼 4-D
	리미티드 & 펀	요시 어드벤처, 나의 히어로 아카데미아 : 더 리얼 4-D,명탐정 코난 4-D 라이브 : 별하늘의 보석, 죠스
	백드롭	해리 포터 앤드 더 포비든 저니, 플라이트 오브 더 히포그리프, 할리우드 드림 더 라이드~백드롭~, 더 플라잉 다이노소어
	리미티드 & 플라잉 다이너소어	해리 포터 앤드 더 포비든 저니, 나의 히어로 아카데미아 : 더 리얼 4-D, 명탐정 코난 4-D 라이브 : 별하늘의 보석, 더플라잉 다이노소어
	스릴	마리오 카트 : 쿠파의 도전장, 해리 포터 앤드 더 포비든저니, 더 플라잉 다이노소어, 할리우드 드림 더 라이드
	펀	요시 어드벤처, 플라이트 오브 더 히포그리프, 싱 온 투어, 미니언 메이헴
	펀 초이스	요시 어드벤처,플라이트 오브 더 히포그리프, 미니언 메이헴, 죠스
	펀 버라이어티	마리오 카트 : 쿠파의 도전장, 해리 포터 앤드 더 포비든 저니, 미니언 메이헴. 죠스
	XR 라이드 & 셀렉션	마리오 카트 : 쿠파의 도전장, 해리 포터 앤드 더 포비든 저니, 귀멸의 칼날 XR 라이드 : 꿈속을 달리는 무한열차 [택 1] 할리우드 드림 더 라이드/죠스

※ 2024년 4월 기준

2. 스튜디오 패스 1~7일 전에는 예매하자!

USJ 입장권은 '스튜디오 패스'라고 불리는데, 익스프레스 티켓에 비해 다소 여유가 있다. 일반적으로는 전날 예매 정도면 충분하고, 당일에 USJ로 향하는 차 안에서 예매해도 문제가 없을 정도다. 골든 위크나 방학 시즌 등의 극성수기에도 3~7일 정도에만 예매하면 충분하다. 입장 2개월 전까지 예매 가능하다.

가격) ① 1일권 _8600¥ ~1만900¥
② 1.5일권 _1만3100~1만7600¥
(첫날은 15:00 이후부터, 둘째 날은 오픈 시간부터 이용할 수 있는 티켓)
③ 2일권 _1만6300~2만700¥

+ PLUS INFO +

USJ는 변동 요금제!

USJ는 시즌을 로우 시즌, 레귤러 시즌, 레귤러-하이 시즌, 하이 시즌, 슈퍼 하이 시즌 등 다섯 종류로 나누고 입장료 및 익스프레스 패스의 가격을 시즌별로 각기 다르게 책정하고 있다. 당연한 얘기지만 로우 시즌(비수기)이 가장 저렴하고 슈퍼 하이 시즌(초성수기)이 가장 비싸다. 검색 시점부터 두 달 뒤까지의 요금 정보를 달력 형태로 제공하므로 내가 가고자 하는 날짜의 요금이 얼마인지는 손쉽게 알 수 있다.

3. USJ 공식 앱

USJ의 모든 정보를 담고 있는 애플리케이션이 IOS와 안드로이드 각각의 버전으로 출시되어 있다. 상세한 파크 맵과 더불어 각 어트랙션의 대기 시간, 쇼 및 퍼레이드의 시작 시간과 장소, 각종 편의 시설 및 레스토랑의 위치와 메뉴, 영업시간 등 핵심 정보를 모두 제공한다.

특히 익스프레스 패스는 구하지 못했지만 슈퍼 닌텐도 월드에 꼭 들어가고 싶다면 앱에서 발권하는 'e-정리권'에 목숨을 걸어야 한다. 입장한 후 부랴부랴 다운받으면 모든 것이 늦어버렸을 가능성이 높으므로 되도록 하루 전에는 받아두고 앱 사용법을 익혀두자.

+ PLUS INFO +

▲ USJ 내에서 판매하고 있는 버거 세트. 더블 버거+감자튀김+콜라 세트가 1900엔으로 결코 저렴하지는 않으나 비프 패티가 워낙 두툼해 아주 비싼 느낌도 아니다.

Q. 도시락 싸가야 하나요? 식당은 비쌀 것 같아요.

불행히 답은 '아니요'입니다. USJ는 원칙적으로 음식물 반입이 금지되어 있거든요. 물 외에는 아무것도 못 가지고 들어갑니다. 입장할 때 입구에서 가볍게 가방 검사를 하는데, 이때 음식물이 발견되면 모두 꺼내놓고 가야 합니다.

내부의 식당이 결코 저렴하지 않다는 것은 슬프지만 진실입니다. 다만 맛은 좋은 편이니 그 부분에서 위로를 삼아보시길 바랍니다. 그리고 가방 검사를 아주 철저히 하는 것은 아니므로 음식물을 가방 안쪽 깊숙이 넣으면 거의 걸리지 않는다는 증언이 많습니다.

▲ USJ로 향하는 JR 노선인 'JR유메사키 JRゆめ咲き선의 표지판

Q. 셔틀 예약해야 하나요?

답은 '굳이?'입니다. 여러 여행사에서 오사카 시내와 USJ를 잇는 셔틀버스 상품을 천엔 정도의 가격에 판매하는데, 쾌적하게 한 방에 갈 수 있다는 큰 장점이 있기는 합니다. 영유아 등의 교통 약자와 여행하는 경우에는 좋은 대안이 될 수 있죠. 그러나 대중교통을 이용할 수 있다면 '굳이'입니다. JR 오사카칸조선이나 한신난바선을 타고 JR 니시쿠조 西九条역에서 내려 JR 유메사키 ゆめ咲선을 타면 맥시멈 500엔에 갈 수 있거든요. 소요 시간도 셔틀이 30분, 대중교통이 40분 안팎으로 그다지 큰 차이가 나지 않습니다.

USJ 구역 & 어트랙션 해부

USJ는 총 10종의 테마 구역(에어리어)으로 구분되어 있으며, 각 구역의 세계관을 반영한 어트랙션, 쇼, 오락실, 굿즈 판매소, 레스토랑 등의 세부 시설이 들어서 있다. 지리가 복잡한 것은 아니라 USJ 애플리케이션에 포함된 지도를 이용하면 크게 헤매지 않고 돌아볼 수 있다.

1. 할리우드 Hollywood

입구에 들어서자마자 가장 먼저 나오는 구역으로, 할리우드의 화려한 거리를 재현한 거리가 눈을 사로잡는다. 가장 다양한 어트랙션과 쇼, 레스토랑, 숍이 집중되어 있는 곳이다. 특히 인기 애니메이션이나 캐릭터와 기간 한정 컬래버레이션해 설치한 어트랙션은 주로 이 구역에 있다.

① 스페이스 판타지 더 라이드

익스프레스 패스 | 싱글라이더

우주선을 타고 3D로 구현된 우주 공간을 박진감 넘치게 헤매는 어트랙션. 종종 <에반게리온>, <도라에몽>, <귀멸의 칼날> 등과 컬래버레이션해 선보이며, 고글을 이용해 매우 실감 나는 3D 영상을 선보이는 'XR 라이드'로 서비스할 때도 있다.

신장 제한 122cm(보호자 동승 시 102cm)

이미지 제공: 유니버설 스튜디오 재팬

② 할리우드 드림 더 라이드 익스프레스 패스 싱글라이더

USJ의 대표적인 롤러코스터. 덜컹거리지 않는 매끄러운 승차감이 특징이며, 헤드레스트 부분에 스피커가 장치되어 있어 근사한 BGM을 들으며 롤러코스터를 즐길 수 있다.

신장 제한 132cm

③ 할리우드 드림 더 라이드~백드롭~ 익스프레스 패스

승차감이나 BGM 등 '할리우드 드림 더 라이드'와 대부분 동일하나 진행 방향이 훨씬 다이내믹한 롤러코스터. 정상 부근에서 갑자기 뒤로 뚝 떨어진다.

신장 제한 132cm

④ 세서미 스트리트 4-D 무비 매직

엘모, 쿠키 몬스터, 빅 버드 등 세서미 스트리트의 친구들이 등장하는 4D 영상을 상영한다. 기간 한정으로 다른 테마의 영화를 상영하는 경우도 있으며, 2024년 초에는 '나의 히어로 아카데미아'를 주제로 한 4D 영상을 상영했다.

⑤ 슈렉 4-D 어드벤처

인기 애니메이션 <슈렉>을 주제로 한 4D 무비. USJ의 쇼 및 영상 어트랙션 중 가장 재미있는 것으로 유명하다. 신장 미달이라 놀이기구를 실컷 즐기지 못하는 어린이나 줄 서기 싫은 사람들이 가장 즐겨 찾는 어트랙션 중 하나.

2. 뉴욕 New York

할리우드에서 바로 이어지는 구역으로, 중심부의 넓은 호숫가에 위치하고 있다. 1930년대 뉴욕의 거리 모습을 재현한 거리로 사진이 예쁘게 나오는 곳이 많다. 한때 최고의 인기를 구가하던 '스파이더맨'이 이 구역에 있었으나 현재는 아쉽게 종료된 상태. 이 구역에 레스토랑이 5개나 자리하고 있으며 그릴, 일식, 뉴욕 피자, 이탈리아 음식 등 선택의 여지도 넓으므로 점심시간에는 이 쪽으로 슬슬 걸음을 옮겨볼 것.

① 42nd 스트리트 스튜디오 그리팅 갤러리

스누피 및 미니언즈와 기념사진을 찍을 수 있는 곳. 의외로 줄이 긴 편인데, 줄을 서기 싫은 사람은 유료 예약을 하면 원하는 시간에 바로 촬영할 수 있다.

유료 예약 가격: 3500¥

② 맨해튼 시어터 익스프레스 패스

4D 영화 상영이 가능한 극장으로 이벤트가 있을때 기간 한정으로 문을 연다. 2024년 초부터는 '명탐정 코난 4-D 라이브 쇼 ~별하늘의 보석(Jewel)~'을 상영 중이다.

3. 샌프란시스코 San Francisco

뉴욕 맞은편 호숫가에 위치한 구역으로, 샌프란시스코 항구 부근의 피셔맨스 워프와 차이나타운을 재현해놓았다. 어트랙션이나 숍은 없고 레스토랑만 네 곳 자리한다. 중식당을 찾는다면 이곳으로 오자.

+ PLUS INFO +

이 구역의 인기 어트랙션이었던 '백드래프트'와 '백투더퓨처'는 현재 모두 운행하지 않고 있다.

4. 미니언 파크 Minion Park

뉴욕과 샌프란시스코 사이의 길을 따라 쭉 가면 도착하는 구역으로, 전 세계 어린이들이 사랑하는 캐릭터 '미니언즈'를 테마로 꾸민 곳이다. 어린이들이 좋아할 만한 쿠키 스탠드, 기념품 판매소, 미니 게임 코너, 포토 존 등이 다채롭게 마련되어 있다. 창밖을 바라보는 미니언즈, 벽 타는 미니언즈 등 미니언즈를 활용한 다채로운 장식도 볼거리.

이미지 제공: 유니버설 스튜디오 재팬

① 미니언 메이헴

익스프레스 패스 싱글라이더

8인승 차량에 올라 스크린에 입체적으로 펼쳐지는 미니언들의 난리법석 대소동의 세상 속으로 유쾌하게 다이빙한다. 일단 미니언즈가 너무 귀여운데 의외로 박진감 넘쳐 인기가 높다.

신장 제한 122cm(보호자 동승 시 102cm)

② 프리즈 레이 슬라이더

얼음판처럼 생긴 바닥 위를 제설차 같은 4인용 차량을 타고 이리저리 미끄러져 다니는 야외 놀이기구. 1m가 되지 않는 어린아이와 부모가 함께 즐기기 적합하다.

신장제한 122cm(보호자 동승 시 92cm)

③ 미니언 그리팅

미니언 파크 안쪽에 위치한 '그루의 저택' 앞을 돌아다니는 미니언즈와 기념사진을 찍을 수 있다.

5. 쥬라기 공원 Jurassic Park

영화 <쥬라기 공원>의 세계관을 테마로 한 구역으로, 이름 그대로 공룡이 수시로 출몰하는 정글로 꾸몄다. USJ에서 가장 아찔하고 과격한 어트랙션이 있는 구역으로, 어지간한 롤러코스터나 자이로드롭은 무섭지도 않은 '찐' 놀이기구 마니아에게 권하는 곳이다.

이미지 제공: 유니버설 스튜디오 재팬

① 더 플라잉 다이너소어 익스프레스 패스 싱글라이더

마치 익룡을 타고 날아다니는 듯한 느낌까지 주는 롤러코스터로, USJ의 여러 롤러코스터 중에서 가장 스릴 있는 것으로 정평이 나 있다. 엄청난 속도가 특징. 360도 회전은 물론 거꾸로 매달려가는 코스도 있다.

신장 제한 132~198cm

② 쥬라기 공원 더 라이드 익스프레스 패스 싱글라이더

보트를 타고 공룡이 수시로 출몰하는 계곡을 탐험하다 갑자기 낭떠러지로 떨어지는 일종의 플룸라이드. 에버랜드의 '아마존 익스프레스' 공룡 버전이라고 생각하면 크게 다르지 않다. 따라서 옷, 젖는다. 신발, 젖는다. 양말까지 젖는다.

신장 제한 122cm(보호자 동승 시 107cm)

6. 애머티 빌리지 Amity Village

영화 <죠스>의 배경이 된 애머티섬의 작은 마을을 재현한 구역. 죠스의, 죠스에 의한, 죠스를 위한 구역이라고 봐도 틀리지 않다. 한가운데에 죠스를 매달아놓은 조형물이 있는데, 오랫동안 유니버설 스튜디오의 상징 중 하나로 꾸준한 인기를 구가하고 있다.

이미지 제공: 유니버설 스튜디오 재팬

① 죠스 익스프레스 패스 싱글라이더

애머티 마을로 놀러 온 관광객이 되어 작은 보트에 올라 가이드의 안내에 따라 바다(사실은 호수) 곳곳을 돌아다니다가 불시에 상어의 습격을 받는 체험형 쇼. 상어의 습격을 받는 부분이 생각 외로 스릴 있고 무서워서 어린이들은 종종 울기도 한다.

신장 제한 122cm

7. 워터 월드 Water World

영화 <워터 월드>의 세계관과 내용을 바탕으로 조성된 구역으로, 대규모 수상 공연장이 들어서 있다. 한 번에 3000명을 넘게 수용할 수 있어 엄청난 초초성수기가 아니라면 거의 대기 없이 들어가는 것이 큰 장점.

① 워터 월드

지구온난화로 남극의 얼음이 모두 녹아 지구가 온통 물바다가 돼버린 세상에서 얼마 남지 않은 육지를 놓고 영웅과 빌런이 다투는 영화 <워터 월드>의 내용을 약 20분간 화려한 스턴트 액션과 무대장치, 특수 효과 등을 사용해 스펙터클한 쇼로 보여준다. 여름에는 <워터 월드> 대신 만화 <원피스> 쇼를 보여주기도 한다. 제트스키나 스피드 보트 등 물 튀기는 탈것을 많이 사용해 맨 앞자리는 물에 젖기 십상이니 주의할 것.

이미지 제공: 유니버설 스튜디오 재팬

8. 슈퍼 닌텐도 월드
Super Nintendo World

2021년에 문을 연 따끈따끈한 신상 구역이자 최근 USJ를 세계적인 핫 플레이스로 다시 발돋움하게 만든 최고 인기 구역이다. 닌텐도의 주옥같은 콘텐츠 중 '슈퍼 마리오'와 '요시 크래프트 월드', '동키콩'을 중심으로 다채로운 어트랙션, 게임, 포토 존, 식당, 기념품 숍 등이 마련되어 있다.

익스프레스 티켓을 구입하거나 오픈런으로 정리권을 얻는 게 아니라면 어트랙션 탑승은커녕 구역 내에 발을 들일 수 조차 없으므로 이곳에 꼭 들르고 싶다면 계획을 세우는 것이 좋다.

① 마리오 카트: 쿠파의 도전장

익스프레스 패스 싱글라이더

닌텐도가 내놓은 공전의 히트작 '마리오 카트'가 놀이공원 어트랙션으로 다시 태어났다! 4인용 카트를 타고 VR로 마리오 카트의 입체 영상을 즐기며 게임과 모험을 즐긴다. 현재 USJ 최고 인기 어트랙션.

신장 제한 122cm(보호자 동승 시 107cm)

② 요시 어드벤처 익스프레스 패스

요시의 등에 올라 모험을 떠나자! 슈퍼 닌텐도 월드 구역 전체에 깔린 레일을 따라 천천히 돌아보는 2인승 레일카로 평화로운 어트랙션을 좋아하거나 어린이를 동반한 사람에게 추천.

신장 제한 122cm(보호자 동승 시 92cm)

③ 파워 업 밴드 키 챌린지

쿠파 주니어에게 도둑맞은 골든 버섯을 찾아라! 슈퍼 닌텐도 월드 구역 곳곳에 자리한 미니 게임 챌린지를 통해 3개의 열쇠를 찾고 파이널 배틀을 통해 마침내 버섯을 되찾는다. 이 챌린지에서 얻은 승패나 점수는 팔에 차는 파워 업 밴드를 통해 USJ 공식 앱에 기록된다. 파워 업 밴드는 슈퍼 닌텐도 월드 입구를 비롯한 여러 상점과 노점에서 판매한다. 가격 4200¥

9. 위저딩 월드 오브 해리 포터 Wizarding World of Harry Potter

'슈퍼 닌텐도 월드'가 문을 열기 전까지 USJ를 상징하는 구역이었으며, 현재도 가장 다양한 어트랙션과 이벤트를 자랑하는 곳이다. 영국의 유명한 소설 겸 영화 <해리포터>에 등장하는 마법사 마을 '호그스미드'와 마법사 학교 '호그와트'를 재현한 예쁘고도 신비한 골목이 펼쳐져 있다.

이미지 제공: 유니버설 스튜디오 재팬

① 해리 포터 앤드 더 포비든 저니

익스프레스 패스 | 싱글라이더

4인승 빗자루에 타고 해리 포터와 함께 퀴디치를 즐기며 호그와트 구석구석을 스릴 있게 돌아보는 어트랙션. 3D 안경 없이 맨눈으로 호그와트 내의 다양한 마법을 즐길 수 있어 매우 신기한 기분이 든다. 디멘터의 차가운 숨과 드래곤의 화끈한 불까지 피부에 다가올 정도로 실감 나는 효과가 특징. 360도로 빙글빙글 돌기 때문에 멀미를 호소하는 사람들이 적지 않다.

신장 제한 122cm

이미지 제공: 유니버설 스튜디오 재팬

② 플라이트 오브 더 히포그리프 익스프레스 패스

마법 세계의 신비한 생물 '히포그리프'의 등을 타고 해그리드의 오두막과 호박밭 위를 여행하는 롤러코스터. 마치 밀짚으로 만든 것 같은 독특한 모양새가 눈길을 사로잡는다. 전반적으로 평화롭지만 갑자기 뚝 떨어지는 구간이 있어 영유아가 즐기기에는 꽤 무섭다.

신장 제한 122cm(보호자 동승 시 92cm)

③ 올리밴더스의 가게

호그스미드의 지팡이 전문 상점 올리밴더스의 가게를 테마로 한 쇼 어트랙션 겸 기념품 상점. 밀실에서 지팡이가 직접 자신의 주인을 고르는 이벤트를 감상하고 나면 비로소 지팡이 전문 기념품 숍의 문이 열린다.

+ PLUS INFO +

지팡이, 살까, 말까?

'슈퍼 닌텐도 월드'에 파워 업 밴드가 있다면 '위저딩 월드 오브 해리 포터'에는 지팡이가 있다. '위저딩 월드 오브 해리 포터' 구역의 구석구석에는 지팡이로 가리키면 마법 효과를 일으키는 곳이 있다. 가리키면 불이 화르륵 올라오는 굴뚝이나 갑자기 주변에 눈이 내리는 곳 등 생각보다 마법을 걸 수 있는 곳이 많다. 가격은 비싸지만 추억과 기념사진을 위해서라면 하나쯤은 구입할 만하다. 가격 5000~1만2000¥

버터 맥주, 마셔 볼까, 말까?

호그스미드의 명물 펍 '스리 브룸스틱스'에서 호그와트 학생들이 벌컥벌컥 들이켜던 바로 그 음료, 버터 맥주를 마셔볼 수 있다. '스리 브룸스틱스'를 재현한 레스토랑도 있고, 노천의 가판대에서도 판매한다. 호그스미드 거리를 배경으로 버터 맥주잔을 들고 찍는 사진은 '위저딩 월드 오브 해리 포터' 기념사진의 정석이라 할 수 있다. 다만 맛은 크게 기대하지 말 것. 무알코올 음료인데, 버터도 아니고 맥주도 아니다. 가격 1200¥

10. 유니버설 원더랜드 Universal Wonderland

<세서미 스트리트>, 산리오, 스누피 등 주로 어린이 취향의 다양한 캐릭터 관련 어트랙션과 쇼이 모여 있는 구역. 회전목마, 티 컵, 우주선, 벌룬 라이드, 범퍼카 등 평화롭고 무섭지 않은 어트랙션이 주류를 이루어 주로 영유아를 동반한 가족 놀이터로 인기 높다.

+ PLUS INFO +

어린이와 함께 여행하는 여행자를 위한 안내

① **유모차 대여 가능** | 유모차를 한국에서 실어가야 하는지 고민하지 말 것. 입구 바로 오른쪽에 유모차 대여소가 있다. 48개월 영유아까지 사용 가능하며, 유료로 대여한다. 대수가 한정되어 있고 예약은 받지 않으므로 되도록 빨리 갈 것.

가격 1100¥

② **보호자는 중학생 이상!** | 적지 않은 어트랙션이 어린이의 경우 반드시 보호자와 동승할 것을 요구한다. 그런데 꼭 성인어야 할까? 그렇지는 않다. 중학생 이상이라면 누구나 보호자가 될 수 있다.

③ **'차일드 스위치'를 이용하세요!** | 아기가 신장 제한으로 어트랙션을 이용할 수 없는 경우가 종종 있다. 부부가 함께 아기를 돌보고 있는 경우라면 한 명이 아기를 보고 다른 한 명만 줄을 서서 탑승해야 하는데, 이렇다면 아기를 보는 사람은 제법 억울해진다. 이럴 경우 '차일드 스위치'를 이용할 것. 한 명이 먼저 탑승한 뒤 다른 한 명이 따로 줄을 설 필요 없이 다음에 바로 이용할 수 있는 시스템이다. 직원에게 '차일드 스위치'를 물어보면 친절하게 안내해준다.

④ **아기와 여행한다면 '패밀리 서비스'** | 일종의 수유실로, 영유아 수유와 기저귀 교환은 물론 뜨거운 물과 이유식 데우는 용도의 전자레인지까지 마련된 곳이다. 공식 앱의 맵에서 위치를 쉽게 확인할 수 있다.

① 날아라 스누피

중심축을 빙빙 도는 스누피 모양의 비행체를 타고 높게 올라갔다 낮게 내려갔다 하며 즐기는 어트랙션. 놀이동산에서 흔히 볼 수 있는 비행기나 우주선 어트랙션의 스누피 버전이다.

신장 제한 122cm(보호자 동승 시 92cm)

② 엘모의 고 고 스케이트보드 싱글라이더

엘모가 타는 스케이트보드에 올라 경사면을 다이내믹하게 오르내린다. 유니버설 원더랜드에서 가장 박진감 넘치는 어트랙션.

신장 제한 122cm(보호자 동승 시 107cm)

③ 엘모의 리틀 드라이브

만 3~5세 미취학 아동만 탈 수 있는 장난감차 드라이브 어트랙션. 미취학이라면 만 6세까지도 가능하다. 성인은 절대 불가.

신장 제한 122cm(보호자 동승 시 92cm)

④ 이매지네이션 플레이그라운드

볼풀, 그물 정글짐, 그물 사다리, 거대 폼 블록 등 주로 영유아를 대상으로 하는 다양한 놀이기구를 모아놓은 실내 공간. 거대 키즈 카페라고 생각하면 크게 다르지 않다.

인기 어트랙션을 사수하라! 놀이기구 빨리 타는 몇 가지 팁

물론 가장 쉬운 방법은 익스프레스 패스를 구매하는 것. 그러나 가격도 만만치 않거니와 요즘은 너무 빨리 매진되기 때문에 억만금이 있다고 해도 구하기 쉽지 않다. 그렇다면 정녕 2~3시간씩 기다려야만 하는 것인가? 그렇지는 않다. 조금 부지런하고 민첩하게 움직이면 익스프레스 패스가 없어도 인기 구역 입장이나 어트랙션에서 줄 덜 서기가 얼마든지 가능하다. 다음의 팁을 외우고 갈 것.

+ PLUS TIP +

추첨권도 있어요!

e-정리권을 받는게 안정적으로 입장을 보장받는 방법이긴 하나 이것이 다 떨어졌다고 아예 입장이 불가능 한 것은 아니다. 정리권 배부가 끝나면 시간대별로 추첨에 들어가기 때문. 원하는 시간대를 골라 추첨권을 발권한 뒤 해당 시간의 한 시간 전에 확인하면 당락 여부를 알 수 있다. 그러나 추첨권도 수량이 한정되어 있으므로 오전 10시 이후에는 기대하지 않는 것이 좋다. e-정리권과 추첨권 모두 실패했다면 수시로 원하는 구역 또는 어트랙션의 정리권 상황을 살펴볼 것. 운좋게 취소표를 구할 수도 있다. 다만, 확률이 높지는 않다.

① e-정리권 - 적어도 입장은 할 수 있다!

'정리권'은 요금 정산이나 웨이팅 시간대를 정리할 때 쓰는 티켓으로, USJ에서는 입장 웨이팅용으로 쓰인다. 공식 앱에 입장권을 등록하고 입장을 마치면 앱에서 e-정리권을 발권할 수 있다. e-정리권에는 입장 가능한 시간대가 나와 있다. '슈퍼 닌텐도 월드', '위저딩 월드 오브 해리 포터'의 입장 웨이팅과 여러 인기 어트랙션의 탑승 웨이팅이 가능한데, 어트랙션의 경우는 실시하지 않을 때도 많다. 단, '슈퍼 닌텐도 월드'는 현재 인기가 너무 높아 오픈런으로 정리권을 발권해도 꼼짝없이 오후 시간대에 잡힌다. 또 e-정리권은 하루에 일정수만 발행하기 때문에 오전 9시 20~30분 이후에는 모두 떨어지기 일쑤다. 오후 시간대라도 받고 싶다면 오픈런이 정답.

② 조기 입장 1일권 - 남들보다 빠르게!!

일반 입장 시간보다 최소 15분 조기 입장할 수 있는 티켓. 조기 입장 시간은 매일 변동되며 공식 앱에서 공지한다. 공식 입장 시간보다 빨리 들어가 원하는 구역 및 어트랙션 앞에 미리 줄을 서 있다가 영업을 개시하면 재빨리 입장 및 탑승한다. 특히 요즘 최고의 인기를 구가하는 '슈퍼 닌텐도 월드'를 노린다면 꼭 해볼 만하다. 'e-정리권'까지 이용하면 금상첨화. 즉 오픈런으로 원하는 구역에서 줄을 서고 다른 구역이나 어트랙션에는 e-정리권을 받는 것이다. 일반 티켓보다 2000~3000엔 비싸지만 효용 가치는 그 이상이다.

※ USJ 조기 입장 1일권은 2024년 9월 30일까지 운영하고 10월부터 폐지될 예정이다.

③ 싱글 라이더

여러 명이 타는 어트랙션의 경우 자리를 채우기 위해 혼자 온 사람을 태우는 시스템이 있는데, 이것을 '싱글 라이더'라고 한다. 재수가 좋으면 2시간 동안 줄 서야 하는 어트랙션을 10분 만에 타고 나갈 수도 있다. 줄 설 때 안내 요원에게 '싱글 라이더'라고 말하면 줄을 따로 세워준다. 모든 어트랙션에 적용되는 것은 아니나 최고 인기 어트랙션은 대부분 싱글 라이더를 운용한다. 인기 어트랙션을 빨리 타고 싶다면 혼자 가거나 일행과 떨어져 각개전투할 것.

+ FAQ +

Q. 야간 개장은 하나요?

네! 영업시간은 매일 조금씩 바뀌지만, 기본적으로 평일에는 오후 8시에 닫고 주말에는 오후 9시 30분에서 10시에 닫습니다. 이 정도면 야간 개장 맞죠?

Q. 퍼레이드는 언제, 어디서 하나요?

매일 오후 2시에 할리우드와 뉴욕 구역에서 공식 퍼레이드가 열립니다. 슈퍼 마리오, 포켓몬, 산리오, 세서미 스트리트, 미니언즈 등 USJ를 대표하는 캐릭터가 총출동해 댄서들과 함께 신나는 쇼를 꾸밉니다. 야간 퍼레이드는 코로나 기간에 중단한 후 현재까지 재개하지 않고 있습니다. 그 외에도 구역마다 거리 쇼나 소규모 퍼레이드를 여는 곳들이 있습니다. 공식 앱을 보면 시간과 장소를 쉽게 확인할 수 있어요.

Q. 코인 로커는 있나요?

당연히 있습니다! 입구로 들어오면 양쪽에 대규모 로커 룸이 자리합니다. 제법 큰 사이즈의 캐리어도 보관할 수 있을 정도로 큰 로커도 있습니다.

Q. 휴대폰 충전은 가능한가요?

'차지 스폿 Charge Spot'이라고 하는 유료 보조 배터리 대여 서비스를 이용할 수 있습니다. 거의 대부분의 구역에 차지 스폿 스탠드가 있는데, 특이하게도 남자 화장실 앞에 있는 경우가 많습니다. 차지 스폿의 앱을 다운받으면 스탠드의 위치를 손쉽게 알 수 있고 대여와 반납, 결제까지 손쉽게 가능합니다. 다만 가격이 매우 비싸니 가급적 보조 배터리를 직접 챙겨가시기를 권합니다. (가격) 1시간 360¥

Q. 쇼나 어트랙션에 영어나 한국어 설명 또는 자막이 있나요?

아뇨. 모두 일본어로 진행됩니다. 자막 설비도 없습니다. 다만 대부분 내용이 어렵지 않아 그냥 눈빛과 몸짓만 봐도 뜻이 저절로 이해되곤 합니다.

STORY

키워드로 읽는 오사카, 교토, 고베, 그리고 나라

이 책의 제목이자 지역의 관문 도시인 오사카, 일본 1000년 고도 교토, 낭만의 항구도시 고베, 일본이 태어난 고장이자 사슴의 식민지 나라. '칸사이 関西' 또는 '킨키 近畿'라는 지역명으로 묶이기는 하나, 4개 도시는 거리가 가까울 뿐 역사와 발전 양상, 현재 모습까지 각각의 개성이 매우 뚜렷하다. 네 도시는 과연 어떤 도시들인지, 그 도시를 가장 잘 나타내는 키워드를 통해 알아보도록 하자.

오사카 大阪

#장사 #먹거리 #웃음 #고집 #흥 #야구

오사카상인 大阪商人

오사카는 예로부터 일본에서 손에 꼽히는 상업 도시였다. 오사카의 상인들은 이세 상인, 오미 상인과 더불어 일본의 3대 상인이라 불리며 도쿄와 교토를 오가는 상품의 흐름을 주름잡았다. 지금도 오사카는 도쿄에 버금가는 상업과 경제 도시로 꼽히고 있으며, 오사카 사람들은 이 사실에 큰 자부심을 갖고 있다. 도톤보리에 늘어선 수많은 간판이 괜히 존재하는 것이 아니다. 몸에 상인 DNA를 지닌 사람들이 많은 탓인지 오사카 사람들은 일본 최고의 짠돌이로 손꼽히기도 하며, 그래서 그런지 물가도 대도시치고는 저렴한 편이다.

코나몬 粉もん

타코야키, 오코노미야키, 우동 등 오사카를 대표하는 음식에는 뭔가 한 가지 수상한 공통점이 있다. 금지된 재료나 약을 넣는 것은 아니고, 바로 모두 밀가루로 만든 음식이라는 것이다. '코나몬'은 바로 밀가루 음식을 뜻하는 것으로, 원래는 '코나모노 粉もの'인데, 이것을 오사카 사투리화한 것이 바로 '코나몬'이다. 다른 지역과 구분되는 오사카 특유의 식문화를 나타내는 중요한 표현 중 하나다. 2차대전 이후 일본의 미 군정이 쌀 소비를 줄이기 위해 분식 문화를 퍼뜨렸는데, 이때 가장 활발하게 도입된 곳이 오사카였다고 한다.

쿠이다오레 食い倒れ

글자 그대로 해석하면 '먹다가 쓰러진다'는 뜻이고, 진짜 뜻은 맛있는 것만 밝히다가 패가망신한다는 뜻이다. 예로부터 오사카를 상징하는 유명한 표현으로, 그만큼 오사카 사람들이 먹는 것을 중요하게 생각한다는 것을 의미한다. 오사카는 일본에서도 손꼽히는 미식의 고장으로, 전통 깊은 노포부터 동네에 널린 프랜차이즈까지 맛이 없으면 살아남을 수 없는 도시라고 해도 과언이 아니다. 오사카 여행에서 음식이 맛없었다고 하는 사람이 있다면 둘 중 하나라고 봐도 된다. 지독하게 운이 없었거나, 거짓말을 하고 있거나.

한신 타이거즈
阪神タイガース

오사카와 부산은 제2의 도시이자 항구 도시라는 것을 포함해 공통점이 꽤 많은데, 그중 빼놓을 수 없는 것이 야구의 도시라는 것이다. 부산에 롯데 자이언츠가 있다면 오사카에는 한신 타이거즈가 있다. 롯데 자이언츠가 부산 사람들의 모태 신앙이라는 우스갯소리가 있는데, 오사카에서 한신의 위치 또한 그 정도 된다. 슬프게도 지금까지는 한신의 성적이 썩 좋지 않아 오사카 사람들의 마음을 아프게 했으나 2023년 18년 만에 전국 리그에서 우승해 오사카 사람들의 어깨가 잔뜩 올라갔다는 소문이 있다.

오사카벤 大阪弁

'벤'은 일본어로 '사투리'라는 뜻으로, '오사카벤'은 오사카 지역 특유의 사투리를 뜻한다. 오사카 사람들은 지역에 대한 자부심이 매우 강하고 특히 도쿄에 대한 경쟁심을 숨기지 않는데, 그것을 가장 잘 드러내는 것 중 하나가 사투리다. 오사카 사람들은 외국인 관광객이 오사카에서 표준 일본어로 얘기하면 대놓고 '오사카에서는 오사카 말을 쓰라'면서 즉석 오사카벤 강좌를 들려주기도 한다. 여행객들도 간단한 인삿말 정도는 오사카 말로 건네보면 어떨까. 처음 맞이할 때와는 사뭇 다른 친절하고 부드러운 눈빛을 보게 될 가능성이 높을 테니.

오와라이 お笑い

오사카에서는 길에서 아무한테나 '빵!' 하고 총 쏘는 시늉을 하면 이상하게 쳐다보지 않고 '윽!' 하며 받아준다는 얘기가 있다. 그만큼 오사카 사람들의 유머감각이 출중하다는 뜻. 실제로 오사카는 일본어로 코미디를 뜻하는 '오와라이 お笑い'의 본고장으로 손꼽히는 곳으로, 일본에서 가장 유명한 코미디 기획사 요시모토 흥업의 본사가 오사카에 있고 일본에서 가장 유명한 코미디언들도 주로 오사카 출신이다. 오사카 사람들은 전반적으로 쾌활하고 뒤끝없이 화끈한 성정이라 한국 사람들과도 비슷하다는 말이 많다.

+ PLUS INFO +

초간단 오사카 사투리 강좌

한국어	일본 표준어	오사카벤
안녕하세요?	こんにちは(콘니치와)	まいど(마이도)
감사합니다	ありがとう(아리가토)	おおきに(오키니)
아냐 or 틀려	ちがう(치가우)	ちゃう(챠우)
재미있어	おもしろい(오모시로이)	おもろい(오모로이)
왜?	なんで?(난데?)	なんでやねん(난데야넹?)
안 돼 or 하지 마	ダメ(다메)	あかん(아캉)
정말?	ほんと?(혼토?)	ほんま?(혼마?)

교토 京都

#우아함 #고풍스러움 #속을알수없음 #화려함 #역사의풍파

절 お寺(오테라)

교토의 볼거리 중 약 70%는 '절'이라고 봐도 과언이 아니다. 시내 전체에 총 1700개의 사찰이 있고, 교토에 유네스코 세계문화유산이 총 17곳 있는데 그중 13곳이 절이다. 일본의 '지식인' 같은 사이트에 보면 '교토에는 절이 왜 이렇게 많냐'는 질문이 끊이지 않을 정도. 그런데 진짜 왜 이렇게 절이 많을까? 쉽게 말하자면, 일본의 불교 중흥기와 교토가 수도로 정해진 시기가 맞물리기 때문. 교토가 천 년의 도읍으로 보내던 시간 동안 귀족과 왕족들이 불심을 뽐내기 위해 지은 것이 지금 우리가 보는 1700개의 절이라고 보면 틀리지 않는다.

부부즈케 ぶぶ漬け

'부부즈케'는 찻물에 밥을 말아 먹는 '오차즈케'의 또 다른 이름인데, 그 유명한 교토식 돌려 말하기의 대명사처럼 쓰인다. 어느 집에 놀러 가서 시간이 꽤 지났을 때 안주인이 "부부즈케라도 드시겠어요?"라고 하는 것은 정말 먹을거리를 내 주는 것이 아니라 '얼른 돌아가라'라는 뜻이라는 것. 도시 전설에 가까운 얘기지만, 그만큼 교토 사람들이 직접적인 언급을 피하고 돌려 말하는 것은 사실이라고. 이러한 교토 사람들의 성정을 칸사이 방언으로 'いけず'(이케즈)'라고 하는데, 우리말로 굳이 번역하면 '능구렁이 같다' 정도 된다.

키다오레 着倒れ

오사카가 '쿠이다오레'라면 교토는 '키다오레'의 도시다. 뜻은 '옷 사 입다가 망한다'는 것. 교토는 귀족이 많이 살았고, 게이샤나 마이코 등 여성 예인도 많았다. 이들은 값비싼 원단에 화려한 수가 놓인 옷을 앞다투어 사 입었고, 급기야 '키다오레'가 핀잔이 아니라 망할지언정 멋을 잃지 않는다는 뜻의 칭찬의 의미까지 올라섰다고 한다. 그만큼 멋과 맵시를 중시하는 도시라는 뜻. 현재도 교토는 각종 섬유 및 옷감을 이용한 전통 공예품과 몸치장에 쓰는 장신구, 화장 도구 등이 기념품으로 남아 과거의 모습을 전하고 있다.

센넨노토 千年の都

'1000년의 도읍'이라는 뜻으로, 교토의 가장 대표적인 별명이다. 실제로 교토는 서기 794년에 칸무 텐노가 도읍으로 정한 이래 1869년 메이지 텐노가 도쿄로 수도를 옮길 때 까지 무려 1000년이 넘는 시간 동안 일본의 수도로 자리매김했다. 무사 정권인 '막부 幕府(바쿠후)'가 득세한 시기에는 실질적인 힘은 죄다 막부가 자리한 도시에 뺏긴 '무늬만 도읍'이기도 했다. 그러나 이런저런 역사적 사연에도 근대 이전의 1000년 세월을 수도로 보낸 도시답게 좁지 않은 도시 전체가 역사 유적과 고풍스러운 건축물로 가득하다.

신센구미 新選組

교토는 단아하고 고풍스럽고 정적인 이미지를 지니고 있지만, 이 도시가 1000년의 도읍으로 겪어낸 세월 동안 지나간 풍파와 전란의 숫자는 만만치 않다. 우선 은 '혼노지의 변'으로 대표되는 전국시대의 패권 다툼을 들 수 있다. 에도 막부가 몰락하고 메이지 텐노가 왕정을 복구하던 시기에 발발한 혼란의 무대가 되기도 했는데, 이때 막부 편에 서서 싸웠던 사설 경비 조직이 바로 신센구미다. 마피아와 경찰의 성격을 모두 갖춘 독특한 집단으로 인기가 높아 소설, 만화, 애니메이션 등에서 막부 말기의 교토를 그릴 때는 거의 반드시 등장한다.

닌텐도 任天堂

교토는 일본 최대의 역사 도시이자 관광도시로서 온통 절과 신사만 있고 산업 같은 것은 없을 듯 보이기도 하지만, 일본에서 손꼽히는 규모의 도시인만큼 많은 기업이 태어나 뿌리내리고 있다. 그 중 가장 대표적인 것이 닌텐도로서, 1889년에 교토에서 놀이용 카드를 만드는 회사로 문을 열어 현재 세계적인 게임 회사로 자리매김하고 있다. 닌텐도는 원래 트럼프, 화투 등을 생산하던 회사였는데, 의외로 현재까지도 화투를 생산하고 있으며, 그중에는 마리오 디자인이 들어간 것도 있다.

고베 神戸

#고급스러움 #소고기와빵

#재난극복 #자연환경

#이국적인분위기

일본최초 日本最初

고베는 일본에서 가장 서양 문물을 빨리 받아들인 도시 중 한 곳이라 일본 전체에서 최초로 쓰거나 만든 물건 또는 문화가 의외로 많다. 일본에서 최초로 서양식 의복과 구두를 착용한 곳이고, 영화와 재즈를 최초로 즐기기 시작한 곳이며, 서양식 가구를 집에 놓는 유행도 고베에서 가장 먼저 시작됐다고 한다. 홍차, 양과자, 일본식 중화요리 등도 고베에서 시작했다고 전해진다. 개중에 역사적으로 꼼꼼히 따져보면 딱히 최초라고 할 수 없는 것도 있다고 하지만, 그러든 말든 고베 사람들은 별로 상관하지 않고 자랑스럽게 여긴다고.

하이카라 ハイカラ

'하이카라'는 19세기 말엽 일본이 근대화되던 시기에 서양 문물을 재빨리 받아들여 고급스럽고 세련된 서양식 패션과 생활 양식을 즐기던 멋쟁이들을 뜻하던 단어로서, 일본인들이 고베를 생각할 때 가장 먼저 떠올리는 표현이라고 한다. 일본에서 가장 빨리 개항한 항구 중 하나로, 다른 항구도시에 비해 비교적 서양 문물을 빠르게 흡수하고 활발한 교역으로 부를 축적했던 도시가 고베다. 그리하여 고베는 '이국적', '서구적', '세련됨', '부유함' 등의 이미지를 지니게 됐고, 실제로 일본 내에서도 손에 꼽히게 부유한 도시라고 한다.

바다와 산 海と山

고베가 일본의 대표적인 항구도시 중 하나라는 것은 잘 알려진 사실이다. 항구 부근의 야경이 매우 아름답다는 것도 비교적 유명하다. 그런데 고베에 산도 있다는 사실을 알고 있는지? 사실 고베는 북쪽은 높은 산, 남쪽은 바다가 펼쳐진 매우 아름다운 자연환경을 자랑한다. 고베의 대표적인 산인 롯코산 六甲山과 마야산 摩耶山은 700~1,000m 높이에 폭포, 목초지, 계곡 등 다양한 풍경을 자랑한다. 아름답기로 소문난 고베 항구의 야경을 보기 가장 좋은 곳은 과연 어디? 당연히 마야산 꼭대기의 전망대!

쇼쿠토코베 食都神戸

고베를 한번도 가보지 않은 사람도 고베 소고기의 명성은 한 번쯤 들어봤을 것이다. 고베는 천혜의 자연환경에서 생산되는 질좋은 식재료에 일찌감치 받아들인 이국의 식문화를 결합한 특유의 다양한 먹거리를 자랑하는 도시다. 고베규 스테이크, 빵, 양과자, 일본식 중화요리, 프랑스 요리 등은 고베를 여행했다면 꼭 먹어야 할 음식들이다. 이러한 고베의 특성을 강조하는 표현이 바로 '쇼쿠토코베'로, '식문화의 수도 고베'라는 뜻이다. 예로부터 전해 내려오는 표현은 아니고, 고베시에서 홍보용으로 내건 캐치프레이즈다.

한신아와지 대지진 阪神淡路大震災

평화롭고 여유롭게만 보이는 고베지만, 알고 보면 이는 일본 현대사에 큰 자국으로 남은 대재해를 겪은 뒤 딛고 일어나 만들어낸 모습이다. 바로 1995년의 '한신아와지 대지진'으로, 아와지섬 인근에서 발생한 진도 7.3의 대지진이 고베를 비롯한 효고현 남부와 오사카 서부를 강타해 수천 명의 사상자와 막대한 재산 피해를 냈다. 30년이 지났지만 고베의 곳곳에서는 아직도 대지진을 추모하는 행사나 장소를 어렵지 않게 찾아볼 수 있는데, 가장 대표적인 것이 고베 겨울의 명물로 꼽히는 고베 루미나리에다.

나다고고 灘五郷

산이 깊으면 물도 맑다. 물이 맑으면 맛있는 술이 빚어 나온다. 고베 남쪽에 위치한 '나다 灘' 지역은 일본의 대표적인 양조장 밀집 지역으로, 이 일대에서 생산되는 니혼슈가 일본 니혼슈 전체 생산량의 75%를 차지한다고 한다. 적지 않은 사람들이 청주나 니혼슈의 또 다른 이름으로 오해하는 '정종'이라는 명칭의 근원인 '마사무네 正宗'가 바로 이 지역에서 탄생한 것이다. 나다 지역 중에서도 가장 양조장이 많은 5개의 마을을 묶어서 부르는 이름이 바로 '나다고고'다.

나라 奈良

#일본의탄생 #고대사 #한국과의인연 #절많음 #사슴이지배하는곳

나라시대 奈良時代

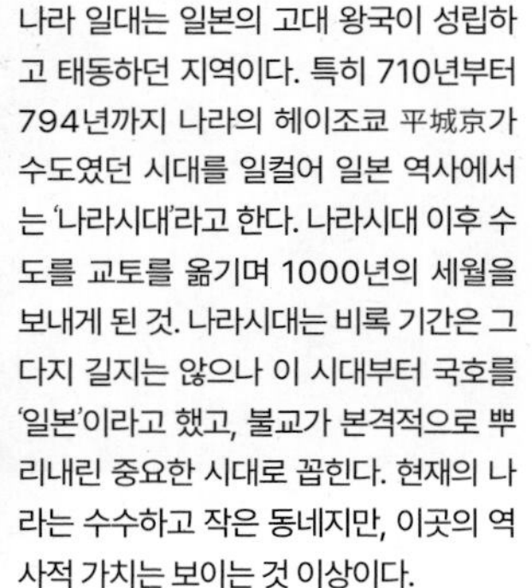

나라 일대는 일본의 고대 왕국이 성립하고 태동하던 지역이다. 특히 710년부터 794년까지 나라의 헤이조쿄 平城京가 수도였던 시대를 일컬어 일본 역사에서는 '나라시대'라고 한다. 나라시대 이후 수도를 교토를 옮기며 1000년의 세월을 보내게 된 것. 나라시대는 비록 기간은 그다지 길지는 않으나 이 시대부터 국호를 '일본'이라고 했고, 불교가 본격적으로 뿌리내린 중요한 시대로 꼽힌다. 현재의 나라는 수수하고 작은 동네지만, 이곳의 역사적 가치는 보이는 것 이상이다.

야마토 大和

나라시대 이전, '일본'이라는 국호를 쓰기 전에 존재했던 고대 국가의 이름이다. 서기 2~3세기 경에 시작해 7세기 후반까지 존재했던 국가로, 이후 나라 시대가 이어진다. 이 나라가 어디에서 시작했는지는 확실한 설은 없으나, 나라가 위치한 칸사이 일대였을 것으로 추측하는 학자들이 많다. 야마토국이 사라진 후 나라 일대의 지명이 '야마토'가 되었고, 현재와 같은 행정구역이 정해지기 전까지 나라현 일대가 '야마토쿠니'로 불렸다. 지금도 나라 주변에는 '야마토'가 붙은 지명이 많으며 상호명에서도 어렵지 않게 찾아볼 수 있다.

백제 百済

일본의 고대사에서 한반도의 영향은 적지 않게 찾아볼 수 있는데, 그중에서도 삼국시대의 백제는 야마토국과 지속적으로 교류하며 큰 흔적을 남겼고, 이후 백제가 신라에 패망한 이후 백제계 유민들이 일본열도로 대거 이주하기도 했다. 백제의 흔적은 일본 곳곳에 적지 않게 남아 있는데, 그중에서 가장 많은 유적과 유물을 찾아볼 수 있는 곳이 바로 나라다. 나라의 자랑인 대불, 호류지의 5층탑과 백제관음상 등이 대표적이라 할 수 있다. 나라에는 아예 '백제사'라는 절도 있고, '백제(쿠다라)'라는 지명도 있을 정도.

카키노하즈시 柿の葉寿司

초밥이라고 하면 흔히 식초를 넣고 간을 맞춘 밥을 길쭉하게 빚어 생선회를 올린 '니기리즈시 握り寿司'를 떠올린다. 그러나 사실 이러한 초밥은 18세기 중반 이후에 태어난 것이고, 그보다 오래된 스시의 원형은 보존을 위해 식초를 넣은 밥 위에 초절임한 생선을 올린 뒤 틀에 넣어 모양을 잡는 것이었다. 나라 일대에서는 여기에 산패 방지를 위한 처방이 하나 더 들어간 스시가 탄생했는데, 바로 초밥을 감잎으로 감싼 '카키노하즈시 柿の葉寿司'다. 나라의 대표적인 전통 음식이라 나라 시내 어디를 가도 어렵지 않게 찾아볼 수 있다.

네타오레 寝倒れ

오사카는 먹다가 망하고 교토는 옷 입다가 망한다. 혹시 나라에도 그런게 있을까? 있다. 바로 '자다가 망한다'는 뜻의 '네타오레 寝倒れ'다. 그런데 네타오레는 앞의 두개와 결이 약간 다르다. 워낙 오래된 유적이며 사찰이 많은 오래된 동네다 보니 이렇다 할 밤 문화가 없고 밤 8시만 되도 불 켜놓은 가게가 드물 정도로 조용해진다. 그래서 밤에는 잠밖에 잘 게 없다는 푸념이 '네타오레'가 된 것이라고. 실제로 나라는 밤이 되면 제법 중심가도 쥐 죽은 듯이 조용하다. 조용한 숙박을 원한다면 나라에서 자는 것도 고려해볼 만하다.

타케미가즈치 武甕槌命

일본 건국신화에 등장하는 강력한 군신으로, 번개를 다루는 신이다. 과거 나라 지역의 명문 가문이었던 후지와라 가문의 수호신인데, 나라에서 가장 큰 신사인 카스가타이샤에서 모시는 주신이기도 하다. 타케미가즈치는 원래 이바라키현에 있는 '카시마진구 鹿島神宮'라는 곳에서 살았는데, 나라의 카스가산으로 흰 사슴을 타고 찾아와 그곳에 정좌했다는 전설이 전해 내려온다. 후지와라 가문에서는 그때부터 카스가산 일대의 사슴을 신성시했고, 그 후부터 나라의 사슴은 보호받는 야생동물로 1000년 넘는 세월 동안 나라를 지배하고 있다.

HISTORY

칸사이에서 만나는 백제의 숨결

한국과 일본은 지리적으로 서로가 서로에게 가장 가까운 나라다. 200km밖에 안 되는 좁은 해협을 사이에 두고 있을 뿐이라, 먼 옛날부터 두 나라는 서로의 나라를 오갔다. 그중에는 전쟁이나 약탈 같은 부정적인 모습도 있었다는 것은 사실이지만, 그에 못지않게 두 나라 사이에는 문화적이나 경제적인 교류도 많았다. 특히 일본의 태동기에 백제가 끼친 막대한 정치적·문화적 영향은 현재까지 다양한 형태의 증거로 남아 있다. 칸사이 지역은 일본이라는 나라가 최초로 통일국가를 이룬 지역이라 백제가 남긴 문화유산을 그 어느 지역보다 다양하게 만나볼 수 있다.

1

세계에서 가장 오래된 목조 건물에 깃든 백제의 혼

호류지 法隆寺

나라 중심지에서 약 15km 떨어진 한적한 시골 마을인 '이카루가 斑鳩'. 이곳에는 일본이 자랑하는 유서 깊은 문화재가 있다. 바로 '호류지 法隆寺'다. 서기 607년에 창건된 것으로 추정되나 공식적인 기록은 없고, 일본 역사서에 '서기 670년 호류지의 건물은 단 한 채도 남지 않고 불에 타 사라졌다'는 기록이 있어 현재의 건물은 7세기 말~8세기 초에 지어졌다고 추측한다. 세계에서 10세기 이전에 지어진 목조건축물 중 현재까지 남아 있는 것은 호류지가 유일해, 세계에서 가장 오래된 목조건축물로 당당하게 이름을 올렸다. 1000년이 넘는 역사만으로도 대단하지만, 그 안에 담긴 각종 유물의 가치도 어마어마하다. 어느 정도냐면 도쿄 국립박물관의 부속 전시관 하나가 통째로 호류지의 보물만 전시하고 있을 정도다.

호류지는 일본 불교의 아버지라 불리는 쇼토쿠 태자 聖德太子가 창건한 것으로 전해진다. 역사적인 기록은 없으나 건물 곳곳에서 역력하게 드러나는 백제 스타일의 건축양식 때문에 호류지의 건축에 수많은 백제의 기술자와 예술가가 참여했다는 것은 움직일 수 없는 사실로 받아들여지고 있다. 역사적, 건축학적으로 워낙 뛰어난 사찰이지만, 그러한 사실 이상으로 호류지는 뛰어난 아름다움을 지닌 곳이다. 울창한 숲속에 단아하게 자리한 모습이 마치 1000여 년을 살아온 백제의 정령을 만나는 느낌이다. 아름다운 가람을 한 바퀴 돌아본 뒤 보장원에서 백제 불상과 조우하고 나면 뭔가 1000여 년 전 중요한 순간과 마주친 것 같은 기분이 든다.

VOL.2 ⓘ P.506

호류지에서 꼭 챙겨 봐야 할 세 가지

이제 벽화는 없지만

금당 金堂(콘도)

세계에서 가장 오래된 목조건축물로 공인받은 바로 그 건물이다. 1949년의 화재로 대부분이 타버렸으나 당시의 건축 재료 중 10~15% 정도는 보존되어 있다고 한다. 현재의 건물은 1950년대에 재건한 것이다. 건물 자체도 일본 국보로 지정되어 있고, 내부에 자리한 여러 기의 불상이 모두 일본 국보 혹은 중요문화재다. 원래 내부에 고구려의 화가 담징이 그린 벽화가 있었다고 하나 1949년의 화재로 모두 타버렸다. 건축 연대를 고려하면 진짜 담징이 그렸을 가능성은 적으나 벽화의 화풍을 볼 때 고구려의 영향을 강하게 받은 것은 사실이라고. VOL.2 ⓘ P.507

1000여 년의 세월을 견딘 탑

오층탑 五重塔(고주노토)

앞마당에 우뚝 선 32.45m의 탑으로, 전 세계에서 가장 오래된 목조 탑이다. 나무 부분은 재건한 것이나 중심부의 기둥은 건축 당시의 것으로 무려 594년에 만들어졌다고 한다. 지진이 자주 일어나는 일본에서 1000년이 넘는 세월 동안 단 한번도 넘어지지 않고 자리를 지킨 것으로 유명하다. 수많은 학자들이 호류지 오층탑에 대해 연구했는데, 중심 기둥이 땅에 깊이 박혀 있고 건물의 이음매가 유연해 충격을 쉽게 흡수하며 처마가 낮아 마치 추가 달린 인형처럼 중심을 잡는다고 한다. VOL.2 ⓘ P.507

불상이 이렇게 아름다워도 되나요

백제관음상 百済観音像(쿠다라칸논조)

호류지 경내에는 호류지에서 가장 중요한 유물을 모아 소장 및 전시하는 '대보장원 大宝蔵院(다이호조인)'이라는 전시관이 있다. 이곳의 하이라이트라고 해도 과언이 아닌 전시물이 바로 '백제관음상'이다. 일본에서는 역사상 모든 불상을 통틀어 가장 아름다운 것으로 꼽히는데, 늘씬한 신체와 묘한 미소에서 관능미까지 느껴져 불상에서 이런 걸 느껴도 되나 난감하기까지 하다. 17세기 일본 문헌에서 '백제에서 온 것이다'라고 기록하고 있고 제작 양식 또한 백제 스타일이라 최근까지도 백제에서 제작해서 건너온 것으로 비판 없이 받아들여졌는데, 최근 일본에서 제작되었을 가능성이 학자들에 의해 제기되고 있다.

2 역사에 남은 이름과 남지 않은 이름
토다이지 대불 東大寺 大仏(토다이지 다이부츠)

나라는 사슴에게 지배당한 도시처럼 보이지만, 일본인에게는 사슴보다는 대불의 도시라는 이미지가 강하다. 나라의 중심부에 자리한 대형 사찰 토다이지 東大寺, 일명 '동대사'의 본존불인 비로자나불의 별명으로, 말 그대로 정말 큰 부처님의 동상이 대불천 한가운데에 떡 자리하고 계신다. 얼마나 큰지 전 세계에서 가장 큰 금동 불상으로 공인되었을 정도다. 높이가 무려 14.7m로 5층 빌딩만 한 이 불상의 건립 연도는 서기 752년. 무려 약 1300년 전의 불상이다. 그 시절에 이렇게 거대한 불상을 대체 어떻게 만들었을까? 기록에 의하면 이렇다. 중심축을 단단히 세운 뒤 목재 및 대나무로 골조를 만든다. 그 위에 점토를 붙여 모양을 만든 뒤 점토상 주위로 미세한 틈을 두고 흙을 쌓아 올려 거푸집처럼 만든다. 점토상과 흙 거푸집 사이에 금동을 흘려보내 마무리한다. 당시로는 돈, 시간, 재료, 인력이 어마어마하게 들어가는 고난도의 기술이었기에 대불 제작에 참여한 것으로 기록에 남은 사람이 무려 260만 명에 달한다고 한다.

대불 제작에 참여한 주요 인물 중 백제계 사람으로 또렷하게 기록된 두 사람이 있다. 첫째는 일본 고대 불교사에서 가장 중요한 인물로 일컬어지며 '보살'로 추앙받은 승려 교키 行基다. 당시 일본 국민들에게 절대적인 신뢰와 지지를 받던 교키는 쇼무 텐노로부터 '권진'이라는 직책을 받아 대불 프로젝트에 필요한 자금을 조달하는 일을 맡았다. 그는 일본에서 태어났으나 부모가 모두 백제 출신이었고, 특히 아버지는 일본에 한자를 전파한 왕인 박사의 후손이었다.

두 번째 인물은 쿠다라노고니키시 쿄후쿠 百済王敬福라는 긴 이름을 지닌 사람이다. 조정의 신하로 상당한 부자였는데, 대불 프로젝트 당시 자금 조달에 문제가 생기자 그가 금 900냥을 쾌척했다는 것이 역사서에 적혀 있다. 그의 성을 한국식으로 읽으면 '백제 왕'이 되는데, 이 성씨는 백제 멸망 후 일본으로 건너간 의자왕의 후손들이 사용

하던 것이다. 백제 왕의 후손이 일본에서 뿌리내린 후 중요한 세력으로 자리매김했다는 것을 방증하는 에피소드라 할 수 있다.
그 외에도 수많은 백제인의 손길이 이 대불을 거쳤다. 일설에 의하면 대불 프로젝트는 세 차례의 쓰디쓴 실패를 맛보았고, 결국 한반도에서 옛 백제의 기술자를 데려와 비로소 완성할 수 있었다고도 하나 역사적으로 확인된 사실은 아니다. 그러나 백제가 멸망한 후 일본으로 건너간 기술자 들이 교키와 쿠다라노고니키시 등 백제계 지도자들의 지휘 아래 이 불상을 만드는 작업에 대거 참여했을 거라는 것은 매우 가능성이 높은 일이다.

VOL.2 Ⓘ P.501 Ⓜ P.495C

+ WRITER'S NOTE +

그녀의 정체

꽤 오래전에 친구와 둘이 칸사이 여행을 했을 때의 일입니다. 숙소가 있던 오사카로 돌아가기 위해 호류지 앞에서 시외버스를 탔죠. 저희 앞자리에는 중년 여성 두 분이 앉아 계셨습니다. 일본어로 다정하게 수다를 떨고 계셨는데, 제 자리까지 말소리가 넘어오는 바람에 본의 아니게 내용을 듣게 되었습니다. 욘사마 얘기 중이시더라고요. 저는 친구와 늘 나누던 시시한 대화를 나누기 시작했습니다. 그때였습니다.
"한국분들이십니까?"
앞자리 아주머니가 얼굴에 반가운 미소를 가득 띄우고 일본식 억양이 역력한 한국말로 저희에게 말을 거셨습니다. 그때까지만 해도 그냥 욘사마가 좋아서 한국어를 배운 분이라고 생각했죠. 하지만 다음 순간 제 추측은 완전히 빗나가고 말았습니다.
"저희는 재일 조선인입니다. 재일 조선인 아십니까?"
'재일 조선인'이란 일제강점기 일본으로 이주했으나 해방 이후에 한국으로 돌아가지 않고, 대한민국이나 북한 어느 쪽의 국적도 선택하지 않은 채 '조선' 국적으로 살아가는 재일 한국인을 뜻합니다. <박치기>, <우리학교> 같은 재일 조선인 관련 영화를 본 적은 있지만 실제로 뵌 건 그때가 처음이었습니다. 앞자리 아주머님은 나고야에 사는데, 가끔 나라로 여행을 오신다고 했습니다. 휴식하기도 좋고 볼거리도 많지만, 무엇보다 우리 민족이 만들어놓은 문화유산이 많아서 좋다고 하셨습니다. 특히 강조하셨던 게 나라 대불이었어요. 나라 대불은 백제 유민이 만든 최고의 문화재이며 민족의 자랑거리라고 힘주어 말씀하셨습니다. 이것이 역사적인 사실과는 다소 차이가 있을 수 있겠지만, 타국 땅에서 민족 정체성을 유지하며 살아가는 디아스포라에게 그 믿음은 큰 힘이 되지 않았을까요? 짧은 만남이었지만 그 울림은 제법 길었습니다.
그리고 몇년 뒤, 아주머니를 다시 뵙게 되었습니다. 이번엔 TV였습니다. 옛날에 '인민 루니'라는 별명으로 불리던 재일 조선인 축구 선수 정대세 아시죠? 정대세 선수의 가족을 다룬 다큐멘터리에서 그 아주머니의 얼굴을 보게 되었습니다. 정대세 선수 이모님이셨더라고요.

3

백제가 보낸 보물을 보고 싶다면

나라 국립박물관

奈良国立博物館
(나라코쿠리츠하쿠부츠칸)

나라 국립박물관은 일본에서 가장 중요한 박물관 중 한 곳이다. 일본의 국보 및 중요문화재급 고대 유물 및 고미술품을 대거 소장 및 전시하고 있기도 하거니와, 본관 건물이 중요문화재로 지정되었을 정도로 아름다운 건축물이기도 하다. 역사와 오래된 예술품을 사랑하는 여행자라면 일본 여행 중 어차피 나라 국립박물관에 들르긴 하겠지만, 기왕이면 다음의 문화재가 공개될 때로 날짜를 맞춰보면 어떨까? 백제와 일본의 관계를 웅변하는 매우 중요한 문화재로, 상설 전시는 하지 않고 어쩌다 한 번씩 나라 국립박물관에서만 공개한다. VOL.2 ⓘ P.499 Ⓜ P.495C

백제 왕이 하사한 칼

칠지도 七支刀

날씬한 몸체에 6개의 돌기가 나뭇가지처럼 튀어나와 있는 칼이다. 이 칼은 19세기 중반까지 유래가 전혀 밝혀지지 않은 채 나라현 텐리시에 위치한 신사인 '이소노카미진구 石上神宮'에서 의식용 도구로 사용되었다. 그러다 1874년에 한 역사학자가 칼 몸체에 새겨진 글자를 발견하게 된다. 군데군데가 지워져 완벽하게 해석하기는 어려우나, 백제의 왕이 이 칼을 제작해 일본 왕에게 선물했다는 것만은 확실했다. 문제는 어느모로 보나 문체가 주군이 신하에게 선물하는 것으로 보인다는 사실. 국수주의적인 일본 학자들은 이 문구를 어떻게든 다르게 해석해보려고 했으나, 현재까지 정설로 채택된 것은 없다. 어쨌든 이 칼은 당시 백제와 일본이 최소한 형-동생 정도의 친밀한 관계를 맺었다는 것을 강력하게 증거하는 중요한 역사 유물이다. 현재 칠지도는 평소 이소노카미진구에서 보관하다 몇 년에 한 번씩 나라 국립박물관에서 개최하는 특별 전시를 통해 일반에 공개하고 있다.

의자왕의 외교 플렉스

목화자단기국 木畵紫檀棋局

토다이지에는 '쇼소인 正倉院'이라는 부속 건물이 있다. 일본의 국보급 유물이 1만여 점이 보관되어 있는 국립 유물 관리 시설로, 일본 왕실에서 직접 관리하는 곳이다. 이곳에 보관된 유물은 평소 전혀 외부에 공개하지 않으며, 열람하고 싶다면 궁내청을 통해 텐노의 허가를 받아야 한다. 이곳에는 한국과 연관된 유물도 여러 점 보관되어 있는데, 그중에서도 가장 빼어나다고 평가받는 것이 '목화자단기국 木畵紫檀棋局'이다. 한반도에서 자라는 육송으로 만든 바둑판인데, 생김새가 매우 아름답고 만듦새 또한 감탄이 나올 정도로 정교하다. 이 바둑판은 의자왕이 일본의 대신에게 하사한 것으로, 백제의 대일 외교를 상징하는 유물로 여겨진다. 쇼소인의 유물은 평소에는 외부 공개를 하지 않으나, 1년에 한 번 나라국립박물관에서 개최하는 <쇼소인전 正倉院展>을 통해 몇몇 유물을 전시한다. 목화자단기국은 쇼소인에서도 인기가 높은 유물이라 높은 확률로 전시품에 끼어있다. 쇼소인전이 열리는 시기는 매해 조금씩 다르나 보통은 10월 초·중순에 시작해 한 달간 진행된다.

日本最初庚申尊
四天王寺庚申堂参道
熊野権現礼拝石

4

백제 문화가 오사카 땅에 왔소

시텐노지 四天王寺

시텐노지는 오사카 시내 남쪽 텐노지 지역에 자리한 오래된 사찰이다. 얼마나 오래됐냐면, 1400년쯤 됐다. 공식적으로 기록된 창건 연대가 서기 593년이니 말이다. 이 일대의 지명인 '텐노지' 자체가 이 절의 이름에서 비롯됐다.

이 절은 호류지와 마찬가지로 일본 불교의 아버지 쇼토쿠 태자가 지은 것이다. 쇼토쿠 태자는 아스카시대의 인물로 요메이 텐노의 장남이었는데, 어린 시절부터 독실한 불교 신자였던 태자는 19세의 나이에 텐노의 섭정으로 일본 최고 권력을 쥐자 본격적으로 일본의 불교 중흥에 힘쓴다. 쇼토쿠 태자의 불교 전파는 그렇게 녹록지만은 않아 이내 극렬한 반대에 부딪혔고, 급기야 전쟁을 하게 된다. 이에 쇼토쿠 태자는 부처님께 이 전쟁에서 이기면 절을 지어 바치겠다고 발원하고, 전쟁에서 이기자 정말 절을 지어 바친 것이 바로 시텐노지다. 쇼토쿠 태자가 지은 최초의 사찰이자 일본 역사 최초의 사찰로 꼽힌다.

쇼토쿠 태자는 일본에 본격적으로 불교를 전파하기 위해 한반도에서 많은 사람과 문화를 일본에 들여왔다. 쇼토쿠 태자 최초의 작품인 시텐노지는 그가 지은 여러 사찰 중에서도 백제의 영향이 가장 강하게 드러난다고 한다.

시텐노지는 이후로도 한반도 도래인의 사상적 중심지 역할을 했다. 그것을 증명하는 축제가 매년 11월 첫 번째주 일요일에 개최되는 '시텐노지 왓소 四天王寺ワッソ'로, 한반도에서 일본으로 찾아온 사람들을 환영하는 행렬을 재현한 축제다. 백제인 혹은 당나라 사람으로 변장한 사람들이 한국 국악풍 음악을 틀어놓고 "왓소! 왓소!"라고 외치며 행진하는 행사인데, 여기서 '왓소'는 한국어 '왔소'를 뜻한다. VOL.2 ① P.310 Ⓜ P.304B

+ WRITER'S NOTE +

쇼토쿠 태자가 백제 사람?

쇼토쿠 태자는 일본 고대사에서 매우 중요한 인물입니다. 일본에 불교를 최초로 전파한 사람이기도 하거니와 정치적으로도 큰 영향을 미쳤다고 하죠. 그런데 이 인물에 대해서는 사실 말이 많습니다. 쇼토쿠 태자가 남겼다고 하는 업적 중에 적지 않은 수가 허위 혹은 과장됐다는 거죠. 쇼토쿠 태자가 지었다고 알려진 절이 알고 보면 비슷한 시대의 다른 왕자가 지었다거나 하는 식입니다. 이는 사실 어쩔 수 없는 부분이 있습니다. 쇼토쿠 태자는 6세기 말에서 7세기에 살았던 인물이거든요. 이렇게 오래된 사람들의 기록에 판타지나 오류가 섞이는 것은 세계적으로 흔한 일입니다. 게다가 일본의 고대사는 <일본서기>를 비롯한 소수의 역사서에 조금 남아 있을 뿐인데, <일본서기>는 오류와 과장이 많기로 유명합니다. 이런 사정이니 쇼토쿠 태자의 정체가 다소 흐릿한 것은 전혀 이상하지 않습니다. 극단적인 학자들은 아예 허구의 인물이라고 주장하기도 하지만 그건 너무 나갔다는 것이 중론입니다.

그런데 쇼토쿠 태자에 대한 여러 설왕설래 중 재미있는 것이 있습니다. 쇼토쿠 태자가 아예 백제 사람이라는 얘기죠. 백제 27대 왕인 위덕왕의 아들 아좌 태자가 쇼토쿠 태자라는 설이죠. 아좌 태자는 일본에 사신으로 간 뒤 한국으로 돌아오지 않고 일본에서 평생을 산 것으로 알려졌는데, 일본으로 간 아좌 태자가 쇼토쿠 태자와 동일 인물이라는 겁니다. 그러나 이것은 역사적 증거가 별로 없는 그야말로 '썰'이라고 합니다. 다만 아좌 태자와 쇼토쿠 태자가 매우 긴밀한 관계였던 것은 사실로, 아좌 태자가 그렸다고 전해지는 쇼토쿠 태자의 그림이 남아 있습니다.

BEST SPOT

칸사이 여행
최고 인기 스폿
Best 7

1

오사카를 대표하는 거리

도톤보리 道頓堀

오사카를 다녀온 사람이면 100명 중 150명이 찍어오는 사진이 있다. 얼굴 근육이 아파보일 정도로 활짝 웃는 얼굴의 남성이 두 팔을 번쩍 들고 있는 네온사인 간판, 또는 시뻘겋고 거대한 게를 필두로 오만가지 간판이 시끄럽게 매달려 있는 골목. 이곳이 바로 오사카의 명물 거리인 '도톤보리'다. 오사카 중심부의 남쪽을 가로지르는 도톤보리강을 중심으로 형성된 번화가로, 오사카의 대표 맛집들이 대거 몰려 있다. 도톤보리강변, 그리고 메인 스트리트를 따라 네온사인이 휘황찬란하다 못해 정신 사납게 빛나는 모습은 일본 굴지의 상업 도시이자 맛의 도시 오사카를 대표하는 풍경이라 할 수 있다. 이곳에서 인증숏 하나 남기지 않고 온다면 오사카 안 가본 사람으로 오해받는대도 어쩔 수 없다. VOL.2 ⓘ P.268 Ⓜ P.262E

도톤보리에서 꼭 해야할 것 4가지

1 글리코맨 인증숏 찍기

'글리코맨' 앞에서 인증숏 하나 안 찍을 수 없다. 에비스바시 다리 위, 강 건너편 등의 고전적인 인증숏 포인트는 물론 최근 유행하는 히든 포인트도 찾아볼 것. VOL.2 ⓘ P.268 Ⓜ P.262E

2 타코야키 먹기

오사카를 대표하는 먹자골목으로 오코노미야키, 타코야키, 쿠시카츠 등 오사카 대표 먹거리를 모두 맛볼 수 있는 곳이다. 그중에서도 길거리에서 먹는 타코야키가 제맛!

3 밤 산책 하기

낮보다 밤이 더 화려하다. 네온사인으로 찬란하게 물든 도톤보리 메인 스트리트와 도톤보리강 주변을 천천히 걸어볼 것. 도톤보리강가에는 산책로도 잘 조성되어 있다.

4 호젠지요코초 찾아보기

좁고 가느다란 골목으로, 자그마한 식당과 술집이 다닥다닥 붙어 있어 매우 특이한 정취를 자아낸다. 중간에 길의 이름이 된 '호젠지' 절도 찾아볼 수 있다. VOL.2 ⓘ P.269 Ⓜ P.262E

2

일본 제2위의 높이에서 바라보는 오사카의 풍경

하루카스 300 ハルカス300

어느 도시든 여행자에게 고층 전망대는 필수 코스 중 하나로 통한다. 내가 여행한 도시의 모습을 시원한 각도에서 한눈에 담을 수 있는 근사한 경험이니까. 오사카에서 이러한 근사한 풍경을 눈에 담고 싶은 여행자라면 '하루카스 300' 전망대를 제1 후보로 생각해도 좋다. 텐노지 지역에 위치한 고층 빌딩 '아베노 하루카스 あべのハルカス'의 최상층인 58~60층에 위치한 전망대로, 현재 오사카 일대에서 가장 높은 전망대다. 아베노 하루카스의 높이는 무려 300m로 얼마 전까지만 해도 일본에서 가장 높은 빌딩이었지만 도쿄에 새로 생긴 아자부다이힐즈가 1위로 올라서며 애석하게 2위로 물러났다. 하지만 여전히 300m 상공에서 짜릿한 전망을 감상할 수 있다는 사실에는 아무 변함이 없다. VOL.2 ⓘ P.309 Ⓜ P.304B

+ PLUS INFO +

오사카의 또 다른 전망대들

· **우메다 공중 정원**: 오사카 북부의 번화가인 우메다에 위치한 고층빌딩 '스카이 빌딩 スカイビル'의 최고층에 위치한 전망대로, 하루카스 300이 생기기 전까지는 오사카 전망대의 지존이었다. 지나치게 높은 곳의 풍경보다 적당한 높이가 좋다면 이곳을 권한다.

VOL.2 ⓘ P.292 Ⓜ P.286A

· **사키시마 코스모 타워 전망대**: 오사카 서부 항구 지역에 위치한 고층 빌딩으로, 바다를 끼고 있는 오사카의 풍경을 볼 수 있다. 특히 칸사이 공항이 한눈에 들어오는 전망대로 유명하다. 고층 전망대에서 바다와 어우러진 낙조를 보고 싶다면 이곳을 선택할 것.

VOL.2 ⓘ P.330 Ⓜ P.324B

하루카스 300을 최고로 즐기기 위한 3가지 포인트

1 일몰 시간을 맞추자

저녁놀이 내리기 전에 올라가서 해가 모두 진 후 내려오는 것이 최고. 낮 풍경과 노을진 풍경, 야경까지 모두 야무지게 챙겨볼 수 있다.

2 화장실로 가자!

하루카스 300 59층에 위치한 화장실에서는 전망대만큼 근사한 풍경이 펼쳐진다. 이 전망을 보기 위해 한 번쯤 찾아가볼 만한 가치가 있다.

3 카페를 즐기자!

58층에는 '스카이 가든 300'이라는 이름의 카페 겸 레스토랑이 자리한다. 전망과 함께 차와 음식을 즐길 수 있는데, 특히 아이스크림이 맛있는 것으로 유명하다.

3

오사카 역사의 가장 큰 전환점

오사카 성 大阪成

오사카가 일본의 중요한 도시가 된 건 언제부터일까? 항구가 생겼을 때? 쇼토쿠 태자가 시텐노지를 만들었을 때? 코토쿠 텐노가 오사카로 수도를 옮겼을때? 이런 사건들도 물론 중요하지만, 지금의 오사카를 만든 건 뭐니 뭐니 해도 16세기 말의 문제적 남자 도요토미 히데요시일 것이다. 희대의 풍운아 오다 노부나가가 죽은 뒤 일본의 정점을 차지한 도요토미 히데요시는 밖으로는 임진왜란을 일으켜 조선에 큰 피해를 입히고 안으로는 자신의 세력을 규합하기 위해 오사카 성을 쌓는다. 비록 도요토미 히데요시의 시대는 오래가지 못했지만, 규모와 세력을 갖춘 오사카는 이후 무역과 상업의 도시로 꽃길을 걸었고 현재는 당당히 일본 제2의 도시가 되었다. 오사카 성은 일본 전역에 흔히 보이는 옛날 건물 중 하나로만 여길 수도 있겠지만, 알고 보면 오사카의 역사에서 가장 두꺼운 글씨체로 '그런데'를 적어 넣은, 오사카의 역사적 전환점의 증거이자 그 자체다. VOL.2 ⓘ P.318 Ⓜ P.316A

오사카성에서 꼭 봐야 할 3가지 풍경

1 텐슈카쿠 전망대에서 본 풍경

일본 옛 성의 중심 망루 건물을 일컬어 '텐슈카쿠 天守閣', 우리식으로는 '천수각'이라고 하는데, 오사카 성 천수각 꼭대기에는 전망대가 설치되어 있다. 성 주변의 푸른 숲과 해자, 오사카 성 일대의 고층 빌딩숲까지 한눈에 들어온다.

2 야경

오사카 성 일대에는 조명 시설이 잘되어 있어 밤마다 찬란한 빛을 낸다. 특히 새하얀 빛을 뿜으며 우뚝 선 텐슈카쿠의 모습은 오랫동안 기억에 남을 정도로 근사하다.

3 해자

오사카 성 주변은 매우 넓은 해자가 둘러싸고 있는데, 이렇게까지 넓고 깊은 해자를 지닌 성은 일본 전국에서 오사카 성이 유일하다. 특히 봄철에는 이 해자 위로 벚꽃잎이 떨어지는 장관을 볼 수 있다.

마음속까지 맑아지는 풍경

4 기요미즈데라 清水寺

이곳의 이름을 우리식으로 읽으면 '청수사'. 한문을 아주 조금만 아는 사람이라도 '맑은 물의 절'이라는 것을 쉽게 알 수 있을 것이다. 실제로 이 절의 창건 유래에도 물에 관련한 사연이 담겨 있다. 서기 778년 금빛 물줄기의 폭포에 관음보살을 모신 것을 유래로 창건된 매우 유서 깊은 사찰로, 창건의 유래가 된 물줄기가 '오토와 폭포 音羽の滝(오토와노타키)'라는 이름으로 경내에 남아 있다. 이 절을 교토 최고의 관광지이자 칸사이 여행 필수 코스로 만든 최고의 가치는 다름 아닌 풍경.

산꼭대기의 우거진 숲과 완벽한 조화를 이루고 있는 절집의 풍경은 아름다운 절이 지천에 널린 교토에서도 빼어나게 아름다운 모습이다. 언덕을 오르고 또 올라 본당 뒤쪽 전망 포인트에 도착하면 본당의 우아하고 화려한 모습과 우거진 숲, 그리고 저 멀리 교토 시내가 어우러진 풍경이 한눈에 들어오는데, 교토 여행 중 가장 기억에 남는 감동 포인트가 될 만하다. 이 풍경 하나 보러 언덕을 올라야 하나 고민이 될 만도 하지만 막상 올라와보면 그 수고가 하나도 아깝지 않다. VOL.2 Ⓘ P.358 Ⓜ P.351D

+ PLUS TIP +

비추 타이밍

사계절 아름답긴 하지만 12월 중순부터 3월 초까지는 경내를 가득 메운 나무들의 이파리가 모두 떨어져 비교적 쓸쓸한 풍경이 연출된다. 또한, 본당이 서쪽을 바라보고 있어 12시 이전에 방문하면 태양에 눈이 강타당할 수 있다.

기요미즈데라에서 놓치지 말아야 할 타이밍 3가지

1 일몰

본당이 서쪽을 바라보고 있어 본당 뒤쪽 전망 포인트로 가면 정면으로 해가 지는 모습을 볼 수 있다. 저녁나절 노을이 교토 시내와 숲을 붉게 물들이는 모습은 마치 거대한 루비를 보는 느낌을 준다.

2 야간개장

기요미즈데라는 봄 벚꽃철과 여름 오봉 기간, 가을 단풍철 이렇게 연 총 3회 야간 개장을 한다. 이때는 경내 전체에 일명 '라이트업'이라고 하는 야간 조명을 켜기 때문에 안 그래도 아름다운 기요미즈데라가 한층 더 아름답게 빛난다.

3 단풍

기요미즈데라가 가장 아름다운 계절은 단연 가을. 그것도 11월 중순 이후의 단풍철이다. 기요미즈데라가 자리한 오토와산에는 단풍이 유난히 많아 경내 전체가 새빨간 빛으로 화려하게 빛난다.

마치 한 폭의 동양화 같은 풍경

5 아라시야마 嵐山

세월도 변하고 여행에 대한 유행도 변한다. 교토 서부에 자리한 산인 '아라시야마' 일대는 십수년 전만 해도 숨겨진 명소였지만 지금은 교토의 수많은 관광지를 젖히고 최고의 인기 관광지로 당당히 자리매김하고 있다. 그런데 그럴 만하다. 비취를 녹여놓은 듯한 신비로운 녹색 물이 도도히 흐르는 강과 그 위를 유유히 떠가는 조각배, 느긋하게 이어진 산등성이 등 마치 거대한 동양화를 현실에 펼쳐놓은 듯한 아름다운 풍경을 지녔으니 말이다. 교토 시내는 고풍스럽긴 하나 의외로 대도시라 좀 더 자연과 어우러진 풍경을 기대한 사람이라면 적게나마 아쉬움을 느낄 수 있으나, 아라시야마에 오면 그 실낱같은 실망조차 완전히 사라진다. 1년 365일 일본 전국에서 몰려온 수학여행 학생들이 진치고 있으므로 호젓하다거나 고즈넉하다거나 이런 것에 대한 기대만 조금 내려놓는다면 그야말로 완벽한 그림 한 폭이 여행자를 기다릴 것이다.

VOL.2 ⓘ P.422 Ⓜ P.416B

아라시야마에서 꼭 해볼 것 4가지

1 이른 아침 치쿠린 거닐기

아라시야마의 상징 치쿠린. 키 큰 대나무 숲 사이로 난 조붓한 산책로가 400m 가량 뻗어 있다. 사람들이 몰려오기 전 대나무 숲이 안겨주는 고요한 정서를 마음껏 누려볼 것. VOL.2 ⓘ P.423 Ⓜ P.416B

2 호즈강에서 유람선 타기

아라시야마 서쪽의 카메오카부터 중심의 토게츠교에 이르는 약 11.5km의 강. 카메오카 부근에서 작은 배를 타고 천천히 내려가는 유람선 2시간 코스는 교토의 강이 선물하는 모든 정취를 누릴 수 있는 최고의 여행법이다.

VOL.2 ⓘ P.426 Ⓜ P.416B

3 토롯코 열차 타기

걷는 것보다 조금 빠른 속도로 아라시야마의 산과 강을 누비는 관광용 열차. 특히 벚꽃철에는 이 열차를 타는 것 자체가 교토 최고의 벚꽃 놀이라 할 수 있다.

VOL.2 ⓘ P.426 Ⓜ P.416B

4 길거리 음식 즐기기

토게츠교에서 치쿠린 방향으로 가다 보면 길거리 음식을 판매하는 수많은 가게들을 볼 수 있다. 특히 말차 아이스크림과 유바 튀김은 배가 터질 정도가 아니라면 꼭 먹어야하는 음식에 속한다.

6

교토에서 가장 유명한, 그러나 가장 교토 답지 않은

킨카쿠지 金閣寺

뻥을 많이 보태자면, 교토는 사람 사는 집보다 오래된 사찰이 더 많다. 교토에 살던 왕족과 귀족 중 적지 않은 수가 불가에 귀의했고, 그들은 살던 집을 절로 만들거나 새로 절을 창건했다. 금각사는 13세기에 어느 귀족이 지은 절로 교토에 흔한 평범한 절 중 하나였는데, 16세기에 무로마치 막부 3대 쇼군인 아시카가 요시미츠가 이곳을 차지하며 전각 하나를 죄다 금빛으로 칠해버린다. 교토의 사찰들은 대부분 나무빛깔을 살린 차분하고 우아한 모습이며, 번쩍번쩍 금칠이 되어 있는 전각은 교토 천지에 이곳 하나뿐이다. 덕분에 이 사찰은 '로쿠온지 鹿苑寺'라는 원래 이름이 아닌, 금으로 된 전각이 있는 절이라는 뜻의 '킨카쿠지(금각사)'로 더 유명해졌고, 교토답지 않은 화려하고 유니크한 모습 덕분에 오히려 교토를 대표하는 풍경이 되었다는 아이러니한 사연이다.

VOL.2 Ⓘ P.401 Ⓜ P.399C

+ WRITER'S NOTE +

이곳은 어쩌다 금칠이 되었나

킨카쿠지의 모든 건물이 금색인 것은 아닙니다. 아름다운 연못 옆에 위치한 3층 전각만 금칠이 되어 있어요. 이 전각의 명칭은 '샤리덴 舎利殿', 우리식으로 읽으면 사리전입니다. 부처님의 사리를 모신 건물을 말해요. 금색으로 칠해진 이유도 표면적으로는 사리와 연관이 있습니다. 부처님의 뼈가 금색이라는 속설을 반영했다는 거죠. 그러나 이것은 어디까지나 '표면적'이고, 진짜 이유는 아시카가 요시미츠 쇼군이 당시 텐노와 교토 귀족들에게 자신의 세력을 과시하기 위함이었다고 합니다.

7

이곳은 사슴의 제국

나라 공원 奈良公園

나라역에 도착해 토다이지 방향으로 조금 걷다 보면 이내 다른 도시에서는 볼 수 없는 낯선 풍경 하나가 여행자를 맞는다. 바로 사슴이다. 사슴이 공원 안 대로변이나 상점 앞을 마치 동네 할아버지처럼 어슬렁거리고 있는 모습은 아무리 예전부터 소문을 들었다고 해도 바로 적응하기는 쉽지 않은 풍경이긴 하다. 나라의 중심부에는 '나라 공원'이라는 이름의 넓은 공원이 조성되어 있는데, 이 일대에는 벌써 1000년도 훨씬 전부터 야생 사슴이 살고 있었다. 나라의 중심 신사인 가스가타이샤에서는 신이 흰 사슴을 타고 온다고 하여 사슴을 신성시했고, 그래서 야생 사슴을 해치거나 잡아먹지 않고 고이고이 모시듯이 보존했다. 그리하여 나라에는 1000년 넘게 일본 토종 사슴이 공원 일대에서 번식 및 서식하게 된 것. 때로는 난폭하게 여행객을 따라오는 사슴 때문에 당황스러운 경험도 하게 되지만, 그런 경험조차 나라 아니면 해보기 힘든 것이다. VOL.2 ⓘ P.500 Ⓜ P.495C

나라 공원 사슴 트리비아

1 진짜 야생!

평범하게 생각하면 사슴들을 어디선가 사육하다 낮에만 공원에 풀어놓는 게 타당할 것 같지만, 나라 공원의 사슴들은 진짜 야생이 맞다. 약 8세기부터 나라 공원 일대에 서식하고 있었고, 특별한 관리 없이 알아서 번식하고 먹고 산다.

2 현재 총 마릿수는?

2021년 7월 조사에 따르면 총 1105마리가 서식하고 있다고 한다. 코로나 유행기 이후로 공원 일대에 출몰하는 횟수가 확 줄었으나 실제 마릿수가 유의미하게 준 것은 아니라고.

3 먹이를 주지 마시오

사슴들은 대대로 관광객들이 주는 먹이에 길이 들어 사람만 보면 먹이를 내놓으라고 난폭하게 코를 들이밀곤 한다. 그러나 먹고 싶어 한다고 해서 사람이 먹는 채소나 음식을 주는 것은 절대 금물. 공원 내 판매소에서 사슴 전용 먹이, 일명 '시카센베이 鹿せんべい'를 판매하고 있으므로 먹이를 주고 싶다면 꼭 구입할 것.

SECRET SPOT

나만 알고 싶은 순간,
칸사이 시크릿 스폿

여행의 시간은 각자의 사정마다 모두 다르지만, 그럼에도 치명적인 공통점이 있다. 갈 곳에 비해서는 주어진 시간이 너무 짧다는 것. 그래서 많은 여행자들은 남들 다 가는 최고 유명 여행지를 선택하곤 하고, 어찌 보면 이것은 최선의 선택일지도 모른다. 그러나 세상에는 남들의 최선이 나에게도 최선은 아닌 사람들이 존재하기 마련이고, 이 글을 쓰고 있는 필자 또한 사실 그런 사람 중 하나다. 그래서 모아봤다. 조금 덜 알려졌지만, 여행 많이 다닌 사람들이 칸사이에서 가장 '애정하는 장소'와 그곳에서 맞는 순간들. 부디 누군가에게는 영감이 될 수 있기를.

텐진바시스지 상점가를 걷다 보면 '여기가 진짜 오사카구나' 하는 느낌을 받게 돼요. 오사카 중심가에서 생활하는 현지인들이 쇼핑을 하고 밥을 먹고 술을 한잔하며 피로를 푸는 동네거든요. 신사이바시와 다르게 이 일대에서는 외국어가 잘 안 들려요.

—어학연수생 C씨

1 텐진바시스지에서 현지인 놀이 하기

텐진바시스지 天神橋筋

지하철 타니마치선을 타고 '텐진바시스지로쿠초메 天神橋筋六丁目'라는 긴 이름의 역으로 향한다. 우메다에서 두 정거장이니까 중심번화가에서 썩 멀지도 않다. 역 바깥으로 나오면 이내 상점가의 입구가 보인다. 오사카는 물론 일본 어딜 가나 흔히 볼 수 있는 유리 지붕 아케이드 상점가다. 상점가 안으로 발을 들인다. 여느 상점가와 마찬가지로 식당, 상점, 미용실 등이 길을 따라 좁고 길게 이어진다. 손으로 쓴 낡은 간판을 내건 동네 밥집, 동네 할머니, 할아버지 옷을 파는 오래된 옷 가게, 생활용품을 파는 예쁜 식당이나 카페 같은 것도 안 보인다. 그래서 오사카에 짧게 머무는 초행 여행자들에게 어쩌면 그다지 매력적인 모습이 발견되지 않을지도 모른다.

그러나 오사카에 두 번 이상 방문했거나 여행 기간이 제법 긴 사람들의 눈에는 높은 확률로 이곳에서 특별한 기운이 보인다. 바로 '로컬'의 느낌이다. 이곳이 관광객이 아닌, 정말 오사카 중심가에 거주하는 사람들의 눈높이와 삶의 결에 맞춘 상점가다. 화려한 눈요깃거리 대신 생활감과 오사카의 지역색이 마치 물 뿌린 흙처럼 텁텁하면서 속 시원한 향을 내뿜는다. 길거리에 쌓인 떨이 물건을 뒤지며, 동네 할아버지들이 삼삼오오 밥을 먹는 식당에서 가장 인기 있는 메뉴도 먹어보고, 뒷골목에 즐비한 타치노미야에서 술이라도 한잔 마셔보다 보면 잠시라도 그런 순간이 찾아온다. 내가 오사카 사람이 된 것 같은 느낌이 드는 순간 말이다. VOL.2 ① P.298 Ⓜ P.287C~D

바위와 자갈뿐이라 단조롭고 무의미해 보이는 풍경이지만, 보고 있노라면 머릿속에서 우주가 펼쳐져요. 산과 바다로도 보이고, 꽃이 가득한 정원으로도 보이고, 화성의 평원으로도 보여요.

— 여행 작가 A씨

2

료안지의 돌 정원에서 우주와 조우하기

료안지 龍安寺

신을 벗고 마루 위로 오른다. 몇 개의 방과 마루를 지나면 이내 널찍한 툇마루가 달린 일본 전통식 건물이 나오고, 그 바로 앞에 마당 하나만큼의 우주가 펼쳐져 있다.

교토 서부에 있는 오래된 사찰 료안지는 앞마당을 차지한 널찍한 돌 정원으로 유명하다. 이러한 돌 정원은 '카레산스이 枯山水'식 정원이라고 하는데, '마른 것으로 표현하는 산과 물'이라는 뜻으로 자갈이나 바위, 모래 등의 '마른 것'으로 삼라만상을 표현하는 일본식 조경을 뜻한다.

료안지의 정원은 일본 카레산스이식 정원의 최고봉으로 손꼽힌다. 회백색 자갈이 단정하게 깔린 바탕 위에 크고 작은 바위가 기묘하게 배치되어 있다. 바위들이 규칙성 따위는 그다지 고려되지 않고 그냥 무작위로 놓인 것만 같지만, 그 무심한 배치와 단조로운 색채가 오히려 무한한 상상력을 자극한다. 아무 의미도 없어 보이지만, 그래서 어떤 의미든 부여할 수 있는 풍경이다. 그래서 그런지 이곳에는 움직이며 감상하는 사람보다는 툇마루에 우두커니 앉아 정원을 멍한 눈길로 바라보며 마치 명상에 잠긴 것처럼 보이는 사람들이 압도적으로 많다.

그리고 아무렇게나 놓인 것처럼 보이는 이곳의 바위는 사실 매우 정교하게 배치된 것이라고 한다. 바위의 숫자는 총 15개인데, 어떤 각도에서 봐도 15개의 바위를 모두 볼 수 없고 반드시 1개 이상은 겹쳐서 보인다. 이것은 의도적인 것으로, '겹치기'에 대한 일본의 미의식을 반영한 것이라고. 그러나 설령 누군가 15개를 모두 볼 수 있는 기기묘묘한 각도를 찾아낸다 해도 이 정원의 가치는 조금도 훼손되지 않을 것이다. VOL.2 Ⓘ P.402 Ⓜ P.398A

나라마치는 나라의 대표적인 관광 명소지만 완전 백퍼센트 관광지는 아니에요. 음식점, 카페, 상점, 갤러리 등이 적지 않지만 그만큼 이곳에 사는 주민들도 많아요 관광지와 주택가를 6:4 정도 비율로 섞었달까요?

– 여행 가이드 B씨

3 나라마치에서 헤매기 나라마치 奈良町

나라마치는 한적한 골목 동네다. 100년 가까운 세월을 담장과 창문에 고스란히 새기고 있는 야트막한 집들이 쭉 이어진 오붓한 골목에는 언제나 호지차 볶는 냄새가 감돈다. 카페, 골목은 모두 비슷해 보이지만 모두 다르고, 거기가 거기처럼 보이는 수수하고 단아한 옛 모습의 집들 담장과 현관 앞에는 집마다 각기 다른 꽃이 핀다. 카페, 상점, 식당, 갤러리 등 다른 전통 마을과 구성은 비슷하지만 밀도는 한결 다르다. 이곳에는 간판을 내걸고 장사하는 곳만큼이나 문패를 내걸고 있는 살림집이 많다.

나라마치는 오래된 동네다. 역사가 무려 1000년을 헤아린다. 11~12세기 무렵에 나라 중심부의 사찰에서 일하던 사람들이 거주하던 마을로 형성되기 시작해 그 이후로도 이 일대에는 계속 사람들이 거주했다. 현재도 100~150년 전쯤 에도시대나 메이지시대의 집들이 적지 않게 남아 있다. 토다이지나 나라 공원 사슴에 인기가 밀려 언제 가도 한산하다. 화려하고 왁자지껄한 볼거리를 찾는다면 이곳은 아마 심심하고 재미없는 동네일지도 모른다. 하지만 골목을 사랑하고 여행 좀 다녀본 사람이라면 이곳의 골목을 딱 20분만 걸어 봐도 반드시 매우 결정적인 순간과 조우할 수 있을 것이다. 나라라는 도시가 겹겹이 쌓아온 생활의 향기를 느끼는 바로 그 순간 말이다. VOL.2 ⓘ P.498 Ⓜ P.494B

4 니시키 시장에서 길거리 음식 챌린지

니시키이치바 錦市場

교토 한복판에 길쭉하게 자리한 전통 시장인 니시키 시장. 무려 1300년의 역사를 헤아리며 '교토의 부엌'이라는 별명까지 갖고 있는 곳. 여기까지만 알고 니시키 시장을 방문했다면 아마 예상과는 사뭇 다른 것을 보게 될 것이다. 몇 블록에 걸쳐 늘어선 좁고 긴 골목 양쪽에는 채소나 생선 등을 사고파는 상점 대신 식당이나 포장마차, 시식 가판대가 줄줄이 늘어서 있는 모습 말이다.

그런데, 이게 꽤 근사하다. 해물을 고르면 즉석에서 회나 숯불구이로 만들어주는 선술집이며 고베규를 꼬치구이로 파는 가판대, 큼직한 장어를 통으로 구워서 파는 반찬 가게, 니혼슈를 깔아놓은 시음 코너, 군밤 가게며 당고 가게며 와라비모찌 가게 등등이 식탐 여행자의 본능을 자극한다. 먹을 것을 좋아하는 사람이라면 이 거리를 쉽게 지나치기 어렵다. 그러니까 이런 거다. 오후 3~4시 무렵, 점심 먹은게 얼추 소화되어 출출한 시간에 이 거리에 발을 들인다. 어딘가에서는 소고기를 굽고, 또 어딘가에서는 새우나 오징어를 굽는다. 눈 앞에는 쉴 새 없이 신선한 해산물이 나타난다. 애초에 이런 유혹을 뿌리칠 만큼 강인하지 못한 여행자는 가장 마음에 드는 곳을 골라 꼬치 하나와 맥주 한잔을 사 들고 자리를 잡는다. 맛있는 음식과 왁자지껄한 분위기를 입안에서 씹어 목으로 넘기다 보면 어느새 흐뭇한 기분이 드는 순간이 찾아온다. 마냥 새침하고 단정한 줄만 알았던 교토의 털털하고 서민적인 얼굴을 느끼며, 어느새 교토랑 조금 더 친해진 것만 같은 기분이 드는 순간 말이다. VOL.2 ⓘ P.366 Ⓜ P.350B

니시키 시장의 옛날 별명이 '교토의 부엌'이었잖아요? 이제는 이름을 좀 바꿔야 되지 않나 싶기도 해요. '교토의 뷔페', '교토의 푸드코트', '교토의 포틀럭 파티'. 안 그런가요?

– 편집자 D씨

5

토다이지 니가츠도에서 나라 시내 내려다보기

토다이지 니가츠도 東大寺 二月堂

나라 관광의 알파는 나라 공원의 사슴이고 오메가는 아마도 토다이지일 것이다. 토다이지 명물은 콕 집어서 대불일 것이고. 물론 대불은 아무 잘못 없다. 대불 찾아 가는 사람들도 무죄인 것은 마찬가지다. 다만, 토다이지는 상당히 큰 사찰이기 때문에 대불이 계신 대불전 말고도 부속 건물이 상당히 많다는 것을 말하고 싶을 뿐이다.

니가츠도도 그중 하나다. 우리식으로 읽으면 이월당이다. 이곳에서 음력 2월마다 '슈니에 修二会'라는 유서 깊은 불교 행사가 열리기 때문에 붙인 이름이라 한다. 전각 자체도 아름답지만, 이곳의 진짜 가치는 바로 전망이다.

니가츠도로 가려면 본당 뒤쪽에서 가장자리를 따라 등롱과 비석이 놓인 계단을 따라 꽤나 한참을 올라가야 한다. 숨이 턱에 닿을 쯤에 정상부에 도착하게 되고, 눈앞에 근사한 니가츠도가 등장한다. 가쁜 숨이 가라앉고 다리에도 힘이 좀 들어가면 이번엔 니가츠도에 오를 차례다. 니가츠도의 가파른 계단을 오르면 2층의 발코니가 나타나고, 그곳에 서면 비로소 눈앞에 감동스러운 풍경이 펼쳐진다. 바로 토다이지의 경내와 저 멀리 나라 시내의 모습이다. 회색 지붕이 이어진 차분하고 수수한 모습의 나라 시내가 눈앞에 펼쳐진다. 나라 최고의 명소의 바로 뒤쪽에 자리한 전망 포인트지만 은근히 찾는 사람은 많지 않다. 그래서 왠지 더 뿌듯한 기분이 든다. 마치 모두가 눈앞에 두고도 못찾는 보물을 내 손으로 들어 올린 트레저 헌터 같은 마음이 된다. VOL.2 ⓘ P.501 Ⓜ P.495C

사람을 찌다 못해 굽는 여름날이었어요. 여행 좋아하는 친구한테 토다이지 뒤에 엄청 근사한 데가 있다는 말만 듣고 찾아갔죠. 생각보다 경사가 있는 언덕길이라 친구의 욕을 있는 대로 하며 올라갔어요. 낑낑거리며 마침내 니가츠도인지 뭔지 하는데 도착했더니 온몸이 땀투성이가 됐더라고요. 앉아서 시내를 멍하니 바라보는데, 어디선가 시원한 바람이 한 줄기 불어왔어요. 그 순간을 평생 못잊을 것 같아요.

– 디자이너 E씨

グリコ

PHOTO SPOT

칸사이 여행의
결정적인 한 컷,
여기서 찍는다

1

붉은 토리이에 햇빛 스미는 시간

후시미이나리타이샤 센본토리이

伏見稲荷大社 千本鳥居(교토)

푸른 숲속에 첩첩이 늘어선 새빨간 토리이. 토리이 사이로 빗살처럼 스며드는 햇살. 일본 관광 홍보용 이미지에 가장 많이 등장하는 풍경 중 하나일 것이다. 이곳이 바로 교토에 있다. 교토 시내에서 남쪽으로 약간 떨어진 곳에 위치한 '후시미이나리타이샤 伏見稲荷大社'라는 신사 경내에 있는 '센본토리이 千本鳥居'라는 토리이 터널이다. 후시미이나리타이샤는 창건 연대가 8세기까지 거슬러 올라가는 유서 깊은 신사로, 일본 이나리 신앙의 중심지인 곳이다. '이나리'는 풍요와 농사에 관련한 신앙으로, 이곳이 이나리 신앙의 중심지다 보니 사람들이 기복의 의미로 토리이를 하나둘씩 지어다 바치기 시작해 지금은 신사 경내 전체에 무려 1만 개의 토리이가 있다고 한다. 그중 가장 많은 토리이가 몰려 있는 것이 '센본토리이'로, '1000개의 토리이'라는 뜻이다. 예전에는 정말 1000개가 있었는데, 세월이 흐르며 나무로 된 것들이 훼손되어 현재는 800여 개만 남아 있다고 한다. 남동쪽으로 뻗은 두 갈래의 길에 각각 400여 개에 이르는 토리이가 첩첩이 터널을 이루고 있는데, 날씨만 조금 받쳐준다면 누구나 인생숏을 건질 수 있을 정도로 포토제닉 그 자체다. 교토에서 일본 전통 느낌의 결정적 한 컷을 건지고 싶다면 꼭 방문해야 할 곳이다. VOL.2 Ⓘ P.392 Ⓜ P.387C

+ PLUS INFO +

'토리이 鳥居'란?

글자 그대로 해석하면 '새가 머무는 곳'이라는 뜻. 일본 신토 신앙에서는 신의 뜻을 새가 전달한다는 믿음이 있는데, 그 새가 신사에 도착한 뒤 앉아서 쉬는 일종의 횃대가 바로 '토리이'인 것이다. 주로 참배로 입구에 서 있는 경우가 많다.

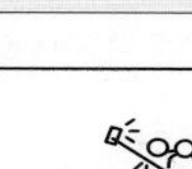

+ BEST PHOTOSHOOT TIP +

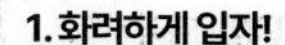

1. 화려하게 입자!

초록+주홍의 조합 앞에서는 어지간한 색깔은 이길 수가 없다. 되도록 알록달록하고 화려하게 입을 것. 새하얀색도 괜찮은 선택이다. 일본 전통 의상 대여도 생각해볼 만하다.

2. 맑은 날 오후가 최고!

토리이가 겹겹이 터널을 이룬 곳인데 일조량이 무슨 상관인가 싶을 수도 있지만, 토리이 사이사이로 비치는 햇빛이 어지간한 인공조명은 따르지 못할 정도로 근사하다. 오전보다는 오후의 햇살이 조금 더 예쁘다.

2

기온과 시라카와의 종합판

기온신바시 祇園新橋(교토)

기온은 교토가 지닌 아기자기함과 화려함을 모두 모아놓은 곳이라 할 수 있지만, 그중에서도 가장 포토제닉한 곳을 꼽자면 기온신바시라 할 수 있다. 기온을 가로질러 흐르는 개천인 시라카와 白川 주변은 전통 가옥과 벚나무가 기가 막힌 조화를 이루며 늘어서 있는 곳인데, 기온신바시는 시라카와에 놓인 여러 개의 다리 중 하나로 시라카와 일대의 아름다움을 종합해놓은 곳으로 정평이 나 있다. 봄이면 벚꽃, 여름에는 버드나무, 가을에는 단풍 등이 전통 가옥 및 실개천과 어우러져 마치 기온의 종합 선물 세트 같은 풍경을 수놓는다. 다리 초입에 서면 골목과 버드나무, 전통 가옥이 마치 준비된 세트장같이 펼쳐져 결정적 한 컷을 선물처럼 얻어 갈 수 있다.

VOL.2 ⓘ P.364 Ⓜ P.350B

+ BEST PHOTOSHOOT TIP +

1. 전통 의상을 대여해볼것!

기온 거리만큼 일본 전통 의상이 잘 어울리는 거리도 드물다. 특히 기온신바시 부근에는 가까운 곳에 대여점이 있어 기동력 있게 빌려 입기 좋다.

2. 기온신바시는 밤이 좋아!

어느 계절, 어느 시간에 가나 최고의 풍경을 보여주는 곳이지만, 이곳을 잘 아는 사람들은 해 질 녘부터 밤까지의 풍경을 최고로 친다. 야간 촬영이 가능한 카메라를 준비해 야간 스냅에 도전해볼 것.

3. 인력거를 기다려보자!

인력거가 매우 자주 지나가는 거리다. 가장 교토다운 풍경을 남기고 싶다면 인력거가 지나가기를 기다려 볼 것. 얼마 기다리지 않아도 금세 인력거가 경쾌한 소리와 함께 등장할 것이다.

+ WRITER'S NOTE +

이시베코지에서는 잠시 카메라를 내려놓아도 좋습니다

기온 일대는 예쁜 골목의 광맥 같은 곳입니다. 큰길을 걷다가 무심코 접어든 골목이 세상에서 제일 특별하고 예쁜 풍경을 간직하고 있을 때가 너무너무 흔하죠. 그렇게 발견된 골목이 입소문과 SNS 바이럴을 타고 관광객들에게 유명세를 타게 된 경우가 종종 있습니다. 틱톡이며 쇼츠처럼 속도 빠른 미디어가 활개를 치고 있는 요즘은 전파 속도와 범위가 예전보다 훨씬 빠르고 넓어서, 이렇게 발견된 골목이 금세 인증숏이나 숏폼의 명당이 되기 십상입니다. 이런 세상에서 몸살을 앓는 사람들도 있습니다. 바로 기온 주민들이에요. 기온이 유명한 관광지인 것은 부정할 수 없는 사실이지만, 온통 상점과 식당만 있는 건 아니거든요. 수십년 혹은 수백년 동안 이 동네에 뿌리를 내리고 살아가는 사람들도 많습니다. 이러한 골목들은 동네 사람들의 사유지인 경우도 적지 않아서, 아무리 관광지에 살지만 최소한의 조용함과 깨끗함은 유지하고 싶었던 동네 사람들은 최근 골목 앞에 '사유지 앞 사진 촬영 금지' 표지판을 내걸기 시작했습니다.

이시베코지 石塀小路도 그런 골목 중 하나입니다. 크고 작은 바위를 쌓아올린 돌담 및 짙은 빛깔의 높은 나무 담장이 둘러싼 전통 가옥이 줄지어 있는 골목입니다. 돌담의 짙은 회색빛과 나무 담장의 짙은 갈색, 담장 밖으로 고개를 내민 나뭇잎의 초록과 돌 바닥의 짙은 회색빛이 어우러져 전체적으로 매우 우아하면서 고즈넉한 분위기가 가득한 골목이죠. 교토에서 사진 예쁘게 나오기로 소문난 골목 중에 하나였습니다. 이 골목에서 최근 '사유지 앞 사진 촬영 금지' 표지판을 내걸었습니다. 교토에서 사진 찍기 좋아하는 사람들에게는 매우 아쉬운 일입니다만, 동네 사람들의 행복이 존중받아야 하는 것도 맞으니까요. 다만 조용하게 산책하는 것은 여전히 가능합니다. 앞으로 이시베코지를 걸을 때는 카메라를 잠시 내려 놓고 좋아하는 음악이라도 들으며 조용히 걸어보는 건 어떨까요. 카메라 메모리에는 남지 않지만 어쩌면 기억속에는 더 오래 남을 풍경을 만나게 될 지도 모르겠습니다.

3

기요미즈데라 포토 투어를 떠나자!

산넨자카~야사카도리

三年坂~八坂通(교토)

기요미즈데라, 일명 청수사 일대는 포토 포인트의 뷔페라고 봐도 좋을 정도로 예쁜 골목이며 담벼락, 가게로 넘쳐나는 곳이다. 그중에서도 가장 하이라이트라고 할 만한 곳이 바로 산넨자카와 야사카도리일 것이다. 산넨자카는 기요미즈데라의 참배로 중 하나로, 메인 참배로인 기요미즈자카에서 북쪽으로 빠지는 언덕길이다. 일대에서 전통적인 모습이 가장 잘 남아 있는 골목이자 교토에서 제일 예쁜 골목 중 하나로 손꼽힌다. 여기서도 제법 예쁜 사진을 건질 수 있지만, 여기서 만족하기는 이르다. 이길을 따라 쭉 가면 길 끝에 교토를 대표하는 풍경 하나가 기다리기 때문. '야사카의 탑 矢坂の塔'이라는 이름의 아름다운 오층탑이 산넨자카의 단아한 골목과 어우러진 아름다운 풍경을 볼 수 있다. 이 길 끝자락에는 '야사카도리 八坂通' 라는 별도의 이름도 붙어 있다. VOL.2 ① P.360 Ⓜ P.351D

+ WRITER'S NOTE +

산넨자카는 억울하다

▲ 산넨자카 앞의 표지판. 공식 표기인 '産寧坂'로 되어 있는 것을 볼 수 있다.

'산넨자카 三年坂'는 우리말로 하면 '3년 고개'라는 뜻입니다. 이런 이름이 붙은 연유로는 두 가지 속설이 유명합니다. 첫째는 이 언덕에서 넘어지면 3년 안에 죽는다는 설이고, 두 번째는 이 언덕에서 구르면 수명이 3년 깎인다는 설입니다. 어느 쪽이든 찝찝하고 불길하긴 마찬가진데, 둘 중 어느 쪽이 진짜일까요? 사실 둘 다 아닙니다. 이 길의 원래 이름은 '산네이자카 産寧坂'거든요. 순산을 기원하는 언덕이라는 뜻으로 기요미즈데라 내에 있는 순산 기원 관음에게 참배하러 가는 길이라는 뜻입니다. 산넨자카가 사람이었다면 명예훼손으로 고소해도 될 것 같습니다.

+ BEST PHOTOSHOOT TIP +

1. 낮에 가자!

기요미즈데라의 추천 루트 중 하나는 해 지기 전에 올라가 본당에서 일몰을 본 뒤 땅거미가 진 산넨자카의 아름다운 풍경을 보는 것이지만, 사진 여행자라면 가급적 낮에 움직일 것. 특히 야사카도리는 환한 낮에 찍는 것이 아름답다.

2. 복수는 니넨자카에서

산넨자카는 교토의 대표적인 포토 포인트지만, 그렇기 때문에 전 세계에서 몰려든 사람들 때문에 차분하게 사진을 찍기 쉽지 않다. 원하는 사진을 찍을 수 없어 분한 마음이 든다면 '니넨자카 二年坂'를 찾을 것. 산넨자카와 거의 비슷한 느낌이지만 사람이 훨씬 적다. 산넨자카 중간에서 니넨자카로 빠져나가는 길을 찾을 수 있다.

아직 죽지 않은 포토제닉 전망대

4 우메다 스카이 빌딩 공중 정원 전망대

梅田スカイビル 空中庭園展望台(오사카)

한때 오사카를 들르는 여행자들은 모두 이 전망대에 들렀다. 그럴 만했다. 이곳은 오사카에서 가장 완벽한 전망대였다. 특이하면서 예술적인 건물의 모양새부터 오사카 북쪽 풍경이 360도로 들어오는 풍경까지 버릴 게 없었다. 그러나 아베노 하루카스가 생긴 후에는 이 모든 것이 과거의 영광이 되었다. 오사카를 넘어 일본 최고층 전망대다보니 사실 뭐가 와도 이기기 쉽지는 않다. 다만, 사진발만 두고 봤을 때 우메다 스카이 빌딩 전망대는 여전히 매우 유효한 전망대다. 일단 풍경 자체가 예쁘다. 오사카의 젖줄인 요도가와를 비롯한 수많은 물길이 대도시를 감도는 풍경이 고스란히 들어온다. 무엇보다 최상층부인 오픈 에어 전망대에서 유리창에 방해받지 않는 풍경을 건질 수 있다는 것이 최고. VOL.2 ⓘ P.292 Ⓜ P.286A

+ BEST PHOTOSHOOT TIP +

1. 일몰 1시간 30분 전에 가자!

일몰 1시간 30분 전에 가서 낮 풍경과 일몰 풍경 속에서 사진을 실컷 찍은 뒤 야경을 감상하고 내려올 것. 입장료가 조금도 아깝지 않을 것이다.

2. 모자 활용하기

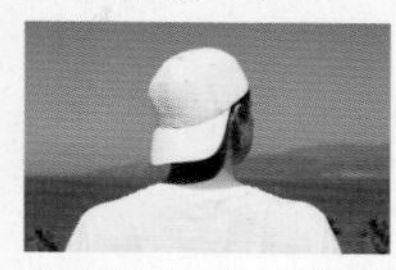

최상층부 오픈 에어 전망대는 바람이 꽤 센 편이다. 머리가 헝클어지는 것에 대비해 모자를 가져와 사진 찍을 때만 쓰는 것도 추천. 단, 하루 종일 쓰고 있는 경우는 모자가 날아가 잔뜩 눌린 머리로 수치스러운 사진을 찍게 될 수도 있다.

+ BEST PHOTOSHOOT TIP +

1. 일찍 가자!

전통 의상 대여는 하루 100명 선착순으로 진행한다. 일찍 일어나는 새가 먹이를 먹는다는 교훈을 잊지말고 가급적 오픈 시간에 맞춰 갈 것. 여름에는 유카타, 다른 계절에는 기모노를 대여한다. 9층 기모노 코너에서 대여 가능한데, 1인당 30분으로 제한되어 있다.

2. 연기력이 좋은 사진을 만든다

역사 속 상점, 집, 부엌 등 다양한 공간을 재현해 놓은 포토존들이 있다. 부끄럽다 생각 말고 그 시절 사람이 되어 연기를 해볼 것. 부끄러움은 잠시고 사진은 영원하다.

5

기억 조작 타임머신 포토존

오사카 시립 주택 박물관

大阪くらし今昔館(오사카)

한국어로 번역한 공식 명칭은 '오사카 시립 주택 박물관'이지만, 원래 이름을 고스란히 번역하면 조금 다른 뜻이 된다. 뭐냐면, '오사카 주거의 과거와 현재 전시관'이다. 이름 그대로 에도시대부터 1950년대까지 오사카의 과거, 그리고 현재의 모습을 재구성해놓은 테마 전시 공간이다. 축소판 디오라마 같은 귀여운 전시가 아니라, 아예 과거의 거리를 실제 크기로 통째로 재현해놓은 호연지기 그 자체로 21세기의 여행자가 살아본 적도 없는 에도시대며 1950~1960년대 오사카를 내 발로 직접 누빌 수 있는 매우 특별한 경험을 선사한다. 내부에서 일본 전통 의상을 대여해 할머니 할아버지의 첫사랑 사진 같은 기억 조작 사진을 찍는 것도 가능하다. VOL.2 ⓘ P.298 Ⓜ P.287C

6

마치 유럽의 귀족이 된 기분

키타노이진칸 北野異人館(고베)

고베는 일본에서 가장 일찍 개항한 곳 중 하나이자 개항 무렵 외국인들이 가장 많이 거주하던 동네 중 한 곳이기도 하다. 일본에 온 외국인, 주로 유럽인들은 전망 좋은 언덕에 유럽풍 저택을 앞다투어 짓고 함께 몰려 살았는데, 이들이 거주하던 유럽풍 집을 고베에서는 북쪽의 외국인 집이라는 뜻의 '키타노이진칸'이라고 부른다. 그 시절에 유럽에서 일본까지 와서 살 정도면 계급과 재산이 꽤 되는 사람들이었고, 그것을 증명하듯 매우 고급스러운 유럽풍 저택이 이 일대에서 상당히 많이 발견된다. 외관도 예쁘거니와 대부분 내부를 공개하고 있어 결혼식을 비롯한 대관 행사가 아니라면 내부를 둘러보고 사진 찍는 것도 가능하다. 현재 방문이 가능한 이진칸은 총 16곳이지만 가장 예쁘고 포토제닉한 곳은 풍향계의 집, 연두의 집, 비늘의 집, 세 곳이다. VOL.2 Ⓘ P.445 Ⓜ P.442B

+ BEST PHOTOSHOOT TIP +

1. '풍향계의 집'의 응접실과 식당

이진칸에서 규모가 가장 큰 편에 속하는 붉은 벽돌 건물로 꼭대기에 풍향계가 달려 있다. 내부의 응접실, 침실, 식당 등을 공개하고 있는데, 다른 이진칸에 비해 출입 금지 표시가 덜 노골적으로 되어 있어 사진 찍기 수월하다. 파티에 초대받은 콘셉트로 찍기 좋다.

2. '연두의 집'의 발코니

그야말로 건물 안팎이 온통 연두색으로 칠갑되어 있다. 이 집에는 연둣빛 창틀과 벽에 짙은 갈색빛 마루가 깔린 발코니가 있는데, 각도만 잘 잡으면 창밖 풍경과 함께 제법 낭만적인 사진을 건질 수 있다.

3. '비늘의 집'의 스테인드글라스

이진칸에서 가장 높은 곳에 위치한 건물이자 가장 예쁜 건물로 통한다. '비늘'이라는 이름은 외벽의 모자이크 때문에 붙은 것. 응접실에 스테인드글라스가 있는데, 상당히 분위기 있는 사진 배경이 된다.

SEASONAL SPOT

칸사이의 사계절을 즐기는 최고의 방법

봄 SPRING
はる 春

일본의 봄이라면 뭐니 뭐니 해도 벚꽃 풍경을 놓칠 수 없다. 벚꽃은 3월 중하순에 개화해
3월 말에서 4월 극초순에 모두 지며, 이 기간이 칸사이 여행 최고의 적기 중 하나로 꼽힌다.
굳이 벚꽃철을 딱! 맞추지 않더라도 봄은 기온과 공기가
왠지 모를 설레는 기운을 품고 있어 여행의 계절로는 언제나 안성맞춤이다.

철학의 길 산책하기

테츠가쿠노미치 哲学の道

'철학의 길'은 명성에 비해 볼 것이 없다는 악평을 종종 듣는다. 조붓한 수로 옆에 나무가 잔뜩 있는 산책로인데 그냥 걷다 보면 끝난다는 것. 그러나 벚꽃철이 되면 이런 불평불만은 어디 론가 쏙 들어가버린다. 수로를 따라 이어진 나무들이 알고 보면 죄다 벚나무로, 일본에서도 손에 꼽히게 아름다운 벚꽃길로 변신하기 때문. 남쪽 에이칸도 부근에서 시작해 약 2km를 걷다 보면 어느새 긴카쿠지에 도착하는 루트로 인파만 좀 적으면 그야말로 완벽한 코스가 된다. 다만, 벚꽃철 철학의 길에 인파가 없는 건 기대하지 말 것. VOL.2 ⓘ P.378 Ⓜ P.351C

도시: 교토
시기: 벚꽃 개화기(3월 중하순)
시간: 이른 아침(비교적 인파가 적다)
준비물: 튼튼한 신발과 체력

2 마루야마 공원 벚꽃 놀이
마루야마코엔 円山公園

교토 시내에 위치한 공원으로, 평소에는 예쁘고 한적한 공원이지만 벚꽃철이 되면 일본 전체에서 가장 유명한 벚꽃 스폿으로 변신한다. 좁지 않은 공원 부지 전체에 벚나무가 가득할 뿐만 아니라 한가운데에 매우 웅장하고 특이하게 생긴 거대 벚나무가 있어 마치 화룡점정과 같은 자태를 뽐낸다. 낮에도 아름답지만 벚꽃철에는 거대 벚나무를 중심으로 조명 장치를 해두어 밤에 더욱 아름답다는 평가가 많다. 직접 돗자리를 갖고 와도 좋고, 공원 곳곳에 차려진 평상에 한 군데 자리를 차지해도 좋으니 술 한 잔 곁들인 꽃놀이는 꼭 하고 올 것. VOL.2 Ⓘ P.362 Ⓜ P.351D

도시: 교토
시기: 벚꽃 개화기(3월 중하순)
시간: 저녁(밤 벚꽃놀이가 최고!)
준비물: 돗자리와 피크닉 준비 or 돈과 체력

3

조폐 박물관 벚꽃길 마츠리

조헤이하쿠부츠칸 사쿠라노토리 造幣博物館 桜の通り

오사카 성 부근에 위치한 화폐 관련 박물관으로, 예쁜 근대식 벽돌 건물 앞에 약 600m의 벚꽃 길을 따라 330여 그루의 벚나무가 늘어서 있는데, 무려 140종의 벚나무가 서식하고 있다고 한다. 특히 일반 벚꽃보다 1~2주가량 늦게 피고 지는 왕벚꽃이 많아 일반적인 벚꽃철보다 조금 늦은 시기에 즐기기 좋다. 왕벚꽃 절정기인 4월 둘째 주 전후에는 이 벚꽃길을 중심으로 마츠리가 열려 화려한 왕벚꽃과 함께 매우 흥겨운 분위기를 즐길 수 있다. VOL.2 ⓘ P.320 Ⓜ P.316A

도시: 오사카
시기: 왕벚꽃 개화기(4월 초중순)
시간: 해 질 무렵 부터 저녁 때
준비물: 튼튼한 신발과 커다란 위장

반파쿠 기념 공원 벚꽃+튤립

반파쿠키넨코엔 万博記念公園

오사카 시내에서 북쪽으로 약 15km 떨어진 곳에 위치한 대규모 공원으로, 과거에 만국박람회가 열렸던 장소를 시민 공원으로 바꾼 것이다. 공원 부지 곳곳에 꽃과 나무가 무성하게 자라고 있는데, 3월 말에는 벚꽃이, 4월에는 튤립이 가득 피어 공원을 물들인다. 이 시기 주말에는 이곳에 찾아와 피크닉을 즐기는 오사카 시민들의 모습을 흔하게 볼 수 있다. 위치가 좀 먼 편이므로 단기 여행자보다는 장기 여행자가 현지인 놀이를 즐기고 싶을 때 딱!이라 할 수 있다. VOL.2 ⓘ P.334

도시: 오사카
시기: 벚꽃 - 3월 중하순 튤립 - 4월 초중순
시간: 화창한 대낮
준비물: 돗자리와 간단한 간식

5 누노비키 허브 정원 산책

누노비키하브엔 布引ハーブ園

고베 시내 북쪽에 위치한 허브 정원으로. 가지각색의 꽃, 나무, 허브가 자라고 있어 눈과 코를 모두 즐겁게 해준다. 특히 봄에는 벚꽃을 시작으로 튤립, 금잔화, 캐머마일, 장미, 라벤더 등이 속속 피어나 정원을 가득 메운다. 특히 5월 이후 늦은 봄부터 초여름까지는 장미와 라벤더가 코와 눈을 모두 즐겁게 해준다. VOL.2 ⓘ P.450 Ⓜ P.442A

도시: 오사카
시기: 왕벚꽃 개화기(4월 초중순)
시간: 해 질 무렵 부터 저녁때
준비물: 튼튼한 신발과 커다란 위장

여름 SUMMER

なつ 夏

일본의 여름은 한국인에게는 약간 견디기 힘든 계절이라는 게 사실이긴 하다.
한국도 충분히 더운데, 그보다 더한 습기와 더위가 기다리기 때문. 더욱이 칸사이는 오사카와 고베는 바닷가이고
교토와 나라는 분지라 습기나 더위 둘 중 하나는 도저히 피할 수가 없다.
그러나 피할 수 없으면 뭐다? 즐긴다. 연중 가장 뜨겁고 화려한 계절답게 칸사이에는
수많은 축제와 이벤트가 여행자를 기다린다. 날짜를 잘 맞춰볼 것!

기온마츠리 즐기기

기온마츠리 祇園祭り

기온을 중심으로 교토 시내 전체에서 열리는 마츠리로, 일본의 3대 마츠리 중 하나이자 일본에서 가장 유명한 마츠리로 꼽힌다. 전염병을 퇴치하기 위한 목적으로 시작한 것이라고 한다.
7월 14일과 24일은 각각 전제와 후제라고 해서 가장 큰 행사인 가마 행렬이 거행되고, 7월 14~16일과 7월 21~23일에는 오래된 가문이나 가게에서 병풍을 꺼내 전시하는 행사가 펼쳐진다. 7월 내내 교토 시내 전체가 기온 마츠리의 분위기에 물든다고 봐도 과언은 아니니 일본의 마츠리 구경을 해보고 싶었다면 이 시기를 놓치지 말 것.

도시: 교토
시기: 7월 내내. 가장 큰 행사는 7월 17·24일
시간: 저녁!
준비물: 튼튼한 신발과 체력

칠석 이벤트 즐기기

타나바타 七夕

한국에서도 견우 직녀 만나는 날이라며 의미를 두는 바로 그 칠석날이다. 한국과 일본의 다른 점이 있다면 한국은 음력인 데 비해 일본은 양력이라는 것, 한국은 견우 직녀 잘 만났나 궁금해하는 정도로 넘어가는 것에 비해 일본은 꽤 본격적인 명절로 챙긴다는 것이다. 특히 교토는 '쿄노타나바타 京の七夕'라고 해서 칠석을 상당히 성대하게 치르는 도시로, 칠석 기간에는 도시 곳곳에서 다양한 이벤트가 펼쳐진다. 사랑하는 사람에게 쓰는 메시지를 대나무에 걸어놓는 풍습이나 카모강 위에 대나무로 바구니를 엮어 촛불을 떠내려 보내는 행사가 대표적이며, 최근에는 조명 쇼나 미디어아트 쇼도 심심치 않게 열린다.

도시: 교토
시기: 7월 초순
시간: 아무 때나. (단, 유등 행사나 미디어아트를 보려면 밤!)
준비물: 더위를 잘 견디는 체력

나니와요도가와 불꽃놀이 즐기기

나니와요도가와 하나비타이카이 なにわ淀川花火大会

일본의 여름밤은 뭐니 뭐니 해도 불꽃놀이의 계절이다. 8월 초순이 되면 일본 각 지방의 하늘은 찬란한 불꽃으로 물드는데, 칸사이도 예외는 아니다. 나니와 요도가와 불꽃놀이는 오사카 북부의 요도강(요도가와) 부근에서 열리는 대규모 불꽃놀이 행사로 칸사이 일대에서는 가장 큰 규모에 속한다. 저녁 7~8시에 약 1시간가량 형형색색의 불꽃이 하늘을 수놓고, 회장 주변에서는 흥겨운 마츠리가 펼쳐진다. 요도강 근처에서는 어디서나 불꽃을 볼 수 있는데, 특히 한큐선 주소 十三역, JR 츠카모토 塚本역, 미도스지선 니시나카노시마미나미가타 西中島南方역 부근이 인기가 높다.

도시: 오사카
시기: 8월 첫째 주 토요일(변동 가능)
시간: 밤!
준비물: 자리 선점 능력, 인파를 견디는 인내력

도톤보리강 만등 축제 즐기기

4 도톤보리가와만토사이 道頓堀川万灯祭

도톤보리강 주변은 언제나 화려한 네온사인이 찬란하게 빛나는 곳이지만, 7~8월 여름철에는 한 가지 풍경이 더 보태진다. 바로 오사카 미나미 지역의 각 기업, 상점, 개인 등이 내건 등불이 도톤보리강을 따라 쭉 걸리는 이른바 '만등 축제'가 펼쳐지기 때문. 더위가 꺾인 시간에 맥주라도 마시고 강가를 걸으며 만나는 등불 속에서 오사카 주민들의 염원과 자긍심을 만나볼 것.

도시: 오사카
시기: 7~8월 내내
시간: 저녁 7시부터 새벽 2시까지
준비물: 도톤보리 밤 산책을 귀찮아하지 않는 마음가짐

나라 등화회 즐기기

5 나라 도우카에 奈良燈花会

나라는 칸사이의 도시들 중 비교적 수수하고 조용한 편이고 그것이 매력인 곳이지만, 등화회 기간에는 특별한 아름다움이 더해진다. 나라 공원과 토다이지를 비롯한 나라의 명소 곳곳에 작은 등을 빽빽하게 놓아 마치 불빛으로 된 모자이크를 수놓은 듯 나라의 여름밤을 찬란하게 물들인다. 이 기간에 나라에 들렀다면 되도록 늦은 시간까지 머물러볼 것.

도시: 나라
시기: 8월 초순 10일간
시간: 저녁 7시부터 밤 9시 전후
준비물: 손 선풍기와 느긋한 마음

가을 AUTUMN
あき 秋

뜨거운 여름이 지나면 가을이 선물처럼 찾아온다. 기온은 내려가고, 강우량이 훅 줄어들고, 높게 올라간 하늘은 마냥 푸르며, 나뭇잎은 붉고 노랗게 물들어간다. 벚꽃철과 더불어 칸사이 여행의 최적기로 꼽히는 이 계절의 하이라이트는 뭐니 뭐니 해도 단풍. 특히 오래된 사찰과 단풍의 조화가 도시 전체에 펼쳐지는 교토는 이 계절에 최고의 아름다움을 뽐낸다.

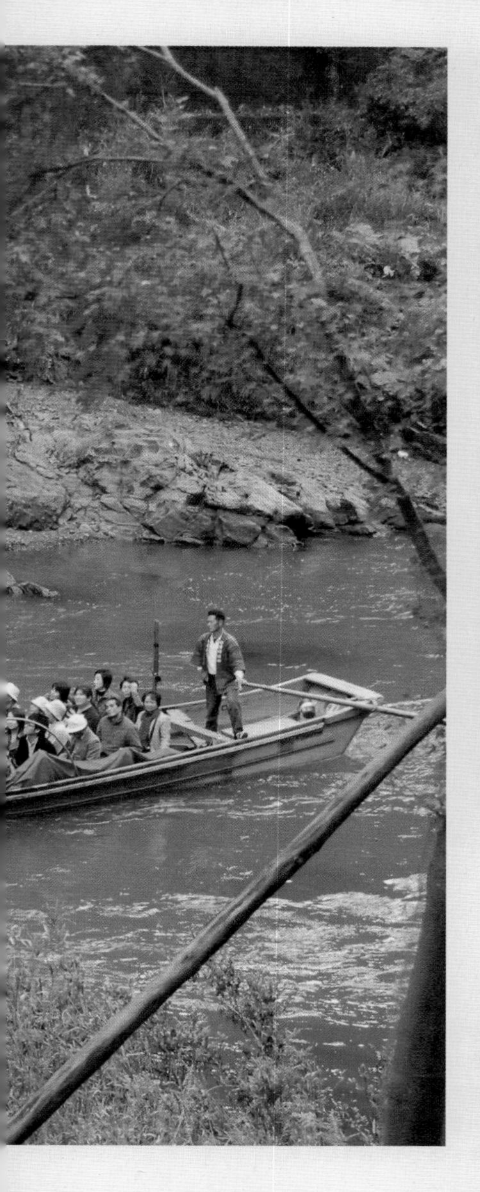

도시: 교토
시기: 11월 중하순
시간: 오후
준비물: 물과 간식

아라시야마에서 뱃놀이 즐기기

1 호즈가와쿠다리 保津川下り

카메오카 부근에서 출발해 서쪽에서 동쪽으로 장장 16km 거리의 호즈강을 작은 배에 실려 2시간 동안 천천히 흘러 내려가는 풍류와 낭만의 뱃놀이로, 아라시야마가 온통 붉고 노랗게 물든 가을이야말로 뱃놀이가 주는 신선놀음 바이브를 최대한 느낄 수 있는 계절이라 할 수 있다. 뱃전에서 넋을 잃고 단풍에 물든 산을 바라보다 강에 빠지지 않도록 조심할 것.

VOL.2 ⓘ P.426 Ⓜ P.416B

에이칸도 단풍 즐기기

2 에이칸도 永観堂

철학의 길 남쪽 시작 지점 부근에 위치한 사찰로, 1300년의 역사와 교토 제일의 단풍을 자랑한다. 단풍이 뽐낼 수 있는 가장 순수한 빨강과 만나고 싶다면 에이칸도를 찾을 것. 긴카쿠지를 돌아본 뒤 철학의 길을 북→남 방향으로 걸어 내려온 다음 에이칸도를 찾는 것이 이 계절의 추천 루트.

VOL.2 ① P.378 Ⓜ P.351C

도시: 교토
시기: 11월 중하순~12월 초
시간: 아무 때나!
준비물: 인파를 견딜 각오

3 호센인 宝泉院

호센인에서 액자 정원과 차 즐기기

교토 북부의 작은 마을 오하라는 작고 아름다운 절이 많은 지역으로, 특히 단풍철에 매력을 발산한다. 그중에서도 호센인은 '액자 정원'이라는 강력한 한 방을 지닌 곳으로, 마루에 앉으면 네모진 창틀에 정원이 마치 액자에 들어간 그림처럼 다가오는 근사한 풍경을 볼 수 있다. 입장료에 말차와 화과자가 포함되어 다다미 바닥에 느긋하게 앉아 차와 과자를 즐기며 액자 속 단풍 풍경을 즐길 수 있는 것도 매력적이다.

VOL.2 Ⓘ P.429 Ⓜ P.417D

도시: 교토
시기: 11월 중하순~12월 초
시간: 오후가 좀 더 좋음
준비물: 입장료(성인 기준 800¥)

시센도에서 툇마루에 앉아 경치 즐기기

4 시센도 詩仙堂

호센인까지 가는 건 너무 멀다고 느끼는 여행자에게는 시센도를 추천한다. 교토 시내 북부 이치조지 부근에 자리한 사찰로, 교토의 수많은 사찰 중에서도 정원이 아름다운 것으로 유명하다. 법당의 가장자리를 둘러싼 툇마루에 앉아 정원을 감상할 수 있으며, 흐린 날에도 차분한 아름다움을 즐길 수 있으므로 교토의 고즈넉함을 사랑하는 여행자라면 슬며시 리스트 한쪽에 이름을 적어 넣어볼 것. VOL.2 Ⓘ P.412 Ⓜ P.407D

도시: 교토
시기: 11월 중하순~12월 초
시간: 이른 아침 또는 흐린 날
준비물: 느긋하고 평화로운 마음

토후쿠지 단풍 즐기기

5 토후쿠지 東福寺

교토 남쪽에 자리한 큰 사찰로, 관광지로서 선호도가 아주 높은 편은 아니라 평소에는 다소 한가한 곳이다. 그러나 이것은 단풍이 들기 전 얘기로, 단풍철이 찾아오면 일약 교토 최고의 명소로 인기가 급상승한다. 작은 계곡에 빽빽히 자라난 단풍 나무가 모두 새빨갛게 물들고, 그것을 계곡 사이를 가로지르는 나무 다리 위에서 보는 특별한 경험을 할 수 있다. 덕분에 단풍 피크철에는 한 걸음 옮기는 데 분 단위가 소요될 정도로 사람이 많지만, 견딜 가치가 있다. VOL.2 Ⓘ P.393 Ⓜ P.387C

도시: 교토
시기: 11월 중하순~12월 초
시간: 이른 아침(그나마 사람이 적다)
준비물: 인파를 견딜 각오

겨울 WINTER

ふゆ 冬

일본, 특히 칸사이 지역의 겨울은 한국보다 다소 기온이 높은 편이다.
한겨울인 1월에도 평균기온이 영상 5~6°C는 되기 때문에 눈 보기가 한국 만큼 쉽지는 않다.
그러나 그 와중에도 겨울의 낭만을 즐길 수 있는 이벤트와 풍경은 얼마든지 있다. 아, 만일 눈이 온다면
축복이라고 생각하고 나무와 빨간 토리이가 가득한 교토로 재빨리 달려갈 것.

1

나라루리에 즐기기

나라루리에 奈良瑠璃絵

'루리에 瑠璃絵'는 '유리로 그린 그림'이라는 뜻으로, 내부에 조명이 들어 있는 작은 유리 그릇을 바닥에 빽빽하게 늘어놓고 마치 그림을 그린 듯한 환상적인 분위기를 연출하는 나라 특유의 루미나리에다. 루리에 기간에는 나라 공원, 토다이지, 가스가타이샤 일대가 밤마다 환상적인 불빛으로 물든다. 수수한 도시 나라에서 보기 힘든 화려한 풍경이므로 이 기간에는 나라에 되도록 늦게까지 머물러 볼 것.

도시: 나라
시기: 2월 초순(2월 첫째 혹은 둘째 주 일주일간)
시간: 밤!
준비물: 야경 잘 찍히는 카메라 또는 스마트폰

2
고베 루미나리에 즐기기

루미나리에 神戸ルミナリエ

겨울에는 일본 전역이 '일루미네이션'이니 '루미나리에' 등의 조명 이벤트로 뒤덮이지만, 그중에서도 전국적으로 유명세를 떨치고 있는 이벤트가 바로 고베 루미나리에다. 거리 하나를 통째로 빛의 통로를 만들고 그 끝에 환상적인 빛의 궁전을 조성해 마치 꿈의 세계를 걷는 것 같은 느낌이 든다. 단, 전국에서 인파가 몰리기 때문에 사고를 막기 위해 우회로를 어마어마하게 길게 만들어놓아 체감상 1시간은 걸어야 빛의 통로가 나타난다.

도시: 교토
시기: 12월 또는 1월
시간: 밤!
준비물: 야경용 카메라와 푹 쉬어준 튼튼한 다리

3
오사카 일루미네이션 즐기기

오사카 이루미네숀 大阪イルミネーション

일본을 대표하는 대도시답게 오사카의 겨울 또한 일루미네이션으로 화려하게 빛난다. 오사카에는 미도스지 대로를 중심으로 펼쳐지는 '미도스지 일루미네이션'과 나카노시마의 공회당 주변에서 펼쳐지는 '오사카 빛의 르네상스', 두 종류의 조명 이벤트가 겨울 동안 펼쳐진다. 일반적으로 가로수 조명은 12월에 시작해 1월까지 이어지나, 본격적인 조명 장치는 12월에만 설치되는 경우가 흔하다.

도시: 오사카
시기: 12~1월
시간: 밤!
준비물: 느긋한 마음과 야경 잘찍히는 카메라

오사카텐만구 매화 감상하기

오사카텐만구 大阪天満宮

매화는 일본의 신사나 절에서 흔히 볼 수 있는 꽃으로, 아직 겨울이 다 가지 않은 2월에 활짝 꽃을 피워 곧 다가올 봄을 알리곤 한다. 그중에서도 오사카텐만구는 경내에 매화나무가 유난히 많아 칸사이를 대표하는 매화 명소로 이름을 떨치고 있다. 아직 볼에 닿는 바람이 차가워 조금이라도 봄기운을 느끼고 싶다면 오사카텐만구로 갈 것. VOL.2 ⓘ P.298 Ⓜ P.287D

도시: 오사카
시기: 2월
시간: 맑은 날 낮

마야산에서 고베 전망 감상하기

마야산키쿠세이다이 摩耶山掬星台

고베에서 가장 높은 곳에 위치한 전망대로 현지인들 사이에서는 칸사이 최고의 전망대로 손꼽힌다. 맑은 날에는 오사카까지 보일 정도로 시계가 좋은 곳이지만 습도가 높은 날이 많아 그 정도의 전망은 쉽게 볼 수 없는 게 사실. 그러나 연중 습도가 가장 낮은 겨울에는 고베 시내가 마치 유리관 속에 들어 있는 것처럼 쨍하고 예쁜 풍경을 볼 수 있다. VOL.2 ⓘ P.475 Ⓜ P.469D

도시: 고베
시기: 12~2월
시간: 맑은 날 밤(되도록 주말!)
준비물: 야경 잘 나오는 카메라

MUST EAT

×

이거 안 먹고 왔다면… 다시 가라!
칸사이 지역별 먹킷 리스트

먹다 죽는 미식과 폭식의 도시 오사카. 세계적인 소고기의 고장 고베. 일본 식문화의 조상님 같은 도시 교토. 칸사이는 일본 식문화계의 기라성 같은 도시들이 모여 있는 지역이다. 라멘, 스시, 우동, 돈카츠 같은 전국구 음식 맛집도 당연히 있지만, 뭐니 뭐니 해도 오사카, 고베, 교토다운 음식이나 식재료는 따로 있는 법이다. 전주의 콩나물국밥이나 목포의 홍어삼합, 부산의 돼지국밥 같은 것들이 당연한 얘기지만 칸사이에도 있다.

입천장이 까져도 멈출 수 없다!

타코야키 たこ焼き

밀가루 반죽에 문어 조각을 넣어 겉바속촉으로 구워낸 동글동글한 풀빵. 바삭한 겉모습에 속아 한입 콱 베어 물었다가 뜨겁고 질척한 속 반죽에 혀와 입천장을 데기 일쑤지만 그럼에도 계속 먹게 되는 마성의 풀빵이다. 이제는 한국에서도 어렵지 않게 볼 수 있는 세계적인 음식이 되었지만, 원조는 엄연히 오사카다. 원조 도시답게 동네마다 타코야키 맛집 하나쯤은 당연히 있고, 도톤보리에서는 열 걸음에 하나씩 발견된다. 타코야키가 워낙 흔한 동네다 보니 어디서 먹어도 겉바속촉에 손가락 한 마디만한 문어 조각이 들어간 기본 이상의 타코야키를 만날 수 있다.

오사카 타코야키 대표 맛집

앗치치 혼포 あっちち本舗

요즘 오사카 타코야키의 대세. 도톤보리 한복판 다리 옆에서 긴 줄을 발견한다면 이곳이라고 생각해도 좋다. 다양한 소스와 조합해서 먹어볼 수 있다.

VOL.2 ⓘ P.272 Ⓜ P.262E

혼케오타코 本家大たこ

앗치치 바로 근처에 자리한, 도톤보리 타코야키의 또 다른 맹주. 도톤보리에서 역사가 가장 오래된 타코야키집으로, 가장 '근본'이라는 평가를 받는다.

VOL.2 ⓘ P.272 Ⓜ P.262E

코가류 甲賀流

아메리카무라에 위치한 타코야키집으로, 껍질이 쫀득하고 부드럽다. 상당히 많은 마니아를 보유하고 있는데, 파와 마요네즈를 얹은 메뉴를 고르면 필승.

VOL.2 ⓘ P.280 Ⓜ P.260A

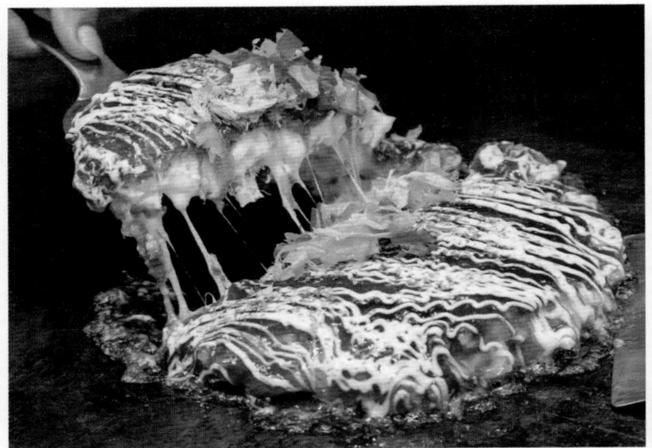

내 맘대로 구워 먹는 오사카식 부침개

오코노미야키 お好み焼き

밀가루 반죽에 해산물, 고기, 양배추 등을 넣고 철판에 부쳐 먹는 일본식 부침개. '오코노미야키'란 '좋아하는 걸 넣어서 만드는 부침개'라는 뜻이라 문자만 봐서는 초콜릿이나 타피오카 펄을 넣어도 아무 상관 없지만 다행히 그런 지나치게 창의적인 재료를 넣는 가게는 거의 없다. 일본에서 가장 흔하게 먹는 오코노미야키는 오사카식과 히로시마식이 있는데, 오사카식은 밀가루 반죽에 건더기 재료를 모두 넣어서 부치고 히로시마는 반죽-양배추-고기-면을 차례차례 쌓아가며 부친다. 오사카와 히로시마 두 지역 모두 오코노미야키를 '소울 푸드'라고 주장하고 있으나 의외로 원조는 교토에 있다는 사실!

오사카 & 교토의 오코노미야키 대표 맛집

잇센요쇼쿠 壹銭洋食

다양한 재료를 넣은 밀가루 부침개에 소스를 뿌려서 먹는 음식을 일본에서 가장 먼저 만든 곳. 오코노미야키의 일본 전국 원조로 불린다. 교토에 있다.

VOL.2 ⓘ P.367 Ⓜ P.350B

미즈노 美津の

마를 갈아 넣어 촉촉하면서도 바삭한 반죽이 일품인 도톤보리 오코노미야키의 간판 스타. 미슐랭 빕구르망에도 선정되어 있다. 30분~1시간 줄 서는 것은 각오할 것.

VOL.2 ⓘ P.271 Ⓜ P.262E

후게츠 風月

오사카에서 시작해 일본 전국 체인으로 뻗어나간 오코노미야키 전문점. 한국인의 입맛에 잘 맞는 것으로 정평이 나 있다. 기왕이면 츠루하시 본점으로 가자.

VOL.2 ⓘ P.313 Ⓜ P.305C

신세카이 주당들의 친구

쿠시카츠 串カツ

오사카의 서민적인 골목을 걷다 어딘가에서 기름냄새가 난다면 십중팔구 쿠시카츠집이 있다고 봐도 좋다. '쿠시카츠'란 '꼬치 카츠'라는 뜻으로 돼지고기, 소고기, 메추리알, 버섯, 아스파라거스, 가지, 비엔나소시지, 은행 등을 꼬치에 꿴 뒤 돈카츠처럼 계란물과 빵가루를 입혀 튀겨낸다. 이 음식의 전국 원조가 다름 아닌 오사카, 그것도 콕 집어 신세카이이다. 지금도 신세카이에는 한 집 건너 하나씩 쿠시카츠 맛집이 들어서 있으며, 개중에는 일본답지 않게 새벽 영업이나 24시간 영업을 하는 곳이 있어 주당들에게 큰 사랑을 받고 있다. 말하면 잔소리겠지만, 맥주와 기가 막히게 잘 어울린다.

오사카의 쿠시카츠 대표 맛집

쿠시카츠 다루마 串かつだるま

오사카 쿠시카츠의 대명사. 도톤보리, 난바, 우메다 등에도 지점이 있으나 포장마차 스타일로 꾸민 신세카이 본점을 강력 추천한다.

VOL.2 Ⓘ P.311 Ⓜ P.304B

텐구 てんぐ

깜짝 놀랄 정도로 바삭바삭한 튀김옷을 맛볼 수 있는 곳. 소 힘줄 조림인 '도테야키'도 매우 맛있다.

VOL.2 Ⓘ P.311 Ⓜ P.304B

야에카츠 八重勝

참마를 사용한 독특한 쿠시카츠를 선보인다. 소고기 쿠시카츠를 꼭 맛볼 것.

VOL.2 Ⓘ P.311 Ⓜ P.304B

오사카에서 시작해서 전 세계로

오므라이스 & 카레 オムライス & カレー

'요쇼쿠 洋食', 즉 '양식'은 일본의 식문화의 매우 중요한 일부분이다. 개항 이후 일본의 식문화에 스며들어 이제는 일본 음식화된 서양 음식을 말하며, 오므라이스·돈카츠·카레·스튜·고로케 등이 여기 속한다. 19세기 말부터 20세기 초까지 일본 곳곳에서 양식 메뉴가 탄생했지만, 가장 위대한 탄생이라면 아무래도 오므라이스의 탄생일 것이다. 그리고 그 위대한 탄생이 이뤄진 곳이 바로 오사카다.
신사이바시에 위치한 양식당 '홋쿄쿠세이 北極星'에서 위장 장애를 앓던 단골손님이 볶음밥을 계란에 싸달라고 부탁했다는 것이 일본에서 가장 유명한 오므라이스의 탄생 일화다. 카레도 오사카와 인연이 깊은 메뉴다. 카레라이스가 최초로 탄생한 곳은 요코스카 해군 기지 인근이지만, 인스턴트 카레 루를 개발한 곳은 오사카가 최초라는 사실. 인스턴트 카레 루가 탄생함으로써 카레는 생전 처음 요리를 하는 여고생이 남자 친구에게 인생 최초로 만들어주는 음식의 대명사로 자리 잡게 되었다. 지금도 오사카에는 그 어느 도시 이상으로 카레 맛집이 많다.

오사카의 오므라이스 & 카레 대표 맛집

홋쿄쿠세이 北極星
일본에서 최초로 오므라이스를 만들었다고 알려진 곳. 버터에 볶은 치킨라이스를 오믈렛으로 덮은 '근본' 오므라이스를 선보인다.
VOL.2 ⓘ P.282 Ⓜ P.260B

지유켄 自由軒
오사카에서 가장 오래된 양식당이자 일본의 대표적인 카레 맛집으로 창업 100년을 훌쩍 넘겼다. 한가운데 날달걀을 올리는 '명물 카레'가 간판 메뉴.
VOL.2 ⓘ P.276 Ⓜ P.262E

인디언카레 インデアンカレー
60년 전통의 카레 노포로, 일본 음식답지 않게 후끈하게 매운 카레를 선보인다. 중독성 있는 맛으로 한번 찾은 사람은 계속 찾게 된다.
VOL.2 ⓘ P.293 Ⓜ P.286A

세계적인 명성의 최고급 소고기

고베규 神戸牛

일본에는 수많은 브랜드 소고기가 있지만, 그중에서도 세계적으로 가장 유명한 소고기가 바로 고베에서 생산되는 고배규다. '타지마우시 但馬牛'라는 와규의 한 품종에서 생산되는 고기로, 부드럽고 마블링이 뛰어나며 맛이 매우 고급스럽다. 고베규의 맛을 보고 감동한 어느 미국인이 자기 아들 이름을 'Kobe'라고 붙였는데, 여기서 말하는 그 '아들'이 바로 얼마 전 세상을 떠난 NBA 스타 코비 브라이언트라는 것은 고베규의 맛을 설명할때 종종 등장하는 에피소드다.

고베는 고베규의 본진답게 수많은 고베규 맛집을 보유하고 있는데, 특히 철판구이 스테이크 맛집이 많다. 높은 모자를 쓴 요리사가 철판에 재빠른 손놀림으로 스테이크와 마늘을 구워 손님 접시에 올리는 것이 고베식 스테이크의 기본. 고베규의 본진이라고 해서 딱히 저렴하지는 않다는 것이 여행자를 조금 슬프게 하는 점이다.

고베의 고베규 대표 맛집

스테이크 아오야마 ステーキ青山

1964년에 문을 연 토어 로드의 작고 아늑한 노포. 질 좋은 고베규를 비교적 합리적인 가격에 맛볼 수 있다. 점심시간에는 2000~5000엔대의 스테이크 정식을 선보인다.

VOL.2 Ⓘ P.453 Ⓜ P.443C

비프테키노 카와무라 ビフテキのカワムラ

엄선한 고베규를 최상의 솜씨로 선보이는 정통 고베규 스테이크 전문점. 일본 전역에 체인이 있을 정도로 유명하다. 고베규 스테이크 맛집의 기본이라 할 수 있다.

고베비프스테키 모리야 神戸ビーフステーキ モーリヤ

카와무라와 쌍벽을 이루는 유명 고베규 스테이크 맛집. 고베규를 취급한 지 무려 140여 년이 된 고베규 레스토랑의 조상님 같은 곳이다.

VOL.2 Ⓘ P.451 Ⓜ P.443C

식탁에 펼쳐진 교토 그 자체

오반자이 おばんざい

교토의 전통 식문화를 일컬어 '쿄료리 京料理'라고 하고, 쿄료리는 다시 카이세키, 쇼진, 다이쿄, 혼진, 오반자이로 나뉜다. 이 중 가장 서민적이면서 접근하기 쉬운 것이 다름아닌 오반자이. 다양한 계절의 식재료를 다채롭게 조리한 서민적인 반찬 요리를 가리킨다. 원래는 '1즙 3채(국 1+반찬 3)'이 기본이나 일반적으로는 7~8가지의 반찬이 작고 예쁜 그릇에 담겨 나온다. 교토에서 전통 요리를 합리적인 가격에 즐기고 싶으면 오반자이가 가장 쉽고 똑똑한 선택이다. 일본 전역에서 '오반자이'라는 이름을 붙인 요리를 선보이긴 하나나, 교토의 오반자이는 '반드시 교토에서 생산되는 제철 재료를 사용한다'는 자부심넘치는 원칙이 있다는 사실! 정성과 재료는 다른 고급 쿄료리에 결코 뒤지지 않으나 가격은 합리적이라 주머니가 가벼운 여행자가 '오반자이' 네 글자를 꼭 기억해 둘 것.

교토 오반자이 대표 맛집

슌사이 이마리 旬菜いなり

롯카쿠 거리 부근에 위치한 작은 오반자이 식당으로, 소박하면서도 정성이 가득한 음식을 선보인다. 오전 시간에 완전 예약제 30식 한정으로 정통 교토식 오반자이 조식을 내놓는다.

VOL.2 Ⓘ P.373 Ⓜ P.352

만시게 쇼안 万重 松庵

JR 교토역 앞 지하 상가인 교토 포르타에 자리한 전통 음식 전문점. 정갈한 벤토, 오반자이 정식 등을 합리적인 가격에 선보인다. VOL.2 Ⓘ P.394 Ⓜ P.387C

탱글탱글한 여름의 맛

와라비모찌 わらび餅

한때 틱톡과 유튜브에서 엄청나게 인기를 끌었던 '물방울떡'을 기억하시는지? 물방울떡이 한창 핫할 때 덩달아 유행한 일본식 디저트가 하나 있으니, 바로 와라비모찌다. '와라비'는 '고사리'라는 뜻으로, 과거에는 고사리 뿌리에서 전분을 채취해서 만들었다고 한다. 현재는 고사리가 너무 귀해서 토란이나 연근, 감자 등의 전분으로 대신한다. 전분에 물을 넣고 끓여 투명한 떡처럼 되면 차갑게 식힌 뒤 콩가루와 검은 조청을 뿌려서 먹는다. 와라비모찌의 발상지는 교토이고, 나라현에서 질 좋은 전분이 많이 생산되기 때문에 나라에서도 많이 먹는다. 차가운 디저트다 보니 여름에 즐겨 먹고, 특히 여름철에 나라나 교토의 료칸에 가면 높은 확률로 와라비모찌가 웰컴 푸드로 나온다.

교토 & 나라의 와라비모찌 대표 맛집

분노스케차야 文の助茶屋

야사카의 탑 부근에 위치한 일본 전통 디저트숍으로, 와라비모찌를 주메뉴로 선보인다. 소박하지만 전통미가 있어 눈과 입이 모두 즐겁다. VOL.2 Ⓘ P.369 Ⓜ P.351D

기온코이시 祇園小石

기온에 위치한 일본 전통 사탕 전문점으로, 내부에서 전통 디저트 숍을 운영하고 있다. 와라비모찌로 만든 파르페가 궁금하다면 꼭 가볼 것. VOL.2 Ⓜ P.352

알고 보면 이 음식도 칸사이가 최고!

앞서 소개한 음식들은 칸사이가 원조거나 다른 지방보다 칸사이에서 접하기 쉬운 음식들이다. 그러나 딱히 원조라고 볼 수 없는 전국구 음식 중에서도 유난히 강세를 보이는 음식도 있다. 이를테면 이런 것들이다.

교토 라멘

교토는 하카타 라멘이나 삿포로 라멘처럼 일본 라멘 맹주 축에 드는 도시는 아니지만, 일본 최고의 관광 도시답게 상당히 많은 라멘 맛집을 뽐낸다. 일본 전국에 체인이 있는 유명한 맛집도 있고, 만화에 등장한 집이나 연예인들의 단골집도 있다. 최근에는 미슐랭 잡지에 소개되는 라멘집도 심심찮게 등장하고 있으며, 개중에는 미슐랭 스타 및 빕구르망 등의 기염을 토한 곳도 있다.

멘야 이노이치 麺屋 猪一

미슐랭 빕구르망에 선정된 라멘집으로 최근 교토 라멘의 대세. 와규를 이용해 만든 라멘을 맛볼 수 있다. 매우 진하면서 깔끔하고 고급스러운 맛이 일품. 하루 일정 수의 손님만 받기 때문에 가게 문열기 1시간 전부터 줄을 서야 간신히 당일 입장 번호를 받을 수 있을 정도.

VOL.2 ⓘ P.373 Ⓜ P.352

신푸쿠사이칸 新福菜館

텐카잇핑, 다이이치아사히 등과 더불어 교토 라멘의 전통적인 강호로 꼽히는 곳. 시꺼먼 빛깔의 쇼유 라멘이 간판 메뉴인데, 보기보다 느끼하거나 짜지 않고 깔끔한 맛을 낸다. 만화 <식탐정>의 교토 기행 편에도 등장한다.

고베 중국 음식

고베는 요코하마, 나가사키와 더불어 일본 3대 차이나타운이 있는 도시로 일본식 중국요리, 일명 '추카 中華'에 강하다. 요코하마에 대형 식당이 많고 나가사키에는 짬뽕집이 많다면 고베는 길거리 음식과 현지인들이 즐겨찾는 소규모 식당이 많다. 특히 돼지고기 소를 넣은 만두인 '부타망'이 맛있는 것으로 유명하다.

랏칸키 楽関記

모토마치역에서 북쪽으로 언덕을 약간 올라간 곳에 위치한 중국요리점으로 최근 고베 현지인들에게 높은 인기를 끌고 있다. 점심 정식을 합리적인 가격에 판매하며 메뉴의 맛이 고르게 좋다. 특히 샤오롱바오는 대만의 어지간한 식당보다 맛있다.

VOL.2 ⓘ P.463 Ⓜ P.458A

로쇼키 老祥記

100년 전통의 부타망 전문점. 언제 가도 긴 줄이 늘어서 있을 정도로 현지인들의 사랑을 듬뿍 받는다. 하루 3000개 한정으로 판매하므로 하나라도 맛보고 싶다면 남들 서 있는 줄에 얼른 끼어들 것.

VOL.2 ⓘ P.462 Ⓜ P.458A

MUST EAT

칸사이가 낳은 전국구 맛집의 원조를 찾아서

거대한 대야에 담긴 세숫대야 우동, 첩첩이 쌓인 크레이프 케이크, 안에 부드러운 크림이 잔뜩 든 롤케이크. 일본 여행 필수 먹거리 리스트에서 언젠가 한 번쯤 보았던 이런 먹거리들이 사실은 칸사이가 원조라는 사실, 알고 계셨는지? 처음에는 오사카나 교토의 어느 골목에서 작게 시작한 가게가 이제는 심히 창대해져 일본 전국에서 이름난 맛집이 된 경우가 적지 않다. 한 끼를 먹어도 원조에서 먹어보고 싶다면 다음에 소개하는 맛집들을 눈여겨볼 것.

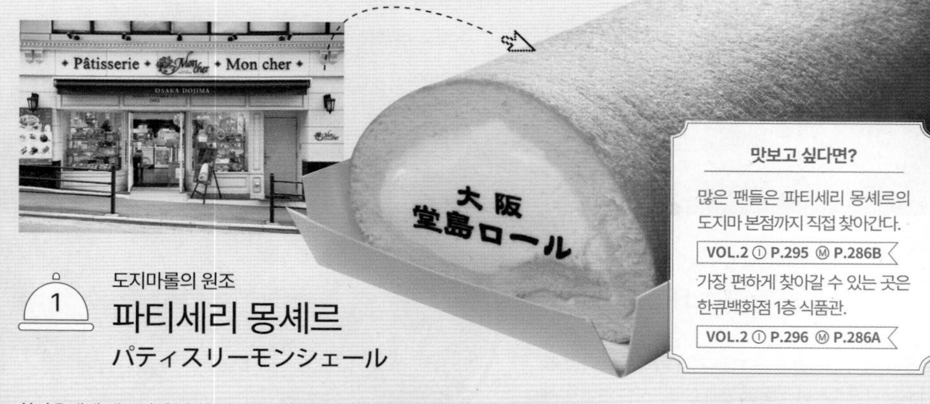

맛보고 싶다면?

많은 팬들은 파티세리 몽셰르의 도지마 본점까지 직접 찾아간다.

VOL.2 ⓘ P.295 Ⓜ P.286B

가장 편하게 찾아갈 수 있는 곳은 한큐백화점 1층 식품관.

VOL.2 ⓘ P.296 Ⓜ P.286A

1

도지마롤의 원조

파티세리 몽셰르 パティスリーモンシェール

한가운데에 생크림이 꽉 차 있는 독특한 롤케이크 '도지마롤'은 이제 편의점에서도 구할 수 있을 정도로 보편적인 디저트가 되었다. 한국 여행자들 사이에서도 일본가면 꼭 먹고 와야 할 아이템 중 하나로 꼽힌 지 오래다. 이 천재적인 롤케이크는 과연 누가 만든 걸까? 2003년, 우메다 옆에 있는 동네 '도지마'의 한 호텔에 몽슈슈라는 이름의 작은 빵집이 문을 연다. 이곳 사장은 재일 한국인 여성으로, 처음에는 조금 고전했으나 이내 롤케이크로 큰 인기를 끈다. 구워내는 속도가 주문 속도를 따르지 못할 정도로 롤케이크가 큰 인기를 끌자 효율을 높이기 위해 가운데를 홋카이도산 생크림으로 채우고 겉을 시트 한 겹으로 감싸는 롤케이크를 만들었는데, 이것이 대히트를 치며 오사카를 대표하는 디저트로 발돋움했다. 이후 호텔에서 독립해 별도의 점포를 내며 이름을 '파티세리 몽셰르'로 바꾸고, 오사카 여러 곳에 분점도 낼 정도로 크게 성장했다는 입지전적 스토리다. 편의점의 도지마롤이나 유사 상품이 아닌 '찐' 도지마롤을 먹고 싶다면 오사카 여행이 바로 그 기회다.

+ WRITER'S PICK +

'도지마 堂島'는 오사카의 교통 중심가이자 신시가지 번화가 우메다 옆에 있는 지역의 이름인데, 사무실이 늘어선 오피스 거리라고 합니다. 즉 도지마롤은 우리나라로 따지면 테헤란롤이나 역삼롤쯤 되는 겁니다.

맛보고 싶다면?

여전히 소에몬초에 본점이 있으며 오사카에 있는 여러 지점중 찾아가기 가장 편하다.

VOL.2 ⓘ P.273 Ⓜ P.262E

2

세숫대야 우동의 명가

츠루통탄 つるとんたん

요즘은 한국 우동집 중에서도 우동을 세숫대야만 한 대접에 주는 곳을 어렵지않게 볼 수 있다. 이게 대체 어디서부터 시작된 건지 궁금했다면, 그 대답은 바로 오사카 원조의 우동집 '츠루통탄'이다. 도쿄를 비롯한 칸토 지방에도 지점이 여러 곳 있어 도쿄 맛집으로도 유명하지만 원조는 어디까지나 오사카로 도톤보리 옆 골목인 '소에몬초 宗右衛門町'에서 1989년에 문을 열었다. 웬만한 집 세숫대야보다 큰 그릇에 우동을 담아주는데, 사리 양을 무려 3배까지 무료로 주문할 수 있는 데다 맛까지 좋아 이내 오사카의 명물 우동집으로 자리 잡았고, 빠른 속도로 도쿄까지 진출했다. 다양한 종류의 우동을 선보이지만 카레우동과 명란 크림우동이 가장 유명하고, 일본에서는 단연 카레우동 맛집으로 통한다.

로스트비프동 & 스테이크동의 명가

3 레드 록 Red Rock

맛보고 싶다면?

본점은 산노미야 고가 밑 상점가에 있다.
VOL.2 Ⓘ P.295 Ⓜ P.286B
모토마치 지점은 '양식 공방'이라는 이름으로 다른 지점에서는 취급하지는 않는 모둠 메뉴나 실험적인 메뉴를 내놓는다.

겉은 바짝 구웠지만 속은 붉은 기가 가득한 미디엄 레어 상태의 로스트비프를 밥 위에 산더미처럼 올린 뒤 계란 노른자를 얹어 먹는 로스트비프동. 육식주의자가 일본을 여행할 때 비교적 합리적인 가격으로 맛있는 고기 요리를 잔뜩 먹을 수 있는 절호의 기회라 할 수 있다. 로스트비프동의 명가 레드 록은 일본 전국 대도시마다 1~2개씩 지점이 있고 특히 도쿄 하라주쿠 지점은 BTS 멤버가 다녀가는 바람에 한국인들에게 레드 록의 대명사처럼 여겨지나, 원조는 엄연히 고베다. 2013년 일본 제일의 소고기 도시 고베에서 문을 연 뒤 로스트비프동이 사회현상급으로 인기를 얻어 일본 전국으로 발을 뻗치게 된 것. 최근에는 스테이크동도 반응이 매우 좋다. 고베 원조면 고베규를 쓰는 게 아닌가 생각할 수도 있지만 로스트비프는 호주산, 스테이크는 미국산을 쓴다. 사실 고베규를 써서 그 가격에 내놓는다면 이것은 장사라기보다 사대 성인급인 자비일 것이다.

맛보고 싶다면?

본점은 교토 중심가에서 동북쪽으로 살짝 떨어진 이치조지 부근에 있다. Ⓜ P.407D

일본에서 가장 번성한 라멘 체인

규카츠는 원래 칸사이 음식…일지도??

4 교토 카츠규 京都勝牛

규카츠는 두툼한 소고기를 계란물과 빵가루를 묻혀 고온에 짧은 시간 튀겨내 속은 레어 상태로 만드는 일종의 비프 커틀릿으로 한때 도쿄를 중심으로 엄청난 붐을 일으킨 바 있다. 지금은 유행이 한풀 꺾인 느낌이지만, 그래도 아직도 이 음식의 팬은 만만치 않게 남아있다. 규카츠의 원조를 따지는 것은 살짝 애매하고 복잡한데, 도쿄를 비롯한 칸토 지역에서는 전통적으로 돈카츠를 많이 먹고 칸사이 지역에서는 비프 커틀렛을 많이 먹었다고 한다. '규카츠'라는 메뉴를 선보인 최초의 식당은 도쿄에서 생겼지만 규카츠 유행이 오기 전에 일찌감치 폐업했고, 규카츠가 붐을 일으키기 전후 시기에 가장 먼저 생긴 규카츠 전문점은 바로 교토 가츠규다. 질 좋은 소고기를 두툼하게 썰어 레어로 튀겨낸 '근본' 돈카츠를 맛볼 수 있는 곳이다. 혹시 어디선과 규카츠의 원조가 도쿄인지 칸사이인지 싸우는 사람을 본다면 슬쩍 교토 편을 들어보는 건 어떨까.

+ WRITER'S NOTE +

'카츠규 勝牛'에서 '카츠 勝'는 승리한다는 뜻의 글자로, 비프카츠나 돈카츠의 '카츠'와 음이 같습니다. 일본에서는 이런 종류의 말장난을 종종 하는데, 특히 시험 전날에 시험에서 승리하기 위해 돈카츠나 규카츠를 먹는 사람도 적지 않다고 합니다.

맛보고 싶다면?

본점은 교토 폰토초에 있다.

VOL.2 Ⓘ P.372 Ⓜ P.352

폰토초다운 작고 고풍스러운 가게다.

일본에서 가장 번성한 라멘 체인

5 텐카잇핑 天下一品

일본 어느 도시를 다니든 가장 흔히 볼 수 있는 라멘 체인 중 '텐카잇핑', 우리식으로 읽으면 '천하일품'이 있다. 일본 라멘 국물 중에서 묽게 쑨 전복죽 느낌이 나는 걸쭉한 국물을 '콧테리 こってり'라고 하는데, 이러한 '콧테리' 국물을 가장 먼저 선보인 곳이라고 한다. 텐카잇핑이 시작한 도시는 다름 아닌 교토로, 창업자가 1971년에 라멘 포장마차를 열어 3년 동안 진지하게 국물을 연구하여 현재의 콧테리를 만들어냈다고. 최초로 가게를 낸 것은 1981년이고, 그 이후 40여 년간 일본 전국에 200개가 넘는 점포를 보유한 명실공히 일본에서 가장 잘나가는 라멘 체인으로 성장했다. 걸쭉한 국물에 그에 걸맞은 두툼한 면이 담겨 있어 '코나몬'의 영혼이 깃든 사람이라면 매우 선호할 수밖에 없다.

MUST EAT

나의 여행에 대접하는 근사한 한 끼

+ PLUS TIP +

예약은 어떻게 하나요?

고급스러운 카이세키 요정이나 프렌치 레스토랑, 고급 스시집은 모두 예약이 기본이다. 그냥 찾아가도 운 좋게 자리가 있는 경우도 적지 않지만 업장 입장에서도 마음과 재료 준비가 필요하므로 예약하는 것을 매우 선호한다. 아예 예약 필수인 곳도 적지 않다. 일본 최대의 미식 리뷰 네트워크인 '타베로그 Tabelog'에서 예약하는 것이 가장 일반적이고, 구글 지도에 '잇큐 一休' 등의 리뷰 사이트와 연동된 예약 버튼이 떠 있기도 하다. 가장 흔한 것은 업장의 홈페이지 예약. 교토의 노포들 중에서는 전화 예약만 받는 곳도 있는데, 일본어를 전혀 할수 없거나 국제 전화를 하는 것이 꺼려진다면 숙박하는 호텔의 컨시어지나 프론트에 부탁할 것. 예약 사이트에서 예약할 때 요청 사항에 적어두는 것도 좋다.

누군가는 황홀한 자연 풍경을 봤을 때를, 누군가는 평생 자랑할 만한 사진을 찍었을 때를, 누군가는 죽기 전에 꼭 보고 싶었던 유적이나 예술품을 봤을 때를 여행 최고의 순간으로 기억한다. 그리고 평생 기억에 남을 만한 근사한 한 끼와 조우했을 때를 최고의 순간으로 꼽을 만한 사람이 이 세상에는 적지 않게 살고 있다. 천금같은 여행의 시간과 금쪽같은 예산의 한 토막을 과감하게 잘라내 미각과 몸에 근사한 한 끼를 대접하고 싶은 사람이라면 칸사이 여행에서 적어도 다음 한 가지쯤은 꼭 경험해보자.

교토의 아침죽 맛집

효테이 별관 瓢亭 別館
아침 죽은 별관에서만 취급한다. 점심은 벤토 전문으로 운영한다.

VOL.2 ⓘ P.380 Ⓜ P.351C

<맛의 달인>에서 극찬한 일본 조식의 최고봉

아침 죽 朝粥

일본의 대표적인 미식 만화인 <맛의 달인>을 본 사람이라면 아마 기억하실 수도 있을 것이다. 일본 전통 아침 식사에 대한 에피소드에서 주인공 지로가 교토에 위치한 '표정'이라는 식당의 아침 죽을 거론하며 일본 조식 문화의 최고봉이라고 극찬하는 장면이 나온다. 엄청난 양의 최고급 카츠오부시를 우려내 졸인 소스를 최고급 쌀로 쑨 흰 죽 위에 뿌려 먹는 것으로, 쌀 맛을 완벽하게 살려내는 소스라고 표현하며 다른 에피소드에서도 종종 언급한다.

이 식당은 실존하는 곳으로 한자로 쓰면 '瓢亭', 한국식으로 읽으면 '표정'이고 일본식으로 읽으면 '효테이'다. 교토 난젠지 부근에 자리한 450년 전통의 문화재급 료리집으로, 본점은 무려 미슐랭 3스타다. 100여년 전, 게이코들과 밤놀이를 즐기던 단골손님이 새벽에 불시에 찾아와 아침을 달라고 하자 잠에서 깬 주인이 밤새도록 술을 마신 손님의 위장을 고려해 현재 남은 최선의 재료로 정성껏 만들어 올린 것이 효테이 아침 죽의 시작이라고 한다. 현재 본관은 본격 쿄료리 식당으로, 별관을 아침죽 전용으로 운영 중이다. 호리병 모양의 삼단 찬합에 담긴 정성스러운 오반자이 반찬과 잘 끓여낸 국을 마시고 있노라면 갓 만든 죽과 소문의 카츠오부시 소스가 등장한다. 죽에서는 상쾌한 쌀 향이 나고, 진한 소스는 짜거나 부담스럽지 않게 쌀 맛을 최선으로 살려준다. 자극적이거나 한입 먹고 허공에서 강강수월래 하게 되는 맛이라기보다는 두고두고 생각나는 맛에 가깝다. 특히, 아플 때 생각난다.

교토 식문화의 우아한 절도를 맛본다

카이세키 懐石

왕실과 귀족이 거주하고 주요 사찰이 몰려 있던 도시, 교토. 교토는 일본 전통문화의 정점에 있는 도시로 여겨지고, 식문화도 다르지 않다. 교토의 전통 식문화를 일컬어 '쿄료리 京料理'라고 하며 일본에서도 최고급 요리 문화로 통한다. 교료리는 교토의 제철 식재료를 활용해 재료의 맛을 최대한으로 살리는 다채로운 요리법으로 만든 요리로, 다양한 갈래가 있으나 가장 유명한 것은 아무래도 '카이세키'일 것이다. 일본 고급 연회 요리의 대명사처럼 쓰이는 '카이세키'는 사실 두 종류가 있다. 바로 '会席'와 '懐石'이다. '会席'는 '모임 요리'라는 뜻으로 료칸 등지에서 나오는 연회 요리를 말하고, '懐石'는 다도 모임에서 가볍게 먹던 식사를 기본으로 하는 계절 채소 중심의 소박하지만 고급스러운 정식 메뉴를 말한다. 기본은 '1즙 3채'로 국물 한 가지와 구이, 회, 조림, 세 가지 반찬으로 구성되며, 이외에도 '아즈케바치 預け鉢'나 '핫슨 八寸' 등의 모둠 요리가 곁들여 나온다. 가게나 지역마다 요소 혹은 형식이 조금씩 다르고 최근에는 그냥 양이 적고 정갈한 일본식 코스 요리를 죄다 카이세키라고 부르는 경향도 있으나, 유서 깊고 자존심 있는 카이세키 식당이라면 기본 원칙을 어느 정도 지키는 편이다.

일본 전역의 고급 전통 식당에서 '카이세키 懐石'를 표방한 메뉴를 내놓지만, 이 메뉴가 탄생한 것은 어디까지나 다도의 본고장 교토이고, 지금도 가장 본격적인 카이세키를 맛볼 수 있는 곳도 다름 아닌 교토다.

+ WRITER'S NOTE +

센리큐 千利休'를 아시나요?

카이세키는 일반적으로 교토에서 탄생한 식문화라고 말하지만, 역사적으로 따져보면 오사카의 지분이 매우 큽니다. 예로부터 존재했던 다도 모임 식사 문화를 현재의 카이세키로 정리한 것은 일본 다도의 성자로 불리는 '센리큐 千利休'인데, 이분은 오사카 출신입니다. 왕궁 다도 주최자로 활약하긴 했지만, 주로 활동한 무대는 다름 아닌 오사카 성이었어요. 도요토미 히데요시의 다도 선생이었거든요. 도요토미 히데요시에게 잘못 보여 할복하는 것으로 생을 마감했습니다. 센리큐는 지금도 일본 다도의 신적 존재로 추앙받고 있습니다.

+ PLUS INFO +

쿄료리를 대표하는 다섯 가지

- 다이쿄료리 大饗料理
  : 귀족의 연회 음식
- 쇼진료리 精進料理
  : 사찰 음식
- 혼젠료리 本膳料理
  : 무사의 잔치 음식
- 카이세키료리 懐石料理
  : 다도에 곁들이는 소박한 식사
- 오반자이 おばんざい
  : 서민의 계절 밥상

교토의 쿄료리·카이세키 대표 맛집

나카무라로 中村楼

무려 400년의 역사를 자랑하는 교토의 대표적인 요정. 점심, 저녁 모두 카이세키 메뉴를 내놓는다.

VOL.2 ⓘ P.368 Ⓜ P.351D

하나사키 花咲

기온에 위치한 요정으로, 교토에서 '교료리', '카이세키' 등을 논할 때 절대 빠지지 않는 곳이다.

VOL.2 ⓘ P.367 Ⓜ P.350B

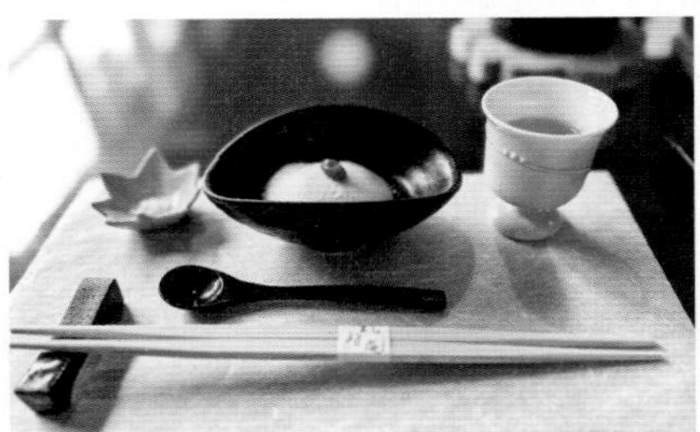

+ PLUS INFO +

두부 카이세키 코스에 등장할지도 모르는 일본의 두부 요리들

- 고마도후 胡麻豆腐 : '참깨두부'라는 뜻으로 갈아놓은 깨에 녹말을 넣어 굳힌 것. 엄밀히 말하면 두부가 아니지만 제형과 이름 때문인지 두부 코스 요리의 전채로 자주 등장한다.
- 히야얏코 冷奴 : 차게 식힌 두부 위에 양념간장과 파, 카츠오부시 등을 끼얹은 것. 양념간장을 붓고 그 위에 두부를 올린 뒤 위에 와사비나 파 등을 정갈하게 얹어 내기도 한다.
- 유바 湯葉 : 두유를 가열하면 위에 뜨는 얇은 단백질 막을 걷어서 말린 것. 교토는 유바로 유명한 도시라, 두부 카이세키에도 유바를 이용한 다양한 메뉴가 나오곤 한다.
- 아게다시도후 揚げ出し豆腐 : 두부에 녹말을 얇게 발라 기름에 튀긴 뒤 달달한 양념 국물을 부은 요리.
- 간모도키 がんもどき : 으깬 두부에 당근, 연근, 우엉 등을 다져 넣고 튀긴 것. 조림, 찜, 구이, 튀김, 국물 요리 등 다양한 방식으로 조리한다.
- 토후아에모노 豆腐和え物 : 각종 재료를 으깬 두부와 함께 무치는 것. 주로 나물류를 이렇게 조리하는 경우가 많다.
- 안닌도후 杏仁豆腐 : 살구 씨 가루에 우유를 넣고 한천으로 굳혀 두부처럼 만든 것. 요즘은 아몬드 가루를 많이 이용한다. 애피타이저나 디저트로 나온다.

어쩌면 가장 교토다운 요리

교토 두부 요리 京豆腐

일본도 한국만큼이나 두부를 많이 먹는다. 어쩌면 더 많이 먹을 수도 있다. 일본 각지에 두부로 유명한 고장은 여러 곳 있지만, 그중에서도 교토의 두부가 가장 고급스럽고 맛있는 것으로 꼽힌다. 교토의 두부는 매우 매끄러운 질감이 특징인데, 한국으로 치면 약간 치밀한 연두부 같은 느낌이다. 입에 넣으면 몹시 부드러우면서도 콩의 맛이 진하면서도 맑게 퍼진다. 교토는 맑은 물이 풍부하게 솟는 지형인데, 이 일대의 물에는 철분이 적어 두부가 부드럽고 매끄럽게 만들어진다고 한다. 또 교토는 사찰이 많은 곳이라 중세에 불교식 채식 요리인 '쇼진 요리 精進料理'가 크게 발달했고, 이때 육류를 대신할 단백질 공급원으로 두부가 즐겨 쓰이며 조리법도 다양하게 개발되었다고 한다. 지금도 교토에는 매우 고급스러운 두부 전문점을 여러 곳 찾아볼 수 있다. 다양한 두부 요리로 구성한 카이세키 懐石 코스 요리를 선보이는 곳이 많은데, 다채로운 방법으로 조리한 두부의 다양한 요리를 맛본 뒤 맨 마지막의 메인 메뉴로 두부를 끓는 물로 익힌 뒤 양념을 얹어 내는 '유도후 湯豆腐'를 먹는 것이 가장 흔한 코스다. 두부라는 하얗고 밋밋한 식재료에서 정갈하지만 은근히 다채롭게 펼쳐지는 세계를 발견하는 기분이다. 두부의 차분하고 무해한 맛이 어쩐지 교토라는 도시와 너무 잘어울리는 것도 기분 탓만은 아닐 것이다.

교토의 두부 맛집

쇼라이안 松籟庵

아라시야마 공원 내에 있는 두부 카이세키 노포. 호즈강이 내려다보이는 고풍스러운 공간에서 정갈한 두부 카이세키를 맛볼 수 있다.

VOL.2 Ⓘ P.425 Ⓜ P.416B

토스이로 豆水楼

교토 시내에서 가장 유명한 두부 전문점 중 한 곳. 일본산 대두를 사용한 고급스러운 두부로 다양한 코스 요리를 선보인다.

VOL.2 Ⓘ P.369 Ⓜ P.351D

고베는 알고 보면 프렌치의 강호

프랑스 요리 フレンチ

+ WRITER'S NOTE +

고베에는 미슐랭 레스토랑이 없다?

일본 미슐랭 웹사이트에서는 가이드에 수록된 레스토랑을 장르별로 검색할 수 있는데, 프렌치 레스토랑을 검색해보면 의외로 고베의 맛집이 등장하지 않습니다. 도쿄, 오사카, 교토, 심지어 나라에도 있는데 고베는 없어요. 왜 그럴까요? 고베의 프렌치는 미슐랭 같은 세계적인 미식 평가 수준에는 도달하지 못한 걸까요? 이유는 간단합니다. 미슐랭에서 발간하는 가이드북 <미슐랭 가이드>는 지역별로 발간되는데, 고베가 속한 효고현은 미슐랭 가이드가 발간되지 않는 지역입니다. 2016년에 효고현 특별판이 나온 적이 있었는데, 그 이후로 정식 발간은 되지 않고 있습니다. 교토와 오사카는 정식으로 발간되고 있고요, 나라는 2022년에 특별판이 발간된 후 2024년까지 꾸준히 나오는 중입니다. 2016년 효고현 특별판에는 고베의 프렌치 레스토랑이 대거 실렸었다고 하네요.

고베는 자칭 '음식의 수도'라고 할 만큼 미식에 자부심이 넘치는 도시다. 그런데 그럴 만하다. 고베규 같은 뛰어난 식재료가 생산되고, 물이 맑아 수많은 일본 명주가 생산되기 때문이다. 일본에서 외국 문물을 가장 빨리, 그리고 적극적으로 받아들여 서양식 생활 양식과 문화가 곳곳에 퍼져 있다. 그렇다 보니 빵이나 양식 등이 크게 발달했고, 본격적인 유럽 요리도 상당히 높은 수준으로 선보인다. 특히 프랑스 요리가 발달한 것으로 유명하다. 프랑스의 유서 깊은 요리 학교인 '르 코르동 블뢰'의 일본 분교가 현재는 도쿄에만 있지만, 한때는 고베에도 캠퍼스가 있었을 정도로 '고베 프렌치'는 일본에서 신뢰의 이름으로 통한다. 고베 프렌치의 큰 특징이라면 아마 '가성비'를 가장 먼저 들 수 있을 것이다. 일본은 물론 세계적으로 봐도 비슷한 재료 및 솜씨 대비 가격이 상당히 저렴한 편이다. 마치 프랑스 시골 레스토랑에라도 온 듯 소박하면서 마음이 푸근해지는 음식과 서비스를 선보이는 프렌치 노포부터 신선한 아이디어와 실험 정신으로 가득한 세련된 현대식 프렌치까지, 그렇게 크지도 않은 도시임에도 선택의 여지가 정말 다양하다. 일본 특유의 '오모테나시'가 깃든 프랑스 요리를 합리적인 가격으로 친절한 서비스를 받으며 즐길 수 있는 특별한 시간. 그것이 미식 여행자들이 고베 프렌치에 양 엄지를 치켜 드는 이유일 것이다.

고베의 프렌치 맛집

르세트 Recette

키타노이진칸 올라가는 언덕길 이면의 호젓한 곳에 위치한 아담한 프렌치 레스토랑. 고베에서 가장 가성비 좋은 프렌치 레스토랑으로 꼽히며, 가격은 합리적이지만 제대로 된 프렌치 코스를 맛볼 수 있다. VOL.2 ⓘ P.454 Ⓜ P.443C

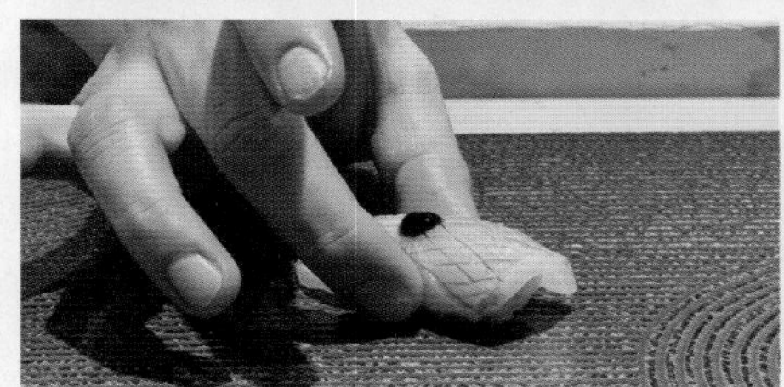

본토에서 즐겨보자!

스시 오마카세 寿司 おまかせ

우선 단어 정의부터 알아보자. 요즘 오마카세, 오마카세 하는데, 대체 이 '오마카세 お任せ, おまかせ'가 뭘까? 글자 그대로 풀이하면 '자유롭게 하도록 맡기다'라는 뜻이다. 누구한테 맡기냐면, 주방장에게 맡긴다. 주방장이 그날 및 그 계절 최고의 재료를 가지고 주방장이 '이 방법이 최고!'라고 확신하는 조리법으로 정성스럽게 만들어 손님에게 내는 것이다. 따라서 세상 어떤 음식이라도 '오마카세'의 형태로 낼 수 있고 실제로 이자카야, 야키니쿠, 카이세키 등 다양한 장르에서 오마카세를 만나볼 수 있다. 그러나 뭐니 뭐니 해도 오마카세라고 하면 스시가 아닐까? 눈앞에서 스시 장인이 한 피스 한 피스를 직접 쥐어 접시 위에 올려주면 손님은 손, 또는 젓가락으로 집어 음미한다. 재료는 물론이거니와 조리법과 순서도 허투루 정하지 않는다. 잘 구성된 오마카세 코스를 먹고 나면 마치 최고의 오케스트라가 연주한 교향곡을 들은 듯한 기분이 든다. 스시 오마카세는 아주 저렴한 회전 초밥집을 제외한 대부분의 초밥집에서 맛볼 수 있는데, 기왕이면 사람 바글바글한 대중 초밥집보다 소위 '미들급' '엔트리급'이라고 불리는 중급 이상의 초밥집을 찾는 것이 좋다. 스시의 오마카세는 주방장과 손님의 1:1 커뮤니케이션이기 때문에 한 타임에 예약을 많이 받는 곳은 아무래도 집중도가 떨어진다. 오사카, 교토, 나라, 고베 모두 오마카세 잘하기로 소문난 스시집을 어렵지않게 찾을 수 있지만, 아무래도 그중 가장 대도시이고 물가가 저렴하며 쾌활한 오사카가 일반적으로 만족도가 높은 편이다.

오사카의 오마카세 맛집

스시 마츠모토 鮨まつもと

도쿄 아카사카에 위치한 미슐랭 1스타 스시야 '마츠모토'의 오사카 분점. 난바 한복판에 자리해 찾기 쉽다. 5000¥ 안팎의 저렴한 가격에 오마카세를 경험할 수 있다. 오사카다운 쾌활하고 소박한 분위기도 매력적. VOL.2 ⓘ P.277 Ⓜ P.262F

CAFÉ

×

칸사이에서
카페를 즐기는 네 가지 방법

하루 2만보는 기본 3만보는 옵션으로 알고 떠나는 게 여행이라지만 이동→명소→이동→명소가 반복되는 여행이란 노동만큼 삭막한 것일지도 모른다. 중간중간 멈춰 서서 커피 또는 디저트와 함께 찍어주는 향기로운 쉼표. 여행을 마친 후에는 이런 순간이 오히려 더 오래 기억에 남곤 한다. 칸사이 곳곳에는 이러한 멋진 쉼표의 공간이 되어줄 근사한 카페 및 카페 골목이 많다. 카페 좋아하는 사람에게는 여행의 목적으로 삼아도 좋을 정도다.

THEME 1 :

마치 보물 사냥꾼이 된 기분, 나카자키초 中崎町 카페 순례

오사카에서 번잡스러움을 담당하는 모든 요소를 모아놓은 우메다. 이곳에서 도보로 10~15분만 걸어가면 오사카의 모든 소박함과 고즈넉함을 모아놓은 듯한 거리가 나온다. 바로 나카자키초. 오사카를 넘어 일본에서 가장 개성적인 카페 거리로 유명세를 떨치고 있는 바로 그 동네 말이다.

나카자키초는 이런 곳

제2차 세계대전 이후부터 오사카 토박이들이 옹기종기 모여 사는 평범한 동네였던 나카자키초. 그러다 이 동네에 위기가 찾아온다. 일본의 고령화가 심각해진 1990년대부터 하나둘 빈집이 늘어나기 시작한 것이다. 이대로 귀신 나오는 동네가 되는가 싶었으나 그러기에는 옛집이 주는 정취가 너무 아까웠다. 이곳의 가치를 알아본 눈밝은 사람들은 은 2000년대 초반부터 이곳에 하나둘 카페를 열기 시작했다. 주로 오래된 건물의 외관 및 내부를 크게 건드리지 않지만 곳곳에서 독특한 개성을 빛내는 가게들이었다. 그렇게 20여 년의 세월이 흐르자 나카자키초는 수십여 개의 작고 소박한 카페, 디저트 숍, 잡화점 등이 자리한 칸사이 일대 최대의 카페 거리가 되었다. 오사카의 20세기를 고스란히 프린트해놓은 것 같은 풍경의 골목 곳곳을 느긋하게 거닐다가 신경 쓰이는 카페에 들러보는 것. 마음에 드는 카페가 나타날 때까지 가벼운 마음으로 이곳저곳으로 자리를 옮겨보는 것. 그렇게 마침내 마음에 드는 곳을 만났다면 원하던 보물을 찾아낸 보물 사냥꾼의 마음으로 기뻐하며 느긋한 환희의 시간을 즐기는 것. 이것이 나카자키초에 어울리는 여행 방법일 것이다.

atelier&shop
San Lotarie
珈琲と本

나카자키초에서 꼭 가볼 만한 카페

담쟁이가 가득한 나카자키초의 중심

살롱 드 아만토 Salon de AManTo

나카자키초가 그저 빈집투성이의 오래된 동네에 불과할 때 가장 먼저 이곳에서 자리 잡은 카페 중 한 곳. 지은 지 무려 120년이 넘은 구옥을 개조해 카페로 꾸몄다. 알고 보면 이 지역 예술가들의 본부 역할을 하는 곳이라고 하나, 그런 걸 모르고 봐도 온통 담쟁이로 덮인 외관부터 만만치않은 예술적 '포스'를 느낄 수 있다. 날씨 좋은 날 이곳의 야외 테이블에 앉아 담쟁이 너머의 거리를 바라보며 아무것도 하지 않는 순간을 꼭 즐겨볼 것. 커피 가격이 매우 저렴한 것도 매력 포인트.

VOL.2 ⓘ P.300 Ⓜ P.287C

마치 마녀의 집에 온 것 같아

마조 카페 Ma-Jo Café

'마조'는 일본어로 '마녀'라는 뜻으로, 카페의 정체성을 동네방네 설명해주기라도 하는 듯 차양에 빗자루가 그려져 있다. 100년이 넘은 구옥을 개조하고 곳곳을 앤티크 장식품으로 꾸며 마치 마녀가 혼자 살고 있는 숲속의 집처럼 보인다. 카페와 핸드메이드 소품 및 장신구 숍을 겸해 느긋한 카페 놀이와 쇼핑을 함께 즐길 수 있다.

VOL.2 ⓘ P.299 Ⓜ P.287C

후쿠오카에는 FUK 카페, 그러면 오사카에는?

OSA 카페 OSA COFFEE

후쿠오카의 명물 카페인 FUK 카페(에프유케이 카페)의 오사카 지점. '오에스에이 카페'로 읽는다. 오사카의 젊은 층 사이에서 가장 인기가 높은 카페 중 한 곳으로, 힙 플레이스다운 세련됨과 나카자키초 특유의 소박함이 잘 어우러져 있다. 오사카를 대표하는 라테 맛집으로, 메뉴판에 당당하게 '밀크 milk' 메뉴를 전면 배치해두었다. 내부에는 앉을 자리가 없고 야외 좌석이 몇 자리 마련되어 있는데, 맑은 날에는 분위기가 제법 그럴듯하므로 최대한 사수할 것.

VOL.2 ⓘ P.300 Ⓜ P.287C

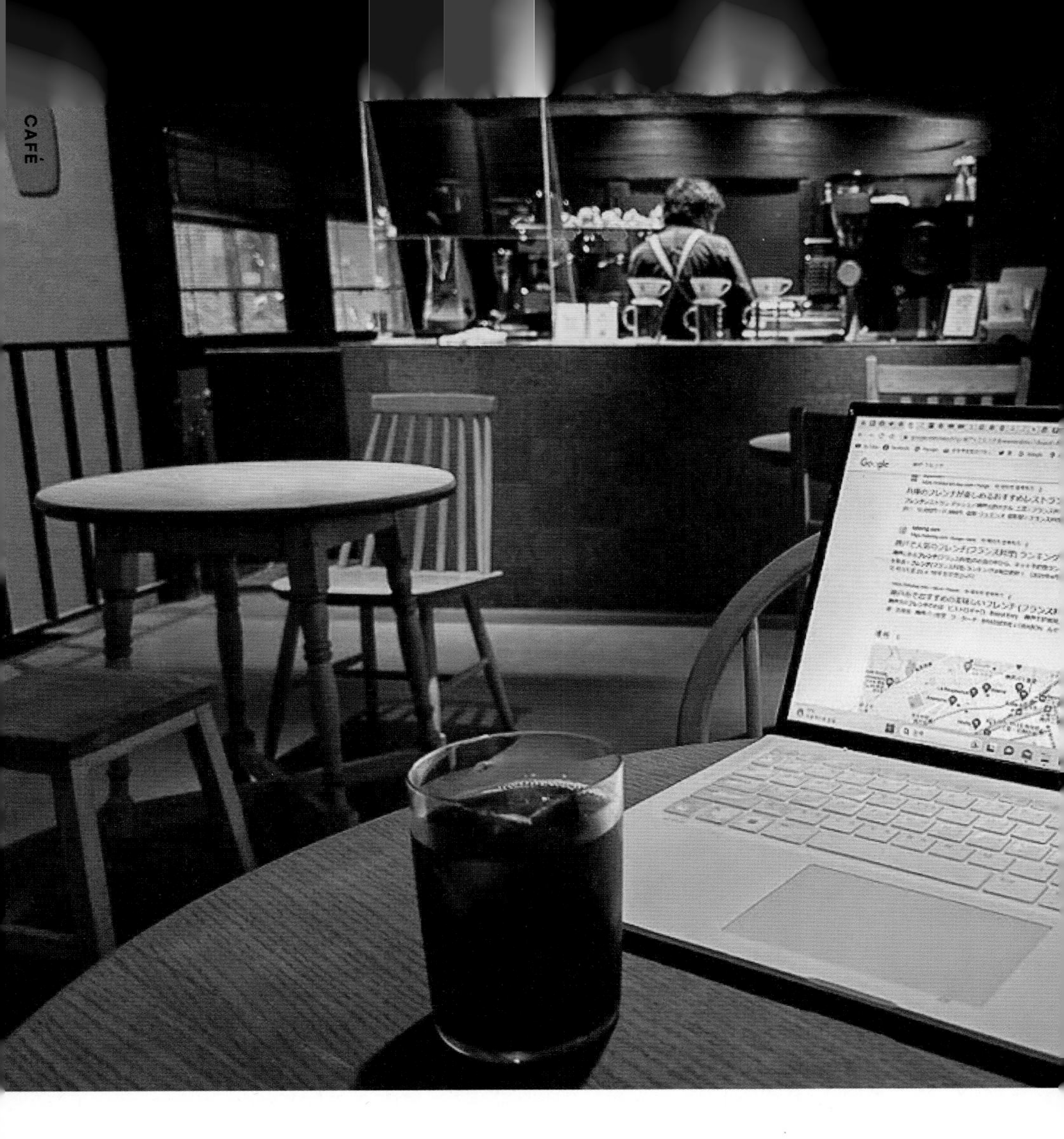

THEME 2 :

교토 맛으로 즐기는 커피, 블루보틀 교토 순례

이제는 서울에도 들어온 블루보틀. 그러나 교토의 블루보틀이 서울의 그것과 같았다면 이런 페이지는 만들지도 않았다. 세계적으로 인정받고 있는 블루보틀의 커피 맛을 고스란히 즐기면서 교토 특유의 고즈넉하고 예스러운 분위기까지 보너스로 누릴 수 있는 블루보틀 교토. 커피 좋아하는 사람이라면 절대 놓쳐서는 안 될 순례지일 수밖에 없다. 교토에는 세 곳의 정식 매장과 한 곳의 컬래버레이션 매장이 있는데, 그중 다음 두 곳은 열일 제쳐놓고라도 다녀올 것.

블루보틀 커피란?

미국의 대표적인 스페셜티 커피 브랜드. 캘리포니아주의 작은 도시 오클랜드 Oakland의 작은 창고에서 시작했으나 현재는 세계적인 커피 브랜드로 손꼽힌다. 까다롭게 엄선한 원두를 일일이 최적 온도로 핸드드립하는 고집스러운 방식으로 유명하다. '커피계의 애플'이라는 별명도 있는데, 푸른색 병이 그려진 단순 깔끔한 로고와 깔끔 세련의 극치를 달리는 MD 상품을 보면 왜 그런 별명이 붙었는지 단숨에 이해된다. 일본 도쿄를 시작으로 서울, 홍콩, 상하이, 교토, 오사카 등 아시아 주요 도시 여러 곳에 진출해 있다.

+ COFFEE +

에스프레소 Espresso	¥550
아메리카노 Americano	¥550
카푸치노 Cappucino	¥605
싱글 오리진 드립 Single Origin Drip	¥660
블렌드 드립 Blend Drip	¥550~
콜드브루 Cold Brew	¥605
뉴올리언스(아이스) New Orleans	¥605

+ WRITER'S TIP +

추천 메뉴는 싱글 오리진 드립 또는 콜드브루입니다! 우유 넣은 메뉴를 좋아하신다면 뉴올리언스를 주문해보세요.

교토 블루보틀의 근본

블루보틀 커피 교토 카페 Blue Bottle Coffee Kyoto Café

페이스북이나 인스타그램에서 '블루보틀 교토'에 대한 바이럴 게시물을 본 적이 있다면, 당신은 이미 이곳에 대해 알고 있는 것이다. 교토에서 가장 먼저 생긴 블루보틀의 매장이자 교토를 대표하는 매장으로, 난젠지 부근에 있어 '난젠지점'이라고도 불린다. 일반적으로 '블루보틀 교토'라고 하면 이곳을 말한다. 큼직한 '쿄마치야(옛 교토 전통식 주택)' 두 채를 개조해 카페로 꾸민 곳으로, 교토 특유의 고풍스럽고 우아한 공간감과 블루보틀 카페 특유의 개방감이 근사하게 어우러진다.

교토 블루보틀의 근본!!

[추천 좌석]
맑고 시원한 날은 두 건물 사이의 야외 좌석. 덥거나 흐린 날은 뒤쪽 건물 맨 안쪽 자리. VOL.2 ⓘ P.381 Ⓜ P.351C

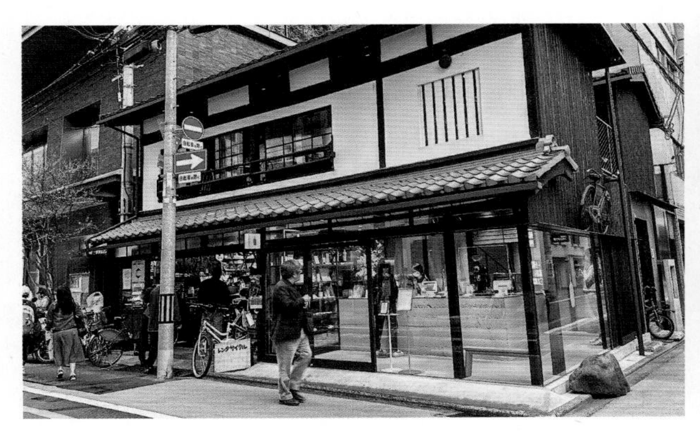

교토가 숨겨둔 작고 향기로운 비밀

블루보틀 커피 교토 롯카쿠 카페 Blue Bottle Coffee Kyoto Rokkaku Café

난젠지점에 먼저 들렀다 이곳에 오는 사람의 입에서 어쩌면 "애걔?" 소리가 나올지도 모른다. 난젠지점에 비교하면 규모가 한참 작기 때문. 롯카쿠 거리 어느 모퉁이의 작고 오래된 건물 2개 층에 자리하고 있는데, 1층은 카운터가 오롯이 차지하고 좌석은 모두 2층에 몰려 있다. 마치 오래된 다락 같은 공간에 띄엄띄엄 테이블이 놓여 있는데, 마치 1960~1970년대의 교토 어느 고요한 찻집으로 타임 워프한 듯한 느낌이다.

[추천 좌석] 창가를 사수하자! VOL.2 ⓘ P.371 Ⓜ P.352

+ WRITER'S NOTE +

블루보틀 교토를 좋아하는 개인적인 이유

배경음악이 정말 좋습니다! 교토의 모든 블루보틀에서 조용하고 차분한 분위기의 올드 록, 포크, 인디 팝 음악이 흘러나옵니다. 대부분 음악이 카페의 공기에 잘 섞입니다만, 가끔씩 음악이 너무 좋아서 숨도 못 쉬고 집중할 때도 있을 정도였어요.

THEME 3 :

고베에서 즐기는 티타임

고베에서는 누가 뭐래도 커피보다는 홍차다. 일본에서 최초로 홍차 문화를 수입한 도시라, 지금도 근사한 티룸과 홍차 전문숍이 대거 포진하고 있기 때문. 평소에 짜장면만 고집하던 사람도 군산에서는 짬뽕을 먹듯, 커피 텀블러를 생수통처럼 끼고 사는 커피 마니아라도 고베에서는 홍차를 마셔보자. 홍차를 잘 모르는 사람이라도 티 룸 특유의 우아한 공간감은 충분히 즐길 수 있고, 홍차를 사랑하는 '홍차잘알'이라면 고베의 어느 티 룸이든 첫발을 들이는 순간 알 수 있을 것이다. 내공이 보통이 아니라는 걸.

VOL.2 ⓘ P.277 Ⓜ P.262F

온통 향기로 가득한 홍차의 시간

마리아주 프레르 고베점 マリアージュ フレール神戸店

마르코폴로의 꽃밭처럼 화사한 향기와 웨딩 임페리얼의 달콤하고 로맨틱한 향기. 홍차에 조금이라도 관심이 있다면 모를 수 없는 이름들이다. 이 이름들의 주인이 바로 프랑스의 유서 깊은 홍차 브랜드 마리아주 프레르. 한국에 정식 수입되지 않기 때문에 외국 여행 간 김에 실컷 즐기고 와야 되는 브랜드이기도 한데, 고베에는 마리아주 프레르의 티 룸이 있다. 마르코폴로 향기가 코끝에 살살 맴도는 크렘 브륄레도 꼭 맛보자.

[이건 꼭 해볼 것]
보온 주전자의 은빛 표면에 비치는 내 모습을 사진으로 담아볼 것!

VOL.2 ⓘ P.455 Ⓜ P.443C

벚꽃과 딸기 향 가득한 홍차의 정원

무어 하우스
Moore House, 旧ムーア邸

19세기 유럽의 영애가 당장 걸어나올 것 같은 키타노이진칸의 골목. 이런 곳이라면 유럽풍 티 룸이 있지 않을까 싶은데, 아니나 다를까 있다. 바로 무어 하우스다. '무어'는 이 집에 아주 최근까지 거주하던 가족의 성으로, 사유지로 남아 있다 2020년에 티 룸으로 개조해 일반에 개방했다. 우아한 흰색 목조건물과 계단식 정원이 자리하고 있는 그야말로 이진칸의 로망 같은 모습이다. 커피, 홍차, 허브티 등의 음료 및 딸기와 계절 과일을 사용한 디저트를 주로 선보인다. 햇살 좋은 오후를 이곳에서 보내다 보면 마치 '로판'의 세계로 들어온 것 같은 기분이 든다.

[이건 꼭 해볼 것]
너무 덥거나 춥지 않다면 야외 테이블에 자리를 잡아볼 것.

THEME 4 :

커피 마니아 주목! 교토의 카페 & 로스터리 순례

요즘 우리나라에서 커피숍 창업을 준비하는 예비 사장님들이 꼭 답사하는 도시 중 하나가 바로 교토다. 과장을 보탠다면 일본에서 가장 좋은 카페는 모두 교토에 있기 때문. 특히 직접 원두를 엄선해 최고의 솜씨로 볶아내는 로스터리 카페가 심심치 않게 자리한다. 커피 마니아라면 슈트케이스에 자리를 넉넉하게 비워두자. 교토에서 원두를 폭풍 쇼핑하게 될지도 모르니까.

+ WRITER'S NOTE +

테이크아웃으로 주문하면

테이크아웃 전용 윈도에 커피 주전자와 드리퍼를 놓고 직접 눈앞에서 커피를 내려줍니다! 줄이 길면 테이크아웃으로 고고 하세요!

1 교토 핸드드립계의 작은 거인

니조코야 二条小屋

주택가 골목에 방치된 창고 또는 헛간처럼 보인다고 지나치지 말 것. 허름한 겉모습 안에 엄청난 알맹이가 숨어 있다. 니조코야는 핸드드립 전문점으로, 바리스타가 마치 방망이 깎는 노인 같은 태도로 한 잔 한 잔을 정성 들여 내린다. 한 번에 5~6명 밖에 들어갈 수 없을 정도로 좁은 데다 서서 마셔야 하지만, 그럼에도 커피를 한입 맛보면 이 공간 자체를 사랑하게 되어버린다.

VOL.2 ⓘ P.383 Ⓜ P.350A

+ WRITER'S NOTE +

이노다 커피는 카페식 조식 메뉴로도 유명합니다. 크루아상과 샐러드, 차로 구성된 '교토의 조식 京の朝食'이라는 조식 전문 메뉴도 있고 간단한 토스트류도 맛있어요.

2 오래된 카페에서 즐기는 옛날 커피 맛
이노다 커피 INODA Coffee

교토에서 가장 오래된 카페 중 한 곳으로, 1940년 창업했다. 마치 유럽의 오래된 카페 같은 인테리어 덕분에 교토와 유럽의 중간 어느쯤에 있는 듯 묘한 기분이 드는 곳이다. 오래된 커피숍답게 요즘 스타일의 산미 강하고 라이트한 커피가 아닌 매우 묵직하고 진한 맛의 커피를 선보인다. 요즘 잘나간다는 로스터리나 카페의 커피 맛이 시큼한 게 영 맘에 들지 않았다면 이곳 원두를 왕창 구매할 것. VOL.2 Ⓘ P.370 Ⓜ P.352

+ WRITER'S NOTE +

비 오는 날에도 줄은 섭니다. 15~20분은 서야 하니까 시간 넉넉하게 잡고 가세요! 원두 구입도 가능합니다.

3 치쿠린, 토게츠쿄, 그리고…
% 아라비카 교토 아라시야마 % Arabica 京都嵐山

아라시야마의 호즈강가를 걷다 보면 새하얀 카페 앞에 사람들이 설탕에 붙은 개미 떼처럼 모여 있는 모습을 볼 수 있다. 바로 일명 '응커피'라고 불리는 % 아라비카 커피의 아라시야마 지점이다. 교토에서 시작해 세계로 뻗어나간 체인인데, 1호점은 기요미즈데라 부근에 있지만 아라시야마점이 압도적으로 유명하다. 잘 볶은 커피에 질 좋은 우유를 부은 '교토 라테'가가 간판 메뉴로, 달콤하면서도 느끼하지 않은 맛이 일품이다. 이곳에서 라테를 한 잔 사 들고 호즈강을 배경으로 찍는 인증숏이 치쿠린과 토게츠쿄의 뒤를 잇는 아라시야마 인증숏의 대세다. VOL.2 Ⓘ P.425 Ⓜ P.416B

4

나만 알고 싶은 커피 은신처

엘리펀트 팩토리 커피 Elephant Factory Coffee

엘리펀트 팩토리 커피는 카와라마치 부근의 후미진 골목 어느 허름한 건물 2층에 자리하고 있다. 여러모로 수상한 다방이 있을 것 같은 위치인데, 한걸음 들어서면 전혀 예상치 않았던 공간이 기다린다. 꾸밈이 많지 않은 소박한 실내에는 잔잔한 음악과 커피 향기가 낮은 밀도로 떠돌고, 조용하고 차분한 분위기 속에서 사람들은 자기 일이나 커피에 몰두하고 있다.

주메뉴는 드립 커피로 원두의 질이나 드립 솜씨 모두 매우 훌륭하다. 모두들 나만 알고 싶은 곳이라고 생각하지만 이미 꽤 유명하다는 것은 아쉬운 반전. VOL.2 ⓘ P.372 Ⓜ P.352

+ WRITER'S NOTE +

늦은 밤 카페인 수혈이 필요하신 분!!

교토의 커피숍답지 않게 밤 12시를 넘은 늦은 시간까지 영업하는 것도 빼놓을 수 없는 장점입니다! 늦은 밤 카페인 수혈이 필요하신 분께 강추해요!

우유를 넣은 '화이트'
커피 추천!!

5

대만에서 온 교토 로스터리계의 신성

굿맨 로스터 교토 GOODMAN ROASTER 京都

VOL.2 ⓘ P.371 Ⓜ P.350B

이렇다 할 볼거리는 별로 없고 호텔만 한 보따리 자리하고 있는 시조카라스마. 굿맨 로스터는 시조카라스마 뒷골목에 한가롭게 자리한 작은 로스터리 카페다. 모든 것이 오래된 것만 같은 교토지만 이곳은 2019년에 처음 문을 연 매우 새싹 같은 가게다. 에스프레소를 주력으로 선보이며, 특히 라떼나 플랫 화이트 등 우유를 넣은 '화이트' 커피에 강하다.

+ WRITER'S NOTE +

여기 원두 꼭 사 오세요!

원두 선정과 배전 솜씨가 매우 좋아서 집에서 대충 아무렇게나 추출해서 마셔도 맛이 매우 근사했어요. 원두를 구입하면 한 잔을 무료로 제공해줍니다.

고요함이 필요한 당신께, 모안 茂庵

"교토를 사랑하고 고요함을 사랑하는, 그리고 카페나 찻집이라는 공간이 간직한 느긋한 감각을 사랑하는 분들이라면 꼭 찾아가보세요."

꽤 오래전 일입니다. 2008년에 동남아시아 배낭여행을 할 때였어요. 방콕에서 치앙마이 가는 야간버스에서 제 옆에 일본인 여성이 앉았습니다. 그 친구와 친해져서 밤새도록 수다를 떨었고, 교토 사람이었던 그녀는 나중에 꼭 가보라며 카페 한 곳을 추천해주었습니다. 찾아가기 엄청 어렵지만 일단 가보면 싫어할 수가 없다고 했습니다. 그곳의 이름은 '모안 茂庵'이었습니다.

그로부터 10년도 더 지나서 그곳에 가게 되었습니다. 그녀의 말은 단 한마디도 안 빼고 다 진실이었어요. 일단, 찾아가기 정말 어렵더라고요. 야트막한 산 꼭대기에 있는데 표지판도 변변히 없는 오솔길을 따라 여기저기를 헤매고 나서야 도착했으니 말이죠.

그리고 정말로 싫어할 수가 없었습니다. 20세기 초에 다실로 지은 목조건물을 개조해 만든 카페인데, 신발을 벗고 들어갔을 때 발밑에 닿는 마룻바닥의 부드러운 나무 감촉부터 사랑스러웠어요. 오래된 나무 느낌의 건물과 실내는 단아한 분위기가 가득하고, 수다와 과도한 사진 촬영을 금하고 있어 매우 조용하고 고즈넉합니다. 음료와 디저트에 전문성이 있는 것은 아니지만 맛은 다 괜찮은 편이에요. 창가에 가만히 앉아 있노라니 바닥에서 나무 냄새가 피어오르고 창밖으로 펼쳐진 펼쳐진 검푸른 숲이 눈에 들어왔습니다.

사실 10여 년 전에 추천받은 거라 없어졌을 수도 있겠구나 싶었어요. 하지만 막상 와보니 10년 뒤에 와도 있겠다 싶네요. 교토를 사랑하고 고요함을 사랑하는, 그리고 카페나 찻집이라는 공간이 간직한 느긋한 감각을 사랑하는 분들이라면 꼭 찾아가보세요. 단, 정말 찾기 힘듭니다. 파이팅.

VOL.2 ⓘ P.380 Ⓜ P.351C

DESSERT

×

눈과 입이 모두 즐거운 칸사이 컬러풀 디저트

칸사이는 일본에서 내로라하는 맛의 고장이다. 게다가 예로부터 밀가루 음식이 발달했다. 게다가 일본에서 가장 먼저 개항해 서양 문물을 일찍 받아들인 도시 고베가 있다. 뭘로 보나 디저트와 빵이 발달하기 딱 좋은 조건인데, 아니나 다를까 각 도시마다 디저트 맛집이 한 보따리씩 있다. 특히 고베는 일본에서 알아주는 디저트와 빵의 도시다.

THEME 1

노랑 YELLOW

생각해보면 우리가 즐겨 먹는 디저트 중 많은 수가 노란색 스펙트럼 안에 들어 있다. 치즈 케이크, 푸딩, 크렘 브륄레, 팬케이크 등등. 칸사이 일대에는 특히 치즈 케이크 맛집이 많은 편이므로 평소에 즐겨 먹었다면 1일 3 치즈 케이크도 꿈은 아니다.

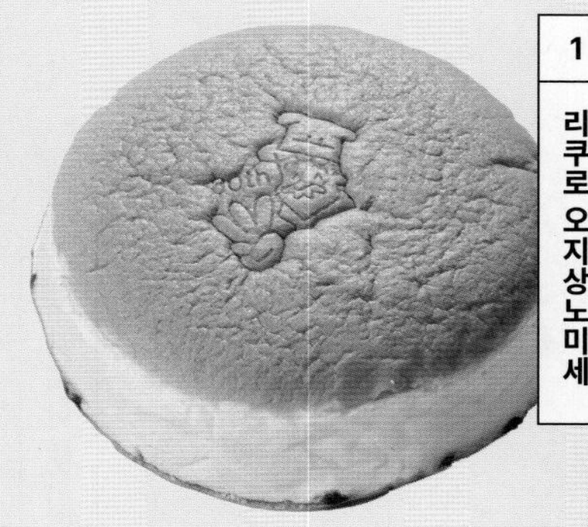

1
리쿠로 오지상노미세
りくろーおじさんの店

푸들푸들 치즈 케이크의 원조

#치즈케이크 #오사카 #난바

SNS의 해외여행 채널 등에서 아주 자주 바이럴 영상으로 등장하는 일본의 푸들푸들 치즈 케이크의 원조가 바로 오사카 난바에 있다. 2층 카페에서 조각으로도 주문 가능하지만 푸들푸들을 직접 보려면 역시 홀 케이크가 진리.

VOL.2 ⓘ P.276 Ⓜ P.262E

일본 최고의 치즈 타르트

#치즈타르트 #오사카 #신사이바시

한국에도 진출한 치즈 타르트의 명가. 본점은 오사카 신사이바시에 있다. 일반적인 치즈 타르트 외에도 녹차, 복숭아, 딸기 등 여러 메뉴가 있으며 최근 가장 인기 있는 것은 위를 살짝 태우는 크렘 브륄레.

VOL.2 ⓘ P.282 Ⓜ P.261C

2
파블로 PABLO

3
모로조프 Morozoff

푸딩의 정점을 맛본다

#푸딩 #고베 #산노미야

일본의 거의 모든 백화점에 입점해 있는 유명 파티스리. 모든 케이크와 양과자류가 고르게 최고의 맛을 내지만 뭐니 뭐니 해도 커스터드 푸딩의 인기가 높다. 고베 본점 카페에서 먹으면 아주 예쁘게 연출된 모습도 즐길 수 있다.

VOL.2 ⓘ P.453 Ⓜ P.443C

4

유하임 Juchheim

이런 바움쿠헨은 처음이야

#바움쿠헨 #고베 #모토마치

일명 '나이테 케이크'로도 불리는 독일 전통 케이크 바움쿠헨으로 유명한 파티스리. 일본에서는 선물용으로 매우 인기가 높다. 고베 모토마치에 본점이 있고 카페도 운영해 바움쿠헨을 조각 케이크로 맛볼 수 있다.

VOL.2 ⓘ P.463 Ⓜ P.458A

치즈 케이크인가 피자인가

#덴마크치즈케이크 #고베 #모토마치

일본 전역에 체인이 있고 그 체인이 모두 맛집으로 이름을 떨치고 있는 덴마크 치즈케이크 전문점. 폭신한 시트 위에 뜨겁게 데워 살짝 녹인 덴마크 치즈를 얹어서 나온다. 뜨거울때 먹으면 치즈가 마치 피자처럼 늘어나는 것도 볼 수 있다.

VOL.2 ⓘ P.464 Ⓜ P.458A

5

칸논야 観音屋

1

모토마치 케이크 Motomachi Cake

수수하고 저렴한 케이크의 명가

#치즈케이크 #고베 #모토마치

좋은 재료를 써서 기본에 충실하게 만든, 그러나 가격은 상당히 저렴한 고베 모토마치의 디저트 노포. 딸기 쇼트케이크와 사쿠라케이크로 유명하나 치즈케이크도 한칼 한다. 기본 케이크는 무엇을 주문해도 실패 확률 0에 수렴하는 곳.

VOL.2 ⓘ P.463 Ⓜ P.458B

THEME 2

초록 GREEN

말차나 녹차 잎의 초록빛은 보고만 있어도 눈이 시원해진다. 교토는 일본을 대표하는 녹차의 고장으로, 녹차를 응용한 다양한 디저트를 만나볼 수 있다. 아이스크림이나 과일의 달콤함에 녹차의 쌉쌀하고 개운한 맛이 더해졌을 때의 쾌감. 아는 사람은 다 안다.

1 사료츠지리 茶寮都路里屋

정통 교토식 파르페를 맛보자!

#녹차파르페 #교토 #기온

교토 근교에 위치한 녹차의 고장 우지 宇治에서 생산되는 녹차를 이용한 다양한 차와 디저트를 선보이는 곳. 우지 말차를 이용한 크림을 중심으로 다양한 일본식 재료를 넣은 파르페를 맛볼 수 있다.

VOL.2 ⓘ P.367 Ⓜ P.350B

2 요지야 카페 よーじやカフェ屋

말차로 그려내는 예쁜 라테아트

#말차라테 #교토 #아라시야마

기름종이로 유명한 교토의 화장용품 브랜드 요지야에서 운영하는 카페로, 다양한 일본 전통 디저트 메뉴를 선보인다. 어떤 메뉴를 주문하든 음료로는 말차 라테나 카푸치노를 주문해볼 것. 뽀얀 거품 위에 요지야의 마크를 말차로 수놓은 라테 아트를 볼 수 있다.

VOL.2 ⓘ P.425 Ⓜ P.416B

3 츠우엔차야 通圓茶屋屋

쌉쌀하고 개운한 녹차 맛 당고

#말차당고 #교토 #우지

일본을 대표하는 녹차의 고장 우지에 자리한 찻집. 우지 녹차와 함께 다양한 일본 전통식 녹차 디저트를 맛볼 수 있다. 특히 말차를 넣어 녹색을 띠는 당고는 개운한 녹차나 말차와 매우 잘 어울리는 파트너.

VOL.2 ⓘ P.427 Ⓜ P.417C

4 기온코이시 祇園小石屋

말차와 어우러지는 다양한 맛의 향연

#말차파르페 #교토 #기온

기온에 위치한 일본 전통식 사탕 전문점으로, 카페를 함께 운영한다. 말차 아이스크림, 와라비모찌 등 일본 전통 디저트 재료가 들어간 파르페를 다양하게 선보인다.

VOL.2 Ⓜ P.352

5 사와와 茶和々

녹차 디저트 전문점

#말차아이스크림 #교토 #니시키시장

교토 니시키 시장을 시작으로 빠르게 전국으로 뻗어나가고 있는 녹차 디저트 전문점. 오로지 우지 말차만 사용한다. 1층은 테이크아웃, 2층은 카페로 운영한다. 간판 메뉴는 와라비모찌와 말차 아이스크림.

VOL.2 ⓘ P.371 Ⓜ P.352

THEME 3

컬러풀 COLORFUL

과일이 잔뜩 들어간 타르트, 여러 가지 색깔로 겹겹이 쌓여 있는 밀크레이프 같은 디저트는
보기만 해도 마음 한구석이 달콤 상큼해지기 마련이다.
다채로운 맛과 색채로 디저트 마니아를 유혹하는 컬러풀한 디저트를 모아본다.

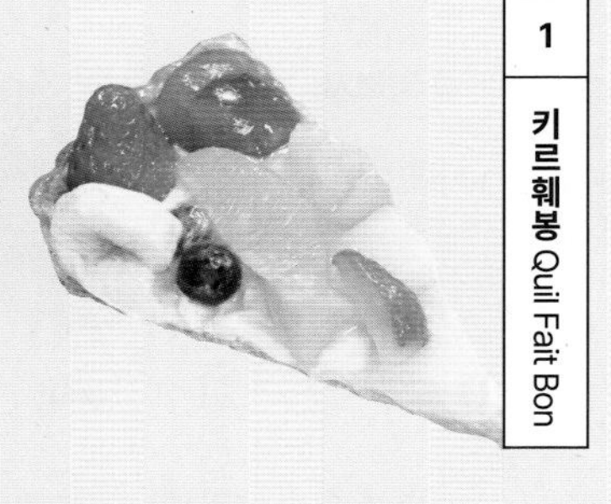

1
키르훼봉 Quil Fait Bon

계절의 축복을 담은 타르트

#과일타르트 #교토 #기온

도쿄 원조의 디저트 숍으로, 과일 타르트가 일본 전국에서 가장 맛있는 곳으로 꼽힌다. 주로 제철 과일을 이용한 타르트를 선보이는데 시트와 크림, 과일의 조화가 그야말로 완벽하다. 교토 지점은 실내외의 분위기까지 로맨틱하고 멋스럽다.

VOL.2 Ⓘ P.370 Ⓜ P.352

2
이치조지 나카타니
一乗寺中谷

카레산스이 정원을 닮은 양갱

#뎃치양갱 #교토 #이치조지

중심가에서 약간 벗어난 곳에 위치한 작은 화과자점. 말캉말캉한 질감의 뎃치양갱 でっち羊かん(뎃치요캉)이 간판메뉴로 가게 내의 카페에서 주문하면 위에 하얀 크림을 얹고 위에 과일을 마치 카레산스이 정원처럼 단정하게 배치한 양갱을 만날 수 있다. VOL.2 Ⓘ P.413 Ⓜ P.407D

3
아라캉파뉴
ア・ラ・カンパーニュ

신선함 그 자체인 과일 타르트

#과일타르트 #고베 #산노미야

매일 아침 공수되는 신선한 과일과 고원 목장 우유로 만든 크림을 사용한 과일 타르트를 선보이는 고베의 디저트 숍. 프랑스어로 시골에서라는 상호답게 마치 프랑스 전원 마을의 카페 같은 인테리어도 인상적이다. VOL.2 Ⓘ P.453 Ⓜ P.443C

4
후게츠도 風月堂

고프레 명가가 선보이는 다채로운 디저트

#과일케이크 #고베 #모토마치

얇은 크레이프 과자 사이에 크림을 끼워 넣는 고프레(또는 고프르)의 명가로 일본에 전국적으로 소문난 제과점. 고베 모토마치 본점에서는 카페도 운영하는데, 다양한 양과자는 물론 케이크, 파르페, 안미츠까지 맛볼 수 있다. VOL.2 Ⓘ P.464 Ⓜ P.458A

+ PLUS INFO +

고베 빵지 순례 Bakeries in KOBE

고베는 유서 깊은 빵의 도시다. 빵은 생각보다 일찍이 일본의 식생활에 스며들어 이미 에도시대부터 병사의 식량으로 활용되었다고 한다. 개항 이후 근대에 빵은 더욱 활발하게 일본 전국으로 전파되었는데, 고베는 그 중에서도 빵 문화가 가장 많이 발달한 곳이었다고. 그래서 지금도 일본 전국적으로 유명한 베이커리가 많아 빵식주의자들의 빵지 순례지로 인기를 끌고 있다. 다음의 베이커리 정도는 꼭 찾아가볼 것.

1

동크 DonQ

아시아 전역에 100여 곳의 체인을 갖고 있는 글로벌 베이커리로, 본점은 고베 산노미야에 있다. 100년이 훌쩍 넘는 역사를 자랑한다. 프랑스식 제법으로 만든 일본풍 빵이 장기.

VOL.2 ⓘ P.452 Ⓜ P.458A

[추천 빵]
양파빵, 카레빵

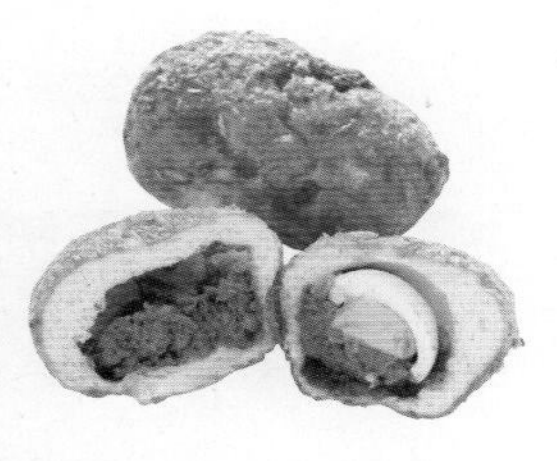

2

이스즈 베이커리 イスズベーカリー

고베 베이커리의 간판스타로 불리는 곳. 껍질은 딱딱하나 속은 아주 부드러운 식빵이 인기다. 마늘빵 등의 빵집 기본 메뉴나 일본풍 빵이 주특기. 특히 카레빵은 정말 최고! VOL.2 ⓘ P.453 Ⓜ P.443C

[추천 빵]
식빵, 카레빵, 야키소바빵, 마늘빵

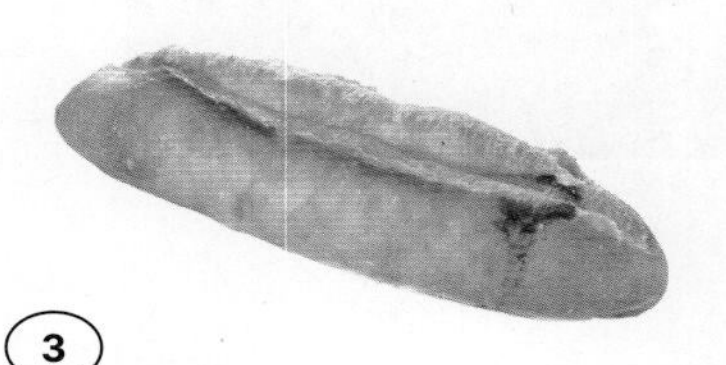

3

비고노미세 ビゴの店

'비고의 가게'라는 뜻으로, 일본에 바게트 문화를 전파한 프랑스인 제과 명장 필립 비고가 창업한 빵집이다. 프랑스풍 빵은 모두 만족도가 높으며, 구움 과자류도 맛있다.

VOL.2 ⓘ P.454 Ⓜ P.443C

[추천 빵]
바게트

4

불랑제리 콤시노와 ブランジェリー コム・シノワ

다양한 유럽풍 빵을 선보이는 곳으로, 특히 페이스트리의 강자로 꼽힌다. 매대에서 계절 과일을 올린 파이나 페이스트리를 본다면 품절되기 전에 얼른 담을 것.

VOL.2 ⓘ P.453 Ⓜ P.443C

[추천 빵]
폰폰후류이, 후루루프람보아즈

DRINK

×

애주가는 칸사이가 즐겁다!
마시면서 즐기는 칸사이 알코올 트립

요즘 일본 술 여행이 핫하다. 술을 체험하러 가는 여행도 핫하고, 술을 사러 가는 여행도 핫하다. 일본 중에서도 칸사이가 술 여행으로 현재 가장 핫한 지역이다. 지역에 술 관련 시설도 많고 저렴한 주류 상점도 많기 때문. 구체적으로 어떻게 즐겨야 하는지 지금부터 같이 알아보자.

니혼슈와 함께하는 알딸딸 산책

고베 나다고고 양조장 투어 灘五郷

알고 보면 고베는 일본 전통주 '니혼슈 日本酒', 속칭 '사케'의 수도 같은 곳이다. 고베 동쪽의 '나다 灘' 지역은 일본에서 술을 최초로 빚은 지역 중 한 곳으로 지금도 니혼슈 양조장이며 브랜드 본사가 즐비하며 니혼슈 일본 전체 생산량의 25%를 차지할 정도로 왕성하게 니혼슈를 만들어내고 있다. 특히 나다 지역 내에서 니혼슈로 가장 유명한 니시, 미카케, 우오자키, 니시노미야, 아이즈 등 5개 동네를 일컬어 '나다 지역의 5개 마을'이라는 뜻의 '나다고고 灘五郷'로 칭한다. 나다고고 중에서도 미카케와 우오자키 두 마을 부근에는 유명 니혼슈 양조장의 전시관 4개가 직선상에 몰려 있어 한나절 동안 니혼슈 투어를 즐기기 딱 좋다. 대부분의 전시관에서 무료 시음이 가능한데 각각의 전시관이 약 1km 간격으로 떨어져 있어 취기가 가실 즈음에 다시 한 잔 들이켜고 취하기 딱 좋다. 알딸딸한 낮술 산책을 원한다면 다음 네 곳을 차례차례 들러볼 것.

+ PLUS INFO +

가는 법

고베 산노미야역에서 한신 본선을 이용한다. 슈신칸은 이시야가와 石屋川역, 하쿠츠루주조 자료관은 미카게 御影역, 키쿠마사무네 기념관과 사쿠라마사무네 기념관은 우오자키 魚崎역에서 가깝다.

+ PLUS TIP +

슈신칸 견학 예약은 방문하기 최소 이틀 전에 해야 한다.

'후큐슈'를 아시나요?

슈신칸 酒心館

니혼슈 브랜드 '후쿠슈 福寿'의 전시관 겸 팩토리 숍. 후쿠슈의 역사와 제조 과정을 재미있게 볼 수 있는 셀프 견학 코스를 운영 중이다. 리플릿을 따라 영상 및 시뮬레이션 자료 등을 자유롭게 돌아본 뒤 무료 시음을 즐기는 코스다. 건물 입구를 비롯해 곳곳에 인증샷 남기기 좋은 포토 포인트가 많고, 팩토리 숍을 모든 방문객에게 개방하고 있어 굳이 견학을 하지 않더라도 방문해 볼 만하다. 전시관 부지 내에 '사카바야시 さかばやし'라는 식당이 있는데, 제철 재료를 사용한 일식 정식 요리를 선보인다. 점심시간 무렵에 투어를 시작한다면 이곳에서 든든하게 먹고 움직이자. VOL.2 ⓘ P.474 Ⓜ P.468B

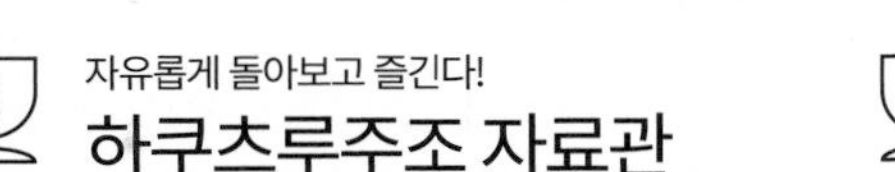

2

자유롭게 돌아보고 즐긴다!

하쿠츠루주조 자료관 (白鶴酒造資料館, 하쿠츠루슈조시료칸)

한국에서 일명 '백학 사케'로 통하는 하쿠츠루의 전시관이다. 견학 코스를 자유롭게 개방하는데, 약 2층 규모의 널찍한 건물에 니혼슈 및 하쿠츠루의 역사와 전통 주조 방법에 대한 다양한 실물 크기 모형을 흥미진진하게 전시하고 있다. 자유롭게 돌아보며 사진 찍기도 좋고 니혼슈 관련 지식 배우기도 좋다. 전시장 내에 숍도 넓은 규모로 운영하고, 시음도 무인에 무료로 자유롭게 운영한다. VOL.2 ⓘ P.474 Ⓜ P.468B

3

가장 유명한 브랜드는 여기!

키쿠마사무네주조 기념관 (菊正宗酒造記念館, 키쿠마사무네슈조키넨칸)

고베에서 가장 큰 규모의 양조 공장이자 한국에서 가장 유명한 니혼슈 브랜드 중 하나인 키쿠마사무네의 전시관. 우리나라에서는 '국정종'이라는 이름으로도 알려져 있다. 브랜드의 역사와 전통 주조 과정에 대한 견학 코스와 팩토리 숍, 시음장을 운영하고 있다. 시음장은 유인으로 운영하며 술에 대한 가벼운 설명을 해준다. VOL.2 ⓘ P.474 Ⓜ P.468B

4

'정종'은 이곳에서 시작됐다

사쿠라마사무네 기념관(櫻正宗記念館, 사쿠라마사무네키넨칸)

고베에서 가장 유서 깊은 니혼슈 브랜드 중 하나인 사쿠라마사무네의 기념관. 우리나라에서 니혼슈 또는 청주를 '정종'이라고 부르는 경우가 종종 있는데, 그 명칭을 가장 먼저 사용한 것이 바로 사쿠라마사무네다. 내부에 전시장과 숍, 카이세키 요리를 선보이는 식당, 그리고 카페가 있다. 카페에서는 사쿠라마사무네를 비롯한 니혼슈를 넣은 떡이나 디저트를 맛볼 수 있다.

VOL.2 ⓘ P.474 Ⓜ P.468B

+ PLUS INFO +

나라에서 하루시카 春鹿를 만나자!

'사케' 좋아하는 사람이라면 아마 하루시카라는 이름을 들어봤을 가능성이 꽤 있다. 한국의 이자카야나 일식집 등지에서 팩으로 출시된 하루시카를 판매하는 경우가 종종 있기 때문. 이 하루시카는 나라의 지역 특산 니혼슈로, 나라마치에 전시장과 시음장을 운영한다. 나라마치를 돌아보다가 가벼운 기분으로 들르기 좋으므로, 나라를 여행하는 애주가라면 일부러라도 찾아가볼 것.

청주는 어쩌다 '정종'이 되었나

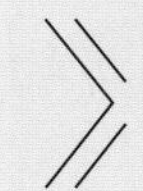

정종

겨울이면 '따끈한 오뎅에 정종 한잔'을 외치는 분들이 종종 있죠. 여기서 '정종'은 청주 또는 니혼슈를 가리킵니다. 다분히 틀린 표현이라 할 수 있죠. 그런데 이 '정종 正宗'은 어디서 나온 표현일까요? 니혼슈 브랜드 중에는 이 '정종'이라는 글자가 붙어 있는 게 수두룩합니다. 나다고고에만 해도 '국정종(菊正宗, 키쿠마사무네)'과 '앵정종(櫻正宗, 사쿠라마사무네)'이 있잖아요. 일본 전국에 '정종' 붙은 니혼슈 브랜드가 수십 개는 가뿐히 넘는다고 하죠. 그럼 대체 이 '정종'은 누가 먼저 시작했을까요? 바로 사쿠라마사무네입니다. 19세기 사쿠라마사무네 양조장의 당주는 새로운 브랜드명을 고민하다가 불교 용어인 '임제정종'에서 '정종'을 따서 이름을 짓기로 합니다. 일본어 한자는 읽는 방법이 다양한데, '정종 正宗'을 음으로 읽으면 '청주'의 일본식 발음인 '세이슈'와 거의 비슷하거든요. 그런데 뜻밖의 일이 벌어집니다. 사람들이 '정종 正宗'을 '세이슈'가 아닌 '마사무네'로 읽어버린 거예요. 옛날 전국시대에 '마사무네(正宗)'라는 너무너무 유명한 일본도 장인이 있었거든요. 어쨌든 그 이후로 일본에는 청주 이름에 '마사무네'를 붙이는게 유행이 됐고, 한국에서는 그것을 한국식 독법에 따라 '정종'으로 읽은 거죠. 그리고 그걸 술 종류로 오해하게 된 거고요.

니혼슈의 등급

	준마이	혼조조	후츠슈
쌀 함유량에 따른 분류	순쌀로 만든 술	순쌀에 주정(알코올) 약간 첨가	쌀로 빚은 술에 알코올 다량 첨가
정미율에 따른 분류	준마이 다이긴조 (정미율 50% 이하)	다이긴조 (정미율 50% 이하)	규정 없으나 대체적으로 정미율 71% 이상
	준마이 긴조 (정미율 60% 이하)	긴조 (정미율 60% 이하)	
	준마이 (기준 없음)	혼조조 (정미율 70% 이하)	

※ 정미율이란 쌀을 깎아내고 남은 비율 숫자. 정미율이 낮을수록 쌀을 많이 깎아냈다는 뜻이다.

등급별로 줄 세우기

① 준마이다이긴조 → ② 다이긴조 → ③ 준마이긴조 → ④ 긴조 →
⑤ 준마이 → ⑥ 혼조조 → ⑦ 후츠슈

견학하고 시음하고 득템까지!

산토리 야마자키 증류소 サントリー 山崎蒸溜所

위스키 좀 마셔본 사람이라면 일본 싱글 몰트위스키의 간판스타 야마자키 위스키를 모를 리 없을 것이다. 그렇다면 이것도 알고 있는지? 야마자키의 증류소가 바로 칸사이에 있다는 것 말이다. 오사카와 교토의 경계 지역인 '야마자키 山崎'에 야마자키 위스키의 증류소가 있다. 위스키 공장이 주당에게 무슨 의미냐고? 의미 있다. 보통 의미 있는 게 아니다. 방문자를 위한 견학 코스를 운영하기 때문. 그뿐인가? 시음장도 있다. 구하기 힘들다는 야마자키 위스키를 증류소에서 직접 마셔볼 수 있는 것이다. 결정적인 것. 이곳에는 팩토리 숍이 있다. 일본 내에서도 씨가 말랐다는 야마자키 위스키의 18년 이상 제품을 이곳에서 구했다는 증언이 적지 않게 들려온다. 물론 좋은 물건이 있을지 없을지는 복불복에 가깝지만, 애주가라면 한 번쯤은 도전해볼 만한 복불복이 아닐 수 없다. 가고 싶다고 아무때나 갈 수 있는 것이 아니므로 이 페이지의 정보를 자세히 볼 것. VOL.2 ① P.335

+ PLUS INFO +

야마자키 증류소 견학, 이렇게 한다!

견학 투어에는 유료와 무료 두 종류가 있다. 유료 견학 투어는 80분짜리 가이드 투어로, 공장 내부의 견학 코스를 돌아본 뒤 시음을 즐기고 숍을 방문한다. 가고 싶다고 갈 수 있는 것은 아니고, 한 달 반 전에 신청을 받은 후 신청자 가운데 추첨한다. 일본어와 영어 투어가 각각 1일 1회씩 진행되며, 참가 비용은 1인당 3000엔이다.무료 견학 투어는 가이드 없이 내부를 60분간 자유롭게 돌아보는 투어다. 오전 10시부터 오후 16시까지 하루 총 7회 진행된다.

예약: https://www.suntory.co.jp/factory/kyoto

아사히 맥주를 가장 신선하게 즐기는 경험

아사히 맥주 박물관 Asahi Beer Museum

전 세계의 유명 맥주 브랜드 중에는 사옥이나 공장에 견학 코스를 운영하는 곳이 적지 않다. 맥주 제조 과정 시뮬레이션이나 브랜드의 역사 관련 전시물 등의 견학 코스를 쭉 둘러보고 난 뒤 시음장에서 마무리하는 대동소이한 코스인데, 아무리 긍정적이고 학구적으로 봐도 제조 과정이나 역사 등은 썩 재밌다고 할 수 없다. 그러나 시음장은 다르다. 어지간한 생맥주 맛집은 따라올 수 없는 신선한 맥주를 마실 수 있기 때문. 맥주를 사랑하는 애주가라면 오로지 시음장 하나 들르기 위해 꽤 먼 길을 떠나도 될 정도다. 칸사이에는 일본의 웬만한 유명 맥주 브랜드의 공장은 다 있고 지역 소규모 브랜드의 양조장도 곳곳에 자리하나, 아사히 스이타 공장 부설 견학 시설인 '아사히 맥주 박물관'이 접근성과 시설 면에서 최고로 꼽힌다. 전국에 딱 2개 뿐인 아사히 시음장 중 하나이므로 아사히의 팬이라면 최고로 신선한 아사히 생맥주를 즐길 수 있는 기회를 놓치지 말 것. VOL.2 ⓘ P.335

+ PLUS INFO +

아사히 맥주 박물관 견학, 이렇게 한다!

반드시 사전 예약을 해야 한다. 예약은 홈페이지와 전화로 가능하다. 예약은 비수기에도 최소 일주일 전에는 해야한다.

- 입장료가 있는 유료 투어다. 가격은 어른 1000엔. 투어 진행 시간은 약 80분이고, 가이드가 동반한다.
- 시뮬레이션이나 영상자료 외에도 실제 공장의 생산 과정을 볼 수 있다.
- 요금에 맥주 시음 1잔이 포함되어 있다.

예약: https://www.asahibeer.co.jp/brewery/suita

주당 여행자가 칸사이에서 꼭 해볼 만한 음주 체험 두 가지

그냥 술만 마실 생각이라면 아무 이자카야나 들어가도 되고 편의점에서 사다 숙소에서 마셔도 좋다. 공원이나 강가에서 마셔도 뭐랄 사람은 없다. 다만 술을 한 잔 마셔도 현지인 처럼 즐겨보고 싶은 사람이라면 다음 정보를 참고할 것. 한국에서는 경험하기 힘든 재미있는 스타일의 술집들이 칸사이의 골목마다 숨어 있다.

합리성과 가성비가 높은

타치노미야 立ち飲み屋 즐기기

일본 드라마나 영화, 또는 일본 회사원 유튜브를 보면 퇴근 후 서서 마시는 술집에서 한잔하는 모습이 종종 나온다. 이런 서서 마시는 술집을 '타치노미야 立ち飲み屋'라고 하는데, 음주가무를 좋아하면서 합리성과 가성비를 높게 치는 특성 때문인지 오사카에서는 일본의 다른 어느 도시보다 타치노미야를 흔히 볼 수 있다. 서서 마시기 때문에 오래 마시기 보다는 간단히 한두 잔 마시기 좋으며 혼술하기도 나쁘지 않다.

맥주 외에도 니혼슈나 위스키 등 주류도 다양하고, 안주 종류도 많다. 오사카는 JR 텐마역 주변,신사이바시 상점가 뒷골목, 우메다역 지하 식당가 등에서 종종 볼 수 있고 교토의 시조도리 뒷골목이나 고베의 산노미야 고가철도 아래 상점가에서도 흔히 볼 수 있다.

가 보고 싶은 데는 다 가보자!

2 이자카야 호핑 즐기기

오사카의 우라난바, 잔잔요코초 등의 술집 골목에 가면 즐거운 고민에 빠지게 된다. 대체 이 많은 술집 중에 어딜 가야 잘 갔다고 소문날지 말이다. 고민할 것 없다. 가보고 싶은 데는 다 가는 것, 그것이 이런 동네를 즐기는 방법이다. 한 술집에서 맥주, 또는 니혼슈나 쇼츄 한두 잔에 먹어보고 싶은 안주를 주문해 30분~1시간 정도 즐긴 뒤 미련 없이 털고 일어나 다음 술집으로 향하는 것이다. 이렇게 하룻밤에 서너 군데의 술집을 옮겨가며 즐기는 일명 '이자카야 호핑'을 즐겨볼 것.

+ PLUS INFO +

위스키 쇼핑을 즐길 시간, 리커 마운틴 Liquor Mountain

요즘 주당 여행자들 중에 일본을 주목하지 않는 사람은 없을 것이다. 한국보다 훨씬 저렴한 가격에 위스키를 비롯한 리커를 구입할 수 있기 때문. 일본 여행 중 좋은 숙성 연도의 아드벡, 탈리스커, 보모어 등을 득템했다는 소식을 심심치않게 들을 수 있다. 오사카 여행 중에도 가능한 걸까? 물론이다. 일본 최고의 상업 도시이자 짠돌이 도시답게 오사카에는 상당히 많은 종류의 할인 주류점이 영업하고 있다. 그중에서 가장 구색이 좋고 접근성이 좋은 곳이 우메다에 위치한 리커 마운틴이다. 위스키는 물론 다양한 하드 리커와 일본 전통술을 구비하고 있다. 세계적으로도 흔치 않은 브랜드나 숙성 연수의 위스키며 코냑이 입고될 때가 있으므로 눈을 크게 뜨고 돌아볼 것. 조금씩 맛만 보고 싶은 구매자를 위해 보틀 위스키를 10ml 단위로 덜어 팔기도 한다.

VOL.2 ① P.295 Ⓜ P.286B

+ PLUS INFO +

일본 술의 종류

맥주 ビル (비루)

병맥주보다는 생맥주의 인기가 높다. 맛이 순하고 부드러우며 깨끗한 것이 일본 생맥주의 특징. 아사히, 산토리, 기린, 삿포로 등의 브랜드가 있다. 한국보다는 가격이 상당히 높으므로 무턱대고 마시다 영수증을 받고 기절하지 말 것.

2

소주 焼酎(쇼츄)

고구마 등을 원료로 만든 증류식 소주로서 도수가 20~40도 정도. 독특한 향과 맛이 있어 애주가에게는 도전해 볼 만한 분야다. 잔술로 판매하며, 독하기 때문에 물을 섞은 '미즈와리 水割り'나 따뜻한 물을 섞은 것은 '오유와리 お湯割り'로 마시는 경우가 많다.

3

니혼슈 日本酒

쌀로 만든 맑은 곡주로. 한국의 청주와 사촌뻘이다. 이자카야의 술 메뉴 부분에서 가장 많은 부분을 차지한다. 잔술, 돗쿠리, 병으로 주문할 수 있으며, 잔술과 돗쿠리는 데워주기도 한다. 특히 아주 뜨겁게 마시는 것은 '아츠캉 熱燗' 이라고 한다.

사와 サワ

소주에 과일즙이나 주스, 음료수 등을 섞은 것. 술 냄새가 살짝 날 듯 말 듯 할 정도로 음료나 과즙을 많이 섞기 때문에 여성이나 술을 잘 못하는 사람들에게 좋다. 도수는 맥주와 비슷한 3~5도 선으로, 술맛은 강하지 않으나 은근히 취한다.

하이볼 ハイボール(하이보루)

위스키에 탄산음료를 섞어 도수를 낮추고 상큼한 맛을 더한 것. 도수가 낮게는 10도, 높게는 20도 정도 된다. 우롱차를 섞은 우롱하이 ウロンハイ나 녹차를 섞은 오차하이 お茶ハイ도 있다.

6

매실주 梅酒(우메슈)

매실에 설탕을 넣고 만든 담금주. 달콤하고 도수가 높지 않아 술을 잘 못하는 사람도 마시기 좋다. 작은 식당이나 료칸 중에는 직접 담근 매실주를 판매하는 곳도 있다.

어린아이, 어른아이
모두 좋아하는

VS

칸사이 여행

키덜트

어린이를 위한 칸사이

아이들을 데리고 가족끼리 해외 여행을 떠나고 싶다는 소망은 웬만한 엄마, 아빠라면 모두 갖고 있는 것이 아닐까?
아이와 함께 떠나는 여행에도 놀이, 교육, 휴식, 자연 등 다양한 옵션이 존재한다.
칸사이에는 이런 각각의 요소가 알차게도 존재한다. 적어도 다음의 장소들은 꼭 염두에 둘 것.

+ PLUS TIP +

0~3세, 약간 비추
유모차를 이용해야 하는 연령에게는 추천하기 어렵다. 통행의 편의와 아이의 관람 눈높이를 이유로 유모차 사용을 권장하지 않기 때문. 유모차 대여도 하지 않는다.

칸사이 최고의 수족관
카이유칸 海遊館

일본 근해부터 남북극까지 전 세계 바다의 바다 생물을 전시하는 수족관. 칸사이에서는 최대 규모이며, 일본 전체를 두고 봐도 손꼽히는 수준이다. 한국의 코엑스 수족관과 규모와 전시 수준 면에서 큰 차이는 나지 않으나 세계적으로도 수족관 사육 예가 희귀한 고래상어를 보유하고 있다는 것이 큰 강점. 동물 보호 관점에서는 논란을 피할 수 없으나 커다란 수조 안에서 고래상어가 위풍당당하게 헤엄치는 모습이 마음을 확 사로잡는 것은 부인할 수 없다. 아이와 함께 여행할 때 가장 무난하게 일순위로 고려할 만한 곳이다.

VOL.2 Ⓘ P.329 Ⓜ P.324A

추천 연령: 5~12세
소요 시간: 2시간 안팎

레고 팬에게는 여기가 천국

레고랜드 디스커버리 센터 LEGOLAND Discovery Center

세계적인 블록 완구 레고의 다양한 세계와 조우할 수 있는 실내 테마파크. 레고로 만든 다양한 조형물과 전시물은 물론 놀이 기구도 즐길 수 있다. 실내에 있어 규모는 좀 아담한 편이지만 레고를 좋아하는 어린이에게는 놓칠 수 없는 곳이다. 레고로 구현한 오사카의 거리는 어른이 봐도 감탄이 나올 정도. 오사카의 대표적인 가족 위락 단지인 텐포잔에 위치해 카이유칸, 대관람차 등과 연계해 돌아보기도 좋다. 특히 초등학교 저학년 이하 자녀와 함께 갈 때 텐포잔을 코스에 넣으면 반나절 이상의 일정을 커버할 수 있다.

VOL.2 ① P.329 Ⓜ P.324A

추천 연령: 5~12세
소요 시간: 1~2시간

+ PLUS INFO +

카이유칸 + 레고 디스커버리 한나절 추천 루트

① 10:30 텐포잔 도착 → ② 10:45~11:40 카이유칸 감상 → ③ 12:00~13:00 텐포잔 마켓플레이스에서 점심 식사 → ④ 13:15~14:30 레고랜드 디스커버리 즐기기 → ⑤ 14:45~15:450 텐포잔 마켓플레이스에서 쇼핑, 산책, 카페 즐기기 → ⑥ 16:00 대관람차 타기

[TIP] 대관람차 탑승은 일몰 시간 전후로 맞춰볼 것!

+ PLUS TIP +

할인 티켓으로 입장하세요!

레고랜드 디스커버리의 공식 홈페이지에 나와 있는 입장료는 2200~3000엔. 날짜에 따라 요금이 변동하는 방식으로, 평일과 비수기에는 상대적으로 저렴하고 성수기와 주말에 가격이 높다. 조금이라도 저렴하게 구입하고 싶다면 클룩, 투어비스 등의 여행 할인권 판매 사이트를 이용할 것. 10~15%가량 저렴한 가격에 구입 가능하다.

오늘은 내가 컵라면 요리사!

컵 누들 박물관 오사카 이케다
Cup Noodle Museum 大阪池田

세계 최초로 컵라면을 만든 브랜드인 닛신에서 세운 컵라면 전시관. 컵라면을 비롯한 인스턴트 라면에 대한 각종 자료와 시뮬레이션, 상징적인 조형물 등 다양한 전시물이 있으나, 직접 내 손으로 컵라면을 만들어볼 수 있는 유료 체험 코스가 인기 만점이다. 면을 직접 만들거나 내용물을 내 마음대로 조합하고 용기를 직접 디자인한 나만의 컵라면을 만들어 시식까지 해볼 수 있다. 오사카 중심부에서 전철로 약 30분 거리라는 것이 흠이라면 흠이지만, 그 정도는 얼마든지 극복할 만한 가치가 있다.

VOL.2 ① P.334

추천 연령: 6~15세 | 소요 시간: 1~2시간

+ PLUS TIP +

컵라면 체험은 두 종류!

치킨 라멘 팩토리

내 손으로 직접 라면의 면을 직접 반죽해 만들어보는 체험. 초등학생 이상 참여 가능하다. 하루 4회 90분간 진행하는 체험으로 인터넷에서 사전 예약하는 것이 좋다.

가격: 초등학생 600￥
중학생 이상 1000￥

마이 컵누들 팩토리

면, 수프, 건더기를 내 마음대로 조합하고 컵라면 용기에 직접 그림을 그려 넣은 나만의 컵라면을 만들어볼 수 있다. 나이 제한이 없고 별도의 시간 예약 없이 오픈 시간 중 아무 때나 체험 가능하다.

가격: 컵라면 1개당 500￥

온몸으로 실감하는 진도 7의 지진

아베노 방재 센터

阿倍野防災センター

1995년 한신·아와지 대지진 이후 강화된 칸사이 지역의 재난 대비 시스템을 홍보하기 설립된 홍보관. 화재, 지진, 해일 등의 재난이 일어났을 때의 상황 시뮬레이션과 칸사이 지역 정부의 준비 상황, 개인의 대비 방법 등을 신선하고 재미있는 전시물로 홍보한다. 주로 어린이와 청소년의 눈높이에 맞춘 실감 나는 시뮬레이션이 많다. 유치원에서 지진 대피 훈련을 한 뒤 자꾸 책상 밑으로 들어가는 아이 또는 소방차만 보면 넋을 잃는 아이가 있다면 꼭 데려가볼 것.

VOL.2 Ⓘ P.312 Ⓜ P.304B

추천 연령: 6~15세 | 소요 시간: 30분~2시간

+ PLUS TIP +

아베노 방재 센터에 가기 전에 알아 두면 좋은 것

① 모두 일본어 | 아베노 방재 센터의 모든 내레이션과 안내문은 일본어로 되어 있어 부모 중 한 명이 일본어가 어느 정도 된다면 조금 더 상세하게 즐길 수 있다. 다만 한국어로 된 안내문이 마련되어 있어 체험 코스의 대강을 파악하는 데는 문제가 없다.

② 예약해야 하나? | 주제별로 6~7개의 코스가 구성되어 있는데, 대부분의 코스는 예약제로 운영된다. 문제는 모든 예약이 전화 및 방문 예약이라는 것. 그러나 걱정할 것은 없다. 모든 코스가 하루 종일 예약이 꽉 차는 일은 드물기 때문에 방문해서 문의하면 참여 가능한 시간과 코스를 알려준다.

5

전망 좋은 언덕에서 보내는 한나절

고베 시립 롯코산 목장 神戸市立六甲山牧場

날씨가 쾌청한 봄날 또는 가을날, 실내 공간이나 빌딩 숲만 다니기는 서운하다면, 푸른 자연 속에서 아이들을 뛰어놀게 해주고 싶다면, 눈을 들어 고베의 롯코산을 바라보자. 고베 동쪽에 자리한 해발 1,000m의 산으로, 남쪽 사면의 바다가 내려다보이는 언덕에 아름다운 양 떼 목장이 자리하고 있다. 규모가 아주 크지는 않으나 목장과 바다가 어우러진 풍경이 매우 아름답고 동물들을 비롯한 볼거리와 다양한 체험 및 먹거리가 마련되어 있어 어린이와 한나절 예쁜 추억을 만들며 즐기기 아주 좋다.

VOL.2 ⓘ P.476 Ⓜ P.469D

추천 연령: 3~13세
소요 시간: 1~2시간

+ PLUS TIP +

롯코산 목장, 이건 꼭 하자!

① **동물과 놀기** | 양을 가까이에서 쓰다듬거나 염소에게 먹이 주기, 송아지에게 우유 주기 등을 체험할 수 있다.
가격: 염소 먹이 1개 200¥, 우유 주기 1회 300¥

② **아이스크림 먹기** | 목장에서 생산한 신선한 우유로 만든 소프트아이스크림을 판매하는데, 일본 전국에서도 손꼽히게 맛있다.
가격: 1개 500¥

③ **전망대 오르기** | 동쪽 언덕 위에 고베 시내와 바다를 조망할 수 있는 전망대가 마련되어 있는데, 마야산에 버금가는 전망을 자랑한다.

+ PLUS INFO +

롯코산+아리마 온천 당일치기 추천 루트

아리마 온천과 롯코산은 '롯코아리마 로프웨이'라는 이름의 케이블카로 연결돼 있어 볼거리와 교통 두 마리의 토끼를 한번에 잡을 수 있다. 고베를 1박 이상 여행할 예정이라면 다음의 루트를 통해 반나절의 당일치기 여행을 즐겨볼 것.

① 13:00 고베산노미야역 → ② 13:20 한큐 롯코역 또는 JR 롯코미치역에서 16번 버스 탑승 → ③ 13: 40 롯코 케이블카역 도착 및 탑승 → ④ 14:00 롯코산 도착 및 버스 탑승 → ⑤ 14:40~16:00 롯코 목장 → ⑥ 16:10 롯코아리마 로프웨이행 버스 승차 → ⑦ 16:30 롯코아리마 로프웨이 승차 → ⑧ 17:00 아리마온천 도착 → ⑨ 17:20 당일치기 온천욕 즐기기 → ⑩ 18:30 저녁 식사 → ⑪ 17:30 고베 전철 아리마온센역에서 숙소로 Go!

어린이 vs 키덜트

키덜트를 위한 칸사이

《원피스》, 《나루토》 등의 만화책을 모으고 있다면, <귀멸의 칼날> 극장판을 정말 극장에서 봤다면, 건담 프라모델을 만들고 있다면, 원하는 피규어를 구하기 위해 당근 마켓을 뒤져본 적이 있다면, 본인의 종교를 에반게리온이라고 소개해본 적이 있다면, 스스로를 키덜트 내지는 오타쿠라고 생각하고 있다면, 지금 소개하는 곳들을 좀더 유심히 볼 것.

도쿄에는 아키하바라, 오사카에는…

덴덴타운 でんでんタウン

쿠로몬 시장 입구 사거리 부근부터 신세카이 입구 부근까지 '사카이스지 堺筋' 길을 따라 1km가량 이어진 상가인 덴덴타운은 도쿄의 아키하바라와 여러모로 비슷한 결을 지닌 곳이다. 우선은 과거에 일본에서 전자 상가로 날리던 곳이라는 점이 같고, 쇠퇴기를 거쳐 일본 서브컬처 전문 상가로 탈바꿈했다는 점도 같다. 그러나 그 이후의 발전 양상은 사뭇 달라서, 아키하바라는 서브컬처계의 트렌드 세터로 자리매김한 반면 덴덴타운은 중고품의 메카로 명성을 드높이고 있다.

몇 년 전에 잠시 나왔다가 절판된 한정판 피규어, 어린 시절에 유행했으나 지금은 자취도 없이 사라진 게임기 등을 찾고 있다면 덴덴타운으로 갈 것.

VOL.2 ⓘ P.279 Ⓜ P.261D

오사카 자동차 마니아들의 놀이터

지라이온 박물관

ジーライオンミュージアム

텐포잔에 위치한 클래식카 전문 박물관. 100여 년 전부터 자리 잡고 있던 붉은 벽돌 창고 건물을 개·보수해 만들었다. 4개의 전시관 안팎에 각종 클래식카와 고급 차량이 전시되어 있고, 부지 내에 카페와 스테이크 하우스가 자리하고 있다. 오로지 클래식카 전시만 하는 것은 아니고 촬영장 대여나 슈퍼카 판매, 자동차 동호회 모임 장소 대여 등 오사카 자동차 마니아들의 소풍 장소 같은 역할도 한다.

말을 배우기 시작할 무렵부터 자동차의 이름을 외우기 시작한 아이였다가 미니카를 모으는 어른으로 성장했다면, 오사카를 여행할 때 이곳을 꼭 기억해둘 것. 주유패스가 있으면 무료로 입장할 수 있다. VOL.2 ⓘ P.329 Ⓜ P.324A

에바에, 타라… 교토를, 지켜라…

토에이우즈마사영화마을

東映太秦映画村

일본의 대표적인 영화사 토에이의 야외 사극 세트장을 전시 시설로 꾸민 것. 한국의 문경새재 세트 전시장과 비슷한 성격의 관광지로 가족 여행자 또는 인스타 여행자들에게 더 잘 어울릴 것 같지만, 알고 보면 오타쿠 여행자의 세포까지 자극하는 강력한 어트랙션이 자리하고 있다. 바로 에반게리온 초호기의 실물 크기 상반신 조형물이 있기 때문. 마치 "너, 에바에 타라"라고 말하듯 한 손을 내민 초호기의 모형은 마음만은 언제나 이카리 신지 또는 아야나미 레이였던 오타쿠의 가슴을 설레게 하기 부족함이 없다. 모형 내부에 들어가볼 수도 있으므로 에반게리온 팬이었다면 이번 기회에 에바에 타자.

VOL.2 ⓘ P.403 Ⓜ P.398B

거대 로봇 팬의 오래된 로망

철인 28호 모뉴먼트

鉄人28号 モニュメント

건담, 에반게리온, 마징가…20세기를 살아온 사람이라면 이런 거대 로봇 애니메이션을 사랑해본 기억이 있을 것이다. 그리고 거대 로봇을 얘기할 때 절대 빼놓을 수 없는 게 바로 철인 28호이다. 1950년대에 발표된 최초의 거대 로봇 창작물로, 이후에도 여러 차례 리메이크되며 지금까지 적지 않은 사랑을 받고 있다. 고베의 신나가타 新長田에는 철인 28호의 거대 조형물이 설치되어 철인 28호 팬들의 성지처럼 여겨지고 있다.

이 지역은 철인 28호 원작자의 고향으로, 한신 대지진 이후 쇠락해버린 지역을 되살리기 위해 2009년에 조형물을 세우고 마을 곳곳을 철인 28호 콘셉트로 꾸민 것. 그 덕분에 지역 경제가 되살아나고 지금까지도 고베의 오타쿠 토템으로 수많은 사람들을 불러들이고 있다는 훈훈한 얘기가 전해오고 있다.

VOL.2 ⓘ P.475

ONSEN

×

온천에서 즐기는 따끈한 휴식

일본을 여행할 때 바쁜 하루의 마무리는 뭐니 뭐니 해도 온천에서 하고 싶은 게 여행자 마음이다. 온천은 홋카이도나 큐슈의 특권처럼 여겨질 수 있으나, 칸사이에도 꽤 많은 온천이 있다. 작정하고 몇 날 며칠 온천에만 집중하는 여행을 할 정도는 아니나, 1박 또는 당일치기로 일본의 온천이 어떤 것인지 맛보기 스푼 정도는 얼마든지 찔러 넣을 수 있다. 칸사이 전 지역에 꽤 많은 온천이 있으나 여행자가 가장 무난하게 가볼 만한 온천은 다음 두 종류다.

THEME 1

오사카의 도심 온천들

오사카 시내에는 천연 온천수를 이용해 만들어놓은 다양한 당일치기 온천 시설이 있다.
한국의 대중목욕탕과 같은 '대욕장'을 기본으로 노천탕, 냉탕, 사우나, 족탕을 비롯해
다양한 테마탕을 보유하고 있다. 규모가 큰 시설에서는 맛있는 먹거리는 파는 식당이나 휴게시설,
마사지 의자 등을 갖추고 있어 여행의 피로를 풀기에는 부족함이 없다.

저렴하고 수질 좋은 온천 목욕탕

① 천연 온천 나니와노유 天然温泉 なにわの湯

텐진바시스지로쿠초메 지하철역에서 도보 10분 미만 거리에 위치한 온천 시설. 규모는 시설은 좋은 공중목욕탕 정도로 딱 기본적인 목욕 시설만 있으나, 수질은 오사카의 여러 온천 중 가장 좋은 편에 속한다. 지하에서 끌어올린 천연 온천탕과 인공적으로 만든 탄산 온천, 두 종류의 탕이 있고, 노천탕도 갖추었다. 온천은 수질이 제일 중요하며 목욕만 하면 되는 거라고 생각하는 사람에게 추천. VOL.2 ⓘ P.301 Ⓜ P.287C

+ PLUS TIP +

유럽와 아시아를 본인이 직접 고르는 것은 아니고, 한 달 단위로 남탕, 여탕을 번갈아가며 이용한다.

오사카에서 만나는 세계의 온천

② 스파월드 スパワールド

'월드'라는 이름에 걸맞게 유럽과 아시아를 테마로 꾸민 대규모 온천 시설로, 오사카에서 가장 유명한 온천이라 할 수 있다. 신세카이에 자리해 난바 및 텐노지 일대에서 쉽게 찾아갈 수 있다. 그리스, 로마, 아틀란티스, 푸른 동굴, 지중해 등 유럽 테마탕과 일본 계곡 노천 온천, 이슬람, 페르시아, 발리, 히노키탕 등 아시아 테마탕으로 구분된다. 어린이 풀장이 있어 가족 단위 여행객에게도 좋은 편. 수질이 매우 뛰어난 편은 아니므로 본격적인 목욕보다는 다양한 탕을 경험하며 재미있게 놀기 좋은 곳에 가깝다. VOL.2 ⓘ P.312 Ⓜ P.304B

고층 빌딩에 자리한 정원과 온천

3 소라니와 온천 空庭温泉

오사카 베이 타워에 위치한 온천으로, 약 3,305㎡(약 1000평) 규모의 넓은 일본식 정원과 함께 조성된 일본 중세풍 온천 테마파크이다. 9개의 온천탕과 다양한 휴게 시설을 즐길 수 있으며 매우 번듯한 식당도 갖추었다. 난코 일대에 숙소가 있으며 하루 저녁 온천과 휴식에 집중하고 싶은 여행자에게 강력 추천한다. '소라니와'는 우리말로 '하늘의 정원'이라는 뜻.

VOL.2 ⓘ P.331 Ⓜ P.324A

오사카에서 즐기는 숲속 노천탕

4 스파 스미노에 スパスミノエ

난코에서 멀지 않은 곳에 위치한 '스미노에 공원 住之江公園' 내에 자리한 대중 온천 목욕 시설. 규모는 자그마하지만 예쁜 노천탕 시설을 보유하고 있다. 나무와 돌을 많이 배치해 숲속에서 온천을 즐기는 기분을 느낄 수 있는 노천탕과 주위에 대나무로 둘러싸인 탕이 있다. 규모가 작은 편임에도 마사지, 사우나, 식당 등을 충분히 갖추었다. 노천 온천 기분을 만끽하고 싶은 여행자에게 강추.

VOL.2 ⓘ P.331 Ⓜ P.324B

USJ 가까운 곳에 온천이 있다!

5 카미카타 온천 잇큐 上方温泉一休

USJ에서 차로 약 10분 거리에 위치한 온천 시설. 100% 천연 온천수를 사용하는 곳이라 수질이 상당히 좋다. 규모는 아담하나 실내 목욕 시설, 노천탕, 사우나, 식당 등 꼭 필요한 것은 빼놓지 않고 갖추었다. 송영버스를 운영한다는 것도 무시할 수 없는 장점. JR 니시쿠조 西九条 역에서는 1시간에 1대꼴로 운영 중이고, USJ 부근에서는 저녁에 1일 3회 운행한다. USJ에서 신나게 놀고 저녁에 피로를 풀고 싶은 여행자에게 최적.

VOL.2 ⓘ P.331 Ⓜ P.324A

THEME 2

아리마 온천 有馬温泉으로 가자!

도심형 온천 시설로는 일본 온천을 제대로 체험해보겠다는 마음을 도저히 채울 수 없다면 해답은 본격적인 온천 마을이다. 펑펑 솟는 원천을 중심으로 온천 료칸과 당일치기 온천, 기념품 상점, 식당 등이 매우 전통적으로 모습으로 모여 있는 곳이라 그 자체로 훌륭한 여행지가 된다. 칸사이에는 여러 곳의 온천 마을이 있으나 규모, 접근성, 수질 등 모든 것을 놓고 평가했을 때 최고는 단연 고베에 위치한 아리마 온천이다.

아리마 온천 有馬温泉이란?

고베 북부에 위치한 온천으로, 일본에서 가장 오래된 온천 중 하나다. 무려 7세기에 텐노가 방문했다는 기록이 남아 있을 정도로 유서 깊은 곳이다. 철분과 염분을 함유해 갈색이 도는 '킨센 金泉'과 탄산천과 라듐천이 혼합된 투명한 물인 '긴센銀泉', 두 종류의 온천수가 솟아난다. 원천을 중심으로 큰 규모의 온천 마을이 형성되어 있어 고베에서 가장 중요한 관광지 중 하나로 꼽힌다.

아리마 온천 한 방에 즐기기

① 타이코노유 太閤の湯

아리마 온천에서 규모가 가장 큰 온천 테마파크로, 킨센과 긴센을 모두 포함하며 각기 다른 효능을 보이는 온천탕을 무려 24개나 보유하고 있다. 과장을 좀 보태자면 아리마 온천의 모든 것을 볼 수 있는 곳이라 할 수 있다. 그러나 그 덕분에 언제나 사람이 지나치게 많은 것이 흠. VOL.2 Ⓘ P.481 Ⓜ P.469C

피부에 좋은 금빛 온천수

② 킨노유 金の湯

아리마 온천에서 가장 유명한 당일치기 온천으로, 킨센의 원천을 사용한다. 킨센은 철분과 염분을 다량 함유해 보온 및 보습 효과에 뛰어나 피부와 관절에 좋다고 알려져 있다. 남탕과 여탕 각각 실내 대욕장만 있는 조촐한 온천이다. 저렴한 가격으로 킨센의 효능을 온몸으로 느끼고 싶은 사람에게 추천. 외부에 있는 족탕은 무료로 이용 가능하다. VOL.2 Ⓘ P.480 Ⓜ P.469C

+ PLUS INFO +

일본 당일치기 온천 무작정 따라하기

① **수건, 챙길까 말까?** | 규모가 큰 온천 위락 시설은 실내복과 수건을 비롯해 어메니티를 모두 제공하므로 아무것도 챙기지 않아도 OK. 그러나 목욕 중심으로 운영하는 온천 시설은 기본 세제만 무료로 제공하고 타월과 기타 일회용품은 유료로 판매하는 경우가 많은데, 파는 수건의 크기가 작아 개운하게 닦기 어렵다. 작은 온천에 갈 예정이라면 숙소에서 수건을 꼭 챙길 것.

② **타투, 가리고 가세요!** | 일본 온천은 타투를 한 사람의 입장을 제한한다. 팔이나 등을 전체적으로 뒤덮는 타투가 있다면 처음부터 온천 입장을 포기하는 것이 좋다. 작은 크기의 타투도 눈에 띈다면 입장이 제한될 수 있으나 살구색 테이프 등으로 가리면 눈감아준다는 증언도 많으므로 참고할 것.

③ **온천욕 순서!** | 탈의실에서 옷을 벗어 로커에 넣거나 바구니에 담은 뒤 얇은 수건을 앞에 늘어뜨려 몸을 가리고 가리고 욕장으로 들어선다. 머리를 감고 샤워를 마친 뒤 온천탕을 즐기고, 땀이 솟을 정도가 되면 다시 샤워를 한 뒤 밖으로 나온다. 온천탕을 여러 사람이 함께 쓰기 때문에 청결한 몸으로 들어가야 한다는 것은 꼭 기억하자.

ʃʃʃ 혈액 순환에 최고

③ 긴노유 銀の湯

탄산 성분과 라듐을 함유해 혈액순환과 고혈압 완화에 좋은 긴센의 원천을 사용하는 당일치기 온천 시설. 킨노유와 세트처럼 여겨지나 입장료는 칼같이 따로 받는다. 킨노유와 비슷하게 실내 대욕장만 있다. 킨노유와는 달리 음용이 가능해 온천수를 시음할 수 있는 곳이 마련되어 있다. VOL.2 ⓘ P.480 Ⓜ P.469C

ʃʃʃ 아리마 온천 한 방에 즐기기

④ 효에코요카쿠 兵衛向陽閣

700년의 전통을 자랑하는 유명한 온천 료칸으로, 저녁 식사를 포함한 당일치기 온천 플랜을 선보인다. 온천의 수종은 킨센으로, 실내 대욕장과 차분한 분위기의 노천 온천을 갖추고 있다. 노천 전세탕도 예약제로 운영한다. 고급스럽고 조용한 분위기에서 아리마온천의 진수를 느끼고 싶은 여행자에게 추천한다.

VOL.2 ⓘ P.481 Ⓜ P.469C

+ WRITER'S NOTE +

오사카의 숨은 온천 마을,
이누나키야마 온천 犬鳴山温泉

온천 마을을 즐겨보고는 싶지만 고베 여행 계획이 없다면 아리마 온천까지 가는 것은 조금 부담스러울 수도 있습니다. 기왕이면 비행기가 뜨고 내리는 오사카에 온천 마을이 있으면 좋겠다는 생각을 하시는 분들 적지 않을 거예요. 그런 분들이라면 '이누나키야마 온천'을 찾아보시길 권합니다. 칸사이 공항에서 멀지 않은 '이즈미사노 泉佐野'에서 30분 정도 떨어진 곳에 위치한 온천인데, 질 좋은 유황천 원천을 따라 자그마하게 형성된 온천 마을입니다. 당일치기 온천 시설과 료칸이 모두 있고, 주변에 근사한 폭포가 있어 산책하며 힐링하기도 좋다고 합니다. 아직은 홍보가 많이 되지 않아 한국인 손님은 거의 없다고 하더라고요. 글을 보시면 아시겠지만 저도 아직은 가보지 못했습니다. 다음 업데이트 때는 이곳을 핫&뉴로 소개할 수 있었으면 좋겠네요.

SHOPPING

×

오사카 3대 저렴 쇼핑

'바겐세일은 격투기, 물건 살 때는 절대로 에누리, 공짜 휴지는 오가는 길에 2개씩 받기.' 커뮤니티에 올라온 엄마 흉이냐고? 아니. 놀랍지만 노래 가사다. 제목은 '오사카 오바짱 록'. 오사카 아주머니들의 억척스러움과 알뜰 정신을 유쾌하게 그린 노래다. 실제로 오사카 사람들은 구두쇠로 여겨질 정도로 알뜰한 것으로 정평이 나 있다. 기왕 오사카에서 쇼핑을 즐길 거라면 진짜 오사카 스타일의 짠내 쇼핑을 즐겨 보는 건 어떨까? 일단 다음의 세 가지는 꼭 해볼 것.

명품, 의류, 패션 잡화

린쿠 프리미엄 아웃렛을 정복하자!

오사카는 시내와 아주 멀지 않은 곳에 대규모 아웃렛 단지가 몇 곳이나 자리하고 있다. 모두 돌아보면 되냐고? 아니, 그건 아니다. 개중에는 취향에 따라 시간과 차비만 아까운 곳도 있기 때문. 이런 사소한 낭비가 오히려 더 오사카 짠돌순이 정신에 어긋난다. 똘똘한 한 곳을 골라 제대로 파는 것. 이것이 오사카 정신에 제대로 부합하는 거다. 그렇다면 그 똘똘한 한 곳을 찾아야 한다. 어렵지 않다. 바로 린쿠 프리미엄 아웃렛이다.

린쿠 프리미엄 아웃렛이 좋은 이유 5가지

1 위치

칸사이 공항에서 JR 또는 난카이선으로 1정거장 떨어진 린쿠 타운りんくうタウン역에 위치하고 있다. 즉 칸사이의 어느 지역을 여행하든 상관없이 출국하기 전에 잠깐 들를 수 있는 위치인 것. 차 없는 수도권 거주자에게는 한국의 여주나 파주 아웃렛보다 오히려 접근성이 더 좋을 수도 있다.

2 규모

오사카 일대의 아웃렛 중 규모가 가장 크다. 무려 200여 개가 넘는 점포가 들어서 있어 모두 보려면 2~3시간은 너끈히 소요된다.

+ PLUS TIP +

캐리어, 어디에 맡길까?

난카이선 린쿠타운역 개찰구 부근에 위치한 관광안내소와 그 주변의 사설 유인 로커에서 500엔 안팎의 가격에 짐을 맡아준다. 린쿠 아웃렛 내에 다양한 크기의 코인 로커가 있으나 가격이 다소 비싼 편이다.

3 입점 브랜드

명품, 디자이너 브랜드, 스포츠, 어린이, 생활, 레저 등 매우 다채로운 브랜드가 입점해 있다. 명품 브랜드는 버버리, 펜디, 베르사체가 대표적.

4 편의성

식당, 카페 등이 다수 입점해 있고 화장실, 휴게실, 방문자 안내소 등이 잘되어 있다. 2층 건물인데, 곳곳에 엘리베이터와 에스컬레이터를 설치해 이동도 편리하다.

5 면세 & 할인

다른 상점과 마찬가지로 1 점포당 5000엔 이상 구매 시에는 소비세 10%를 면세받을 수 있다. 또 해외여행객을 위한 할인 쿠폰을 자주 발행하는데, 면세와 할인을 둘 다 받을 수 있는게 최고 장점. 면세에 할인을 더하고 환율까지 받쳐주면 금상첨화라 할 수 있다. 쿠폰은 공식 홈페이지 또는 아웃렛 내 방문자 센터에서 받을 수 있다.

+ PLUS INFO +

린쿠 타운을 알짜로 즐기는 공략법

아주 솔직히 말하자면 여주, 파주, 부산 등 우리 나라의 프리미엄 아웃렛과 비교했을 때 규모나 구색 면에서 큰 메리트는 없다. 그러나 다음의 공략법을 잘 지킨다면 의외의 득템도 얼마든지 가능하다.

① **한국에는 없는 브랜드를 공략하자!** 한국의 아웃렛에는 입점하지 않았거나 있어도 구색이 좋지 않은 브랜드를 중점적으로 공략할 것. 가장 대표적인 브랜드로 아식스를 들 수 있다. 타사키, 아네스베, 프랑프랑, 그라니프, 군제 스타킹, 메조피아노, 산리오 등도 추천.

② **한국에서 미리 가격을 체크할 것!** 버버리, 펜디, 페라가모 등 명품 브랜드는 사전에 한국의 시세를 알아둘 것. SI빌리지를 비롯한 아웃렛과 롯데, 신라, 신세계 등 면세점 사이트에서 주요 모델의 가격을 확인해두면 나중에 '한국이 더 싸다'며 울부짖을 위험이 줄어든다.

③ **세일을 노리자!** 오사카는 매년 여름 6월 중하순에서 7월 중하순까지 대규모 바겐 세일을 하는데, 린쿠 아웃렛도 이 시기에 세일을 한다. 이 시기 외에도 수시로 브랜드마다 재고품을 세일로 내보내는데, 운이 좋으면 브랜드 상품을 매우 저렴한 가격에 구할 수 있다.

주요 입점 브랜드

㉠ 갭, 게스, 겐조, 군제, 그라니프 ㉡ 나이스클랍, 나이키, 노스페이스, 뉴발란스, 뉴발란스 골프, 뉴에라 ㉢ 던힐, 데상트, 데시구알, 돌체 & 가바나, 디젤 ㉣ 라코스테, 랑방, 레고, 레이밴, 롱샴, 르크루제, 리바이스 ㉤ 메조피아노 ㉥ 바나나리퍼블릭, 발리, 버버리, 버켄스탁, 보스, 블랙 & 화이트, 블루 라벨/블랙 라벨 ㉦ 산리오, 샘소나이트, 스와로브스키, 스케처스, 스터시 ㉧ 아네스베, 아디다스, 아디다스 골프, 아르마니, 아식스, 아쿠아스큐텀, 알렉산더왕, 에메필, 에트로, 오니츠카타이거, 오클리, 올리브데올리브, 올세인츠 ㉨ 지미추 ㉩ 챔피언 ㉪ 캘빈 클라인, 캠퍼, 코치, 콜럼비아, 크록스, 클락스 ㉫ 타사키, 태그호이어, 테팔, 템퍼 ㉬ 판도라, 펄라, 페라가모, 펜디, 폴로 랄프 로렌, 푸마, 프랑프랑 ㉭ 휘슬러, 헴켈 VOL.2 ① P.335

할인 매장을 접수하자!

오사카 여행에서 과자, 식품, 생활 소모품, 약 등등을 싹 쓸어 오고 싶다면 이 페이지를 주목할 것. 일본의 대도시에는 어딜 가나 각종 상품을 저렴하게 판매하는 대형 할인 매장이 있고, 일본 넘버 2인 오사카에도 당연히 여러 곳 있다. 그 뿐인가. 오사카에만 있는 할인 슈퍼마켓 매장도 있다. 큼직한 장바구니 또는 폴딩백을 옆에끼고 쇼핑 전투에 나서보자.

+ PLUS TIP +

일본에서 면세 받기

일본의 백화점, 쇼핑몰, 대형 마트, 드러그스토어 등에서는 물품을 5000엔 이상 구매하면 소비세 10%를 면세받을 수 있다. 면세를 처리해주는 카운터를 찾아 여권을 제시하면 그 자리에서 10%의 세금이 빠진 가격으로 계산해준다. 개중에는 일반 카운터에서 일단 계산을 한 뒤 다시 면세 전용 카운터에서 영수증과 여권을 제시하고 세금을 환급받는 곳도 있다. 화장품, 세면용품, 의약품, 식품 등의 소모품은 밀봉 포장이 원칙으로 일본 밖으로 나가기 전까지는 이 포장을 절대 뜯으면 안 된다. 포장을 뜯은 것이 세관에 걸리면 면세받은 금액을 토해내야 한다.

일본 할인 매장의 대명사

1 돈키호테 ドン_キホテ

슬로건부터 '경악스러운 저렴함의 전당 驚安の殿堂'인 잡화점으로, 오만가지 물건을 오로지 '저렴함' 콘셉트 하나로 모아놓은 일본의 할인 매장 체인. 뒤져보면 성인용품부터 안마 의자까지 별의별 물건이 다 있지만, 여행객들이 가장 많이 구매하는 것은 과자를 비롯한 식품, 주류, 약품, 생활 소모품 등이다. 최저가 보상제를 실시할 정도로 가격에 자부심이 있는 곳으로, 같은 물건이라면 높은 확률로 돈키호테가 가장 저렴하다. 5000엔 이상 구매하면 면세도 받을 수 있으므로 여권을 꼭 챙겨 갈 것.

[추천 지점] 도톤보리점. 가장 찾기 쉽고 관광객이 즐겨 찾는 상품 위주로 구색을 갖추고 있다.

'옥출 슈퍼'를 아세요?

2 타마데 玉出

오사카에서 거리를 지나다 보면 보고 싶지 않아도 보게 되는 엄청난 간판이 있다. 샛노란 바탕에 시뻘건 글씨로 '玉出'라고 쓰여 있는 곳으로, 한국인 여행자들 사이에서는 일명 '옥출 슈퍼'로 불린다. 각종 식료품을 오사카 최저가 레벨로 판매하는 슈퍼마켓 체인으로, 오사카의 주거 지역에서는 매우 흔하게 보인다. 한국인 관광객들이 일본 여행 시 가장 많이 구매하는 과자, 라면, 각종 소스, 레토르트 식품 등을 최저가로 구매할 수 있는 것은 물론, 도시락이나 과일도 저렴한 가격에 구입할 수 있으므로 숙소 근처의 가까운 '옥출' 하나쯤은 파악해 둘 것.

[추천 지점] 텐진바시스지 상점가. 상점가를 걷다 보면 그냥 보인다.

아이디어 생활용품

저렴한 생활 브랜드를 탐색하자!

예쁘고 저렴한 슬리퍼, 가성비 뛰어난 베개 커버, 편리하면서 기발한 뒤집개…
저렴한 아이디어 생활용품은 일본을 여행할 때 쇼핑 리스트에서 절대 빠지지 않는 아이템이다.
이러한 물건들은 어디서 구입할 수 있을까? 다이소? 물론 그것도 오답은 아니다. 다만 조금만 더 시야를 넓혀보면 다이소보다는 조금 더 예쁘고 고급스러우면서 알리 익스프레스보다 저렴한 물건을 어렵지 않게 찾아볼 수 있다. 다음 두 곳을 꼭 찾아볼 것.

1 동전 3개의 무한한 가능성

3코인즈 3COINS

백화점에도 크게 뒤지지 않는 디자인과 품질의 상품을 백화점 반의 반값 정도에 판매하는 저가형 생활 잡화점 체인. 상호명은 모든 물건을 동전 3개, 즉 300엔에 판다는 뜻인데, 실제 상품 가격은 300~800엔대이며 거기에 소비세까지 붙는다. 수납 도구, 식기, 주방용구, 여행용품, 액세서리 등 매우 넓은 범위의 생활 잡화 전반을 취급하는데, 디자인이 예쁜 데다 가격 대비 내구성도 좋은 편이다. 특히 패브릭 소품과 수납 도구, 여행용품을 눈여겨 볼것.

[추천 지점]
난바 시티. 지하 2층 지하 상가에 작지 않은 규모로 입점해 있다.

폭신하고 느낌 좋은 슬리퍼

2

고급스러운 퀄리티에 그렇지 않은 가격

라코레 LAKOLE

채도 낮고 고급스러운 색감. 잡화, 가전, 의류, 식품 등 폭 넓은 구색. 깔끔하고 단순한 디자인에 높은 실용성. 여기까지만 보면 영락없는 무지 muji에 대한 소개 같지만, 이것은 요즘 일본에서 새롭게 떠오르고 있는 저가 잡화 체인인 라코레의 특징이기도 하다. 진짜 무지와 비슷한 느낌의 세련되고 차분한 디자인인데 가격은 매우 저렴한 것이 특징. 질 좋은 니트웨어를 한국 돈 2만~3만 원 선, 블루투스 스피커를 1만 원 이하에 구할 수 있다.

[추천 지점]

디아모르 오사카. JR 오사카역과 연결된 지하상가로, 오사카 중심가에서 가장 큰 규모의 지점이 위치한다.

+ PLUS INFO +

오사카 잡화 쇼핑의 성지, 라라포트 LaLaPort

이번 오사카 여행의 테마가 쇼핑인지? 생활 잡화와 SPA 의류 쇼핑을 좋아하는지? 정말 쇼핑하기 좋은 곳이라면 먼 곳이라도 불원천리 달려갈 생각인지? 이 모든 것에 해당하는 사람에게는 라라포트를 매우 강력하게 추천한다. 오사카 북부의 카도마 門真라는 지역에 있는 대형 쇼핑몰로, 여기 언급한 3코인즈와 라코레가 매우 큰 규모로 입점해 있고 그 외에도 어섬 스토어 AWESOME STORE, 케유카 KEYUKA 등 유명 잡화 브랜드를 비롯해 의류, 인테리어, 화장품 등의 매장이 큼직한 규모로 입점해 있어 쇼핑하기 매우 좋다. VOL.2 ⓘ P.335

SHOPPING

×

칸사이 여행에서 무엇을 어떻게 살 것인가

처음 떠나는, 혹은 오랜만에 떠나는 일본 여행이라면 쇼핑에 대한 욕심이 없을 수가 없다. 그런데 대체 뭘 사야 하지? 일본 가면 그렇게 참신한 물건이 많다는데, 과연 그중에서 괜찮은 건 어떻게 골라내야 하지? 그래서 준비했다. 칸사이 여행 가면 누구나 다 사 오는, 그래서 나도 꼭 사 와야 되는 물건을 야무지게 모아서 소개해본다. 보는 눈 같은 거 없어도, 딱 요만큼만 따라서 사면 누구라도 얼마든지 쇼핑 고수가 될 수 있다.

오사카의 추천 쇼핑 스폿

칸사이 지역을 여행할 때 주요 쇼핑은 오사카에서 몰아서 한다고 생각해도 큰 문제 없다. 칸사이 최고의 상업 도시이자 일본 최고의 대도시 중 한 곳이라 웬만한 상점과 쇼핑센터, 물건은 오사카에 다 있기 때문. 다른 도시에서는 기념품 정도만 구입해도 OK.

1 신사이바시스지 상점가
心斎橋筋

신사이바시 큰길을 따라 길게 이어지는 상점가로, 입구의 마츠모토 키요시의 노란 간판으로 시작해, 뻥 좀 보태면 드러그스토어가 열 발자국에 하나씩 보인다.

VOL.2 ⓘ P.281 Ⓜ P.261C

2 돈키호테
ドン-キホテ

모든 물건을 최저가에 판매하는 재미있고 정신없는 잡화점. 도톤보리점이 가장 무난하나, 한 군데쯤 더 가보고 싶다면 신세카이 지점 추천.

VOL.2 ⓘ P.274 Ⓜ P.262E

3 한큐 우메다 본점
阪急うめだ本店

칸사이 전체에서 규모가 가장 크고 고급스러운 백화점. 각종 명품 및 브랜드 상품을 노리고 있다면 놓치지 말고 들러야 할 곳.

VOL.2 ⓘ P.296 Ⓜ P.286A

4 다이마루 신사이바시점
大丸心斎橋店

미도스지 명품거리에 위치한 백화점으로, 미나미에서 가장 규모가 큰 백화점이다. 미나미 지역에서 백화점 아이템을 구입하기 가장 좋은 곳.

Ⓜ P.262C

1. 로이히 츠보코 ロイヒつぼ膏

일명 '동전파스'. 쑤시고 결리는 부위의 압통점을 찾아 붙여주면 마치 지압을 받는 듯한 느낌이 든다. 화끈한 일반 버전과 시원한 쿨파스가 있다.

2. 사론파스 サロンパス

크기는 작지만 접착성이 좋고 잘 늘어나며 화끈한 열감을 전해주는 일본의 대표 파스. 박스를 버리고 내용물만 지퍼 백에 담아 오면 짐을 줄일 수 있다.

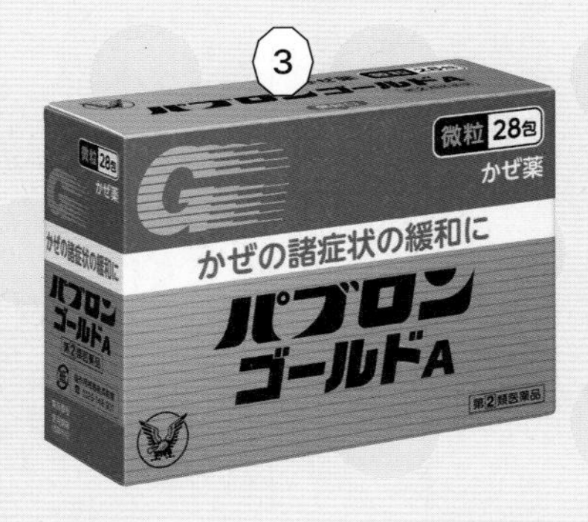

3. 파브론 パブロン

초기 감기에 특효로 알려진 종합 감기약. 한국에서는 처방 없이 못 사는 기침, 가래 특효 성분이 들어 있다. 여행 중 구급 감기약으로도 최고.

4. 오타이산 太田胃散

가루형 한방 위장약으로 급체, 과식, 숙취 등에 직방으로 잘 듣는다. 캔에 든 것과 1회 단위로 포장된 것, 알약이 있다.

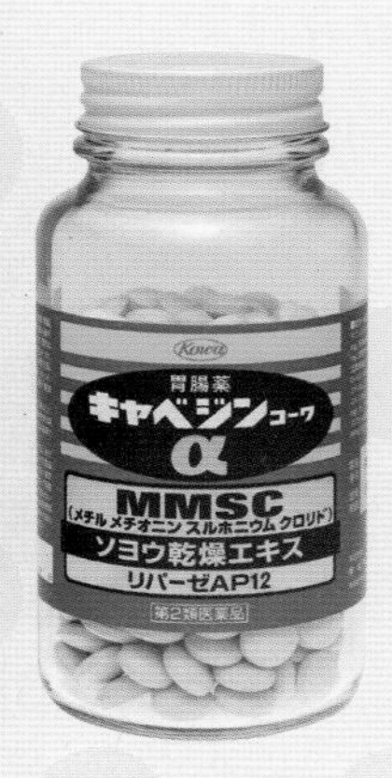

5. 캬베진 ロイヒつぼ膏

양배추 성분의 위장약으로 소화불량부터 가벼운 위염까지 심각하지 않은 위장 장애 전반에 잘 듣는다. 병을 버리고 알약만 싸 오는 것도 요령.

6. 로토 안약 RHOTO 目薬

로토 제약에서 출시되는 안약으로, 눈에 넣으면 물파스를 눈가에 바른 것처럼 화한 것이 특징. 자극 정도에 따라 단계별로 나뉘어 있다.

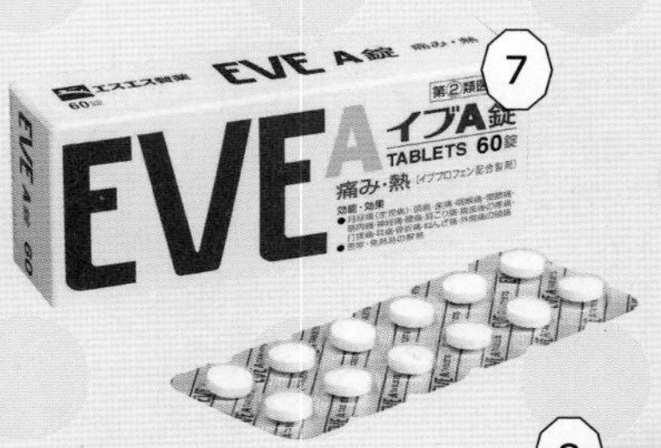

7. 이브 EVE

두통, 치통, 생리통, 근육통 등 모든 종류의 통증에 잘 듣는 일본의 국민 진통제. 흰색 패키지의 이브A는 생리통 명약으로 유명하다.

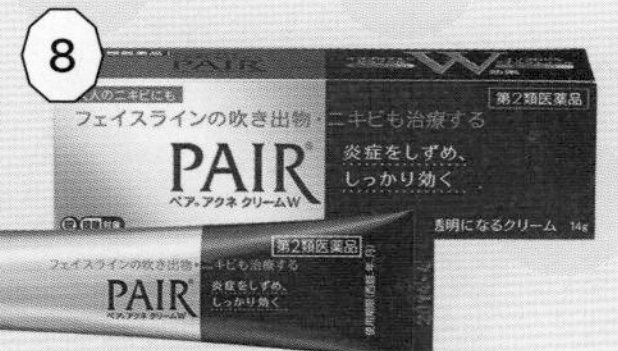

8. 페어 아크네 PAIR ACNE

여드름과 뾰루지에 광범위한 효과를 보이는 것으로 유명한 연고. 살아 있는 여드름은 물론 흉터에도 잘 듣는다. 크림과 폼 클렌징도 있다.

9. 네츠사마시트 熱さまシート

열 날 때 붙이는 해열 시트. 붙이고 있는 부위의 체온을 2°C까지 낮춰준다고 한다. 아이 있는 집 필수품 중 하나.

10. 휴족시간 休足時間

발과 다리에 붙이면 시원한 냉감으로 피로를 풀어주는 파스. 하루 3만보 걷는 여행의 필수품.

11. 메구리즘 めぐりズム

눈에 얹는 핫 팩. 은은한 온열감으로 잠이 잘 오게 하는 것으로 유명하다. 특히 장거리 비행을 할 계획이 있다면 꼭 구입할 것.

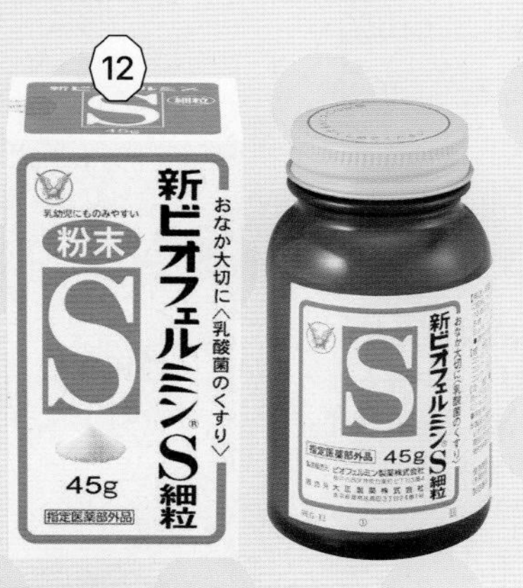

12. 비오페르민 ビオフェルミン

변비와 배탈 등 만성 장 트러블에 매우 잘 듣는 유산균 제제. 성분과 함량에 비해 가격도 저렴한 편이다.

화장품
생필품

TYPE 02

1. 센카 퍼펙트휩 SENKA パフェクトホイップ

치밀하고 쫀쫀한 거품으로 피부를 속 시원하게 씻어주는 클렌징 폼. 현지에서는 한국보다 가격이 저렴하고 제품군이 매우 다양하다.

2. 피노 트리트먼트
FINO Treatment

빗자루만큼 거칠어진 극손상모도 반들반들한 윤기가 나게 해주는 것으로 유명한 시세이도의 헤어 트리트먼트. 향기도 매우 좋다.

3. 비페스타 클렌징 시트
Bifesta Cleansing Sheet

이불만큼 두꺼운 메이크업도 깨끗하게 지워지는 클렌징 티슈. 화장 지우는게 죽도록 귀찮은 사람을 위한 최고의 발명품.

5. 비오레 사라사라 시트
Bioré サラサラシート

고운 파우더가 묻어 있는 냉각 시트로, 땀과 피지를 싹 흡수하고 그 자리에 뽀송뽀송하고 시원한 느낌을 남겨준다. 여름 필수품.

4. 니베아 복숭아 립밤
Nivea Lip Balm Peach

촉촉하게 잘 발리며 은은한 복숭아 향 때문에 기분까지 좋은 일본 립밤계의 슈퍼스타. 덜 친한 사람 선물용으로 이만한 것을 찾기 쉽지 않다.

6. 세잔 내추럴 블러시 Cezanne Natural Blush

일본의 저가 메이크업 제품 중 가장 실속 있는 것으로 유명한 치크 블러시. 색상이 예쁘고 발색이 자연스러운 것에 비해 가격은 매우 저렴하다.

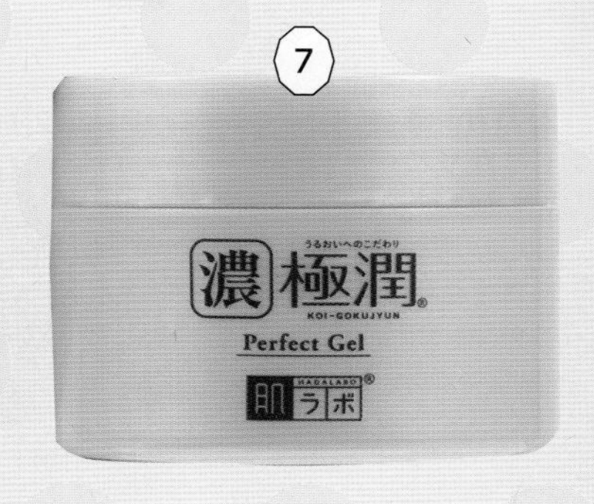

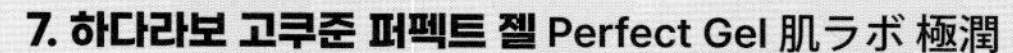

7. 하다라보 고쿠준 퍼펙트 젤 Perfect Gel 肌ラボ 極潤

극강의 보습력으로 악건성 피부의 축복으로 불리는 고쿠준에서도 최고의 보습력을 지닌 것으로 평가받는 젤 타입 보습제.

8. 소프티모 스피디 클렌징 오일
Sofftimo スピーディー クレンジングオイル

매우 산뜻한 제형과 강력한 세정력을 자랑하며 가격도 저렴한 클렌징 오일. 통이 매우 가벼워 수화물 무게에 소소하나마 부담을 덜어주는 것도 장점.

9. 스킨 아쿠아 톤업 선크림
SKIN AQUA tone-up sun cream

자외선 차단과 자연스러운 톤업, 두 마리 토끼를 잡는 기특한 선크림. 가격도 저렴한 편이다. 미백, 홍조 컨트롤 등 종류도 다양하다.

+ PLUS TIP +

일본 약-생필품 쇼핑 시 주의할 점

가게마다 가격이 달라요! | 일본은 소비재 가격에 대해 정찰제를 실시하지 않고 있다. 따라서 같은 물건이라도 가게마다 가격이 다른 일이 허다하다. 물건 가격의 하한선을 어느 정도 파악하고 가게 3~4곳을 비교한 뒤 구매할 것.

면세 표시를 확인하자! | 약, 화장품, 생필품 등은 한 가게에서 5000¥ 이상 구매하면 면세를 받을 수 있다. 다만 모든 곳에서 면세가 되는 것은 아니므로 지르기 전에 '免税' 표시가 있는지 확인할 것.

한국 가격과 비교하자! | 최근 일본 화장품이나 의약품이 한국에도 수입 및 라이선스 생산되는 경우가 많다. 이런 제품은 가격 메리트가 아주 크지 않다면 그냥 부치는 수화물만 무거워질 수 있다. 한국 판매 가격을 어느 정도 미리 알아둘 것.

먹거리

TYPE 03

1. 이치란 라멘 一蘭ラーメン

후쿠오카의 대표적인 돈코츠 라멘 체인 브랜드로 한국인이 유난히 좋아한다. 돈키호테 등에서 인스턴트 봉지 라면을 쉽게 볼 수 있다.

2. 쟈가리코 じゃがりこ

프렌치프라이를 과자로 만들어놓은 듯한 느낌의 감자 과자. 오사카에서는 지역 한정판 상품인 타코야키맛을 꼭 찾아볼 것.

3. 컵누들 시리즈 Cub Noodle

세계 최초로 인스턴트 라면과 컵라면을 만든 닛신의 대표 상품. 컵누들 오리지널, 카레 맛, 시푸드 맛, 3종은 일단 무조건 사고 볼 것.

4. 돈베이 どん兵衛

생면이 아님에도 제법 쫄깃하고 맛깔스러운 우동으로 변신하는 큰 사발 컵 우동. 키츠네 우동과 카레 우동이 최고.

5. 산토리 위스키 SUNTORY Whisky

하이볼로 만들면 가장 맛있는 위스키로 유명해 어딜 가도 품절이기 일쑤. 발견된다면 대한민국 법이 허락하는 한도 내에서 쓸어 올 것.

6. 모코탄멘 나카모토 컵라면 蒙古タンメン中本

도쿄에 본점이 있는 중국식 탕면 체인의 컵라면으로, 맵고 짜고 단 것이 어쩐지 한국사람 입맛에 잘 맞는다.

7. 달걀에 뿌리는 간장 たまごにかけるお醤油

날달걀 덮밥용 간장은 일본 먹거리 쇼핑의 필수 아이템 중 하나. 다양한 달걀덮밥용 간장 중 가장 인기 높은 것이 '달걀에 뿌리는 간장'이다.

8. 킷캣 KitKat

겉은 초콜릿, 안은 바삭한 웨이퍼로 이루어진 유명한 초콜릿 과자. 봄의 벚꽃, 가을의 밤 등 계절 한정 상품을 노릴 것.

9. 베이크 크리미 치즈 Bake Creamy Cheese

치즈 타르트로 유명한 제과점 베이크가 유명 제과 회사 모리나가와 손잡고 만든 치즈 맛 케이크 과자.

10. 멜티 키스 초콜릿 Melty Kiss Chocolate

딸기, 다크 초콜릿, 말차 등의 필링이 들어 있는 말랑촉촉 파베 초콜릿. 겨울 한정 상품인 프리미엄 초콜릿이 가장 인기 높다.

11. 다스 초콜릿
DARS Chocolate

생크림을 함유해 촉촉하고 부드러운 맛이 일품인 초콜릿. 빨간 패키지의 밀크 초콜릿을 기본으로 다크, 말차, 딸기, 화이트 등이 있다.

12. 콘냐쿠바타케 蒟蒻畑

곤약으로 만들어 쫀득한 질감과 낮은 칼로리를 자랑하는 젤리. 한국에서는 수입 금지품으로 지정되어 있으므로 여행 간 김에 잔뜩 업어올 것.

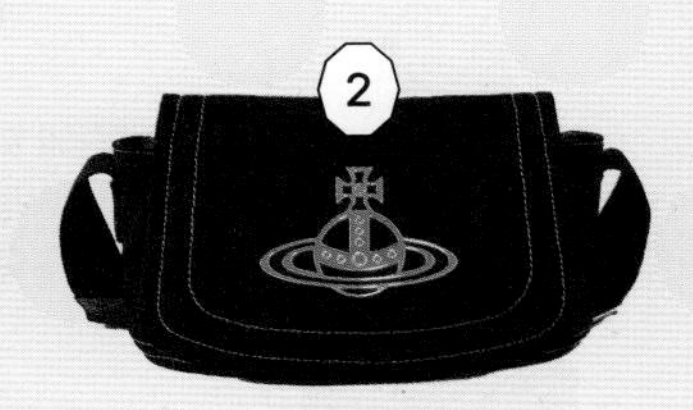

1. 꼼 데 가르송 COMME des GARÇONS

한국에서도 인기가 높은 일본의 컨템퍼러리 브랜드. 사악한 눈매의 하트 로고가 달린 '플레이 PLAY' 라인은 한국보다 20~50%가량 저렴하다.

2. 비비안 웨스트우드 Vivienne Westwood

영국의 유명 하이패션 브랜드로, 일본은 독자적인 라인을 전개하고 있어 상품이 더 다채롭고 가격도 저렴한 편이다.

3. 바오바오 BAOBAO

이세이미야케의 경량 백 브랜드로, 한때는 '강남 잇 백'으로 불리기도 했다. 일본이 한국보다 가격이 저렴하고 상품도 훨씬 다양하다.

4. 폴 스미스 Paul Smith

영국의 남성 하이패션 브랜드. 일본은 폴 스미스를 라이선스로 들여와 자국에서 생산해 가격이 상당히 저렴하다.

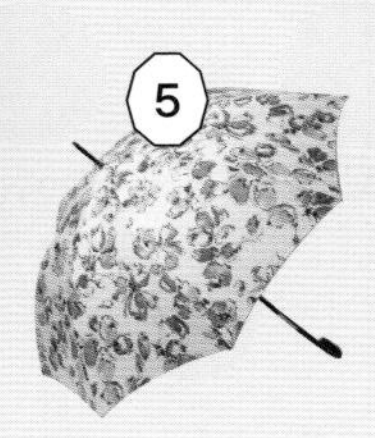

5. 우산

일본의 우산은 매우 가볍고 튼튼한 것으로 유명하다. 백화점 1층 잡화 코너에서 명품 브랜드의 우산을 합리적인 가격에 구매할 수 있다.

6. 스타킹

일단 군제 Gunje 스타킹을 주목할 것. 또 1층 잡화 코너에서는 안나수이, 비비안 웨스트우드 등 하이패션 브랜드 스타킹을 판매한다.

7. 손수건

질 좋은 순면 또는 실크 손수건을 1층 잡화 코너에서 판매한다. 특유의 로고를 살린 명품 브랜드 손수건도 합리적인 가격에 구할 수 있다.

8. 슈에무라 클렌징오일 shu uemura cleansing oil

클렌징 오일계의 최강 제품으로 유명하다. 슈에무라는 한국에서 철수했기 때문에 구입하려면 면세점 내지는 일본 백화점이 답이다.

+ PLUS TIP +

일본 백화점에서 면세받기

백화점은 로드 숍과 면세 시스템이 약간 다른 경우가 많다. 로드 숍에서는 주로 면세 전문 창구에서 바로 할인된 가격으로 계산하는데, 백화점은 일단 매장에서 전액 계산한 뒤 영수증을 들고 면세 창구로 가서 환급을 받는 형태가 많다.

기념품 선물용품

TYPE 05

1. 오모시로이 코이비토
おもしろい恋人

홋카이도의 명물 과자 '하얀 연인(시로이 코이비토)'의 오사카 버전으로, 글자 2개를 더 붙여 '재미있는 연인'으로 말장난을 한 것.

2. 오사카 바나나노 코이비토
大阪バナナの恋人

일본 공항 기념품의 대명사 도쿄 바나나와 시로이 코이비토가 오사카에서 본의아니게 하나가 되었다. 내용물은 바나나맛 만주.

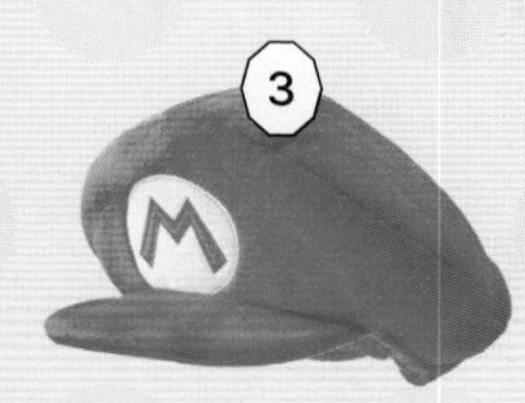

3. 슈퍼마리오 모자

USJ의 '슈퍼 닌텐도 월드'에서 가장 강추하는 아이템. 현지에서 실컷 쓰고 마리오 기분을 즐기다 일상에서는 그 추억을 불러오는 소환템으로 쓸 것.

4. 별사탕

교토의 명물 기념품으로, 유서 깊은 전문 상점 '료쿠주안시미즈 緑寿庵清水'에서 구입할 수 있다. 상쾌한 단맛이 일품.

5. 녹차

교토는 녹차의 도시라 어디서나 맛있는 녹차를 구할 수 있다. 차 마니아라면 170년 역사의 명사 '잇포도 一保堂'를 잊지 말 것.

6. 호지차

나라의 호지차는 품질이 좋기로 유명하다. 나라마치 안에 들어가면 호지차 볶는 곳이 몇 곳 있는데, 눈보다 코가 먼저 알아챈다.

7. 후게츠도 고프레
風月堂

일명 '풍월당'으로 불리는 고베의 제과점. 예쁜 틴 케이스에 들어 있는 고프레 과자가 기념품으로 유명하다. 가급적 지역 또는 계절 한정 틴을 노릴 것.

8. 스타벅스 텀블러 starbucks

교토 스타벅스에서는 텀블러 따위에 아무 관심 없는 사람도 갖고 싶어질 만큼 예쁜 한정판 텀블러를 종종 내놓는다.

9. 요지야 기름종이 よじや

교토의 전통 화장 도구 전문점 요지야에는 탐나는 물건이 매우 많지만 선물용으로는 뭐니 뭐니 해도 기름종이가 최고.

오사카

교토 | 고베 | 나라

VOL 2

| 가이드북 |

꼭 가야할 지역별
대표 명소 완벽 가이드

오원호 · 정숙영 지음

길벗

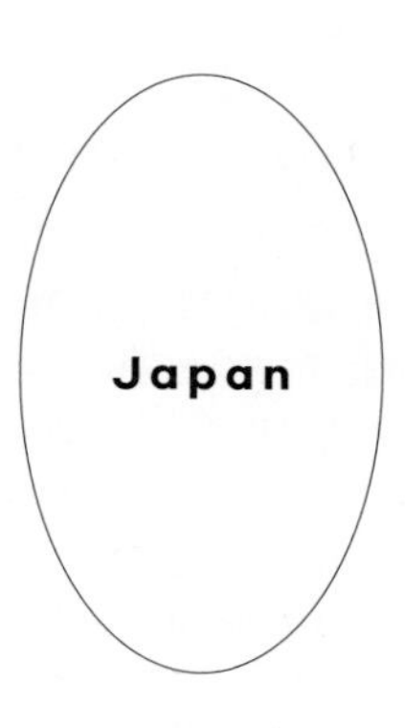

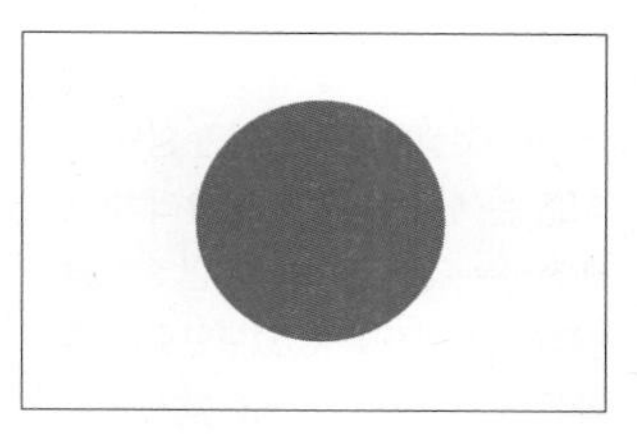

국기

일장기

흰색 바탕에 가운데 빨간색 동그란 원이 그려진 형태다. 일장기 日章旗라는 명칭으로 불리며 일본식 발음으로 '닛쇼키' 또는 '히노마루'다. 가운데 빨간 동그라미는 태양의 모양을 본뜬 것으로 '태양이 떠오르는 나라'라는 의미를 지닌다.

언어

일본어

일본어를 사용하며 글자는 중국에서 비롯된 한자와 히라가나, 카타카나를 함께 사용해 표기한다.

こんにちは

인구 / 면적

일본의 국토는 홋카이도, 혼슈, 시코쿠, 큐슈로 불리는 4개의 큰 섬으로 이루어져 있다. 오호츠크해와 맞닿아 있는 가장 북쪽 지방이 홋카이도다. 4개의 섬 중 가장 큰 혼슈는 북쪽에서부터 토호쿠 지방, 칸토 지방, 추부 지방, 칸사이 지방, 추고쿠 지방을 포함하고 있다. 추고쿠 지방과 칸사이 지방 바로 아래로 시코쿠이며 이어 큐슈가 있다. 큐슈에서 남쪽으로 동중국해와 태평양 사이에 놓인 오키나와현을 포함해 모두 47개의 현이 있다. 일본 국토 면적은 남한의 약 3.8배에 이른다.

비자 / 여권

여행 목적으로 입국하는 경우 비자는 필요하지 않다. 입국일로부터 최대 90일까지 체류 가능하지만 입국 시 여권의 유효기간은 반드시 6개월 이상 남아 있어야 한다.

환전

칸사이 여행을 결정했다면 환율 추이를 눈여겨봐두었다가 유리할 때 환전하는 것이 좋다. 하지만 환율의 움직임을 예측할 수 없으므로 주거래은행에서 환율 우대를 받거나 우대 쿠폰을 사용하는 것이 좋다. 트래블 월릿이나 트래블 로그 같은 체크카드를 사용하는 것도 편리한 방법이다. 공항 환전소는 환율이 불리하므로 가급적 피하는 것이 좋다.

화폐

100¥ = 약 890원(2024년 7월 기준)

일본의 화폐인 ¥(엔)을 사용한다. 엔화는 동전과 지폐, 두 가지가 있다. 동전은 1¥, 5¥, 10¥, 50¥, 100¥, 500¥ 여섯 종류로 되어 있다. 지폐는 1000¥, 2000¥, 5000¥, 1만¥, 네 종류지만 2000¥짜리 지폐는 더 이상 발행되지 않고 거의 통용되지 않아 사실상 1000¥, 5000¥, 1만¥, 세 가지 종류라고 보면 된다. 20년만에 지폐의 도안을 바꾼 신권이 2024년 7월부터 발행되었다. 기존에 사용하던 구권도 신권과 동일하게 통용되니 환전 시 구권이나 신권 어느 것을 준비해도 상관없다. 일부 자판기는 아직 신권을 인식하지 못하는 것도 있다.

인터넷 / 와이파이

현지의 관광 활성화 정책의 일환으로 외국인도 사용할 수 있는 무료 와이파이 스폿이 점점 늘어나는 추세다. 그러나 이동 중 사용하는 것이 불가능하다는 불편함이 있다. 대부분의 호텔과 게스트하우스에도 무료 와이파이를 제공한다. 한국에서 미리 심카드나 포켓 와이파이를 준비해 가거나 데이터 로밍을 할 수 있다. 현지에서도 심카드와 포켓 와이파이를 구입하거나 대여할수 있지만 한국에서 준비해 가는 것이 저렴한 편이다.

교통수단

일본 국내선을 운항하는 비행기와 신칸센을 비롯해 전국 곳곳을 거미줄처럼 운행하는 전철, 고속버스, 도시별 시내 노선버스, 택시, 낙도를 연결하는 페리 등 다양한 교통수단이 있다. 칸사이의 경우, 도시 간 운행하는 신칸센과 특급열차, 광역 전철, 고속버스, 시외버스를 운행한다. 각 도시에서는 지하철과 시내버스가 주요 대중교통이다.

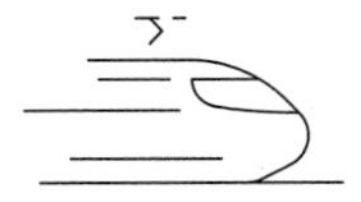

화장실

일본의 공중 화장실은 우리나라처럼 대형 건물이나 각 역, 쇼핑몰, 음식점이나 카페, 공공장소의 공중화장실 등을 어렵지 않게 찾을 수 있다. 유료로 사용해야 하는 경우는 거의 없으며 비록 오래되어 보이는 곳일지라도 깨끗하게 관리되는 경우가 많다. 화장실을 깨끗하게 사용해야 하는 것은 당연하며, 주의할 점은 화장실 휴지는 사용 후 변기에 버리도록 하고 있다는 것이다.

오사카 대한민국 총영사관

+81-90-3050-0746

주소 大阪府大阪市中央区西心斎橋2丁目3-4(우편번호 542-0086)
찾아가기 지하철 미도스지선 난바역 25번 출구에서 신사이바시스지역 방향으로 도보 약 5분 **전화** +81-6-4256-2345
영사 콜센터 +82-2-3210-0404(24시간, 유료) | **긴급 상황 발생 시** +81-90-3050-0746(근무시간 외, 한국어)
민원 업무 시간 09:00~16:00 **휴무** 토·일요일, 일본 공휴일, 우리나라 국경일
홈페이지 https://overseas.mofa.go.kr/jp-osaka-ko/index.do

전화

휴대전화의 보급으로 일본도 우리나라처럼 공중전화가 점점 줄어드는 추세지만 아직까지 거리에서 가끔 공중전화를 발견할 수 있다. 확인해야 할 것은 일본의 공중전화는 국제전화를 걸수 있는 것과 일본 내 통화만 할 수 있는 것이 있다. 국제전화가 가능한 공중전화는 액정 화면에 '국제전화를 이용할 수 있습니다(国際通話がご利用できます。International & Domestic)' 라는 문구가 쓰여 있다. 지인과 가장 저렴하고 편리하게 국제전화를 하는 방법은 메신저의 보이스톡 기능을 이용해 통화하는 것이다.

휴대폰 또는 공중전화로 국제전화 이용하기

[한국→일본] 통신 사업자별 국제전화번호 + 일본 국가번호 81 + 맨 앞 '0'을 제외한 지역번호 98 또는 980 + 상대방 전화번호 예) 001 또는 00700-81-98-123-4567
[일본→한국] 통신 사업자별 국제전화번호 + 한국 국가번호 82 + 맨 앞 '0'을 제외한 지역번호 + 상대방 전화번호 예) 0033-82-2-123-4567

우편

칸사이의 우체국에서 한국으로 국제 우편을 보내는 방법은 크게 국제 소포와 EMS가 있다. 소포의 경우 보내려는 물품 상자의 길이가 1.05m, 전체 둘레의 합은 총 2m, 무게는 20kg을 넘지 않아야 한다. EMS(국제 특급 우편)의 경우 길이가 1.5m, 전체 둘레의 합은 총 3m, 무게는 30kg을 넘지 않아야 한다. 요금은 보내는 물품의 부피와 무게에 따라 달라진다. 소요 기간은 항공편을 기준으로 소포는 약 일주일, EMS는 2~3일 정도지만 통관 상황에 따라 더 걸리기도 한다.

친절도

칸사이 사람에게도 남에게 폐를 끼치지 않으려는 일본인의 정서와 손님에게 깍듯하게 대하는 일본의 서비스 정신이 있다. 그 때문에 거의 대부분의 매장에서 친절한 서비스를 받을 수 있지만, 가끔 뉴스로 보도되듯 험한 분위기도 아주 없지는 않다. 현지인에게 민폐가 되는 행동을 하지 않는다면 친절도에 대해서는 크게 염려하지 않아도 된다.

전기

100V

칸사이 전기 규격은 100V/60Hz다. 220V를 사용하는 우리나라와 규격과 콘센트 모양이 다르다. 콘센트 모양은 11자 모양의 납작한 형태다. 그러므로 콘센트 모양을 바꿔주는 변환 어댑터를 준비하자. 요즘 나오는 스마트폰이나 카메라 같은 전자 제품은 보통 전 세계 어디서나 사용할 수 있도록 100~240V, 50~60Hz의 규격을 갖추었으니 확인하도록 하자.

소비세

10%

일본에서 물건을 구입할 때 가격표를 보면 2개의 가격이 표기된 경우를 흔히 볼 수 있다. 이는 세전 금액과 세후 금액을 표기해놓은 것이다. 세전 금액을 크게 쓰고 세후 금액을 작게 써놓아 세전 금액을 구입 가격이라고 생각하는 경우가 많다. 여기서 세금은 소비세를 뜻하는 것으로 우리나라의 부가가치세처럼 물건을 구입할 때 내는 간접세다. 지금까지 소비세율은 꾸준히 상승해왔으며, 현재 소비세율은 10%다. 면세점에서 면세받는다는 것은 바로 10%의 소비세를 면제받는다는 것을 의미한다.

신용카드 / 체크카드

비자 VISA, 마스터 Master, 아메리칸 익스프레스 American Express, JCB, 유니온페이 Union Pay 등 글로벌 회사의 신용카드를 사용할 수 있다. 아무래도 일본계 회사인 JCB가 가맹점이 많은 편이어서 사용하기 편하다. 대부분의 백화점이나 대형 쇼핑몰 등 규모가 큰 곳에서는 사용하는 데 문제가 없지만 소규모 상점이나 개인 식당 같은 곳 중에는 신용카드를 받지 않는 곳이 있으니 현금을 충분히 준비하는 것이 좋다. 트래블 로그나 트래블 월렛 같은 체크카드를 이용하면 수수료 없이 현지 ATM에서 엔화로 출금하거나 매장에서 직접 결제가 가능하기도 하다.

AREA

오사카 한눈에 보기

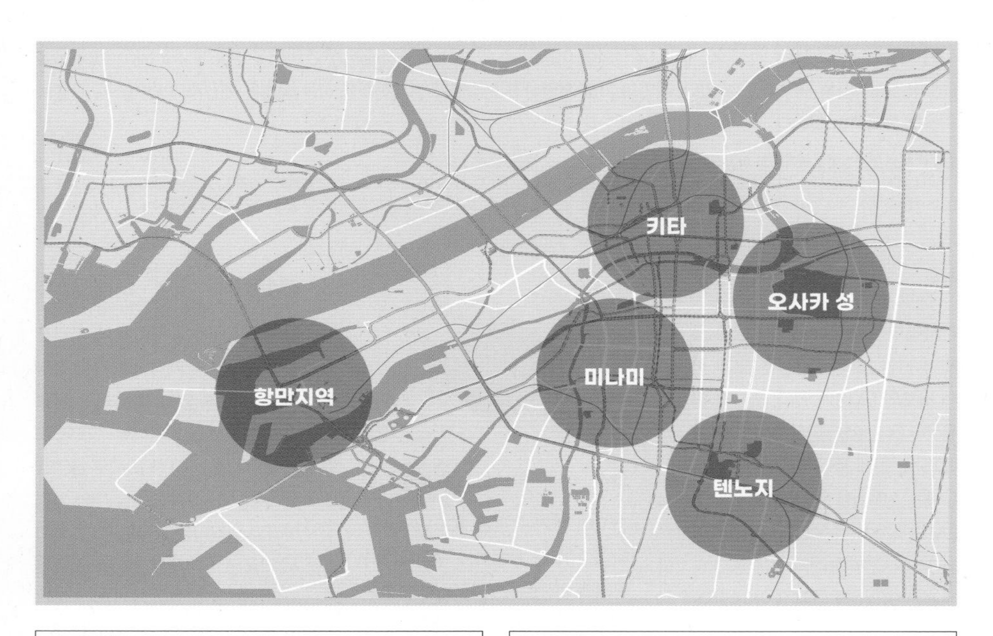

AREA 1 미나미

📷	🍴	🛍	☾
★★	★★★★	★★★★★	★★★★★

미나미는 '남쪽'을 의미하는 말로 오사카 시내의 남쪽 지역을 말한다. 이 책에서는 신사이바시스지, 난바, 닛폰바시, 호리에, 마츠야마치 지역을 미나미로 구분했다. 먹거리와 쇼핑 스폿, 가성비 좋은 숙소가 모여 있는 오사카 여행 필수 코스다.

CHECK LIST

오사카의 로컬 음식을 맛보고 싶은 여행자
번화가의 분위기를 즐기는 여행자
특색 있는 상품 쇼핑을 원하는 여행자

AREA 2 키타

📷	🍴	🛍	☾
★★★★	★★★★★	★★★★★	★★★★

키타는 '북쪽'을 의미하는 말로 오사카 시내 북쪽 지역을 말한다. 이 책에서는 우메다와 JR 오사카역 주변, 텐진바시스지 주변을 키타로 구분했다. 고층 빌딩가와 대형 쇼핑몰, 백화점, 아날로그 감성의 골목길을 만날 수 있는 매력적인 지역이다.

CHECK LIST

몰에서의 식도락과 쇼핑을 원하는 여행자
레트로한 골목 여행을 즐기는 여행자
오사카 도심의 야경을 즐기고 싶은 여행자

AREA 3 텐노지

★★★ | ★★★★ | ★ | ★★★

이 책에서는 텐노지역과 츠루하시역 주변을 텐노지로 구분했다. 미나미나 키타에 비해 서민적인 느낌이 묻어나는 지역이지만 일본 최고층 빌딩도 공존한다. 저렴한 숙소와 서민적인 먹거리를 파는 식당이 많고 거리엔 노면전차가 다닌다.

CHECK LIST

- 아날로그 도시 감성을 느끼고 싶은 여행자
- 고층 빌딩의 전망을 감상하고 싶은 여행자
- 서민적인 여흥을 즐기고 싶은 여행자

AREA 4 오사카 성

★★★★ | ★ | ☆ | ☆

오사카의 대표적인 랜드마크인 오사카 성 주변 지역이다. 오사카 도심에서 가장 넓은 공원으로 시민들의 휴식 공간이자 유명 관광지다. 오사카에서 손꼽히는 벚꽃 명소이기도 하다. 추천할 만한 맛집을 찾아보기는 어렵다.

CHECK LIST

- 오사카 성을 방문하려는 여행자
- 관광 유람선을 타고 싶은 여행자
- 벚꽃 명소를 방문하고 싶은 여행자

AREA 5 항만 지역

★★★★★ | ★★ | ★★ | ★

이 책에서는 오사카의 서쪽, 바다와 접한 지역을 묶어 항만 지역으로 구분했다. 유니버설 스튜디오 재팬이 있는 코노하나구와 카이유칸이 있는 텐포잔이 속한다. 테마파크와 여러 관광 시설이 있어 오사카 시민들에게는 유원지 역할을 한다.

CHECK LIST

- 유니버설 스튜디오 재팬 방문 여행자
- 도심의 유원지를 즐기고 싶은 여행자
- 아이와 함께 여행하는 가족

AREA 6 시크릿 오사카

★★★ | ★ | ★ | ☆

오사카 외곽에 가볼 만한 곳을 선정해 소개한 지역이다. 반파쿠키넨코엔, 라라포트 엑스포 시티, 컵 누들 박물관 오사카 이케다, 아사히 맥주 박물관, 산토리 야마자키 증류소 모두 당일치기 가능한 곳으로 이색적인 체험을 즐길 수 있다.

CHECK LIST

- 오사카 교외로 여행하고 싶은 사람
- 이색 체험을 원하는 여행자
- 일본 술에 관심이 있는 여행자

AREA
교토 한눈에 보기

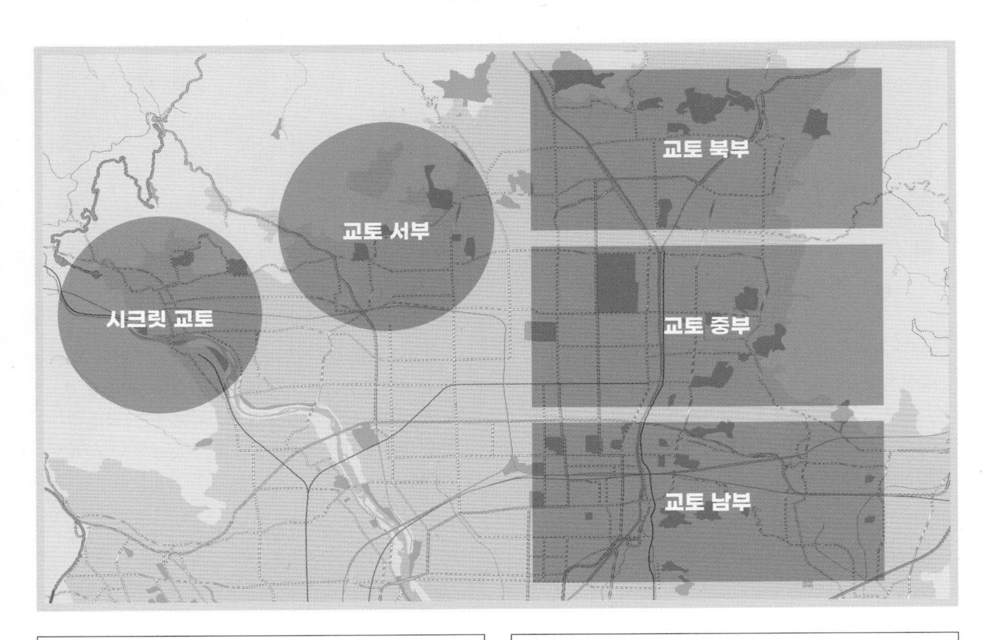

AREA 1 교토 중부

관광	맛집	쇼핑	나이트
★★★★★	★★★★★	★★★★★	★★★★

이 책에서는 히가시야마구 일부와 긴카쿠지 주변, 교토카와라마치역 주변을 교토 중부로 구분했다. 교토 관광 일번지로 교토를 대표 관광지와 맛집, 쇼핑 스폿, 숙소가 빼곡하게 모여 있다. 중부만 둘러봐도 교토를 다녀왔다고 말할 수 있다.

- 교토의 랜드마크를 관광하고 싶은 여행자
- 기모노를 입고 인생숏을 찍고 싶은 여행자
- 교토 식도락과 쇼핑을 즐기고 싶은 여행자

AREA 2 교토 남부

관광	맛집	쇼핑	나이트
★★★	★★★	★★	★

이 책에서는 JR 교토역 주변과 후시미이나리타이샤 주변까지를 교토 남부로 구분했다. 교토역은 다른 도시로 들고나는 교토의 현관이며 시내 곳곳으로 가는 버스와 지하철을 탈 수 있는 교통 요지다. 식당은 대부분 교토역 주변에 모여 있다.

- 가을 단풍을 만나고 싶은 여행자
- 후시미이나리타이샤를 방문하려는 여행자
- 불교미술과 박물관에 관심 많은 여행자

AREA 3 교토 서부

★★★	☆	☆	☆

킨카쿠지를 대표로 하는 관광지구로 교토 도심 북서쪽 끝자락이다. 지하철이 지나지 않아 교토역이나 카와라마치에서 버스로만 갈 수 있다. 유명 관광지를 제외하면 여행자를 위한 인프라는 많지 않다.

CHECK LIST

킨카쿠지를 방문하려는 여행자
란덴 전철을 타보고 싶은 여행자
<에반게리온> 애니메이션을 좋아하는 덕후

AREA 4 교토 북부

★★★	★★★	★★★	☆

이 책에서는 데마치야나기역을 기준으로 북쪽 지역을 교토 북부로 구분했다. 높은 건물 없이 강을 따라 펼쳐진 풍경, 관광지가 아닌 진짜 교토의 모습도 만날 수 있는 지역이다. 관광객이 붐비지 않아 비교적 여유로운 여행을 즐길 수 있다.

CHECK LIST

교토의 로컬 분위기를 느끼려는 여행자
한적한 곳을 선호하는 여행자
교토 사찰의 정원을 느끼고 싶은 여행자

AREA 5 시크릿 교토

★★★★	★★★	★★	☆

이 책에서는 교토 중심지에서 당일치기로 가볼 만한 세 지역을 선정해 시크릿 교토로 구분했다. 헤이안시대 귀족의 별장지였던 아라시야마, 정원을 감상하며 산책을 즐길 수 있는 오하라, 일본에서 손꼽히는 녹차 산지인 우지에서 말차도 맛보자.

CHECK LIST

여유로운 근교 여행을 즐기고 싶은 여행자
복잡한 도심 대신 힐링 장소를 찾는 여행자
둘만의 오붓한 여행을 즐기고 싶은 커플

AREA

고베 한눈에 보기

AREA 1 산노미야

📷	🍴	🛍	☾
★★★	★★★★★	★★★	★★

이 책에서는 산노미야역과 키타노이진칸 주변을 산노미야로 구분했다. 고베 교통의 중심지인 산노미야역은 고베 여행의 시작과 끝이라고 할 수 있다. 관광지인 키타노이진칸과 맛집, 쇼핑 스폿, 상점가, 숙소가 모여 있다.

CHECK LIST

이국적인 건축물에서 사진을 찍는 여행자
고베규나 스테이크를 맛보고 싶은 여행자
오사카에서 당일치기 여행지를 찾는 여행자

AREA 2 항만 지역

📷	🍴	🛍	☾
★★★	★★★	★★★	★★★

이 책에서는 산노미야역을 기준으로 남쪽과 서쪽인 모토마치역 주변, 항구 주변을 항만 지역으로 구분했다. 바다 접해 이국적인 항구 풍경이 매력적이며 쇼핑 거리와 난킨마치를 포함한 맛집, 디저트 가게 등 관광 인프라도 풍성하다.

CHECK LIST

이국적인 항구를 즐기고 싶은 여행자
크루즈나 관광선을 유람하고 싶은 여행자
고베 커피와 디저트를 즐기고 싶은 여행자

AREA 3 시크릿 고베

📷	🍴	🛍	☾
★★★★	★★	★★	☆

이 책에서는 고베 도심 외곽의 마야산과 롯코산, 유서 깊은 온천 마을인 아리마온센, 멀리 히메지까지 시크릿 고베로 구분했다. 모두 당일치기 여행이 가능하지만 아리마온센은 롯코산과 묶어 1박 2일 코스로도 추천할 만하다.

CHECK LIST

고베 교외의 자연을 즐기려는 여행자
온천 마을에서 여유로운 보내려는 여행자
JR 칸사이 와이드 패스를 활용하는 여행자

AREA
나라 한눈에 보기

AREA 1 나라 공원

📷	🍴	🛍	☾
★★★★★	★★★	★★	☆

이 책에서는 JR 나라역, 킨테츠 나라역, 나라 공원 주변 지역을 나라 공원으로 구분했다. 나라 공원은 '사슴 공원'이라는 애칭으로도 부를 만큼 자유로이 거리를 활보하는 수천마리 사슴이 상징이다. 고대 일본의 불교미술도 만날 수 있다.

CHECK LIST

전원적인 도시를 즐기고 싶은 여행자
사슴 공원에 호기심이 있는 여행자
불교미술에 관심이 있는 여행자

AREA 2 시크릿 나라

📷	🍴	🛍	☾
★★★	☆	☆	☆

이 책에서는 여행자의 발길이 많지 않은 니시노쿄, 아스카 지역을 제외하고 호류지를 선정해 시크릿 나라로 구분했다. 일본에서 처음으로 유네스코 세계문화유산으로 등재된 사찰로 삼국시대 사찰 건축양식도 엿볼 수 있다.

CHECK LIST

역사에 관심이 많은 여행자
유명한 금당벽화가 궁금한 여행자
삼국시대 건축양식에 관심이 있는 여행자

SEASONS

칸사이 날씨 & 축제 캘린더

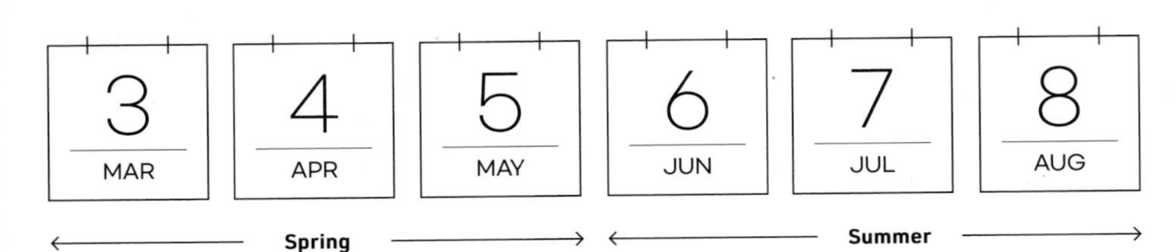

Spring

3월은 봄이 시작되지만 초순엔 아직 날씨가 쌀쌀하다. 3월 20일이 지나면서 벚꽃이 피기 시작하고 3월 말을 전후로 만개한다. 4월은 쾌적한 봄 날씨를 보이지만 아침저녁에 덧입을 얇은 겉옷을 준비하면 좋다. 5월의 낮은 햇볕이 강해 반소매 복장도 괜찮지만, 일교차가 있어 긴소매 옷도 필요하다.

CHECK LIST

벚꽃놀이 4월 초순~중순 오사카 조폐국 벚꽃길 개방, 벚꽃 명소나 교토 사찰 등의 라이트업 행사.
아오이마츠리 5월 중순 교토 시모가모 신사와 카미가모 신사에서 열리는 헤이안 시대 귀족 복장의 행렬

Summer

칸사이의 여름 날씨는 덥고 습도가 높다. 최근에는 최고 기온이 점점 오르는 추세여서 35°이상의 기온도 자주 나타나니 무리한 일정은 짜지 않도록 한다. 낮에 야외에서 활동할 때는 물을 자주 마시며 틈틈이 시원한 곳에서 쉬면서 열사병에 주의하자. 개인에 따라 자외선 차단제도 준비하면 좋다.

CHECK LIST

기온마츠리 7월 일본 3대 마츠리 중 하나인 교토 기온마츠리
텐진마츠리 7월 일본 3대 마츠리 중 하나인 오사카 텐진마츠리

오사카와 교토, 고베, 나라는 우리나라의 여수시부터 광주광역시까지와 비슷한 위도에 걸쳐있어 사계절이 나타난다. 봄에는 도시 곳곳에 벚꽃이 군락을 이루고 여름엔 푸른 녹음이 눈부시다. 가을엔 일본에서도 손꼽히는 교토의 단풍이 도시를 붉은색과 노란색으로 물들인다. 겨울은 영하로 내려가는 일이 거의 없지만 눈이 내리는 날도 세 손가락 안에 꼽을 정도다.

	1월	2월	3월	4월	5월	6월	7월	8월	9월	10월	11월	12월
최저 기온 (°c)	9	10	14	20	25	28	32	33	29	23	18	12
최고 기온 (°c)	2	2	5	10	15	20	24	25	21	15	9	4
강우 (mm)	38.9	73.3	101.1	128.3	126.2	194.9	159.9	108.9	154.8	148.3	82.3	56.9

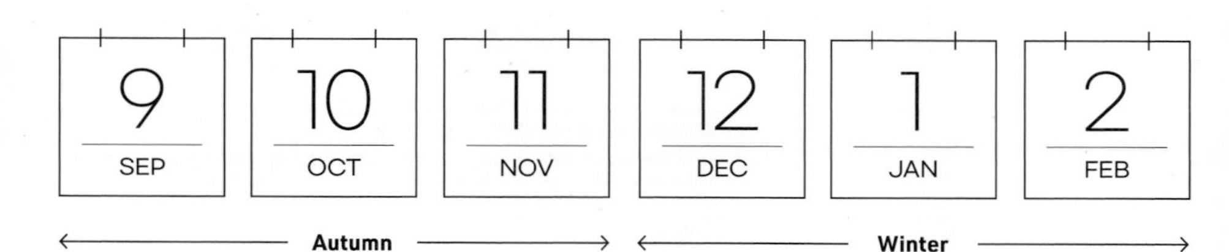

Autumn

9월에도 기온은 여전히 30°를 오르내리며 무더운 날씨가 이어진다. 9월 하순이 가까워지면서 무더운 여름이 지나고 야외 활동을 하기에 좋은 날씨가 시작된다. 이 시기 날씨의 복병은 태풍인데 간혹 태풍의 경로에 따라 영향권에 들기도 한다. 10월과 11월은 단풍 시즌으로 여행하기 좋은 시기다.

CHECK LIST

단풍놀이 10월 하순부터 시작해 12월 초순까지 이어지는 단풍기간. 11월 중순부터 하순까지 절정을 이루는 교토 단풍명소의 방문과 야간 라이트업 행사

Winter

한국 같은 영하의 기온이 아니라고 얕보면 안된다. 12월 하순부터 뼈가 시린듯 스산한 찬바람이 옷깃을 파고드니 우리나라에서의 겨울처럼 의상을 준비하자. 실내 난방도 한국처럼 훈훈한 느낌이 없으니 잠잘 때 입을 실내복도 따뜻한 것이 좋다. 어묵과 함께 따끈한 니혼슈를 즐기기 좋은 계절이다.

CHECK LIST

루미나리에 12월 또는 1월에 고베 거리와 메리켄파크에서 열리는 대형 루미나리에 불빛 축제
야마야키 봄에 새싹이 잘 돋도록 1월에 나라 와카쿠사 산의 마른 풀을 태우는 행사

칸사이 추천 여행 코스

칸사이 2박 3일 일정

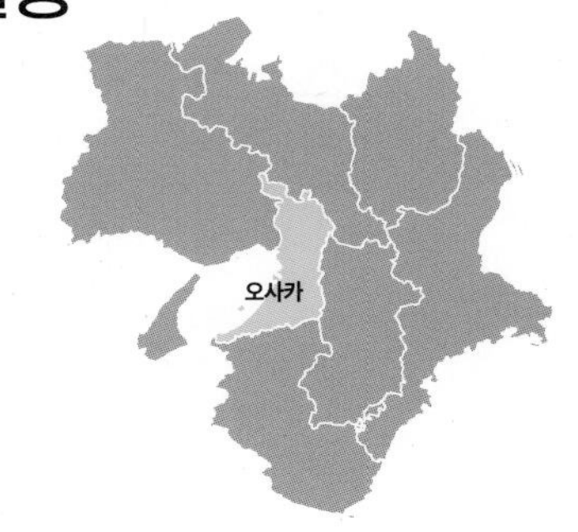

오사카 비기너 일정

| POINT | 오사카에 집중한 일정
| WHO | 오사카에 처음 가는 사람, 짧은 시간을 활용해 오사카를 최대한 즐겨보고 싶은 사람
| COURSE | 오사카
| CHECK | 숙소는 난바 또는 우메다에 잡을 것, 오사카 e-Pass를 사자!

DAY 1	한국 → 오사카	칸사이 국제공항 도착 후 난바로 이동, 호텔 체크인 다이마루 백화점→아메리카무라→호리에 카페 거리→도톤보리→우라난바
DAY 2	오사카 시내	오사카 시내 여행 오사카 시립 주택 박물관→나카자키초→텐진바시스지 상점가→하루카스 300 전망대→신세카이 먹자골목
DAY 3	오사카 → 한국	오사카 성을 둘러본 후 아웃렛 쇼핑을 마치고 한국으로! 오사카 성→신사이바시스지 상점가→에비스바시스지 상점가→린쿠타운→귀국!

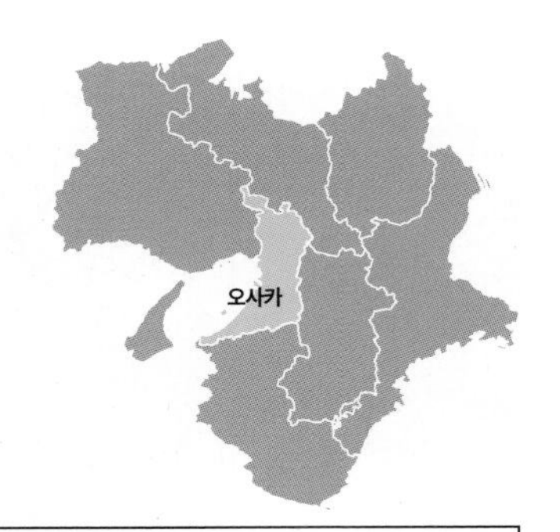

USJ 집중 일정

| POINT | 오로지 USJ에 집중한다!
| WHO | 길지 않은 시간, USJ에 '올인'하고 싶은 사람, 그래도 쇼핑은 좀 하고 싶은 사람
| COURSE | 오사카
| CHECK | USJ 티켓은 1.5일권으로 끊는다, 1일 차 숙소는 USJ, 2일 차 숙소는 난바에 잡는다

DAY 1	한국 → 칸사이 공항→USJ	칸사이 도착 후 바로 유니버설 스튜디오로 이동 칸사이 국제공항 도착 →USJ 이동→3시 이후 USJ 입장→USJ 즐기기(실내 어트랙션 중심으로 이용하기)→호텔 체크인
DAY 2	DAY2 USJ	USJ 오픈런으로 인기 있는 놀이기구 즐기기 USJ 2일 차 이용→오후 5~6시경 난바 이동→도톤보리→우라난바
DAY 3	오사카 → 한국	오사카 쇼핑 즐기기 다이마루 백화점→신사이바시스지 상점가→에비스바시스지 상점가→린쿠타운→귀국!

Note. 모든 항공편은 최대한 아침 일찍 출발해서 밤늦게 귀국하는 편으로 설정했습니다.
만일 출발편이나 귀국편의 시간이 여의치 않다면 제안한 일정에서 1~2일을 추가하는 것이 바람직합니다.

오사카 + 교토

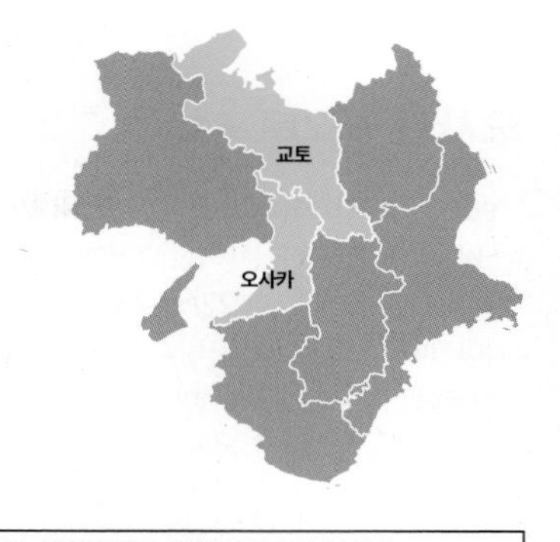

| POINT | 오로지 USJ에 집중한다!
| WHO | 오사카와 교토에서 가장 중요한 관광지를 집중적으로 돌아보고 싶은 사람, 아무리 생각해도 한 도시만 가기는 억울한 사람
| COURSE | 오사카-교토
| CHECK | 숙소는 오사카 우메다에 잡을 것, 칸사이 레일웨이 패스 2일권 추천

DAY 1	한국 → 오사카	오사카 도착 후 우메다 숙소 체크인 또는 짐을 맡기고, 난바 관광 명소 즐기기 칸사이 국제공항 도착 →오사카 우메다 도착(숙소 들르기)→난바 이동→도톤보리→하루카스 300 전망대→신세카이

▼

DAY 2	오사카→교토→오사카	이른 아침 교토로 이동해 교토 대표 관광지를 둘러본 후 오사카로 다시 이동 교토 이동→아라시야마→킨카쿠지→기온→산넨자카·니넨자카→기요미즈데라→폰토초→오사카 귀환

▼

DAY 3	오사카 → 한국	오사카 성을 둘러본 후 쇼핑을 하고 한국으로 귀국 오사카 성→신사이바시스지 상점가→린쿠타운→귀국!

오사카 + 고베

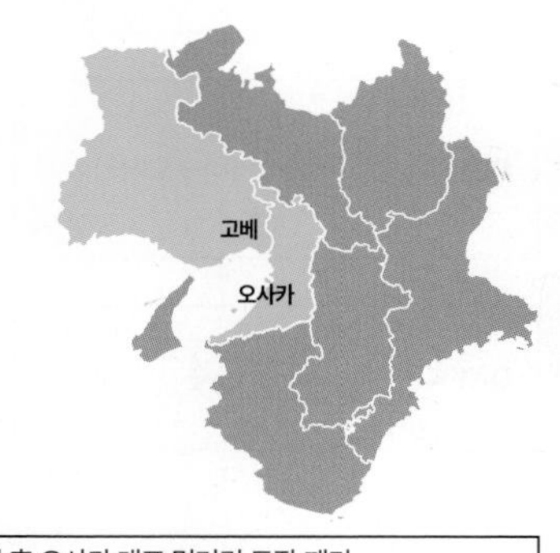

| POINT | 짧고 굵게 맛으로 즐긴다!
| WHO | 2박 3일 동안 끝없이 걷다 먹다 하고 싶은 사람, 육식주의자에 가까운 사람
| COURSE | 오사카-고베
| CHECK | 숙소는 오사카 우메다 또는 난바에 잡을 것, 칸사이 레일웨이 패스 2일권 추천

DAY 1	한국 → 오사카	공항 도착, 오사카로 이동, 호텔 체크인 후 오사카 대표 먹거리 도장 깨기 칸사이 국제공항 도착 →오사카 도착→나카자키초 카페 순례→텐진바시스지 상점가 먹거리 순례→도톤보리 타코야키 순례→츠루하시 야키니쿠 탐험

▼

DAY 2	오사카→고베→오사카	이른 아침 고베로 이동해 점심과 디저트까지 격파 후 오사카에서 쿠시카츠 맛보기 고베 이동→산노미야 빵 순례→모토마치·난킨마치 길거리 음식 순례→고베 소고기 탐험→오사카 귀환→신세카이 쿠시카츠 순례

▼

DAY 3	오사카 → 한국	분위기 있는 카페에서 브런치 식사, 오코노미야키로 허기를 달랜 후 한국으로 귀국 호리에 카페 브런치→신사이바시스지 상점가→도톤보리 돈키호테→도톤보리 오코노미야키 순례 →칸사이 국제공항에서 귀국!

Note. 모든 항공편은 최대한 아침 일찍 출발해서 밤늦게 귀국하는 편으로 설정했습니다.
만일 출발편이나 귀국편의 시간이 여의치 않다면 제안한 일정에서 1~2일을 추가하는 것이 바람직합니다.

칸사이 추천 여행 코스

칸사이 3박 4일 일정

오사카 + 교토 + 나라

| POINT | 칸사이 여행 국민 루트 3박 4일 버전
| WHO | 칸사이에서 가장 유명한 곳은 다 가고 싶은 사람, 하루에 2만 보쯤 걸어도 괜찮은 사람
| COURSE | 오사카-교토-나라
| CHECK | 숙소는 교토 1박, 오사카 2박. 교토 숙소는 카와라마치, 오사카 숙소는 우메다 추천, JR 케이한 패스+칸사이 레일웨이 패스 2일권 추천

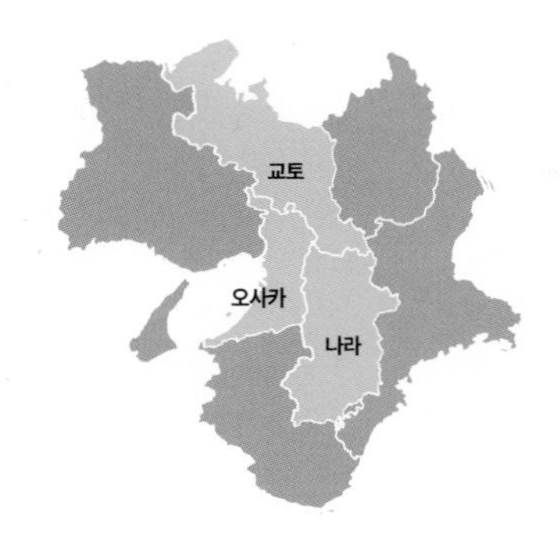

DAY 1	한국 → 교토	칸사이 국제공항에서 바로 교토로 이동해 호텔 체크인 후 대표 볼거리 관광 칸사이공항 도착 →교토 도착→후시미이나리타이샤→철학의 길→긴카쿠지→기온→산넨자카·니넨자카→기요미즈데라→폰토초
▼		
DAY 2	교토→오사카	오전 중 교토에서 일정을 마치고 오사카로 이동해 호텔 체크인 후 오사카 관광 킨카쿠지→아라시야마→오사카로 이동→ 오사카 우메다 도착→오사카 성→도톤보리→우라난바
▼		
DAY 3	오사카→나라→오사카	이른 아침 나라로 이동해 한적한 공원에서 사슴 만나기 오사카로 돌아와서 야경 즐기기 나라로 이동→나라 공원에서 사슴 만나기→토다이지 대불→오사카 귀환→하루카스 300 전망대→신세카이
▼		
DAY 4	오사카 → 한국	카페 거리에서 여유로운 시간 보내다 쇼핑 후 한국 귀국 오사카 주택 박물관→나카자키초 카페 거리→우메다 지하상가 쇼핑→린쿠타운→칸사이 국제공항에서 귀국!

Note. 모든 항공편은 최대한 아침 일찍 출발해서 밤늦게 귀국하는 편으로 설정했습니다.
만일 출발편이나 귀국편의 시간이 여의치 않다면 제안한 일정에서 1~2일을 추가하는 것이 바람직합니다.

오사카 + 고베

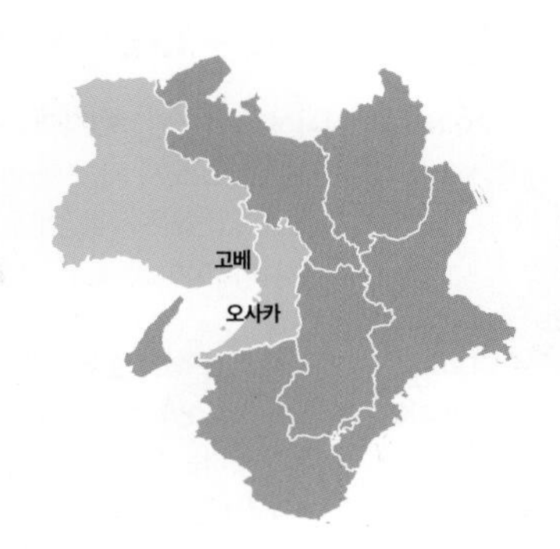

| POINT | 아이와 함께 여행하는 가족 여행
| WHO | USJ를 중심으로 아이에게 잊을 수 없는 추억을 만들어주고 싶은 사람, 이번에는 편하고 맛있게 여행하고 교토는 나중에 따로 갈 사람, 이른 봄 또는 늦가을에 여행을 계획하는 사람
| COURSE | 오사카-고베
| CHECK | 숙소는 오사카 2박+고베 1박, 오사카는 USJ 근처 또는 난바 추천, 고베는 아리마온센의 료칸 또는 산노미야에서 멀지 않은 호텔 추천, 칸사이 레일웨이 패스 3일권 추천, USJ 조기 입장 1일권 준비할 것!

※ USJ 조기 입장 1일권은 2024년 9월 30일까지 운영하고 10월부터 폐지될 예정이다.

DAY 1	한국 → 오사카	오사카 시내 도착 후 호텔 체크인, 대표 관광지 둘러보기 칸사이 국제공항 도착 →오사카 도착→오사카 성→하루카스 300 전망대→도톤보리
▼		
DAY 2	USJ	이른 아침 USJ 오픈런을 시작으로 폐장까지 즐기기 위해서는 강인한 체력이 필수! 하루 종일 USJ 즐기기!
▼		
DAY 3	오사카→고베	여유롭게 고베로 이동해 호텔 체크인, 롯코산 관광지를 즐기고 하루의 피로를 온천으로 마무리 고베로 이동→롯코 케이블카→롯코산 목장→롯코 가든 테라스→롯코 아리마 로프웨이→아리마온센 온천욕 즐기기
▼		
DAY 4	고베 → 한국	고베 시내를 관광 후 고베규로 마지막 식사를 마친 후 한국으로 귀국 산노미야 상점가→모토마치 상점가→고베규로 식사하기→페리 또는 버스로 칸사이 국제공항 이동→칸사이 국제공항에서 귀국!

Note. 모든 항공편은 최대한 아침 일찍 출발해서 밤늦게 귀국하는 편으로 설정했습니다.
만일 출발편이나 귀국편의 시간이 여의치 않다면 제안한 일정에서 1~2일을 추가하는 것이 바람직합니다.

칸사이 추천 여행 코스

칸사이 4박 5일 일정

오사카 + 교토 + 나라 + 고베

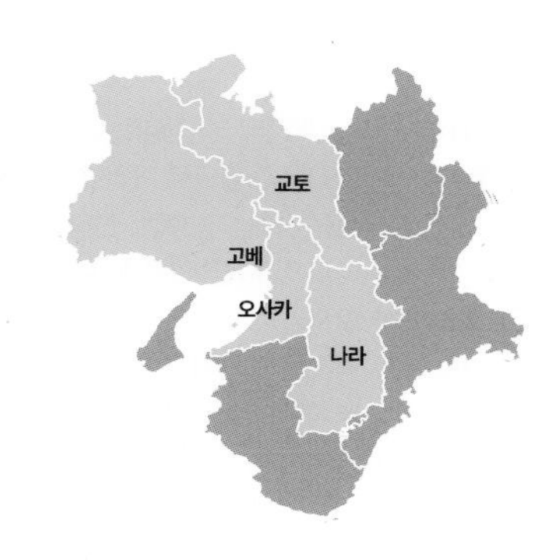

| POINT | 칸사이 여행 국민 루트 4박 5일 버전

| WHO | 칸사이 주요 도시 네 곳의 핵심 여행지를 모두 돌아보고 싶은 사람, 어디 가서 '나 오사카랑 칸사이 여행 좀 했다'고 당당히 말하고 싶은 사람

| COURSE | 교토-오사카-나라-고베

| CHECK | 숙소는 교토 1박+오사카 3박, 교토는 카와라마치, 오사카는 우메다 또는 난바 추천, JR 케이한 패스+칸사이 레일웨이 패스 3일권 추천

DAY 1	한국 → 교토	칸사이 국제공항에서 바로 교토로 이동해 호텔 체크인 후 관광지 격파! 칸사이 국제공항 도착→교토 도착→후시미이나리타이샤→철학의 길→긴카쿠지→기온→산넨자카·니넨자카→기요미즈데라→폰토초

▼

DAY 2	교토→오사카	교토 일정을 마치고 오사카 호텔 체크인 후 오사카 둘러보기 킨카쿠지→아라시야마→오사카로 이동→오사카 우메다 도착→오사카 성→도톤보리→우라난바

▼

DAY 3	오사카→고베→오사카	아침 일찍 고베로 이동해 고베 대표 관광지 둘러본 후 오사카로 돌아오기 고베로 이동→산노미야 상점가→키타노이진칸→모토마치 상점가→하버랜드→오사카로 귀환

▼

DAY 4	오사카→나라→오사카	나라 대표 관광지를 둘러본 후 오사카에서 야경을 보며 마무리 나라로 이동→나라 공원→토다이지 대불→토다이지 니가츠도→가스가타이샤→오사카로 귀환→하루카스 300→신세카이

▼

DAY 5	오사카 → 한국	마지막 날 오사카에서 쇼핑에 집중한 후 한국으로 귀국 나카자키초→신사이바시스지 상점가→린쿠타운→칸사이 국제공항에서 귀국!

Note. 모든 항공편은 최대한 아침 일찍 출발해서 밤늦게 귀국하는 편으로 설정했습니다.
만일 출발편이나 귀국편의 시간이 여의치 않다면 제안한 일정에서 1~2일을 추가하는 것이 바람직합니다.

칸사이 7박 8일 일정

오사카 + 교토 + 나라 + 고베

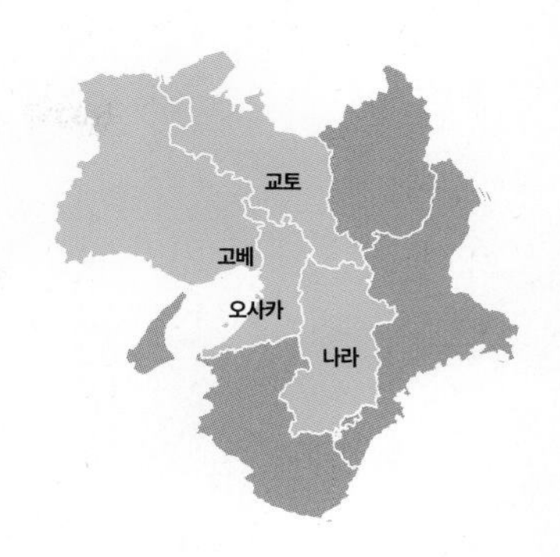

| POINT | 일주일 동안 칸사이 정복하기
| WHO | 이번에 칸사이 가보고 평생 안 가도 좋을 만큼 돌아보고 싶은 사람, 7~8일 정도는 매일 2만보씩 걸어도 안 지치는 무한 체력의 소유자
| COURSE | 교토-오사카-나라-고베
| CHECK | 숙소는 교토 2박+오사카 4박, 교토는 카와라마치, 오사카는 우메다 또는 난바 추천, JR 케이한 패스+칸사이 레일웨이 패스 3일권+오사카e-Pass 추천, USJ 1일권

DAY 1	**한국 → 교토**	공항 도착 후 바로 교토로 이동해 교토 주요 관광지 둘러보기 칸사이 국제공항 도착→교토 도착→난젠지→철학의 길→긴카쿠지→기온→산넨자카·니넨자카→기요미즈데라→폰토초
DAY 2	**교토 시내**	아침 일찍 아라시야마의 한적함을 느끼고 교토 최고 번화가 카와라마치에서 저녁 식사 킨카쿠지→아라시야마→니조 성→신푸칸→카와라마치 상점가에서 식사와 한잔!
DAY 3	**교토 → 오사카**	교토 외곽에 위치한 후시미이나리타이샤 구경 후 오사카로 이동 후시미이나리타이샤→오사카로 이동→오사카 성→팀랩 보태니컬 가든
DAY 4	**오사카→ 나라→ 오사카**	아침 일찍 나라로 이동해 구경 후 오사카로 돌아와 야경 감상 나라로 이동→나라 공원→토다이지 대불→토다이지 니가츠도→가스가타이샤→오사카로 귀환→하루카스 300→신세카이
DAY 5	**오사카→ 고베→ 오사카**	고베의 주요 관광지 구경 후 오사카로 돌아오기 고베로 이동→산노미야 상점가→키타노이진칸→모토마치 상점가→하버랜드→오사카로 귀환
DAY 6	**USJ**	오픈런을 시작으로 USJ를 즐긴 후 우라난바에서 시원하게 한잔! 하루 종일 USJ 즐기기 → 도톤보리 → 우라난바
DAY 7	**오사카 시내**	오사카 시내 주요 관광지를 둘러본 후 신세카이에서 쿠시카츠 먹기 오사카 주택 박물관→나카자키초→텐진바시스지 상점가→신세카이
DAY 8	**오사카 → 한국**	아웃렛 쇼핑 후 한국으로 귀국! 신사이바시스지 상점가→에비스바시스지 상점가→린쿠타운→칸사이 국제공항에서 귀국!

Note. 모든 항공편은 최대한 아침 일찍 출발해서 밤늦게 귀국하는 편으로 설정했습니다.
만일 출발편이나 귀국편의 시간이 여의치 않다면 제안한 일정에서 1~2일을 추가하는 것이 바람직합니다.

도쿄를 중심으로 주변 6개 현을 묶어 칸토 関東라 부르고 오사카를 중심으로 주변 1개 부와 4개 현을 묶어 칸사이 関西 또는 킨키 近畿라고 부른다. 칸사이에 해당되는 지역은 오사카부와 교토부, 나라현, 효고현, 시가현, 와카야마현이다. 칸사이는 일본 제2의 도시 오사카 외에도 헤이안시대 1000년 수도였던 교토, 나라시대 수도였던 나라, 메이지시대 개항지였던 고베 등 역사와 문화, 다양한 볼거리, 맛있는 음식을 품은 도시가 가까워 풍성한 여행을 즐길 수 있는 지역이다.

Step 1
칸사이 이렇게 간다

칸사이 국제공항으로 입국하기

칸사이 국제공항은 칸사이 지역을 대표하는 공항으로 한국에서 출발하는 칸사이행 비행기는 모두 칸사이 국제공항으로 도착한다. 인천 국제공항-칸사이 국제공항 노선을 기준으로 편도 소요 시간은 약 1시간 40분 내외다. 칸사이 국제공항에는 2개의 터미널이 있는데, 항공사에 따라 도착하는 터미널이 다르다. 한국과 일본의 저비용 항공사인 제주항공과 피치항공(2024년 3월 현재 기준)은 제2터미널에 도착하며, 그 외 다른 항공사는 제1터미널에 도착한다.

비지트 재팬 웹

https://vjw-lp.digital.go.jp/ko

비지트 재팬 웹은 일본 입국 시 공항에서 검역과 입국 수속, 세관 신고, 면세품 구입 절차를 간편하게 하기 위한 온라인 서비스다. 일본 입국 시 휴대폰에 미리 등록해 받은 QR코드를 스캔하는 것으로 종이로 작성하는 입국 카드와 세관 신고서를 대체할 수 있다. 또 시내 면세점(공항 면세점 제외)에서 면세품을 구입할 때 여권을 제시하지 않아도 비지트 재팬 웹의 면세 QR코드를 제시하는 것으로 대체할 수 있다. 등록할 때 본인의 여권과 항공권, 회원 가입을 위한 이메일 주소, 일본 내 숙소의 주소와 연락처가 필요하다. 일본 입국일 기준 2주 전부터 등록할 수 있으니 적어도 입국 1~2일 전에는 등록하는 것이 좋다. 비지트 재팬 웹 등록과 사용 방법은 해당 사이트의 '이용 순서 안내' 페이지에 자세하게 나와 있다. 정상적으로 등록을 마치면 입국 심사 및 세관 신고용 QR코드를 받을 수 있다. 비지트 재팬 웹은 앱이 아니고 인터넷 사이트에서 등록하는 것이니 앱스토어에서 비슷한 앱을 다운로드하지 않도록 주의하자.

입국 카드 작성하기

사전에 비지트 재팬 웹에서 작성했다면 종이로 된 입국 카드는 작성하지 않아도 된다. 보통은 칸사이 국제공항으로 향하는 기내에서 입국 카드를 나눠주지만, 그렇지 않은 경우 도착 후 칸사이 국제공항에 비치된 입국 카드를 영문으로 작성해 제출하면 된다.

<입국 카드 작성하기>

外国人入国記録 DISEMBARKATION CARD FOR FOREIGNER 외국인 입국기록 [ARRIVAL]

Enter information in either English or Japanese.

氏名 Name 이름	Family Name 영문 성	Given Names 영문 이름
生年月日 Date of Birth 생년월일	Day 日 Month 月 Year 年	現住所 Home Address 현주소: 国名 Country name 나라명 / 都市名 City name 도시명
渡航目的 Purpose of visit 도항 목적	観光 Tourism 관광 / 商用 Business 상용 / 親族訪問 Visiting relatives 친척 방문 / その他 Others 기타 ( )	航空機便名・船名 Last flight No./Vessel 도착 항공기 편명·선명 / 日本滞在予定期間 Intended length of stay in Japan 일본 체재 예정 기간
日本の連絡先 Intended address in Japan 일본의 연락처		TEL 전화번호

1. 日本での退去強制歴・上陸拒否歴の有無 Any history of receiving a deportation order or refusal of entry into Japan 일본에서의 강제퇴거 이력·상륙거부 이력 유무 □ はい Yes 예 □ いいえ No 아니오
2. 有罪判決の有無（日本での判決に限らない）Any history of being convicted of a crime (not only in Japan) 유죄판결의 유무 (일본 내외의 모든 판결) □ はい Yes 예 □ いいえ No 아니오
3. 規制薬物・銃砲・クロスボウ・刀剣類・火薬類の所持 Possession of controlled substances, firearms, crossbow, swords, or explosives 규제약물·총포·석궁·도검류·화약류의 소지 □ はい Yes 예 □ いいえ No 아니오

以上の記載内容は事実と相違ありません。I hereby declare that the statement given above is true and accurate. 이상의 기재 내용은 사실과 틀림 없습니다.

署名 Signature 서명

① **영문 성** 자신의 성을 여권의 영문 이름과 일치하게 쓴다.

② **영문 이름** 자신의 이름을 여권의 영문 이름과 일치하게 쓴다.

③ **생년월일** 자신의 생년월일을 일, 월, 연도 순서로 기입한다. 예) 1988년 8월 15일인 경우 '15 08 88'로 기입

④ **현주소** 자신의 한국 집 주소를 영어로 기입한다. 예) 나라명 Republic of Korea 또는 South Korea, 도시명 Seoul

⑤ **도항 목적** 일본을 방문하는 목적에 해당하는 항목에 표시한다. 여행 목적인 경우 '관광'에 체크한다.

⑥ **도착 항공기 편명·선명** 보딩패스 또는 모바일 항공권에 적힌 일본으로 갈 때 타고 가는 비행기 편명을 적는다.

⑦ **일본 체재 예정 기간** 일본에 머물 기간을 적는다. 예) 5 Days

⑧ **일본의 연락처** 일본 내에서 묵을 호텔 또는 숙소 이름과 전화번호를 적는다. 정해지지 않았다 하더라도 공란으로 두면 입국 심사 때 문제가 될 수 있으니 빈칸으로 두지 말고 꼭 적는다. 첫날 숙박할 호텔 이름과 연락처를 적으면 된다.

⑨ **일본에서의 강제 퇴거 이력·상륙 거부 이력 유무** '예' 또는 '아니요'에 체크한다.

⑩ **유죄판결 유무(일본 내외의 모든 판결)** '예' 또는 '아니요'에 체크한다.

⑪ **규제 약물·총포·석궁·도검류·화약류 소지** '예' 또는 '아니요'에 체크한다.

⑫ **서명** 자신의 여권에 있는 사인과 동일하게 서명한다.

<휴대품 신고서 작성하기>

① **탑승기 편명** 자신이 타고 온 비행기 편명과 출발지를 적는다. 예) KE723, Incheon

② **입국 일자** 일본에 도착하는 날짜를 적는다.

③ **성명** 자신의 성과 이름을 영어로 기입한다.

④ **주소(일본 국내 체류지)** 일본 내에서 묵을 호텔 또는 숙소 이름과 전화번호를 적는다.

⑤ **국적** 자신의 국적을 영어로 기입한다. 예) Republic of Korea 또는 South Korea

⑥ **직업** 자신의 직업을 영어로 기입한다. 예) student 또는 Office Worker 또는 Business Person

⑦ **생년월일** 자신의 생년월일을 순서대로 적는다.

⑧ **여권 번호** 자신의 여권 번호를 기입한다.

⑨ **동반 가족** 동행한 가족이 있다면 인원수를 적는다. 없다면 공란으로 두면 된다.

⑩ **1~3번 항목** 특별히 해당 사항이 없는 경우 모두 '없음'에 체크하면 된다.

⑪ **서명** 자신의 여권에 있는 사인과 동일하게 서명한다.

뒷면은 세관에 신고해야 할 만큼의 담배나 향수, 술, 100만¥ 이상의 현금 등이 있는 경우만 작성한다. 그렇지 않다면 뒷면은 모두 공란으로 두면 된다.

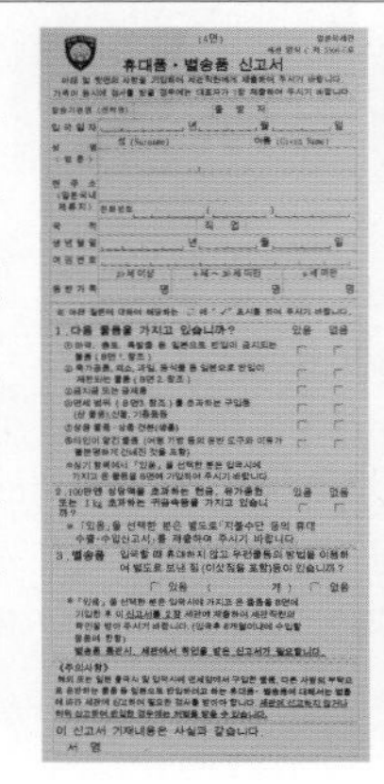

휴대품・별송품 신고서

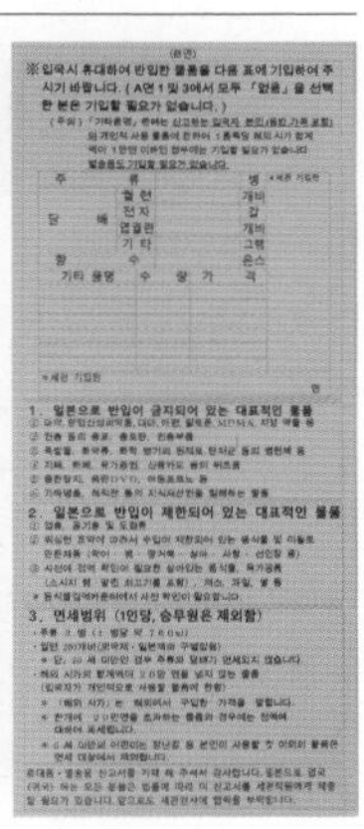

칸사이 국제공항 입국 과정

<제1터미널로 도착한 경우>

① 비행기에서 내리기

② 연결 통로를 지나 윙 셔틀 역으로 이동하기

③ 윙 셔틀 탑승하기

④ 입국 심사대 통과하기 여권과 함께 입국 카드를 제출하거나 비지트 재팬 웹 QR코드 스캔 후 양손의 검지를 지문 채취기에 얹고 카메라를 바라본다. 특별한 사유가 없으면 여권에 입국 스티커를 붙여준다.

⑤ Baggage Claim에서 수하물 수령하기

⑥ 세관 전자 신고 게이트 키오스크에서 여권과 비지트 재팬 웹 QR코드를 스캔하거나 유인 세관 신고대에서 세관 신고서 제출 후 출구로 나간다.

⑦ 입국 완료

<제2터미널로 도착한 경우>

① 비행기에서 내리기

② 제2터미널 건물 안으로 진입

③ 연결 통로를 지나 입국 심사대로 이동하기

④ 입국 심사대 통과하기 여권과 함께 입국 카드를 제출하거나 비지트 재팬 웹 QR코드 스캔 후 양손의 검지를 지문 채취기에 얹고 카메라를 바라본다. 특별한 사유가 없으면 여권에 입국 스티커를 붙여준다.

⑤ Baggage Claim에서 수하물 수령하기

⑥ 세관 전자 신고 게이트 키오스크에서 여권과 비지트 재팬 웹 QR코드를 스캔하거나 유인 세관 신고대에서 세관 신고서 제출 후 출구로 나간다.

⑦ 입국 완료

칸사이 국제공항 한눈에 보기

칸사이 국제공항은 메인 터미널인 제1터미널과 보조 터미널인 제2터미널, 칸사이 공항 전철역으로 이루어져 있다. 제주항공과 피치항공이 제2터미널을, 그 외 모든 항공사가 제1터미널을 이용한다. 제1터미널은 칸사이공항역과 육교로 연결되어 있어 전철 이용 시 편리하다. 공항 리무진 버스는 제1터미널과 제2터미널에 각각 정류장이 있다. 제2터미널로 도착하는 경우 전철을 이용하기 위해서는 셔틀버스를 타고 제1터미널까지 이동해야 하고 공항 리무진 버스를 이용할 때도 터미널 건물에서 약 100m 거리에 있는 정류장까지 걸어가야 한다는 것이 단점이다.

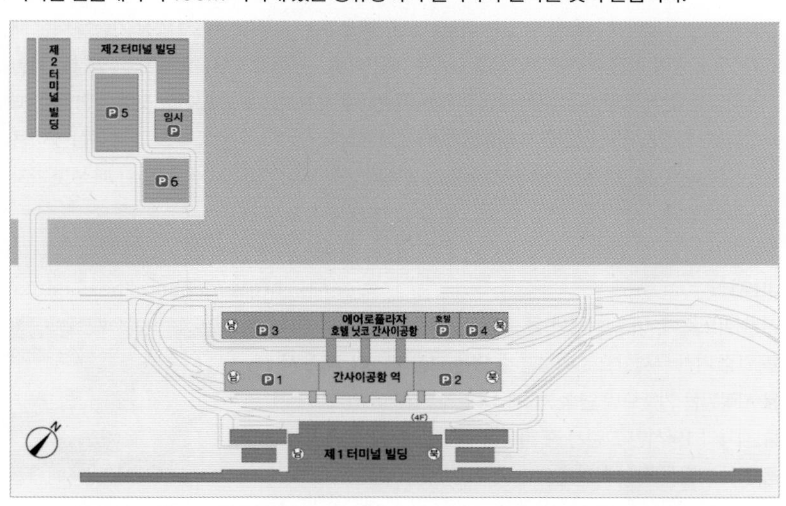

<제2터미널에서 칸사이공항역으로 이동하기>

① 제2터미널 건물 밖으로 이동

② 정면에 있는 제1터미널 방면 셔틀버스 정류장까지 이동

③ 셔틀버스에 탑승하기 셔틀버스는 5~7분 간격으로 운행한다.

④ 제1터미널 정류장에 도착

⑤ 정류장 앞 에스컬레이터를 이용해 에어로 플라자 2층으로 이동

⑥ 육교를 건너 칸사이공항역 방향으로 이동

Step 2
칸사이에서 사용할 수 있는 주요 광역 교통·관광 패스

칸사이에는 유용하게 사용할 수 있는 다양한 교통 패스 또는 교통에 관광지 입장 기능을 더한 패스가 있다. 일정 기간 무제한으로 대중교통을 이용하거나 관광지의 무료입장 또는 입장료 할인 기능하다는 것이 특징이다. 패스 구입 여부는 자신의 일정상 패스를 구입하는 것이 저렴한지, 패스 없이 여행하는 것이 저렴한지 꼼꼼하게 따져서 결정하면 된다. 의외로 패스 가격 이상을 이용하는 것이 쉽지 않은 경우가 많다. 그중 많이 판매되고 본전 이상의 가치를 할 만한 패스 몇 가지를 골라보았다.

JR 패스

https://japanrailpass.net/kr

신칸센(노조미, 미즈호 제외)을 포함한 모든 종류의 JR 열차를 일정 기간 무제한으로 이용할 수 있는 교통 패스다. 패스 사용 시작일을 기준으로 연속 7일과 14일, 21일권이 있으며, 보통 객차와 1등석인 그린샤 중 하나를 선택할 수 있다. 추가 비용 없이 지정석(좌석 확보를 위한 예약 필요)도 이용할 수 있다.

일본 전국의 JR 열차를 대상으로 하는 패스이므로 칸사이 지역만 여행한다면 칸사이 지역에 한정된 패스를 구입하면 된다.

구입처 JR 패스 공식 사이트 및 한국 내 지정 판매점(여행사)에서 교환권 구입 후 일본 내 지정 교환소에서 수령
칸사이 내 지정 교환소 칸사이공항역(JR 매표소), 신오사카역(JR 매표소, 트래블 서비스 센터, TiS 여행사 신오사카점, JR 도카이 투어 신오사카점), 오사카역(JR 매표소, TiS 여행사 오사카점), 나라역(JR 매표소), 산노미야역(JR 매표소, TiS 여행사 산노미야점)

종류	그린 객차		보통 객차	
구분	어른	어린이	어른	어린이
7일	7만¥	3만5000¥	5만¥	2만5000¥
14일	11만¥	5만5000¥	8만¥	4만¥
21일	14만¥	7만¥	10만¥	5만¥

※ 어린이 기준 나이 6~11세, 12세 이상은 어른 요금 적용

JR 칸사이 와이드 패스

www.westjr.co.jp/global/kr

칸사이 국제공항과 오사카, 교토, 고베, 나라, 히메지, 와카야마현 외에 오카야마, 카가와현의 타카마츠까지 운행하는 모든 종류의 JR 열차와 서일본 JR 노선버스를 5일간 무제한으로 이용할 수 있

는 패스다. 산요 신칸센(노조미와 미즈호를 포함)의 신오사카-신고베-히메지-오카야마 구간도 이용할 수 있다. 칸사이의 주요 도시 외 외곽 지역까지 여행하고 싶은 여행자에게 유용하다.

구입처 JR 서일본 공식 사이트 및 한국 내 지정 판매점(여행사)에서 교환권 또는 e-티켓 구입 후 칸사이 내 주요 JR 역 자동 발권기에서 수령
칸사이 내 패스 수령 가능한 주요 JR 역 칸사이공항역, 오사카역, 신오사카역, 교바시역, 니시쿠조역, 교토역, 고베역, 신고베역, 산노미야역, 모토마치역, 나라역, 히메지역
가격 연속 5일 어른 1만2000¥, 어린이 6000¥

JR 칸사이 패스

www.westjr.co.jp/global/kr

칸사이 국제공항과 오사카, 교토, 고베, 나라, 히메지, 와카야마 지역을 운행하는 JR 신쾌속, 쾌속, 보통열차와 칸사이 공항 특급 하루카(지정석 포함), 교토 시내의 JR 노선버스(교토 시버스 이용 불가)를 1~4일간 무제한으로 이용할 수 있는 패스다. 신칸센은 이용할 수 없으며 하루카를 제외한 모든 종류의 특급 열차는 이용 시 추가 요금이 필요하다. 칸사이의 주요 도시 여행자 중 도시 이동이 많은 경우 유용한 패스다. JR 칸사이 패스에는 교환권이 함께 첨부되는데, 패스 이용 기간 중 하루는 교토 시영 지하철, 케이한 전철, 한큐 전철 1데이 패스 중 하나로 교환해 사용할 수도 있다.

구입처 JR 서일본 공식 사이트 및 한국 내 지정 판매점(여행사)에서 교환권 또는 e-티켓 구입 후 칸사이 내 주요 JR 역 자동 발권기에서 패스를 수령
칸사이 내 패스 수령 가능한 주요 JR 역 칸사이공항역, 오사카역, 신오사카역, 교바시역, 니시쿠조역, 교토역, 고베역, 신고베역, 산노미야역, 모토마치역, 나라역, 히메지역

기간	어른	어린이
1일	2800¥	1400¥
2일	4800¥	2400¥
3일	5800¥	2900¥
4일	7000¥	3500¥

※ 어린이 기준 나이 6~11세, 12세 이상은 어른 요금 적용

JR 칸사이 미니 패스

www.westjr.co.jp/global/kr

칸사이 국제공항과 오사카·교토·고베·나라 지역을 운행하는 JR 신쾌속, 쾌속, 보통열차를 3일간 무제한으로 이용할 수 있는 패스다. 신칸센은 이용할 수 없으며 하루카를 포함한 모든 종류의 특급열차는 이용 시 추가 요금이 필요하다. 칸사이의 핵심 도시인 오사카, 교토, 고베, 나라를 여행하며 도시 이동이 많은 경우에 유용한 패스다.

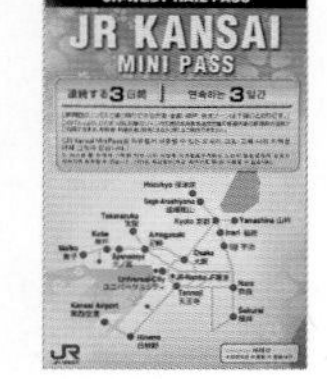

구입처 한국 내 지정 판매점(여행사)에서 교환권 또는 e-티켓 구입 후 칸사이 내 주요 JR 역 자동 발권기에서 수령
칸사이 내 패스 수령 가능한 주요 JR 역 칸사이공항역, 오사카역, 신오사카역, 교바시역, 니시쿠조역, 교토역, 고베역, 신고베역, 산노미야역, 모토마치역, 나라역, 히메지역
가격 연속 3일 어른 3000¥, 어린이 1500¥(어린이 기준 나이 6~11세, 12세 이상 어른 요금 적용)

칸사이 레일웨이 패스

www.surutto.com/kansai_rw/ko

칸사이 국제공항과 오사카, 교토, 고베, 나라, 히메지, 와카야마, 고야산, 아리마온센 등의 지역에서 JR을 제외한 여러 사철과 시영 지하철, 시내버스를 2~3일간 무제한으로 이용할 수 있는 패스다. 이용 가능한 열차는 급행, 준급행, 보통열차이며, 난카이 공항철도의 라피트 열차와 다른 특급열차 이용 시에는 추가 요금이 필요하다. 여행 기간 중 2일 또는 3일권을 비연속적으로 원하는 날에 사용할 수도 있어 효율적이다. 칸사이 레일웨이 패스 사용 시 노선 주변 206곳의 관광지와 쇼핑몰에서 할인 혜택도 있다. 홈페이지에서 할인받을 수 있는 곳의 목록을 확인할 수 있다.

구입처 칸사이 내 지정 판매소(홈페이지에 공지) 및 한국 내 지정 여행사
가격 (일본 외 지역에서 구입 시)

기간	어른	어린이(초등학생)
2일	5600¥	2800¥
3일	7000¥	3500¥

※ 일본 내에서 구입 시 반드시 여권을 제시해야 한다.

한큐한신 1DAY 패스 www.hankyu.co.jp/global/kr, www.hanshin.co.jp/global/korea

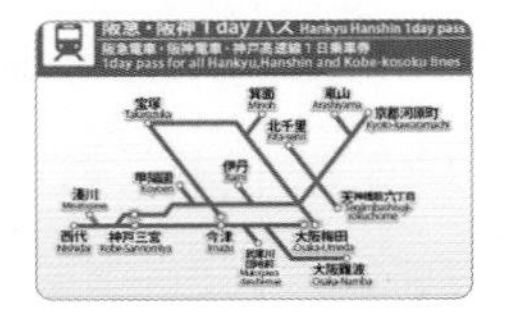

한큐전철 전 노선과 한신전철 전 노선, 고베 고속선을 1일간 무제한으로 이용할 수 있는 패스다. 기존 한큐 투어리스트 패스와 한신 투어리스트 패스로 각각 이용할 수 있었던 구간을 하나의 패스로 이용할 수 있도록 합쳐 놓았다. 티켓 하나로 오사카, 교토, 고베 세 도시의 주요 지역으로 이동할 수 있다는 것이 장점이다. 다만 하루 동안 패스 가격만큼 전철을 이용하기가 쉽지 않을 정도로 패스 가격이 비싸졌다는 것이 단점이다. 한큐한신 1DAY 패스로 이용할 수 있는 주요 구간 중 1회용 승차권으로 편도 이용할 때 요금을 비교해 일정상 유리한 것으로 이용하면 된다. 아래 적어둔 1회용 승차권 이용 시 주요 구간 편도 요금을 참고해 패스 구입 여부를 결정하자.

구입처 한큐전철 및 한신전철 각 역, 한큐 투어리스트 센터 오사카 우메다, 한큐 교토 관광안내소 카와라마치, 한큐 교토 관광안내소 카라스마
가격 1600¥
노선별 주요 정차역

한큐 전철	오사카 우메다역, 텐진바시스지로쿠초메역, 키타센리역, 교토 카와라마치역, 아라시야마역, 타카라즈카역, 고베 산노미야역
한신 전철	오사카 난바, 오사카 우메다, 고베 산노미야, 니시다이

1회용 승차권 이용 시 주요 구간 편도 요금

한큐 전철	오사카 우메다역 ↔ 교토 카와라마치역	410¥
	오사카 우메다역 ↔ 고베 산노미야역	330¥
	오사카 우메다역 ↔ 타카라즈카역	290¥
	고베 산노미야역 ↔ 교토 카와라마치역	640¥
한신 전철	오사카 난바역 ↔ 고베 산노미야역	420¥
	오사카 우메다역 ↔ 고베 산노미야역	330¥
	오사카 난바역 ↔ 니시다이역	570¥

교토-오사카 관광권(케이한 전철) www.keihan.co.jp/travel/kr

오사카 나카노시마, 요도야바시역부터 교토 데마치야나기역, 우지역까지 케이한 전철 노선을 하루 동안 무제한으로 이용할 수 있는 패스다. 기온시조역↔요도야바시역 편도 요금이 430¥이니 오사카에서 교토 당일치기 여행 시 이용을 고려해볼 만하다. 요도야바시역→후시미이나리역→토후쿠지역→기온시조역→요도야바시역 구간 이용 시 통상 요금이 1190¥이니 참고하자. 2일권의 경우 오사카에서 출발해 교토에서 1박 하고 우지까지 다녀온다면 본전 이상을 뽑을 수 있다.

구입처 칸사이 투어리스트 인포메이션 센터(칸사이 국제공항 제1터미널), 칸사이 투어리스트 인포메이션 센터 교토(교토 타워), 케이한 요도야바시역, 케이한 카타하마역, 케이한 텐마바시역, 케이한 교바시역, 케이한 산조역, 오사카 메트로 안내 카운터(신오사카역, 우메다역, 요츠바시선 난바역, 텐노지역), 한국 내 지정 여행사
가격 1일권 1100¥, 2일권 1600¥(일본 내 구입 시)

교토-오사카 관광 승차권(케이한 전철+오사카 메트로) www.keihan.co.jp/travel/kr

교토 데마치야나기역에서부터 오사카, 우지 지역의 케이한 전철과 오사카 내 시영 지하철(JR 제외)을 하루 동안 무제한으로 이용할 수 있는 패스다. 교토에서 오사카까지(예: 기온시조역↔요도야바시역) 당일로 왕복하고 오사카에서 지하철을 여러 번 이용할 때 효율이 좋은 패스다.

구입처 칸사이 투어리스트 인포메이션 센터(칸사이 국제공항 제1터미널), 칸사이 투어리스트 인포메이션 센터 교토(교토 타워), 케이한 요도야바시역, 케이한 키타하마역, 케이한 텐마바시역, 케이한 교바시역, 케이한 산조역, 오사카 메트로 안내 카운터(신오사카역, 우메다역, 요츠바시선 난바역, 텐노지역), 한국 내 지정 여행사
가격 1일권 1500¥(일본 내 구입 시)

Step 3
칸사이의 대중교통

광역 전철 전철은 칸사이 지역의 대표적인 대중 교통수단이다. 칸사이에서 운행하는 전철에는 JR과 5개의 사철이 있다. 오사카를 중심으로 도심과 인근 도시를 연결하는 광역 전철이다. 회사마다 운행하는 도시와 구간이 다르고 열차 등급에 따라 소요 시간도 차이가 난다.

JR

www.westjr.co.jp/global/kr

신칸센

신쾌속

야마토지 쾌속

쾌속

칸사이에서 운행하는 전철 중 가장 넓은 지역을 커버하는 회사로 노선이 다양하다. 고속전철 신칸센과 칸쿠특급 하루카를 포함한 여러 종류의 특급열차, 신쾌속(Special Rapid Service), 쾌속(Rapid Service), 보통(Local)으로 구분된다. 특급과 쾌속은 운행하는 노선에 따라 고유의 명칭이 추가로 붙는다. 신쾌속과 쾌속, 보통은 요금은 동일하지만 구간 내 정차역이 달라 소요 시간이 차이 난다.

주요 이용 구간 JR 칸사이공항역↔JR 오사카역 / JR 히메지역↔JR 산노미야역↔JR 오사카역↔JR 교토역 / JR 오사카역↔JR 나라역 / JR 교토역↔JR 나라역 / 오사카 순환선
사용 가능한 교통 패스 JR 패스 / JR 칸사이 와이드 패스 / JR 칸사이 패스 / JR 칸사이 미니 패스

난카이 전철 南海電鉄

www.nankai.co.jp

칸사이 국제공항에서 오사카의 난바·미나미 지역으로 이동할 때 환승 없이 편리하게 이용할 수 있는 전철이다. 열차 종류는 크게 일반 열차인 공항급행(空港急行)과 특급 라피트가 있다. 공항 급행은 지정석 없이 전 좌석이 자유석이며 칸사이 레일웨이 패스 사용 시 무

공항급행

특급 라피트

료로 이용할 수 있다. 특급 라피트는 공항급행에 비해 객차 시설이 안락하고 고급스럽지만, 소요 시간은 큰 차이가 없다. 전 좌석 지정좌석제로 운영하며 1열에 좌석이 4개인 레귤러 시트와 좌석이 3개인 슈퍼 시트가 있다. 열차 종류는 노선 내 정차역이 6개인 알파와 8개인 베타로 나뉜다.

주요 이용 구간 난카이난바역↔칸사이공항역 / 난카이난바역↔고쿠라쿠바시역(고야산)
사용 가능한 교통 패스 칸사이 레일웨이 패스(특급 라피트는 추가 요금 필요)

킨테츠 일본철도 近鉄日本鉄道

www.kintetsu.co.jp/foreign/korean

특급(Limited Express)을 제외한 일반 전철은 쾌속급행(Rapid Express)과 급행(Express), 준급(Semi-Express), 보통(Local) 4가지 종류가 있다. 일반 전철은 정차하는 역의 수에 따라 소요 시간이 다르며 요금은 모두 동일하다. 특급은 추가 요금이 필요하다.

주요 이용 구간 오사카난바역↔킨테츠나라역 / 교토역↔킨테츠나라역
사용 가능한 교통 패스 칸사이 레일웨이 패스(특급은 추가 요금 필요)

한큐 전철 阪急電鉄

www.hankyu.co.jp/global/kr

별도의 요금이 추가되는 전철이 없으며 일곱 가지 종류의 전철을 운행한다. 모두 자유석이며 열차 등급에 따라 구간 내 정차역의 수가 달라 소요 시간은 다르지만 요금은 동일하다. 특급(Limited Exp), 통근특급(Commuter Limited Exp), 준특급(Semi-Limited Exp), 급행(Express), 통근급행(Commuter Exp), 준급(Semi-Express), 보통(Local)으로 표기한다.

주요 이용 구간 오사카우메다역↔교토카와라마치역 / 오사카우메다역↔고베산노미야역 / 오사카우메다역↔타카라즈카역
사용 가능한 교통 패스 칸사이 레일웨이 패스 / 한큐한신 1DAY 패스

한신 전철 阪神電鉄

www.hanshin.co.jp/global/korea

직통특급(直通特急 Lmited Exp), 한신특급(阪神特急 Lmited Exp), 구간특급(区間特急 Lmited Exp), 쾌속급행(快速急行 Rapid Exp), 급행(急行 Express), 구간급행(区間急行 Express), 준급(準急 Semi Exp), 구간준급(区間準急 Sub Semi-Exp), 보통(普

通 Local) 등 9종류의 전철을 운영한다. 전철 등급에 따른 요금 차이는 없지만, 운행 구간과 정차역 수가 다르다. 추가로 고베산노미야역과 산요히메지역 구간을 운행하는 산요전철 특급(山陽特急 Limited Exp), 산요전철 S특급(山陽S特急 Limited Exp)도 있다.

주요 이용 구간 산요 히메지역↔고베산노미야역↔오사카우메다역 / 고베산노미야역↔오사카 난바역↔킨테츠 나라역
사용 가능한 교통 패스 칸사이 레일웨이 패스 / 한큐한신 1DAY 패스(오사카↔니시다이 구간 한정)

케이한 전철 京阪電車

www.keihan.co.jp/travel/kr

전 좌석 지정석으로 별도의 요금이 추가되는 쾌속특급 라쿠라쿠(Rapid Limited Exp)와 일반 전철 6가지가 있다. 일반 전철은 자유석으로 요금은 같지만, 열차 등급에 따라 구간 내 정차역의 수가 달라 소요 시간에서 차이가 난다. 특급(Limited Exp)과 통근쾌급·쾌속급행(Rapid Exp), 급행(Express), 통근준급·준급(Sub-exp), 구간급행(Semi-exp), 보통(Local)으로 표기한다.

특급

준급

주요 이용 구간 요도야바시역 또는 나카노시마역(오사카)↔우지역 또는 데마치야나기역(교토)
사용 가능한 교통 패스 칸사이 레일웨이 패스(쾌속특급 라쿠라쿠는 추가 요금 필요) / 교토-오사카 관광권(케이한 전철) 1일, 2일 / 교토-오사카 관광 승차권(케이한 전철+오사카 메트로) 1일

Step 4
칸사이 국제공항에서 주변 도시로 이동하기

칸사이공항역에서 이용할 수 있는 전철은 JR과 난카이 전철, 2개 회사다. 전철은 공항 리무진 버스 대비 요금이 저렴하며 교통 패스 사용 시 이용 구간에 포함돼 있기도 하다. 특급열차와 일반 열차를 선택할 수 있으며 칸사이 내 모든 지역으로 이동할 수 있다는 것도 장점이다. 반면 목적지에 따라 환승을 하거나 승객이 붐빌 때 앉아서 가지 못할 수 있다는 단점도 있다.

JR

www.westjr.co.jp/global/kr

칸쿠 쾌속 関空快速

지정석 없이 전 좌석이 자유석으로 운영되는 공항선 일반 열차. 칸사이공항역↔히네노역↔텐노지역↔오사카역 구간을 운행한다. 칸사이 국제공항에서 우메다 지역으로 이동할 때 환승 없이 갈 수 있어 편리하다. 모든 종류의 JR 패스 사용 시 무료로 이용할 수 있다.

칸쿠 특급 하루카 関空特急はるか

칸사이공항역↔텐노지역↔오사카역↔신오사카역↔교토역 구간을 운행하는 특급열차. 칸쿠 쾌속 운임에 특급권 요금이 추가되며 자유석과 지정석을 선택할 수 있다. 지정석의 경우 추가 요금이 발생한다. 칸사이 국제공항에서 오사카역이나 교토역으로 이동할 때 환승 없이 빠르게 갈 수 있어 편리하다. JR 패스, JR 칸사이 와이드 패스, JR 칸사이 패스 사용 시 무료(지정석 포함)로 이용할 수 있다.

<칸쿠 쾌속 및 하루카 자유석 승차권 구입 및 열차 탑승하기>

① 칸사이공항역 JR 매표소로 이동한다.

② 자동 매표기 위 노선도에서 목적지까지의 운임을 확인한다.

③ 자동 매표기 화면에서 언어(한국어)를 선택한다.

④ 화면에서 '승차권 구매'를 선택한다.

⑤ 화면 왼쪽에서 승차 인원수를 선택한 후 화면의 '현금·IC카드 오렌지 카드'를 선택한다.

⑥ 자동 매표기에 요금을 투입한다.

⑦ 칸쿠 쾌속의 경우 JR Tickets 탭에서 목적지까지의 요금을 누른다. 하루카(자유석만 해당)의 경우 Limited Express 탭을 누르고 목적지까지의 요금을 누른다.

⑧ 발권된 티켓과 거스름돈을 수령한다.

⑨ 티켓을 가지고 개찰구를 통과한다.

⑩ 3번 승강장(오사카행 칸쿠 쾌속) 또는 4번 승강장(칸쿠 특급 하루카)으로 이동해 승차한다.

※ 하루카 지정석은 유인 매표소에서 구입한다. 한국에서 하루카 승차 가능한 티켓이나 JR의 패스를 구입한 경우 초록색 자동 매표기에서 패스를 수령하고 좌석을 예약한 후 탑승한다.

난카이 전철

www.nankai.co.jp

공항급행 空港急行

지정석 없이 전 좌석 자유석인 공항선 일반 열차로 칸사이공항역↔난바역 구간을 운행한다. 오사카의 난바·미나미 지역으로 이동할 때 환승 없이 갈 수 있어 편리하며 JR보다 요금이 조금 저렴하다. 칸사이 레일웨이 패스 사용 시 무료로 이용할 수 있다.

특급 라피트 알파 & 라피트 베타

난카이 홈페이지에서 칸사이공항역↔난바역 구간의 티켓을 정상 요금보다 190¥ 저렴한 1300¥에 모바일용 라피트 디지털 승차권을 구입하거나 난카이 칸사이공항역 혹은 난바역의 핑크색 자동 매표기에서 칸쿠토쿠와리라피트킷푸 関空トク割ラピートきっぷ를 1350¥(레귤러 시트)에 구입할 수 있다.

<난카이 전철, 공항급행 및 특급 라피트 자유석 승차권 구입 및 탑승하기>

① 칸사이공항역 난카이 매표소로 이동한다.

② 자동 매표기 위 노선도에서 목적지까지의 운임을 확인한다.

③ 자동 매표기 화면에서 언어(한국어)를 선택한다.

④ 공항급행의 경우 화면 왼쪽 인원수 선택 후 화면에서 '승차권 난바·신이마미야·텐가차야' 또는 '승차권을 구입'을 선택한다. 특급 라피트의 경우 화면에서 '특급권을 구입'을 선택한다.

⑤ 자동 매표기에 요금을 투입한다.

⑥ 목적지까지의 금액을 선택한다.

⑦ 발권된 티켓과 거스름돈을 수령한다.

⑧ 티켓을 가지고 개찰구를 통과한다.

⑨ 1번 또는 2번 승강장으로 이동해 승차한다.

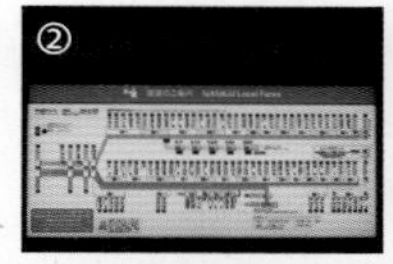

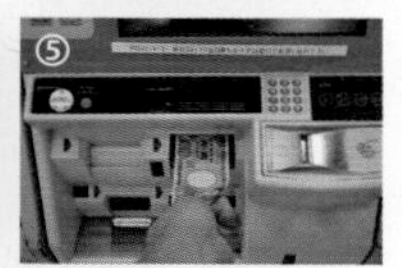

칸사이 공항 리무진 버스

www.kate.co.jp/kr

칸사이 공항 리무진 버스는 오사카와 교토, 고베, 나라 등 칸사이 주요 도시의 거점까지 직통으로 편안하게 이동할 수 있는 교통수단이다. 전철에 비해 요금이 비싸다는 것, 교통정체 발생 시 도착 시간을 예상하기 어렵고 운행 노선과 횟수가 제한적이라는 것은 단점이다.

<제1터미널 주요 목적지별 승강장 번호>

터미널 1층 도착 대합실 밖으로 나가면 바로 리무진 버스 승강장이 보인다. 승강장 번호에 따라 매표소가 나뉘어 있으니 승차권 구입 시 목적지에 맞는 승강장 번호와 매표소 위치를 확인하자.

승강장 번호	매표소 위치	승강장별 목적지
3	D	난코, 텐포잔, 유니버설 스튜디오 재팬
5	C	오사카역 앞, 차야마치, 신우메다시티, 신오사카, 센리 뉴타운
6	C	고베 산노미야, 히메지
7	B	킨테츠 우에혼마치, 신사이바시
8	B	교토역 하치조구치
9	A	JR 나라역

<제2터미널 주요 목적지별 승강장 번호>

터미널 1층에 도착한 후 대합실 밖으로 나가 국내선 터미널 방향으로 주차장을 가로질러 약 100m 직진하면 공항 리무진 버스 승강장과 매표소가 있다.

승강장 번호	매표소 위치	승강장별 목적지
1	A	오사카역 앞, 차야마치, 신우메다시티, 신오사카
2	A	교토역 하치조구치
4	A	고베 산노미야, 히메지
5	B	JR 나라역

<주요 목적지별 승강장 및 소요 시간, 요금>

2024년 7월 기준

운행 노선	각 터미널 운행 시각 (제1터미널/제2터미널)	목적지 정류장	소요 시간	편도요금
오사카 (키타, 우메다 방면)	첫차: 06:50/09:12 막차: 23:45/23:32 (15~20분 간격)	신한큐 호텔(JR 오사카역 앞)	58분	1800¥
		하비스오사카(JR 오사카역 앞)	67분	
오사카 (미나미 방면)	첫차: 08:55/09:42 막차: 20:25/20:12 (30~40분 간격)	난바(OCAT)	50분	1300¥
	첫차: 15:45/15:32 막차: 18:55/18:42 (일 2회 운행)	신사이바시(호텔 닛코오사카)	67분	1800¥
오사카 (항만 지역 방면)	첫차: 08:20/09:17 막차: 17:10/16:57 (일 16회 운행)	유니버설 스튜디오 재팬	70분	1800¥
교토	첫차: 06:45/09:37 막차: 23:05/22:52 (일 29회 운행)	교토역 하치조구치	88분	2800¥
고베	첫차: 06:20/09:27 막차: 23:00/22:47 (일 39회 운행)	고베 산노미야	65분	2200¥
나라	첫차: 08:45/10:32 막차: 20:45/20:32 (일 5회 운행)	JR 나라역	100분	2400¥
히메지	첫차: 08:50/10:57 막차: 17:45/17:32 (일 3회 운행)	히메지역	140분	3700¥

※ 소요 시간은 제1터미널 출발 기준(제2터미널에서 출발하는 경우 약 13분 추가 소요)
운행 여부 및 노선, 시간이 종종 변경되니 이용 전 홈페이지 확인 필요

<칸사이 국제공항에서 칸사이 주요 목적지까지 이동하기>

지역	목적지	이동 경로	소요 시간	요금	사용 가능한 패스
오사카	미나미	JR 칸사이공항역 → JR 텐노지역(칸쿠 쾌속) → JR 난바역(야마토지 쾌속)	63분	1080¥	①②③④
		난카이 칸사이공항역 → 난카이난바역 (공항급행)	46분	970¥	⑤

오사카	미나미 (난바)	난카이 칸사이공항역 → 난카이난바역 (특급 라피트 레귤러 시트)	39분	1490¥	-
		제1·2터미널 칸사이 공항 리무진 버스 → 난바 OCAT	50분~	1300¥	-
		제1·2터미널 칸사이 공항 리무진 버스 → 킨테츠우에혼마치 (쉐라톤 미야코 호텔 오사카)	54분~	1800¥	-
	키타 (우메다)	JR 칸사이공항역 → JR 오사카역(칸쿠 쾌속)	74분	1210¥	①②③④
		JR 칸사이공항역 → JR 오사카역 (칸쿠 특급 하루카, 자유석)	47분	2410¥	①②③
		난카이 칸사이공항역 → 난카이난바역(공항 급행) → (도보) → 미도스지선 난바역 → 미도스지선 우메다역(지하철)	65분	1210¥	⑤
		제1·2터미널 칸사이공항 리무진 버스 → 신한큐 호텔(JR 오사카역 앞)	58분~	1800¥	-
	신오사카	JR 칸사이공항역 → JR 오사카역(칸쿠 쾌속) → JR 신오사카역(교토선)	80분	1390¥	①②③④
		JR 칸사이공항역 → JR 신오사카역 (칸쿠 특급 하루카, 자유석)	50분	2590¥	①②③
		난카이 칸사이공항역 → 난카이난바역(공항 급 행) → (도보) → 미도스지선 난바역 → 미도스지선 신오사카역 (지하철)	72분	1260¥	⑤
	텐노지	JR 칸사이공항역 → JR 텐노지역(칸쿠 쾌속)	53분	1080¥	①②③④
		JR 칸사이공항역 → JR 텐노지역 (칸쿠 특급 하루카, 자유석)	47분	1840¥	①②③
	오사카성	JR 칸사이공항역 → JR 텐노지역(칸쿠 쾌속) → JR 모리노미야역 또는 JR 오사카조코엔역 (오사카루프선)	69분	1210¥	①②③④
		JR 칸사이공항역 → JR 텐노지역(칸쿠 특급 하루카, 자유석) → JR 모리노미야역 또는 JR 오사카조코엔역(오사카 루프선)	45분	1970¥	①②③
		난카이 칸사이공항역 → 난카이난바역(공항 급행) → (도보) → 센니치마에선 난바역 → 센니치마에선 타니마치규초메역 → 타니마치선 타니마치규초메역 → 타니마치욘초메역(지하철)	60분	1210¥	⑤
	항만 지역	JR 칸사이공항역 → JR 니시쿠조역(칸쿠 쾌속) → JR 유니버설시티역(사쿠라지마선)	80분	1210¥	①②③④
		JR 칸사이공항역 → JR 벤텐초역(칸쿠 쾌속) → (도보) → 추오선 벤텐초역 → 추오선 오사카코역(지하철)	85분	1450¥	①②③④ 지하철 구간 제외
		제1·2터미널 칸사이공항 리무진 버스 → 유니버설 스튜디오 재팬(텐포잔 카이유칸 경유)	70분~	1800¥	-

교토	중부지역	JR 칸사이공항역 → JR 오사카역(칸쿠 쾌속) → (도보) → 한큐 오사카우메다역 → 한큐 교토카와라마치역(특급)	140분	1620¥	①②③④ 한큐 전철 제외
		JR 칸사이공항역 → JR 오사카역(칸쿠 쾌속) → JR 교토역(신쾌속) → 시조카와라마치 정류장(교토 시 버스)	135분~	2140¥	①②③④ 교토 시버스 제외
		난카이 칸사이공항역 → 난카이 텐가차야역(공항 급행) → 사카이스지선 텐가차야역 → 사카이스지선 아와지역(지하철) → 한큐 아와지역 → 한큐 교토카와라마치역(특급)	120분	1670¥	⑤
		난카이 칸사이공항역 → 난카이난바역(공급행) → (도보) → 미도스지선 난바역(지하철) → 미도스지선 요도야바시역 → 케이한 요도야바시역 → 케이한 기온시조역(케이한 전철)	110분	1590¥	⑤
	남부 지역	JR 칸사이공항역 → JR 오사카역(칸쿠 쾌속) → JR 교토역(신쾌속)	117분	1910¥	①②③④
		JR 칸사이공항역 → JR 교토역 (칸쿠 특급 하루카, 자유석)	80분	3110¥	①②③
		제1·2터미널 칸사이공항 리무진 버스 → 교토역 하치조구치	88분~	2800¥	-
	아라시야마	JR 칸사이공항역 → JR 오사카역(칸쿠 쾌속) → (도보) → 한큐 오사카우메다역 → 한큐 카츠라역(특급) → 한큐 아라시야마역(보통)	130분	1620¥	①②③④ 한큐 전철 제외
		난카이 칸사이공항역 → 난카이 텐가차야역(공항 급행) → 사카이스지선 텐가차야역 → 사카이스지선 아와지역(지하철) → 한큐 아와지역 → 한큐 카츠라역(특급) → 한큐 아라시야마역(보통)	125분	1650¥	⑤
	우지	JR 칸사이공항역 → JR 텐노지역(칸쿠 쾌속) → JR 나라역(야마토지 쾌속) → JR 우지역 (미야코지 쾌속)	125분	2200¥	①②③④
		JR 칸사이공항역 → JR 교토역(칸쿠 특급 하루카, 자유석) → JR 우지역(보통)	113분	3350¥	①②③
고베	산노미야	JR 칸사이공항역 → JR 오사카역(칸쿠 쾌속) → JR 산노미야역(쾌속)	107분	1740¥	①②③④
		JR 칸사이공항역 → JR 오사카역(칸쿠 쾌속) → (도보) → 한큐 오사카우메다역 → 한큐 고베산노미야역(특급)	130분	1540¥	①②③④ 한큐 전철 제외
		난카이 칸사이공항역 → 난카이난바역(공항급행) → (도보) → 한신 오사카난바역 → 한신 고베산노미야역(쾌속 급행)	110분	1390¥	⑤
		제1·2터미널 칸사이공항 리무진 버스 → 산노미야(JR 산노미야역 건너편)	65분	2200¥	-
		제1·2터미널 → 셔틀버스 → 베이셔틀 → 셔틀버스 → 포트라이너 고베공항역 → 포트라이너 산노미야역 (포트라이너)	80분	1880¥	외국인 할인가 적용 시 840¥

나라	JR 나라역	JR 칸사이공항역 → JR 텐노지역(칸쿠 쾌속) → JR 나라역(야마토지 쾌속)	91분	1740¥	①②③④
		JR 칸사이공항역 → JR 텐노지역(칸쿠 특급 하루카, 자유석) → JR 나라역(야마토지 쾌속)	79분	2500¥	①②③
	킨테츠 나라역	난카이 칸사이공항역 → 난카이난바역(공항 급행) → (도보) → 킨테츠 오사카난바역 → 킨테츠 나라역(쾌속 급행)	110분	1650¥	⑤
		난카이 칸사이공항역 → 난카이난바역 (특급 라피트 레귤러 시트) → (도보) → 킨테츠 오사카난바역 → 킨테츠 나라역(쾌속 급행)	98분	2170¥	⑤ 난카이 특급 라피트 제외
	호류지	JR 칸사이공항역 → JR 텐노지역(칸쿠 쾌속) → JR 호류지역(야마토지 쾌속)	80분	1560¥	①②③④
		JR 칸사이공항역 → JR 텐노지역 (칸쿠 특급 하루카, 자유석) → JR 호류지역(야마토지 쾌속)	68분	2320¥	①②③
히메지	히메지역	JR 칸사이공항역 → JR 신오사카 (칸쿠 특급 하루카, 자유석) → JR 히메지역(신칸센 히카리, 자유석)	91분	5820¥	①②
		JR 칸사이공항역 → JR 오사카역(칸쿠 특급 하루카, 자유석) → JR 히메지역(특급 슈퍼 하쿠토 또는 하마카제, 자유석)	126분	5260¥	①②
		JR 칸사이공항역 → JR 오사카역(칸쿠 쾌속) → JR 히메지역(신쾌속)	151분	2860¥	①②③④
		난카이 칸사이공항역 → 난카이난바역(공항 급행) → (도보) → 요츠바시선 난바역 → 요츠바시선 니시우메다역(지하철) → (도보) → 한신 오사카우메다역 → 산요히메지역(직통 특급)	175분	2530¥	⑤
		제1·2터미널 칸사이 공항 리무진 버스 → 히메지역 버스 터미널	140분	3700¥	-
		제1·2터미널 → 셔틀버스 → 베이셔틀 → 포트라이너 고베공항역 → 셔틀버스 →포트라이너 산노미야역(포트라이너) →JR 산노미야역 → JR 히메지역(신쾌속)	125분	1830¥ (비 일본인)	①②③④ (JR 구간)

※ 사용 가능한 패스 종류
① JR 패스 / ② JR 칸사이 와이드 패스 / ③ JR 칸사이 패스 / ④ JR 칸사이 미니 패스 / ⑤ 칸사이 레일웨이 패스
※ 자유석 요금 기준
※ 예상 소요 시간은 운행 시간표를 기반으로 대략적인 예상 시간을 표기한 것으로 실제와 오차가 있을 수 있음.
※ 표기된 운임은 정가 기준이며 칸쿠 특급 하루카의 경우 한국 내 지정 여행사에서 승차권을 저렴하게 판매하기도 하니 미리 검색해보자.

<칸사이 국제공항에서 고베행 베이 셔틀 이용하기(제1터미널 기준)>

① 제1터미널 도착 대합실 북쪽 끝(제2터미널은 도착 대합실 내)에 위치한 베이 셔틀 매표소에서 탑승권을 구입한다. 어른 기준 편도 요금은 1880¥이지만 외국인(비 일본인)은 여권을 제시하면 500¥에 구입할 수 있다.

② 탑승권 구입 후 바로 옆 출구로 나가 공항버스 12번 승강장에서 포트 터미널행 셔틀버스를 기다린다. 버스는 첫차(06:20)에서 막차(23:50)까지 매시 1~2회 운행한다.

③ 셔틀버스에 승차한다. 페리 탑승권 소지자는 무료.

④ 버스는 칸사이공항 포트터미널 페리 선착장 바로 앞에 도착한다.

⑤ 페리에 승선한다.

⑥ 페리가 고베 공항 포트 터미널에 도착하면 페리에서 내려 선착장을 빠져나온다.

⑦ 고베 공항행 셔틀버스(무료)에 승차한다.

⑧ 버스가 고베 공항에 도착하면 버스에서 내려 건물 안으로 들어간다.

⑨ 출입구 바로 안쪽에 있는 에스컬레이터를 이용해 2층으로 올라간다.

⑩ 2층에 있는 포트라이너 환승 출구로 나간다.

⑪ 포트라이너 고베 공항 역으로 이어진다.

⑫ 자동 매표기에서 포트라이너 승차권을 구입한다. 노선도에 나와 있는 요금(산노미야역까지 340¥)을 확인하고 목적지 역 이름에 표기된 요금을 넣은 후 화면에 나타나는 목적지 역을 터치하면 된다.

⑬ 개찰구를 통과해 에스컬레이터를 타고 올라가 산노미야 三宮, 키타후토 北埠頭 방면 1번 승강장에서 포트라이너에 승차한다. 산노미야 역으로 가지 않고 미나키코엔 南公園역, 나카후투 中埠頭역, 키타후토 北埠頭역으로 가는 경우는 시민히로바 市民広場역에서 환승한다.

⑭ 산노미야역에 도착.

※ 고베-간사이공항 베이셔틀 홈페이지 : www.kobe-access.jp/kor

공항 택시

택시는 칸사이 국제공항에서 주요 도시까지 거리가 멀어 요금이 많이 나오므로 일반적으로 추천하지 않는 교통수단이다.

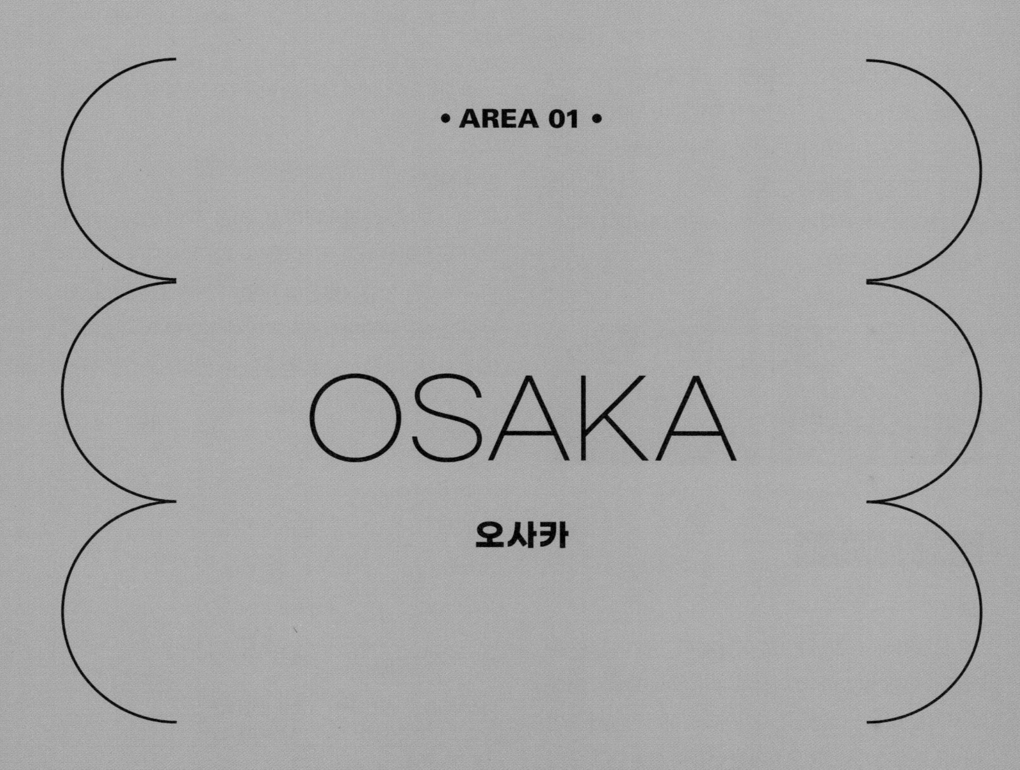

• AREA 01 •

OSAKA

오사카

오사카는 서일본과 칸사이 지역을 대표하는 도시이자 일본에서 두 번째로 큰 도시다. 칸사이의 현관인 칸사이 국제공항에서 전철이나 공항 리무진 버스로 약 1시간 거리여서 접근성도 좋다. 오사카를 중심으로 북동쪽 교토시, 서쪽 고베시, 동쪽 나라시가 전철로 30분~1시간 거리로 둘러싸고 있다. 오사카에 숙소를 잡고 주변 도시로 당일치기 여행을 하기에 편리한 위치다. 대도시의 화려함과 레트로한 골목의 감성을 함께 만날 수 있다는 것이 매력이다. 칸사이 여행의 거점이자 '먹다가 망한다'는 미식의 도시, 오사카를 만나보자.

무작정 따라하기

Step 1

오사카 시내 중심지로 이동하기

오사카 시내는 북쪽의 오사카·우메다역 주변과 남쪽 난바역 주변이 대표적인 번화가다. JR 오사카역과 우메다역은 JR과 한큐, 한신 전철의 출발점이 되어 다른 도시로 이동하기 편리하다. 반면 난바는 다른 도시에서 갈 때 지하철로 환승해야 하는 경우가 많아 교통이 다소 불편하다. 목적지와 교통 패스 소지 여부에 따라 편리한 노선을 선택하자.

JR 오사카역

난카이난바역

교토에서 오사카 가기

JR

JR 교토역에서 오사카으로 이동할 때 JR의 신쾌속은 빠르고 편한 방법이다. 아라시야마에서 JR을 이용해 오사카로 이동한다면 JR 사가아라시야마역에서 출발해 JR 교토역에서 JR 오사카행 전철로 환승한다. 도착역이 JR 난바역인 경우 JR 오사카역과 JR 신이마미야역에서 환승해 JR 난바역으로 갈 수 있다.

교토 시내 출발역	중간 환승역	소요 시간(환승 소요 시간 제외)	도착역	요금
JR 교토역	-	신쾌속 28분	JR 오사카역	580¥
JR 니조역	JR 교토역	쾌속 4분+신쾌속 28분		860¥
JR 이나리역	JR 교토역	보통 5분+신쾌속 28분		860¥
JR 사가아라시야마역	JR 교토역	쾌속 12분+신쾌속 28분		990¥
JR 우지역	JR 교토역	미야코지 쾌속 16분+신쾌속 28분		990¥
JR 교토역	JR 오사카역 + JR 이마미야역	신쾌속 28분+보통 14분+보통 2분	JR 난바역	950¥
JR 우지역	JR 나라역 + JR 텐노지역	미야코지 쾌속 27분+야마토지 쾌속 33분+보통 6분		1170¥

사용 가능한 패스
JR 패스, JR 칸사이 와이드 패스, JR 칸사이 패스, JR 칸사이 미니 패스
- JR 오사카역 하차 후 도보로 지하철 미도스지선 우메다역으로 이동해 미도스지 난바역(소요 시간 8분, 요금 240¥)으로 갈 수 있다.

한큐 전철

교토 중부 시조 카와라마치, 기온 주변 번화가에서 오사카로 이동하기 편한 방법이다. 목적지가 우메다 인근이라면 한큐교토선이 더없이 편한 노선이다. 한큐센리선은 텐진바시스지역에서 지하철 타니마치선이나 사카이스지선으로 환승할 수 있다.

교토 시내 출발역	중간 환승역	소요 시간(환승 소요 시간 제외)	도착역	요금
교토카와라마치역	-	특급 42분	오사카 우메다역	410¥
카라스마역	-	특급 40분		
오미야역	-	준급 60분		
아라시야마역	카츠라역	보통 8분+특급 34분		
교토카와라마치역	아와지역	특급 35분+보통 6분	텐진바시스지로쿠초메역	410¥
아라시야마역	카츠라역+아와지역	보통 8분+특급 25분+보통 6분		390¥

사용 가능한 패스
칸사이 레일웨이 패스, 한큐한신 1DAY 패스
- 한큐 오사카우메다역 하차 후 도보로 지하철 미도스지선 우메다역으로 이동해 미도스지 난바역(소요 시간 8분, 요금 240¥)으로 갈 수 있다.

케이한 전철

교토 중부 기온 주변 또는 교토 남부 후시미 지역, 우지에서 오사카로 이동할 때 유용한 노선이다. 요도야바시역은 지하철 미도스지선과 환승 통로로 연결되어 있다. 오사카의 나카노시마역으로 가는 노선도 있다.

교토 시내 출발역	중간 환승역	소요 시간(환승 소요 시간 제외)	도착역	요금

데마치야나기역	-	특급 55분	요도야바시역	490¥
기온시조역	-	특급 50분		430¥
기요미즈고조역	-	특급 48분		430¥
토후쿠지역	-	준급 78분		430¥
후시미이나리역	-	준급 72분 / 급행 54분		420¥
우지역	추쇼지마역	보통 16분+특급 39분		430¥

사용 가능한 패스

칸사이 레일웨이 패스, 교토-오사카 관광권(케이한 전철) 1일·2일, 교토-오사카 관광 승차권(케이한 전철+오사카 메트로) 1일

- 케이한 요도야바시역 하차 후 지하철 미도스지선 요도야바시역으로 이동해 미도스지 우메다역(소요 시간 3분, 요금 190¥) 또는 난바역(소요 시간 5분, 요금 190¥)으로 갈 수 있다.

고베에서 오사카 가기

JR

고베 시내의 주요 역에서 오사카 우메다 지역까지 가장 빠르게 갈 수 있는 노선이다. 신쾌속이 정차하지 않는 역에서는 쾌속을 이용하고 보통 전철만 정차하는 곳은 신쾌속이 정차하는 역까지 이동해 신쾌속으로 환승하면 이동 시간을 줄일 수 있다.

고베 시내 출발역	중간 환승역	소요 시간(환승 소요 시간 제외)	도착역	요금
JR 산노미야역	-	신쾌속 21분	JR 오사카역	420¥
JR 모토마치역	-	쾌속 31분		420¥
JR 고베역	-	신쾌속 25분		460¥
JR 신나가타역	JR 산노미야역	보통 9분+신쾌속 21분		660¥
JR 롯코미치역	-	쾌속 24분		420¥
JR 스미요시역	-	쾌속 20분		410¥
JR 산노미야역	JR 오사카역 + JR 이마미야역	신쾌속 21분+보통 14분+보통 2분	JR 난바역	740¥

사용 가능한 패스

JR 패스, JR 칸사이 와이드 패스, JR 칸사이 패스, JR 칸사이 미니 패스

- JR 오사카역 하차 후 도보로 지하철 미도스지선 우메다역으로 이동해 미도스지 난바역(소요 시간 8분, 요금 240¥)으로 갈 수 있다.

한큐 전철

고베 시내의 주요 역에서 오사카 우메다 지역으로 이동할 때 가장 저렴하면서 빠르게 이동할 수 있는 노선이다. 한신 전철보다 소요 시간이 적지만 요금이 조금 비싸고 노선이 우메다 방면뿐이라는 것이 단점이다.

고베 시내 출발역	소요 시간(환승 소요 시간 제외)	도착역	요금
고베산노미야역	특급 27분	오사카 우메다역	330¥
하나쿠마역	특급 30분		460¥
고소쿠고베역	특급 31분		460¥
롯코역	보통 36분		330¥

사용 가능한 패스

칸사이 레일웨이 패스, 한큐한신 1DAY 패스

- 한큐 오사카우메다역 하차 후 도보로 지하철 미도스지선 우메다역으로 이동해 미도스지 난바역(소요 시간 8분, 요금 240¥)으로 갈 수 있다.

한신 전철

고베 시내의 주요 역에서 오사카 우메다 또는 난바 방면으로 환승 없이 편하게 이동할 수 있다는 것이 장점이다. JR이나 한큐 전철보다 시간이 조금 더 걸리지만, 요금이 저렴하다.

고베 시내 출발역	중간 환승역	소요 시간(환승 소요 시간 제외)	도착역	요금
고베 산노미야역	-	직통 특급 32분	오사카 우메다역	320¥
모토마치역	-	직통 특급 35분		330¥
고소쿠고베역	-	직통 특급 37분		460¥
니시나다역	미카게역	보통 6분+직통 특급 26분		320¥
스미요시역	우오자키역	보통 1분+직통 특급 24분		320¥
고베 산노미야역	-	쾌속 급행 45분	오사카 난바역	420¥
모토마치역	아마가사키역	직통 특급 27분+보통 20분		420¥
고소쿠고베역	-	쾌속 급행 49분		550¥

사용 가능한 패스

칸사이 레일웨이 패스, 한큐한신 1DAY 패스

- 한신 오사카우메다역 하차 후 도보로 지하철 미도스지선 우메다역으로 이동해 미도스지 난바역(소요 시간 8분, 요금 240¥)으로 갈 수 있다.

나라에서 오사카 가기

JR

JR 나라역에서 출발하는 야마토지 쾌속은 JR 호류지역과 오사카 JR 텐노지를 거쳐 오사카 순환선을 따라 JR 오사카역까지 환승 없이 갈 수 있다. 목적지가 우메다 지역인 경우, 킨테츠 전철과 달리 환승 없이 갈 수 있다는 편리함이 장점이다.

출발역	중간 환승역	소요 시간(환승 소요 시간 제외)	도착역	요금
JR 나라역	-	야마토지 쾌속 52분	JR 오사카역	820¥
JR 호류지역	-	야마토지 쾌속 41분		660¥
JR 나라역	JR 텐노지역	야마토지 쾌속 33분+보통 6분	JR 난바역	580¥
JR 호류지역	JR 텐노지역	야마토지 쾌속 22분+보통 6분		480¥

사용 가능한 패스
JR 패스, JR 칸사이 와이드 패스, JR 칸사이 패스, JR 칸사이 미니 패스

킨테츠 전철

나라 공원에서 가까운 킨테츠 나라역에서 오사카 난바 방면으로 환승 없이 편하게 갈 수 있는 노선이다. 나라의 니시노쿄 지역에 있는 야마토사이다이지역에서도 이용할 수 있다.

출발역	소요 시간(환승 소요 시간 제외)	도착역	요금
킨테츠 나라역	쾌속 급행 39분	오사카 난바역	680¥
야마토사이다이지역	쾌속 급행 32분		590¥

사용 가능한 패스
칸사이 레일웨이 패스

히메지에서 오사카 가기

JR

JR 패스 소지자라면 다른 회사 전철에 비해 빠른 신칸센을 이용할 수 있다는 것이 장점이다. 목적지가 우메다(JR 오사카역)이고 환승을 원치 않는다면 특급이나 신쾌속을 이용하는 것이 편리하다.

출발역	중간 환승역	소요 시간(환승 소요 시간 제외)	도착역	요금
❶ JR 히메지역	JR 신오사카역	신칸센(노조미, 미즈호) 29분+ 쾌속 4분 / 신칸센(히카리) 35분+쾌속 4분	JR 오사카역	3280¥ (자유석)
❷ JR 히메지역	-	특급 슈퍼 하쿠토 54분		2720¥ (자유석)
❸ JR 히메지역	-	신쾌속 61분		1520¥
❹ JR 히메지역	JR 오사카역+ JR 이마미야역	신쾌속 61분+ 보통 14분+ 보통 2분	JR 난바역	1690¥

사용 가능한 패스
❶JR 패스(노조미, 미즈호 제외), JR 칸사이 와이드 패스(노조미, 미즈호 포함),
❷JR 패스, JR 칸사이 와이드 패스
❸❹ JR 패스, JR 칸사이 와이드 패스, JR 칸사이 패스

한신 전철

우메다 지역이 목적지인 여행자라면 산요 히메지역에서 환승 없이 편하게 이용할 수 있는 노선이다. JR보다 시간이 더 걸리지만 가격이 저렴하다.

출발역	소요 시간(환승 소요 시간 제외)	도착역	요금
산요 히메지역	직통 특급 100분	오사카 우메다역	1320¥

사용 가능한 패스
칸사이 레일웨이 패스
- 한신 오사카우메다역에서 하차한 후 도보로 지하철 미도스지선 우메다역으로 이동해 미도스지 난바역(소요 시간 8분, 요금 240¥)으로 갈 수 있다.

Step 2

오사카 시내 교통 한눈에 보기

오사카 메트로와 광역 전철

오사카 대중교통 중 여행자가 많이 이용하게 되는 것이 전철이다. 전철은 '오사카 메트로'라 부르는 시영 지하철과 광역 전철인 JR, 킨테츠, 한큐, 한신, 케이한으로 구분된다. 오사카 메트로는 오사카의 시내 구간만 운행하는 도심 지하철이다. JR과 사철은 오사카 도심 구간을 포함해 주변 다른 도시까지 연결하는 광역 전철이다. 전철은 오사카 시내 거의 모든 관광지로 접근할 수 있어 편리하다. 오사카 메트로는 노선마다 고유의 색이 있으며, 역마다 알파벳 기호와 일련번호가 있어 역 이름을 몰라도 기호로 어느 역인지 알 수 있다.

오사카 메트로 1회 승차 요금

구간	거리	어른 요금	어린이 요금
1구간	3km 까지	190¥	100¥
2구간	3km 초과 7km 이하	240¥	120¥
3구간	7km 초과 13km 이하	290¥	150¥
4구간	13km 초과, 19km 이하	340¥	170¥
5구간	19km 초과	390¥	200¥

- 1회용 승차권으로 연결되어 있지 않은 우메다 지역의 3개 역(우메다역, 히가시우메다역, 니시우메다역)에서 환승할 때는 개찰구 밖으로 나가 추가 요금 없이 환승할 수 있다. 반드시 연두색 개찰구를 이용해야 승차권이 회수되지 않으며 환승 시간은 30분을 넘기지 않아야 한다. 예) 히고바시역 승차, 니시우메다역 → 히가시우메다역 환승, 나카자키초역 하차

노선별 주요 관광지

노선 이름	역 이름	주변 관광지
미도스지	M08 센리추오	반파쿠키넨코엔 및 라라포트 엑스포 시티행 오사카모노레일 환승역
	M13 신오사카	신칸센 환승역
	M16 우메다	우메다 스카이 빌딩, 헵 파이브 대관람차, 츠유노텐 신사, 오사카 스카이 비스타, 요도바시 카메라 멀티미디어 우메다점, 한큐 우메다 본점, 한신 우메다 본점, 그랜드 프런트 오사카, 한큐 3번가, 루쿠아 오사카, 누차야마치 & 누차야마치 플러스
	M19 신사이바시	아메리카무라, 신사이바시스지, 미도스지 명품 거리, 다이마루 신사이바시점
	M20 난바	도톤보리, 글리코 러너 전광판, 에비스바시, 도톤보리 리버 크루즈, 호젠지 요코초, 센니치마에 상점가, 에비스바시스지 상점가, 도톤보리 리버크루즈, 난바 워크, 빅 카메라 난바점, 난바 마루이, 타카시마야, 난바 파크, 우라난바, 센니치마에도구야스지 상점가

미도스지	M22 도부츠엔마에	텐노지 동물원, 신세카이, 츠텐카쿠, 잔잔요코초, 스파월드 세계의 대온천
	M23 텐노지	텐노지 공원, 텐노지 동물원, 하루카스 300 전망대, 오사카 시립 아베노 방재 센터, 한카이 전차
	M26 나가이	팀랩 보태니컬 가든 오사카
요츠바시	Y15 난바	미도스지선 M20 난바역과 동일
센니치마에	S16 난바	미도스지선 M20 난바역과 동일
	S17 닛폰바시	도톤보리, 쿠로몬 시장, 덴덴타운, 우라난바
	S19 츠루하시	츠루하시 상점가, 오사카 이쿠노 코리아타운, 천연 온천 노베하노유 츠루하시점
나가호리츠루미료쿠치	N15 신사이바시	미도스지선 M19 신사이바시역과 동일
	N17 마츠야마치	카라호리 상점가
	N20 모리노미야	오사카 성
	N21 오사카비지니스파크	오사카 성
타니마치	T18 타니마치욘초메	오사카 성, 오사카 역사 박물관, BK 플라자
	T19 나카자키초	나카자키초
	T20 히가시우메다	츠유노텐 신사, 소네자키 오하츠텐진도리 상점가
	T21 미나미모리마치	오사카텐만구, 텐진바시스지 상점가
	T22 텐마바시	오사카 덕 투어, 조폐 박물관 벚꽃길
	T26 시텐노지마에유히가오카	시텐노지
	T27 텐노지	미도스지선 M23 텐노지역과 동일
추오	C11 오사카코	지라이온 박물관, 텐포잔 대관람차, 레고랜드 디스커버리 센터, 카이유칸, 산타 마리아 유람선, 텐포잔 마켓 플레이스
	C13 벤텐초	소라니와 온천 오사카 베이 타워
	C18 타니마치욘초메	오사카 성, 오사카 역사 박물관, BK 플라자
	C19 모리노미야	오사카 성
사카이스지	K11 텐진바시스지로쿠초메	텐진바시스지 상점가, 오사카 시립 주택 박물관, 천연 온천 나니와노유
	K12 오기마치	텐진바시스지 상점가
	K17 닛폰바시	도톤보리, 쿠로몬 시장, 덴덴타운, 우라난바
	K18 에비스초	한카이 전차, 신세카이, 츠텐카쿠, 덴덴타운
	K19 도부츠엔마에	미도스지선 M22 도부츠엔마에역과 동일
난코 포트타운(뉴트램)	P10 트레이드센터마에	사키시마 코스모 타워 전망대
	P18 스미노에코엔	천연 온천 스파 스미노에

- 오사카 메트로 전 노선(시내 구간 한정)은 오사카 e-패스와 엔조이 에코 카드를 사용할 수 있다.

광역 전철(오사카 시내 & 시크릿 오사카 구간) 주요 관광지

노선 이름	역 이름	주변 관광지
JR 오사카 칸조선	오사카	미도스지선 M16 우메다역과 동일
	텐마	텐진바시스지 상점가
	오사카조코엔	수상 버스 아쿠아라이너
	모리노미야	오사카 성
	츠루하시	센니치마에선 S19 츠루하시역과 동일
	텐노지	미도스지선 M23 텐노지역과 동일
	신이마미야	텐노지 동물원, 신세카이, 츠텐카쿠, 잔잔요코초, 스파월드 세계의 대온천
	다이쇼	나니와 탐험 크루즈
	벤텐초	소라니와 온천 오사카 베이 타워
	니시쿠조	카미카타 온천 잇큐
JR 유메사키선	유니버설 시티	유니버설 스튜디오 재팬
JR 한와선	나가이	팀랩 보태니컬 가든 오사카
JR 토카이도·산요 본선	스이타	아사히 맥주 박물관
	야마자키	산토리 야마자키 증류소
JR·난카이 칸사이쿠코선	린쿠타운	린쿠 프리미엄 아웃렛
킨테츠 나라선	오사카난바	미나토마치 리버 플레이스, 오렌지 스트리트 타치바나도리, 그 외 미도스지선 M20 난바역과 동일
	킨테츠닛폰바시	센니치마에선 S17 닛폰바시역과 동일
	츠루하시	JR 츠루하시역과 동일

한큐 본선	오사카 우메다	미도스지선 M16 우메다역과 동일
한큐 타카라즈카선	이케다	컵 누들 박물관 오사카 이케다
한신 본선	오사카우메다	미도스지선 M16 우메다역과 동일
한신 난바선	오사카난바	미나토마치 리버 플레이스, 오렌지 스트리트 타치바나도리, 그 외 미도스지선 M20 난바역과 동일
	니시쿠조	JR 니시쿠조역과 동일
케이한 본선	텐마바시	타니마치선 T22 텐마바시역과 동일

오사카의 교통 & 관광 패스

오사카 시내에서 이동이 많은 날이라면 교통 패스 구입을 고려해보자. 대표적인 교통 패스는 오사카 e-패스와 엔조이 에코 카드, 두 가지다. 무제한으로 대중교통을 이용할 수 있지만, 패스 가격이 만만치 않아 자칫 패스 가격만큼 이용하지 못할 수도 있으니 여행 계획을 고려해 구입 여부를 결정하자. 칸사이 레일웨이 패스 소지자도 사용 기간 내에 JR을 제외한 오사카 메트로와 시내버스 광역 전철을 무제한으로 이용할 수 있다.

오사카 e-패스

오사카 시내 관광지 중 약 25개 시설을 무료로 이용할 수 있는 관광 패스. 지정 음식점에서의 10% 할인 기능도 포함하고 있다. 온라인 판매처에서 구입해 QR코드를 저장한 뒤 무료 또는 할인 가능한 시설에서 QR코드를 제시해 입장할 수 있다. 구입 시 패스를 사용할 날짜를 선택해 구입해야 하며 같은 시설을 중복 이용할 수 없다. 사용할 날짜 당일까지는 일정 변경이 가능하지만, 날짜가 지나면 패스를 사용할 수 없으니 주의하자.

패스는 1일권과 2일권 두 가지가 있으며 둘 다 대중교통 이용기능이 없다. 1일권의 경우 오사카 메트로 1데이 패스(오사카 메트로 지하철+시티버스) 또는 공유자전거 이용기능을 추가한 것을 선택할 수 있다. 오사카 메트로 1데이 패스를 추가하는 경우 모바일 QR코드로 사용할 수 없고 지정된 장소에서 실물 카드로 교환해 사용해야 한다.

홈페이지 : www.e-pass.osaka-info.jp/kr
가격 : 오사카 e-패스 1일권 2400¥, 2일권 3000¥ / 오사카 e-패스+오사카 메트로 패스 3200¥(1일권), 4500¥(2일권) / 오사카 e-패스 1일권+오사카 공유자전거 1일 패스 3900¥
판매 사이트 : KLOOK, KKDAY, Deep Experience Osaka
오사카 메트로 1데이 패스 교환처 : 칸사이 투어리스트 인포메이션 센터 칸사이 국제공항, 에디온 난바 본점 8층, 스기드러그 링크스 우메다점(요도바시 카메라 멀티미디어 우메다 지하 1층)

오사카 메트로 1일 승차권 엔조이 에코 카드

오사카 메트로(지하철) 전 노선과 시내버스를 무제한으로 이용할 수 있는 교통 패스. 오사카 시내에서 하루 동안 이동이 잦은 날 이용할 만하다. 평일보다 주말과 공휴일에 가격이 싸기 때문에 주말에 이용하는 것이 더 효율이 높다. 각 역의 승차권 자동 발매기에서 구매할 수 있다. 사용할 때마다 카드 뒷면에 승차 이력이 기록된다. 1일권으로 당일(24시간 아님)에만 사용할 수 있다.

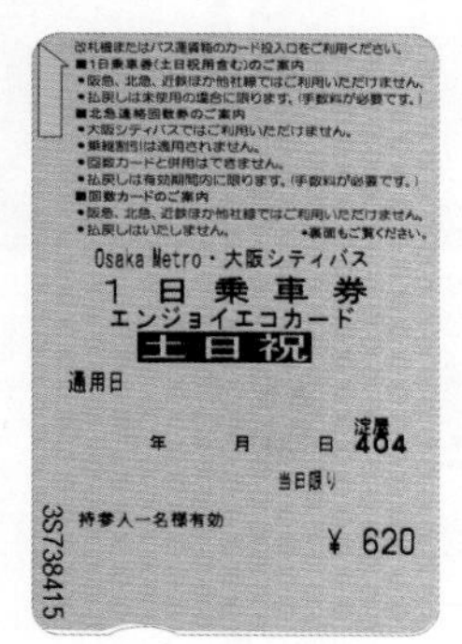

홈페이지 : https://subway.osakametro.co.jp/ko/
가격 : 평일 820¥, 토·일요일·공휴일 620¥

<1일 승차권 엔조이에코카드 구입하기>

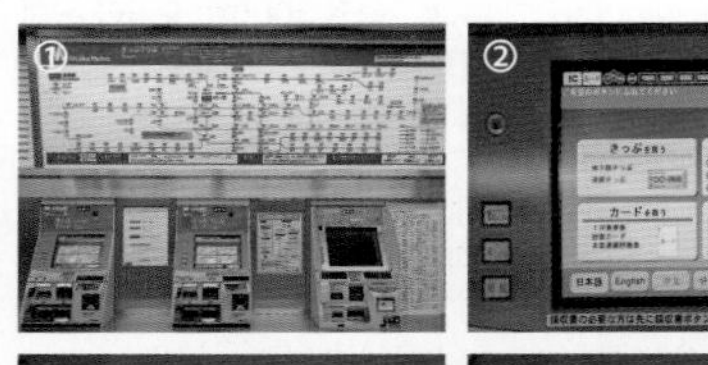

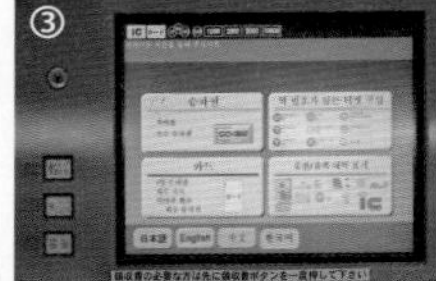

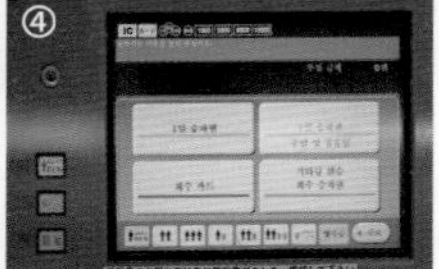

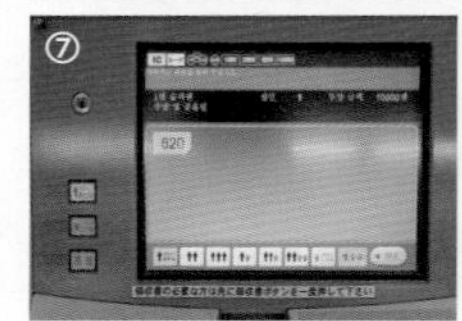

① 오사카 메트로(지하철) 각 역 승차권 자동 발매기

② 화면에서 '한국어' 버튼을 터치한다.

③ 화면에서 '카드' 버튼을 터치한다.

④-1 화면에서 아래쪽 인원수를 선택한 후 평일이면 '1일 승차권' 버튼을 터치한다.

④-2 화면에서 아래쪽 인원수를 선택한 후 토·일요일·공휴일이면 '1일 승차권 주말 및 공휴일' 버튼을 터치한다.

⑤ 자동 발매기에 요금을 투입한다.

⑥-1 평일권 구매를 위해 화면에서 '820' 버튼을 터치한다.

⑥-2 주말 및 공휴일권 화면에서 620' 버튼을 터치한다.

⑦ 1일 승차권이 발권된다.

⑧ 1일 승차권과 거스름돈을 챙긴다.

<오사카 메트로 1회용 승차권 구입하기>

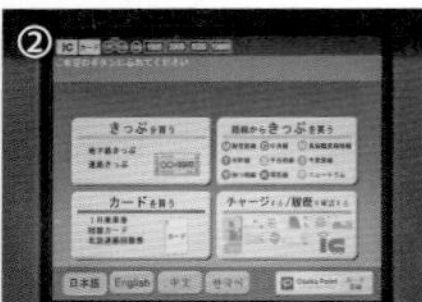

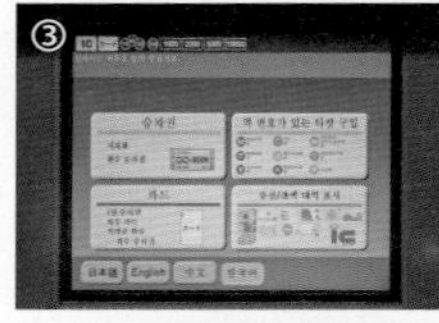

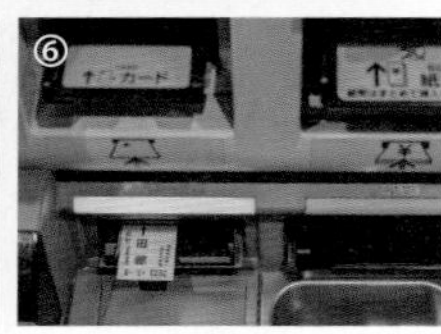

① 노선도에서 목적지까지의 요금을 확인한다.

② 화면에서 한국어 버튼을 터치한다.

③ 승차권(지하철, 환승 승차권) 버튼을 터치한다.

④ 확인한 요금을 투입한다.

⑤ 인원수를 선택하고 목적지에 해당하는 요금이 쓰인 버튼을 터치한다.

⑥ 승차권과 거스름돈을 챙긴다.

Step 3

오사카 여행 코스

오사카가 처음이라면, '찐' 오사카 방문 인증샷 명소

서울의 경복궁, 파리의 에펠탑처럼 잘 알려진 장소지만 안 가면 섭섭한 곳. 오사카에 왔다면 이곳에서 인증숏은 찍어봐야 하지 않을까.

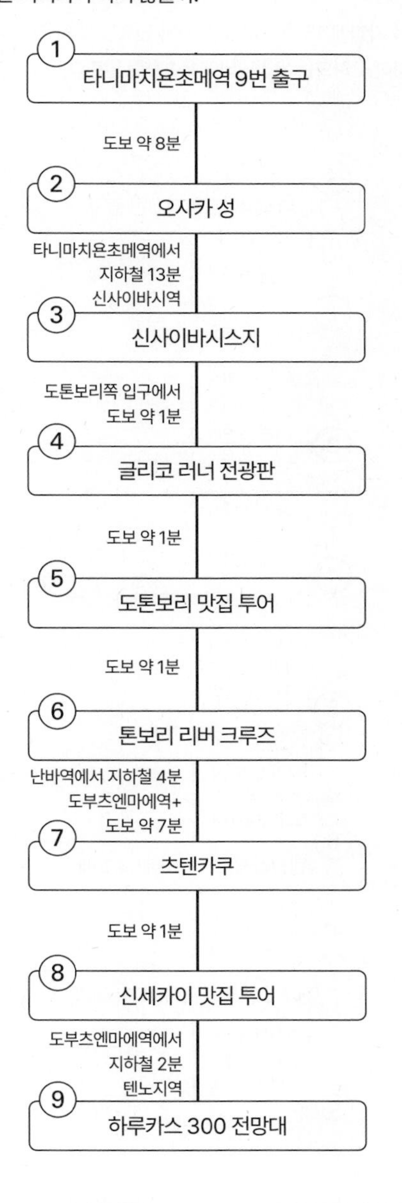

오사카 e-패스 들고 하루 종일 공짜 여행!

오사카 e-패스로 무료입장 가능한 관광지가 많으니 바쁘다 바빠! 체력은 필수니, 그 와중에 먹거리와 쇼핑 스폿도 살뜰히 챙기자.

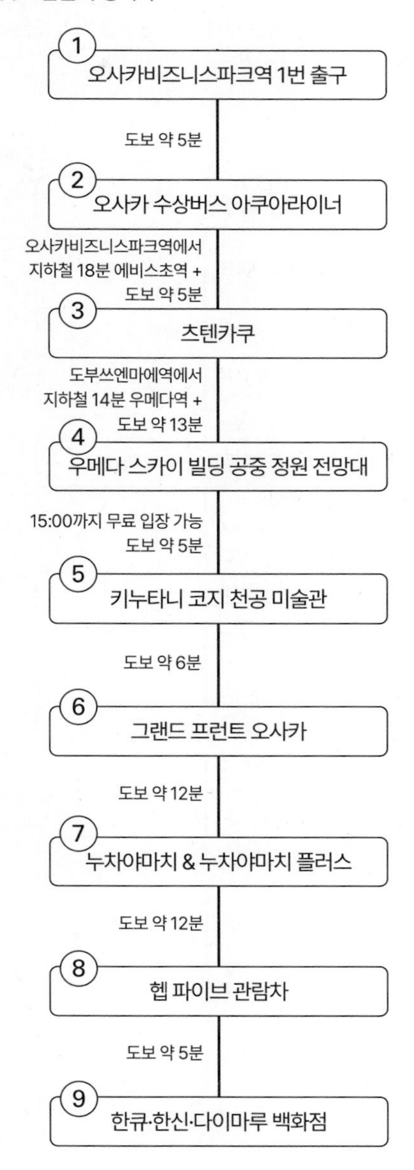

음식의 도시 오사카를 체험해 보자

아사히 맥주 박물관을 관람하며 해장술로 하루 일정을 시작. 그랜드 프런트 오사카 우메키타 다이닝에서 우아하게 식사를 한 후 투어 버스로 오사카 도심 드라이브도 즐겨보자. 마무리는 오사카 최대 맛집 거리 도톤보리다.

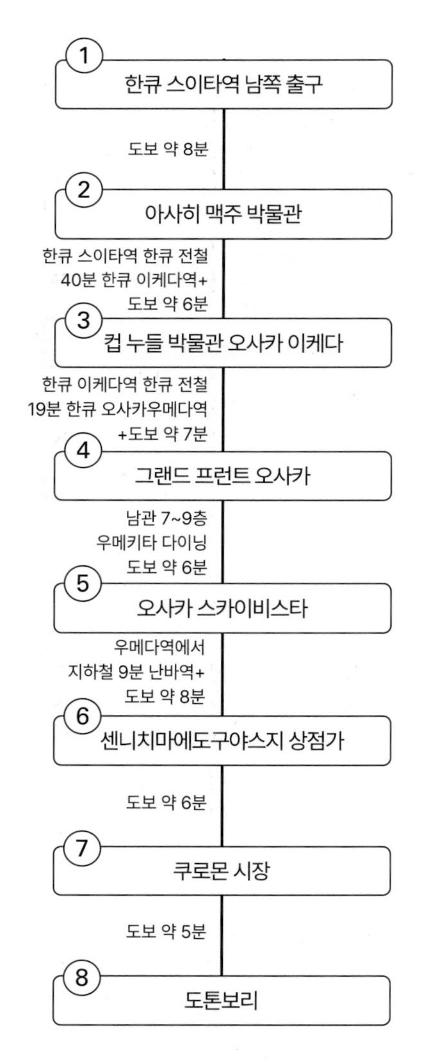

로컬의 일상 공유하기, 현지인 인기 스폿

여행자와 현지인이 교차하는 장소에서 로컬의 분위기를 느껴보자. 텐시바에서 점심 식사 후 나카자키초의 감성 카페에서 티타임도 가져보자. 텐마역 먹자골목에서 가볍게 1차를 즐기고 2차의 민족답게 퇴근한 직장인이 모여드는 우라난바에서 2차를 달린다.

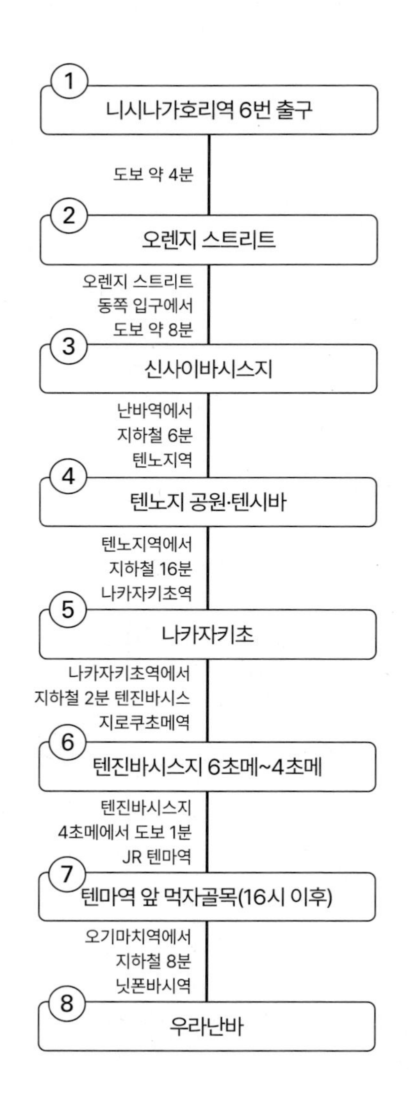

게임과 애니메이션 덕후력 만렙 충전!

레트로 게임, 캐릭터 상품을 좋아한다면 덴덴타운 홈페이지에서 한국어 안내도를 다운로드해 나만의 보물을 찾아 나서보자. 운전면허증이 없거나 운전에 자신이 없다면 아키바카트 오사카는 일정에서 제외하도록 하자.

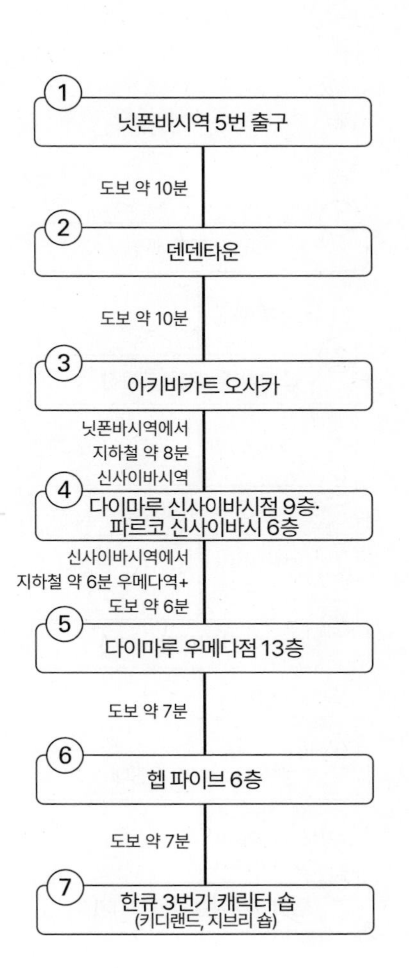

놀 것 많은 항만 지역에서 1박 2일 (feat. 유니버설 스튜디오 재팬)

오픈런부터 하루종일 유니버설 스튜디오 재팬에서 즐거운 시간을 보낸 뒤 지친 몸은 온천에서 풀어주자. 자동차에 관심이 있다면 클래식카를 모아놓은 지라이온 박물관을 일정에 추가해도 좋다.

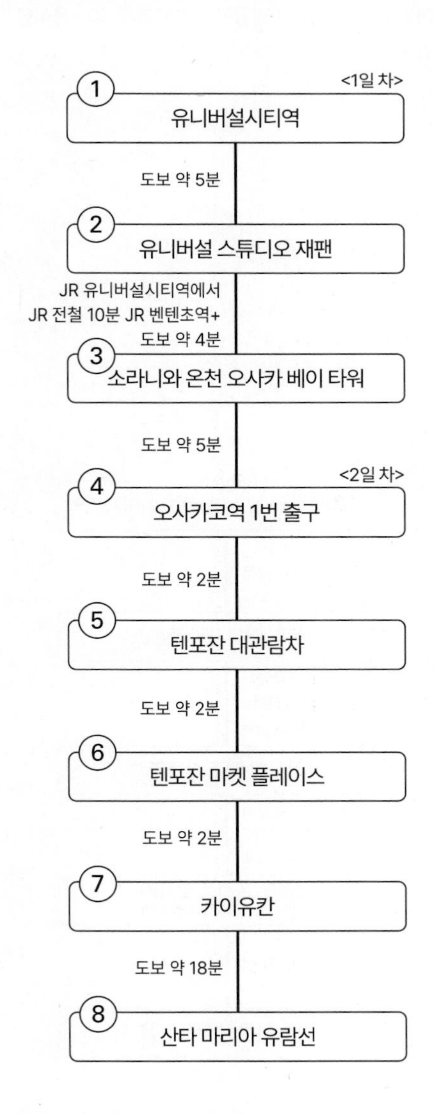

주당이라면 주목! 일본 술 200% 즐기는 애주가 코스

산토리 야마자키 증류소는 오사카 외곽 작은 마을에 있어 양조장을 관람한 뒤 한적하게 여운을 즐기기도 좋다. 오사카로 돌아오는 길에 아사히 맥주 박물관에 들러 위스키에 이어 맥주도 맛보자. 세계 여러 나라의 음식을 맛볼 수 있는 그랜드 프런트 오사카 우메키타 플로어는 늦은 시간까지 영업하니 여유롭게 술과 음식을 즐길 수 있다.

1. JR 야마자키역 또는 한큐 오야마자키역

도보 약 10~12분

2. 산토리 야마자키 증류소

JR 야마자키역에서
JR 전철 22분 JR 스이타역+
도보 약 8분

3. 아사히 맥주 박물관

JR 스이타역에서
JR 전철 9분 JR 오사카역+
도보 약 8분

4. 그랜드 프런트 오사카
(북관 6층 우메키타 플로어)

도보 약 18분

5. 리커 마운틴 우메다점

여행 중 당 떨어진 날, 느긋하게 보내는 하루

빡빡한 여행 일정으로 피곤한 날, 하루 정도는 여유 있게 일정을 짜보자. 오전에 온천에 들러 느긋하게 휴식을 취하고 배를 채운 뒤 한카이 전차를 타고 오사카 도심 풍경도 감상해보자. 저녁 무렵에 팀랩 보태니컬 가든에 가면 색색의 불빛으로 물든 아름다운 풍경을 만날 수 있다.

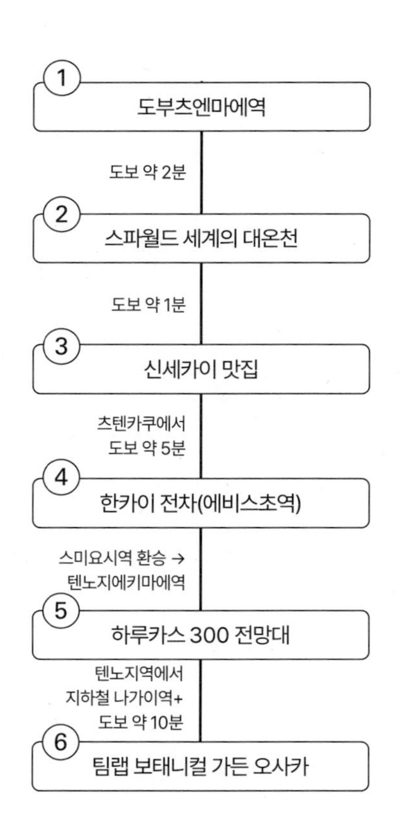

오사카가 고향인 음식 도장 깨기

오므라이스, 타코야키, 오코노미야키, 쿠시카츠는 오사카에서 시작된 음식으로 알려져 있다. 본인 마음에 드는 식당에서 한 번쯤 본고장의 맛을 보자.

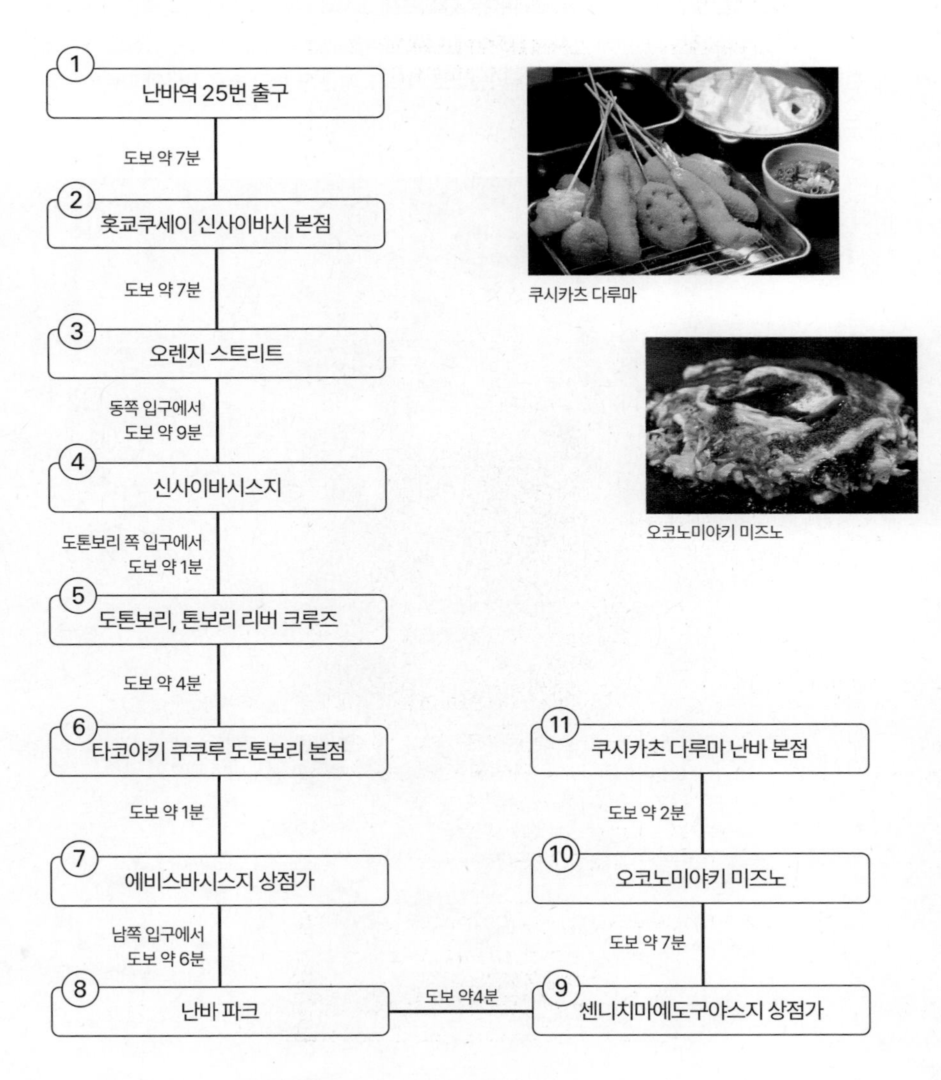

쿠시카츠 다루마

오코노미야키 미즈노

MINAMI

미나미

미나미를 대표하는 키워드를 딱 한 가지만 꼽으라고 한다면 단연! 음식이다. 여행자에게 맛집 거리 1번지는 도톤보리다. 각양각색의 간판을 건 식당과 길거리 음식은 여행자의 군침을 흘리게 만든다. 오사카의 향토 음식인 타코야키와 오코노미야키를 비롯해 스시와 라멘 등 웬만한 일본 음식은 여기서 다 맛볼 수 있을 정도다. 여러 가지 식재료와 길거리 음식을 맛볼 수 있는 쿠로몬 시장도 가깝다. 현지인이 즐겨 찾는 맛집에 가고 싶다면 우라난바로 가보자. 퇴근 후 한잔 술로 하루의 피로를 날리는 샐러리맨들의 분위기를 느낄 수 있다.

교통 한눈에 보기

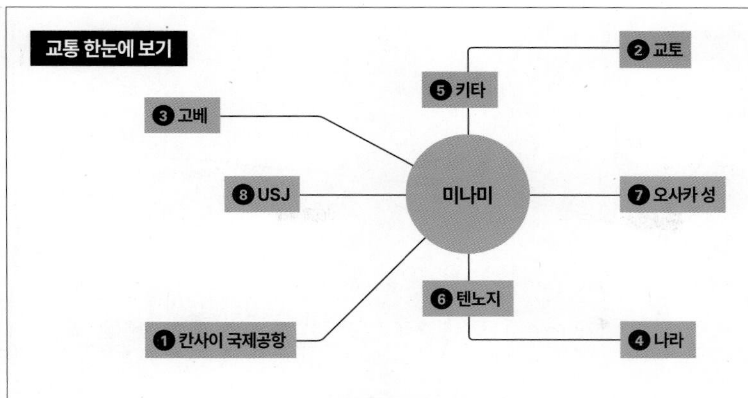

구간	교통수단	소요 시간	요금
① 칸사이국제공항→미나미	난카이 전철(칸사이공항역-난카이난바역)	46분	970¥
	칸사이 공항 리무진 버스(난바 OCAT행)	50분	1300¥
② 교토→미나미	JR+미도스지선(JR 교토역-JR 오사카역-우메다역-난바역)	50분	580¥
	한큐 전철+미도스지선(교토카와라마치역-오사카우메다역-우메다역-난바역)	65분	650¥
	케이한 전철+미도스지선(기온시조역-요도야바시역-난바역)	65분	620¥
③ 고베→미나미	JR+미도스지선(JR 산노미야역-JR 오사카역-우메다역-난바역)	45분	660¥
	한큐 전철+미도스지선(한큐산노미야역-우메다역-난바역)	46분	570¥
	한신 전철(고베산노미야역-오사카난바역)	41분	420¥
④ 나라→미나미	JR(나라역-텐노지역-난바역)	50분	580¥
	한신 전철(킨테츠나라역-오사카난바역)	36분	680¥
⑤ 키타→미나미	지하철 미도스지선(우메다역-난바역)	8분	240¥
	지하철 요츠바시선(니시우메다역-요츠바시역)	6분	240¥
	지하철 사카이스지선(텐진바시스지로쿠초메역-닛폰바시역)	10분	240¥
⑥ 텐노지→미나미	지하철 미도스지선(텐노지역-난바역)	6분	240¥
⑦ 오사카 성→미나미	지하철 타니마치선+센니치마에선(타니마치욘초메역-타니마치큐초메역-난바역)	11분	240¥
	지하철 추오선+미도스지선(타니마치욘초메역-혼마치역-난바역)	14분	240¥
⑧ USJ→미나미	JR+한신 전철(JR 유니버설시티역-JR 니시쿠조역-니시쿠조역-오사카난바역)	25분	390¥

오사카 미나미 지역 다니는 방법

WALK 걷기에 웬만큼 자신이 있다면 미나미의 주요 관광지는 도보로 이동 가능하다. 지하철 난바역을 기준으로 도톤보리와 신사이바시스지, 에비스바시스지는 5분 정도 거리이고 쿠로몬 시장과 덴덴타운은 10~15분 거리다.

SUBWAY 미나미 지역의 관광지는 지하철 1~2개 역 정도의 거리에 있어 이용할 일이 많지는 않다. 지하철은 주로 우메다나 텐노지 또는 그 외 다른 지역으로 이동하는 경우에 이용하게 된다.

BUS 오사카 시내는 지하철로 대부분 이동이 가능하므로 시내버스를 이용하는 경우는 거의 없다.

TAXI 지하철로 이동하기 애매한 곳이나 걷기에 체력적으로 부담스러운 경우 적절하게 이용하면 된다.

TO DO LIST

- ☐ 글리코 러너 전광판을 배경으로 기념사진 찍기

- ☐ 도톤보리 유명 맛집과 쿠로몬 시장에서 미식 즐기기

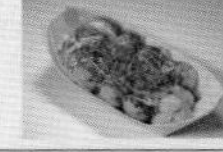

- ☐ 에비스바시스지, 신사이바시스지 걸으며 소소한 쇼핑 즐기기

- ☐ 덕후들의 성지 덴덴타운에서 나만의 보물 찾기

- ☐ 호리에 오렌지 스트리트에서 카페와 편집숍, 브랜드 숍 구경하기

- ☐ 저녁에 우라난바의 주점에서 로컬 분위기 즐기기

오사카미나미 한눈에 보기
A
N
0
200m
후센
風泉 P.283
혼마치
本町駅
아와자
阿波座駅
사무하라 신사
サムハラ神社
W 호텔 오사카
Wホテル大阪
마츠시마 공원
松島公園
니시오하시
西大橋駅
니시나가호리
西長堀駅
호텔 닛코
ホテル日航
요츠바시
四ツ橋駅
오사카시립 중앙도서관
大阪市立中央図書館
야오야토 고항
八百屋とごはん
P.280
타카키야바시 공원
高台橋公園
코가류 아메리카무라 본점
甲賀流 アメリカ村本店 P.280
신사이바시
心斎橋
호리에 공원
堀江公園
아메리카무라
アメリカ村 P.280
미도스지
애플 스토어 신사이바시
Apple 心斎橋
돔마에치요자키
ドーム前千代崎駅
오렌지 스트리트
オレンジストリート P.280
돔마에
ドーム前駅
홋쿄쿠세이 신사이바시 본점
北極星 心斎橋本店 P.282
글리코 러너
グリコサイン
스마일 호텔 난바
スマイルホテルなんば
도톤보리
道頓堀
미나토마치 리버 플레이스
湊町リバープレイス P.279
사쿠라가와
桜川駅
시오미바시
汐見橋駅
난바워크
なんばウォーク P.275
나니와 탐험 크루즈
なにわ探検クルーズ P.281
오사카난바
大阪難波
JR 난바
JR難波駅
타이쇼
大正駅
나니와 공원
浪速公園
아시하라초
芦原町駅
오시하라바시
芦原橋駅
B

C
사카이스지혼마치
堺筋本町駅
오사카 역사박물관
大阪歴史博物館
타니마치욘초메
谷町四丁目駅
나니와궁 터 공원
難波宮跡
미야코 시티 호텔 오사카 혼마치
都シティ大阪本町
세븐일레븐 편의점
무기토토리
麦×鶏 P.283
네스트 호텔 신사이바시
ネストホテル大阪心斎橋
상미 신사이바시점
実身美 心斎橋店 P.282
나가호리바시
長堀橋駅
마츠야마치
松屋町駅
타니마치로쿠초메
谷町六丁目駅
파르코 신사이바시
PARCO 心斎橋
카스텔라 긴소 신사이바시 본점
カステラ銀装 心斎橋本店 P.283
카라호리 상점가
空堀商店街 P.281
후사야
富紗家 P.283
다이마루 백화점 신사이바시점 大丸心斎橋店
파블로 신사이바시 본점
PABLO心斎橋本店 P.282
메이지켄
明治軒 P.282
신사이바시스지
心斎橋筋 P.281
크로스 호텔 오사카 クロスホテル大阪
에비스바시
えびす橋 P.269
도톤보리 리버 크루즈
とんぼりリバークルーズ P.274
산리오 기프트 게이트 Sanrio Gift Gate
코즈 궁
高津宮
우키요코지
浮世小路 P.269
호젠지요코초
法善寺横丁 P.269
로손 편의점
킨테츠닛폰바시
近鉄日本橋駅
타니마치큐초메
谷町九丁目駅
ば駅
센니치마에 상점가
千日前商店街 P.269
에비스바시스지 상점가
戎橋筋商店街 P.274
쿠로몬 시장
黒門市場 P.275
오사카우에혼마치
大阪上本町駅
ば駅
돈키호테 우에혼마치점
ドン・キホーテ 上本町店
난바파크
なんばパークス P.274
아키바카트 오사카
アキバカート大阪 P.279
오사카미나미 중심부
덴덴타운
でんでんタウン P.279
시텐노지마에유히가오카
四天王寺前夕陽ヶ丘駅
D

오사카미나미 중심부
E
크로스 호텔 오사카
クロスホテル大阪
돈키호테 도톤보리점
ドン・キホーテ道頓堀店
P.274
도톤보리 리버 크루즈
とんぼりリバークルーズ P.274
글리코 러너 전광판
グリコサイン P.268
이치란 라멘 도톤보리점 본관
一蘭 道頓堀店本館 P.272
타코야키 쿠쿠루
도톤보리 본점
たこ家道頓堀くくる
道頓堀本店 P.270
에비스바시
えびす橋 P.269
앗치치 혼포 도톤보리 본점
あっちち本舗 道頓堀店 P.272
츠루통탄 소에몬초 본점
つるとんたん 宗右衛門町店 P.
카니도라쿠
도톤보리 본점
かに道楽
道頓堀本店
P.270
겐로쿠스시 도톤보리점
元禄寿司 道頓堀店 P.270
킨류 라멘 본점
金龍ラーメン 本店 P.271
도톤보리
道頓堀 P.268
타코우메 본점
たこ梅 本店 P.273
하리쥬 도톤보리점
はり重 道頓堀店 P.270
도톤보리 이마이
道頓堀今井 P.271
혼케오타코 도톤보리 본점
本家大たこ 道頓堀本店 P.272
우키요코지 浮世小路 P.269
오코노미야키 미즈노
お好み焼 美津の P.271
아지노야
味乃家 P.272
호젠지요코초
法善寺横丁 P.269
도톤보리 카무쿠라 센니치마에점
どうとんぼり神座 千日前店 P.271
메오토젠자이
夫婦善哉 P.273
호젠지
法善寺
하나마루켄 난바·호젠지점
花丸軒 難波・法善寺店 P.273
산리오 기프트 게이트
Sanrio Gift Gate
난바
なんば駅
난바워크
なんばウォーク P.275
킨테츠닛폰바시
近鉄日本橋駅
오사카난바
大阪難波駅
스시 마츠모토
鮨 まつもと P.277
빅쿠 카메라 난바점
ビックカメラ なんば店 P.278
551호라이 본점
551蓬莱 本店 P.277
센니치마에 상점가
千日前商店街 P.269
리쿠로오지상노미세 난바 본점
りくろーおじさんの店
なんば本店 P.276
지유켄 난바 본점
自由軒 難波本店 P.276
에비스바시스지 상점가
戎橋筋商店街 P.274
쿠로몬 시장
黒門市場 P.275
치보 센니치마에 본점
千房 千日前本店 P.276
우라난바
裏難波 P.275
난바 마루이
なんばマルイ P.278
산리오 Sanrio
오사카 타카시마야
大阪タカシマヤ P.278
사카나야 히데조 타치노미텐
魚屋ひでぞう立ち呑み店 P.276
다이닝 아지토
DINING あじと P.275
스위소텔 난카이 오사카
スイスホテル南海大阪
센니치마에도구야스지 상점가
千日前道具屋筋商店街 P.279
난카이난바
なんば駅
규카츠 토미타
牛かつ 富田 P.278
닛폰바시 이치미젠
日本橋一味禅 P.277
난바파크
なんばパークス P.274
하브스 난바파크점
HARBS なんばパークス店 P.277
아키바카트 오사카
アキバカート大阪 P.279
F

미나미 추천 코스

도톤보리 주변 도톤보리 서쪽 입구로 진입하면 에비스바시가 가깝다. 도톤보리는 동서로 900m 정도 뻗어 있다. 가게마다 걸린 재미있는 간판은 포토 스폿이 되어준다. 도톤보리와 이어진 호젠지요코초와 센니치마에 상점가도 둘러보고 돈키호테에서 쇼핑을 즐길 수 있다. | **소요 시간 : 약 3시간 30분**

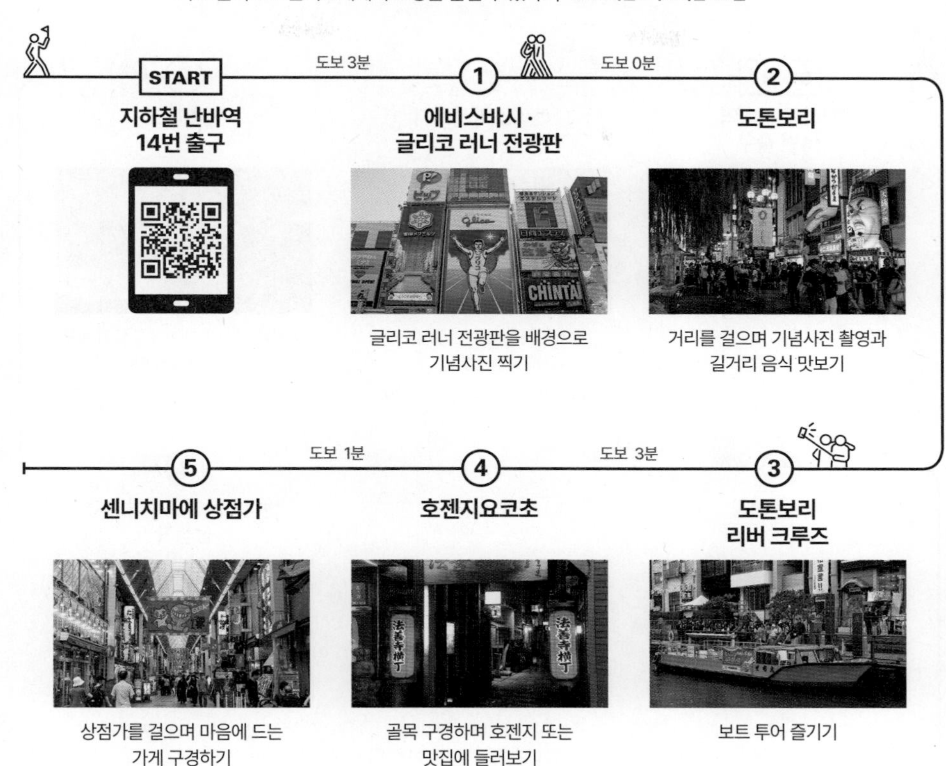

난바역·덴덴타운 주변

난카이난바역 주변에 백화점과 대형 쇼핑몰이 들어서 있으며 옆은 우라난바 구역이다. 관광객이 즐겨 찾는 지역이지만 우라난바 쪽으로 한 블록만 가면 거짓말처럼 현지인의 거리로 바뀐다. | **소요 시간 : 약 5시간**

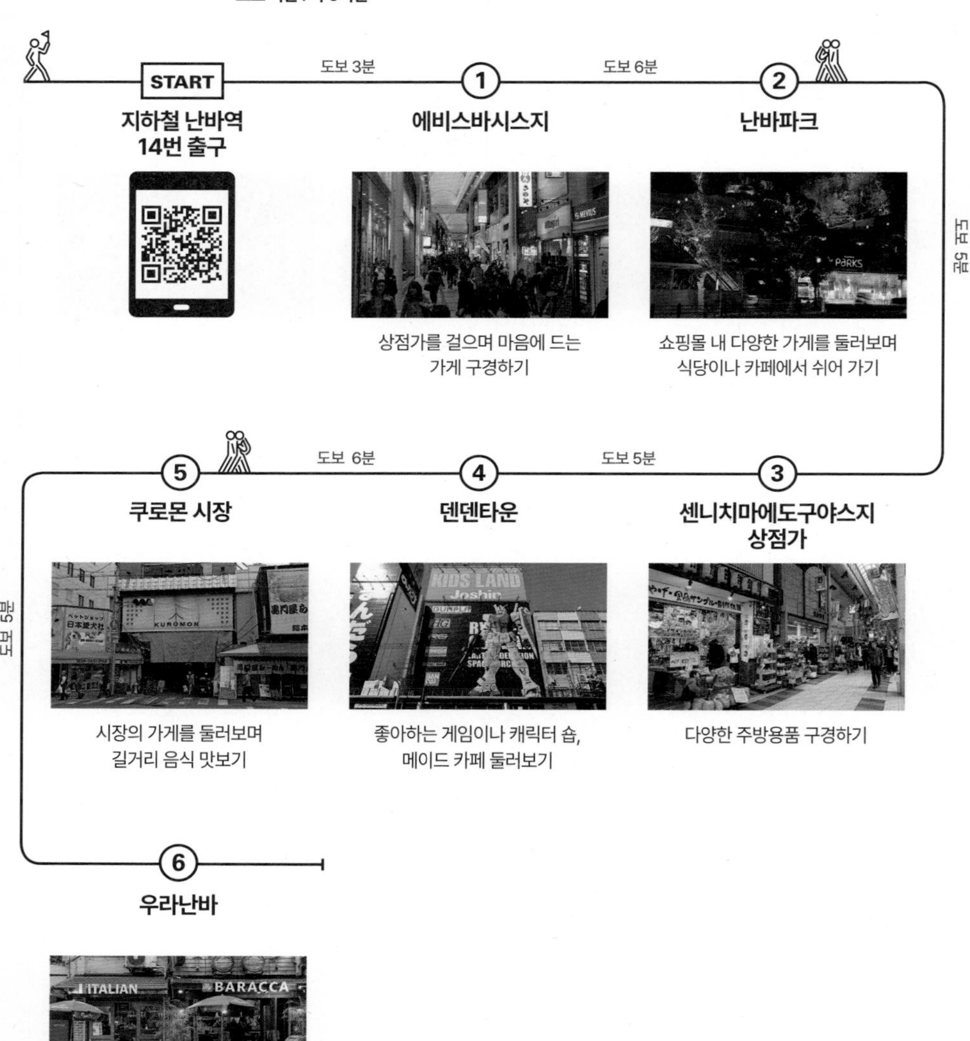

현지 직장인의 술자리 분위기에
어우러져 저녁 식사 또는
술자리 하기

호리에·신사이바시 주변

도톤보리강 북쪽, 한신 고속 1호 도로의 서쪽을 호리에, 동쪽은 신사이바시 지역으로 구분한다. 오렌지 스트리트 북쪽 요츠바시역과 니시나가호리역 주변은 키타호리에라 부르며 카페와 펍, 작은 공연장이 모여 있다. 남북으로 길게 이어진 신사이바시스지를 따라 백화점과 쇼핑몰, 수많은 상점이 즐비하다. | **소요 시간 : 약 5시간**

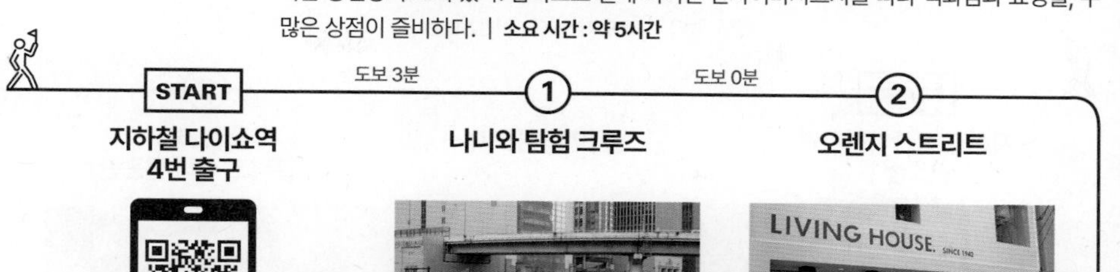

START — 도보 3분 — ① — 도보 0분 — ②

지하철 다이쇼역 4번 출구

① 나니와 탐험 크루즈

크루즈 탑승하기

② 오렌지 스트리트

여러 상점을 구경하거나 카페 들르기

도보 2분

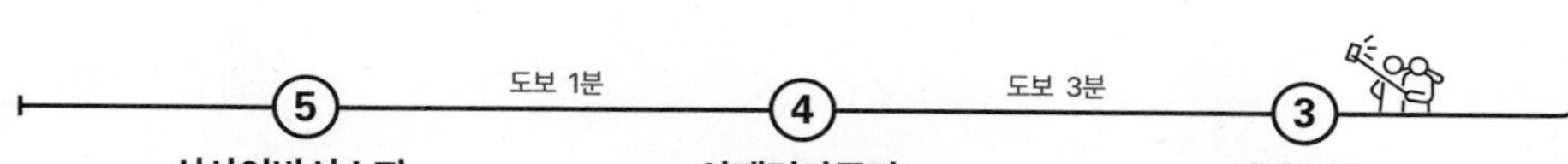

③ — 도보 3분 — ④ — 도보 1분 — ⑤

③ 미나토마치 리버 플레이스

강을 따라 산책하고 벼룩시장이나 야외 공연이 열리면 구경해 보기

④ 아메리카무라

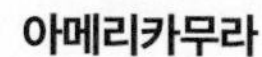

미국과 일본의 분위기가 섞인 거리의 여러 가게를 둘러보며 길거리 음식 맛보기

⑤ 신사이바시스지

다이마루 백화점과 상점가의 가게를 둘러보며 마음에 드는 물건 구입하기

오사카 미나미 지역 1 DAY 코스

미나미의 주요 관광 스폿을 둘러보는 일정이다. 볼거리보다 대부분 관광지가 상점가와 쇼핑 스폿, 먹자골목이기 때문에 취향에 따라 마음에 드는 가게에서 구경하며 시간을 보내거나 좋아하는 음식을 먹기에 좋다. 오타쿠가 아니라면 덴덴타운은 코스에서 빼도 좋다. | **소요 시간 : 약 6시간 30분**

START

지하철 신사이바시역 5번 출구

도보 1분

① 신사이바시스지

다이마루 백화점과 상점가의 가게 둘러보기

도보 20분

② 에비스바시 · 글리코 러너 전광판

글리코 러너 전광판을 배경으로 기념 촬영하기

⑨ 우라난바

도보 5분

저녁 식사 또는 술자리 갖기

도보 0분

③ 도톤보리

거리를 걸으며 기념사진 찍고 맛있는 음식 맛보기

도보 0분

④ 에비스바시스지

상점가의 가게 둘러보기

도보 6분

⑤ 난바파크

쇼핑몰의 가게를 둘러보며 디저트 카페에서 휴식 가지기

도보 5분

도보 5분

⑥ 센니치마에도구야스지 상점가

상점가 구경하며 필요한 물건 쇼핑하기

도보 6분

⑦ 덴덴타운

좋아하는 게임이나 캐릭터 상품 둘러보기

⑧ 쿠로몬 시장

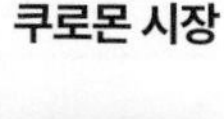

길거리 음식 맛보며 시장 구경하기

도톤보리
道頓堀

MAP P.262E
VOL.1 P.066

도톤보리는 '천하의 부엌', 먹다가 망한다는 '쿠이다오레'라는 수식어로 소개되는 오사카에서 가장 유명한 거리다. 1612년에 야스이 도톤이라는 사람에 의해 강이 운하로 정비되기 시작했다. 도톤보리의 남쪽을 중심으로 연극 공연을 위한 오두막이 들어서면서 일본 연극의 본고장으로 번화했다. 연극으로 사람들이 몰리자 자연스레 식당도 생겨났다. 지금은 약 500m 길이의 거리를 따라 늘어선 맛집을 찾는 여행자로 언제나 인산인해를 이룬다.

Ⓕ 지하철 미도스지선·센니치마에선·요츠바시선 난바역 14번 출구에서 도보 1분 Ⓣ 없음 Ⓞ 제한 없음 Ⓗ 연중무휴 Ⓟ 무료 Ⓦ www.dotonbori.or.jp/ko

글리코 러너 전광판
グリコサイン

MAP P.262E
VOL.1 P.067

도톤보리의 볼거리 중 하나를 꼽자면 가게마다 저마다의 개성을 내세운 독특한 간판이다. 그중 가장 유명한 간판이 두 팔을 번쩍 들고 뛰는 육상 선수가 그려진 글리코사의 옥외 광고판이다. 오사카를 대표하는 랜드마크로도 꼽히는데 이 광고판을 배경으로 인증사진을 찍어야 오사카에 가봤다고 할 수 있을 정도다. 1935년에 처음 세워져 여섯번의 리뉴얼을 거쳤고, 2014년에 지금의 디자인으로 바뀌었다.

구글 지도 도톤보리 글리코 사인

Ⓕ 지하철 미도스지선·센니치마에선·요츠바시선 난바역 14번 출구에서 도보 3분 Ⓣ 없음 Ⓞ 제한 없음 Ⓗ 연중무휴 Ⓟ 무료

에비스바시
えびす橋

MAP P.262E

도톤보리의 서쪽 입구 부근 도톤보리강 위에 놓인 다리. 처음 다리가 생긴 시기는 야스이 도톤에 의해 도톤보리강이 정비되던 때라고 전해진다. 예전엔 남자가 여자를 헌팅하는 장소로 유명해 '난파바시 ナンパ橋'라 부르기도 했다. 두 팔과 왼쪽 다리를 들고 글리코 네온사인을 배경으로 인증샷을 찍는 포토 스폿이기도 하다.

구글 지도 에비스 다리

Ⓕ 지하철 미도스지선·센니치마에선·요츠바시선 난바역 14번 출구에서 도보 3분 Ⓗ 연중무휴 Ⓟ 무료

호젠지요코초
法善寺横丁

MAP P.262E
VOL.1 P.067

호젠지요코초는 목조건물에 식당과 주점이 늘어선 예스러운 일본 느낌의 골목길이다. 해가 지고 골목에 불이 들어오면 더욱 감성적인 분위기가 된다. 골목 가운데 자리한 호젠지 절엔 이끼가 가득한 미즈카케후도손 水掛不動尊이라는 불상이 유명하다. 불상에 물을 뿌리며 소원을 빌면 이루어진다고 한다.

Ⓕ 지하철 미도스지선·센니치마에선·요츠바시선 난바역 14번 출구에서 도보 3분 Ⓣ 없음 Ⓞ 제한 없음 Ⓗ 연중무휴 Ⓟ 무료

센니치마에 상점가
千日前商店街

MAP P.262E

도톤보리에서 남쪽으로 이어지는 상점가. 오코노미야키 미즈노와 이치란 라멘을 비롯한 맛집과 드러그 스토어, 잡화점 등 다양한 가게가 늘어서 있다. 에도시대 난바 주변은 화장장과 묘지, 형장이 모여 있는 지역이었다. 한 승려가 천일 동안 염불을 외며 불공을 드렸다. 이후 사람들은 승려의 공적을 기려 이 지역을 센니치마에라고 불렀다.

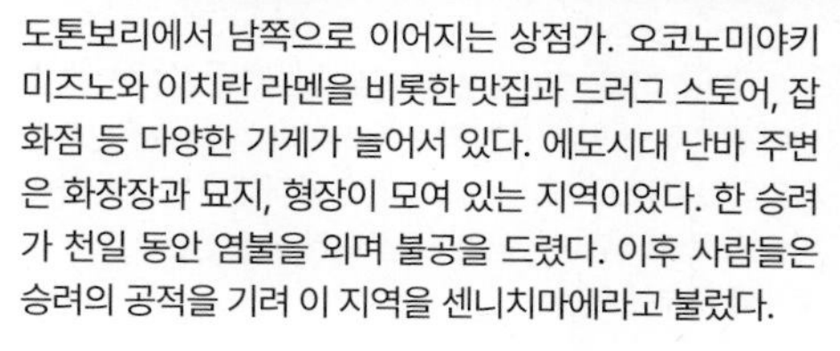

Ⓕ 지하철 미도스지선·센니치마에선·요츠바시선 난바역과 연결된 난바워크 지하상가 B20 출구 앞 Ⓣ 가게마다 다름 Ⓞ 가게마다 다름 Ⓗ 가게마다 다름 Ⓟ 가게마다 다름 Ⓦ www.sennichimae.com

우키요코지
浮世小路

MAP P.262E

도톤보리 이마이 우동집 옆에 있는 좁은 골목. 폭은 약 1m 남짓, 길이 50m 정도인 골목에 타이쇼·쇼와시대 도톤보리 주변의 풍경을 재현해놓았다. 붉은색 등롱 사이엔 연극 공연이 번성하던 시절 극장과 찻집이 늘어선 거리 모습과 재현한 장식품이 벽을 채운다. 골목 중간엔 일본의 전래 동화에 나오는 잇슨보시를 모신 신사도 있다.

Ⓕ 지하철 미도스지선·센니치마에선·요츠바시선 난바역 14번 출구에서 도보 4분 Ⓣ 없음 Ⓞ 제한 없음 Ⓗ 연중무휴 Ⓟ 무료 Ⓦ www.dotonbori.or.jp/ukiyo

하리쥬 도톤보리점
はり重 道頓堀店

MAP P.262E

1919년에 개업한 흑모 와규 전문점이다. 일본 전통 요리인 스키야키와 샤부샤부를 판매하는 니혼 료리, 비프 커틀릿과 햄버그스테이크, 스튜 등을 파는 하리쥬 그릴, 카레라이스와 소고기 커틀릿 카레, 야키니쿠 정식 등을 파는 하리쥬 카레 숍까지 3개의 가게로 구성되어 있다.

구글 지도 하리쥬 도톤보리 본점

Ⓕ 지하철 미도스지선·센니치마에선·요츠바시선 난바역 14번 출구에서 도보 1분 Ⓣ 06-6211-7777 Ⓞ 11:30~22:30(L.O 21:15) Ⓗ 화요일(공휴일 또는 공휴일 전날인 경우, 12월에는 영업) Ⓟ 스키야키코스 1인 7700¥~ Ⓦ www.harijyu.co.jp

타코야키 쿠쿠루 도톤보리 본점
たこ家道頓堀くくる道頓堀本店

MAP P.262E

오사카 쇼치쿠좌 맞은편, 쿠쿠루 간판을 다리로 감싼 빨간색 문어가 눈길을 끄는 가게. 타코야키도 인기 메뉴지만 도톤보리 내 다른 타코야키 가게와 다른 점은 효고현 아카시의 향토 음식인 아카시야키를 함께 판매한다는 것. 아카시야키는 반죽에 달걀을 넣어 달걀찜처럼 푹신한 식감을 내는데 생선으로 우려낸 맑은 국물에 담갔다 먹는다.

구글 지도 타코야키 쿠쿠루 본점

Ⓕ 지하철 미도스지선·센니치마에선·요츠바시선 난바역 14번 출구에서 도보 2분 Ⓣ 06-6212-7381 Ⓞ 월~금요일 11:00~21:00, 토·일·공휴일 10:00~21:00(L.O 20:30) Ⓗ 연중무휴 Ⓟ 타코야키 979¥(8개), 1199¥(10개), 1419¥(12개), 아카시야키 979¥(8개) Ⓦ www.shirohato.com/kukuru

카니도라쿠 도톤보리 본점
かに道楽 道頓堀本店

MAP P.262E
VOL.1 P.017

1960년 도톤보리에 처음 문을 연 게 전문 식당이다. 포토 스폿으로도 인기를 얻고 있는 빨간색 대게가 다리를 움직이는 간판으로 유명하다. 대표 메뉴는 개업 당시부터 꾸준히 인기를 얻고 있는 카니스키다. 맑고 깊은 맛의 육수를 끓여 채소와 함께 게살을 익혀 먹는 요리다. 게 구이와 게살 샤부샤부도 인기 메뉴다.

Ⓕ 지하철 미도스지선·센니치마에선·요츠바시선 난바역 14번 출구에서 도보 3분 Ⓣ 06-6211-8975 Ⓞ 11:00~22:00(21:00까지 입장) Ⓗ 연중무휴 Ⓟ 하야테(런치 코스) 4950¥, 스미레(런치 코스) 5720¥ Ⓦ https://douraku.co.jp

겐로쿠스시 도톤보리점
元禄寿司 道頓堀店

MAP P.262E

1958년 처음으로 회전초밥 가게를 시작한 겐로쿠스시의 도톤보리점이다. 회전초밥은 겐로쿠스시의 창업주 부모님이 운영하던 맥주 공장의 컨베이어이어 벨트에서 힌트를 얻었다고 한다. 스시의 재료에 따라 가격대가 조금씩 다르며 대체로 가격대비 무난한 맛을 보인다. 본점은 킨테츠선 후세역 근처에 있다.

Ⓕ 지하철 미도스지선·센니치마에선·요츠바시선 난바역 14번 출구에서 도보 4분 Ⓣ 06-6211-8414 Ⓞ 월~금요일 11:15~22:30, 토·일·공휴일 10:45~22:45 Ⓗ 연중무휴 Ⓟ 매장 식사 기준 1접시 143~231¥ Ⓦ www.mawaru-genrokuzusi.co.jp

도톤보리 이마이

MAP P.262E

道頓堀今井

1946년에 개업해 일본 전역에 지점을 가진 이마이 본점. 홋카이도산 천연 다시마에 큐슈산 사바부시, 우루메부시를 섞어 맑으면서도 감칠맛과 깊은 맛을 내는 국물이 특징이다. 기본은 밀가루 면이지만 취향에 따라 소바(메밀 면)을 선택할 수 있다. 메뉴에 따라 토핑으로 어묵, 새우튀김, 오리고기, 버섯 등을 올린다.

F 지하철 미도스지선·센니치마에선·요츠바시선 난바역 14번 출구에서 도보 4분 T 06-6211-0319 O 11:30~21:30(L.O 21:00) H 수요일(공휴일인 경우 영업) P 키츠네 우동 880¥ W www.d-imai.com

킨류 라멘 본점

MAP P.262E

金龍ラーメン 本店

무료로 무제한 제공되는 공깃밥과 반찬으로 나오는 김치로 한국인에게도 잘 알려진 라멘집이다. 붉은색 가게 건물과 초록색 용 간판 때문에 멀리서도 눈에 잘 띈다. 메뉴는 라멘 한 가지지만 고명으로 얹는 차슈의 양에 따라 가격이 달라진다. 24시간 운영이라 그런지 언제 가도 기다리는 줄이 거의 없어 편하다.

F 지하철 미도스지선·센니치마에선·요츠바시선 난바역 14번 출구에서 도보 6분 T 06-6211-3999 O 24시간 H 연중무휴 P 라멘 800¥, 차슈라멘 1000¥

도톤보리 카무쿠라 센니치마에점

MAP P.262E

本どうとんぼり神座 千日前店

잘게 썰어낸 양배추로 그릇을 가득 덮은 라멘으로 유명한 곳. 채소를 주재료로 사용해 담백하면서 가벼운 느낌의 국물이 다른 라멘집과 차별된다. 돼지고기를 끓여 만들어 느끼한 라멘 국물을 선호하지 않는다면 한 번쯤 시도해볼 만하다. 기본 오이시 라멘에 더하는 토핑에 따라 메뉴가 달라진다. 교자와, 가라아게 등 사이드 메뉴도 선택 가능.

F 지하철 미도스지선·센니치마에선·요츠바시선 난바역 14번 출구에서 도보 5분 T 06-6213-1238 O 월~목요일 10:00~다음 날 07:00, 금요일 10:00~다음 날 08:00, 토요일 09:00~다음 날 08:00, 일요일 09:00~다음 날 07:00 H 연중무휴 P 오이시 라멘 740¥ W https://kamukura.co.jp

오코노미야키 미즈노

MAP P.262E
VOL.1 P.124

お好み焼 美津の

1945년에 개업한 오코노미야키 전문점. 여러 해에 걸쳐 미슐랭 가이드에 선정되었으며 언제나 문 앞에 대기자가 많다. 참마와 함께 고기, 해산물, 채소가 섞여 부드러운 맛을 내는 야마이모야키와 여섯 가지의 재료를 넣은 미즈노야키가 인기 메뉴다. 테이블에 놓인 철판에서 직원이 직접 요리해주기 때문에 보는 재미도 있다.

F 지하철 미도스지선·센니치마에선·요츠바시선 난바역 14번 출구에서 도보 4분 T 06-6212-6360 O 11:00~22:00(L.O 21:00) H 목요일(공휴일, 골든위크, 연말연시일 경우 영업) P 미즈노야키 1500¥, 야마이모야키 1730¥ W www.mizuno-osaka.com

이치란 라멘 도톤보리점 본관

一蘭 道頓堀店本館

MAP P.262E

후쿠오카에 본점을 둔 돈코츠 라멘 전문점. 라멘 종류도 돈코츠 라멘 한 가지뿐이다. 무인 주문기에서 주문 후 독서실처럼 칸막이가 된 1인석 자리에 앉으면 요청 사항을 적는 종이를 준다. 자신의 입맛에 따라 맛의 진하기 정도, 기름진 정도, 토핑 종류 선택, 소스 선택, 면의 익힘 정도까지 선택할 수 있다.

Ⓕ 지하철 미도스지선·센니치마에선·요츠바시선 난바역 14번 출구에서 도보 5분 Ⓣ 06-6212-1805 Ⓞ 10:00~22:00(L.O 21:45) Ⓗ 연중무휴 Ⓟ 라멘 980¥ Ⓦ https://ichiran.com

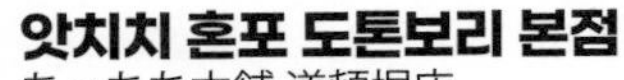

앗치치 혼포 도톤보리 본점

あっちち本舗 道頓堀店

MAP P.262E
VOL.1 P.123

머리에 노란 띠를 두른 귀여운 문어 캐릭터와 '앗치치 앗치치 혼포노~'로 시작하는 앗치치 해피데이라는 중독성 강한 노래가 흘러나오는 타코야키 가게. 기본 타코야키에 타코야키소스와 폰즈소스, 마요네즈, 간장, 소금 등 여러 가지 토핑을 조합한 메뉴를 선택할 수 있다. 음료가 함께 나오는 세트 메뉴를 선택하면 100엔이 할인된다.

구글 지도 앗치치 도톤보리 본점

Ⓕ 지하철 미도스지선·센니치마에선·요츠바시선 난바역 14번 출구에서 도보 5분 Ⓣ 06-7860-6888 Ⓞ 08:00~다음 날 01:00(재료 소진 시 종료) Ⓗ 연중무휴 Ⓟ 타코야키(8개) 600¥, 타코야키+음료 세트 700¥ Ⓦ www.acchichi.net

혼케오타코 도톤보리 본점

本家大たこ 道頓堀本店

MAP P.262E
VOL.1 P.123

1972년에 도톤보리에서 타코야키 가게 중 제일 먼저 생긴 곳이다. 오래된 역사와 달리 전면에 가판대가 놓인 가게는 소박한 모습이다. 타코야키 자체는 그리 크지 않지만, 속에 들어 있는 문어가 꽤 실하다. 타코야키 가게에서는 드물게 야키소바와 쿠시카츠도 함께 판매한다.

구글 지도 본가 오타코 도톤보리 본점

Ⓕ 지하철 미도스지선·센니치마에선·요츠바시선 난바역 14번 출구에서 도보 4분 Ⓣ 06-6211-5223 Ⓞ 10:00~23:00 Ⓗ 연중무휴 Ⓟ 타코야키 500¥(6개), 800¥(10개) Ⓦ http://foresta.group

아지노야

味乃家

MAP P.262E

수십 년 동안 고수한 듯한 아날로그 감성 물씬 풍기는 가게 분위기와 벽 곳곳에 걸린 유명인의 사인이 1965년에 문을 연 맛집이라는 것을 말해주는 듯하다. 갖가지 재료를 모두 담은 스페셜 믹스 오코노미야키와 세 가지 맛 미니 사이즈 오코노미야키, 오믈렛 야키소바, 네기야키 등 이 집만의 독특한 메뉴들이 시선을 끈다.

Ⓕ 지하철 미도스지선·센니치마에선·요츠바시선 난바역 14번 출구에서 도보 1분 Ⓣ 06-6211-0713 Ⓞ 화~목요일, 일요일·공휴일 11:00~22:00, 금~토요일 11:00~23:00 Ⓗ 월요일 Ⓟ 스페셜 믹스 오코노미야키 2990¥, 아지노야 믹스 오코노미야키 1480¥ Ⓦ http://ajinoya-okonomiyaki.com/ko

타코우메 본점
たこ梅 本店

MAP P.262E
VOL.1 P.015

1844년부터 오뎅을 파는 노포로 목조로 된 지금의 가게 외관도 옛 모습과 크게 다르지 않다. 따뜻한 술이 잘 식지 않도록 속이 빈 이중구조의 컵을 만들었으며 지금도 사용한다. 오뎅은 니혼슈와 잘 어울리며 맥주와도 잘 어울리는 문어, 채소 조림, 고래 고기 등을 맛볼 수 있는 곳이다.

Ⓕ 지하철 미도스지선·센니치마에선·요츠바시선 난바역 14번 출구에서 도보 7분 Ⓣ 06-6211-6201 Ⓞ 16:00~22:50(L.O 22:30) Ⓗ 부정기(홈페이지에 공지) Ⓟ 오뎅 단품 181~990¥ Ⓦ https://takoume.jp

메오토젠자이
夫婦善哉

MAP P.262E

부부를 의미하는 메오토 夫婦와 단팥죽을 의미하는 젠자이 善哉가 합쳐져 가게 이름이 되었다. 1883년에 개업한 가게로 일본의 소설가 오다 자쿠노스케가 발표한 동명 소설의 배경이기도 하다. 한 그릇을 둘이 나누어 먹으면 헤어진다는 속설 때문에 1인분이 두 그릇으로 제공된다. 그 때문에 부부나 커플이 먹으면 사이가 좋아진다고 한다.

Ⓕ 지하철 미도스지선·센니치마에선·요츠바시선 난바역 14번 출구에서 도보 2분 Ⓣ 06-6211-6455 Ⓞ 10:00~22:00(L.O 21:45) Ⓗ 연중무휴 Ⓟ 메오토젠자이 815¥ Ⓦ https://sato-res.com/meotozenzai

츠루통탄 소에몬초 본점
つるとんたん 宗右衛門町店

MAP P.262E
VOL.1 P.133

커다란 그릇 때문에 '세숫대야 우동'으로 잘 알려진 곳이다. 일본 각지에 지점을 둔 프랜차이즈지만 맛은 체인점 수준 이상이다. 나베 같은 느낌의 우동부터 얼음 위에 면을 올린 냉우동까지 재료도 모양도 다양한 수십 종류의 우동이 커다란 메뉴판을 가득 채운다. 자신의 기호에 따라 면의 굵기와 양, 토핑을 선택할 수 있다.

구글 지도 츠루통탄 소에몬쵸점

Ⓕ 지하철 사카이스지선·센니치마에선 닛폰바시역 2번 출구에서 도보 3분 Ⓣ 06-6211-0021 Ⓞ 월~금요일, 일요일 11:00~다음 날 06:00, 금·토요일 11:00~다음 날 08:00 Ⓗ 연중무휴 Ⓟ 명란크림 우동 1,480¥, 카레 우동 1180¥ Ⓦ www.tsurutontan.co.jp

하나마루켄 난바·호젠지점
花丸軒 難波・法善寺店

MAP P.262E

일본 내 라멘 가게에 고기를 공급하는 정육 회사에서 운영하는 라멘집. 돼지 뼈를 12시간 이상 고아낸 육수를 베이스로 한 쇼유(간장) 맛 라멘이다. 그래서인지 국물이 기름지고 간은 약간 센 편이다. 대표 메뉴는 '행복'이라는 뜻의 시아와세 라멘. 기본 시아와세 라멘에 삶은 달걀이나 차슈를 올린 라멘, 밥이나 교자가 함께 나오는 세트도 있다.

Ⓕ 지하철 미도스지선·센니치마에선·요츠바시선 난바역 14번 출구에서 도보 4분 Ⓣ 06-6213-0131 Ⓞ 24시간 Ⓗ 일요일, 연말연시 Ⓟ 시아와세 라멘 870¥ Ⓦ https://arakawa-fs.jp

SHOPPING

돈키호테 도톤보리점
ドン・キホーテ 道頓堀店

MAP P.262E
VOL.1 P.195

언젠가부터 일본 여행을 할 때 한번은 들러야 하는 쇼핑 필수 코스가 된 곳이다. 저렴한 가격에 생활 필수품과 과자, 의약품, 화장품, 전자 제품에 이르기까지 다양한 제품을 갖춰 구경하는 재미도 있다. 소비세를 제외한 제품 구매 금액이 5000¥ 이상이면 계산할 때 현장에서 바로 면세 혜택을 받을 수 있다.

Ⓕ 지하철 미도스지선·센니치마에선·요츠바시선 난바역 14번 출구에서 도보 5분 Ⓣ 06-4708-1411 Ⓞ 11:00~다음 날 03:00 Ⓗ 연중무휴 Ⓟ 제품마다 다름 Ⓦ www.donki.com

ENJOYING

도톤보리 리버 크루즈
とんぼりリバークルーズ

MAP P.262E

도톤보리강을 따라 운행하는 유람선. 돈키호테 도톤보리점 앞 선착장에서 출발해 호리에 미나토마치 리버 플레이스 근처와 닛폰바시까지 약 2km 구간을 운행한다. 도톤보리 주변 풍경을 감상하며 잠시 여유로운 시간을 보내기 좋다. 일본어로 열심히 설명하는 승무원과 다리 밑을 지날 때 손을 흔들어주는 사람들과의 교감도 쏠쏠한 재미다.

Ⓕ 지하철 미도스지선·센니치마에선·요츠바시선 난바역 14번 출구에서 도보 5분 Ⓣ 06-6441-0532 Ⓞ 11:00~21:00(매시 정각과 30분에 출항) Ⓗ 부정기(홈페이지에 공지) Ⓟ 어른 1200¥, 중·고·대학생 800¥, 초등학생 400¥ Ⓦ www.ipponmatsu.co.jp

난바역, 덴덴타운 주변

SIGHTSEEING

난바파크
なんばパークス

MAP P.262F

오사카 미나미 지역에서는 가장 큰 규모의 복합 쇼핑몰. 다양한 생활 잡화와 의류, 푸드코트 등의 가게가 입점해 있다. 부드럽고 유려한 곡선의 건물 곳곳에 꾸민 미니 정원, 저녁이면 곳곳에서 빛나는 조명으로 휴식 공간으로도 인기가 높다. 8층에 마련된 난카이 호크스 기념관에는 과거 난카이 호크스 야구팀에 관련된 물품이 전시돼 있다.

구글 지도 난바 파크스

Ⓕ 지하철 미도스지선·센니치마에선·요츠바시선 난바역 5번 출구에서 도보 5분 Ⓣ 06-6644-7100 Ⓞ 11:00~21:00(가게마다 다름) Ⓗ 가게마다 다름 Ⓟ 가게마다 다름 Ⓦ https://nambaparks.com

에비스바시스지 상점가
戎橋筋商店街

MAP P.262E
P.262F

넉넉한 풍채와 수염난 얼굴을 한 '에비탄'을 마스코트로 하는 상점가. 도톤보리 에비스바시 남쪽에서부터 난바마루이 백화점 옆까지 약 350m에 이르는 구간을 따라 가게와 식당 등의 점포가 이어진다. 1615년 도톤보리강 정비가 끝나고 점차 상점가가 형성되면서 수백 년의 시간에 걸쳐 현재의 모습으로 발전했다.

Ⓕ 난바워크 지하상가(지하철 난바역과 연결) B13·B15번 출구 앞 Ⓣ 가게마다 다름 Ⓞ 가게마다 다름 Ⓗ 연중무휴(가게마다 다름) Ⓟ 가게마다 다름 Ⓦ www.ebisubashi.or.jp

난바워크
なんばウォーク

MAP P.262E

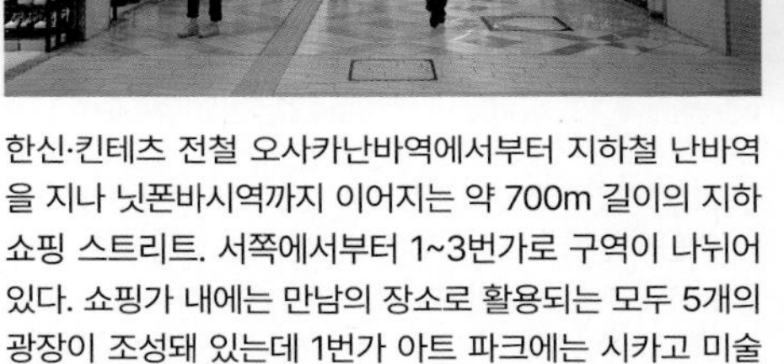

한신·킨테츠 전철 오사카난바역에서부터 지하철 난바역을 지나 닛폰바시역까지 이어지는 약 700m 길이의 지하 쇼핑 스트리트. 서쪽에서부터 1~3번가로 구역이 나뉘어 있다. 쇼핑가 내에는 만남의 장소로 활용되는 모두 5개의 광장이 조성돼 있는데 1번가 아트 파크에는 시카고 미술관 소장 작품의 복제 미술품이 전시돼 있다.

Ⓕ 난바워크 지하상가(지하철 난바역과 연결) B3~B30번 출구 지하 Ⓣ 가게마다 다름 Ⓞ 10:00~22:00(가게마다 다름) Ⓗ 부정기(홈페이지에 공지) Ⓟ 가게마다 다름 Ⓦ https://walk.osaka-chikagai.jp

쿠로몬 시장
黒門市場

MAP P.262E P.262F

1822년, 엔묘지라는 절의 산문 앞에 생선 장사꾼들이 시장을 열면서 엔묘지 시장이 생겼다. 절의 산문이 검은색이었는데 1912년에 난바 대화재 때 절이 소실된 이후 사람들은 '검은 문의 시장'이라는 의미인 쿠로몬 시장으로 불렀다. 식재료 외 길거리 음식과 기념품, 생필품 등을 판매해 현지인과 관광객의 발길이 끊이지 않는다.

구글 지도 **구로몬시장**

Ⓕ 지하철 사카이스지선·센니치마에선 닛폰바시역 10번 출구에서 도보 1분 Ⓣ 06-6631-0007 Ⓞ 08:00~21:00(가게마다 다름) Ⓗ 가게마다 다름 Ⓟ 가게마다 다름 Ⓦ https://kuromon.com

EATING →

우라난바
裏難波

MAP P.262F

'난바의 뒤'라는 의미인 우라난바는 난바의 뒷골목으로 10여 년 전부터 관광객보다는 현지인에게 입소문이 나면서 맛집 거리로 핫해진 곳이다. 퇴근 후 귀갓길에 삼삼오오 모여 하루의 피로를 푸는 직장인들의 모습을 많이 볼 수 있다. 서민적인 느낌의 식당과 술집이 대부분이라 로컬의 분위기를 즐기고 싶을 때 들르기 좋다.

Ⓕ 난바 난난 지하상가(지하철 난바역 2·3번 출구 방향에서 연결) E9번 출구에서 도보 2분 Ⓣ 가게마다 다름 Ⓞ 가게마다 다름 Ⓗ 가게마다 다름 Ⓟ 가게마다 다름 Ⓦ https://uranmb.com

다이닝 아지토
DINING あじと

MAP P.262F

우라난바 일본 유명인들의 호평으로 유명해지면서 우라난바가 알려지는 계기가 된 가게다. 대표 메뉴인 흑모 와규를 사용한 로스트비프와 생선 요리, 파스타, 피자까지 다양한 메뉴와 니혼슈와 맥주, 와인 등을 고를 수 있다. 점심에는 카레라이스나 스테이크를 올린 도시락 등 캐주얼한 음식을 맛볼 수 있다.

구글 지도 **다이닝구 아지토**

Ⓕ 난바 난난 지하상가(지하철 난바역 2·3번 출구 방향에서 연결) E9번 출구에서 도보 3분 Ⓣ 06-6633-0588(17:00~23:00), 090-8826-0588(예약) Ⓞ 점심 11:30~14:30, 저녁 17:00~23:00 Ⓗ 부정기 Ⓟ 난코츠이리츠쿠네 680¥, 로스트비프 2480¥ Ⓦ www.dining-ajito.com

사카나야 히데조 타치노미텐

MAP P.262F

魚屋 ひでぞう 立ち呑み店

우라난바 '서서 마시는 가게'라는 이름대로 의자 없이 바와 테이블 앞에 서서 먹는 선술집으로 우리나라 실내 포차 같은 유쾌한 분위기다. 저렴하면서도 맛있는 안주로 인기가 자자해 문을 열자마자 순식간에 가게가 손님으로 가득 찬다. 안주는 참치와 꽁치, 넙치, 오징어, 문어, 성게 등 싱싱한 제철 해산물로 만든 요리다.

Ⓕ 난바 난난 지하상가(지하철 난바역 2·3번 출구 방향에서 연결) E9번 출구에서 도보 3분 Ⓣ 06-6648-8839 Ⓞ 17:00~24:00 Ⓗ 연중무휴 Ⓟ 단품 요리 270~830¥ Ⓦ http://s-hidezo.jp

치보 센니치마에 본점

MAP P.262F

千房 千日前本店

철판에서 익어가는 오코노미야키에 하얀색 마요네즈를 뿌려 멋진 모양을 내는 퍼포먼스를 넋을 잃고 보다 보면 어느새 먹음직한 오코노미야키가 완성된다. 테이블에는 가츠오부시와 파슬리를 비롯한 소스와 시치미까지 놓여 있어 취향대로 뿌려 먹을 수 있다. 인기 메뉴는 도톤보리 야키로 취향에 따라 파와 서니사이드업 달걀을 추가할 수 있다.

Ⓕ 난바 난난 지하상가(지하철 난바역 2·3번 출구 방향에서 연결) E5번 출구에서 도보 2분 Ⓣ 06-6643-0111 Ⓞ 11:00~22:00 Ⓗ 연중무휴 Ⓟ 도톤보리 야키 1880¥ Ⓦ www.chibo.com

리쿠로오지상노미세 난바 본점

MAP P.262E
VOL.1 P.159

りくろーおじさんの店なんば本店

수플레 치즈 케이크 하나로 맛집 반열에 오른 빵집. 딸랑딸랑 종소리가 울리면 김이 모락모락 올라오는 치즈 케이크가 오븐에서 나오고 가게의 상징인 인상 좋게 웃는 아저씨 그림이 빵 위에 찍힌다. 갓 구운 치즈 케이크는 입안에서 녹아내린다. 2층과 3층에 마련된 카페에서 2잔 분량으로 준비되는 커피나 홍차와 함께 즐겨도 좋다.

구글 지도 리쿠로오지산노미세 난바본점

Ⓕ 지하철 미도스지선·센니치마에선·요츠바시선 난바역 11번 출구에서 도보 2분 Ⓣ 0120-57-2132 Ⓞ 1층 매장 09:00~20:00, 2층 카페 11:30~17:30(L.O 16:30) Ⓗ 연중무휴 Ⓟ 치즈 케이크 965¥ Ⓦ www.rikuro.co.jp

지유켄 난바 본점

MAP P.262E
VOL.1 P.126

自由軒 難波本店

1910년에 오사카 최초의 서양식 음식점으로 개업한 식당. 100여 년 동안 꾸준하게 인기를 얻고 있는 명물 카레로 유명하다. 접시에 담은 카레라이스 가운데 날달걀을 얹은 모양이 독특하다. 카레라이스 외에도 오므라이스와 스테이크, 튀김, 커틀릿 등 메뉴가 다양하다.

Ⓕ 지하철 미도스지선·센니치마에선·요츠바시선 난바역 11번 출구에서 도보 2분 Ⓣ 06-6631-5564 Ⓞ 11:00~20:00 Ⓗ 월요일 Ⓟ 메이부츠 카레 800¥ Ⓦ www.jiyuken.co.jp

551호라이 본점

MAP P.262E

551蓬莱 本店

돼지고기를 넣은 만두, 부타망으로 유명한 중화요리 전문점이다. 1층은 테이크아웃 매장으로, 2층과 3층은 중화요리 식당으로 운영된다. 대표 메뉴인 부타망은 찐빵처럼 두툼한 만두피 안에 돼지고기로 만든 큼직한 소가 들어 있다. 구입하자마자 따뜻할 때 먹는 것이 가장 맛있게 먹는 방법이다.

구글 지도 551 호라이만두

Ⓕ 지하철 미도스지선·센니치마에선·요츠바시선 난바역 11번 출구에서 도보 1분 Ⓣ 06-6641-0551 Ⓞ 1층 매장 10:00~21:30 Ⓗ 첫째·셋째주 화요일+부정기(홈페이지에 공지) Ⓟ 부타망 4개 840¥, 6개 1260¥ Ⓦ www.551horai.co.jp

스시 마츠모토

MAP P.262F

鮨まつもと

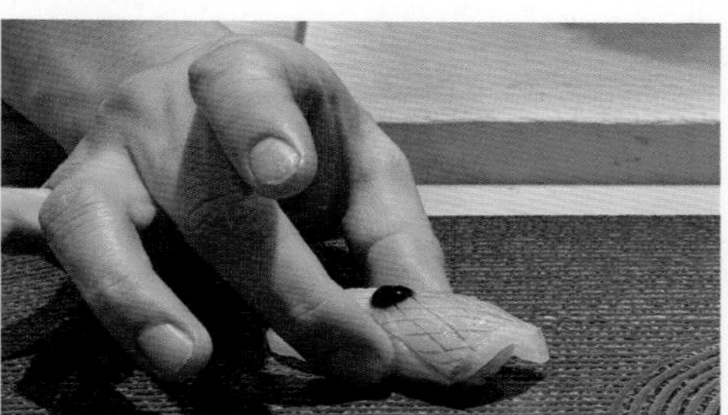

도쿄 아카사카에 위치한 미슐랭 1스타 스시야 '마츠모토'의 오사카 분점. 난바 한복판에 자리해 찾기 쉽다. 5천엔 안팎의 저렴한 가격에 오마카세를 경험할 수 있다. 오사카다운 쾌활하고 소박한 분위기도 매력적. 일본의 대표적인 미식 포털 '타베로그'에서 예약할 수 있다.

Ⓕ 난바 비쿠카메라와 같은 큰길 선상에 있다. Ⓣ 050-5570-8702 Ⓞ 12:00~15:00, 17:00~23:00 Ⓗ 부정기 Ⓟ 점심 오마카세 코스4000~1만 2000¥ Ⓟ sushi-matsumoto-g.com

하브스 난바파크크점

MAP P.262F

HARBS なんばパークス店

나고야에 본점을 둔 하브스의 오사카 지점 중 하나. 첨가물은 줄이고 제철 과일과 신선한 재료를 사용해 최적의 레시피로 완성한 케이크로 이름 높은 곳이다. 신메뉴를 선보이기보다 변함없는 맛을 유지하기 때문에 언제 방문해도 원하는 메뉴를 찾을 수 있다. 난바파크점에서는 13종류의 케이크와 커피, 차 외에 파스타로 식사도 가능하다.

구글 지도 하브스 난바파크스점

Ⓕ 지하철 미도스지선·센니치마에선·요츠바시선 난바역 5번 출구에서 도보 5분 난바파크 내 3층 Ⓣ 06-6636-0198 Ⓞ 11:00~20:00 Ⓗ 연중무휴 Ⓟ 미루 크레프(Mille Crepes) 1조각 980¥ Ⓦ www.harbs.co.jp

닛폰바시 이치미젠

MAP P.262F

日本橋一味禅

일본 돈부리 그랑프리 텐동 부문에서 금상을 수상한 식당. 우리나라에도 <식신로드>라는 프로그램에서 소개된 적이 있다. 가게 규모는 작지만 대체로 대기가 거의 없는 편이어서 편하다. 기름에서 갓 건져낸 튀김을 밥 위에 푸짐하게 얹는다. 튀김의 주재료는 새우와 닭고기, 붕장어로 채소튀김과 함께 섞여 메뉴를 구성한다.

Ⓕ 지하철 사카이스지선·센니치마에선 닛폰바시역 5번 출구에서 도보 8분 Ⓣ 06-6643-2006 Ⓞ 11:00~16:00 Ⓗ 연중무휴 Ⓟ 에비아나고텐동 1500¥ Ⓦ www.ichimizen.com

규카츠 토미타
牛かつ 冨田

MAP P.262F

덴덴타운 초입에 위치한 규카츠 전문점. 소고기 겉면을 튀겨낸 상태에서 서빙되며 자리에 마련된 미니 화로에서 직접 구워 먹는 방식이다. 고기를 입안에 넣으면 살살 녹는다는 느낌이 들 정도로 육질이 부드럽다. 규카츠와 밥, 샐러드, 미소국이 포함된 세트이며 고기 양과 마 유무를 고를 수 있다. 밥은 무료로 한 번 리필 된다.

구글 지도 토미타 규카츠

Ⓕ 난바 난난 지하상가(지하철 난바역 2·3번 출구 방향에서 연결) E9번 출구에서 도보 4분 Ⓣ 없음 Ⓞ 11:00~21:00(L.O 20:45) Ⓗ 연중무휴 Ⓟ 규카츠 세트(마 없음 130g) 1500¥, 규카츠 세트(마 없음 260g) 2300¥

오사카 타카시마야
大阪タカシマヤ

MAP P.262F

1831년에 교토에서 헌옷과 포목을 취급하는 가게로 창업해 메이지시대에는 왕실에 옷감을 납품했다. 난카이난바역과 연결된 오사카점 건물의 외관은 유럽을 연상시킨다. 9층 규모의 매장에 잡화와 의류, 보석, 화장품, 식당 등의 매장이 충실히 입점해 있다. 외국인의 경우 소비세 미포함 5,000¥ 이상 물품을 구매하면 면세 혜택을 받을 수 있다.

구글 지도 다카시마야

Ⓕ 난바 난난 지하상가(지하철 난바역 2·3번 출구 방향에서 연결) E4번 출구 앞 Ⓣ 06-6631-1101 Ⓞ 10:00~20:00 Ⓗ 부정기(홈페이지에 공지) Ⓟ 제품마다 다름 Ⓦ www.takashimaya-global.com/kr

난바 마루이
なんばマルイ

MAP P.262F

지하 1층부터 지상 7층 규모의 대형 백화점으로 난카이난바역과 마주 보고 있다. 처음 개점 당시 토호 영화사와 협업하는 형태로 부지를 마련해 백화점 내 토호 시네마가 함께 입점해 있는 것이 특징이다. 지하 식품관과 1층 매장에 식품관을 비롯해 칼디 커피팜, 빵집 등 먹거리 숍과 중저가 생활 실속형 매장도 여럿 입점해 있다.

Ⓕ 난바 난난 지하상가(지하철 난바역 2·3번 출구 방향에서 연결) E1번 출구 앞 Ⓣ 06-6634-0101 Ⓞ 11:00~20:00 Ⓗ 부정기(홈페이지에 공지) Ⓟ 제품마다 다름 Ⓦ www.0101.co.jp/085

빅쿠 카메라 난바점
ビックカメラ なんば店

MAP P.262F

요도바시 카메라, 야마다덴키와 함께 일본 전역에 지점을 보유한 대형 전자 제품 양판점 중 하나. 일본 양판점의 장점은 무엇보다 직접 물건을 보고 만지며 체험해볼 수 있다는 것이다. 거기에 저렴한 가격을 지향하며 품목에 따라 세일하는 것도 있으니 꼼꼼히 챙겨볼 필요가 있다. 외국인 여행자에게 주어지는 면세 혜택도 잊지 말 것.

구글 지도 빅카메라 난바점

Ⓕ 난바 난난 지하상가(지하철 난바역 2·3번 출구 방향에서 연결) E21번 출구 앞 Ⓣ 06-6634-1111 Ⓞ 10:00~21:00 Ⓗ 연중무휴 Ⓦ www.biccamera.com

센니치마에도구야스지 상점가
MAP P.262F

千日前道具屋筋商店街

돈키호테 난바센니치마에점 앞에서부터 약 160m 직선으로 이어지는 주방 기구 전문 상점가. 음식과 관련된 모든 소품과 주방 기구를 다루는 전문 상점가다. 식당에서 필요한 모든 물품이 총집합됐다고 보면 된다. 식당뿐 아니라 가정에서 쓸만한 것들도 많으니 찬찬히 구경해볼 만하다. 전기 제품을 구입할 경우 전기 규격을 확인해야 한다.

Ⓕ 난바 난난 지하상가(지하철 난바역 2·3번 출구 방향에서 연결) E9번 출구에서 도보 1분 Ⓞ 09:00~18:00(가게마다 다름) Ⓦ www.doguyasuji.or.jp

덴덴타운
MAP P.261D
VOL.1 P.180

でんでんタウン

지하철 닛폰바시역과 에비스초역 사이 전기·전자 제품, 비디오게임, 피겨, 프라모델, 애니메이션 관련 제품을 판매하는 매장과 메이드 숍이 밀집한 구역이다. 도쿄 아키하바라와 함께 일본 오타쿠의 성지로 꼽힌다. 눈에 띄는 대형 매장으로 조신 슈퍼키즈랜드, 스루가야, 애니메이트 등이 있다. 홈페이지에서 한국어판 지도를 다운받을 수 있다.

Ⓕ 지하철 사카이스지선·센니치마에선 닛폰바시역 5번 출구에서 도보 8분 Ⓦ www.nippombashi.jp

ENJOYING →

아키바카트 오사카
MAP P.262F

アキバカート大阪

고카트를 타고 오사카 시내를 달리는 체험을 할 수 있는 어트랙션. 최고 속력이 60km/h지만 지상고가 낮아 체감 속도는 상상 이상이다. 고카트를 타고 오사카 시내와 오사카 성 등 주요 관광지를 따라 드라이브를 즐길 수 있다. 홈페이지에서 예약할 수 있으며, 이용 시에는 일본 운전면허증 또는 국제운전 면허증이 필요하다.

Ⓕ 지하철 사카이스지선·센니치마에선 닛폰바시 10번 출구에서 도보 12분 Ⓣ 080-9697-8605 Ⓞ 10:00~20:00 Ⓗ 연중무휴 Ⓟ 1시간 코스 1400¥, 2시간 코스 1800¥ Ⓦ www.osakakart.com

호리에 주변 SIGHTSEEING →

미나토마치 리버 플레이스
MAP P.260B

湊町リバープレイス

오사카난바역 인근 도톤보리강가에 팔각형 지붕을 얹은 건물이 미나토마치 리버 플레이스다. 맞은편 도톤보리와는 다르게 차분한 분위기여서 풍경을 감상하며 여유 있게 산책을 즐기기 좋다. 해가 지고 건물 조명에 불이 켜지면 강과 어우러진 야경이 꽤 아름답다. 옥외 광장과 실내 콘서트홀 해치(Hatch)에서 음악회나 공연이 열리곤 한다.

Ⓕ 킨테츠선·한신선 오사카난바역 26-A·26-B·26-C번 출구에서 도보 1분 Ⓣ 가게마다 다름 Ⓞ 09:00~22:00(가게마다 다름) Ⓗ 연중무휴(가게마다 다름) Ⓟ 가게마다 다름 Ⓦ www.oud.co.jp/riverplace

아메리카무라

MAP P.260A

アメリカ村

주로 창고나 주차장이었던 거리에 미국에서 수입해온 구제 의류나 잡화 등을 판매하는 것이 미디어에 유행 발상지로 소개되며 '아메리카무라'라는 이름을 얻었다. 지금도 저마다의 개성을 내세운 점포들이 밀집해 있어 젊은이들이 모이는 활기찬 거리다. 저녁이 되면 거리는 다시 한번 변신해 바와 클럽이 성황을 이룬다.

Ⓕ 지하철 미도스지선·나가호리츠루미료쿠치선 신사이바시역 8번 출구에서 도보 4분 Ⓣ 가게마다 다름 Ⓞ 가게마다 다름 Ⓗ 가게마다 다름 Ⓟ 가게마다 다름 Ⓦ https://americamura.jp

오렌지 스트리트

MAP P.260B

オレンジストリート立花通り

호리에 지역을 대표하는 상권으로 약 750m 구간의 거리에 카페와 인테리어 숍, 수입 가구점, 잡화점, 옷 가게 등 세련된 느낌의 가게가 늘어섰다. 에도시대에 타치바나도리는 목재 창고와 가구점으로 유명했던 곳이다. 후루기야 JAM 호리에점, 구제 의류 가게 팔 스톡, 더 굿랜드 마켓 호리에점 등 빈티지 숍과 편집숍도 여럿 만날 수 있다.

Ⓕ JR·킨테츠선·한신선 오사카난바역 26-C 출구에서 도보 4분 Ⓣ 가게마다 다름 Ⓞ 가게마다 다름 Ⓗ 가게마다 다름 Ⓟ 가게마다 다름 Ⓦ http://horie.ne.jp

EATING →

코가류 아메리카무라 본점

MAP P.260A
VOL.1 P.123

甲賀流 アメリカ村本店

아메리카무라 미츠코엔(삼각 공원) 앞에 위치한 타코야키 가게. 미슐랭 가이드에도 소개된 곳이어서 맛은 어느 정도 인정받은 곳이라 할 수 있다. 오사카에서도 처음으로 타코야키에 마요네즈를 뿌려 만든 소스마요는 지금까지도 코가류에서 인기 메뉴로 꼽힌다. 타코야키를 달걀 반죽으로 감싼 옴타코와 센베이로 감싼 메뉴도 있다.

구글 지도 **코가류 타코야끼 본점**

Ⓕ 지하철 요츠바시선 요츠바시역 5번 출구에서 도보 2분 Ⓣ 06-6211-0519 Ⓞ 연중무휴 Ⓗ 10:30~20:30(토요일, 공휴일 전날은 21:30까지) Ⓟ 타코야키 소스마요 500¥(10개) Ⓦ https://kougaryu.jp

야오야토 고항 오쿠라

MAP P.260A

八百屋とごはん おおくら

옛날 일본 가옥의 분위기로 꾸민 식당에 들어서면 가정집인 듯, 식당인 듯 독특하면서도 편안한 분위기가 느껴진다. 유기농 채소를 사용한 밥상은 자극적이지 않은 편안한 일본식 집밥의 맛 그 자체다. 영양사였다는 어머니의 영향을 받아 가정식 식당을 냈다는 말에 수긍이 된다. 주문 시 원하는 밥양을 고를 수 있다.

Ⓕ 지하철 요츠바시선 요츠바시역 6번 출구에서 도보 1분 Ⓣ 06-6532-3381 Ⓞ 11:00 ~ 23:00(L.O22:30) Ⓗ 연중무휴 Ⓟ 만텐테이쇼쿠 1250¥ Ⓦ https://sasaya-company.jp/brand/okura

나니와 탐험 크루즈

なにわ探検クルーズ

MAP P.260B

물의 도시 오사카의 운하를 따라 유람하면서 오사카 구경을 하는 유람선이다. 라쿠 크루즈에는 라쿠고가(落語家)라 부르는 기모노 차림의 만담가가 함께 승선해 안내를 맡는데, 혼자서 여러 등장인물을 연기하며 승객들의 흥을 돋운다. 운항 중 수위가 다른 구간에서는 파나마 운하처럼 수위를 조절해 통과하거나 지붕이 열리기도 한다.

Ⓕ JR·지하철 나가호리츠루미료쿠치선 다이쇼역 4번 출구에서 도보 1분 Ⓣ 06-6441-0532 Ⓞ 09:00~18:00 Ⓗ 12월 29일~1월 4일 Ⓟ 어른 3,500¥, 중·고등·대학생 2000¥, 초등생 이하는 어른 1명당 1명 무료(1명 초과 인원은 1인당 1000¥) Ⓦ www.ipponmatsu.co.jp

신사이바시스지

心斎橋筋

MAP P.261C
VOL.1 P.195

지하철 신사이바시역 앞에서부터 남쪽으로 도톤보리 에비스바시(다리) 앞까지 이어지는 약 600m 길이의 상점가. 상점가와 연결되는 다이마루 백화점을 비롯해 각종 카페와 음식점, 베이커리, 의류, 잡화, 드러그 스토어에 이르기까지 각양각색의 가게들이 상점가를 빼곡히 채운다. 유동인구도 어마어마해 인파에 밀려다닐 정도다.

Ⓕ 지하철 미도스지선·나가호리츠루미료쿠치선 신사이바시역 5·6번 출구 앞 Ⓣ 06-6211-1114 Ⓞ 가게마다 다름 Ⓗ 가게마다 다름 Ⓟ 가게마다 다름 Ⓦ https://www.shinsaibashi.or.jp

미도스지 명품 거리

御堂筋

MAP P.261C

지하철 미도스지선 난바역에서 북쪽으로 요도야바시역까지 이르는 대로가 미도스지 도로다. 이 거리는 고급 스포츠카와 전자 제품 매장, 글로벌 고급 브랜드이 즐비하다. 그중 난바역 북쪽에서부터 신사이바시역 북쪽 주변까지 구간은 전 세계 거의 모든 명품 매장이 있어 일본 최대의 명품 쇼핑 거리로 손꼽힌다.

Ⓕ 지하철 미도스지선·나가호리츠루미료쿠치선 신사이바시역 남쪽과 지하철 미도스지선·센니치마에선·요츠바시선 난바역 북쪽 사이의 미도스지 거리

카라호리 상점가

空堀商店街

MAP P.261C

타니마치초와 마츠야마치초 두 개 블록에 동서로 이어진 약 400m 구간을 말한다. 1945년에 형성된 상점가로 지금도 1970~1980년대 레트로한 모습을 간직하고 있다. 카라호리 空堀라는 지명은 오사카 성 주변 해자 중 이 지역의 해자가 물이 없었다는 데서 유래한 이름이다. 영화 <프린세스 도요토미>의 촬영지 중 한 곳이기도 하다.

구글 지도 Karahori Shopping Street

Ⓕ 지하철 나가호리츠루미료쿠치선 마츠야마치역 3번 출구에서 도보 3분 Ⓣ 06-6762-2229 Ⓞ 가게마다 다름 Ⓗ 가게마다 다름 Ⓟ 가게마다 다름 Ⓦ https://karahori-osaka.com

홋쿄쿠세이 신사이바시 본점

北極星 心斎橋本店

MAP P.260B
VOL.1 P.126

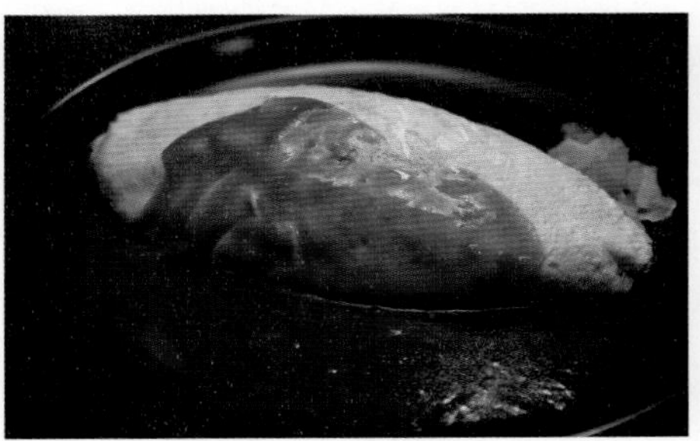

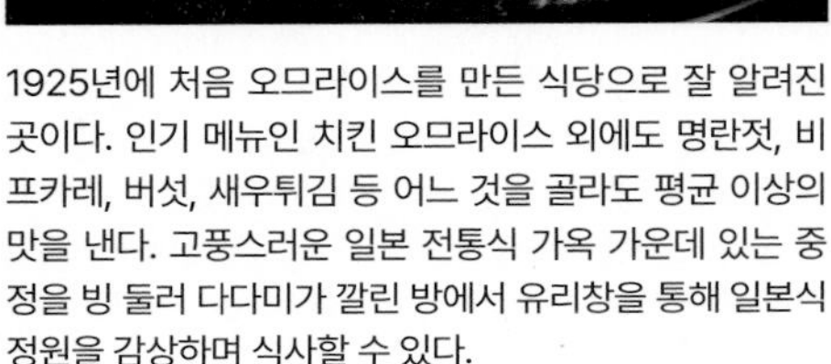

1925년에 처음 오므라이스를 만든 식당으로 잘 알려진 곳이다. 인기 메뉴인 치킨 오므라이스 외에도 명란젓, 비프카레, 버섯, 새우튀김 등 어느 것을 골라도 평균 이상의 맛을 낸다. 고풍스러운 일본 전통식 가옥 가운데 있는 중정을 빙 둘러 다다미가 깔린 방에서 유리창을 통해 일본식 정원을 감상하며 식사할 수 있다.

Ⓕ 지하철 미도스지선·센니치마에선·요츠바시선 난바역 25번 출구에서 도보 4분 Ⓣ 06-6211-7829 Ⓞ 11:30~21:30 Ⓗ 12월 31일~1월 1일 Ⓟ 치킨 오므라이스 1080¥ Ⓦ www.hokkyokusei.online

파블로 신사이바시 본점

PABLO心斎橋本店

MAP P.261C
VOL.1 P.159

치즈 케이크로 선풍적인 인기를 끈 뒤 해외 지점까지 낸 디저트 전문점. 대표 메뉴인 파블로 토로케루 치즈 타르트는 살구잼을 바른 바삭한 겉면 속에 부드럽게 흘러내리는 치즈 크림이 가득 들어 있어 직경 15cm의 두툼한 크기임에도 먹다 보면 순삭되는 경험을 하게 된다. 치즈 타르트 겉면을 캐러멜라이즈한 미니 브뤼레도 인기 메뉴다.

구글 지도 **갓 구운 치즈 타르트 전문점 PABLO 신사이바시 본점**

Ⓕ 지하철 미도스지선·나가호리츠루미료쿠치선 신사이바시역 6번 출구에서 도보 3분 Ⓣ 06-6211-8260 Ⓞ 평일 11:00~20:00 토·일요일·공휴일 10:00~21:00 Ⓗ 부정기 Ⓟ 파블로 토로케루 치즈 타르트 1180¥, 파블로 미니 브뤼레 300¥ Ⓦ www.pablo3.com

메이지켄

明治軒

MAP P.261C

케첩과 양파 맛이 나는 밥에 얇은 달걀옷, 그 위에 데미그라스소스를 뿌린 오므라이스를 한입 먹으면 뭔가 옛날스러운 느낌의 맛이 입안을 맴돈다. 맛을 보면 1925년에 개업했다는 사실에 고개가 끄덕여진다. 대표 메뉴인 오므라이스 외에도 카레라이스, 하이라이스, 햄버그스테이크, 스튜 그라탱 등의 음식도 함께 판매한다.

Ⓕ 지하철 미도스지선·나가호리츠루미료쿠치선 신사이바시역 5·6번 출구에서 도보 2분 Ⓣ 06-6271-6761 Ⓞ 11:00~15:00, 17:00~20:30(L.O 20:00) Ⓗ 수요일(공휴일인 경우 다음 날 휴업) Ⓟ 오므라이스와 소고기쿠시카츠 3개 세트 1130¥ Ⓦ www.meijiken.com

상미 신사이바시점

実身美 心斎橋店

MAP P.261C

'실속이 있고(実), 몸에 좋고(身), 맛이 있다(美)'라는 세 가지 개념을 담아 이름을 지었다는 식당이다. 이름에서 보듯 히로시마산 현미와 제철 채소, 인공 첨가물이 없이 효소를 살린 드레싱 등을 사용해 음식을 만든다. 메뉴는 '일일 건강밥'으로 매일 조금씩 다른 재료를 사용해 만든 소박한 가정식 밥상을 차려낸다.

구글 지도 **sangmi Shinsaibashi**

Ⓕ 지하철 미도스지선·나가호리츠루미료쿠치선 신사이바시역 5번 출구에서 도보 3분 Ⓣ 06-6224-0316 Ⓞ 11:00~21:00(15:00~17:00는 카페타임, L.O 20:30) Ⓗ 일요일 Ⓟ 히가와리 켄코고항 란치(일일 건강밥 런치) 1380¥ Ⓦ https://sangmi.jp

카스텔라 긴소 신사이바시 본점

カステラ銀装 心斎橋本店

MAP P.261C

1952년에 개업한 오사카를 대표하는 카스텔라 가게. 정성스레 싼 포장지와 정갈한 모양의 카스텔라가 우선 시선을 끈다. 기분 좋을 정도로 적당한 단맛과 약간의 촉촉함, 바닥에 박힌 설탕이 한 번 입에 넣으면 멈출 수 없게 만든다. 서로 다른 맛을 지닌 청색 상자와 적색 상자, 계절별로 선보이는 기간 한정 메뉴 등 다양한 맛도 매력이다.

구글 지도 카스테라 긴소 신사이바시점

Ⓕ 지하철 미도스지선·나가호리츠루미료쿠치선 신사이바시역 5번 출구에서 도보 1분 Ⓣ 06-6245-0021 Ⓞ 13:00~18:30 Ⓗ 1월 1일 Ⓟ 긴소 카스텔라 청색 상자 1188¥ · 적색 상자 1404¥ Ⓦ www.ginso.co.jp

무기토토리

麦×鶏

MAP P.261C
VOL.1 P.015

뼈가 녹을 정도로 닭을 푹 고아서 낸 뽀얀 국물로 만드는 '토리파이탄 鳥白湯'을 선보이는 라멘 전문점. 진한 닭 육수를 거품기로 휘저어 치밀한 거품 상태로 만든 국물이 특징으로, 입에 닿는 느낌이 매우 부드럽다. 일반 라멘과 츠케멘 두 종류가 있는데, 츠케멘 쪽이 더 인기가 높다. 카라아게도 맛있는 편. 내부가 청결하고 인테리어도 감각적이다.

Ⓕ 지하철 신사이바시역에서 도보 5분, 신사이바시역 사거리에서 북쪽으로 3블록 직진 후 우회전, 다시 2블록 직진 후 좌회전한다. Ⓣ 06-6121-7601 Ⓞ 11:00~14:30, 18:00~21:30 Ⓗ 부정기 Ⓟ 각종 라멘 950~1550¥, 각종 츠케멘 1000~1600¥ Ⓦ www.instagram.com› mugi_tori

후센

風泉

MAP P.260A

관광객보다 현지인 단골이 주로 찾는 식당이다. 1980년대 가정집 거실을 보는 듯한 인테리어는 아기자기하며 편안한 분위기다. 제철 채소와 생선 등의 식재료를 사용해 일본의 가정식인 오반자이를 맛볼 수 있다. 점심은 오반자이 밥상으로 식사가 가능하고 저녁엔 오마카세 오반자이 요리와 함께 술을 곁들일 수 있다.

구글 지도 風泉

Ⓕ 지하철 미도스지선·요츠바시선·주오선 혼마치역 5번 출구에서 도보 1분, APA 호텔 옆 건물 2층 Ⓣ 06-6262-6255 Ⓞ 11:30~15:00, 17:30~22:00(저녁은 예약 필수) Ⓗ 토·일요일·공휴일 Ⓟ 오반자이(점심) 1200¥~, 오마카세 코스 요리(저녁) 5000¥~

후사야

冨紗家

MAP P.261C

카라호리 상점가 내에 위치한 가게. 메뉴는 크게 오코노미야키, 네기야키, 모단야키, 야키소바, 그 외 단품 요리로 구분할 수 있다. 그중 야마이모(산마)와 돼지고기, 양배추를 넣고 달걀로 감싼 톤톤야키가 대표 메뉴다. 실내에 붙은 유명인의 사인이 눈길을 끈다. 우리나라에는 유튜브에서 마츠다 부장이 소개하기도 했다.

Ⓕ 지하철 나가호리츠루미료쿠치선 마츠야마치역 3번 출구에서 도보 4분 Ⓣ 06-6762-3220 Ⓞ 화~금요일 17:00~24:00(L.O 23:30), 토·일요일·공휴일 12:00~24:00(L.O 23:30) Ⓗ 월요일 Ⓟ 톤톤야키 1210¥ Ⓦ https://fusaya.gorp.jp

B KITA

키타

오사카 도심의 북부인 키타구는 남으로 나카노시마부터 북으로 요도가와 남부, 동으로 오카와까지 이르는 도심 지역이다. 우메다와 텐진바시스지, 나카노시마가 키타구에 속한다. 중심지인 우메다에는 여러 백화점을 비롯해 그랜드 프런트 오사카, 요도바시 카메라, 루쿠아, 헵 파이브, 차야마치 등 수많은 쇼핑몰과 쇼핑 스트리트가 이어진다. 쇼핑몰에 입점한 세련된 식당가와 레트로 감성 가득한 카페 거리 나카자키초, 신우메다 쇼쿠도가이, JR 텐마역 앞 등 로컬 분위기 물씬 풍기는 맛집도 만날 수 있다. JR 오사카역과 우메다역에서 교토나 고베 등 다른 도시로 이동하기도 편리하다.

교통 한눈에 보기

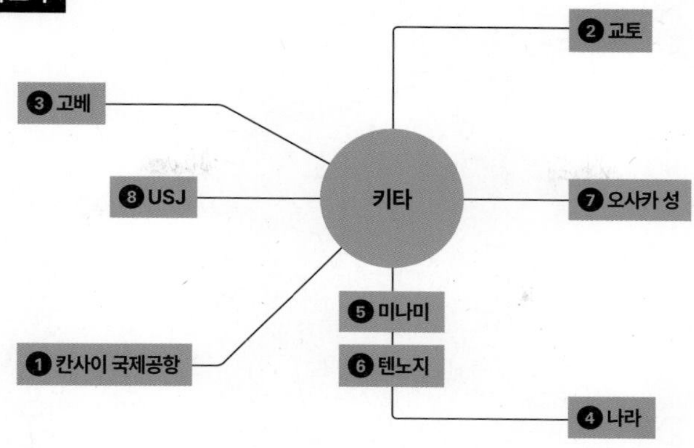

① 칸사이국제공항→키타	JR(칸사이공항역-오사카역) 칸사이 공항 리무진 버스(신한큐 호텔행)	74분 58분	1210¥ 1800¥
② 교토→키타	JR(교토역-오사카역) 한큐 전철(교토카와라마치역-오사카우메다역)	50분 43분	580¥ 410¥
③ 고베→키타	한큐 전철(고베산노미야역-오사카우메다역)	36분	330¥
④ 나라→키타	JR(나라역-오사카역)	58분	820¥
⑤ 오사카 미나미→키타	지하철 미도스지선(난바역-우메다역) 지하철 요츠바시선(요츠바시역-니시우메다역) 지하철 사카이스지선(닛폰바시역-텐진바시스지로쿠초메역)	8분 6분 10분	240¥ 240¥ 240¥
⑥ 오사카 텐노지→키타	지하철 미도스지선(텐노지역-우메다역)	6분	240¥
⑦ 오사카 성→키타	JR(모리노미야역 또는 오사카조코엔역-오사카역) 지하철 타니마치선(타니마치욘초메역-히가시우메다역) 지하철 추오선+미도스지선(타니마치욘초메역-혼마치역-우메다역)	9~11분 7분 15분	170¥ 240¥ 240¥
⑧ USJ→키타	JR(유니버설시티역-니시쿠조역-오사카역)	12분	190¥

오사카 키타 지역 다니는 방법

WALK JR 오사카역을 기준으로 지하철 우메다역 주변과 나카자키초까지 도보로 이동 가능하다.

SUBWAY 히가시우메다역에서 타니마치선을 이용해 나카자키초와 텐진바시스지로쿠초메역까지 빠르게 이동할 수 있다. 요츠바시선 히고바시역에서 나카노시마로 이동 가능하다.

BUS 키타신치와 우메다역, 누차야마치 북쪽 인근까지 우메다 주변을 순환하는 우메구루 버스를 15~20분 간격으로 운행한다. 1회 승차 요금은 100¥, 1일 승차권은 200¥이다.

TAXI 지하철로 이동하기 애매한 곳이나 걷기에 체력적으로 부담스러운 경우 적절하게 이용하면 된다.

TO DO LIST

- ☐ 우메다 스카이 빌딩 공중 정원 전망대에서 도심의 야경 감상하기

- ☐ 헵 파이브 대관람차 타고 스릴을 즐기며 풍경 감상하기

- ☐ 나카자키초 골목을 거닐며 맛집과 카페, 빈티지 감성 가게 둘러보기

- ☐ 오사카 스카이 비스타 버스 타고 오사카 시내 유람하기

- ☐ 백화점과 대형 쇼핑몰 구경하며 쇼핑 즐기기

- ☐ 텐진바시스지 상점가와 JR 텐마역 앞 주점 골목에서 현지인 분위기 느껴보기

키타 한눈에 보기
N
0
20m
A
나카츠
中津駅
나카츠(한큐)
中津駅(阪急)
마루젠&준쿠도 서점
MARUZEN & ジュンク堂書店
梅田店
누차야마치 플러스
NU茶屋町プラス P.297
누차야마치
NU茶屋町 P.297
인터컨티넨탈 호텔 오사카
インターコンチネンタルホテル大阪
호텔 비스키오 오사카 바이 그랑비아
ホテルヴィスキオ大阪
프랑프랑 우메다점
Francfranc梅田店 P.297
한큐 3번가
阪急三番街 P.297
키누타니 코지 천공 미술관
絹谷幸二 天空美術館 P.292
그랜드 프런트 오사카(북관)
グランフロント大阪(北館) P.296
호텔 뉴 한큐 오사카
大阪新阪急ホテル
오사카우메다(한큐)
大阪梅田駅(阪急)
유니클로 오사카
ユニクロ OSAKA店
우메다 스카이 빌딩
공중 정원 전망대
梅田スカイビル
空中庭園展望台 P.292
키지 우메다 스카이 빌딩점
きじ 梅田スカイビル店 P.293
요도바시 카메라
멀티미디어 우메다
ヨドバシカメラ
マルチメディア梅田 P.297
인디언카레 한큐산반가이점
インデアンカレー 三番街店 P.293
그랜드 프런트 오사카(남관)
グランフロント大阪(南館) P.296
신한큐호텔
공항 리무진 버스
승차장
산리오 비비
헵 파이브 관람
HEP FIVE観覧車
마츠바 소혼텐
松葉 総本店 P.294
신우메다쇼쿠도가이 新梅田食道街
우메다
梅田駅
한큐멘즈 오사
阪急メンズ大阪
루쿠아 오사카 ルクア大阪 P.296
오사카
大阪駅
하나다코
はなだこ P.294
한큐 우메다
본점 阪急
うめだ本店 P.296
화이티우메다
ホワイティうめ
산리오 Sanrio
오사카 스카이 비스타
OSAKA SKY VISTA P.298
호텔 그랑비아 오사카
ホテルグランヴィア大阪
산리오 Sanrio
미후네
美舟 P.295
다이마루 우메다점
大丸梅田店 P.295
한신 우메다 본점
阪神梅田本店 P.296
산리오 Sanrio
오사카우메다(한신)
大阪梅田駅(阪神)
히가시우메다
東梅田駅
카메스시 소
亀すし 総本店
힐튼플라자웨스트
ヒルトンプラザウエスト
소네자키 오하츠텐진도리 상점가
曽根崎 お初天神通り商店街 P.293
하비스 플라자 엔트
ハービスPLAZA ENT
니시우메다
西梅田駅
츠유노텐 신사
露天神社 P.292
호테이
瓢亭 P.294
키타신치
北新地駅
더 리츠 칼튼 오사카
ザ・リッツカールトン大阪
리커 마운틴 우메다점
Liquor Mountain 梅田店 P.295
후쿠시마
福島駅
후쿠시마(한신)
福島駅(阪神)
ANA 크라운 플라자 호텔 오사
ANAクラウンプラザホテル大阪
파티세리 몽셰르 도지마 본점
パティスリーモンシェール 堂島本店 P.295
오에바시
大江橋駅
B

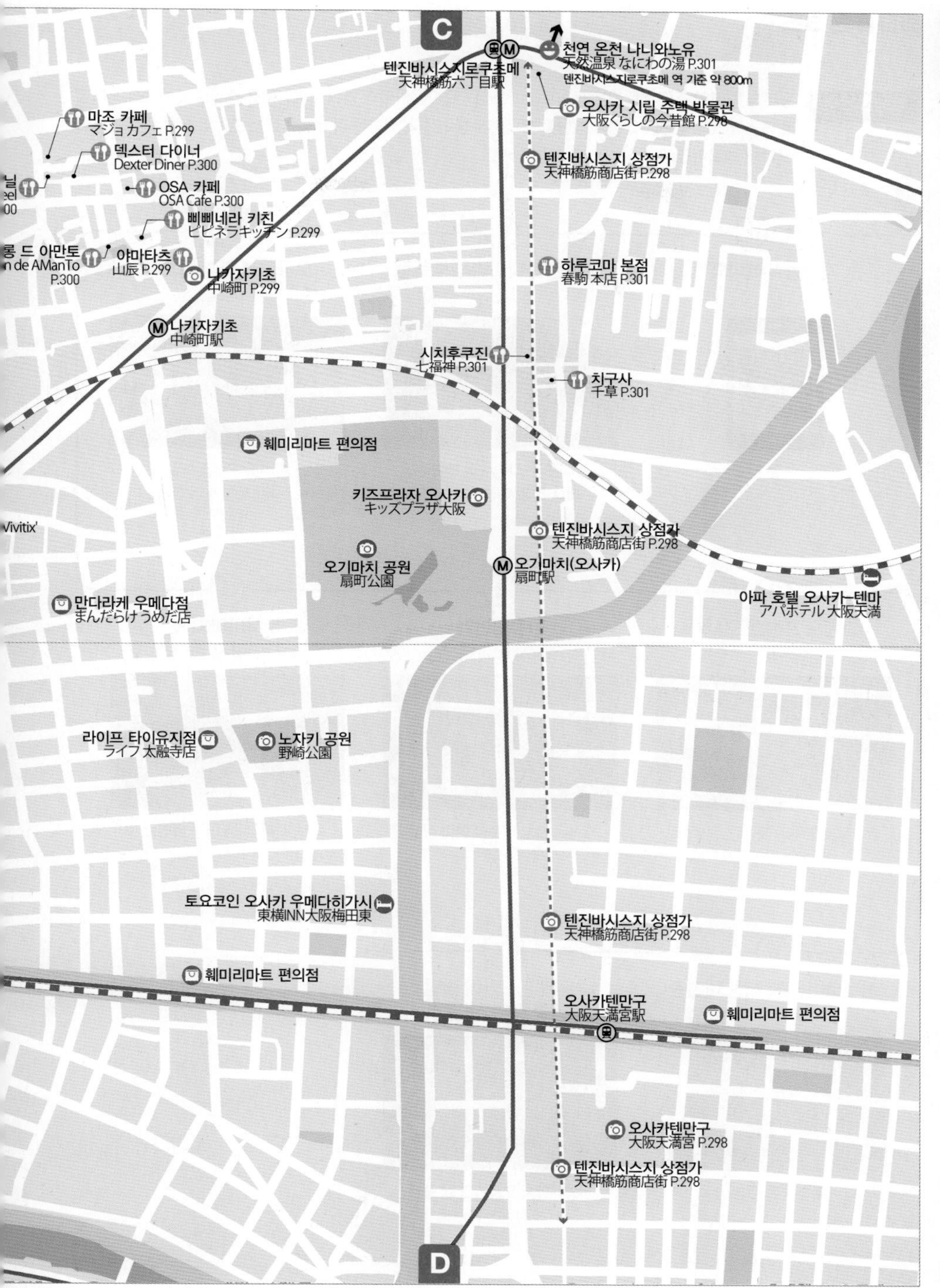
C
천연 온천 나니와노유
天然温泉 なにわの湯 P.301
텐진바시스지로쿠초메 역 기준 약 800m
텐진바시스지로쿠초메
天神橋筋六丁目駅
오사카 시립 주택 박물관
大阪くらしの今昔館 P.298
마조 카페
マジョカフェ P.299
덱스터 다이너
Dexter Diner P.300
OSA 카페
OSA Cafe P.300
텐진바시스지 상점가
天神橋筋商店街 P.298
삐삐네라 키친
ピピネラキッチン P.299
롱 드 아만토
n de AManTo
P.300
야마타츠
山辰 P.299
나카자키초
中崎町 P.299
하루코마 본점
春駒 本店 P.301
나카자키초
中崎町駅
시치후쿠진
七福神 P.301
치구사
千草 P.301
훼미리마트 편의점
키즈프라자 오사카
キッズプラザ大阪
텐진바시스지 상점가
天神橋筋商店街 P.298
Vivitix'
오기마치 공원
扇町公園
오기마치(오사카)
扇町駅
아파 호텔 오사카-텐마
アパホテル大阪天満
만다라케 우메다점
まんだらけうめだ店
라이프 타이유지점
ライフ 太融寺店
노자키 공원
野崎公園
토요코인 오사카 우메다히가시
東横INN大阪梅田東
텐진바시스지 상점가
天神橋筋商店街 P.298
훼미리마트 편의점
오사카텐만구
大阪天満宮駅
훼미리마트 편의점
오사카텐만구
大阪天満宮 P.298
텐진바시스지 상점가
天神橋筋商店街 P.298
D

키타 추천 코스

우메다 주변 우메다 지역의 주요 관광지를 둘러보는 코스다. JR 오사카역과 한큐 우메다역을 중심으로 백화점과 대형 쇼핑몰이 있고 주변에 상점과 식당이 빼곡하게 들어섰다. 취향에 따라 좋아하는 분야의 상점 위주로 둘러보자. | **소요 시간 : 약 6시간**

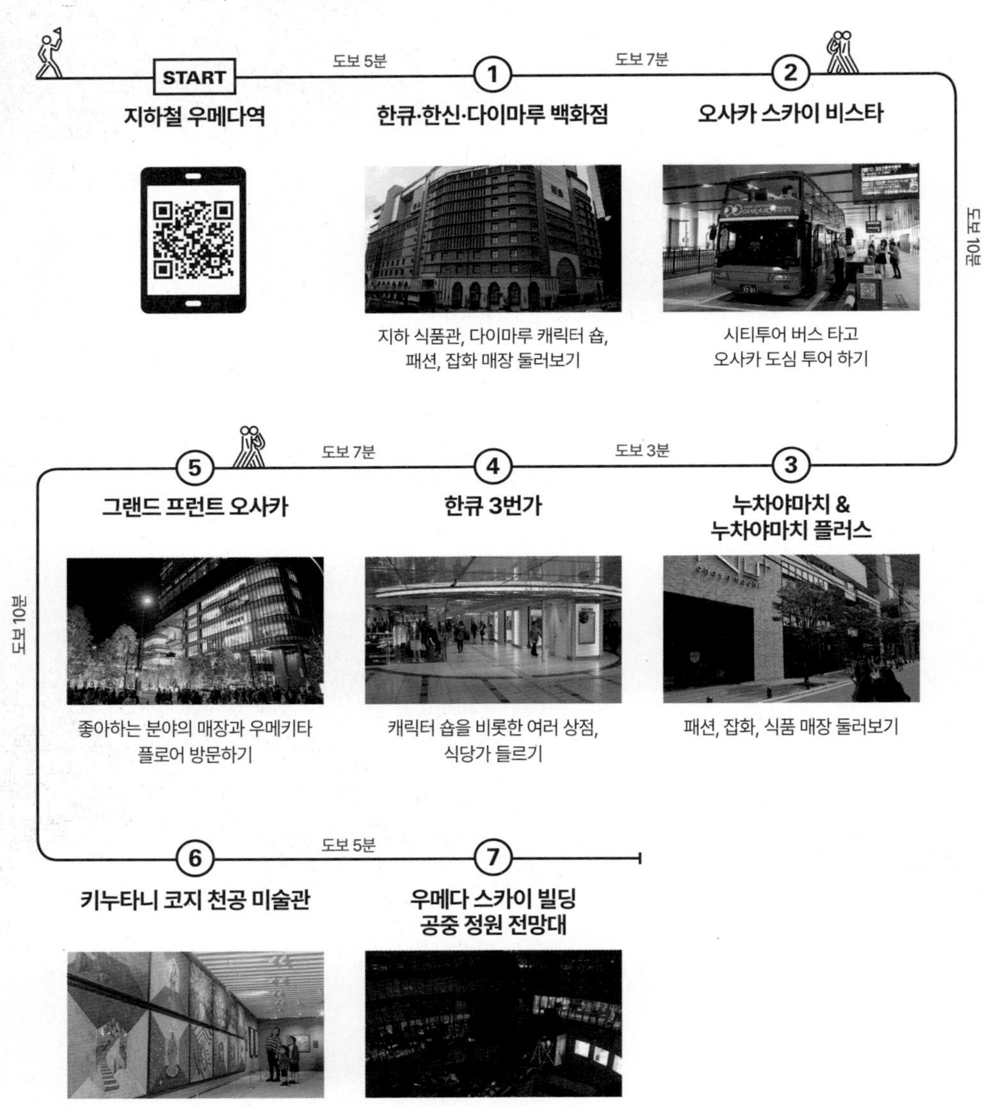

텐진바시스지 주변 오카와의 북쪽, 요도가와의 남쪽 도심 중 텐진바시스지를 중심으로 나카자키초까지 포함한 지역. 우메다의 고층 빌딩 숲이 거짓말처럼 사라지고 주거지 모습이 나타난다. 오사카 시민들의 로컬 감성을 느끼고 빈티지한 분위기의 골목을 만날 수 있다. | **소요 시간 : 약 5시간**

오사카 키타 지역 반나절 코스

나카자키초를 둘러보고 우메다 지역으로 이동해 주요 쇼핑몰에서 쇼핑과 식사를 할 수 있다. 쇼핑몰은 여기서 제시한 장소에 구애받지 말고 취향에 따라 원하는 곳을 방문해도 좋다 | **소요 시간 : 약 3시간 30분**

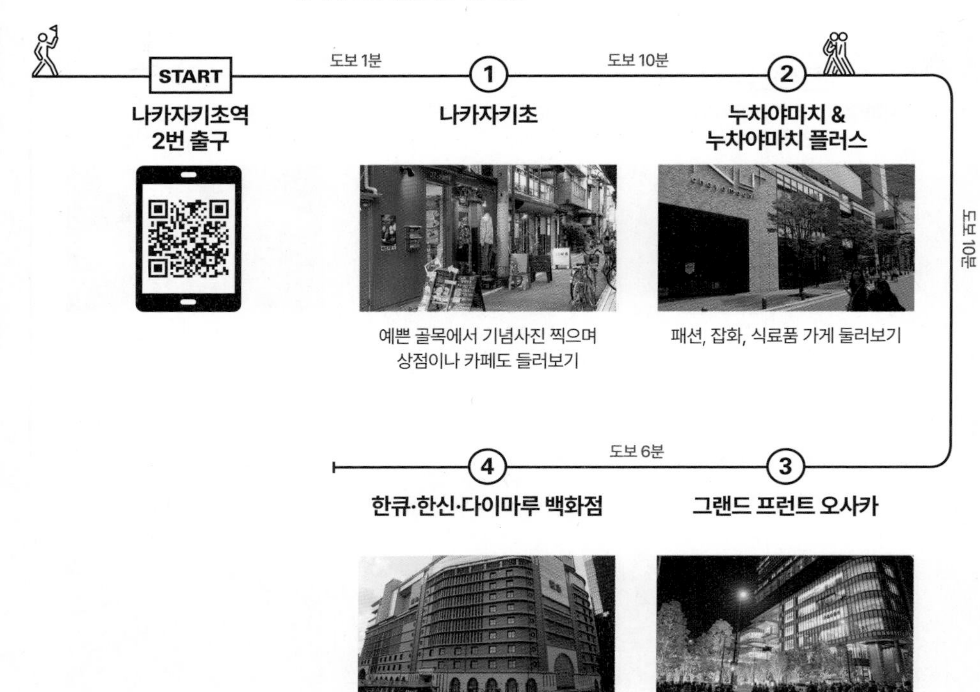

오사카 키타 지역 1 DAY 코스

텐진바시스지와 우메다 지역의 주요 스폿을 모두 돌아보는 일정이다. 많이 걸어야 하는 일정이므로 중간중간 카페나 쇼핑몰 등에서 휴식도 취하자. 우메다 지역의 백화점이나 쇼핑몰은 마음에 드는 곳만 골라 방문하면 된다. | **소요 시간 : 약 8시간**

우메다 스카이 빌딩 공중 정원 전망대

MAP P.286A VOL.1 P.096

梅田スカイビル 空中庭園展望台

우메다 스카이 빌딩 옥상에 조성된 전망대. 허공을 지나는 아찔한 에스컬레이터를 타면 39층 실내 전망대에 도착한다. 한 층 더 오르면 360도로 풍경을 감상할 수 있는 원형 야외 전망대에 다다른다. 우메다 북쪽을 흐르는 요도가와의 석양과 고층빌딩이 즐비한 야경이 압권이다. 커플이라면 사랑을 약속하는 하트 모양 자물쇠를 걸어보자.

구글 지도 우메다 공중정원

Ⓕ 지하철 미도스지선 우메다역 5번 출구에서 도보 9분, 우메다 스카이 빌딩 39층 Ⓣ 06-6440-3855 Ⓞ 09:30 ~ 22:30(입장은 22:00까지) Ⓗ 연중무휴 Ⓟ 어른 1500¥, 어린이(4~12세) 700¥, 전망대+미술관 공통권 2000¥ Ⓦ www.skybldg.co.jp/observatory

키누타니 코지 천공 미술관

MAP P.286A

絹谷幸二 天空美術館

일본 미술계에서 명망이 높은 화가 키누타니 코지의 작품을 감상할 수 있는 미술관. 단순히 벽에 그림을 걸어두는 형태의 미술관이 아니라 첨단 기술을 사용해 관람객의 흥미를 끄는 점이 눈에 띈다. 대형 스크린의 3D 영상을 통해 손에 잡힐 듯 입체감 있는 작품을 감상하거나 VR 영상에 키누타니 고지가 출연해 미술관을 안내한다.

구글 지도 기누타니 고지 천공 미술관

Ⓕ 지하철 우메다역 5번 출구에서 도보 9분, 우메다 스카이 빌딩 웨스트 27층 Ⓣ 06-6440-3760 Ⓞ 월·수·목요일 10:00~18:00, 금·토요일, 공휴일 전날 10:00~20:00 Ⓗ 화요일, 12월 30일~1월 3일 Ⓟ 어른 1000¥, 중·고등·대학생 600¥, 전망대+미술관 공통권 2000¥

헵 파이브 관람차

MAP P.286A

HEP FIVE 観覧車

JR 오사카역 맞은편에 자리한 쇼핑몰 헵 파이브 건물 옥상에 설치된 빨간색 대관람차. 약 106m 높이까지 올라가 우메다 주변 풍경은 물론, 맑은 날이면 서쪽으로는 아카시대교, 동쪽으로 이코마산까지 보인다고 한다. 캐빈에는 3.5mm 스피커선 연결 단자가 마련돼 있어 휴대폰을 연결해 탑승 중 원하는 음악을 들을 수도 있다.

Ⓕ 화이티우메다 지하상가(지하철 우메다역·히가시우메다역과 연결) H28번 출구 앞 헵 파이브 7층 Ⓣ 06-6366-3634 Ⓞ 11:00~23:00(최종 탑승 22:45) Ⓗ 부정기 Ⓟ 6세 이상 600¥ Ⓦ www.hepfive.jp/ferriswheel

츠유노텐 신사

MAP P.286B

露天神社

1300년 전 창건되었을 것으로 추정하는 신사로 사랑을 기원하고 인연을 맺어준다는 연인의 성지로 유명하다. 1701년에 유녀 오하츠와 간장 가게 종업원 도쿠베에가 여기서 동반 자살한 사건이 <소네자키 신주>라는 작품으로 극화되어 많은 인기를 끌었다. 그 때문에 현지인에게는 여주인공의 이름을 딴 '오하츠텐진'이라는 이름으로 잘 알려졌다.

Ⓕ 지하철 타니마치선 히가시우메다역 7번 출구에서 도보 3분 Ⓣ 06-6311-0895 Ⓞ 06:00~24:00 Ⓗ 연중무휴 Ⓟ 무료 Ⓦ www.tuyutenjin.com

소네자키 오하츠텐진도리 상점가

MAP P.286B

曽根崎 お初天神通り商店街

츠유노텐 신사 앞에서부터 오기마치도리까지 이르는 약 300m 길이의 상점가. 태평양 전쟁 직후 츠유노텐 신사 경내에 음식점이 모여들며 거리가 형성되었다. 현재는 식당과 주점이 들어선 유흥가의 분위기다. 상점가 입구 간판에 츠유노텐 신사와 얽힌 비극적인 사랑의 여주인공 오하츠의 그림이 있다.

구글 지도 Ohatsu tenjin dori

Ⓕ 지하철 타니마치선 히가시우메다역 2·4번 출구에서 도보 1분 Ⓣ 가게마다 다름 Ⓞ 가게마다 다름 Ⓗ 가게마다 다름 Ⓟ 가게마다 다름 Ⓦ www.ohatendori.com

키지 우메다 스카이 빌딩점

MAP P.286A

きじ 梅田スカイビル店

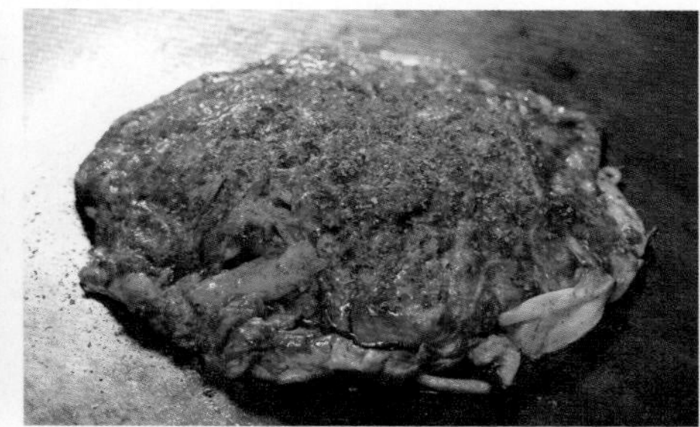

우메다 스카이 빌딩 지하에 쇼와시대(1926~1989) 골목 풍경을 재현한 다키미코지에 있는 키지의 분점이다. 카운터석에 앉으면 바로 앞에서 음식 만드는 모습을 볼 수 있다. 인기 메뉴는 야키소바에 달걀을 섞은 모단야키. 고기와 해산물을 모두 넣어 만든 우메다 스카이 빌딩점 한정 메뉴 타키미야키도 추천 메뉴.

구글 지도 오코노미야키 키지 우메다스카이빌딩점

Ⓕ 지하철 미도스지선 우메다역 5번 출구에서 도보 9분, 우메다 스카이 빌딩 지하 1층 Ⓣ 06-6440-5970 Ⓞ 11:30~21:30(L.O) Ⓗ 목요일 Ⓟ 모단야키 980¥, 야키소바 780¥ Ⓦ 없음

인디언카레 한큐산반가이점

MAP P.286A
VOL.1 P.126

インデアンカレー 三番街店

1947년에 개업한 노포로 오사카에서 맛으로 손꼽히는 카레 식당 중 하나다. 주문 후 마음의 준비를 하기도 전에 음식이 나오는 속도와 중독성 있는 맛으로 주로 바쁜 직장인이나 현지인에게 인기 있다. 좀 더 풍부한 맛을 위해 카레 소스를 추가하거나 부드러운 맛을 위해 달걀을 추가해 먹는 것도 좋다.

구글 지도 인디안 카레 산반가이점

Ⓕ 한큐오사카우메다역 건물 한큐 3번가 남관 지하 2층 18호 Ⓣ 06-6372-8813 Ⓞ 월~금요일 11:00~22:00(L.O 21:45), 토·일요일·공휴일 10:00~22:00(L.O 21:45) Ⓗ 부정기 Ⓟ 인디언카레 830¥ Ⓦ 없음

신우메다쇼쿠도가이

MAP P.286A

新梅田食道街

거대한 비즈니스타운 우메다의 직장인이 퇴근하면서 즐겨 찾는 식당가. 1950년에 18개의 식당으로 시작해 현재는 100개의 점포를 헤아릴 정도가 됐다. 70여 년의 세월이 스친 레트로한 감성과 술잔을 부딪치는 직장인들의 떠들썩한 소리가 정감을 주는 곳이다. 키지 본점과 하나타코 등 유명한 가게도 여럿 입점해 있다.

Ⓕ 지하철 미도스지선 우메다역 2번 출구에서 도보 1분 Ⓣ 가게마다 다름 Ⓞ 가게마다 다름 Ⓗ 가게마다 다름 Ⓟ 가게마다 다름 Ⓦ https://shinume.com

마츠바 소혼텐
松葉 総本店

MAP P.286A

신우메다쇼쿠도가이 쿠시카츠 전문점. 저렴한 안주 가격과 기다란 바 자리에 서서 먹는 캐주얼한 분위기인데, 주로 퇴근한 직장인들이 잠시 들러 하루의 피로를 날리는 선술집이다. 소고기와 돼지고기, 채소, 해산물 등을 튀긴 쿠시카츠는 맥주와 찰떡궁합을 이룬다. 자리마다 놓인 양배추는 무료로 제공된다. 한국어 메뉴도 있어 편하다.

구글 지도 마츠바 본점

F 지하철 미도스지선 우메다역 2번 출구에서 도보 1분, 신우메다쇼쿠도가이 내 T 06-6312-6615 O 월~금요일 14:00~22:00, 토·일요일·공휴일 11:00~22:00 H 1월 1일~3일+부정기 P 쿠시카츠 1꼬치 120~210¥ W 없음

하나다코
はなだこ

MAP P.286A

신우메다쇼쿠도가이 1950년에 개업해 우메다에서 맛집으로 입소문난 타코야키 가게. JR 오사카역 동쪽 횡단보도 건너편 신우메다쇼쿠도가이 입구 첫 번째 가게여서 찾기도 쉽다. 메뉴는 타코야키와 네기마요, 다코센 세 가지뿐인데, 그중 타코야키 위에 잘게 썬 파를 가득 올리고 마요네즈를 그물망처럼 뿌린 네기마요가 인기다.

F 지하철 미도스지선 우메다역 2번 출구에서 도보 1분, 신우메다쇼쿠도가이 내 T 06-6361-7518 O 10:00~22:00 H 연중무휴 P 타코야키 6개 510¥, 네기마요 6개 610¥ W 없음

카메스시 소혼텐
亀すし 総本店

MAP P.286B
VOL.1 P.017

SNS 등에서 오사카 대표 스시 맛집으로 '바이럴'되고 있는 우메다의 스시 전문점. 전 좌석이 카운터석이라 스시 만드는 과정을 볼 수 있고, 요리사와 직접 소통하기도 좋다. 종이에 적어 요리사에게 직접 주거나 종업원을 불러 주문하는데, 한국어 메뉴판을 갖추고 있다. 신선한 재료를 매우 두툼하게 썰어 초밥에 얹는것이 특징이다.

구글 지도 가메스시 총본점

F 지하철 히가시우메다역 4번 출구에서 160m 직진, 우메다에서 도보 10분 T 06-6312-3862 O 화~토요일 11:30~22:30, 일요일 11:30~21:30 H 월요일 P 각종 스시 400~1810¥ W kamesushi.jp

효테이
瓢亭

MAP P.286B

츠유노텐 신사 근처, 유기리 소바로 유명한 소바 전문점. 유기리 소바의 메밀 면은 유자의 겉부분을 곱게 갈아 나가노에서 맷돌로 빻은 하얀 메밀가루와 섞어 면에 은은한 유자 향이 배게 했다. '유기리'라는 이름은 실화를 바탕으로 한 가부키 <구루와분쇼>에 나오는, 오사카에서 유명한 팔방미인 유녀 유기리의 이름에서 따온 것이라고 한다.

구글 지도 효테이 유기리소바

F 지하철 타니마치선 히가시우메다역 7번 출구에서 도보 4분 T 06-6311-5041 O 월~금요일 11:00~23:00, 토요일 11:00~22:30 H 일요일, 공휴일 P 유기리 소바 1400¥ W www.hyoutei-soba.com

미후네
美舟

MAP P.286B

한큐 히가시도리 상점가에 있는 오코노미야키 식당으로 1948년에 개업했다. 식당 내부는 일본 쇼와시대 느낌 가득한 레트로 감성 그 자체다. 철판이 붙어 있는 1인용 테이블에 소스와 가츠오부시 등도 놓여 있어 주문한 메뉴의 재료가 서빙되면 직접 구워 먹는 방식이다. 주메뉴는 고기와 해산물을 넣은 오코노미야키와 야키소바.

Ⓕ 화이티 우메다 지하상가(오사카우메다역, 히가시우메다역과 연결) J4번 출구에서 도보 2분 Ⓣ 06-6361-2603 Ⓞ 12:00~14:30(입점은 13:30까지), 18:00~22:00(입점은 21:00까지) Ⓗ 화요일, 부정기 Ⓟ 믹스야키 1350¥ Ⓦ 없음

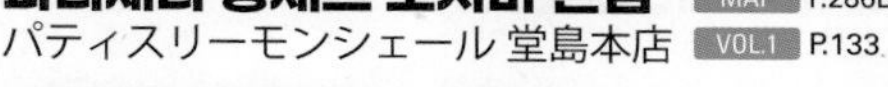

파티세리 몽셰르 도지마 본점
パティスリーモンシェール 堂島本店

MAP P.286B
VOL.1 P.133

케이크와 서양식 과자를 판매하는 도지마롤의 원조 격인 제과점. 매장이 파리 샹젤리제 거리 어디쯤에서 옮겨온 듯 이국적인 모습이다. 인기 메뉴인 도지마롤은 홋카이도산 우유와 바닐라를 사용해 만든 크림이 부드러우며 너무 달지 않아 고급스러운 느낌을 준다. 바닐라 외 과일과 블루베리 요쿠르트, 피스타치오, 말차 등 다양한 메뉴가 있다.

구글 지도 파티셰리 몽쉐르 도지마 본점

Ⓕ 케이한 나카노시마선 와타나베바시역 7번 출구에서 도보 2분 Ⓣ 06-6136-8003 Ⓞ 월~금요일 10:00~19:00, 토·일요일·공휴일 10:00~18:00 Ⓗ 연중무휴 Ⓟ 도지마롤 1개 1620¥, 1/2개 860¥ Ⓦ www.mon-cher.com

SHOPPING →

리커 마운틴 우메다점
Liquor Mountain 梅田店

MAP P.286B
VOL.1 P.172

위스키를 비롯한 고도수 독주를 전문으로 판매하는 할인 주류점. 오사카의 여러 할인 주류점 중 구색과 접근성이 가장 좋은 곳에 속한다. 다양한 하드 리커와 일본 전통술을 구비하고 있는데, 세계적으로도 흔치 않은 브랜드나 숙성 연수의 술이 종종 입고된다. 조금씩 맛만 보고 싶은 구매자를 위해 보틀 위스키를 10ml 단위로 덜어 팔기도 한다.

구글 지도 Liquor Mountain

Ⓕ JR 키타신치역 주변, 우메다에서 도보 10분 Ⓣ 06-4796-3311 Ⓞ 화~토요일 11:30~22:30, 일요일 11:30~21:30 Ⓗ 월요일 Ⓦ www.likaman.co.jp

다이마루 우메다점
大丸梅田店

MAP P.286B
VOL.1 P.022

1717년 교토 후시미에서 작은 가게로 시작한 이곳은 일본 주요 도시에 9개의 지점을 갖춘 대형 백화점 체인이다. 요즘 인기를 얻고 있는 곳은 13층 캐릭터 숍. 애니와 게임 캐릭터 숍인 포켓몬 센터, 닌텐도 스토어, 원피스 센터 등이 있다. 산리오 숍은 5층에 있다. 다이마루 신사이바시점에서도 캐릭터 숍을 운영한다.

구글 지도 다이마루 백화점 우메다점

Ⓕ JR 오사카역 중앙남쪽 출구와 연결 Ⓣ 06-6271-1231 Ⓞ 백화점 10:00~20:00, 14층 식당가 11:00~23:00 Ⓗ 1월 1일 Ⓟ 가게마다 다름 Ⓦ www.daimaru.co.jp

한큐 우메다 본점
阪急うめだ本店

MAP P.286A
VOL.1 P.195

2층에선 에르메스 외 여러 명품 브랜드의 가방과 화장품, 향수를 판매한다. 3~6층은 명품 브랜드를 비롯한 여러 브랜드의 여성 의류 매장으로 채워져 있다. 12층 식당가에는 교토의 햄버그스테이크 맛집인 그릴 캐피탈 토요테이도 입점해 있다. 9~12층까지는 건물 중앙부 천장이 뚫린 오픈 공간으로 기간 한정 마켓이나 이벤트가 열린다.

구글 지도 **한큐백화점 우메다 본점**

Ⓕ 지하철 미도스지선 우메다역 지하 통로, JR 오사카역 앞 광장 육교로 연결 Ⓣ 06-6343-1231 Ⓞ 10:00~20:00, 12·13층 식당가 11:00~22:00 Ⓗ 부정기 Ⓟ 가게마다 다름 Ⓦ www.hankyu-dept.co.jp

한신 우메다 본점
阪神梅田本店

MAP P.286B

한신 백화점은 200개 가까운 매장이 밀집한 지하 1층 식품관의 인기가 높은데 클럽 하리에, 유하임, 동크 같은 유명 제과점과 화과자 가게, 반찬 가게, 루피시아를 비롯한 차, 커피 가게, 식료품 가게 등이 망라되어 있다. 그중에서도 한신 명물로 불리는 이카야키가 유명한데 밀가루와 오징어, 달걀, 파를 넣어 구워낸 것이다.

Ⓕ 지하철 미도스지선 우메다역 지하 통로, JR 오사카역 앞 광장 육교로 연결 Ⓣ 06-6345-1201 Ⓞ 10:00~20:00, 9층 한신 대식당 11:00~22:00 Ⓗ 1월 1일 Ⓟ 가게마다 다름 Ⓦ www.hanshin-dept.jp

그랜드 프런트 오사카
グランフロント大阪

MAP P.286A

JR 오사카역 북쪽 광장 앞, 남관과 북관, 2개의 커다란 빌딩에 패션 잡화, 인테리어, 라이프스타일, 뷰티, 레스토랑, 카페 등의 매장이 밀집한 복합 쇼핑몰로 칸사이 최대 규모를 자랑한다. 남관 7~9층에 있는 식당가 우메키타 다이닝에는 미슐랭 맛집이나 일본에 처음 생긴 식당, 줄 서는 맛집으로 유명한 식당이 입점해 있다.

Ⓕ 지하철 미도스지선 우메다역 5번 출구에서 도보 5분 Ⓣ 06-6372-6300 Ⓞ 10:00~23:00(가게마다 다름) Ⓗ 부정기 Ⓟ 가게마다 다름 Ⓦ www.grandfront-osaka.jp

루쿠아 오사카
ルクア大阪

MAP P.286A

JR 오사카역과 연결된 쇼핑몰로 서관 루쿠아 1100과 동관 루쿠아를 통칭해 루쿠아 오사카로 부른다. 패션과 트랜드에 예민한 커리어우먼이 주 고객층이기 때문에 패션과 라이프스타일, 보디 케어, 화장품 등의 상품을 취급한다. 10층 식당가에는 쿠시카츠 다루마, 지하 2층 푸드코트에는 오므라이스 맛집으로 유명한 홋쿄쿠세이가 입점해 있다.

구글 지도 **쇼핑몰 루쿠아**

Ⓕ JR 오사카역 북쪽 출구와 연결 Ⓣ 06-6151-1111 Ⓞ 10:30~20:30, 지하 2층·지상 10층 식당가 11:00~23:00 Ⓗ 부정기 Ⓟ 가게마다 다름 Ⓦ www.lucua.jp

한큐 3번가

MAP P.286A

阪急三番街

한큐 전철 오사카우메다역에 있는 쇼핑센터. 1969년에 한큐 백화점이 지금의 자리로 이전하며 생긴 쇼핑 시설을 활용하면서 생겨났다. 3번가는 당시 한큐 백화점이 있던 옛 주소의 번지수다. 라이프스타일 숍 프랑프랑을 비롯해 카페, 식당, 패션, 뷰티 케어 관련 매장이 입점해 있으며 레고 스토어, 리락쿠마 스토어, 키디랜드 등 캐릭터 숍도 있다.

Ⓕ 한큐오사카우메다역 건물 지하 2층~지상 2층, 지하철 미도스지선 우메다역에서 한큐오사카우메다역 방향 지하 통로로 연결 Ⓣ 가게마다 다름 Ⓞ 10:00~23:00(가게마다 다름) Ⓗ 부정기(홈페이지에 공지) Ⓟ 가게마다 다름 Ⓦ www.h-sanbangai.com

프랑프랑 우메다점

MAP P.286A

Francfranc 梅田店

여심을 저격할 만한 라이프스타일, 생활 잡화, 인테리어 소품을 전문으로 판매하는 매장이다. 한큐 3번가에 위치한 우메다점은 프랑프랑 체인 중 서일본에서 가장 큰 규모다. 일상생활에 필요할 것 같은 물건은 거의 다 있다고 해도 좋을 만큼 다양하며 세련되고 감각적인 디자인이 지름신을 떨쳐내기 힘들게 만든다.

Ⓕ 지하철 미도스지선 우메다역 1번 출구에서 도보 4분 Ⓣ 03-4216-4021 Ⓞ 10:00~21:00 Ⓗ 부정기 Ⓟ 제품마다 다름 Ⓦ https://francfranc.com

누차야마치 & 누차야마치 플러스

MAP P.286A

NU茶屋町 & NU茶屋町プラス

한큐 오사카우메다역 맞은편에 세련되고 모던한 느낌의 건물로 단장한 쇼핑몰. 누차야마치와 누차야마치 플러스, 두 건물에 패션과 라이프스타일 숍, 식당, 카페가 주로 입점해 있다. 들러볼 만한 곳은 누차야마치 지하 1층에 위치한 세계 맥주와 요리를 즐길 수 있는 펍, 누차야마치 플러스 2층 오가닉 식료품점과 향신료, 칼디 커피팜 등의 매장이다.

Ⓕ 지하철 미도스지선 우메다역 1번 출구에서 도보 6분 Ⓣ 가게마다 다름 Ⓞ 11:00~21:00(쇼핑), 11:00~24:00(다이닝, 가게마다 다름) Ⓗ 부정기(홈페이지에 공지) Ⓟ 가게마다 다름 Ⓦ https://nu-chayamachi.com

요도바시 카메라 멀티미디어 우메다

MAP P.286A

ヨドバシカメラ マルチメディア梅田

일본 대표 가전 양판점 중 하나로 우메다점은 일본 요도바시 카메라 체인 중 가장 큰 지점이다. 도쿄 신주쿠의 요도바시(현 니시신주쿠)에서 사진 상회로 시작했지만 지금은 모든 종류의 전자 제품과 피겨 등을 총망라한다. 판매하는 거의 모든 제품을 전시하며, 부담 없이 사용해보고 구매할 수 있다는 것이 장점이다.

Ⓕ 지하철 미도스지선 우메다역 5번 출구에서 연결 Ⓣ 06-4802-1010 Ⓞ 09:30~22:00 Ⓗ 부정기 Ⓟ 제품마다 다름 Ⓦ www.yodobashi.com

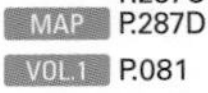

오사카 스카이 비스타
OSAKA SKY VISTA

MAP P.286B

오사카 시내 관광 명소를 두루 거치는 2층짜리 빨간색 시티 투어 버스. 우메다와 오사카 성, 나카노시마 등을 거치는 우메다 루트와 나카노시마, 미도스지, 도톤보리, 아베노 하루카스, 우메다를 거치는 난바 루트를 운행한다. 날씨가 좋은 날엔 천장이 없는 2층 좌석에 앉아 드라이브를 즐기기 좋다. 승차 시엔 한국어 음성 가이드를 요청하자.

Ⓕ JR 오사카역 1층 중앙 개찰구에서 도보 1분, 오사카역 JR 고속버스 터미널 승강장 Ⓣ 0570-00-2424(예약), 06-6781-3231(당일 운행 문의) Ⓞ 09:30·13:10·16:20 JR 오사카역 출발 Ⓗ 부정기(홈페이지에 공지) Ⓟ 어른 2000¥, 어린이 1000¥ Ⓦ www.kintetsu-bus.co.jp/skyvista

텐진바시스지 상점가
天神橋筋商店街

MAP P.287C P.287D
VOL.1 P.081

일본에서 가장 긴 상점가로 유명한 쇼핑 아케이드. 천장이 있는 아케이드 구역은 오사카텐만구 근처 1초메부터 지하철 텐진바시스지로쿠초메역 앞까지 6개 구역으로 약 1.8km에 이른다. 소박하고 서민적인 느낌의 잡화와 생활용품 매장, 식당, 식료품 가게 등이 주를 이룬다. 산책하듯 찬찬히 걸으며 맛집이나 나만의 쇼핑 아이템을 찾아보기 좋다.

Ⓕ 지하철 타니마치선·사카이스지선 미나미모리마치역 7번 출구에서 30초, 지하철 사카이스지선 오기마치 역 1번 출구에서 30초, 지하철 타니마치선·사카이스지선·한큐센리선 텐진바시스지로쿠초메역 8번 출구 앞 Ⓣ 가게마다 다름 Ⓦ www.tenjin123.com(1~3초메)

오사카 시립 주택 박물관
大阪くらしの今昔館

MAP P.287C
VOL.1 P.098

에도시대 후기부터 1940년대까지 오사카 시민들의 주거를 테마로 한 박물관. 상설 전시관은 2개 층으로 나뉘는데, 9층 전시관에는 1830년대 에도시대 가상의 마을 거리를 실제처럼 재현해놓았다. 8층 전시관에서는 메이지시대부터 쇼와시대까지의 오사카 거리 풍경을 재현한 디오라마를 관람할 수 있다. 기모노 의상 체험도 인기다.

Ⓕ 지하철 타니마치선·사카이스지선·한큐센리선 텐진바시스지로쿠초메역 3·8번 출구에서 도보 1분 Ⓣ 06-6242-1170 Ⓞ 10:00~17:00(입장은 16:30까지) Ⓗ 화요일(공휴일인 경우 개관), 12월 29일~1월 2일 Ⓟ 어른 600¥, 고등·대학생 300¥ Ⓦ www.osaka-angenet.jp/konjyakukan

오사카텐만구
大阪天満宮

MAP P.287D
VOL.1 P.121

949년에 처음 창건된 것으로 알려진 신사. 학문의 신으로 숭배되는 학자 스가와라 미치자네를 모시고 있어 합격을 기원하는 수험생과 학부모가 많이 찾는다. 7월 24~25일경에는 교토 기온 마츠리, 도쿄 간다 마츠리와 함께 일본의 3대 마츠리로 꼽히는 덴진 마츠리가 열린다. 덴진 마츠리가 열릴 때는 여러 행사와 함께 대규모 불꽃놀이도 행해진다.

Ⓕ JR 오사카텐만구역·지하철 미나미모리마치역 7번 출구에서 도보 2분 Ⓣ 06-6353-0025 Ⓞ 09:00~17:00 Ⓗ 연중무휴 Ⓟ 무료 Ⓦ https://osakatemmangu.or.jp

나카자키초
中崎町

MAP P.287C
VOL.1 P.145

우메다에서 동쪽으로 도심을 조금만 걸으면 거짓말처럼 풍경이 바뀌며 레트로한 느낌의 골목길이 나온다. 100년 가까운 세월을 보낸 목조건물에 소박하면서도 감각적으로 꾸민 개성 넘치는 가게와 카페가 곳곳에 눈에 띈다. 나카자키초는 딱히 무언가를 하지 않아도 걷고 사진 찍는 것만으로도 즐거움을 주는 곳이다.

Ⓕ 지하철 타니마치선 나카자키초역 2번 출구 앞 Ⓣ 가게마다 다름 Ⓞ 가게마다 다름 Ⓗ 가게마다 다름 Ⓟ 가게마다 다름 Ⓦ https://nakazakicho.net

야마타츠
山辰

MAP P.287C

나카자키초 원래 정육점이지만 튀김 음식으로 더 유명한 곳이다. 가장 인기 높은 메뉴는 고로케인데 갓 튀겨 건네주는 것을 한입 베어 물면 빵가루 가득한 바삭한 튀김옷과 촉촉한 고기 소가 입안에서 살살 녹는다. 저렴한 가격은 덤. 고로케 외에도 돈카츠, 비프카츠, 새우카츠, 콘볼, 민치카츠 등의 메뉴가 있다.

Ⓕ 지하철 타니마치선 나카자키초역 2번 출구에서 도보 1분 Ⓣ 06-6371-6494 Ⓞ 11:00~18:30 Ⓗ 수요일 Ⓟ 고로케 90¥ Ⓦ 없음

삐삐네라 키친
ピピネラキッチン

MAP P.287C

나카자키초 나카자키초의 골목과 잘 어울리는 2층짜리 고민가를 개조한 카페. 목조 건물로 세월의 흔적을 가득 담은 듯한 인테리어는 반전이다. 영국에 거주한 적이 있다는 주인이 모은 영국식 고가구와 잡화, 소품으로 꾸민 실내가 묘하게 잘 어울린다. 건강한 식재료로 만든 오반자이 점심 식사와 디저트, 음료를 판매한다.

구글 지도 **피피네라 키친**

Ⓕ 지하철 타니마치선 나카자키초역 2번 출구에서 도보 2분 Ⓣ 050-5304-6369 Ⓞ 12:00~18:00(L.O 17:30) Ⓗ 월요일(공휴일인 경우 영업) Ⓟ 오반자이 세트 1100¥, 커피 500¥ Ⓦ https://pipinerakitchen.foodre.jp

마조 카페
マジョ カフェ

MAP P.287C
VOL.1 P.147

나카자키초 100년 정도 된 주택을 개조해 만든 카페이자 공방. 독특하게도 마녀를 콘셉트로 카페를 꾸몄다. 실내에는 카페인지 액세서리 가게인지 분간이 가지 않을 정도로 다양한 디자인의 장신구와 액세서리 소품이 진열되어 있다. 음료는 기본적으로 커피와 티, 그리고 '내 마음대로'라는 의미를 지닌 음료 키마구레소다 등 종류가 다양하다.

구글 지도 **majo cafe**

Ⓕ 지하철 타니마치선 나카자키초역 4번 출구에서 도보 5분 Ⓣ 06-6371-1577 Ⓞ 12:30~17:30(L.O 17:00) Ⓗ 부정기 Ⓟ 마조 블렌드 커피 440¥

덱스터 다이너
Dexter Diner

MAP P.287C

나카자키초 한껏 미국적인 분위기로 꾸민 수제 햄버거 식당. 햄버거를 맛본 사람들의 입소문을 타고 맛집으로 유명해진 곳이다. 한입 베어 물면 두툼한 번의 식감이 인상적이다. 먹음직스럽게 녹아내린 체더치즈와 두껍게 썰어낸 베이컨이 기본을 이룬다. 거기에 모차렐라 치즈와 파인애플, 할라피뇨 등 취향껏 추가할 수 있는 토핑이 풍부한 맛을 이룬다.

구글 지도 **Dexter Diner**

Ⓕ 지하철 타니마치선 나카자키초역 4번 출구에서 도보 4분 Ⓣ 090-7754-0959 Ⓞ 월~금요일 11:00~15:00(L.O), 18:00~20:00(L.O), 토·일요일·공휴일 11:00~16:00(L.O) Ⓗ 수요일, 부정기 Ⓟ 수제 베이컨 치즈 버거 1550¥ Ⓦ https://dexterdiner.com

닐
neel

MAP P.287C

나카자키초 도쿄에서 브런치 맛집으로 인기를 얻고 있는 닐 카페의 나카자키초점. 오사카에서도 젊은 여성들에게 인기를 얻고 있다. 실내는 심플하고 모던한 느낌의 감각적인 인테리어로 꾸몄다. 수프와 함께 나오는 샌드위치와 버터를 올린 크레페는 한 끼 식사로도 손색없는 양과 맛이다. 커피와 다양한 맛의 프리미엄 티 등 음료도 충실하다.

구글 지도 **닐 카페 나카자키초점**

Ⓕ 지하철 타니마치선 나카자키초역 4번 출구에서 도보 4분 Ⓣ 06-6867-9996 Ⓞ 10:00~20:30(L.O 20:00) Ⓗ 연중무휴(12월 31일~1월 12일은 부정기) Ⓟ 카츠샌드 1140¥, 오리지널 심플 슈가거 버터 크레페 610¥ Ⓦ https://neel.coffee

살롱 드 아만토
Salon de AManTo

MAP P.287C
VOL.1 P.147

나카자키초 120년이 넘은 구옥을 개조해 카페로 꾸민 곳으로, 나카자키초 예술가들의 본부 역할을 하는 곳이다. 온통 담쟁이로 덮인 외관부터 만만치 않은 예술적 '포스'를 느낄 수 있다. 내부는 허름하지만 잘 꾸민 시골집 같은 느낌을 준다. 야외 테이블의 분위기가 매우 좋으나 흡연석이라는 것은 미리 알아둘 것. 커피 가격이 저렴한 것도 매력 포인트.

Ⓕ 지하철 나카자키초역에서 도보 5분 이내 Ⓣ 06-6371-5840 Ⓞ 12:00~22:00 Ⓗ 연중무휴 Ⓟ 아만토 커피 300¥, 기타 커피류 400~500¥ Ⓦ amanto.jp

OSA 카페
OSA COFFEE

MAP P.287C
VOL.1 P.147

나카자키초 후쿠오카의 명물 카페인 FUK 카페(에프유케이 카페)의 오사카 지점. '오에스에이 카페'로 읽는다. 최근 오사카 현지인들 사이에서 라테 맛집으로 소문나 줄이 길다. 라테 맛집답게 메뉴판에 '밀크 milk' 메뉴를 전면 배치했다. 내부에는 앉을 자리가 없고 야외 좌석이 몇 자리 마련되어 있다. 디저트도 맛있는 편. 기념품도 구입 가능하다.

구글 지도 **OSA COFFEE**

Ⓕ 지하철 나카자키초역에서 도보 5분 이내 Ⓣ 06-6359-6900 Ⓞ 10:00~18:00 Ⓗ 연중무휴 Ⓟ 라테류 550~650¥, 아메리카노 450¥ Ⓦ instagram.com/osa_coffee

시치후쿠진
七福神

MAP P.287C
VOL.1 P.014

오사카의 명물 요리인 쿠시카츠를 선보이는 이자카야. 본점과 지점이 붙어 있는데, 본점은 카운터석 몇 개가 놓여 있는 허름한 실내 포장마차 느낌. '근본'에 가까운 쿠시카츠를 선보이는 곳으로, 주문하면 그 즉시 재료를 튀겨 앞에 놓아주고, 소스는 단지에 들어 있는 것을 딱 한번만 찍어 먹거나 작은 국자로 떠서 바른다. 오뎅과 도테야키도 맛있다.

구글 지도 **시치후쿠진 본점**

Ⓕ 지하철 텐진바시스지로쿠초메역에서 도보 5분 Ⓣ 06-6881-0889 ⓞ 화~일요일 11:30~22:00 Ⓗ 월요일 Ⓟ 쿠시카츠 150~500¥, 오뎅 100~400¥, 도테야키 430¥(3개) Ⓦ instagram.com/kushikatsu_shichifukujin

하루코마 본점
春駒 本店

MAP P.287C

텐진바시스지 상점가 내에 있는 가성비 좋은 스시집. 저렴한 가격이지만 재료가 신선하고 맛도 좋아 가성비의 민족인 한국인의 발길도 끊이지 않는다. 주문은 메모지에 적어 전달하는데, 스시의 종류가 헤아리기 힘들 정도로 많아도 메뉴판에 사진과 함께 한국어 표기까지 있어 큰 어려움이 없다.

Ⓕ 지하철 타니마치선·사카이스지선·한큐센리선 텐진바시스지로쿠초메역 12번 출구에서 도보 3분 Ⓣ 06-6351-4319 ⓞ 11:00~21:30(L.O) / 재료 소진 시 영업 종료 Ⓗ 화요일 Ⓟ 스시 1접시(2개) 110~880¥

ENJOYING →

치구사
千草

MAP P.287C
VOL.1 P.015

정통 오사카 스타일의 오코노미야키와 철판구이를 선보이는 노포. 텐진바시스지 상점가의 후미진 골목 안에 위치해 관광객보다는 현지인이 좋아한다. 두툼한 돼지 목살 한쪽이 통으로 들어가는 '치구사야키 千草焼き'가 간판 메뉴다. 모든 테이블에 불판이 설치되어 있어 직접 구워 먹을 수도 있으나, 치구사야키를 주문하면 가게 직원이 조리해준다.

구글 지도 **치구사 오코노미야끼**

Ⓕ 지하철 텐진바시스지로쿠초메역에서 도보 5분 Ⓣ 06-6351-4072 ⓞ 수~월요일 11:00~21:30 Ⓗ 화요일 Ⓟ 치구사야키 1100¥, 키타 오코노미야키류 850~1100¥, 야키소바류 850~1100¥ Ⓦ instagram.com/okonomiyaki_chigusa

천연 온천 나니와노유
天然温泉 なにわの湯

MAP P.287C
VOL.1 P.183

도심 상가 건물에 있는 대중목욕탕 분위기의 온천이다. 일반 대중목욕탕과의 차이라면 지하에서 끌어올린 천연 탄산 온천수를 사용한다는 것. 피부의 각질층을 연화해 분비물을 유화하는 작용이 있어 미인탕이라 부르기도 한다. 10여 개에 이르는 다양한 테마의 욕장과 사우나 시설이 있다. 목욕을 마친 후 휴게실에서 우유도 마셔보자.

Ⓕ 지하철 텐진바시스지로쿠초메역 6번 출구에서 도보 8분 Ⓣ 06-6882-4126 ⓞ 월~금요일 10:00~다음 날 01:00, 토·일요일·공휴일 08:00~다음 날 01:00 Ⓗ 연중무휴 Ⓟ 중학생 이상 평일 850¥, 토·일요일·공휴일 950¥ / 초등학생 400¥ Ⓦ www.naniwanoyu.com

C TENNOJI

텐노지

오사카 남부 철도 교통의 중심지인 텐노지역 주변은 100년 전 쇼와시대와 현대식 시설이 공존하는 지역이다. 거리에는 100여 년의 세월 동안 서민의 발이 되어준 노면전차가 여전히 운행되고 일본에서 하늘 높이 솟은 아베노 하루카스가 시선을 끈다. 일본에서 가장 오래된 절로 알려진 시텐노지와 쇼와시대의 모습을 간직한 츠텐카쿠, 아날로그 감성 가득한 먹자 거리 신세카이와 잔잔요코초 등이 조화를 이룬다. 한국인이 정착해 코리아타운을 이룬 츠루하시에서는 한국적인 분위기의 전통시장도 만날 수 있다. 밋밋했던 옛 모습을 벗고 새롭게 단장한 텐노지 공원은 주말을 즐기는 시민들로 활기가 넘친다.

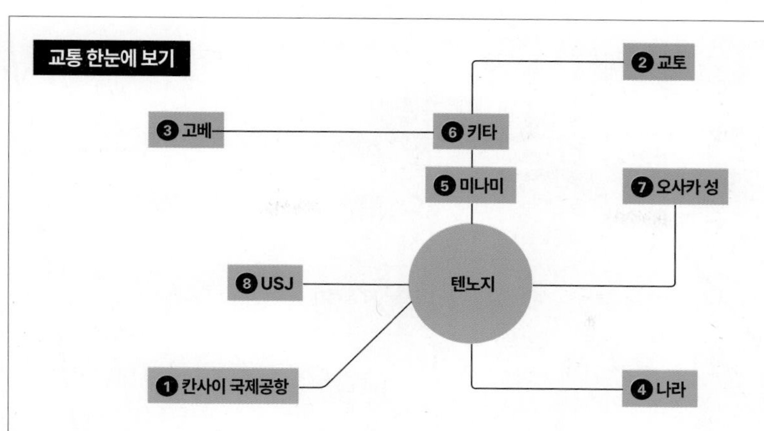

구간	노선	소요 시간	요금
① 칸사이 국제공항→텐노지	JR(칸사이공항역-텐노지역)	53분	1080¥
② 교토→텐노지	JR(교토역-오사카역-텐노지역)	52분	950¥
	한큐 전철+미도스지선(교토카와라마치역-오사카우메다역-텐노지역)	70분	700¥
	케이한 전철+타니마치선(기온시조역-덴마바시역-텐노지역)	65분	670¥
③ 고베→텐노지	JR(산노미야역-오사카역-텐노지역)	46분	740¥
	한큐 전철+미도스지선(한큐산노미야역-오사카우메다역-미도스지 우메다역-텐노지역)	53분	620¥
	한신 전철+JR(고베산노미야역-니시쿠조역-JR 니시쿠조역-JR 텐노지역)	46분	510¥
④ 나라→텐노지	JR(나라역-텐노지역)	33분	510¥
	킨테츠 전철(킨테츠나라역-츠루하시역)	32분	590¥
⑤ 오사카 키타→텐노지	지하철 미도스지선(우메다역-난바역)	16분	290¥
	지하철 타니마치선(히가시우메다역 또는 덴진바시스지로쿠초메역-텐노지역)	14~18분	290¥
	지하철 사카이스지선(덴진바시스지로쿠초메역-도부츠엔마에역)	14분	240¥
⑥ 오사카 미나미→텐노지	지하철 미도스지선(난바역-텐노지역)	6분	240¥
⑦ 오사카 성→텐노지	지하철 타니마치선(타니마치욘초메역-텐노지역)	6분	240¥
⑧ USJ→텐노지	JR(유니버설시티역-니시쿠조역-텐노지역)	17분	210¥

오사카 텐노지 지역 다니는 방법

WALK 텐노지역을 중심으로 시텐노지, 텐노지 공원, 하루카스 300, 신세카이까지는 도보로 이동하는 데 어려움이 없다.

SUBWAY 텐노지에서 츠루하시로 이동할 때 JR을 이용하면 편리하다.

BUS 대부분 전철과 도보로 이동 가능해 버스를 이용하는 경우는 거의 없다.

TAXI 대부분 관광지가 전철역에서 도보 20분 이내 거리이니 필요에 따라 적절히 이용하자.

TO DO LIST

- ☐ 일본에서 두 번째로 높은 건물 전망대 하루카스 300에서 오사카 전경 감상하기

- ☐ 츠텐카쿠 야외 전망대에서 아찔한 스릴 느껴보기

- ☐ 스파월드 세계의 대온천 또는 천연 온천 노베하노유 츠루하시점에서 온천욕 즐기기

- ☐ 쿠시카츠의 발상지인 신세카이에서 쿠시카츠 맛보기

- ☐ 텐노지 공원에서 산책을 즐기고 텐시바에서 음식 먹으며 쉬어 가기

- ☐ 덜컹이는 한카이 전차 타고 온몸으로 아날로그 감성 느끼기

A
미나토마치 선착장
湊町船着場
도톤보리
道頓堀
킨테츠닛폰바시
近鉄日本橋駅
오사카난바
大阪難波駅
난바
なんば駅
닛폰바시
日本橋駅
타니마치큐초메
谷町九丁目駅
JR 난바
JR難波駅
빅쿠카메라 난바점
ビックカメラ なんば店
쿠로몬시장
黒門市場
세븐일레븐 편의점
센니치마에 도구야스지 상점가
千日前道具屋筋商店街
난카이난바
なんば駅
덴덴타운
でんでんタウン
四天王寺前夕陽ヶ丘駅
훼미리마트 편의점
아이젠도 쇼만인
愛染堂勝鬘院
야스이 신사
(야스이 텐만구)
安居神社
(安居天満宮)
이마미야에비스
今宮戎駅
에비스초
恵美須町駅
신세카이
新世界 P.309
시텐노지
四天王寺 P.310
한카이 전차
阪堺電車 P.312
그리루본 신세카이 본점
グリル梵 新世界本店 P.310
잇신지 一心寺 P.308
츠텐카쿠
通天閣 P.309
쿠시카츠 다루마 신세카이 본점
串かつだるま 新世界総本店 P.311
신세카이칸칸
新世界 かんかん P.310
OMO7 오사카 호텔
by 호시노 리조트
OMO7大阪ホテル
by 星野リゾート
스파월드
세계의 대온천
スパワールド
世界の大温泉 P.312
텐노지 동물원
天王寺動物園 P.308
오사카 시립 미술관
大阪市立美術館 P.308
신이마미야
新今宮駅
잔잔요코초
ジャンジャン横丁 P.309
텐구 てんぐ P.311
케이타쿠엔
慶沢園
야에카츠
八重勝 P.311
도부츠엔마에
動物園前駅
P.311
텐노지 공원
天王寺公園
P.308
텐노지
天王寺駅
텐노지 미오
天王寺ミオ
하루카스 300 전망대
ハルカス300展望台 P.309
텐노지에키마에
天王寺駅前駅
大阪阿部野橋駅
하기노차야
萩ノ茶屋駅
이마이케
今池駅
아베노 큐즈몰
あべのキューズモール
한카이 전차
阪堺電車 P.312
타코야키야마짱 본점
たこやき やまちゃん本店
P.310
あべのハルカス近鉄本店
오사카 시립
아베노 방재 센터
あべのタスカル 大阪市立
阿倍野防災センター P.312
산리오 Sanrio
이마후네
今船駅
아베노
阿倍野駅
B

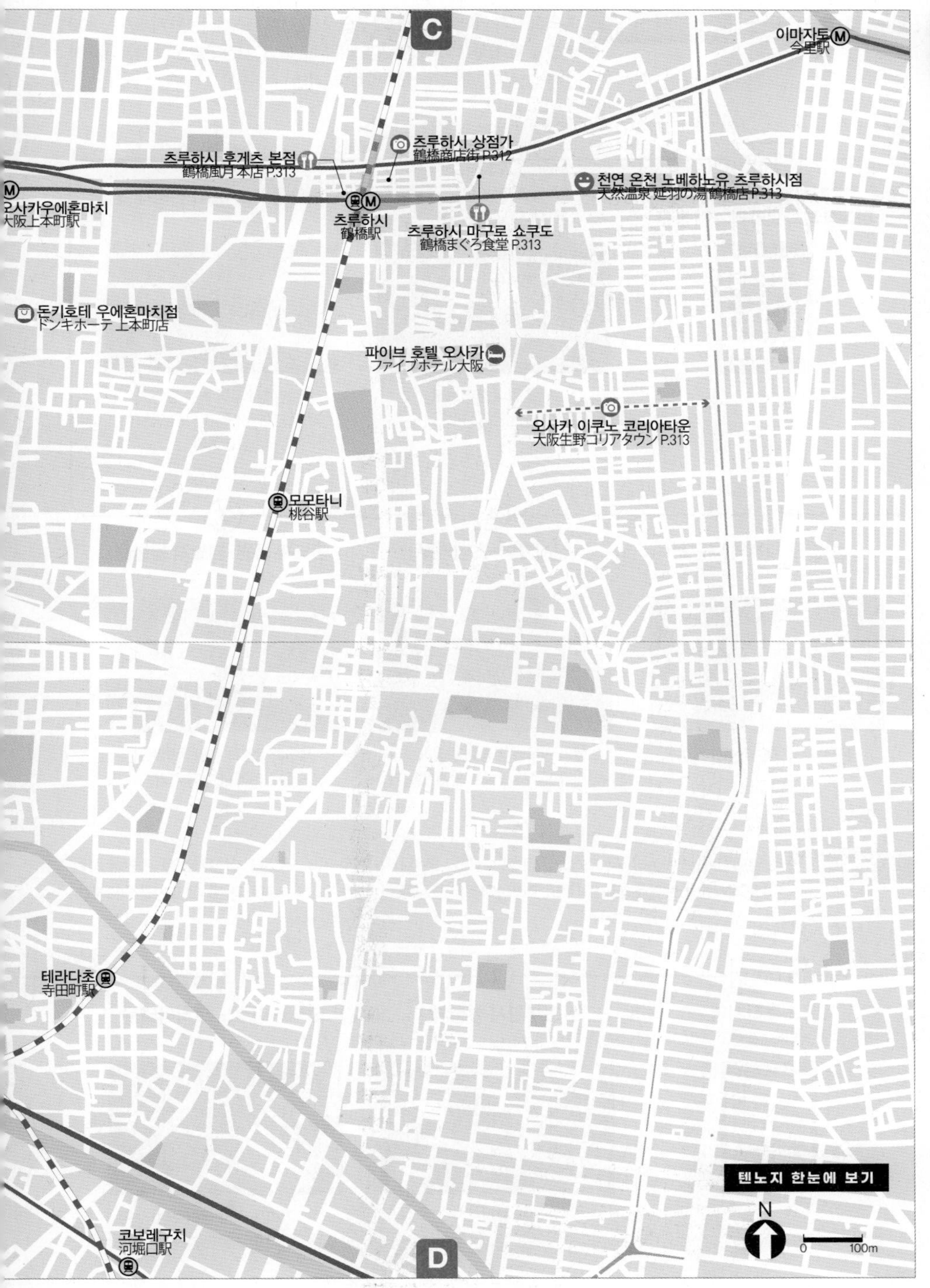
C
이마자토 今里駅
츠루하시 상점가 鶴橋商店街 P.312
츠루하시 후게츠 본점 鶴橋風月 本店 P.313
천연 온천 노베하노유 츠루하시점 天然温泉 延羽の湯 鶴橋店 P.313
오사카우에혼마치 大阪上本町駅
츠루하시 鶴橋駅
츠루하시 마구로 쇼쿠도 鶴橋まぐろ食堂 P.313
돈키호테 우에혼마치점 ドンキホーテ 上本町店
파이브 호텔 오사카 ファイブホテル大阪
오사카 이쿠노 코리아타운 大阪生野コリアタウン P.313
모모타니 桃谷駅
테라다초 寺田町駅
텐노지 한눈에 보기
N
0 100m
코보레구치 河堀口駅
D

텐노지 추천 코스

텐노지 공원 주변 지역이 넓지 않아 동선이 크게 중요하지는 않다. 츠텐카쿠와 하루카스 300 전망대 중 취향에 따라 한 곳만 방문해도 되고, 시간대를 옮겨 석양이나 야경을 감상해도 좋다. | **소요 시간 : 약 7시간**

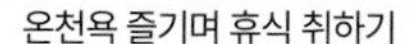

온천욕 즐기며 휴식 취하기

츠텐카쿠 옥외 전망대 방문해보고 신세카이에서 맛있는 음식 맛보기

게이타쿠엔과 공원 둘러보고 텐시바에서 쉬어 가기

츠루하시 주변 한인이 많이 모여 사는 지역으로 곳곳에 한국적인 분위기가 묻어난다. 츠루하시 상점가는 옛날 한국 시골의 재래시장을 보는듯하다. 이쿠노 코리아타운은 오사카 한류1번지다운 분위기다. | **소요 시간 : 약3시간**

시장 둘러보기

거리를 따라 둘러보며 길거리 음식 맛보기

오사카 텐노지 지역 1 DAY 코스

텐노지와 츠루하시 지역의 주요 관광지를 둘러보는 코스다. 하루카스 300 전망대와 츠텐카쿠 중 한 곳만 선택해도 좋다. 시간 여유가 있다면 한카이 전차를 타고 아날로그 감성을 느껴보자. | **소요 시간 : 약 6시간**

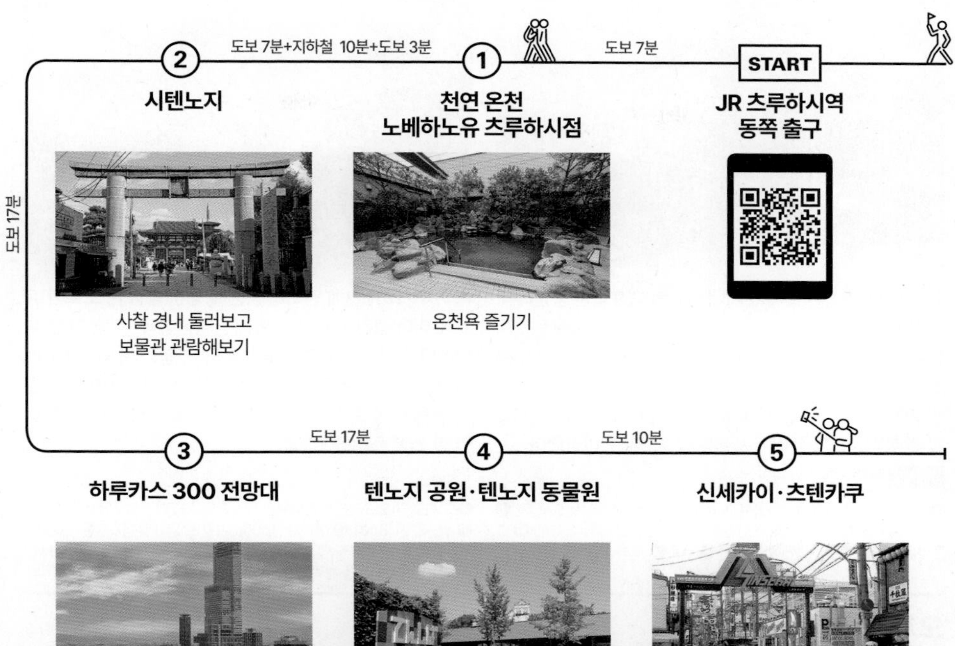

START JR 츠루하시역 동쪽 출구

도보 7분

① 천연 온천 노베하노유 츠루하시점

온천욕 즐기기

도보 7분+지하철 10분+도보 3분

② 시텐노지

사찰 경내 둘러보고 보물관 관람해보기

도보 17분

③ 하루카스 300 전망대

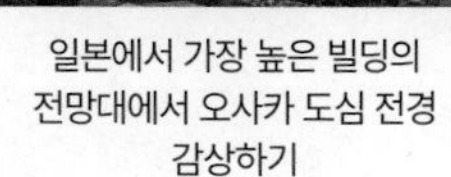

일본에서 가장 높은 빌딩의 전망대에서 오사카 도심 전경 감상하기

도보 17분

④ 텐노지 공원·텐노지 동물원

게이타쿠엔과 공원 둘러보고 텐시바에서 쉬어 가기

도보 10분

⑤ 신세카이·츠텐카쿠

츠텐카쿠 옥외 전망대 방문해보고 신세카이에서 맛있는 음식 맛보기

도보 10분

③ 천연 온천 노베하노유 츠루하시점

온천욕 즐기기

텐노지 공원

天王寺公園

MAP P.304B

1909년에 조성된 오사카 시내 남부의 대표적인 공원이다. 중앙에 오사카 시립 미술관이 위치하고 서쪽에는 텐노지 동물원이 있다. 미술관 동쪽은 연못에 인공 섬이 있는 일본식 정원 게이타쿠엔이 자리 잡고 있다. 2015년에는 공원 입구에 식당과 카페, 어린이 놀이터, 잔디 공원 등의 시설을 갖춘 텐시바가 들어서서 세련된 공원으로 탈바꿈했다.

구글 지도 천왕사(덴노지) 공원

Ⓕ 지하철 미도스지선·타니마치선 텐노지역 19·20번 출구에서 도보 1분 Ⓣ 가게마다 다름 Ⓞ 07:00~22:00(텐시바 영업시간은 가게마다 다름) Ⓗ 연중무휴(텐시바 휴무는 가게마다 다름) Ⓟ 무료 Ⓦ www.tennoji-park.jp

텐노지 동물원

天王寺動物園

MAP P.304B

텐노지 공원 1915년에 텐노지 공원에 생긴 동물원. 도쿄와 교토에 이어 생긴 일본의 세 번째 동물원이다. 사자, 기린, 하이에나 같은 아프리카 동물과 북극곰, 펭귄 등 약 180종에 달하는 다양한 동물을 만날 수 있다. 오랜 역사만큼 동물원 전체에 레트로 느낌이 강하게 풍기지만 아이와 함께라면 한 번쯤 들러볼 만하다.

Ⓕ 지하철 미도스지선·타니마치선 텐노지역 19·20번 출구에서 도보 5분 Ⓣ 06-6771-8401 Ⓞ 09:30~17:00(5·9월 토·일요일·공휴일은 18:00까지), 폐원 1시간 전까지 입장 Ⓗ 월요일(공휴일인 경우 다음 날) Ⓟ 고등·대학생·어른 500¥, 초등·중학생 200¥ Ⓦ www.tennojizoo.jp

오사카 시립 미술관

大阪市立美術館

MAP P.304B

텐노지 공원 텐노지 공원 내 자리한 미술관. 원래는 게이타쿠엔과 함께 일본의 유명 기업 스미토모가의 대저택으로 미술관 건립을 위해 오사카시에 기증되었다. 본관과 지하 전람회실에서 일본과 중국의 다양한 미술품을 전시한다. 현재는 대규모 개수 공사를 위해 휴관 중이며 2025년 봄에 재개장할 예정이다.

Ⓕ 지하철 미도스지선·타니마치선 텐노지역 19·20번 출구에서 도보 6분 Ⓣ 06-6771-4874 Ⓞ 09:30~17:00(입장은 16:30까지) Ⓗ 월요일(공휴일인 경우 다음 날 휴관), 12월 28일~1월 4일, 전시 교체 기간 Ⓟ 컬렉션전 고등학생 이상 300¥ Ⓦ www.osaka-art-museum.jp

잇신지

一心寺

MAP P.304B

정토 신앙으로 유명한 승려 호넨이 1185년에 지은 작은 초가집이 시초가 되었다. 건축가 출신의 주지가 설계한 철근 재질의 산몬이 독특하다. 이 절은 납골당에 사람의 유골로 만든 불상이 안치돼 있는 것으로 유명하다. 불상을 유리관 안에 넣어 공개해 실제 모습을 가까이서 볼 수 있다. 지금도 불자들의 납골 의뢰가 계속되고 있다.

Ⓕ 지하철 텐노지역 6번 출구에서 도보 10분 Ⓣ 06-6771-0444 Ⓞ 09:00~16:00 Ⓗ 연중무휴 Ⓟ 무료 Ⓦ www.isshinji.or.jp

신세카이

MAP P.304B

新世界

에비스초역과 도부츠엔마에역 사이에 위치한 유흥가. 1903년에 조선인 남녀를 전시했던 제5회 내국권업박람회를 계기로 루나파크라는 유원지가 생겼다. 이후 연극 공연장이나 영화관이 모이며 유흥가로 발전됐다. 거리 한가운데 츠텐카쿠가 상징물처럼 서 있고 주변에 쿠시카츠 다루마 본점을 비롯한 수많은 식당과 이자카야가 늘어섰다.

구글 지도 **신세카이 혼도리 상점가**

Ⓕ 지하철 사카이스지선 에비스초역 3번 출구 앞 Ⓣ 가게마다 다름 Ⓞ 가게마다 다름 Ⓗ 가게마다 다름 Ⓟ 무료 Ⓦ http://shinsekai.net

잔잔요코초

MAP P.304B

ジャンジャン横丁

정식 명칭은 난요도리 南洋通. 과거 사미센을 연주하며 호객할 때 나는 "잔~잔~" 소리 때문에 잔잔요초초라는 이름이 붙었다. 지금까지 쇼와시대의 분위기가 묻어 있는 작은 골목 상점가다. 바둑이나 장기를 두는 모습, 줄지어 들어선 쿠시카츠 가게, 레트로 게임 센터, 독특한 벽 장식 등 아날로그 분위기를 한껏 느낄 수 있다.

Ⓕ 지하철 미도스지선·사카이스지선 도부츠엔마에역 5번 출구에서 도보 2분 Ⓣ 가게마다 다름 Ⓞ 가게마다 다름 Ⓗ 가게마다 다름 Ⓟ 가게마다 다름 Ⓦ 없음

츠텐카쿠

MAP P.304B

通天閣

내국권업박람회 이후 1912년에 루나파크의 상징물로 세워졌다. 에펠탑을 모델로 당시 동양 최대 높이인 75m로 건설돼 '하늘에 통하는 건물'이란 뜻의 이름이 붙었다. 4층과 5층에 있는 빛의 전망대와 황금 전망대 외에 2023년 9월 마무리된 리뉴얼 공사를 통해 스릴 넘치는 최상단 야외 전망대, 60m 길이의 타워 슬라이더 어트랙션이 신설됐다.

Ⓕ 지하철 에비스초역 3번 출구에서 도보 2분 Ⓣ 06-6641-9555 Ⓞ 10:00~20:00(입장은 19:30까지) Ⓗ 연중무휴 Ⓟ 고등학생 이상 1000¥, 5세~중학생 500¥ / 텐망 파라다이스 입장 시 고등학생 이상 300¥, 5세~중학생 200¥ 추가 / 타워 슬라이더 요금 별도 Ⓦ www.tsutenkaku.co.jp

하루카스 300 전망대

MAP P.304B
VOL.1 P.068

ハルカス300 展望台

JR 텐노지역 앞 높이 300m, 60층짜리 초고층 빌딩이다. 타워가 아닌 빌딩으로는 일본에서 가장 높다. 빌딩 최상단인 59층부터 60층까지가 하루카스 300 전망대로 발아래로 융단을 깐 듯한 오사카 도심의 풍경이 펼쳐진다. 날씨가 좋으면 교토와 롯코산, 아카시해협 대교, 칸사이 국제공항까지 조망할 수 있다.

Ⓕ JR·지하철 미도스지선·타니마치선 텐노지역 지하 통로에서 아베노하루카스 빌딩과 연결 Ⓣ 06-6621-0300 Ⓞ 09:00~22:00 Ⓗ 연중무휴 Ⓟ 어른 2000¥, 중·고등학생 1200¥, 초등학생 700¥, 유아(4~5세) 500¥ Ⓦ www.abenoharukas-300.jp/observatory

시텐노지
四天王寺

MAP P.304B
VOL.1 P.063

593년에 쇼토쿠 태자가 창건한 일본에서 현존하는 가장 오래된 절이다. 시텐노지는 6세기경 중국과 한반도에서 전해진 가람 배치를 보여주는데, 주몬과 고주노토, 곤도, 고도를 일렬로 세우고 회랑이 둘러싸는 형태다. 11월 초순엔 고대부터 중세까지 한반도의 사절단을 맞았던 교류 행사로 와소 마츠리가 열린다. '와소'는 한국어로 '왔소'라는 의미다.

Ⓕ 지하철 타니마치선 시텐노지마에유히가오카역 4번 출구에서 도보 3분 Ⓣ 06-6771-0066 Ⓞ 사당·중심 가람·본방 정원 08:30~16:30(10월~3월은 16:00까지) Ⓗ 연중무휴 Ⓟ 중심 가람 300¥, 본방 정원 300¥, 보물관 500¥ Ⓦ www.shitennoji.or.jp

그리루본 신세카이 본점
グリル梵 新世界本店

MAP P.304B

1961년 개업해 소고기 히레카츠로 이름을 알린 양식당. 양식당이라는 메뉴와는 달리 외관은 1980년대 가정집, 실내는 오래된 다방 느낌이 난다. 히레ヘレ는 오사카 방언으로 안심 부위를 말한다. 히레카츠를 주문하면 채소 샐러드와 양파 수프가 함께 나온다. 히레카츠를 빵 사이에 넣어 만든 샌드위치도 인기 상한가를 치고 있다.

구글 지도 그릴 본

Ⓕ 지하철 사카이스지선 에비스초역 3번 출구에서 도보 2분 Ⓣ 06-6632-3765 Ⓞ 12:00~14:00(L.O), 17:00~19:00(L.O) / 재료 소진 시 종료 Ⓗ 6·16·26일(해당일이 토·일요일·공휴일인 경우 월요일에 휴무) Ⓟ 히레카츠 카레니코미 2100¥, 히레비프 가츠산도 2100¥

신세카이칸칸
新世界 かんかん

MAP P.304B

언제 찾아도 손님이 문전성시를 이루는 타코야키 전문점. 메뉴도 오로지 타코야키 딱 하나다. 수량도 선택의 여지 없이 8개들이만 판매한다. 바삭하게 잘 구운 겉면과 촉촉한 속이 전형적인 오사카식 타코야키여서 그 맛을 아는 사람이라면 호불호가 거의 없을 맛이다. 가격도 여느 도톤보리 가게들에 비해 저렴한 편이어서 가성비가 높다.

Ⓕ 지하철 사카이스지선 에비스초역 3번 출구에서 도보 5분 Ⓣ 06-6636-2915 Ⓞ 09:30~18:00 Ⓗ 월·화요일 Ⓟ 타코야키 8개 450¥

타코야키야마짱 본점
たこやき やまちゃん 本店

MAP P.304B

타코야키 전문점으로 오사카에 지점을 여럿 두고 있다. 닭뼈에 10여 종류의 계절 과일과 채소를 넣어 4시간 동안 끓인 육수와 다시마, 가다랑어 등을 넣어 우린 국물을 섞어 반죽을 만든다. 인기 메뉴는 아무런 토핑도 올리지 않은 기본형 타코야키다. 치즈나 김가루를 뿌린 타코야키와 아카시야키, 야키소바, 이카야키(오징어 구이)도 있다.

구글 지도 야마짱 타코야끼

Ⓕ 킨테츠선 오사카아베노바시역 8번 출구에서 도보 1분 Ⓣ 06-6622-5307 Ⓞ 월~토요일 11:00~23:00, 일요일·공휴일 11:00~22:00 Ⓗ 셋째 주 목요일, 1월 1일 Ⓟ 타코야키 8개 720¥, 10개 870¥, 12개 1020¥ Ⓦ http://takoyaki-yamachan.net

쿠시카츠 다루마 신세카이 본점
串かつだるま 新世界総本店

MAP P.304B
VOL.1 P.125

1929년에 개업해 최초로 쿠시카츠를 만든 곳이다. 입구 옆에 조형물을 세워두는 다른 지점과 달리 2층 창문을 통해 내다보게 설치한 조형물이 재미있다. 실내는 좁고 오래된 정석적인 노포 분위기다. 채소와 육류, 해산물, 어묵, 소시지에 이르기까지 약 40종류의 쿠시카츠를 맛볼 수 있다. 무엇을 먹을지 고민된다면 세트 메뉴를 선택해도 좋다.

Ⓕ 지하철 사카이스지선 에비스초역 3번 출구에서 도보 4분 Ⓣ 06-6645-7056 Ⓞ 11:00~22:30(L.O 22:00) Ⓗ 연중무휴 Ⓟ 쿠시카츠 단품 143~286¥, 도테야키 440¥ Ⓦ www.kushikatu-daruma.com

텐구
てんぐ

MAP P.304B
VOL.1 P.125

잔잔요코초에 있는 쿠시카츠 전문점. 간판에 얼굴이 붉고 코가 긴 일본의 상상 속 요괴 텐구의 얼굴이 걸려 있다. 이곳에서는 15종류의 쿠시카츠와 도테야키를 맛볼 수 있다. 졸인 시로미소에 담긴 도테야키는 그 자체로도 좋지만 테이블에 놓인 시치미를 뿌리면 더 맛있게 먹을 수 있다.

Ⓕ 지하철 미도스지선·사카이스지선 도부츠엔마에역 5번 출구에서 도보 3분 Ⓣ 06-6641-3577 Ⓞ 10:30~21:00(L.O) Ⓗ 월요일(공휴일인 경우 영업) Ⓟ 쿠시카츠 단품 130~490¥, 도테야키 130¥

야에카츠
八重勝

MAP P.304B
VOL.1 P.125

잔잔요코초에 있는 쿠시카츠 전문점. 텐구와 나란히 서 있다. 요즘은 유명세로 관광객의 비중도 높아졌지만 일본 TV에 소개되어 현지인이 많이 찾는다. 텐구에 비해 쿠시카츠의 종류가 좀 더 많은데, 그중 인기 메뉴는 소고기다. 도테야키 역시 인기 메뉴다.

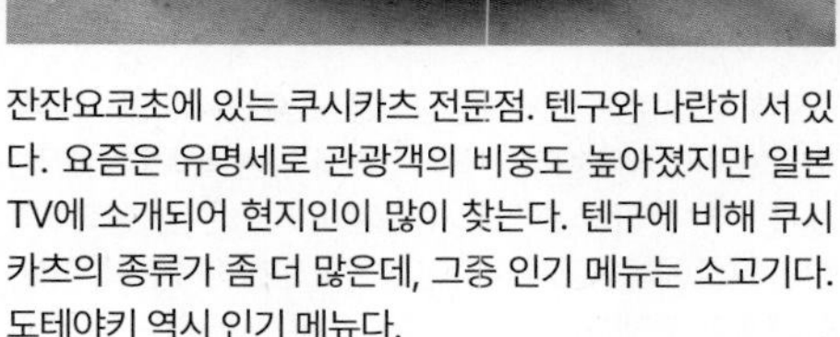

Ⓕ 지하철 미도스지선·사카이스지선 도부츠엔마에역 5번 출구에서 도보 3분 Ⓣ 06-6643-6332 Ⓞ 10:30~20:30 Ⓗ 목요일, 셋째 주 수요일, 부정기 Ⓟ 쿠시카츠 단품 130~500¥, 도테야키 390¥

후지야 텐노지 MIO 플라자점
富士屋 天王寺MIOプラザ館店

MAP P.304B

1962년 개업한 소바 전문 식당. 저렴한 가격과 다양한 메뉴로 주로 주변 직장인과 쇼핑객의 발길을 붙잡는 곳이다. 당일 뽑아낸 소바에 해산물과 달걀, 튀김, 카레, 오리고기 등 다양한 식재료를 더해 덮밥과 세트 메뉴 형태로 식사를 낸다. 수십 가지에 이르는 메뉴 중 입맛에 따라 골라 먹기 좋다.

Ⓕ JR 텐노지역과 연결된 MIO 플라자관 4층 Ⓣ 06-6779-7466 Ⓞ 11:00~22:00 Ⓗ 연중무휴(MIO 플라자관 휴무일에 따름) Ⓟ 텐오로시 979¥, 자루 649¥ Ⓦ www.moriguchi-sangyo.co.jp/fujiya

스파월드 세계의 대온천
スパワールド世界の大温泉

MAP P.304B
VOL.1 P.183

세계의 목욕탕을 재현한 이색 온천이자 워터파크. 아시아 존과 유로 존으로 나뉘는 온천과 사우나, 암반욕장, 워터 파크로 구성되어 있다. 온천은 1개월 간격으로 남녀 욕장을 바꾼다. 부대시설로 식당과 카페, 푸드코트가 있는 푸드 존과 스포츠 짐, 노래방, 당구장, 탁구장, 다트장이 있는 플레이 스폿, 휴식 공간으로 마사지 숍이 마련되어 있다.

Ⓕ 지하철 도부츠엔마에역 5번 출구에서 도보 2분 Ⓣ 06-6631-0001 Ⓞ 온천 10:00~다음 날 08:45, 온돌 사우나 10:00~22:00(입장은 21:00까지) Ⓗ 부정기 Ⓟ 13세 이상 1500~2500¥(온천, 수영장 입장료 포함 , 온돌 사우나 별도) Ⓦ www.spaworld.co.jp/korea

한카이 전차
阪堺電車

MAP P.304B

1911년 12월에 개통해 현재 일본에서 가장 오래된 노면전차. 에비스초역과 하마데라에키마에역을 운행하는 한카이선과 텐노지에키마에역에서 하마데라에키마에역까지 운행하는 우에마치선, 2개의 노선이 있다. 덜컹덜컹 느리게 운행하는 1칸짜리 전차에 몸을 맡기고 창밖 거리 풍경을 감상하며 아날로그 감성을 즐기기 좋다.

Ⓕ 지하철 사카이스지선 에비스초역 3번 출구에서 도보 4분 Ⓣ 06-6671-3080 Ⓞ 에비스초역 첫차 05:18, 막차 22:04 Ⓟ 1회 승차 어른 230¥, 어린이 120¥ / 1일권 어른 600¥, 어린이 300¥ Ⓦ www.hankai.co.jp

오사카 시립 아베노 방재 센터
あべのタスカル大阪市立阿倍野防災センター

MAP P.304B
VOL.1 P.178

진도 7 규모의 지진과 화재 진압 및 탈출 등 위험 상황에 대처하는 요령을 체험을 통해 배우는 곳이다. 우리나라도 지진 안전지대가 아니라는 뉴스가 들리는 만큼 유용한 경험이 될 수 있다. 중학생 이상을 대상으로 하는 5개 코스가 있으며, 소요 시간은 코스에 따라 30분~2시간이다. 초등학생 대상 1시간 코스도 있다.

구글 지도 오사카 아베노 방재 센터

Ⓕ JR·지하철 미도스지선·타니마치선 텐노지역 13번 출구에서 도보 7분 Ⓣ 06-6643-1031 Ⓞ 10:00~18:00(입장은 17:30까지) Ⓗ 수요일, 마지막 주 목요일(공휴일인 경우 다음 날), 12월 28일~1월 4일 Ⓟ 무료 Ⓦ www.abeno-bosai-c.city.osaka.jp/tasukaru

츠루하시 상점가
鶴橋商店街

MAP P.305C

츠루하시역 주변에 형성된 상점가. 츠루하시역 앞 시장에 발을 들이면 우리나라 전통시장에서 나는 독특한 반찬 냄새가 먼저 반긴다. 츠루하시, 이쿠노 지역은 일본 최대의 한인 밀집 지역이어서 시장엔 한국식 반찬이나 한복, 이불, 잡화 등을 판매하는 가게가 주를 이룬다. 1980년대 우리나라 시장의 느낌을 주는 정겨운 풍경을 만날 수 있다.

구글 지도 츠루하시 시장

Ⓕ JR, 킨테츠, 지하철 사카이스지선 츠루하시역 동쪽·서쪽 출구 앞 Ⓣ 가게마다 다름 Ⓞ 가게마다 다름 Ⓗ 가게마다 다름 Ⓟ 가게마다 다름 Ⓦ https://tsurushin.com

오사카 이쿠노 코리아타운

MAP P.305C

大阪生野コリアタウン

1920년대에 공업 도시로 발전한 오사카와 제주도 간 직항 배편이 취항하자 일자리를 찾아 건너간 한국인들이 정착하며 형성한 한인타운이다. 이 지역은 이쿠노라는 지명을 사용하기 전엔 이카이노 猪飼野였는데 백제계 도래인이 많이 거주하며 돼지를 길러 붙은 지명이었다. 현재는 칸사이 최대의 코리아타운으로 K-팝 팬이 많이 찾는다.

Ⓕ 킨테츠 츠루하시역 동쪽 출구에서 도보 12분 Ⓣ 가게마다 다름 Ⓞ 가게마다 다름 Ⓗ 가게마다 다름 Ⓟ 가게마다 다름 Ⓦ https://osaka-koreatown.com

EATING →

츠루하시 마구로 쇼쿠도

MAP P.305C

鶴橋まぐろ食堂

신선하고 두툼한 참치를 밥 위에 듬뿍 올려 맛과 가성비를 모두 잡아 유명해진 식당. 전에 비해 가격이 꽤 올랐지만 인기는 여전하다. 오토로, 주토로, 아카미 등 참치의 부위에 따라 메뉴가 나뉘며 주토로와 아카미를 반씩 올린 하프동이 인기 메뉴다. 원래 츠루하시 상점가 내에 있었지만 2023년에 츠루하시 제1주차장 앞 외부로 이전했다.

Ⓕ 킨테츠 츠루하시역 동쪽 출구에서 도보 2분 Ⓣ 06-6974-9779 Ⓞ 10:30~재료 소진 시 Ⓗ 수요일, 부정기 Ⓟ 하프동 3000¥, 오토로동 4700¥

츠루하시 후게츠 본점

MAP P.305C
VOL.1 P.124

鶴橋風月 本店

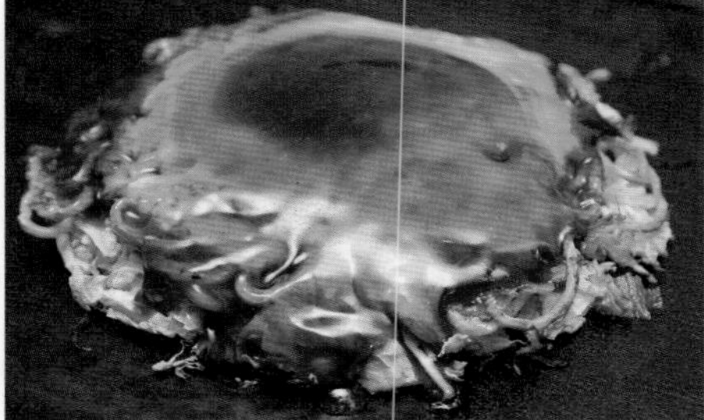

우리나라에까지 지점을 낼 정도로 인기를 얻은 오코노미야키 전문점. 처음 1950년에 텐마에 있는 후게츠에서 분점으로 츠루하시에 개업해 '싸지만 맛있다'는 평을 받으며 인기를 얻었다. 전통의 메뉴 후게츠야키와 인기 메뉴로 떠오른 모단야키를 비롯해 야키소바, 테판야키가 있으며 다양한 재료를 사용해 취향껏 골라 먹는 재미가 있다.

구글 지도 **추루하시 후게추 본점**

Ⓕ JR, 킨테츠 츠루하시역 서쪽 출구, 또는 지하철 센니치마에선 츠루하시역 7번 출구에서 도보 1분 Ⓣ 06-6771-7938 Ⓞ 월~금요일 11:30~22:30(L.O 21:30), 토·일요일·공휴일 11:00~23:00(L.O 22:00) Ⓗ 1월 1일 Ⓟ 후게츠야키 1490¥, 치타마부타 모단야키 1680¥ Ⓦ https://fugetsu.jp

ENJOYING →

천연 온천 노베하노유 츠루하시점

MAP P.305C

天然温泉 延羽の湯 鶴橋店

오사카 동남부 하비키노시에 본점을 둔 노베하노유의 츠루하시 지점. 천연 온천물이 나오는 대욕장과 노천 온천, 프라이빗 가족 온천탕을 갖추었다. 욕탕 외에 고급스러운 사우나 시설도 눈길을 끈다. 특히 한국식 찜질방을 재현해 황토방과 한방 찜질방, 맥반석방, 게르마늄방 등 다양한 종류의 한증막과 휴게 공간이 마련되어 있다.

구글 지도 **노베하노유(온천)**

Ⓕ 킨테츠 츠루하시역 동쪽 출구에서 도보 6분 Ⓣ 06-4259-1126 Ⓞ 10:00~다음 날 02:00(입장은 01:00까지) Ⓗ 연중무휴(시설 점검 시 휴무) Ⓟ 중학생 이상 월~금요일 900¥, 토·일요일·공휴일 1000¥ / 초등학생 이하 월~금요일 500¥, 토·일요일·공휴일 560¥ Ⓦ www.nobuta123.co.jp

OSAKA CASTLE

오사카 성

오사카 도심 동부를 가로지르는 다이니네야가와가 네야가와와 합류하는 지점에 오사카 성이 자리 잡고 있다. 네야가와의 물줄기는 다시 오카와에 합류된다. 세 갈래의 강줄기가 합류되는 지역이어서 강과 어우러진 아름다운 도심 풍경을 곳곳에서 만날 수 있다. 봄이 되면 곳곳을 벚꽃이 뒤덮는 오사카 성 공원과 왕벚꽃 터널을 이루는 조폐 박물관 벚꽃길은 벚꽃을 즐기려는 사람들로 인산인해를 이룬다. 도심을 흐르는 강에서 유람선을 타고 유유자적하게 풍경을 감상하거나 수륙양용 버스를 타고 오사카를 둘러보는 이색 투어도 만날 수 있다.

교통 한눈에 보기

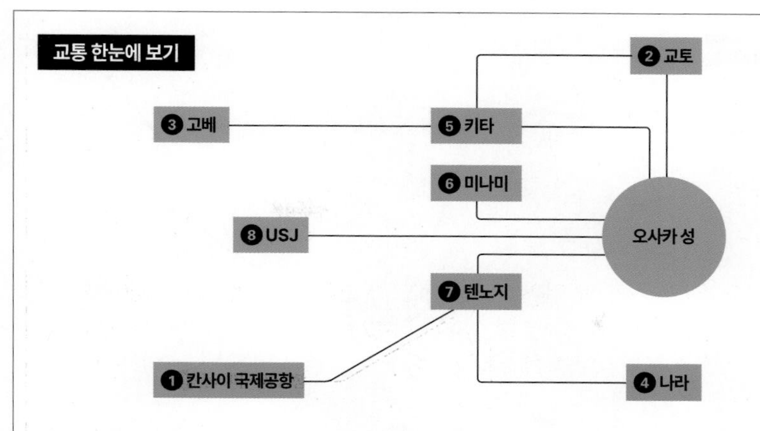

① 칸사이 국제공항→오사카 성	JR(칸사이공항역-텐노지역-모리노미야역 또는 오사카조코엔역)	약 69분	1210¥
② 교토→오사카 성	JR(교토역-오사카역-오사카조코엔역 또는 모리노미야역) 케이한 전철(기온시조역-덴마바시역)	약 45분 50분	820¥ 430¥
③ 고베→오사카 성	JR(산노미야역-오사카역-오사카조코엔역 또는 모리노미야역) 한큐 전철+타니마치선(고베산노미야역-오사카우메다역-히가시우메다역-타니마치욘초메역) 한신 전철+타니마치선(고베산노미야역-오사카우메다역-히가시우메다역-타니마치욘초메역)	약 46분 약 50분 약 50분	660¥ 570¥ 570¥
④ 나라→오사카 성	JR(나라역-텐노지역-모리노미야역 또는 오사카조코엔역) 킨테츠 전철(킨테츠나라역-이코마역-타니마치욘초메역)	약 50분 48분	740¥ 860¥
⑤ 오사카 키타→오사카 성	JR(오사카역-모리노미야역 또는 오사카조코엔역) 지하철 타니마치선(히가시우메다역-타니마치욘초메역) 지하철 미도스지선+주오선(우메다역-혼마치역-타니마치욘초메역)	9~11분 7분 15분	170¥ 240¥ 240¥
⑥ 오사카 미나미→오사카 성	지하철 센니치마에선+타니마치선(난바역-타니마치큐초메역-타니마치욘초메역) 지하철 미도스지선+주오선(난바역-혼마치역-타니마치욘초메역)	11분 14분	240¥ 240¥
⑦ 텐노지→오사카 성	지하철 타니마치선(텐노지역-타니마치욘초메역)	6분	240¥
⑧ USJ→오사카 성	JR(유니버설시티역-니시쿠조역-오사카조코엔역 또는 모리노미야역)	약 27분	210¥

오사카 오사카 성 지역 다니는 방법

WALK 오사카 성 공원 주변 지하철역에서 오사카 성 공원까지는 도보로 약 1~10분 정도 소요된다. 오사카 성 공원을 둘러볼 때 걷기 힘들다면 공원 내 로드 트레인이나 전기차를 이용할 수 있다.

SUBWAY 오사카 성 공원 주변 JR 모리노미야역과 오사카성공원역, 지하철 타니마치선 타니마치욘초메역에서 오사카 성으로 갈 수 있다. 조폐 박물관 벚꽃길과 오사카 덕 투어 승강장도 지하철역에서 멀지 않다.

BUS 주요 관광지는 지하철로 접근 가능해서 굳이 버스를 이용할 필요가 없다.

TAXI 주요 관광지 간의 거리가 멀지 않아 대중교통 이용이 번거로울 때 이용해볼 만하다.

TO DO LIST

- ☐ 오사카 성 공원과 오사카 성 텐슈카쿠 방문하기

- ☐ 오사카 성 고자부네 뱃놀이 즐기기

- ☐ 오사카 역사 박물관 방문하기

- ☐ 벚꽃이 터널을 이룬 조폐 박물관 벚꽃길 걸어보기(4월 초~중순 한정)

- ☐ 오사카 거리와 강을 넘나드는 수륙양용 투어 버스 오사카 덕 투어 즐기기

- ☐ 수상 버스 아쿠아라이너 타고 물의 도시 오사카 유람하기

오사카 성 한눈에 보기
N
0
20m
A
B
조폐 박물관
造幣博物館
조폐 박물관 벚꽃길
造幣博物館 桜の通り P.320
오사카조키타즈메
大阪城北詰駅
교바시
京橋駅
호텔 몬토레 라·스루 오사카
ホテルモントレラ·スール大阪
오사카비지니스파크
大阪ビジネスパーク駅
하치켄야하마 선착장
八軒家浜船着場
오사카 덕 투어
大阪ダックツアー P.321
오사카 성 홀
大阪城ホール
오사카 뉴오타니 호텔
ホテル ニューオータニ 大阪
수상 버스 아쿠아라이너
大阪水上バス アクアライナー P.321
오사카 성 고자부네
大阪城 御座船 P.321
호텔 케이한 텐마바시
ホテル京阪天満橋
텐마바시
天満橋駅
조 테라스 오사카
JO-TERRACE OSAKA P.320
오사카 성 니시노마루 정원
오사카 영빈관
大阪城西の丸庭園 大阪迎賓館
도요토미 히데요리 자결 터
豊臣秀頼自刃の地 P.319
오사카 성
大阪城 P.318
오사카 성 태양의 광장
太陽の広場
니시노마루 정원
大阪城 西の丸庭園 P.319
오테몬 타몬야구라
大坂城 大手口多門櫓渡櫓 P.319
오사카부청
大阪府庁
오사카 성 센간야구라
大坂城 千貫櫓 P.319
오테구치마스가타의 거석
大手口枡形の巨石 P.319
오사카 성 사쿠라 몬
大坂城 桜門
오사카 성 오테몬
大阪城 大手門 P.319
호코쿠 신사
城豊國神社
호텔 더 루테란
ホテル ザ ルーテル
BK 플라자
BKプラザ P.321
오사카 역사 박물관
大阪歴史博物館 P.320
타니마치욘초메
谷町四丁目駅
피스 오사카
ピースおおさか P.320
모리노미야
森ノ宮駅
나니와궁 터 공원
難波宮跡
타마츠쿠리이나리 신사
玉造稲荷神社
타니마치로쿠초메
谷町六丁目駅

오사카 성 추천 코스

오사카 성 주변 코스

오사카 성 공원은 벚꽃 명소 중 하나로 봄에 방문하면 더 아름다운 풍경을 만날 수 있다. 공원이 매우 넓어 많이 걸어야 하니 휴식을 취하거나 로드 트레인 또는 전기차를 이용하자. | **소요 시간 : 약 5시간(조폐 박물관 벚꽃길 포함 시 약 6시간 30분)**

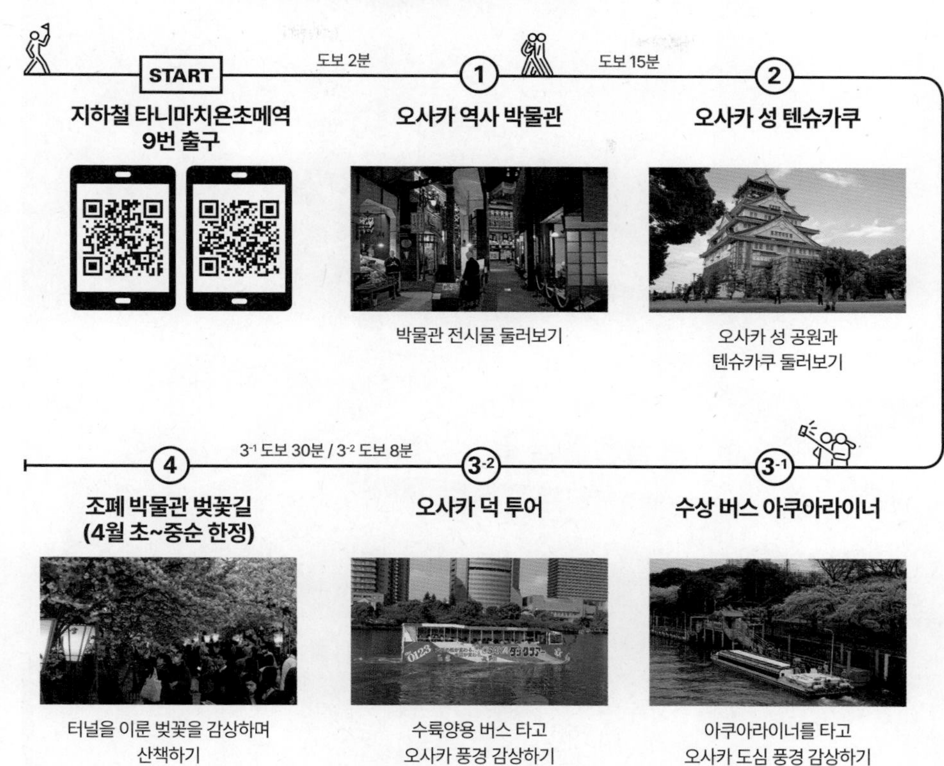

오사카 성
大阪城

MAP P.316A
VOL.1 P.071

1582년, 100년 넘게 전쟁이 지속되었던 전국시대에 일본 통일을 이룬 오다 노부나가는 부하인 아케치 미츠히데의 배신으로 생을 마감했다. 그 뒤를 이어 도요토미 히데요시는 아케치 미츠히데를 제거하고 권력을 잡았다. 히데요시는 이듬해에 이시야마혼간지 터(지금의 오사카 성 부지)에 오사카 성의 축조를 시작했다. 1590년에 통일을 이루었고 일본의 중심지로 만들려 했던 오사카 성은 히데요시가 사망한 1598년에야 완성되었다. 당시 오사카 성의 규모는 지금의 약 5배 정도에 달했다고 한다. 1615년 도요토미 가문의 멸문을 위한 도쿠가와 이에야스의 공격으로 소실되었지만, 이에야스가 권력을 잡은 뒤 새로이 재건했다. 현재 성내 여러 건물은 1931년에 시민들의 모금으로 복구된 것이 소실과 복구를 거치며 현재에 이르렀다. 특히 텐슈카쿠(천수각)는 1997년에 대대적인 수리를 거친 최근의 것이다. 텐슈카쿠 최상층인 8층 전망대에서 사방으로 오사카 성 공원과 주변 도심 풍경을 감상할 수 있다. 2~7층은 도요토미 히데요시와 오사카 성에 관한 전시물이 주를 이룬다. 2층에는 히데요시가 애용했다는 황금 다실도 전시돼 있다. 오사카 성은 그 자체로 공원의 역할을 하고 있으며 매화와 벚꽃이 피는 봄의 풍경이 가장 아름답다.

Ⓕ 지하철 타니마치욘초메역 9번 출구에서 도보 8분 Ⓣ 06-6941-3044 Ⓞ 텐슈카쿠 09:00~17:00(입장은 16:30까지), 니시노마루 정원 3~10월 09:00~17:30, 11~2월 09:00~16:30 / 공원 구역은 상시 Ⓗ 텐슈카쿠 12월 28일~1월 1일, 니시노마루 월요일, 12월 28일~1월 4일 Ⓟ 공원 구역 무료, 니시노마루 200¥(16세 이상), 텐슈카쿠 고등학생 이상 600¥, 오사카 역사 박물관(상설전)+오사카 성 텐슈카쿠 세트권 1000¥, 아쿠아라이너+오사카 성 텐슈카쿠 세트권 2000¥ Ⓦ www.osakacastlepark.jp

ZOOM ——————— IN

오사카 성 핵심 볼거리

1	**오테몬** 大手門	오사카 성으로 진입하는 정문으로 1620년대에 처음 세웠다. 1945년 공습과 태풍의 피해를 입어 1967년 지금의 모습으로 보수되었다. 오테몬은 주 기둥과 보조 기둥이 지붕을 떠받치는 구조로 이루어져 있는데, 이는 한반도에서 전해진 고라이몬 高麗門이라 부르는 건축양식이다.	
2	**오테구치마스가타의 거석** 大手口枡形の巨石	오테몬 안쪽의 성벽을 이루고 있는 거대 암석. 1620년 도쿠가와 이에야스의 명으로 오사카 성이 재건될 당시 사용한 것이다. 가로 11.7m, 높이 5.5m이며 무게는 103톤 정도로 추정된다고 한다. 돌 왼쪽 아랫부분에 있는 문양이 문어를 닮아 타코이시 蛸石라고 부르기도 한다.	
3	**니시노마루 정원** 西の丸庭園	오사카 성 서쪽, 오테몬을 지나자마자 왼쪽에 보이는 정원. 봄이면 니시노마루의 벚꽃에 둘러싸인 텐슈카쿠의 풍경을 볼 수 있는 곳이다. 니시노마루에 있는 영빈관은 국빈 만찬이 열리는 비공개 장소지만 평소에는 고급 레스토랑으로도 이용된다. 홈페이지에서 사전 예약 필수. Ⓟ 고등학생 이상 200¥ Ⓦ 영빈관 레스토랑 www.osakacastle.jp/restaurant	
4	**타몬야구라, 센간야구라** 多門櫓, 千貫櫓	타몬야구라는 오테몬 안쪽에 중간 문에 있는 망루를 말한다. 센간야구라는 오테몬 옆, 적의 침입을 막기 위해 만든 해자의 석벽 위에 있는 망루다. 타몬야구라의 내부엔 과거에 사용했던 물건이 여럿 전시되어 있다. 센간야구라에서는 창이나 돌 등을 던져 적의 침입을 막았다. 센간야구라는 1620년대 도쿠가와 이에야스의 명으로 재건된 당시의 원형이 남은 몇 개 안 되는 건물 중 하나다.	
5	**오사카 성 텐슈카쿠** 大阪城天守閣	성의 중심이 되는 핵심 건물로 오사카 성에 관련된 자료와 유물을 전시하는 박물관으로 사용하고 있다. 건물 최상부인 8층은 360도로 주변을 둘러볼 수 있는 전망대인데, 계단을 통해 아래로 내려오며 차례로 전시물을 만날 수 있다. 대부분 상설 전시물은 도요토미 히데요시의 생애와 당시 시대상에 관한 유물이며 복원된 조립식 황금 다실이 유명하다.	
6	**도요토미 히데요리 자결 터**	도요토미 히데요시가 56세에 소실인 요도도노와의 사이에서 얻은 차남이 도요토미 히데요리다. 1598년에 히데요시가 사망한 후 1600년 세키가하라 전투에서 도쿠가와 이에야스가 실권을 거머쥐었다. 도쿠가와 이에야스는 1614년에 교토의 호코지를 재건할 때 일어난 종명 사건을 구실로 오사카 성을 공격했고, 이듬해 히데요리가 어머니와 함께 자결하며 도요토미 가문은 멸문되었다. 텐슈카쿠 북쪽 공터 한쪽에 조그만 비석이 남아 있다.	
7	**오사카 성 로드 트레인 & 일렉트릭 카** 大阪城ロードトレイン &エレクトリックカー	광활한 오사카 성 공원 안에서 편하게 이동할 수 있는 교통수단. 증기기관차 모양의 로드 트레인은 모리노마야역↔조 테라스 오사카 안내소 앞↔고쿠라쿠바시↔토요쿠니 신사 앞 구간을 운행한다. 일렉트릭 카는 바바초→오테마에→사쿠라몬→도요쿠니 신사 앞→성남버스 주차장 앞→바바초 구간을 운행한다. Ⓟ 로드 트레인 중학생 이상 400¥, 일렉트릭 카 300¥ / 1일 패스 중학생 이상 1000¥	

오사카 역사 박물관

MAP P.316B

大阪歴史博物館

오사카 역사를 주제로 고대부터 현대에 이르는 역사와 생활상을 보여준다. 10층 고대관은 645년에 고토쿠 왕이 백제 도래인 계열의 소가씨파를 제거하고 아스카에서 나니와 難波로 천도할 때 지은 나니와 궁이 전시돼 있다. 9층에는 전국시대 말 혼간지와 에도시대의 오사카, 7층에는 다이쇼 말, 쇼와 초기의 오사카 도시 모습이 전시되어 있다.

Ⓕ 지하철 타니마치욘초메역 9번 출구에서 도보 2분 Ⓣ 06-6946-5728 Ⓞ 09:30~17:00(입장은 16:30까지) Ⓗ 화요일(공휴일인 경우 다음 날) Ⓟ 어른 600¥, 고등·대학생 400¥ Ⓦ www.osakamushis.jp

조폐 박물관 벚꽃길

MAP P.316A

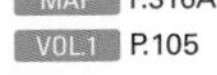

VOL.1 P.105

造幣博物館 桜の通り

오사카 조폐 박물관 주변 오카와 강변 벚꽃길. 남쪽 카와사키바시부터 북쪽 게마사쿠라노미야 공원 너머까지 약 1.8km에 이른다. 4월 초에서 중순 벚꽃이 만개하면 '사쿠라 노도리' 행사가 개최돼 많은 사람이 몰린다. 이곳 벚꽃은 겹벚꽃으로 연분홍과 진분홍, 옥색, 적색 등 다양한 색이 어우러져 있다. 먹거리를 파는 포장마차도 늘어서 흥을 돋운다.

Ⓕ 케이한선·지하철 타니마치선 덴마바시역 1번 출구에서 도보 11분 Ⓣ 없음 Ⓞ 월~금요일 10:00~19:30, 토·일요일 09:00~19:30(4월 초·중순 개화) Ⓗ 연중무휴 Ⓟ 무료 Ⓦ www.mint.go.jp/enjoy/toorinuke

EATING →

피스 오사카

MAP P.316B

ピースおおさか

전쟁의 참상과 평화의 중요성을 알리는 것을 목표로 설립된 박물관. 제2차 세계대전의 막바지인 1945년에 공습으로 폐허가 된 오사카의 모습을 볼 수 있는 여러 전시물을 만날 수 있다. 대부분 전시물이 일본의 시각으로 바라본 전쟁의 모습과 피해 상황에 대한 것들이지만 당시 전쟁의 배경과 과정, 오사카의 발전 모습 등을 볼 수 있다.

Ⓕ JR·나가호리츠루미료쿠치선 모리노미야역 1번 출구에서 도보 3분 Ⓣ 06-6947-7208 Ⓞ 09:30~17:00(입장은 16:30까지) Ⓗ 월요일, 12월 28일~1월 4일, 관내 정리일 Ⓟ 어른 250¥, 고등학생 150¥ Ⓦ www.peace-osaka.or.jp

조 테라스 오사카

MAP P.316A

JO-TERRACE OSAKA

20여 개의 카페와 식당, 상점이 모여 있는 오사카 성 공원 내 유일한 쇼핑가. 공원을 걷다 지칠 때 오사카 성의 풍경을 감상하며 쉴 수 있는 공간이다. 벽화와 어우러진 벤치는 포토 스폿이다. 한식당과 하와이안 포케 식당 3포케 오사카, 프랑스 코스 요리 식당 캐슬 가든 오사카, 팬케이크로 인기를 얻고 있는 카페 그램 등이 입점해 있다.

Ⓕ JR 오사카조코엔역 2번 출구에서 도보 1분 Ⓣ 가게마다 다름 Ⓞ 가게마다 다름 Ⓗ 가게마다 다름 Ⓟ 가게마다 다름 Ⓦ https://jo-terrace.jp

오사카 성 고자부네
大阪城 御座船

MAP P.316A

오사카 성을 둘러싼 안쪽 해자(우치보리)에서 즐기는 뱃놀이. 오사카 성 북쪽 고쿠라쿠바시(극락교) 옆에 선착장이 있다. 선체 곳곳을 황금색으로 칠해 화려한 모습의 배는 도요토미 히데요시가 탔다는 호마루 배를 참고해 만들었다고 한다. 해자를 한 바퀴 왕복하며 주변 경치를 감상하면서 뱃놀이를 즐기는 데 20분 정도 소요된다.

Ⓕ 오사카 성 텐슈카쿠 북쪽 고쿠라쿠바시(극락교) 건너서 왼쪽 Ⓣ 06-6314-3773 ⓞ 10:00~16:30(계절에 따라 조금씩 다름) Ⓗ 연말연시, 악천후 시 Ⓟ 고등학생 이상 1500¥, 초등·중학생 750¥, 65세 이상 1000¥ Ⓦ www.banpr.co.jp

오사카 덕 투어
大阪ダックツアー

MAP P.316A

일본에서 처음으로 시작한 수륙양용 관광버스. 하치켄야 선착장을 출발해 히가시우메다 지역까지 빙 둘러오는 코스다. 하이라이트는 오카와에 버스가 통째로 빠지는 순간이다. 버스에 유리창이 없어 더 스릴이 넘친다. 투어 내내 가이드가 재미있게 안내해주지만 일본어라 아쉬움이 있다. 투어 시간은 시즌에 따라 60~75분 정도 소요된다.

Ⓕ 지하철 텐마바시역 2번 출구에서 도보 3분 Ⓣ 06-6941-0008 ⓞ 09:10~16:20 출발(4월 15일~11월 30일), 10:00~14:40 출발(12월 1일~3월 19일) Ⓗ 연중무휴 Ⓟ 4월 15일~11월 30일 어른 3800¥, 12월 1일~3월 19일 어른 3000¥ Ⓦ http://japan-ducktour.com

수상 버스 아쿠아라이너
大阪水上バス アクアライナー

MAP P.316A

오사카 성 공원 앞을 흐르는 다이니네야가와, 네야가와, 그리고 키타구 남쪽을 흐르는 오카와까지 왕복하는 관광용 유람선. 오사카 성 공원 선착장에서 출발하면 멀리 오사카 성의 텐슈카쿠가 시야에 들어온다. 천장까지 유리창으로 덮여 풍경을 감상하기 좋다. 다리 밑을 지나며 강에서 바라보는 오사카 도심의 색다른 풍경을 만날 수 있다.

Ⓕ JR 오사카조코엔역 2번 출구에서 도보 3분 Ⓣ 06-6942-5511 ⓞ 10:15~16:15 출발(홈페이지에 공지) Ⓗ 부정기(홈페이지에 공지) Ⓟ 중학생 이상 1800¥, 초등학생 900¥ Ⓦ https://suijo-bus.osaka

BK 플라자
BKプラザ

MAP P.316B

오사카 NHK 방송국 1층과 9층에 있는 방송국 견학 시설. 1층은 TV 공개방송이나 촬영 세트를 공개하기도 하며 방송 체험 스튜디오, VR 체험 코너 등이 마련되어 있다. 9층은 NHK에서 방송한 프로그램에 관련된 전시물과 85인치 8K 영상 감상실 등이 있다. 어른뿐 아니라 어린이를 위한 체험, 관람 코스도 잘 갖추어 아이와 함께 가기에도 좋다

구글 지도 NHK BK Plaza

Ⓕ 지하철 타니마치욘초메역 9번 출구에서 도보 2분 Ⓣ 06-6937-6020 ⓞ 10:00~18:00(입장은 17:30까지) Ⓗ 화요일, 연말연시 Ⓟ 무료 Ⓦ www.nhk.or.jp/osaka/bkplaza

BAY AREA

항만 지역

오사카의 항만 지역은 오사카만 바다를 끼고 육지와 바다가 번갈아 교차하는 지형과 섬으로 이루어져 있다. 유니버설 스튜디오 재팬이 있는 코노하나구와 카이유칸이 있는 텐포잔, 오사카항 페리 터미널이 있는 난코 등으로 구분할 수 있다. 부산에서 오사카행 페리를 타면 도착하는 곳이 난코의 페리 터미널이다. 오사카 최대의 놀이 시설인 유니버설 스튜디오 재팬을 비롯해 아쿠아리움, 레고랜드 디스커버리 센터 오사카, 대관람차, 클래식 카 박물관, 유람선, 온천 등 유명 관광지가 많이 몰려 있는 곳이기도 하다. 지하철과 트램을 이용해 모든 관광지로 접근할 수 있어 대중교통을 이용한 여행도 큰 어려움이 없다.

교통 한눈에 보기

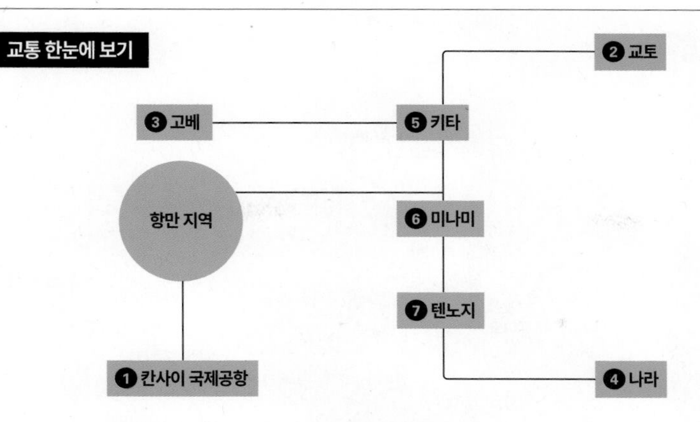

구간	노선	시간	요금
① 칸사이 국제공항→항만 지역	JR(칸사이공항역-니시쿠조역-유니버설시티역)	약 80분	1210¥
	칸사이 공항 리무진 버스(유니버설 스튜디오 재팬행)	70분~	1800¥
② 교토→항만 지역	JR(교토역-오사카역-니시쿠조역-유니버설시티역)	약 54분	820¥
	한큐 전철+JR(교토카와라마치역-오사카우메다역-JR 오사카역-JR 니시쿠조역-JR 유니버설시티역)	약 65분	600¥
③ 고베→항만 지역	JR(산노미야역-오사카역-니시쿠조역-유니버설시티역)	약 50분	660¥
	한큐 전철+JR(고베산노미야역-오사카우메다역-JR 오사카역-JR 니시쿠조역-JR 유니버설시티역)	약 55분	520¥
	한신 전철+JR(고베산노미야역-니시쿠조역-JR 유니버설시티역)	약 45분	490¥
④ 나라→항만 지역	JR(나라역-니시쿠조역-유니버설시티역)	약 70분	820¥
	킨테츠 전철+JR(킨테츠나라역-니시쿠조역-JR 유니버설시티역)	약 55분	1070¥
⑤ 오사카 키타→항만 지역	JR(오사카역-니시쿠조역-유니버설시티역)	약 16분	190¥
	지하철 미도스지선+추오선(우메다역-혼마치역-오사카코역)	약 22분	290¥
⑥ 오사카 미나미→항만 지역	한신 전철+JR(오사카난바역-니시쿠조역-JR 유니버설시티역)	약 25분	390¥
	지하철 미도스지선+추오선(난바역-혼마치역-오사카코역)	약 20분	290¥
⑦ 오사카 텐노지→항만 지역	JR(텐노지역-니시쿠조역-유니버설시티역)	약 27분	210¥
	지하철 미도스지선(텐노지역-혼마치역-오사카코역)	약 29분	290¥

오사카 항만 지역 다니는 방법

WALK 항만 지역의 주요 관광지는 인근 지하철역에서 대부분 도보로 10분 이내 거리에 위치한다. 지하철을 이용하면 도보로 이동 가능하다.

SUBWAY 항만 지역에서 이용할 수 있는 주요 교통수단이다. 대부분 관광지가 지하철역에서 도보로 이동 가능한 곳에 있다.

BUS 카미카타 온천 잇큐의 경우, 인근 지하철역에서 셔틀버스를 이용해야 한다.

TAXI 강과 바다가 맞닿은 복잡한 형태의 지형으로 다른 구의 관광지로 이동 시 빙 돌아가야 하기 때문에 요금이 많이 나올 수 있다는 점에 주의해야 한다.

TO DO LIST

- ☐ 유니버설 스튜디오 재팬에서 힘닿는 데까지 놀아보기

- ☐ 카이유칸의 일본 최대급 실내 수조에서 헤엄치는 고래상어 만나기

- ☐ 소라니와 온천 오사카 베이 타워에서 유유자적 온천욕 즐기기

- ☐ 가슴 뻥 뚫리는 바다 전망 감상하며 스릴 넘치는 텐포잔 대관람차 탑승하기

- ☐ 콜럼버스의 배, 산타마리아호 타고 바다 유람 즐기기

- ☐ 사키시마 코스모 타워 전망대에서 항구 주변 풍경 감상하기

항만 지역 한눈에 보기
N
0
100m
A
카미카타 온천 잇큐
上方温泉一休 P.331
J-하퍼스 오사카 유니버설
ジェイホッパーズ大阪ユニバーサル
아지카와구치
安治川口駅
니시쿠조
西九条
구조
九条
스시차야 스시카츠
寿司茶屋 すし活 P.330
소라니와 온천 오사카 베이 타워
空庭温泉 大阪ベイタワー P.331
호텔 케이한
유니버설 타워
ホテル京阪
ユニバーサルタワー
유니버설시티
ユニバーサルシティ駅
아트 호텔
오사카 베이 타워
アートホテル
大阪ベイタワー
벤텐초
弁天町駅
유니버설 스튜디오 재팬
ユニバーサル・スタジオ・ジャパン P.326
호텔 유니버설 포트
ホテル ユニバーサル ポート
리벨 호텔 앳 유니버설 스튜디오 재팬
リーベルホテルアット ユニバーサル・スタジオジャパン
사쿠라지마
桜島駅
아사시오바시
朝潮橋駅
레고랜드 디스커버리 센터 오사카
LEGOLAND Discovery Center P.329
텐포잔 마켓 플레이스
天保山マーケットプレース P.330
텐포잔 대관람차
天保山大観覧車 P.329
산타마리아 유람선
サンタマリア P.330
카이유칸
海遊館 P.329
오사카코
大阪港駅
캡틴라인
キャプテンライン P.331
지라이온 박물관
ジーライオンミュージアム P.329
코스모 스퀘어
コスモスクエア駅
도쿄 인테리어 오사카 본점
東京インテリア家具 大阪本店
사키시마
코스모 타워 전망대
さきしま
コスモタワー展望台 P.330
호텔 후쿠라시아
오사카베이
ホテルフクラシア
大阪ベイ
이케아 츠루하마
IKEA 鶴浜
나카후토
中ふ頭駅
포트타운 히가시
ポートタウン東駅
포트타운 니시
ポートタウン西駅
오사카 난코 페리 터미널
大阪南港フェリーターミナル
페리터미널
フェリーターミナル駅
천연 온천 스파 스미노에
天然露天温泉 スパスミノエ P.331
난코히가시
南港東駅
난코구치
南港口駅
히라바야시
平林駅
스미노에
住之江公
B

항만 지역 추천 코스

유니버설시티, 텐포잔, 난코 주변 코스 1

유니버설 스튜디오 재팬에서 소라니와 온천 오사카 베이 타워는 멀지 않은 거리여서 JR 전철을 타고 금방 갈 수 있다. JR 벤텐초역과 연결 통로로 이어져 있어 접근성도 좋다. **소요 시간 : 약 10시간**

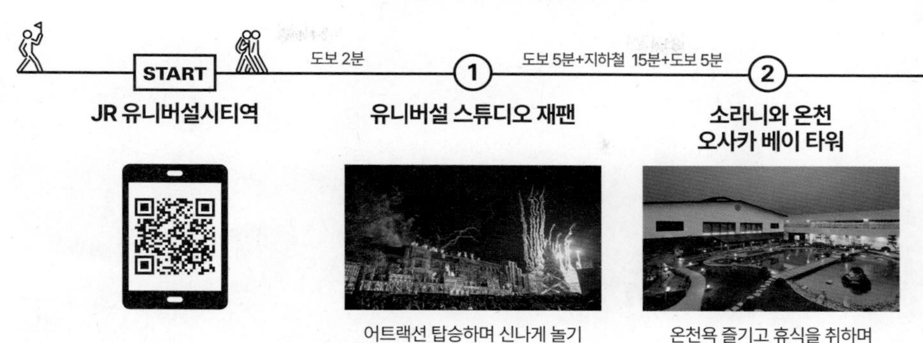

어트랙션 탑승하며 신나게 놀기

온천욕 즐기고 휴식을 취하며 피로 풀기

유니버설시티, 텐포잔, 난코 주변 코스 2

오사카의 항만 지역은 복잡한 지형을 이루고 있지만, 주요 관광지는 전철로 쉽게 접근할 수 있다. 카이유칸을 비롯해 여러 관광 시설이 있는 텐포잔은 시민들의 휴식처다. 난코에는 부산을 오가는 국제 페리 터미널을 비롯해 사키시마 코스모 타워 전망대 등의 관광 시설이 들어서 있다. **소요 시간 : 약 4시간 30분**

유니버설 스튜디오 재팬
ユニバーサルジャパン

MAP P.324A
VOL.1 P.027

미국의 유명 영화사 유니버설 픽처스의 영화를 소재로 만든 테마파크. 세계적으로 흥행했던 영화를 테마로 어트랙션이 구성되어 있어 아이뿐 아니라 할리우드 영화를 좋아하는 어른들에게도 흥미진진한 곳이다. 유니버설 스튜디오 재팬(USJ)은 슈퍼 닌텐도 월드와 위저딩 월드 오브 해리포터, 미니언 파크, 유니버설 원더랜드, 할리우드, 뉴욕, 샌프란시스코, 쥬라기 공원, 애머티 빌리지, 워터 월드 구역의 탑승형 어트랙션과 쇼 어트랙션으로 구성되어 있다. 유니버설 스튜디오 중 유일하게 일본에만 있는 슈퍼 닌텐도 월드와 호그와트를 현실에 재현한 위저딩 월드 오브 해리포터, 익룡에게 잡혀 하늘을 나는 더 플라잉 다이노소어는 언제나 관람객이 몰리는 인기 만점 어트랙션이다. 방문 전에 USJ 공식 앱을 설치하면 e정리권을 발권해 줄 서지 않고 인기 어트랙션을 탑승하거나 어트랙션별 대기 시간을 실시간으로 체크하는 등 좀 더 편리하게 USJ를 즐길 수 있다. 여러 가지 어트랙션을 즐기고 싶다면 어트랙션 탑승 대기 시간을 줄여주는 유니버설 익스프레스 패스를 구입하거나 e정리권, 싱글 라이더 제도를 이용하자. USJ 공식 홈페이지에서 한국어판 파크 맵(스튜디오 가이드)을 다운로드 할 수 있다.

Ⓕ JR 유니버설시티역에서 도보 5분 Ⓣ 06-6465-4005 Ⓞ 08:00~22:00(개장 시간이 수시로 바뀌므로 홈페이지에서 확인 필요) Ⓗ 부정기 Ⓟ 1데이 스튜디오 패스 12세 이상 8600¥~, 4~11세 5600¥~, 65세 이상 7000¥~ / 1.5데이 스튜디오 패스 12세 이상 1만3910¥~, 4~11세 8600¥~ / 2데이 스튜디오 패스 12세 이상 1만6300¥~, 4~11세 1만600¥~(입장일에 따라 가격이 다름) Ⓦ www.usj.co.jp

ZOOM ———————— IN

유니버설 스튜디오 재팬 핵심 볼거리

1 슈퍼 닌텐도 월드

일본 닌텐도사의 유명 게임 캐릭터인 슈퍼마리오를 테마로 한 어트랙션 구역. 가장 최근에 생긴 어트랙션이라 인기 고공행진 중이다. 구역에 입장하면 마치 게임 속 세상으로 들어온 듯한 느낌이 든다. 어트랙션으로 마리오카트와 요시 어드벤처가 있다.

2 위저딩 월드 오브 해리포터

멀리서 보이는 호그와트 성 안팎의 모습이 영화 속으로 들어간 듯 실감 난다. 구역 입구에는 호그와트로 향하는 기차가 전시되어 있고 영화에 나오는 각종 굿즈를 판매하는 가게가 마을을 이룬다. 4D 어트랙션 해리 포터 앤드 더 포비든 저니를 탑승하고 구역 내에서 열리는 이벤트 공연도 관람할 수 있다.

3 더 플라잉 다이너소어

쥬라기 공원 구역에 있는 어트랙션. 익룡에게 붙잡혀 하늘을 난다는 콘셉트로 엎드린 자세로 허공에 매달려 탑승하는 롤러코스터다. 매달려서 아래를 보는 자세 때문에 급상승과 하강, 360도 회전할 때마다 느껴지는 스릴감이 대단하다.

4 워터 월드

약 20분간 진행되는 쇼 어트랙션으로 캐빈 코스트너가 주연을 맡은 영화 <워터 월드>를 테마로 한 공연이다. 단순한 공연이라 하기엔 동원된 소품이나 사실감, 스턴트 액션이 대단해 끝날 때까지 시간 가는 줄 모를 정도다.

5 미니언 파크

애니메이션 속 귀여운 악동 미니언즈가 현실에서 걸어 다니고 곳곳에 장식되어 있는 만화 속 세상이다. 미니언 메이햄과 프리즈 레이 슬라이드 어트랙션 외에도 여러 볼거리, 즐길 거리가 많은 곳이다. 미니언즈와의 기념사진 촬영도 필수!

6 할리우드 드림 더 라이드 백드롭

할리우드 드림 더 라이드와 함께 할리우드 구역의 최고 인기 라이드. USJ에서 2013년에 기간 한정으로 선보인 롤러코스터인데 사라지는 것을 아쉬워한 많은 사람의 요청으로 정식 어트랙션으로 자리 잡았다. 앞으로 달리는 할리우드 드림 더 라이드와 달리 뒤로 달리는 것이 할리우드 드림 더 라이드 백드롭의 묘미.

7 죠스

유명한 OST가 떠오를 만큼 영화 <죠스> 속 마을 모습을 실감 나게 재현한 애머티 빌리지의 어트랙션. 보트를 타고 마을을 한 바퀴 돌아보는 투어로 중간에 보트를 덮쳐오는 식인 상어의 습격으로 긴장감이 더해진다.

8 유니버설 원더랜드

10세 이하 아이와 동행한다면 꼭 들러야 할 구역이다. 스누피와 헬로키티 등 아이들이 좋아할 만한 귀여운 캐릭터를 활용한 어트랙션 10가지를 모아놓았다. 아이가 직접 운전해보거나 스누피를 타고 하늘을 나는 경험을 해볼 수도 있다. 핑크 핑크한 드레스를 입은 헬로 키티와의 기념 촬영은 덤!

이미지 제공 유니버설 스튜디오 재팬

☑ 헷갈리는 유니버설 스튜디오 재팬 입장권 종류 한 방에 정리하기

스튜디오 패스(입장권)

유니버설 스튜디오 재팬 1회용 파크 입장권으로 기본적으로 우리나라의 자유이용권 개념이다. 입장권 종류는 오후 3시부터 입장하는 트와일라이트, 1일, 1.5일(트와일라이트+1일), 2일권이 있다. 이용하려는 날짜에 따라서도 시즌으로 구분돼 요금이 다르다. 시즌에 따른 요금 차이는 비수기, 준성수기, 성수기 개념으로 이해하면 된다.

	A 시즌		B 시즌		C 시즌		D 시즌		E 시즌	
	12세 이상	4~11세	12세 이상	4~11세	12세 이상	4~11세	12세 이상	4~11세	12세 이상	4~11세
1일권	8600¥	5600¥	9400¥	5800¥	9900¥	6200¥	1만400¥	6400¥	1만900¥	6800¥
1.5일권	1만3100¥	8600¥	1만4400¥	8900¥	1만6000¥	1만¥	1만6800¥	1만400¥	1만7600¥	1만1000¥
2일권	1만6300¥	1만0600¥	1만7900¥	1만1000¥	1만8800¥	1만1800¥	1만9800¥	1만2200¥	2만700¥	1만2900¥

트와일라이트 A 시즌 : 12세 이상 6000¥, 4~11세 3900¥

☑ 시간은 금이다! 유니버설 스튜디오 재팬을 효율적으로 즐기는 방법

유니버설 익스프레스 패스란?

어트랙션에 탑승할 때 대기 시간을 단축할 수 있는 티켓이다. 이 패스는 입장권 기능이 없으므로 파크 입장을 위해 스튜디오 패스도 함께 구입해야 한다. 패스는 이용할 수 있는 어트랙션과 상품의 종류가 자주 바뀌므로 크게 익스프레스4와 익스프레스7 두 가지가 있다고 염두에 두고 원하는 어트랙션을 포함한 패스가 있는지 확인해야 한다. '슈퍼 닌텐도 월드'와 '위저딩 월드 오브 해리포터'가 포함된 패스의 경우 에어리어 입장 확약권 기능을 포함한다. 패스의 가격도 성수기와 비수기, 이용하려는 날짜까지 남은 기일, 구입 시점에 남아 있는 재고량 등에 따라 가격이 바뀌므로 구입 시 USJ 홈페이지에서 가격을 확인하도록 하자.

e정리권/추첨권을 활용하자

유니버설 익스프레스 패스가 없을 때 추가 비용 없이 인기 어트랙션 구역에 빠르게 입장할 수 있는 방법이다. 대상 에어리어는 '위저딩 월드 오브 해리포터'와 '슈퍼 닌텐도 월드'. e정리권은 파크에 입장한 후에 발권할 수 있으며 일찍 발권할수록 당첨될 확률이 높다. 오픈런이 필요하다는 얘기. e정리권이 매진되면 추첨권을 신청할 수 있다. 추첨권은 이름처럼 발권하는 데 운이 필요하다.

① USJ 공식 앱을 휴대폰에 설치한다.
② 구입한 스튜디오 패스의 QR코드를 USJ 앱에 등록한다. 하나의 앱에 일행의 패스를 함께 등록할 수 있다.
③ USJ 파크에 입장하자마자 앱에서 입장을 원하는 시간대를 선택하고 e정리권을 발권한다.
④ 입장 시간이 되면 에어리어 입구에서 발권받은 QR코드를 제시하고 입장한다.

요야쿠노리(よやくのり)도 있다!

유니버설 원더랜드에 있는 어트랙션의 탑승 시간을 예약할 수 있는 제도. 파크 입장 후 예약 탑승 발권소에서 원하는 시간과 어트랙션의 탑승 예약 후 지정된 시간이 되면 줄을 서지 않고 바로 입장해 탑승할 수 있다. 예약에 별도의 비용이 들지는 않는다.

예약 탑승 티켓 발권소 : 엘모의 고 고 스케이트보드 발권소, 몹피의 벌룬 여행 발권소, 엘모의 버블 버블 발권소, USJ 공식 앱
예약 탑승 가능한 어트랙션 : 날아라 스누피, 몹피의 벌룬 여행, 엘모의 고 고 스케이트보드, 엘모의 버블버블

USJ 공식 앱에서 어트랙션별 대기 시간을 확인하자

스마트폰에 USJ 공식 앱을 설치하면 각 어트랙션의 실시간 탑승 대기 시간과 운휴 여부를 확인할 수 있다.

지라이온 박물관
ジーライオンミュージアム

MAP P.324A
VOL.1 P.181

사진에서나 보던 전설적인 자동차를 실물로 만날 수 있는 클래식 카 박물관. 마차부터 현대에 이르는 유명한 자동차 수십 대가 전시되어 있다. 놀라운 건 모든 자동차가 복원을 거쳐 실제 운행 가능한 상태라는 것이다. 전시된 자동차는 수시로 바뀌어 갈 때마다 새로운 차량을 볼 수 있다. 자동차를 좋아하는 마니아라면 놓치지 말 것.

구글 지도 지라이언 뮤지엄

Ⓕ 지하철 추오선 오사카코역 6번 출구에서 도보 6분 Ⓣ 06-6573-3006 Ⓞ 11:00~17:00 Ⓗ 월요일(공휴일인 경우 다음 날) Ⓟ 중학생 이상 1200¥ Ⓦ https://glion-museum.jp

텐포잔 대관람차
天保山大観覧車

MAP P.324A

텐포잔에 있는 지름 100m짜리 대관람차. 지상에서부터 최고점까지 높이가 112.5m로 건설 당시 일본에서 가장 큰 것이었으나 지금은 네 번째로 높은 대관람차다. 바닥이 투명한 곤돌라는 물론 휠체어에 탄 채 탑승할 수 있는 곤돌라도 마련되어 있다. 어마어마한 높이로 인해 스릴과 함께 항구 주변의 도시 풍경, 석양, 야경을 감상할 수 있다.

Ⓕ 지하철 추오선 오사카코역 1번 출구에서 도보 3분 Ⓣ 06-6576-6222 Ⓞ 10:00~21:00(홈페이지에 공지) Ⓗ 부정기(홈페이지에 공지) Ⓟ 입장료 900¥ / 텐포잔 대관람차+산타마리아 세트권 중학생 이상 2400¥, 초등학생 1600¥ Ⓦ http://tempozan-kanransya.com

레고랜드 디스커버리 센터 오사카
レゴランド·ディスカバリー·センター大阪r

MAP P.324A
VOL.1 P.176

블록 완구의 세계적인 대명사인 레고 LEGO에서 운영하는 실내 테마파크. 레고로 만든 다양한 작품과 체험 시설, 어린이 놀이터 등이 다채롭게 들어서 있다. 실내에 있어 더울 때는 시원하게, 추울 때는 따뜻하게, 비 올 때는 쾌적하게 즐길 수 있다. 레고를 좋아하는 어린이에게는 실패할 확률이 거의 없으나 규모가 다소 작다는 의견도 있다.

Ⓕ 텐포잔 마켓 플레이스 3층 Ⓣ 080-0100-5346 Ⓞ 월~금요일 10:00~18:00, 토·일요일 10:00~19:00 Ⓗ 연중무휴 Ⓟ 2200~3280¥(날짜마다 다름) Ⓦ www.legolanddiscoverycenter.com/osaka

카이유칸
海遊館

MAP P.324A
VOL.1 P.175

나고야항 수족관에 이어 일본에서 두 번째로 큰 규모의 수족관. 하지만 2마리의 고래상어가 헤엄치는 실내 수조의 크기는 나고야 것보다 큰 일본 최대급이다. 상설 전시관은 태평양과 호주, 남극 등 환태평양 일대의 바다와 일본 해구의 심해를 재현해놓았다. 운이 좋으면 고래상어가 몸을 수직으로 세워 식사하는 모습도 볼 수 있다.

구글 지도 해유관

Ⓕ 지하철 추오선 오사카코역 1번 출구에서 도보 9분 Ⓣ 06-6576-5501 Ⓞ 08:00~20:30(영업시간이 유동적이므로 홈페이지에서 확인 필요) Ⓗ 부정기(홈페이지에 공지) Ⓟ 일반 요금 고등학생 이상 2700~3500¥, 초·중학생 1400~1800¥, 3세 이상 700~900¥ Ⓦ www.kaiyukan.com

사키시마 코스모 타워 전망대

さきしまコスモタワー展望台

MAP P.324B
VOL.1 P.069

난코에 있는 빌딩 전망대로 주변에 높은 건물이 거의 없어 탁 트인 바다와 도시 전망을 감상할 수 있다. 오사카 베이 지역에서 가장 높은 빌딩으로 지상 252m, 52층 높이다. 전망대 유리창이 앞쪽으로 살짝 기울어져 있어 발아래 전망을 보기 편하다. 가까운 베이 지역은 물론, 날씨가 좋으면 아카시해협 대교와 고베 도심도 보인다.

구글 지도 **오사카 부 사키시마청사 전망대**

Ⓕ 뉴트램선 트레이드센터마에역 2번 출구에서 도보 6분 Ⓣ 06-6615-6055 Ⓞ 11:00~22:00(입장은 21:30까지) Ⓗ 월요일(공휴일인 경우 다음 날) Ⓟ 고등학생 이상 1000¥, 초등·중학생 600¥ Ⓦ http://sakishima-observatory.com

EATING →

산타마리아 유람선

サンタマリア

MAP P.324A

신대륙 탐험에 나섰던 콜럼버스의 기함 산타마리아호를 재현한 관광 크루즈선. 범선이었던 산타마리아호를 모티브로 당시보다 2배 정도 큰 규모로 재현했다고 한다. 크루즈선 2층 객실은 간식과 음료를 판매하는 푸드 카운터와 테이블을 마련해 음식을 먹을 수도 있다. 시원한 바닷바람을 쐬며 오사카만의 풍경과 석양을 즐기기 좋다.

Ⓕ 지하철 추오선 오사카코역 1번 출구에서 도보 11분 Ⓣ 06-6942-5511 Ⓞ 11:00~17:00 Ⓗ 부정기 Ⓟ 중학생 이상 1800¥, 초등학생 900¥ / 텐포잔 대관람차+산타마리아 세트권 중학생 이상 2400¥, 초등생 1600¥ Ⓦ https://suijo-bus.osaka/intro/santamaria

SHOPPING →

스시차야 스시카츠

寿司茶屋 すし活

MAP P.324A

오사카의 회전초밥 식당을 이미 섭렵하고 한 번쯤 럭셔리한 초밥을 맛보고 싶다면 들러볼 만한 오마카세 스시 전문점. 손님이 코스를 선택하면 입담 좋은 주인장이 설명을 곁들이며 음식을 내놓는다. 필자에게 귓속말로 전한 맛의 비결은 사람의 체온과 비슷한 밥의 온도, 비닐에 싸 얼음에 담가놓은 생선, 고품질 생와사비, 직접 담근 간장소스라고.

구글 지도 **스시카츠**

Ⓕ JR, 지하철 추오선 벤텐초역 북쪽 출구에서 도보 2분 Ⓣ 06-6584-3866 Ⓞ 18:00~24:00(입장은 21:00까지) Ⓗ 부정기 Ⓟ 오마카세 코스 1만5000¥, 2만¥, 3만¥~ Ⓦ http://sushikatsu.net

텐포잔 마켓 플레이스

天保山マーケットプレース

MAP P.324A
VOL.1 P.176

텐포잔 대관람차와 카이유칸 사이에 있는 복합 상가. 2층 식당가에 1960년대 오사카의 거리를 재현한 나니와쿠이신보요코초에는 타코야키, 오코노미야키 같은 오사카 음식과 스테이크, 한국 식당도 입점해 있다. 3층은 푸드코트와 레고랜드가 입점해 있다.

Ⓕ 지하철 추오선 오사카코역 1번 출구에서 도보 7분 Ⓣ 06-6576-5501 Ⓞ 10:00~20:30(가게 및 날짜에 따라 다름, 홈페이지 공지) Ⓗ 부정기(홈페이지 공지) Ⓟ 가게마다 다름 Ⓦ www.kaiyukan.com/thv/marketplace

캡틴라인
キャプテンライン

MAP P.324A

유니버설시티 포트와 텐포잔의 카이유칸 니시하토바 사이를 운행하는 셔틀 크루저. 관광용 유람선이라기보다 교통수단으로 더 유용하다. 유니버설 스튜디오 재팬과 카이유칸을 함께 들르는 일정일 때 두 번 환승해야 하는 전철에 비해 10분 만에 아지카와를 건널 수 있어 빠르고 편리하다. 시원한 바닷바람과 풍경은 덤.

Ⓕ 지하철 추오선 오사카코역 1번 출구에서 도보 7분 Ⓣ 06-6573-8222 Ⓞ 09:30~18:00(출항 시간 홈페이지에 공지) Ⓗ 부정기 Ⓟ 중학생 이상 편도 900¥, 왕복 1700¥ / 초등학생 편도 500¥, 왕복 900¥ / 3세 이상 편도 400¥, 왕복 700¥ Ⓦ https://www.mmjp.or.jp/Capt-Line

소라니와 온천 오사카 베이 타워
空庭温泉 大阪ベイタワー

MAP P.324A
VOL.1 P.184

단일 온천으로는 칸사이 최대급 규모로 지하 1000m에서 끌어올린 천연 온천수를 이용한다. 9종류의 온천탕과 7종류의 암반욕장, 닥터 피시, 마사지 숍, 식당, 게임장, 기념품 가게 등의 시설이 있다. 편의, 공용 공간에서는 유카타를 착용한다. 아트 호텔 오사카 베이 타워에 숙박하는 경우 아침에도 이용할 수 있으며 입장료도 할인받을 수 있다.

구글 지도 **소라니와온천**

Ⓕ JR, 지하철 추오선 벤텐초역 북쪽 출구에서 도보 5분 Ⓣ 06-7670-5126 Ⓞ 11:00~23:00(입장은 22:00까지) Ⓗ 월 1회 부정기(홈페이지에 공지) Ⓟ 중학생 이상 2460~3780¥, 4세~초등학생 1320¥ Ⓦ https://solaniwa.com

카미카타 온천 잇큐
上方温泉一休

MAP P.324A
VOL.1 P.184

일본 전통적인 분위기의 천연 온천. 물을 첨가하거나 재이용하지 않고 100% 천연 온천수를 열교환기에 통과시켜 목욕에 쾌적한 온도로 냉각시켜 사용한다. 욕장은 두 가지 테마로 나뉘는데 나무를 사용한 기노유 木のゆ와 돌을 사용한 이시노유 石のゆ로 매일 남탕과 여탕이 바뀐다. 식당과 마사지 숍, 미용실 등 부대시설도 갖췄다.

Ⓕ JR 니시쿠조역 앞 육교 건너편에서 셔틀버스(홈페이지에 운행 시간 공지)로 약 15분 Ⓣ 06-6467-1519 Ⓞ 10:00~24:00(입장은 23:00까지) Ⓗ 셋째 주 화요일, 부정기 Ⓟ 어른 850¥, 어린이 450¥ Ⓦ www.onsen19.com

천연 온천 스파 스미노에
天然露天温泉 スパスミノエ

MAP P.324B
VOL.1 P.184

도심이 아닌 자연 속에 와 있는 듯한 노천탕이 인상적인 온천. 나무가 무성한 숲을 테마로한 모리노츠보유 森のつぼ湯와 대나무 숲을 테마로 한 지쿠린노유 竹林の湯가 있다. 일주일에 한 번씩 남탕과 여탕이 바뀐다. 우동과 스시를 맛볼 수 있는 식당과 마사지 숍 등 부대시설을 갖추었다.

구글 지도 **천연 노천온천 스파 스미노에**

Ⓕ 뉴트램선·지하철 요츠바시선 스미노에코엔역 2번 출구에서 도보 8분 Ⓣ 06-6685-1126 Ⓞ 10:00~다음 날 02:00(입장은 01:00까지) Ⓗ 연중무휴 Ⓟ 중학생 이상 평일 750¥, 토·일·공휴일 850¥ Ⓦ http://spasuminoe.jp

SECRET OSAKA

시크릿 오사카

오사카 도심을 조금 벗어난 주변 또는 소도시에도 가볼 만한 명소가 여럿이다. 아름다운 풍경을 볼 수 있는 곳, 먹거리 체험을 할 수 있는 곳, 유유자적 쇼핑을 즐길 수 있는 곳 등이다. 반나절 혹은 하루 코스로 다녀올 수 있는 거리로 여행 일정에 하루 끼워 넣기에도 큰 무리가 없다. 맥주나 위스키를 즐긴다면 아사히와 산토리 공장 견학 프로그램을 신청하고 아이와 함께 즐길 만한 체험 프로그램을 찾는다면 컵 누들 박물관으로 가보자. 나가이 식물원의 팀랩 보태니컬 가든 오사카는 야간에 조명을 활용해 예술 작품 속에 들어와 있는 듯한 환상적인 공간을 만날 수 있다.

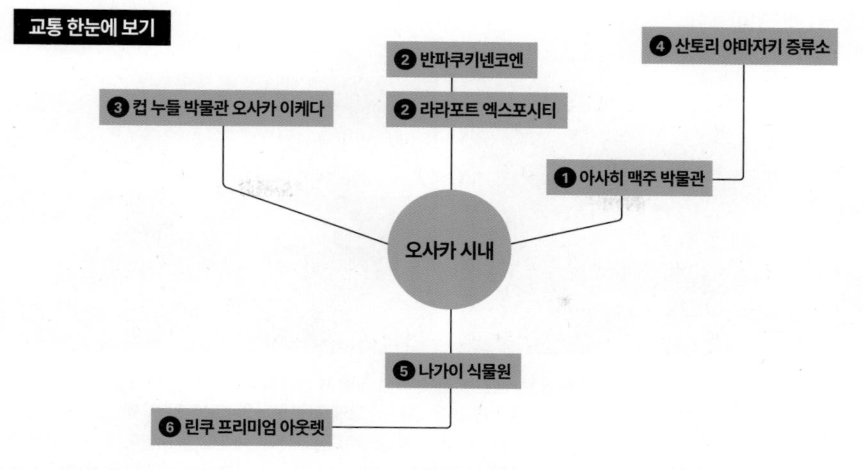

구간	교통수단	소요 시간	요금
① 오사카 시내→아사히 맥주 박물관	JR(오사카역-스이타역)	9분	190¥
② 오사카 시내→반파쿠키넨코엔, 라라포트 엑스포시티	지하철 미도스지선+오사카 모노레일 (우메다역-센리추오역-반파쿠키넨코엔역) 한큐 전철+오사카 모노레일 (오사카우메다역-미나미이바라키역-반파쿠키넨코엔역)	약 30분 약 32분	630¥ 530¥
③ 오사카 시내→컵 누들 박물관 오사카 이케다	한큐 전철(오사카우메다역-이케다역)	18분	280¥
④ 오사카 시내→산토리 야마자키 증류소	JR(오사카역-야마자키역) 한큐 전철(오사카우메다역-오야마자키역)	27분 34분	480¥ 330¥
⑤ 오사카 시내→나가이 식물원	JR(텐노지역-나가이역) 지하철 미도스지선(텐노지역-나가이역)	9분 6분	170¥ 240¥
⑥ 오사카 시내→린쿠 프리미엄 아웃렛	JR(텐노지역-린쿠타운역) 난카이(난카이난바역-린쿠타운역)	44분 38분	840¥ 820¥

시크릿 오사카 지역 다니는 방법

WALK 오사카 도심 외곽에 위치해 도보로는 이동할 수 없다. 각 관광지 내부에서는 모두 도보 이동 가능하다.

SUBWAY 관광지까지 도보로 이동할 수 있는 거리에 전철역이 위치하므로 가장 유용하고 편리한 교통수단이다.

BUS 노선이 잘 갖춰져 있지 않고 전철을 이용하는 편이 싸고 편해 이용할 일이 없다.

TAXI 먼 거리로 요금이 비싸 가성비가 떨어지는 교통수단이다.

TO DO LIST

- ☐ 아사히 맥주 박물관 또는 산토리 야마자키 증류소 견학 프로그램 참여해보기

- ☐ 예술 작품 같은 나가이 식물원의 상설전 팀랩 보태니컬 가든 오사카 관람하기

- ☐ 컵 누들 박물관 오사카 이케다에서 나만의 컵라면 만들어보기

- ☐ 린쿠 프리미엄 아웃렛에서 쇼핑 즐기기

- ☐ 반파쿠기키넨코엔에서 산책을 즐기며 여유로운 시간 보내기

- ☐ 라라포트 엑스포시티에서 일본 최고의 대관람차 탑승해보고 쇼핑과 엔터테인먼트 즐기기

반파쿠키넨코엔
万博記念公園

VOL.1 P.105

1970년에 개최된 만국박람회 부지에 조성한 공원. 공원 가운데 박람회 당시 상징물이었던 하얀색 태양의 탑이 다소 기괴한 모습으로 서 있다. 광활하다고 표현할 수 있을 만큼 넓은 공원은 크게 자연문화원, 일본 정원, 엑스포70 파빌리온 구역으로 구분된다. 꽃과 숲이 어우러진 공원은 벚꽃과 튤립, 단풍 명소이기도 하다. 때때로 일요일이나 공휴일에 개러지 세일이 열리기도 하는데 장소와 일정은 홈페이지에서 확인할 수 있다. 태양의 탑 내부는 박물관으로 운영되며 입장을 위해 사전 예약이 필요하다.

Ⓕ 오사카모노레일 반파쿠키넨코엔역에서 도보 6분 Ⓣ 0120-1970-89(무료), 06-6877-7387 Ⓞ 09:30~17:00 Ⓗ 수요일(공휴일인 경우 다음 날 휴원), 연말연시+부정기 Ⓟ 자연문화원·일본 정원 공통권 어른 260¥, 초등·중학생 80¥ / 엑스포70 파빌리온 고등학생 이상 500¥ Ⓦ www.expo70-park.jp

팀랩 보태니컬 가든 오사카
teamLab Botanical Garden Osaka

VOL.1 P.018

일본의 세계적인 미디어 아트 그룹 팀랩의 오사카 전시장. 오사카 남부에 위치한 '오사카 시립 나가이 식물원 大阪市立長居植物園' 서쪽 부분을 전시장으로 이용 중이다. 팀랩의 전시장은 일반적으로 실내인 것에 비해 이곳은 숲속에서 전시를 진행하며, 밤에만 연다. 영상, 조명, 음악이 어우러져 마치 요정의 숲을 헤매는 것 같은 기분이 든다.

구글 지도 teamLab Botanical Garden Osaka

Ⓕ JR 나가이역에서 도보 10분 Ⓣ 06-6699-5120 Ⓞ 일몰 후 1시간 이내~21:30(시작 시간은 매달 변동되므로 홈페이지 확인 필요) Ⓗ 둘째·넷째 주 월요일 Ⓟ 어른(고등학생 이상) 1800¥, 어린이(초등·중학생) 500¥ Ⓦ www.teamlab.art/e/botanicalgarden

컵 누들 박물관 오사카 이케다
カップヌードルミュージアム 大阪池田

VOL.1 P.177

1958년에 만든 세계 최초로 인스턴트라면의 발상지에 세운 박물관. 처음 개발한 치킨라면은 봉지 라면 형태였고 1971년엔 컵라면도 개발되었다. 이것이 우리가 일본 편의점에서 흔히 볼 수 있는 닛신 라면이다. 박물관에서는 치킨라면과 컵라면을 만들어볼 수 있는 체험 코너를 비롯해 라면과 관련된 여러 전시물을 만날 수 있다.

Ⓕ 한큐 다카라즈카선 이케다역에서 도보 7분 Ⓣ 072-752-3484 Ⓞ 09:30~16:30(입장은 15:30까지) Ⓗ 화요일(공휴일인 경우 다음 날), 연말연시 Ⓟ 입장료 무료 Ⓦ www.cupnoodles-museum.jp/ja/osaka_ikeda

라라포트 엑스포시티
らららぽーとエキスポシティ VOL.1 P.193

각종 라이프스타일, 패션 숍과 레스토랑, 카페, 엔터테인먼트 등의 시설을 갖춘 대형 쇼핑 파크. 오사카 외곽에 있어 시내보다 여유롭게 쇼핑을 즐길 수 있는 곳이다. 입구에 들어서면 123m로 일본에서 가장 높다는 대관람차와 건담 조형물이 눈에 띈다. 거대한 규모의 쇼핑몰답게 다양한 브랜드 숍이 빠짐없이 입점해 있다.

Ⓕ 오사카모노레일 반파쿠키넨코엔역에서 도보 4분 Ⓣ 06-6170-5590 Ⓞ 월~금요일 10:00~21:00, 토·일요일·공휴일 10:00~22:00(가게에 따라 다름) Ⓗ 1월 중순~하순 중 하루(부정기) Ⓟ 가게에 따라 다름 Ⓦ https://mitsui-shopping-park.com/lalaport/expocity

아사히 맥주 박물관
アサヒビールミュージアム VOL.1 P.170

아사히 맥주의 스이타 공장. 견학 프로그램을 운영해 인터넷 사전 신청 후 공장을 둘러볼 수 있다. 약 1시간 소요되는 견학 프로그램은 아사히 맥주에 관한 영상 시청과 VR 체험 후 맥주가 생산되는 과정을 둘러보고 맥주를 시음하는 것으로 마무리된다. 여러 종류의 맥주와 논알코올 맥주, 음료 중 원하는 것 두 가지를 시음할 수 있다.

구글 지도 **Asahi Beer Museum**

Ⓕ JR 스이타역 북쪽 출구에서 도보 10분 Ⓣ 06-6388-1943 Ⓞ 투어 출발 10:00~15:00 Ⓗ 연말연시, 부정기 Ⓟ 투어 참가비 20세 이상 1000¥, 초등학생 이상 300¥ Ⓦ www.asahibeer.co.jp/brewery/suita

산토리 야마자키 증류소
サントリー山崎蒸溜所 VOL.1 P.169

일본 싱글 몰트위스키의 대표 브랜드인 야마자키 위스키를 제조하는 곳으로, 오사카와 교토의 경계 지역인 '야마자키 山崎'에 있다. 방문자를 위한 견학 코스와 팩토리 숍을 운영 중인데, 시중에서 구하기 힘든 제품을 판매해 인기가 높다. 견학 코스는 유료와 무료가 있는데, 둘 다 반드시 사전에 예약해야 한다. 예약은 홈페이지에서 할 수 있다.

Ⓕ JR 야마자키역에서 도보 15분 Ⓣ 075-962-1423 Ⓞ 유료 투어 일본어 10:20·12:30·13:30·14:40(각 80분간 진행), 영어 11:20~12:40 / 무료 투어 10:00~16:40(1시간 단위로 입장) Ⓗ 연말연시 약 2주간(홈페이지공지) Ⓟ 유료 투어 3000¥ Ⓦ suntory.co.jp/factory/yamazaki

린쿠 프리미엄 아웃렛
りんくう・プレミアムアウトレット VOL.1 P.189

칸사이 국제공항으로 가는 해상교를 건너기 전, 린쿠타운에 있는 프리미엄 아웃렛. 미국 사우스캐롤라이나주에 있는 항구도시 찰스턴을 재현한 건물이 이국적이다. 의류와 스포츠용품, 생활 잡화, 화장품, 인테리어 제품 등을 한자리에서 만날 수 있다. 칸사이 국제공항까지 운행하는 셔틀버스도 있어 귀국 전 시간이 남을 때 들러 쇼핑하기에도 좋다.

Ⓕ JR 칸사이공항선, 난카이 공항선 린쿠타운역 4번 출구에서 도보 12분 Ⓣ 072-458-4600 Ⓞ 10:00~21:00(가게마다 다름) Ⓗ 2월 셋째 주 목요일 Ⓟ 가게마다 다름 Ⓦ www.premiumoutlets.co.jp/rinku

흔히 우리나라의 경주에 비유하는 교토는 헤이안시대를 관통하는 도시로 794년부터 1868년까지 일본의 수도였다. 서일본의 중심 도시인 오사카와는 약 50km 떨어져 있어 전철로 30분 정도면 닿을 수 있다. 1000년 전 번성했던 불교문화의 유적이 지금까지 전해져 전통적인 일본의 분위기를 느낄 수 있다. 교토를 입다가 망한다는 의미로 키다오레 *着だおれ*라 표현하기도 하는데, 예부터 복식이 발달해 기모노 문화의 발상지이기도 하다. 고풍스러운 사찰과 현대적인 건물, 벚꽃과 단풍이 어우러져 일본에서도 손꼽히는 아름다운 도시다.

무작정 따라하기

Step 1

교토 시내 중심지로 이동하기

교토시의 중심지는 크게 JR 교토역 주변과 시조카와라마치 주변, 두 곳을 꼽을 수 있다. JR 교토역은 신칸센을 비롯한 각종 특급열차와 로컬 열차, 지하철, 시내버스가 분주히 드나드는 교토 교통의 현관이다. 시조카와라마치는 한큐 전철과 케이한 전철이 오사카 방면으로 뻗어 있고 교토 시내 곳곳을 연결하는 시내버스가 정차하는 교토 최대의 번화가다.

JR 교토역

한큐 교토 카와라마치역

오사카에서 교토 가기

JR

JR은 한큐 전철에 비해 요금이 다소 비싸지만 빠르다는 것이 장점이다. 아라시야마로 갈 때도 교토역에서 바로 환승할 수 있다. JR 칸사이 와이드 패스를 소지한 여행자의 경우 신칸센을 이용할 때 신오사카 → 교토 구간은 이용할 수 없다는 데 주의하자.

출발역	중간 환승역	소요 시간(환승 소요 시간 제외)	도착역	요금
JR 오사카역	-	칸쿠 특급 하루카 32분	JR 교토역	1340¥ (자유석)
	-	신쾌속 29분		580¥
JR 신오사카역	-	칸쿠 특급 하루카 27분		1340¥ (자유석)
	-	신쾌속 24분		580¥
JR 모리노미야역	JR 오사카역	보통 11분 + 신쾌속 29분		820¥
JR 텐노지역	JR 오사카역	야마토지 쾌속 15분 + 신쾌속 29분	JR 교토역	950¥
JR 유니버설 시티역	JR 니시쿠조역+ JR 오사카역	보통 5분 + 보통 6분 + 신쾌속 29분		820¥
JR 오사카역	JR 교토역	신쾌속 29분+ 보통 16분	JR 사가아라시야마역	990¥

사용 가능한 패스

JR 패스, JR 칸사이 와이드 패스, JR 칸사이 패스, JR 칸사이 미니 패스(JR 칸사이 미니 패스는 하루카 이용 시 별도 특급권 필요)

- JR 교토역 북쪽 광장 교토에키마에 京都駅前 정류장에서 4·5·17·205번 시버스를 타고 시조카와라마치 四条河原町 정류장에서 하차해 교토 번화가로 갈 수 있다(230¥).

한큐 전철

오사카의 번화가인 우메다에서 교토의 번화가인 시조카와라마치까지 한 번에 연결하는 노선이어서 편리하다. 텐진바시스지로쿠초메 기점은 사카이스지선과 연결돼 있어 텐가차야역에서 난카이선과도 만난다. 칸사이공항역에서 사철로 교토로 이동할 때 이용할 수 있는 노선이다.

출발역	중간 환승역	소요 시간(환승 소요 시간 제외)	도착역	요금
오사카 우메다역	-	특급 43분	교토 카와라 마치역	410¥
텐진바시스지 로쿠초메역	아와지	보통 8분 + 특급 35분		410¥
오사카 우메다역	카츠라역	특급 34분 + 보통 7분	아라시야 마역	410¥
텐진바시스지 로쿠초메역	아와지역 + 카츠라역	보통 8분 + 특급 27분 + 보통 7분		390¥

사용 가능한 패스

칸사이 레일웨이 패스, 한큐한신 1DAY 패스

케이한 전철

케이한 전철의 오사카 기점은 요도야바시역(케이한 본선)과 나카노시마역(케이한 나카노시마선)으로 2개의 노선이 있다. 두 노선은 텐마바시역에서 합쳐져 케이한 본선으로 운행하니 둘 중 접근성이 좋은 역을 이용하면 된다. 요도야바시역이 오사카 메트로 미도스지선과 연결돼 있어 편리하다.

출발역	중간 환승역	소요 시간(환승 소요 시간 제외)	도착역	요금
요도야바시역	-	특급 48분	기온시조역	430¥
나카노시마역	텐마바시역	보통 7분 + 특급 44분		490¥
키타하마역	-	특급 46분		430¥
텐마바시역	-	특급 44분		430¥
교바시역	-	특급 40분		420¥

사용 가능한 패스
칸사이 레일웨이 패스, 교토-오사카 관광권(케이한 전철) 1일·2일, 교토-오사카 관광 승차권(케이한 전철+오사카 메트로) 1일

고베에서 교토 가기

JR

고베 시내 역에 따라 신쾌속이 정차하지 않는 역이 있다. 이 경우 보통을 타고 교토까지 가면 시간이 오래 걸리므로 신쾌속이 정차하는 역에서 신쾌속으로 갈아타는 것이 빠르다.

출발역	중간 환승역	소요 시간(환승 소요 시간 제외)	도착역	요금
JR 산노미야역	-	신쾌속 52분	JR 교토역	1110¥
JR 모토마치역	JR 산노미야역	보통 1분 + 신쾌속 52분		1110¥
JR 고베역	-	신쾌속 56분		1110¥
JR 신나가타역	JR 산노미야역	보통 9분 + 신쾌속 52분		1280¥
JR 롯코미치역	JR 아시야역	보통 9분 + 신쾌속 44분		1110¥
JR 스미요시역	JR 아시야역	보통 6분 + 신쾌속 44분		1110¥
JR 산노미야역	JR 교토역	신쾌속 52분 + 보통 16분	JR 사가아라시야마역	1520¥

사용 가능한 패스
JR 패스, JR 칸사이 와이드 패스, JR 칸사이 패스, JR 칸사이 미니 패스

한큐 전철

고베 시내 역에서 오사카 우메다행 전철을 탄 후 주소역에서 오사카 우메다에서 출발한 교토 카와라마치행 전철로 환승한다. 아라시야마로 가는 경우 카츠라역에서 한큐 아라시야마선 전철로 환승한다.

출발역	중간 환승역	소요 시간(환승 소요 시간 제외)	도착역	요금
고베 산노미야역	주소역	특급 23분+ 특급40분	교토 카와라마치역	640¥
하나쿠마역	주소역	특급 26분+ 특급 40분		770¥
코소쿠 고베역	주소역	특급 27분+ 특급 40분		770¥
롯코역	주소역	보통 32분+ 특급 40분		640¥
고베 산노미야역	주소역+ 카츠라역	특급 23분+ 특급 32분+ 보통 7분	아라시야마역	640¥

사용 가능한 패스
칸사이 레일웨이 패스, 한큐한신 1DAY 패스

나라에서 교토 가기

JR

킨테츠 전철보다 요금이 저렴하고 JR 나라역에서 출발하는 전철이 30분 간격으로 운행하기 때문에 환승 없이 편하게 갈 수 있다는 것이 장점이다.

출발역	중간 환승역	소요 시간(환승 소요 시간 제외)	도착역	요금
JR 나라역	-	미야코지 쾌속 44분	JR 교토역	720¥
JR 호류지역	JR 나라역	야마토지 쾌속 12분+ 미야코지 쾌속 44분		990¥
JR 나라역	JR 교토역	미야코지 쾌속 44분+ 보통 17분	JR 사가아라시야마역	990¥

사용 가능한 패스
JR 패스, JR 칸사이 와이드 패스, JR 칸사이 패스, JR 칸사이 미니 패스

킨테츠 전철

교토행 특급은 기본 운임에 추가 특급권 운임이 필요하다. 일반적으로 이용하는 교토행 급행은 하루에 10회 정도만 운행한다. 시간이 맞지 않을 때는 야마토사이다이지역 또는 타케다역에서 환승해 갈 수 있다.

출발역	중간 환승역	소요 시간(환승 소요 시간 제외)	도착역	요금
킨테츠 나라역	-	급행 45분	교토역	760¥
	야마토 사이다이지역	쾌속 급행 5분+ 급행 40분		

사용 가능한 패스

칸사이 레일웨이 패스

히메지에서 교토 가기

JR

JR 패스 소지자라면 신칸센(노조미, 미즈호 제외)을 이용하면 좋다. JR 칸사이 와이드 패스 소지자는 히메지역 → 신오사카역까지만 신칸센을 이용할 수 있다는 것에 주의하자. 패스가 없다면 신쾌속이 환승 없이 편하게 갈 수 있는 가성비 좋은 교통수단이다.

출발역	중간 환승역	소요 시간(환승 소요 시간 제외)	도착역	요금
JR 히메지역	-	❶ 신칸센(히카리) 51분	JR 교토역	4840¥ (자유석)
	-	❷ 특급 슈퍼 하쿠토 98분		4170¥ (자유석)
	-	❸ 신쾌속 93분		2130¥
	JR 교토역	❹ 신쾌속 93분+ 보통 16분	JR 사가아라시야마역	2640¥

사용 가능한 패스

❶ JR 패스(노조미, 미즈호 제외)
❷ JR 패스, JR 칸사이 와이드 패스
❸❹ JR 패스, JR 칸사이 와이드 패스, JR 칸사이 패스

- JR 교토역 북쪽 광장 교토에키마에 京都駅前 정류장에서 4·5·17·205번 시버스를 타고 시조카와라마치 四条河原町 정류장에서 하차해 교토 번화가로 갈 수 있다(230¥).

한신·한큐 전철

JR보다 저렴하지만 중간에 환승이 필요하고 시간이 더 오래 걸린다는 단점이 있다.

출발역	중간 환승역	소요 시간(환승 소요 시간 제외)	도착역	요금
산요 히메지역	신카이치역 +주소역	직통 특급(한신) 55분 + 특급(한큐) 28분 + 준특급(한큐) 43분	교토 카와라마치역	1630¥
	오사카 우메다역	직통 특급(한신) 95분 + 특급(한큐) 43분		1730¥

사용 가능한 패스

칸사이 레일웨이 패스

- 한큐 카라스마역에서 하차하면 지하철 카라스마선으로 환승해 JR 교토역(소요 시간 3분, 요금 220¥)으로 갈 수 있다.

Step 2

교토 시내 교통 한눈에 보기

교토 시영 지하철과 광역 전철

교토 도심을 지나는 전철은 카라스마선과 토자이선, 2개의 지하철 노선과 광역 전철 JR, 한큐, 케이한 전철이 있다. 지하철은 환승역인 카라스마오이케역을 중심으로 남북 방향 카라스마선, 동서 방향 토자이선이 지난다. 교토의 지하철과 광역 전철은 노선이 제한적이어서 접근 가능한 관광지가 많지 않다. 시버스를 주로 이용하되 필요에 따라 보조 수단으로 지하철을 이용하는 것이 좋다. 칸사이 레일웨이 패스 이용자는 무료(JR 제외)로 승차할 수 있다.

교토 지하철 1일권

교토 시영 지하철 카라스마선과 토자이선, 두 노선을 하루 동안 무제한으로 이용할 수 있는 승차권. 구입 후 처음 사용한 당일 막차까지 사용할 수 있다. 지하철 1회 승차 기본요금이 220¥이므로 최소 네 번은 이용해야 1일권 가격보다 이득이 된다. 자신의 일정을 고려해 구입 여부를 결정하도록 하자. 교토 시내 일부 관광 시설 입장료 할인 혜택이 있다.

가격 : 어른(12세 이상) 800¥, 어린이(6~11세) 400¥
구입처 : 교토 시내 각 지하철역 매표소 및 자동 발권기
주요 할인 관광 시설 : 토에이우즈마사영화마을, 교토 철도 박물관, 니조 성, 교토시 동물원, 교토 부립 식물원

교토 시영 지하철 1회 승차 요금

구간	거리	어른 요금	어린이 요금
1구간	3km까지	220¥	110¥
2구간	3km 초과 7km 이하	260¥	130¥
3구간	7km 초과 11km 이하	290¥	150¥
4구간	11km 초과 15km 이하	330¥	170¥
5구간	15km 초과	360¥	180¥

노선별 주요 관광지

노선 이름	역 이름	주변 관광지
카라스마선	교토역	JR 교토역, 교토 타워, 교토 포르타(교토역 지하상가), 요도바시 카메라 멀티미디어 교토, 히가시혼간지
	시조역	다이마루 교토점, 니시키이치바
	카라스마오이케역	신푸칸
	마루타마치역	교토교엔, 센토고쇼
	이마데카와역	도시샤 대학교, 교토교엔, 교토고쇼
	키타야마역	교토 부립 도판 명화의 정원, 교토 부립 식물원
토자이선	우즈마사텐진가와역	란덴(케이후쿠 전철) 란덴텐진가와역
	니조조마에역	니조 성
	카라스마오이케역	신푸칸
	교토시야쿠쇼마에역	산조도리 상점가(동쪽 입구)
	히가시야마역	쇼렌인, 오카자키 공원, 헤이안 진구
	케아게역	케아게 인클라인, 난젠지, 교토시 동물원
JR	우지역	뵤도인, 우지가미신사, 겐지 모노가타리 뮤지엄, 우지 시영 다실 타이호안
	이나리역	후시미이나리타이샤
	토후쿠지역	토후쿠지, 센뉴지
	교토역	카라스마선 교토역과 동일
	우메코지교토니시역	교토 철도 박물관, 우메코지 공원, 교토 수족관
	우즈마사역	토에이우즈마사영화마을, 코류지

JR	니조역	산조도리 상점가(서쪽 입구)
	사가아라시야마역	아라시야마 지역 일대
	카메오카역	호즈가와쿠다리
한큐	교토 카와라마치역	시조도리, 카와라마치도리, 폰토초, 니시키이치바, 기온, 기온신바시, 하나미코지도리, 켄닌지, 야사카 신사, 마루야마코엔
	카라스마역	다이마루 백화점 교토
	오미야역	란덴(케이후쿠 전철) 시조오미야역
케이한	우지역	JR 우지역과 동일
	주쇼지마역	겟케이칸 오쿠라 기념관
	후시미이나리역	후시미이나리타이샤
	토후쿠지역	토후쿠지, 센뉴지
	시치조역	귀 무덤, 산주산켄도, 교토 국립박물관
	기요미즈고조역	고조자카, 기요미즈자카, 산넨자카, 기요미즈데라
	기온시조역	한큐 전철 교토 카와라마치역과 동일
	산조역	산조도리 상점가(동쪽 입구)
	데마치야나기역	에이잔 전철 데마치야나기역

교토 시버스

교토를 여행하는 데 가장 요긴한 대중 교통수단은 시버스다. 시버스는 관광지뿐 아니라 교토 도심 구석구석을 연결하기 때문이다. 교토 시내 구간의 1회 승차 요금은 거리에 상관없이 230¥이다. 환승 적용이 되지 않으니 탈 때마다 요금을 내야 한다. 교토 시내 혼잡 구간은 교통 정체가 자주 발생하며 퇴근 시간은 정체가 극에 달하니 버스 이용 시에는 여유 있게 일정을 짜는 것이 좋다. 칸사이 레일웨이 패스 이용자는 무료로 승차할 수 있다.

<교토 시버스 승차 방법>

<교토 시버스 승차 방법>

① 버스 정류장에서 타야 할 버스의 노선 번호를 확인한다.

② 버스가 정차하면 뒷문으로 승차한다.

③ 차내 안내 방송과 버스 앞쪽 안내 화면을 보고 내려야 할 정류장을 확인한다.

④ 내려야 할 정류장 차례가 되면 하차 벨을 누른다.

⑤ 목적지 정류장에 도착하면 자리에서 일어나 운전사 옆에 있는 요금함에 요금을 넣고 앞문으로 하차한다.

여행 팁 : 버스 기사는 잔돈을 거슬러주지 않으므로 현금 승차 시 가능한 한 요금을 잔돈으로 맞춰서 준비하는 것이 좋다. 1000¥짜리 지폐와 500·100·50¥짜리 동전은 버스 내 마련된 동전 교환기에서 잔돈으로 바꿔 요금을 낸다.

교토 시버스 노선도

교토 시버스의 노선을 파악할 때는 무료로 배부하는 교토 시버스 노선도를 보는 것이 가장 정확하다. 종이로 된 노선도는 JR 교토역 2층 관광 안내소, JR 교토역 북쪽 광장에 있는 버스 티켓 센터(버스 매표소), 그 외 교토 시내 시버스·지하철 안내소와 지하철역에 비치되어 있다. 교토 시청 홈페이지에서도 市バス(시버스) → 路線図(노선도)를 클릭하면 최신 개정된 한국어판 버스 노선도 PDF 파일을 다운로드할 수 있다.

홈페이지 : www.city.kyoto.lg.jp/kotsu
여행 팁 : 시조카와라마치 사거리에서 목적지 방면 버스 정류장이 어디인지 모를 때 교토 카와라마치역 6번 출구(지하) 앞에 있는 한큐

교토 관광 안내소에 문의해보자. 한국어로 친절하게 답변해준다.

지하철·버스 1일권

지하철·버스 1일권은 교토에서 여행자가 사용할 수 있는 무제한 승차권이다. 시버스와 지하철의 모든 노선과 교토 버스, 케이한 버스, 서일본 JR 버스를 이용 당일 막차까지 무제한으로 이용할 수 있다. 교토 시내 여행 시 주로 이용하게 되는 시버스의 시내 구간 1회 승차 요금이 230¥, 지하철 기본요금이 220¥이니 최소 버스를 다섯 번 이용해야 1일권 가격보다 이득이 된다. 여행 일정을 고려해 구입 여부를 결정하자. 구입 후 처음 사용 시 승차권에 날짜가 찍히며 해당 날짜만 사용할 수 있다. 날짜가 찍힌 후에는 버스에서 내릴 때 기사에게 승차권을 보여주면 된다. 매번 잔돈을 챙겨야 하는 불편이 없어 편리하다.

가격 : 어른(12세 이상) 1100¥, 어린이(6~11세) 550¥
구입처 : 시버스·지하철 안내소(JR 교토역 북쪽 광장 버스 티켓 센터, JR 교토역 중앙1개찰구 옆 교토치카 교토, 지하철 카라스마오이케역 내), 시버스 차내 운전기사, 지하철역
여행 팁 : 교토 버스 1일 승차권은 2024년 4월 1일부터 사용이 중지되었다.

<지하철·버스 1일권 이용 가능 구간 >

교통수단	이용 가능 구간	이용 불가 구간
교토 시버스	전 노선 (일부 기간 한정 노선 제외)	51번 : 교토역 앞~ 히에이산 정상 90번 : 한큐아라시야마역~ 니시야마 타카오 95번 : 오하라~쿠라마
교토 지하철	전 노선	없음(란덴 전철과 에이잔 전철 이용 불가)
교토 버스	전 노선	10번, 19번 : 오하라 외곽 구간(데마치야나기역~ 오하라 구간은 유효) 52번 : 쿠라마 외곽 구간 (쿠라마 온센~히로카와라)
케이한 버스	교토 시내 노선, 야마시나·다이고 지역 노선	교토 히에이산선, 교토 히에이헤이선, 고속도로 운행 노선, 정기 관광버스, 고속버스, 공항 리무진 버스
서일본 JR 버스	다카오·게이호쿠선 (교토에키마에~ 도가노오)	도가노오 외곽 구간

란덴(케이후쿠 전철)

아라시야마역에서 시조오미야역과 키타노하쿠바이초역, 2개의 노선을 운행하는 노면 전철. 현지에서는 아라시덴이라 부르기도 한다. 도심 간이역과 노면 전철이 주는 운치가 있는 교통수단이다. 봄에는 오타노역~나루타키역처럼 벚꽃 터널을 지나는 구간이 있어 아름다운 풍경도 감상할 수 있다.

요금 : 어른(12세 이상) 250¥, 어린이(6~11세) 120¥

<란덴 이용 방법>

① 전철이 역에 정차하면 승차한다. 시조오미야역, 아라시야마역, 카타비라노츠지역, 키타노하쿠바이초역에서 승차할 경우 1회용 승차권을 구입한 뒤 전철에 승차한다.

② 하차는 반드시 맨 앞문으로만 한다. 승차권을 구입한 경우 승무원에게 표를 내고 하차한다. 표가 없다면 앞문에 있는 요금함에 현금을 지불하고 하차한다. 시조오미야역, 아라시야마역, 카타비라노츠지역, 키타노하쿠바이초역에서 하차하는 경우 전철 앞문이 아닌 역 개찰구에서 요금을 낸다.

③ 카타비라노츠지역에서 환승할 때 요금은 지불할 필요가 없다. 요금은 최종 목적지 역에서 하차하면서 지불하면 된다.

아라시덴 1일권

란덴(케이후쿠 전철)을 하루 동안 무제한으로 이용할 수 있는 승차권. 란덴 전철의 노선이 제한적이어서 이용 가치가 높지는 않다. 거리 상관없이 1회 승차 요금이 250¥이므로 하루에 세 번 이상 이용한다면 1일권을 구입하는 것이 이득이다.

가격 : 어른(12세 이상) 700¥, 어린이(6~11세) 350¥
구입처 : 시조오미야역, 카타비라노츠지역, 아라시야마, 키타노하쿠바이초역
※ 여행 팁 : 교토 지하철·아라시덴 1일권(1300¥)은 가격에 비해 활용도가 높지 않아 티켓 가격보다 더 많이 이용하기가 쉽지 않으니 본인 일정에 따라 구입을 고려하자.

에이잔 전철

교토 동북부 데마치야나기역에서 야세히에이잔구치와 구라마 지역으로 운행하는 전철. 이치조지로 갈 때 편리한 교통수단이며 가을엔 '단풍 터널'이라 부르는 이치하라역~니노세역 구간이 유명하다.

<에이잔 전철 이용 방법>

① 뒷문으로 승차하면서 정리권을 뽑는다.

② 전철이 운행하면서 앞쪽 전광판에 요금이 표시된다. 정리권에 적힌 정류장 번호에 해당하는 요금을 확인한다.

③ 하차할 역에 정차하면 앞문 옆에 있는 요금함에 요금을 넣고 앞문으로 하차한다.

에에킷푸(에이잔 전철 1일 승차권)

에이잔 전철을 하루 동안 무제한으로 이용할 수 있는 승차권. 에이잔 전철 1회 승차 요금이 거리에 따라 220~470¥이니 1일 승차권 구입이 이득인지는 일정에 따라 고려해야 한다.

가격 : 어른(12세 이상) 1200¥, 어린이(6~11세) 600¥
구입처 : 데마치야나기역, 슈가쿠인역, 쿠라마역

Step 3

교토 여행 코스

어서와! 교토는 처음이지? 교토 대표 필수 스폿

안 가보면 서운한 곳, 교토를 대표하는 장소만 엄선했다. 유명한 만큼 아름답기도 한 곳이지만 수많은 관광객과 혼잡은 어느 정도 각오해야 한다.

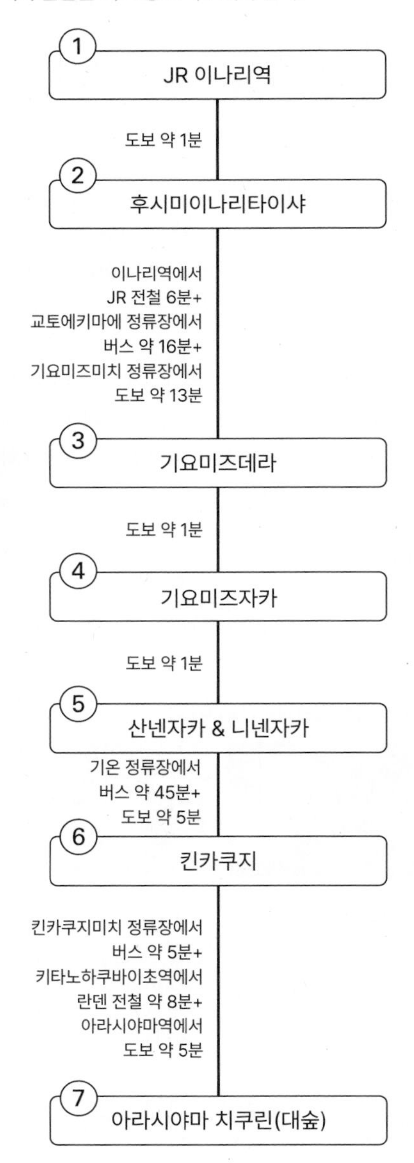

봄 한정, 교토 최고의 벚꽃을 만나보자

교토는 물가에 버드나무처럼 가지가 늘어진 수양벚나무가 다른 어느 곳보다 잘 어울리는 도시다. 세월이 느껴지는 고찰과 거리, 강변을 수놓은 벚꽃은 교토를 찾은 여행자의 시선을 사로잡는다.

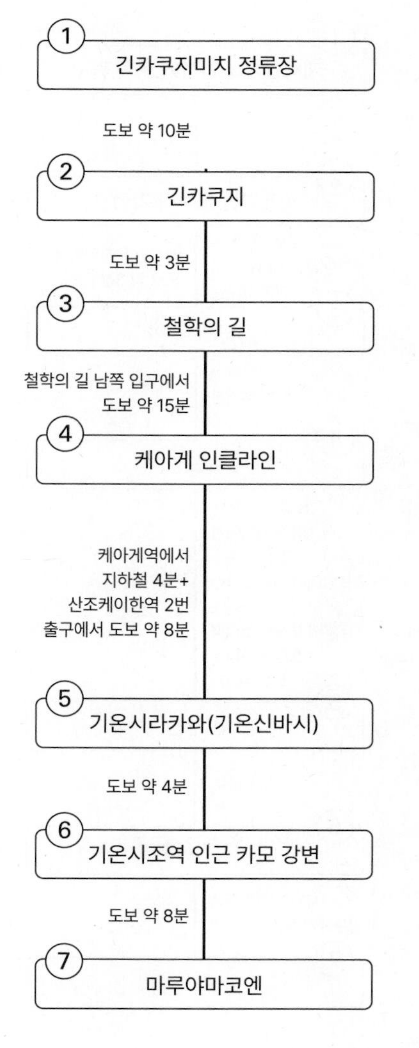

가을 한정, 교토 최고의 단풍을 만나보자

벚꽃 시즌 못지않게, 아니 어쩌면 그보다 더 유명한 것이 교토의 단풍이다. 붉은 단풍이 군락을 이뤄 사찰 곳곳을 뒤덮은 풍경은 엽서 속 사진을 현실에서 마주하는 느낌이다. 어마어마한 인파가 몰리는 시즌이라는 것도 염두에 두자.

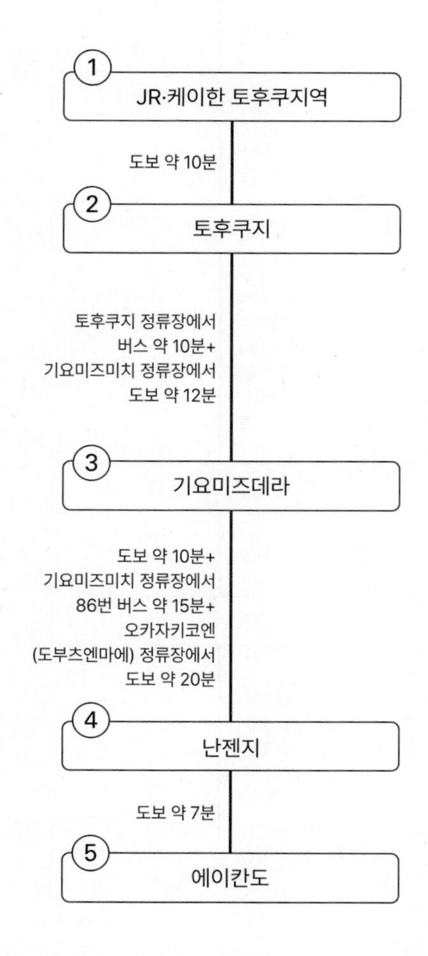

아이와 함께 즐기는 흥미진진한 체험 여행

벚꽃 시즌 못지않게, 아니 어쩌면 그보다 더 유명한 것이 교토의 단풍이다. 붉은 단풍이 군락을 이뤄 사찰 곳곳을 뒤덮은 풍경은 엽서 속 사진을 현실에서 마주하는 듯한 느낌이다. 어마어마한 인파가 몰리는 시즌이라는 것도 염두에 두자.

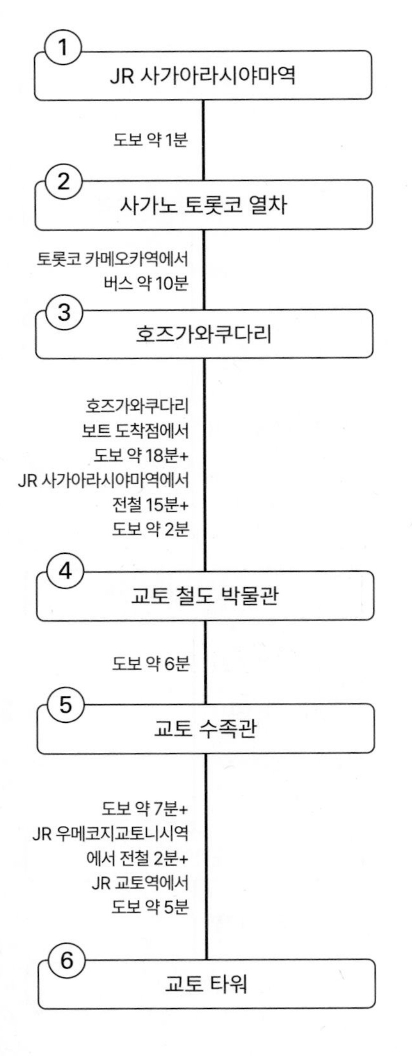

전통문화와 현대의 힙함이 공존하는 교토 즐기기

교토는 오래된 건축물과 불교미술에 더해 현대적인 감각을 덧입혀가는 도시다. 일본 최초의 찻집에서 강물이 흐르는 풍경을 보며 차를 마셔보고 신푸칸에 입점한 뉴욕 3대 커피로 꼽히는 카페에서 커피도 마셔보자.

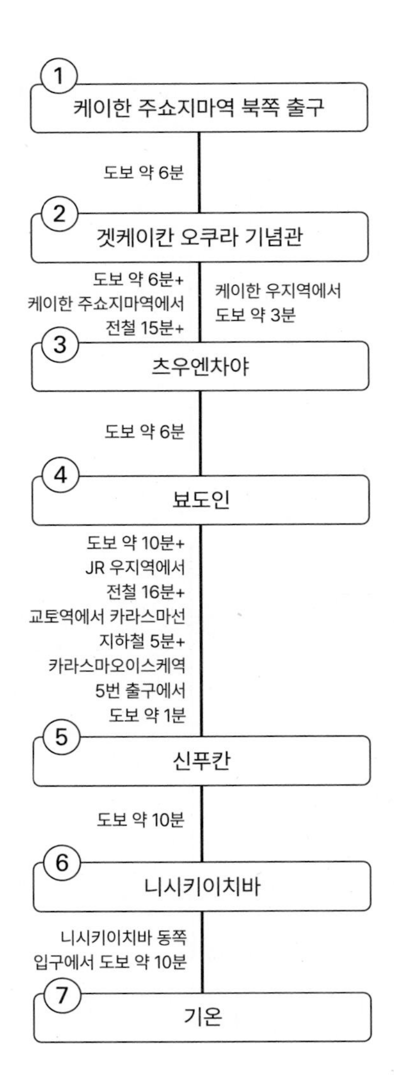

여행은 사진이지, 교토에서 찍어보는 인생숏

교토만큼 일본 전통 의상이 잘 어울리는 도시도 없다. 전통 의상을 입고 교토 거리의 포토 스폿에서 인생숏을 찍어보자.

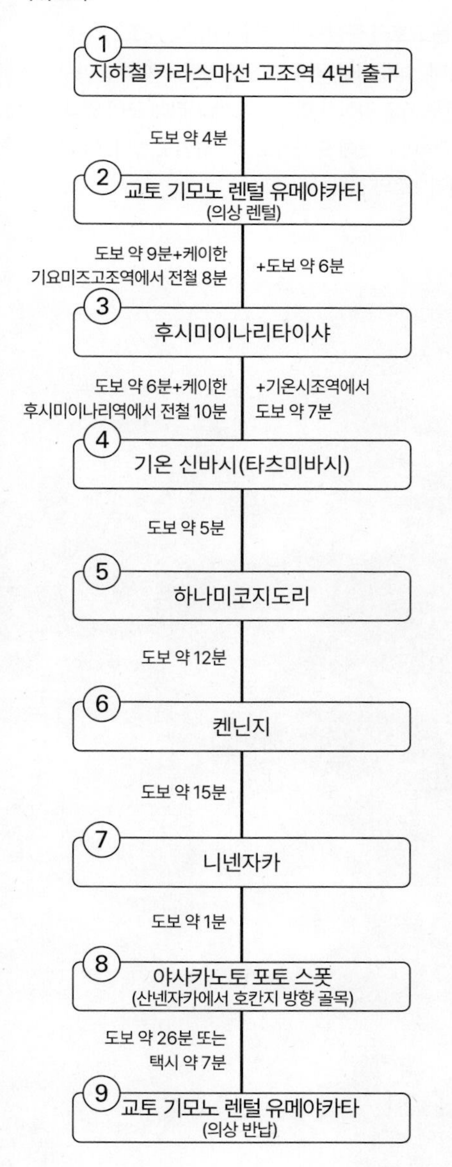

불교미술과 역사에 관심이 많은 학구파를 위한 코스

교토 국립박물관에서 불교 미술과 로댕의 '생각하는 사람' 등 다양한 예술 작품을 만나보자. 임진왜란 때 우리 선조들의 아픈 이야기가 담긴 귀 무덤도 가깝다. 도시샤 대학교에 마련된 윤동주와 정지용의 시비도 마음을 숙연하게 한다.

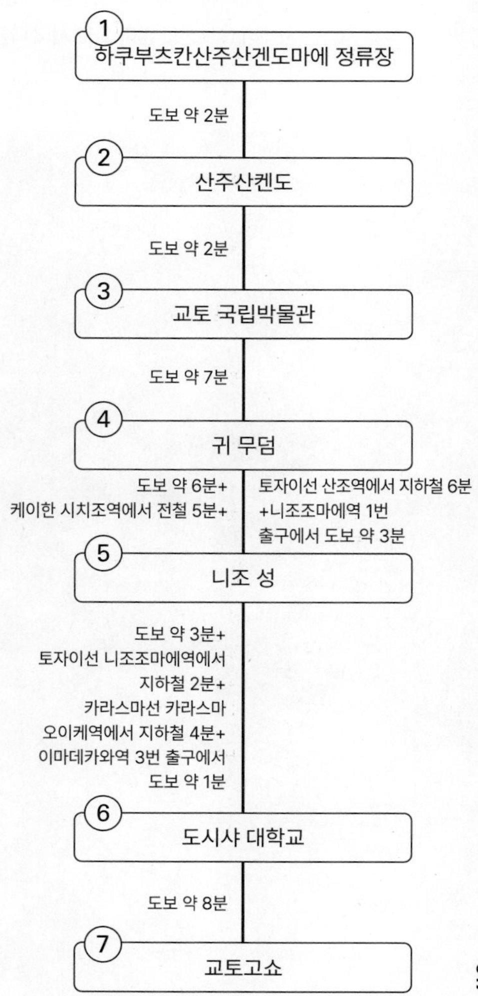

CENTRAL KYOTO

교토 중부

교통과 숙박, 관광, 미식, 쇼핑을 편리하게 즐길 수 있는 교토의 중심지다. 카와라마치와 시조도리, 산조도리 주변은 교토의 번화가로 백화점과 음식점, 카페, 숙박 시설, 각종 상점이 거리를 따라 늘어서 있다. 또 기온과 기요미즈데라 등 교토를 대표하는 관광지도 걸어서 이동 가능한 거리에 모여 있다. 한큐 전철 교토카와라마치역과 케이한 본선 기온시조역이 이웃해 오사카로 이동하기도 쉽다. 이 지역을 지나는 시내버스 노선도 많아 교토 시내 다른 지역으로의 접근성도 좋다.

교통 한눈에 보기

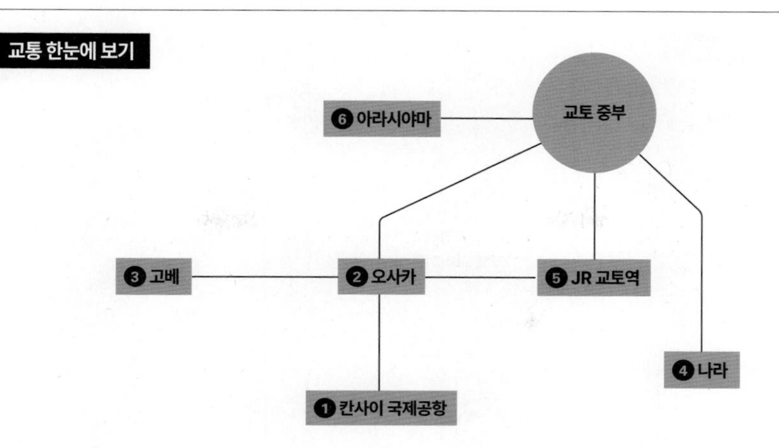

① 칸사이 국제공항→교토 중부	JR 특급 하루카+시버스(칸사이공항역-교토역-시조카와라마치역) JR+시버스(칸사이공항역-오사카역-교토역-시조카와라마치 정류장)	98분~ 135분	3110¥(자유석) 2140¥
② 오사카→교토 중부	한큐 전철(우메다역-교토카와라마치역) 케이한 본선(요도야바시역-기온시조역)	43분 48분	410¥ 430¥
③ 고베→교토 중부	한큐 전철(고베산노미야역-주소역-교토카와라마치역)	72분	640¥
④ 나라→교토 중부	킨테츠 전철+케이한 전철 (킨테츠나라역-킨테츠탄바바시역-탄바바시역-기온시조역)	약 61분	960¥
⑤ JR 교토역→교토 중부	지하철 카라스마선(교토역-시조역) 시버스 4·5·17·86·205번(교토에키마에 정류장-시조카와라마치 정류장)	4분 18분~	220¥ 230¥
⑥ 아라시야마→교토 중부	한큐 전철(아라시야마역-교토카와라마치역) 란덴 전철(아라시야마역-시조오미야역) 시버스 11번(아라시야마 정류장-시조카와라마치 정류장)	18분 24분 45분~	240¥ 250¥ 230¥

교토 중부 지역 다니는 방법

WALK 기온시조역과 야사카 신사 사이 기온 거리를 기준으로 서쪽 카라스마역, 동쪽 기요미즈데라까지 각각 도보 20~25분 정도 걸리는 거리여서 대부분 주요 관광지는 도보로 이동할 수 있다.

SUBWAY 카와라마치와 기온, 기요미즈데라 주변은 가까운 지하철 노선이 없다. 도시샤 대학교나 교토교엔, 니조 성에 갈 때 출발지에 따라 지하철을 이용할 만하다.

BUS 버스로는 단거리지만 20분 이상 걸어야 하거나, 몸이 피곤할 때 이용해볼 만하다. 한큐 카와라마치역 주변에서 기요미즈데라나 니조 성, 도시샤 대학교, 교토교엔, 헤이안 진구 방면이 타볼 만한 노선이다.

TAXI 2~3명 정도의 일행이 요금을 분담할 수 있다면 버스 환승 구간에서 편하게 이용할 수 있는 교통수단이다. 버스가 운행하지 않는 평일에 쇼군즈카세이류덴으로 가는 경우 택시를 이용해야 한다.

TO DO LIST

- ☐ 기요미즈자카, 산넨자카, 니넨자카, 하나미코지도리 등 골목 산책 즐기기

- ☐ 벚꽃이 만발한 마루야마코엔에서 포장마차 음식 먹으며 정취 즐기기

- ☐ 기모노·마이코 의상 입고 거리 산책하기

- ☐ 벚꽃 핀 네네노미치에서 인력거 타보기

- ☐ 교토의 부엌, 니시키이치바에서 맛있는 음식 먹기

- ☐ 해 질 무렵 카모 강변에 앉아 물멍 하기

교토 중부 한눈에 보기
A
N
0
200m
이마데가와
今出川
도시샤 대학
同志社大学 P.383
데마치야나기
出町柳駅
교토고쇼
京都御所 P.381
교토교엔
京都御苑 P.381
교토 센토고쇼
京都仙洞御所 P.381
교토 브라이튼 호텔
京都ブライトンホテル
치쿠유안다로아츠모리
竹邑庵太郎敦盛 P.383
호텔 카도 고쇼 미나미 교토
Hotel KADO Gosho-Minami Kyoto
마루타마치(교토 시)
丸太町
어번 호텔
교토 니조 프리미엄
アーバンホテル
京都二条プレミアム
호텔 더 미츠이 교토
ホテルザ三井京都
니조 성
二条城 P.382
ANA 크라운 플라자 교토
ANA Crowne Plaza Hotel Kyoto
교토 호텔 오쿠라
ホテルオークラ京都
니조조마에
二条城前
니조코야
二条小屋 P.383
니조
二条
에이스 호텔 교토
エースホテル京都
교토시야쿠쇼마에
京都市役所前
카라스마오이케 역
烏丸御池
산조
三条
신푸칸
新風館 P.374
벤토 & 코
Bento & Co P.374
산조도리 상점가
三条通 P.365
슌사이 이마리
旬菜いなり P.373
니시키이치바
錦市場 P.366
폰토초 先斗町 P.365
오미야
大宮
교토 카와라마치
京都河原町
기온시조
祇園四条
카라스마
烏丸
시조도리
四条通 P.365
카와라마치도리
河原町通 P.365
시조
四条
굿맨 로스터 교토
GOODMAN ROASTER 京都 P.371
미야가와초
宮川町 P.364
교토기모노렌탈 유메야카타 고조점
京都着物レンタル夢館 五条店 P.374
기요미즈고조
清水五条
고조
五条
시치조
七条
B
111
38
37
32
1
24
113

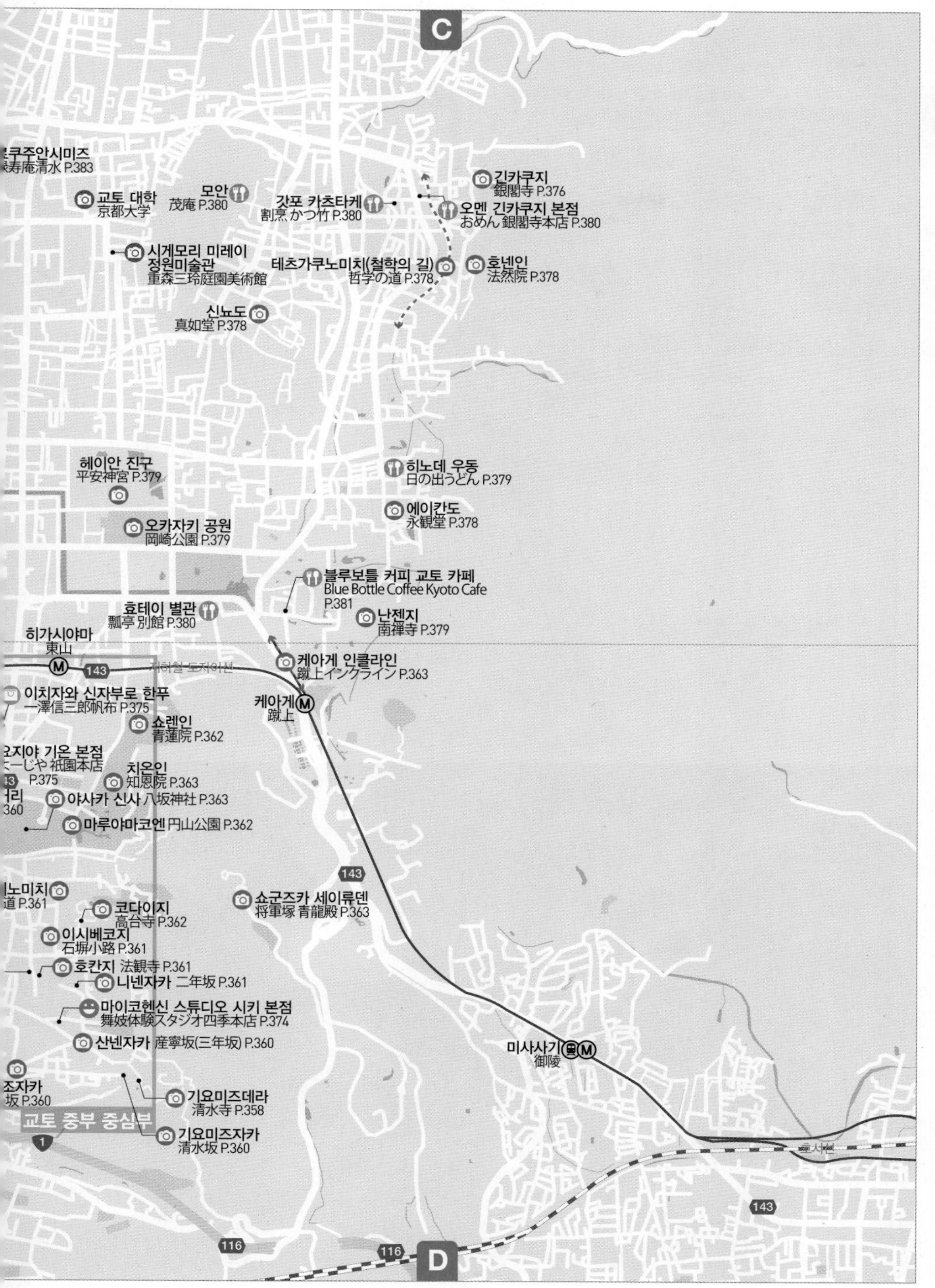

C
긴카쿠지
銀閣寺 P.376
교토 대학
京都大学
모안
茂庵 P.380
갓포 카츠타케
割烹 かつ竹 P.380
오멘 긴카쿠지 본점
おめん 銀閣寺本店 P.380
시게모리 미레이 정원미술관
重森三玲庭園美術館
테츠가쿠노미치(철학의 길)
哲学の道 P.378
호넨인
法然院 P.378
신뇨도
真如堂 P.378
헤이안 진구
平安神宮 P.379
히노데 우동
日の出うどん P.379
에이칸도
永観堂 P.378
오카자키 공원
岡崎公園 P.379
블루보틀 커피 교토 카페
Blue Bottle Coffee Kyoto Cafe
P.381
효테이 별관
瓢亭 別館 P.380
난젠지
南禅寺 P.379
히가시야마
東山
143
지하철 도자이선
케아게 인클라인
蹴上インクライン P.363
이치자와 신자부로 한푸
一澤信三郎帆布 P.375
케아게
蹴上
쇼렌인
青蓮院 P.362
치온인
知恩院 P.363
야사카 신사 八坂神社 P.363
마루야마코엔 円山公園 P.362
쇼군즈카 세이류덴
将軍塚 青龍殿 P.363
코다이지
高台寺 P.362
이시베코지
石塀小路 P.361
호칸지 法観寺 P.361
니넨자카 二年坂 P.361
마이코헨신 스튜디오 시키 본점
舞妓体験スタジオ四季本店 P.374
산넨자카 産寧坂(三年坂) P.360
미사사기
御陵
기요미즈데라
清水寺 P.358
교토 중부 중심부
1
기요미즈자카
清水坂 P.360
116
D

교토 중부 중심부

카라스마오이케 역 烏丸御池
에이스 호텔 교토 エースホテル京都
키르훼봉 교토 キルフェボン 京都 P.370
신푸칸 新風館 P.374
스시노무사시 산조 본점 寿しのむさし 三条本店 P.370
이노다 커피 본점 INODA Coffee 本店 P.370
교고쿠카네요 京極かねよ P.372
양식당 키치키치 洋食屋キチキチ P.372
벤토 & 코 Bento & Co P.374
블루보틀 커피 교토 롯카쿠 카페 Blue Bottle Coffee Kyoto Rokkaku Cafe P.371
규카츠 교토 카츠규 폰토초 본점 牛カツ京都勝牛 先斗町本店 P.372
폰토초 先斗町 P.365
사와와 茶和わ P.371
나다이 돈카츠 카츠쿠라 시조히가시노토인 名代とんかつ かつくら 四条東洞院店 P.371
엘리펀트 팩토리 커피 Elephant Factory Coffee P.372
타고토 본점 田ごと 本店 P.373
니시키이치바 錦市場 P.366
시조도리 四条通 P.365
멘도코로 자노메야 麺処蛇の目屋 P.373
카라스마 烏丸
산리오 갤러리 Sanrio Gallery P.375
교토 카와라마치 京都河原町
시조 四条
타카시마야 교토 Takashimaya 京都
카와라마치도리 河原町通 P.365
산리오 Sanrio
멘야 이노이치 麺屋 猪一 P.373
미야가와초 宮川町 P.364
산조 三条
산조케이한 三条京阪
히가시야마 東山
지하철 도자이선
쇼렌인 青蓮院 P.362
이치자와 신자부로 한푸 一澤信三郎帆布 P.375
기온신바시 祇園新橋 P.364
텐푸라 텐슈 天富良天周 P.366
기온탄토 祇園 たんと P.366
이즈우 いづう P.366
이모보 히라노야 혼케 いもぼう平野家本家 P.369
치온인 知恩院 P.363
잇센요쇼쿠 祇園壹錢洋食 P.367
요지야 기온 본점 よーじや 祇園本店 P.375
마루야마코엔 円山公園 P.362
기온시조 祇園四条
에디온 교토 시조 카와라마치점 エディオン 京都四条河原町店 P.375
기온 거리 祇園 P.360
야사카 신사 八坂神社 P.363
코료리 이소베 京料理いそべ P.368
기온교료리 하나사키 기온점 祇園京料理 花咲 祇園店 P.367
초라쿠칸 長楽館 P.368
카기젠요시후사 본점 鍵善良房 本店 P.367
나카무라로 中村楼 P.368
사료츠지리 기온 본점 茶寮都路里祇園本店 P.367
기온 코이시 祇園小石
네네노미치 ねねの道 P.361
코료리 하나 사키만지로 京料理花咲 萬治郎 P.368
하나미코지도리 花見小路 P.364
히사고 ひさご P.369
코다이지 高台寺 P.362
겐닌지 建仁寺 P.364
토스이로 기온점 豆水楼 祇園店 P.369
이시베코지 石塀小路 P.361
호칸지 法観寺 P.361
야사카코신도 八坂庚申堂 P.362
니넨자카 二年坂 P.361
분노스케차야 文の助茶屋 P.369
카사기야 かさぎ屋 P.370
교토 기모노렌탈 유메야카타 고조점 京都着物レンタル夢館 五条店 P.374
마이코헨신 스튜디오 시키 본점 舞妓体験スタジオ四季本店 P.374
산넨자카 産寧坂(三年坂) P.360
기요미즈고조 清水五条
고조 五条
고조자카 五条坂 P.360

© rawatchai07(Freepik)

교토 중부 추천 코스

기온·기요미즈데라·산조도리 주변 코스 1

이 지역에서는 기모노 체험을 해보거나 운이 좋으면 게이코 혹은 마이코를 볼 수 있다. 기요미즈데라와 코다이지의 야간 라이트업 행사 기간엔 저녁 관람도 좋다. 7월에는 야사카 신사와 기온 일대에서 기온 마츠리가 열린다. | **소요 시간 : 약 7시간**

START 기요미즈미치 또는 고조자카 버스 정류장

도보 10분

1 기요미즈데라

경내 둘러보며 기념사진 찍기, 소원 빌며 오토와노타키 물 마셔보기

도보 1분

2 기요미즈자카·산넨자카·니넨자카

거리를 따라 늘어선 상점 둘러보기, 기념사진 찍기

도보 3분

3 코다이지

벚나무가 서 있는 카레산스이 정원 감상해보기

도보 4분

4 야사카 신사

신사 경내를 둘러보고 복과 행운을 빌어보기

도보 5분

5 기온(하나미코지도리)

기온 거리와 하나미코지도리 둘러보며 상점과 맛집 들러보기

도보 5분

6 카모가와

커피 한 잔 들고 강변에 앉아 물멍 하며 잠시 쉬어 가기

도보 10분

7 니시키이치바

시장의 여러 길거리 음식 맛보기

기온·기요미즈데라·산조도리 주변 코스 2

카모가와, 기온시조역을 중심으로 주변을 둘러보는 동선이다. 벚꽃 시즌이라면 저녁 무렵에 마루야마코엔의 벚나무 아래서 음식을 즐겨도 좋다. 봄가을 쇼렌인 야간 라이트업 기간에는 저녁으로 일정을 변경해 방문해보자. | **소요 시간 : 약 6시간 30분**

긴카쿠지·헤이안 진구 주변

벚꽃 시즌이 아니라면 철학의 길은 풍경보다 길 주변 카페나 가게를 구경하는 것도 소소한 즐거움이다. 에이칸도와 난젠지는 교토의 유명 단풍 명소로 가을에 더욱 아름답다. 많이 걸어야 하는 동선이니 쉬엄쉬엄 체력을 안배하자. | **소요 시간 : 약 5시간 30분**

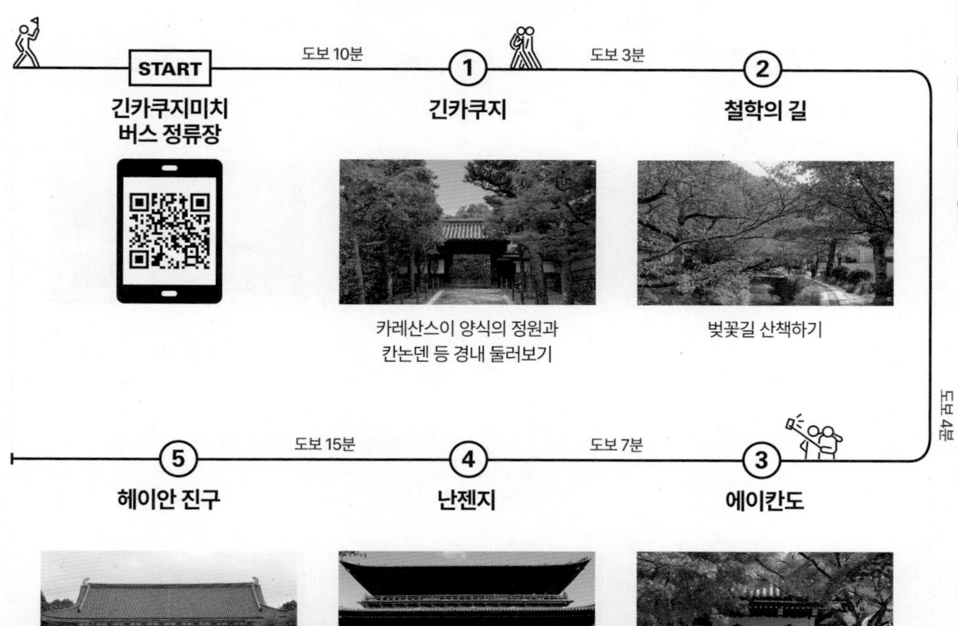

신엔의 풍경 감상하며 산책하기

산몬 2층에서 경내 풍경 감상해보기

경내 둘러보고 고개 돌린 불상 감상하기

교토교엔 주변 많은 스폿에 가지 않지만 세 곳 모두 드넓은 면적을 자랑하는 곳이어서 많이 걸을 수 있다. 특히 교토교엔은 정보관에 들러 둘러보고 싶은 곳을 골라서 관람하는 것도 좋다. 사전에 가이드 투어 신청을 하면 센토고쇼도 관람할 수 있다. | **소요 시간 : 약 4시간 30분**

니노마루고텐 내부 관람하고 봄에는 벚꽃 구경하기

칸인노미야, 슈스이테이 등 둘러보며 공원 산책하기

교토 중부 지역 1 DAY 코스

쇼군즈카세이류덴으로 가는 버스는 주말과 공휴일에만 운행하니 평일은 택시를 이용해야 한다. 벚꽃 시즌이라면 쇼군즈카세이류덴에 들른 후 지하철 케아게역 옆 케아게 인클라인에서 벚꽃을 즐겨도 좋다. 가을엔 난젠지와 에이칸도의 단풍이 아름답다. | **소요 시간 : 약 8시간**

START

산조케이한 버스 정류장

버스 20분 또는 택시 10분

① **쇼군즈카세이류덴**

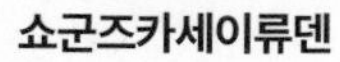

1000년 전 그렸다는 불화와 교토 시내 전망 감상해보기

버스 5분+도보 8분 또는 택시 10분

② **난젠지**

방장과 정원 둘러보고 수로에서 인생 사진 찍어보기

도보 7분

③ **에이칸도**

경내 둘러보고 고개 돌린 불상 감상하기

도보 17분 또는 택시 5분

④ **오카자키 공원 & 헤이안 진구**

공원과 신엔에서 풍경 즐기며 산책하기

버스 20분+도보 3분

⑤ **니시키이치바**

여러 가지 길거리 음식 맛보기

도보 5분

⑥ **시조도리 & 카와라마치도리**

상점과 맛집 둘러보며 쇼핑하기

도보 3분

⑦ **폰토초**

맛집 들러 카모 강 풍경 감상하며 식사하기

기요미즈데라
清水寺

MAP P.351D
VOL.1 P.072

교토를 소개하는 사진이나 영상에 빠지지 않고 나올 정도로 교토를 대표하는 사찰이자 관광지. 778년에 창건되어 헤이안 천도(794년) 이전부터 존재하던 교토의 몇 안 되는 사찰 중 하나다. 창건 이후 1000년 동안 여러 차례 소실과 재건을 반복했다. 에도 막부 3대 쇼군인 도쿠가와 이에미츠의 명으로 본당을 포함해 여러 전각이 들어서며 현재의 모습을 갖춘 것은 1633년이다. 1994년에는 유네스코 세계문화유산으로도 등록되었다. 사계절 아름다운 곳이지만 특히 경내 곳곳에 핀 벚꽃이 아름다운 봄과 본당 주변을 뒤덮은 빨간색 단풍이 압도적인 가을에 더 아름답다. 오쿠노인 앞에서 본당을 바라보는 장소가 인생 포토 스폿이다. 계절마다 디자인이 바뀌는 입장권은 기요미즈데라의 사계절 풍경을 담고 있다. 본당의 지붕을 자세히 보면 흔히 볼 수 있는 기와가 아닌 독특한 질감의 재질이 덮고 있는 것을 볼 수 있다. 이는 히와다부키라 부르는 히노키(노송) 나무껍질인 히와다를 촘촘히 겹쳐 지붕을 덮는 방식으로 제작된다. 히와다로 만든 지붕은 재료의 특성상 약 몇십 년에 한 번 교체해야 하는데, 가장 최근엔 50년 만인 2020년에 공사가 마무리되었다.

Ⓕ 케이한 본선 기요미즈고조역 4번 출구에서 도보 25분, 또는 58·86·202·206· 207번 시버스 승차 후 고조자카·기요미즈미치 정류장 하차, 도보 15분 Ⓣ 075-551-1234 Ⓞ 06:00~18:00(특별 배관 및 시즌에 따라 폐문 시간이 다름) Ⓗ 연중무휴 Ⓟ 16세 이상 400¥, 6~15세 200¥ Ⓦ www.kiyomizudera.or.jp

ZOOM ———————— IN

기요미즈데라 핵심 볼거리

1	**니오몬** 仁王門	기요미즈자카의 끝에서 만나는 기요미즈데라의 정문. 문을 가운데 두고 좌우 양옆에 사악한 것이 들어오는 것을 막는다는 고마이누(사자를 닮은 조각상)가 입을 벌리고 서 있다. 기요미즈데라의 본당에서 일왕이 거주하는 교토고쇼를 보지 못하도록 하기 위해 만들었다고 한다.
2	**산주노토** 三重塔	높이 31m로 삼중탑 중에서는 일본에서 가장 큰 규모라고 알려진 탑. 처음 만든 시기는 847년이고 지금의 것은 1632년에 재건된 것이다. 탑 안에는 대일여래상과 진언팔조상이 있고 천장과 기둥에는 불화와 용 등의 그림이 그려져 있다고 한다.
3	**샤쿠조와 게타** 錫杖と下駄	본당 마루(무대) 입구 부근에 놓여 있는 철제 지팡이와 나막신. 일본의 영웅호걸로 그려지는 가마쿠라시대의 스님 벤케이가 사용했던 것이라고 전해진다. 쇠 지팡이(샤쿠조)는 길이가 약 2.6m, 무게는 약 96kg이고 쇠로 만든 나막신(게타)은 한쪽이 약 12kg이다. 지팡이를 들어 올리면 부처님으로부터 은혜를 입는다고 한다.
4	**혼도 & 기요미즈노 부타이** 本堂 & 清水の舞台	일본의 국보로 지정된 본당은 절벽에 지어져 못을 사용하지 않고 만든 13m 높이의 목재 기둥이 떠받치는 부타이(무대)로 유명하다. 현재의 본당은 에도시대인 1633년에 재건된 것이다. 여기서 바라보는 교토 시내 풍경이 유명하다.
5	**오토와노타키** 音羽の滝	본당 옆 계단 아래, 오토와의 폭포라는 이름의 세 갈래 물줄기가 흐르는 샘이 있다. '맑은 물'이란 뜻의 기요미즈의 유래이기도 하다. 정면에서 봤을 때 왼쪽부터 장수와 사랑, 학문을 의미한다. 기다란 국자에 물을 받아 마시며 소원을 비는데, 셋 중 하나만 선택해야 효험이 있다고 한다.
6	**지슈 신사** 地主神社 (현재 임시 휴업 중)	기요미즈데라 경내에 있는 신사. 신사의 경내에는 조몬시대부터 전해져 내려온다는 유명한 2개의 돌이 있다. 인연 점의 돌 恋占いの石이라 부르는데, 한쪽 돌에서 눈을 감고 걸어 반대편 돌에 무사히 도착하면 사랑을 이룬다는 이야기가 전해온다.
7	**단풍**	기요미즈데라는 벚꽃 시즌도 좋지만 그보다 단풍 시즌 풍경이 더 압도적이다. 단풍 명소가 즐비한 교토에서도 매년 세 손가락 안에 드는 단풍 스폿으로 꼽힌다. 단풍 풍경의 하이라이트는 오쿠노인에서 바라보는 본당 모습이다.
8	**야간 라이트업**	매년 봄, 여름, 가을에 열리는 야간 라이트업 행사. 저녁 9시 30분까지 사찰 내 곳곳에 조명이 켜지고 밤하늘을 향해 푸른색 곧은 빛이 쏘아 올려진다. 낮과는 완전히 다른 기요미즈데라의 매혹적인 풍경을 만날 수 있다. 특히 벚꽃이 피는 봄과 단풍이 드는 가을이 아름답다.

기온 거리
祇園

MAP P.351D

야사카 신사와 한큐 교토카와라마치역 사이 대로를 중심으로 한 번화가. 일본 전통 가옥, 고급 음식점과 찻집, 기념품 가게가 기온 거리를 구성한다. 게이샤의 거리로도 유명해 운이 좋으면 저녁 무렵 출근하는 마이코와 마주치기도 한다. 매년 7월엔 일본 3대 지역 축제 중 하나인 기온마츠리가 열린다. 시조거리에 유명한 요지야 기온점이 있다.

구글 지도 **Gion**

Ⓕ 케이한 본선 기온시조역 6·7번 출구 앞 Ⓦ www.gion.or.jp

기요미즈자카
清水坂

MAP P.351D

기요미즈미치 버스 정류장이 있는 히가시오지도리 도로에서부터 기요미즈데라까지 약 600m 거리의 언덕길. 기요미즈데라가 생길 때 함께 생긴 참배길이다. 기요미즈데라에 가기 위해 꼭 지나야 하는 길 중 하나로 관광객을 위한 기념품 매장과 카페, 기모노 체험 숍 등의 가게가 늘어서 있으며, 언제나 관광객으로 붐빈다.

Ⓕ 케이한 본선 기요미즈고조역 4번 출구에서 도보 20분, 또는 58·86·202·206·207번 시버스 승차 후 고조자카, 기요미즈미치 정류장 하차 후 도보 10분

고조자카
五条坂

MAP P.351D

고조자카 버스 정류장 인근 고조도리와 히가시오지도리, 두 도로가 만나는 지점에서 기요미즈데라 방향으로 난 언덕길로 산넨자카 앞 기요미즈자카까지 약 450m 길이의 거리다. 거리 중간중간 식당, 기념품 가게와 함께 도자기를 싸게 판매하는 가게가 여럿이다. 고조자카는 교토의 전통 도자기인 기요미즈야키의 발상지다.

Ⓕ 케이한 본선 기요미즈고조역 4번 출구에서 도보 10분, 또는 58·86·202·206·207번 시버스 승차 후 고조자카 정류장 하차, 도보 1분

산넨자카
産寧坂(三年坂)

MAP P.351D
VOL.1 P.094

기요미즈자카 중간에 북쪽으로 난 내리막 돌계단부터 니넨자카 계단 앞까지의 길. 기요미즈데라가 창건되고 몇 년 뒤인 다이도 3년(808년)에 참배길로 만들어졌다. 그 때문에 산넨자카라는 이름이 붙었다고 전해진다. 이 돌계단에서 넘어지면 3년 안에 죽는다는 이야기가 있는데, 이 경우 계단 아래 가게에서 표주박을 사면 화를 면한다고 한다.

Ⓕ 케이한 본선 기요미즈고조역 4번 출구에서 도보 20분, 또는 58·86·202·206·207번 시버스 승차 후 고조자카·기요미즈미치 정류장 하차, 도보 10분

니넨자카
二年坂

MAP P.351D

산넨자카에서 이어지는 내리막 돌계단부터 코다이지 방향 도로 앞까지의 길. 길을 따라 이어지는 가옥이 아름다운 풍경을 만들어내 산넨자카와 함께 중요 전통 건물군 보존 지구로 지정됐다. 헤이안시대 매장지 히가시야마의 토리베노로 가던 길목이어서 산넨자카와 같이 니넨자카 돌계단에서 넘어지면 2년 안에 죽는다는 속설이 전해진다.

Ⓕ 케이한 본선 기요미즈고조역 4번 출구에서 도보 20분, 또는 58·86·202·206·207번 시버스 승차 후 기요미즈미치 정류장 하차, 도보 8분

이시베코지
石塀小路

MAP P.351D
VOL.1 P.093

야사카 신사 미나미로몬(남루문) 남쪽 시모카와라도리와 네네노미치를 연결하는 좁은 골목길. 바닥의 네모반듯한 돌길을 따라 메이지시대 말부터 타이쇼시대에 걸쳐 형성된 돌담과 목조 주택이 줄지어 서 있다. 전통적인 교토의 옛 거리의 모습과 기모노를 입고 걷는 사람들, 돌담에 기대 세워둔 자전거가 감성적인 풍경을 그려낸다.

Ⓕ 58·86·202·206·207번 시버스 승차 후 히가시야마야스이 정류장 하차, 도보 3분

네네노미치
ねねの道

MAP P.351D

코다이지 서쪽 담장을 따라 남북으로 곧게 뻗은 길. 원래 이름은 코다이지미치였지만 재정비 후 도요토미 히데요시의 부인 네네가 코다이지에서 19년 동안 여생을 보낸 것을 기려 네네노미치로 바꾸었다. 봄이면 돌길을 따라 가로수처럼 심은 벚나무의 꽃잎이 날리고, 인력거꾼과 기모노를 입은 관광객이 오가며 낭만적인 풍경을 연출한다.

구글 지도 ene-no-michi

Ⓕ 58·86·202·206·207번 시버스 승차 후 히가시야마야스이 정류장 하차, 도보 5분

호칸지
法観寺

MAP P.351D

기요미즈데라에서 산넨자카를 따라 걸으면 고풍스러운 건물 사이 우뚝 솟은 고주노토(오중탑)가 보인다. 이곳은 유명한 포토 스폿으로 교토를 대표하는 풍경 중 하나다. 호칸지의 고주노토는 '야사카노토'로도 부르는데, 야사카는 고구려 도래인의 성씨다. 아스카시대에 쇼토쿠 태자가 창건했다고 전해진다. 탑에 올라 주변 경관을 감상할 수 있다.

구글 지도 호칸지(야사카의 탑)

Ⓕ 58·86·202·206·207번 시버스 승차 후 기요미즈미치 정류장 하차, 도보 5분 Ⓣ 075-551-2417 Ⓞ 10:00~15:00 Ⓗ 부정기
Ⓟ 야사카노토 입장료 중학생 이상 400¥

야사카코신도
八坂庚申堂

MAP P.350B

호칸지 앞에 있는 사찰로 정식 명칭은 콘고지코신도 金剛寺庚申堂다. 경내에 들어서면 여러 색의 수많은 '쿠쿠리사루' 부적을 볼 수 있다. 이 부적은 손발을 묶은 원숭이 모양이라고 하는데 욕망대로 행동하지 못하는 모습으로 만들어 욕심에 치우치지 말라는 계율을 전한다. 고신도에 놓인 세 마리 원숭이상은 귀와 눈, 입을 가린 모습이다.

구글 지도 **콘고지(야사카 경신당)**

Ⓕ 58·86·202·206·207번 버스 승차 후 기요미즈미치 정류장 하차, 도보 5분 Ⓣ 075-541-2565 Ⓞ 09:00~17:00 Ⓗ 연중무휴 Ⓟ 무료 Ⓦ www.yasakakousinndou.sakura.ne.jp

코다이지
高台寺

MAP P.351D

도요토미 히데요시 사후에 부인 네네가 그를 기리기 위해 건립한 사찰. 코다이지라는 이름은 네네의 출가해 비구니가 되며 받은 법명 고다이인 고게츠신코우 高台院湖月心公에서 따온 것이다. 방장에 앉아 벚나무가 서 있는 아름다운 카레산스이 정원을 감상할 수 있다. 봄, 여름, 가을에는 야간 라이트업 관람도 가능하다.

Ⓕ 58·86·202·206·207번 시버스 승차 후 히가시야마야스이 정류장 하차, 도보 7분 Ⓣ 075-561-9966 Ⓞ 09:00~17:30(야간 특별 관람 기간은 22:00까지) Ⓗ 부정기 Ⓟ 어른 600¥, 중·고등학생 250¥ Ⓦ www.kodaiji.com

마루야마코엔
円山公園

MAP P.351D
VOL.1 P.104

1887년에 만든 교토 최초의 도시 공원으로 야사카 신사 동쪽에 있다. 공원 가운데 서 있는 상징적인 벚나무 '기온 시다레자쿠라(기온 수양벚꽃)'로 유명하다. 현재 벚나무는 2대째로 1949년에 심은 것이다. 벚꽃이 피는 3~4월 저녁이 되면 공원에 불빛이 켜지고 벚나무 아래 마련된 마루에 앉아 음식을 먹는 사람들로 붐빈다.

구글 지도 **마루야마 공원(원산 공원)**

Ⓕ 12·46·58·86·201·202·203·206·207번 시버스 승차 후 기온 정류장 하차, 도보 2분 Ⓣ 011-621-0453 Ⓞ 24시간 Ⓗ 연중무휴 Ⓟ 무료 Ⓦ https://maruyamapark.jp

쇼렌인
青蓮院

MAP P.351D

교토 천태종의 5개 몬제키(왕족이나 귀족이 법통을 잇는 사찰 또는 주지) 사원 중 하나. 에도시대에는 임시 궁궐로 사용되기도 했다. 쇼렌인은 아름다운 정원으로도 유명한데, 무로마치시대의 정원과 에도시대 일본의 건축 장인 고보리 엔슈의 작품이라는 기리시마노니와(식물의 정원)도 만날 수 있다. 봄에는 야간 라이트업도 실시한다.

Ⓕ 지하철 토자이선 히가시야마역 2번 출구에서 도보 7분, 또는 5·46·86번 시버스 승차 후 진구미치 정류장 하차, 도보 3분 Ⓣ 075-561-2345 Ⓞ 09:00~17:00(입장은 16:30까지) Ⓗ 연중무휴 Ⓟ 어른 600¥, 중·고등학생 400¥, 초등학생 200¥ Ⓦ www.shorenin.com

치온인
知恩院

MAP P.351D

마루야마코엔 옆에 위치한 일본 불교 정토종의 총본산. 현재 일본 내 산몬 중 가장 크다는 산몬을 비롯한 국보와 문화재를 여럿 보유하고 있다. 유젠엔과 방장 정원에서 일본식 정원의 아름다움을 느끼며 산책을 즐기거나 예부터 전해오는 '지온인의 7대 불가사의'를 찾아보는 것도 재미있다. 숙박 시설인 지온인 와준카이칸도 운영한다.

구글 지도 지온인

Ⓕ 12·46·86·201·202·203·206번 시버스 승차 후 치온인마에 정류장 하차, 도보 8분 Ⓣ 075-531-2111 Ⓞ 09:00~16:00 Ⓗ 연중무휴 Ⓟ 경내 무료(고등학생 이상 우젠엔 300¥, 방장 정원 400¥, 우젠엔+방장 정원 공통권 500¥) Ⓦ www.chion-in.or.jp

케아게 인클라인
蹴上インクライン

MAP P.351D

교토시와 오츠시 사이 뱃길 중 고저차 36m의 경사 구간 운송을 위해 1891년부터 1948년까지 사용된 길이 약 582m의 철길이다. 현재는 철길을 따라 무성하게 핀 벚꽃이 터널을 이뤄 교토에서도 포토 스폿으로 유명하다. 이제는 사용하지 않는 기찻길이 주는 묘한 낭만과 꽃길이 주는 아름다움이 어우러진 곳이다.

구글 지도 케아게 인클라인

Ⓕ 지하철 토자이선 케아게역 1번 출구에서 도보 4분

쇼군즈카 세이류덴
将軍塚 青龍殿

MAP P.351D

히가시야마 능선에 있는 쇼렌인의 부속 사찰. 세이류덴 대무대는 교토에서 탁 트인 시내 전망을 볼 수 있는 최고의 전망 스폿이다. 일본의 3대 불화 중 하나인 국보 아오후도묘오 青不動明王를 보유하고 있다. 11세기에 그린 것으로 추정하는데, 1000년이란 시간이 무색할 만큼 보존 상태가 뛰어나다. 봄가을에 야간 라이트업도 실시한다.

Ⓕ 지하철 산조케이한역 앞 산조케이한 C1 정류장에서 케이한 버스 70번 승차 후 쇼군즈카세이류덴 정류장 하차(토·일·공휴일만 운행) Ⓣ 075-771-0390 Ⓞ 09:00~17:00(입장은 16:30까지) Ⓗ 연중무휴 Ⓟ 어른 600¥, 중·고등학생 400¥, 초등학생 200¥ Ⓦ www.shogunzuka.com

야사카 신사
八坂神社

MAP P.351D

656년에 창건되었다고 전해지며, 모든 재앙을 물리친다는 스사노오노미코토 외 여러 신을 모신다. 창건 설화 중 하나가 고구려 도래인 이리시가 스사노오노미코토를 봉안한 것이 시초라는 것이다. 기온 마츠리는 헤이안시대에 역병이 진정되기를 기원하는 야사카 신사의 제례로 시작되었다. 교토 사람들은 기온상 祇園さん이란 애칭으로도 부른다.

Ⓕ 12·46·58·86·201·202·203·206·207번 시버스 승차 후 기온 정류장 하차, 도보 1분 Ⓣ 075-561-6155 Ⓞ 24시간 Ⓗ 연중무휴 Ⓟ 무료 Ⓦ www.yasaka-jinja.or.jp

하나미코지도리
花見小路

MAP P.350B

일본 에도시대에 온 듯 예스러운 분위기를 풍기는 거리. 에도시대엔 겐닌지로 가는 대나무 숲길이었다고 한다. 지금의 하나미코지도리가 형성된 시기는 100여 년 전 시조도리에 전차가 개통되고 찻집 영업이 금지되면서부터. 고급 식당과 찻집, 전통 공연이 열리는 기온코너 등이 있다. 운이 좋으면 저녁 무렵 거리에서 마이코를 마주치기도 한다.

🅕 케이한 본선 기온시조역 6·7번 출구에서 도보 3분

미야가와초
宮川町

MAP P.350B

기온시조역에서 남쪽, 카모 강 옆 미야가와스지 2초메부터 6초메까지 이르는 거리. 고카가이 五花街라 부르는 교토의 전통적인 5개 가가이(유흥가) 중 하나다. 가부키가 시작된 에도시대 초기에 형성되어 이후 유흥가로 발전했으며, 지금은 연중 공연이 열리는 찻집 거리가 되었다. 다다미방에서 마이코의 기예를 보며 식사를 즐길 수 있다.

구글 지도 **Miyagawa-chō**

🅕 케이한 본선 기온시조역 1번 출구에서 도보 2분 🅟 인력거 8750~3만 2500¥ 🅦 www.miyagawacho.jp

켄닌지
建仁寺

MAP P.350B

송나라에서 수행한 에이선사가 1202년에 창건한 절. 선종 불교의 사찰로는 교토에서 가장 오래된 곳이다. 좌선이나 참선을 중요한 수행법으로 여기는 선종 사찰답게 경내 곳곳에 조성된 카레산스이 정원을 바라보면 마음이 차분해진다. 금박을 배경으로 일본 민간신앙 속 풍신 후우진과 라이진을 금박 병풍에 그린 국보 '풍신뇌신도'로 유명하다.

🅕 케이한 본선 기온시조역 1번 출구에서 도보 5분, 또는 58·86·202·206·207번 시버스 승차 후 히가시야마야스이 정류장 하차, 도보 5분 🅣 075-561-6363 🅞 10:00~17:00(입장은 16:30까지) 🅗 부정기 🅟 어른 800¥, 초등·중·고등학생 500¥ 🅦 www.kenninji.jp

기온신바시
祇園新橋

MAP P.350B

기오시조역 인근 카모 강의 지류 시라강과 만나는 신바시 거리에 놓인 다리. 시라강을 따라 전통 양식으로 지은 고급 식당과 료칸 등이 줄지어 있다. 강가에 가지를 늘어뜨리고 서 있는 수양버들과 전통식 목조건물, 그 아래로 흐르는 맑은 물이 조화를 이뤄 감성적인 풍경을 만든다. 특히 벚꽃이 피는 시기 해 질 무렵 풍경이 아름답다.

🅕 케이한 본선 기온시조역 9번 출구에서 도보 4분 🅦 https://gion-shinbashi.jp

시조도리
四条通

MAP P.350B

한큐카와라마치역과 카라스마역 사이 교토 최고 번화가. 대형 백화점과 수많은 식당, 카페, 가게가 거리를 가득 메운다. 시조도리는 도로 가운데가 약간 불룩한데, 1912년 개통해 1972년까지 운행한 노면전차의 선로가 지금도 땅 속에 묻혀 있기 때문이다. 지금의 도로 폭도 이때 확장되어 이곳의 건물은 오래된 것도 100년 남짓 되었다.

구글 지도 Shijo-dori

Ⓕ 한큐 전철 카와라마치역과 카라스마역 지하 연결 통로 5~20번 출구 앞 Ⓦ https://kyoto-shijo.or.jp

카와라마치도리
河原町通

MAP P.350B

교토 북쪽 가모대교 옆 카와라마치이마데카와를 시작으로 남쪽으로 주조도리까지 약 6km에 이르는 대로. 카와라마치도리는 지하철 교토시야쿠쇼마에역에서 한큐카와라마치역에 이르는 카와라마치산조와 시조카와라마치까지를 말하며 이 주변은 호텔과 식당, 카페, 상점 등이 빼곡하게 들어서 산조도리와 함께 교토 최대의 번화가를 이룬다.

Ⓕ 한큐 전철 카와라마치역 3B 출구 앞 Ⓦ www.kyoto-kawaramachi.or.jp

폰토초
先斗町

MAP P.350B

한큐카와라마치역과 기온시조역 사이 카모 강 서쪽에 남북으로 약 500m에 이르는 유흥 골목. 1712년 무렵부터 다카세카와 高瀬川의 뱃사공과 승객을 상대로 한 료칸과 찻집이 생기며 형성되었다. 교토의 전통 유흥가인 고카가이 五花街 중 하나이며, 현재는 골목을 따라 고급 식당과 술집, 찻집 등이 빼곡히 들어서 있다.

Ⓕ 한큐 전철 카와라마치역 1A 출구, 또는 케이한 본선 카와라마치역 4번 출구에서 도보 1분 Ⓦ www.ponto-chou.com

산조도리 상점가
三条通

MAP P.350B

서쪽 센본도리와 동쪽 호리카와도리 사이 동서로 약 800m에 이르는 아케이드 상점가. 1914년에 72개 점포를 시작으로 현재 186개의 점포가 시장을 형성하고 있다. 현지인이 주로 이용하는 상점가여서 관광지가 아닌 로컬 분위기를 느낄 수 있다. 신사와 공원, 레트로한 분위기의 카페, 디저트 가게 등 관광객이 들러볼 만한 곳도 있다.

Ⓕ JR 니조역에서 도보 6분, 또는 9·12·50번 시버스 승차 후 호리카와산조 정류장 하차, 도보 30초 Ⓦ http://sanjokai.kyoto.jp

니시키이치바
錦市場

MAP P.350B
VOL.1 P.085

'교토의 부엌'이란 별명대로 수많은 식재료와 먹거리를 만날 수 있는 전통 시장. 1615년 에도 막부에서 생선 도매상을 허용하면서부터 생겨났다. 덥고 습한 교토의 날씨에 생선을 보관하기 용이한 차가운 지하수가 솟는 우물이 있기 때문이었다. 교토 시민들의 식탁에 오르는 식재료부터 관광객의 눈과 입을 즐겁게 해줄 먹거리가 많다.

Ⓕ 한큐 전철 카와라마치역·카라스마역 지하 연결 통로 16번 출구에서 도보 2분 Ⓦ www.kyoto-nishiki.or.jp

기온탄토
祇園 たんと

MAP P.352

고급 식당이 즐비한 기온신바시에서 부담 없이 들를 수 있는 교토식 오코노미야키 식당. 12가지 오코노미야키 외에도 철판구이, 네기야키, 야키소바, 우동 등 음식 종류가 수십 가지에 이른다. 인기 메뉴는 다양한 고기와 해산물을 넣은 오코노미야키 스페셜. 창밖으로 보이는 아름다운 시라카와 주변의 풍경도 이곳의 매력이다.

Ⓕ 케이한 본선 기온시조역 9번 출구에서 도보 4분 Ⓣ 075-525-6100 Ⓞ 12:00~15:00(L.O 14:30), 17:00~22:00(L.O 21:30) Ⓗ 부정기(홈페이지에 공지) Ⓟ 오코노미야키 스페셜 1700¥ Ⓦ www.gion-tanto.com

이즈우
いづう

MAP P.352

1791년에 개업한 스시 전문점. 사바(고등어) 스시가 유명하다. 교토 북부 후쿠이현 와카사만에서 잡은 고등어를 특징이 다른 쌀을 섞어 지은 밥 위에 올리고 홋카이도산 다시마로 감싸 완성한다. 식당 초대 명인 이름에 토끼를 뜻하는 한자가 있어 스시를 자른 단면이 토끼처럼 보이도록 만드는 것이 특징. 장어와 도미 등 여러 종류의 초밥이 있다.

Ⓕ 케이한 본선 기온시조역 7번 출구에서 도보 4분 Ⓣ 075-561-0751 Ⓞ 월·수요일~토요일 11:00~21:30(L.O), 일요일·공휴일 11:00~20:30(L.O) Ⓗ 화요일(공휴일인 경우 영업) Ⓟ 사바 스시 1인분(6개) 2430¥ Ⓦ www.izuu.jp

텐푸라 텐슈
天冨良天周

MAP P.352

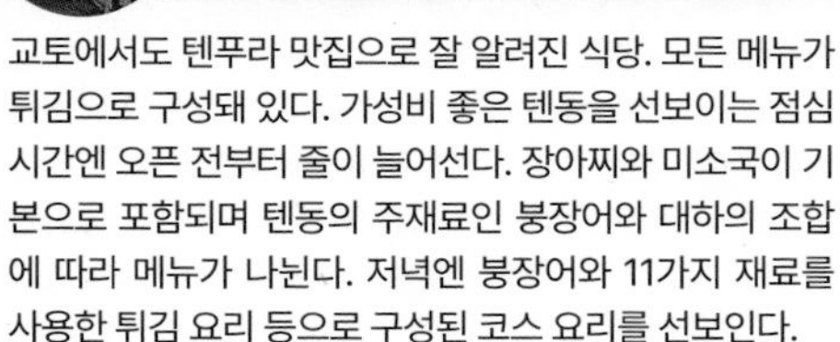

교토에서도 텐푸라 맛집으로 잘 알려진 식당. 모든 메뉴가 튀김으로 구성돼 있다. 가성비 좋은 텐동을 선보이는 점심시간엔 오픈 전부터 줄이 늘어선다. 장아찌와 미소국이 기본으로 포함되며 텐동의 주재료인 붕장어와 대하의 조합에 따라 메뉴가 나뉜다. 저녁엔 붕장어와 11가지 재료를 사용한 튀김 요리 등으로 구성된 코스 요리를 선보인다.

구글 지도 **텐슈**

Ⓕ 케이한 본선 기온시조역 7번 출구에서 도보 2분 Ⓣ 075-541-5277 Ⓞ 11:00~14:00, 17:30~21:30(L.O 20:30) Ⓗ 연중무휴 Ⓟ 아나고 텐동 1450¥ Ⓦ http://tensyu.jp

잇센요쇼쿠
壹銭洋食

MAP P.352
VOL.1 P.124

교토식 오코노미야키로 오코노미야키의 전신이라 할 만한 음식. 다이쇼 말기에 물에 녹인 밀가루를 철판에 굽고 다진 파 등을 올린 뒤 소스를 뿌려 1엔에 팔던 것이다. 당시에는 소스를 뿌리면 모두 양식이라 생각했기에 한 푼으로 살 수 있는 양식이란 의미인 '잇센요쇼쿠'라 불렀다고 한다. 독특한 인테리어도 구경할 만하다.

구글 지도 **Issen Yoshoku**

Ⓕ 케이한 본선 기온시조역 7번 출구에서 도보 1분 Ⓣ 075-533-0001 Ⓞ 월~금요일 11:00~다음 날 01:00, 토요일·공휴일 전날 11:00~다음 날 03:00, 일요일·공휴일 10:30~22:00 Ⓗ 연중무휴 Ⓟ 잇센요쇼쿠 800¥ Ⓦ https://issen-yosyoku.co.jp

카기젠요시후사 본점
鍵善良房 本店

MAP P.352

쿠즈키리의 발상지로 알려진 화과자 가게. 1726년 이전에 개업한 것으로 추정되는 노포지만 매장은 상당히 고급스럽다. 목 넘김이 매끈하면서 식감은 쫄깃한 쿠즈키리는 칡뿌리에서 전분을 내 건조한 가루를 국수처럼 만든 음식이다. 얼음물에 담긴 쿠즈키리를 흑설탕물에 담갔다 먹는다. 약 50종에 달하는 화과자와 양갱 등도 판매한다.

구글 지도 **카기젠 요시후사 시조본점**

Ⓕ 케이한 본선 기온시조역 7번 출구에서 도보 4분 Ⓣ 075-561-1818 Ⓞ 09:30(카페는 10:00~18:00, L.O 17:30) Ⓗ 월요일(공휴일인 경우 다음 날) Ⓟ 쿠즈키리 1400¥ Ⓦ www.kagizen.co.jp

사료츠지리 기온 본점
茶寮都路里 祇園本店

MAP P.352
VOL.1 P.161

일본에서도 명성이 높은 우지 말차를 사용해 만든 파르페, 츠지리를 맛볼 수 있는 디저트 가게. 투명하고 길쭉한 유리잔에 말차를 듬뿍 넣어 만든 모찌와 와라비모찌, 아이스크림, 생크림 등을 넣어 만든 토쿠센 츠지리 파르페 맛차가 인기 메뉴다. 츠지리도 여러 종류가 있으며 그 외 빙수와 음료, 말차 소바까지 메뉴가 다양하다.

구글 지도 **츠지리**

Ⓕ 케이한 본선 기온시조역 6번 출구에서 도보 3분 Ⓣ 075-561-2257 Ⓞ 월~금요일 10:30~19:00, 토·일요일·공휴일 10:30~20:00 Ⓗ 연중무휴 Ⓟ 도쿠센 츠지리 파르페 말차 1595¥ Ⓦ www.giontsujiri.co.jp

기온쿄료리 하나사키 기온점
祇園京料理 花咲 祇園店

MAP P.352
VOL.1 P.139

쿄료리라 부르는 교토식 카이세키 식당. 코스 요리는 매달 제철 식재료를 사용하기 때문에 요리의 구성이 조금씩 달라진다. 보통 1만¥ 전후의 가격대지만 점심 한정 미니카이세키는 단출한 구성으로 절반 정도의 가격에 쿄료리를 즐길 수 있어 인기다. 마이코의 공연을 관람하며 식사하는 연회코스는 방문일 최소 3일 전에 예약해야 한다.

구글 지도 **Hanasaki**

Ⓕ 12·46·58·86·201·202·203·206·207번 시버스 승차 후 기온 정류장 하차, 도보 3분 Ⓣ 075-533-3050 Ⓞ 11:30~14:00(L.O), 17:30~22:00(L.O 20:00) Ⓗ 부정기 Ⓟ 미니 카이세키(점심 8품) 4950¥ Ⓦ www.gion-hanasaki.com

나카무라로
中村楼

MAP P.352
VOL.1 P.139

무로마치시대에 찻집으로 시작해 메이지시대 개화기에는 고급 요정으로 이름을 얻어 여러 유명인이 방문하기도 했다. 두부에 미소(된장)를 발라 대나무 꼬치를 꽂은 토후덴가쿠 豆腐田楽는 에도시대부터 이 집 명물로 인기를 얻었다. 세월의 흔적이 담긴 다다미방에서 아름답게 꾸민 일본식 정원을 감상하며 교료리를 즐길 수 있다.

Ⓕ 12·46·58·86·201·202·203·206·207번 시버스 승차 후 기온 정류장 하차, 도보 4분 Ⓣ 075-561-0016 Ⓞ 11:00~14:00까지 입점, 17:00~19:00까지 입점 Ⓗ 수요일 Ⓟ 점심 카이세키 7150¥, 저녁 카이세키 1만6445~4만4275¥ Ⓦ www.nakamurarou.com

쿄료리 이소베
京料理いそべ

MAP P.352

'고급'을 내세우는 교료리 식당에 비해 캐주얼한 곳. 고급 카이세키 코스에 비해 간략한 구성이지만 저렴한 가격에 교료리를 체험할 수 있다. 두부와 유바를 사용한 메뉴가 주를 이루는데, 특히 교토의 명물 중 하나인 유바(두유를 끓여 표면에 생긴 막)를 직접 만들어 음식에 사용한다. 방문 시 사전 예약해야 한다.

구글 지도 **ISOBE**

Ⓕ 12·46·58·86·201·202·203·206·207번 시버스 승차 후 기온 정류장 하차, 도보 10분 Ⓣ 075-561-2216 Ⓞ 11:00~22:00 Ⓗ 부정기 Ⓟ 교유바즈쿠시 3300¥, 마루야마 벤토 3850¥ Ⓦ www.kyoryori-isobe.co.jp

초라쿠칸
長楽館

MAP P.352

1909년에 국내외 귀빈을 접대하기 위한 영빈관으로 문을 열어 현재 호텔과 레스토랑, 카페로 사용하고 있다. 서양의 고풍스러운 성의 느낌을 주는 외관, 중후한 분위기의 인테리어와 어울리는 앤티크한 가구가 인상적이다. 레스토랑에서는 프렌치 코스 요리를 맛볼 수 있고, 카페에서는 애프터눈 티 세트와 음료, 계절마다 다른 디저트를 판매한다.

구글 지도 **Dessert Cafe Chourakukan**

Ⓕ 12·46·58·86·201·202·203·206·207번 시버스 승차 후 기온 정류장 하차, 도보 6분 Ⓣ 075-561-0001 Ⓞ 카페 11:00~18:30(L.O 18:00), 애프터눈 티 12:00~18:00(2시간 이용) Ⓗ 부정기 Ⓟ 초라쿠칸 블렌드 티 1100¥ Ⓦ www.chourakukan.co.jp

쿄료리 하나사키만지로
京料理花咲萬治郎

MAP P.352

네네노미치에 있는 기온 교료리 하나사키의 자매점. 지은 지 120년이 되었다는 건물 1층 개인실에서는 안뜰 풍경을 감상할 수 있다. 제철 식재료를 사용해 계절별로 메뉴가 달라지며 5~10월에는 계절 한정 요리도 제공한다. 점심에는 가게의 명물인 밀기울로 만든 후멘텐신(국수 딤섬)과 유바 요리도 즐길 수 있다.

구글 지도 **만지로**

Ⓕ 58·86·202·206·207번 시버스 승차 후 히가시야마야스이 정류장 하차, 도보 6분 Ⓣ 075-551-2900 Ⓞ 11:30~14:00, 17:30~22:00(L.O 20:00) Ⓗ 부정기 Ⓟ 미니 카이세키 네네고젠(점심) 4950¥, 카이세키 이카사(저녁) 1만1000¥ Ⓦ www.kyoto-manjiro.com

이모보 히라노야 혼케
いもぼう平野家本家

MAP P.352

300여 년 동안 후계자를 통해 전해져 히라노야에서만 맛볼 수 있다는 이모보 전문점. 이모보는 교토의 향토 요리 중 하나로 예부터 교토에 가면 한 번쯤 맛봐야 하는 요리로 꼽힌다. 새우를 닮은 모양에 줄무늬가 있는 토란 '에비이모'와 일주일 이상 숙성한 대구를 함께 조리해 독특한 맛을 내는 요리다.

구글 지도 이모보히라노야

Ⓕ 12·46·58·86·201·202·203·206·207번 시버스 승차 후 기온 정류장 하차, 도보 6분 Ⓣ 075-525-0026 Ⓞ 11:00~15:00(L.O 14:00), 17:00~21:00(입점은 19:30까지, L.O 20:00) Ⓗ 연중무휴 Ⓟ 츠키고젠 2750¥ Ⓦ www.imobou.com

히사고
ひさご

MAP P.352

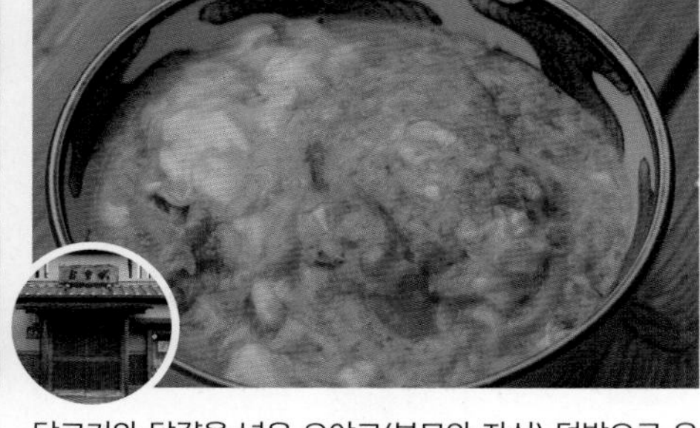

닭고기와 달걀을 넣은 오야코(부모와 자식) 덮밥으로 유명한 식당. 달걀이 반숙 느낌이어서 꽤 수분감 있는 덮밥으로 후루룩 넘길 수 있다. 교토 사람들이 즐겨 먹는 기누가사동 衣笠丼도 인기 메뉴. 기누가사동은 가마보코(어묵의 일종)와 유부 튀김, 파를 간장, 술, 미림 등을 더해 끓인 육수에 삶아 달걀로 감싸 밥 위에 얹은 덮밥이다.

Ⓕ 58·86·202·206·207번 시버스 승차 후 히가시야마야스이 정류장 하차, 도보 3분 Ⓣ 050-5485-8128 Ⓞ 11:30~16:00(L.O 15:30) Ⓗ 월·금요일 Ⓟ 오야코동 1060¥ Ⓦ https://kyotohisago.gorp.jp

토스이로 기온점
豆水楼 祇園店

MAP P.352
VOL.1 P.141

교토에서 유명한 식재료 중 하나인 두부를 이용한 카이세키 요리를 내놓는 식당. 두부와 함께 채소와 유부, 장어 등 제철 식재료를 사용해 만든 다채로운 요리를 상에 올린다. 점심 한정 메뉴인 시라유리를 주문하면 좀 더 저렴한 가격에 두부 카이세키 요리를 즐길 수 있다. 차가운 오보로 두부는 원하면 추가로 요청할 수 있다.

구글 지도 Tousuiro Gion

Ⓕ 58·86·202·206·207번 시버스 승차 후 히가시야마야스이 정류장 하차, 도보 1분 Ⓣ 075-561-0035 Ⓞ 월~토요일 11:30~15:00·17:00~22:00, 일요일·공휴일 11:30~15:00·17:00~21:30(입점은 20:00까지) Ⓗ 연중무휴 Ⓟ 시라유리(점심 카이세키) 4500¥ Ⓦ https://tousuiro.com

분노스케차야
文の助茶屋

MAP P.352
VOL.1 P.130

1909년에 개업한 일본식 디저트 가게로 와라비모찌가 유명하다. 우리에게 다소 생소한 와라비모찌는 고사리 뿌리에 있는 전분을 가루로 만들어 물과 설탕 등의 재료와 함께 끓이고 식힌 뒤 굳혀 겉에 콩가루나 말차가루 등을 뿌린 디저트. 몰캉몰캉한 젤리와 인절미가 섞인 듯한 식감이 독특하다. 일본미 발산하는 인테리어는 덤.

Ⓕ 58·86·202·206·207번 시버스 승차 후 기요미즈미치 정류장 하차, 도보 5분 Ⓣ 075-561-1972 Ⓞ 11:00~17:00 Ⓗ 부정기 Ⓟ 와라비모찌 550¥, 말차 와라비모찌 605¥ Ⓦ https://ecstore.bunnosuke.jp

카사기야
かさぎ屋

MAP P.352

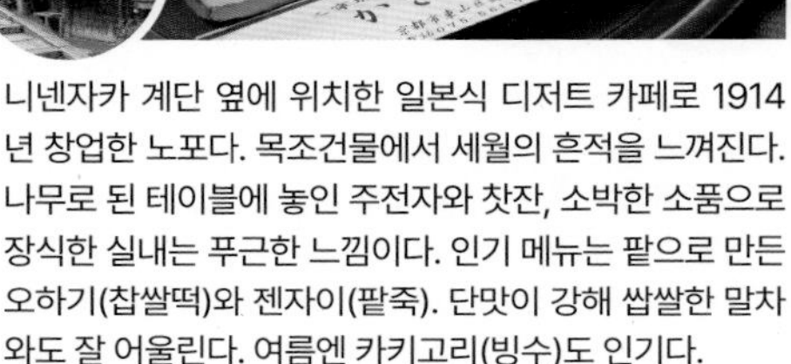

니넨자카 계단 옆에 위치한 일본식 디저트 카페로 1914년 창업한 노포다. 목조건물에서 세월의 흔적을 느껴진다. 나무로 된 테이블에 놓인 주전자와 찻잔, 소박한 소품으로 장식한 실내는 푸근한 느낌이다. 인기 메뉴는 팥으로 만든 오하기(찹쌀떡)와 젠자이(팥죽). 단맛이 강해 쌉쌀한 말차와도 잘 어울린다. 여름엔 카키고리(빙수)도 인기다.

Ⓕ 58·86·202·206·207번 시버스 승차 후 기요미즈미치 정류장 하차, 도보 8분 Ⓣ 075-561-9562 Ⓞ 11:00~18:00 Ⓗ 화요일 Ⓟ 산쇼쿠오하기 750¥, 젠자이 750¥

키르훼봉 교토
キルフェボン 京都

MAP P.352
VOL.1 P.162

과일 타르트로 인기가 높은 디저트 카페. 계절마다 수확되는 신선한 제철 과일을 올려 타르트를 만든다. 그 때문에 계절마다 다른 메뉴를 만날 수 있으며, 원하는 메뉴를 맛보려면 판매 기간을 잘 확인해야 한다. 오사카 우메다에도 지점이 있지만 교토점에서는 동화에 나오는 집처럼 아기자기한 분위기를 즐길 수 있다.

Ⓕ 지하철 토자이선 교토시야쿠쇼마에역 3번 출구에서 도보 5분, 또는 3·4·5·10·11·17·32·59·86·205번 시버스 승차 후 카와라마치산조 정류장 하차, 도보 3분 Ⓣ 075-254-8580 Ⓞ 11:00~19:00(L.O 18:30) Ⓗ 부정기 Ⓟ 제철 과일 타르트(계절별) 1조각 1056¥ Ⓦ www.quil-fait-bon.com

스시노무사시 산조 본점
寿しのむさし 三条本店

MAP P.352

산조 본점을 포함해 교토에서만 모두 4개의 지점을 운영하는 회전 초밥 체인점. 산조도리 쇼핑가 입구 옆에 있어 눈에 잘 띈다. 식당이 넓어서인지 대기 줄이 있는 경우가 거의 없어 언제 방문하든 쾌적하게 식사할 수 있다. 수십 가지에 달하는 초밥의 종류는 접시 색깔에 따라 가격이 구분되며, 신선한 재료로 만든 스시는 입을 즐겁게 한다.

구글 지도 스시노 무사시

Ⓕ 지하철 토자이선 교토시야쿠쇼마에역 3번 출구에서 도보 3분, 또는 3·4·5·10·11·17·32·59·86·205번 시버스 승차 후 카와라마치산조 정류장 하차, 도보 2분 Ⓣ 075-222-0634 Ⓞ 11:00~21:00(L.O 20:50) Ⓗ 수요일, 1월 1일, 부정기 Ⓟ 스시 1접시 160~840¥ Ⓦ https://sushinomusashi.com

이노다 커피 본점
INODA Coffee 本店

MAP P.352
VOL.1 P.154

1940년 창업한 노포로, 교토에서 가장 오래된 카페 중 한 곳이다. 20세기 초 유럽 카페 같은 고풍스러운 인테리어가 인상적. 묵직한 맛의 커피를 선보이며, 원두도 판매한다. 간단한 식사도 판매하는데, 특히 조식이 맛있기로 유명하다. 교토식 카페 조식이 궁금하다면 크루아상과 샐러드, 차로 구성한 '교토의 조식(쿄노초쇼쿠, 京の朝食)'을 주문할 것.

Ⓕ 지하철 카라스마선 카라스마오이케역 5번 출구에서 도보 7분 Ⓣ 075-221-0507 Ⓞ 07:00~18:00 Ⓗ 부정기 Ⓟ 각종 커피 및 음료 690~790¥, 교토의 조식(07:00~11:00) 1680¥ Ⓦ www.inoda-coffee.co.jp

블루보틀 커피 교토 롯카쿠 카페

Blue Bottle Coffee Kyoto Rokkaku Café

MAP P.352 VOL.1 P.150

블루보틀 커피 교토 2호점으로, 롯카쿠 거리 어느 모퉁이의 작고 오래된 건물에 자리한 다. 2층 건물로 좌석은 모두 2층에 있는데, 오래된 다락 같은 느낌을 주는 레트로풍 공간이다. 창가에 자리를 잡으면 예스러운 모습의 창문 너머로 교토 시내 풍경을 감상할 수 있다. 고즈넉한 분위기의 카페를 찾는 사람에게 추천.

구글 지도 **Blue Bottle Coffee - Kyoto Rokkaku Cafe**

Ⓕ 지하철 카라스마선 카라스마오이케역 5번 출구에서 도보 4분 Ⓞ 09:00~19:00 Ⓗ 부정기 Ⓟ 각종 커피 550~660¥ Ⓦ https://store.bluebottlecoffee.jp

굿맨 로스터 교토

GOODMAN ROASTER 京都

MAP P.350B VOL.1 P.156

시조카라스마 뒷골목에 한가롭게 자리한 작은 로스터리 카페다. 2019년에 문을 연 비교적 신생 매장이다. 에스프레소를 주력으로 선보이는데, 라테나 플랫 화이트 등 우유를 넣은 '화이트' 커피는 무엇을 주문하든 실패하지 않는다. 아침 일찍 열어 해가 지면 닫으므로 모닝커피를 즐기는 곳으로 추천한다. 원두 구매도 강력 추천.

구글 지도 **Goodman Roaster Kyoto**

Ⓕ 카라스마역에서 도보 10분 Ⓣ 090-3861-9256 Ⓞ 목~화요일 08:00~18:00(금요일은 11:00~13:00 브레이크 타임) Ⓗ 수요일 Ⓟ 각종 커피 550~810¥ Ⓦ https://goodman-company.com

나다이 돈카츠 카츠쿠라 시조히가시노토인텐

名代とんかつ かつくら 四条東洞院店

MAP P.352

돈카츠 하나로 많은 사람을 줄 세운 전문점. 테이블엔 돈카츠 소스, 매운맛 소스, 유자 드레싱, 절임이 놓여 있다. 참깨를 갈아 원하는 소스를 넣어 돈카츠를 찍어 먹는다. 육즙을 머금은 두툼한 고기는 부드럽고, 입자가 굵은 빵가루는 입안에서 바삭함을 더해준다. 밥과 양배추, 미소 된장국은 무료로 추가할 수 있다.

구글 지도 **가츠쿠라**

Ⓕ 한큐 전철 카라스마역 18번 출구에서 도보 2분 Ⓣ 075-221-4191 Ⓞ 11:00~21:00(L.O 20:30) Ⓗ 연중무휴 Ⓟ 이와추 돼지 로스카츠 120g 2200¥, 160g 2600¥, 200g 3000¥ Ⓦ www.katsukura.jp

사와와

茶和わ

MAP P.352 VOL.1 P.161

최근 일본 전역으로 뻗어나가고 있는 말차 디저트 전문 체인으로, 교토 대표 지점이 니시키이치바에 있다. 말차 와라비모찌를 중심으로 사브레, 도라야키, 카스텔라, 파르페 등 말차가 들어간 과자와 디저트를 선보인다. 1층은 매장, 2층은 디저트 카페로 운영하며, 말차를 듬뿍 뿌린 소프트아이스크림을 테이크아웃으로 판매한다.

Ⓕ 한큐 전철 카와라마치역과 카라스마역 지하 연결 통로 16번 출구에서 도보 4분(니시키이치바 내) Ⓣ 075-708-6377 Ⓞ 10:00~18:00 Ⓗ 부정기 Ⓟ 말차 소프트아이스크림 가벼운 맛 400¥, 진한 맛 500¥ Ⓦ www.telacoya.co.jp

쿄고쿠카네요

MAP P.352

京極かねよ

메이지시대에 개업해 100년간 장어 요리만 취급해온 식당. 커다란 일본 전통식 목조건물 1층에는 테이블 좌석이, 2층에는 다다미 좌석이 마련되어 있다. 숙련된 장인이 굽는다는 장어는 입안에 넣으면 녹아내리듯 부드럽고, 개업 때부터 계승되어온 소스가 맛을 책임진다. 밥 위에 장어를 올린 우나기동, 장어와 달걀부침을 얹은 긴동이 있다.

구글 지도 카네요

Ⓕ 3·4·5·10·11·17·32·59·86·205번 시버스 승차 후 카와라마치산조 정류장 하차, 도보 3분 Ⓣ 050-5303-1220 Ⓞ 11:30~16:00(L.O 15:30), 17:00~20:30(L.O 20:00 / 재료 소진 시 영업 종료 Ⓗ 수요일 Ⓟ 우나기동(중) 3500¥, 긴시동(중) 3300¥ Ⓦ https://kyogokukaneyo.foodre.jp

양식당 키치키치

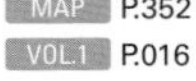

MAP P.352
VOL.1 P.016

ザ 洋食屋キチキチ

유쾌하고 시끄러운 할아버지 요리사가 재주를 부리며 오므라이스를 만들어내는 영상으로 틱톡, 유튜브, 페이스북 등에서 인기를 얻은 식당. 거의 모든 좌석이 카운터석이고, 요리사와 종업원들이 주방 안팎에서 1시간가량 요리를 겸한 쇼를 펼친다. 음식이 생각보다 맛있는 것이 반전이다. 당일 방문 예약만 받는다.

구글 지도 키치키치 오므라이스

Ⓕ 케이한 전철 산조역 6번 출구에서 도보 6분 Ⓣ 075-211-1484 Ⓞ 월~금요일 17:00~21:00, 토·일요일 12:00~14:00·17:00~21:00 Ⓗ 부정기(홈페이지에 공지) Ⓟ 오므라이스 레귤러 2700¥·스몰 1450¥, 기타 양식류 1500~3250¥ Ⓦ https://kichikichi.com

규카츠 교토 카츠규 폰토초 본점

MAP P.352
VOL.1 P.135

牛カツ京都勝牛 先斗町本店

교토의 대표적인 규카츠 전문점. 몇 년 전 일본 전역에 규카츠가 붐을 일으킨 시기에 일본에서 가장 먼저 생긴 규카츠 전문 체인으로, 폰토초에 본점이 있다. 외관은 아담하고 고풍스럽지만 내부는 생각보다 넓은 편. 질 좋은 소고기를 두툼하게 저며 레어 상태로 튀겨낸 '근본' 규카츠를 맛볼 수 있다. 브레이크 타임이 없다는 것도 빼놓을 수 없는 장점.

Ⓕ 한큐 전철 카와라마치역 1A 출구에서 도보 6분, 폰토초 골목 중간 Ⓣ 075-251-7888 Ⓞ 11:00~22:00 Ⓗ 부정기 Ⓟ 규로스카츠 정식 1790~2190¥ Ⓦ https://gyukatsu-kyotokatsugyu.com

엘리펀트 팩토리 커피

MAP P.352
VOL.1 P.155

Elephant Factory Coffee

후미진 골목의 허름한 건물에 있지만 뛰어난 커피 맛과 친절함, 소박하면서 차분한 분위기 때문에 교토의 커피 러버 사이에서 상당한 인기를 누리고 있는 커피숍. 드립 커피가 주메뉴로 원두의 질과 드립 솜씨 모두 수준급이다. 대부분의 카페가 일찍 닫는 교토에서 늦은 밤까지 운영한다는 점도 매력 중 하나. 책을 읽거나 일을 하기도 좋다.

구글 지도 Elephant Factory Coffee

Ⓕ 교토카와라마치역에서 도보 5분 Ⓣ 075-212-1808 Ⓞ 금~수요일 13:00~다음 날 00:30, 목요일 13:00~다음 날 06:30 Ⓗ 부정기 Ⓟ 커피 800~1000¥, 티 1100¥

타고토 본점
田ごと 本店

MAP P.352

1871년에 개업한 전통의 교토식 요리 전문점. 일본에서도 이름이 높은 '쿄야사이(교토 채소)'를 비롯한 교토의 식재료를 사용해 교토만의 맛을 구현한 반찬을 도시락에 담아낸다. 도시락에 담았지만 음식의 퀄리티는 가정식 수준을 넘어 간단한 카이세키 요리를 연상시킨다. 교토 최대 번화가인 카와라마치역 앞에 있어 접근성도 좋다.

구글 지도 Tagoto honten

Ⓕ 한큐 전철 카와라마치역 6번 출구에서 바로 Ⓣ 075-221-1811 Ⓞ 11:30~15:00, 17:00~21:00(L.O 20:00) Ⓗ 수요일 Ⓟ 고에쓰 미즈사시 벤토 4180¥, 카이세키 8800¥~ Ⓦ https://kyoto-tagoto.co.jp

멘야 이노이치
麺屋 猪一

MAP P.352
VOL.1 P.131

미슐랭 빕 구르망에 선정된 라멘집으로 와규로 만든 진하면서도 깔끔하고 고급스러운 라멘을 선보인다. 제한된 수의 손님만 받기 때문에 오픈 1시간 전에는 줄을 서야 당일 입장 가능한 시간 지정 티켓을 받을 수 있으며, 지정된 시간에 도착한 다음에도 20~30분쯤 다시 줄을 서야 한다. 그러나 라멘 마니아라면 감수할 가치가 있을 정도로 맛있다.

구글 지도 멘야 이노이치 하나레

Ⓕ 한큐 전철 교토카와라마치역 8번 출구에서 도보 5분 Ⓣ 075-285-1059 Ⓞ 11:00~14:30, 17:30~21:00 Ⓗ 부정기 Ⓟ 아부리 와규 소바 1400¥ Ⓦ https://inoichi.stores.jp

SHOPPING →

슌사이 이마리
旬菜いまり

MAP P.350B

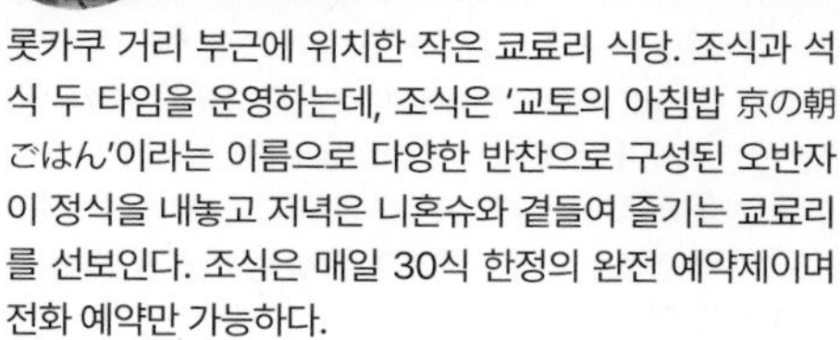

롯카쿠 거리 부근에 위치한 작은 쿄료리 식당. 조식과 석식 두 타임을 운영하는데, 조식은 '교토의 아침밥 京の朝ごはん'이라는 이름으로 다양한 반찬으로 구성된 오반자이 정식을 내놓고 저녁은 니혼슈와 곁들여 즐기는 쿄료리를 선보인다. 조식은 매일 30식 한정의 완전 예약제이며 전화 예약만 가능하다.

Ⓕ 지하철 카라스마역에서 도보 10분 Ⓣ 075-231-1354 Ⓞ 07:30~11:00, 17:30~23:00 Ⓗ 부정기 Ⓟ 조식 오반자이 1700¥ Ⓦ kyoto-imari.com

멘도코로 자노메야
麺処 蛇の目屋

MAP P.352

카와라마치 거리에서 뻗어나간 매우 좁은 뒷골목에 자리한 라멘집으로, 미슐랭 빕구르망에 선정되었다. 토종닭을 잡내 없이 진하게 잘 끓여낸 국물을 선보이는데, 특히 닭뼈가 녹을 정도로 오래 끓여 낸 국물인 '토리파이탄 鳥白湯'으로 유명하다. 라멘집치고는 점포가 넓어 붐비는 시간을 피해 방문하면 줄을 서지 않고도 입장 가능하다.

Ⓕ 카와라마치 거리에서 뻗어나간 '카유코치 花遊小路'라는 아주 좁은 골목으로 들어간다. 산리오 갤러리 부근에 골목 입구가 있다. Ⓣ 075-231-2772 Ⓞ 11:00~16:00, 18:00~21:30 Ⓗ 부정기 Ⓟ 각종 라멘 1100~1250¥ Ⓦ jyanomeya31.thebase.in

교토 기모노 렌털 유메야카타 고조점

MAP P.350B

京都着物レンタル夢館 五条店

기모노 전문 종합 기업 호사이에서 운영하는 기모노 렌털 숍. 1000점 이상의 기모노와 유카타, 소품을 갖추어 선택의 폭이 넓다. 기모노를 착용 후 교토 관광을 즐길 수 있는 '교토 관광 기모노 렌털 플랜'이 여행자에게 인기가 높다. 원하는 경우 헤어와 메이크업, 사진 촬영 플랜도 추가할 수 있다.

구글 지도 **Kyoto Kimono Rental Yumeyakata Gojo**

Ⓕ 지하철 카라스마선 고조역 1번 출구에서 도보 4분 Ⓣ 075-354-8515 Ⓞ 10:00~17:30(입점은 16:00까지) Ⓗ 12월 31일~1월 3일 Ⓟ 기모노 렌털 스탠더드 플랜 4180¥~ Ⓦ www.yumeyakata.com

마이코헨신 스튜디오 시키 본점

MAP P.351D

舞妓体験スタジオ四季本店

기요미즈자카에 있는 기모노 렌털 숍. 기모노를 대여해 교토 시내를 산책하는 것을 위주로 하는 다른 업체에 비해 사진 촬영에 좀 더 특화되어 있다. 화장과 헤어를 포함해 게이코나 마이코로 완벽 변신해 상품에 따라 실내·외에서 사진 촬영을 진행한다. 사진 퀄리티가 높은 편이며, 다도 체험을 포함한 플랜도 운영한다.

Ⓕ 케이한 본선 기요미즈고조역 4번 출구에서 도보 20분, 또는 58·86·202·206·207번 시버스 승차 후 고조자카·기요미즈미치 정류장 하차, 도보 10분 Ⓣ 075-531-2777 Ⓞ 09:00~17:00(접수는 15:00까지) Ⓗ 연중무휴 Ⓟ 기모노 렌털 플랜 3278¥~ Ⓦ www.maiko-henshin.com

신푸칸

MAP P.350B

新風館

1926년부터 교토 중앙 전화국으로 사용하던 건물. 더 현대 서울을 설계한 영국 건축가 리처드 로저스의 설계로 증축한 뒤 2020년에 세련된 복합 쇼핑몰로 변모했다. 미국 ACE 호텔의 아시아 첫 지점과 영화관, 식당, 카페, 상점 등이 입점해 있다. 스텀프타운 커피 로스터스와 카페 키츠네, 1LDK, 빔즈 재팬, 메종 키츠네 등이 눈에 띈다.

Ⓕ 지하철 카라스마오이케역 5번 출구에서 도보 20초 Ⓣ 가게마다 다름 Ⓞ 숍 11:00~20:00, 식당 10:00~22:00(가게마다 다름) Ⓗ 1월 1일 Ⓟ 가게마다 다름 Ⓦ https://shinpuhkan.jp

벤토 & 코

MAP P.350B

Bento & Co

2012년에 일본 최초의 도시락 전문점으로 오픈한 가게. 저렴한 것부터 수십만 원대에 이르는 도시락과 주방용품, 젓가락, 보자기 등 도시락과 관련된 여러 제품을 판매한다. 아이들이 좋아할 만한 귀여운 캐릭터가 그려진 도시락, 30년 이상 건조한 나무로 장인이 수제작한 젓가락까지 제품군이 다양하다.

구글 지도 **Bento&co Kyoto**

Ⓕ 3·4·5,·10,·11·17,·32·59·86·205번 시버스 승차 후 카와라마치산조 정류장 하차, 도보 4분 Ⓣ 075-708-2164 Ⓞ 평일 13:00~17:00, 토·일요일·공휴일 11:00~17:00 Ⓗ 연말연시 Ⓟ 제품마다 다름 Ⓦ www.bentoandco.jp

에디온 교토 시조 카와라마치점

MAP P.352

エディオン 京都四条河原町店

교토의 번화가인 시조카와라마치 사거리에 있는 쇼핑몰. 본점은 오사카의 난바에 있다. 패션 및 잡화 제품은 찾아보기 어렵고 대부분 가전제품과 생활용품, 미용, 건강 제품이 주를 이룬다. 지하 1층에는 닌텐도와 소니 등의 게임을 체험할 수 있는 부스가 마련돼 있다. 7층 식당가에는 오므라이스의 원조로 유명한 홋쿄쿠세이가 입점해 있다.

구글 지도 **에디온 교토 시조 카와라마치점**

Ⓕ 한큐 교토 카와라마치역 2번 출구와 연결 Ⓣ 075-213-6021 Ⓞ 10:00~21:00 Ⓗ 부정기 Ⓟ 매장마다 다름 Ⓦ https://kyoto.edion.com

요지야 기온본점

MAP P.350B
VOL.1 P.161

よーじや 祇園本店

카가이(유흥가)와 가부키가 발달한 교토에서 1904년에 무대 화장 도구 판매상으로 시작한 가게. 타이쇼시대 초기에는 칫솔 장사를 하며 '요지야(칫솔 가게)'라 불리던 것이 지금의 상호가 되었다. 이후 얼굴의 유분을 없애주는 기름종이가 인기를 얻으며 지금까지도 대표 상품으로 사랑받고 있다. 게이샤 얼굴을 표현한 로고가 유명하다.

Ⓕ 케이한 본선 기온시조역 6번 출구에서 도보 3분 Ⓣ 075-541-0177 Ⓞ 11:00~19:00 Ⓗ 연중무휴 Ⓟ 기름종이 3권 세트 2040¥ Ⓦ https://www.yojiya.co.jp

이치자와 신자부로 한푸

MAP P.351D

一澤信三郎帆布

1905년에 창업한 교토의 명물 가방 가게. 유행을 타지 않고 남녀노소 누구에게나 잘 어울리는 심플한 디자인이 돋보인다. 배의 돛에 다는 범포를 사용해 질기고 튼튼해 내구성과 실용성을 갖췄다. 제품의 종류는 작은 지갑부터 어깨에 메는 토트백, 등에 메는 백팩 등 다양해서 자신의 용도에 맞는 가방을 고를 수 있다.

구글 지도 **Ichizawa Shinzaburo Hanpu**

Ⓕ 12·46·86·201·202·203·206번 시버스 승차 후 지온인마에 정류장 하차, 도보 2분 Ⓣ 075-541-0436 Ⓞ 10:00~18:00 Ⓗ 화요일(계절에 따라 무휴) Ⓟ 범포 토드백 H-13 6050¥, 범포 백팩 R-09 2만3100¥ Ⓦ www.ichizawa.co.jp

산리오 갤러리

MAP P.352

Sanrio Gallery

일본의 대표적인 캐릭터 회사인 산리오 Sanrio의 공식 상품을 판매하는 상점. 교토에서는 가장 큰 산리오숍이고 칸사이의 산리오 매장을 통틀어서도 규모가 큰 편이다. 카와라마치 대로변에 있어 찾기 쉬운 것도 장점.

Ⓕ 지하철 카와라마치역 6번 출구역 바로 옆 건물 1층 Ⓣ 075-229-6955 Ⓞ 11:30~20:00 Ⓗ 부정기 Ⓦ sanrio.co.jp

긴카쿠지
銀閣寺

MAP P.351C

정식 명칭은 히가시야마 지쇼지다. 무로마치 막부 8대 쇼군인 아시카가 요시마사가 자신의 조부가 만든 킨카쿠지(금각사)에서 영감받아 지었다. 긴카쿠지는 원래 사찰이 아닌 아시카가 요시마사가 은퇴 후 자신이 지낼 별장으로 1482년에 건축한 것이다. 처음 지을 때는 정원을 중심으로 한 산장으로 지으려 했기에 자신이 기거할 츠네노고쇼를 비롯해 많은 건물을 지었다. 그 뒤 은색의 누각 칸논덴을 짓기 시작했지만 아시카가 요시마사가 완성을 보지 못하고 사망하면서 지금까지 은빛 건물은 찾아볼 수 없다. 요시마사가 사망한 후 그의 유언에 따라 별장은 사찰로 바뀌었다. 지쇼지는 요시마사의 법명에서 따온 이름이다. 이후 1550년에 벌어진 전투로 절은 칸논덴과 도구도만 남기고 모두 소실되었다. 에도시대에 도쿠가와 이에야스의 명으로 여러 누각과 정원의 건축과 보수가 이루어지며 지금의 모습을 갖추었다. 긴카쿠지라는 이름은 훗날 사람들이 아시카가 요시마사가 칸논덴을 은박으로 덮으려 했던 것을 기려 칸논덴을 긴카쿠라 불렀고, 사찰도 긴카쿠지라는 이름으로 부르게 되었다.

구글 지도 지쇼지

Ⓕ 5·17·32·203·204번 시버스 승차 후 긴카쿠지미치 정류장 하차, 도보 10분 Ⓣ 075-771-5725 Ⓞ 3월 1일~11월 30일 08:30~17:00, 12월 1일~2월 28일 09:00~16:30 Ⓗ 연중무휴 Ⓟ 고등학생 이상 500¥, 초등·중학생 300¥ Ⓦ www.shokoku-ji.jp/ginkakuji

긴카쿠지 핵심 볼거리

1	**칸논덴(긴카쿠)** 観音殿(銀閣)	지쇼지라는 원래 명칭보다 더 유명한 긴카쿠지(은각사)라는 별칭으로 부르게 된 이유이자 상징 같은 건물이다. 조그만 연못과 어우러진 2층짜리 목조건물로 유일하게 현존하는 무로마치시대 누각 정원 건축물로 알려졌다. 1층은 신쿠우덴, 2층은 조온카쿠라는 이름이 붙어 있다. 일본의 국보이자 세계문화유산으로 지정되었다.	
2	**호조** 方丈	지쇼지(긴카쿠지)의 본당 건물로 에도시대 초기에 지은 것이라 전해진다. 내부에는 석가모니불을 본존불로 모시고 있다. 호조 내부에서 눈길을 끄는 것은 에도시대 화가인 이케노 다이가와 요사 부손이 미닫이문과 벽마다 그린 수묵화다. 현재 붙어 있는 그림은 원본이 아니고 고화질로 복제한 것이다.	
3	**도구도** 東求堂	긴카쿠지를 세운 아시카가 요시마사의 염지불(사실에 모셔두거나 몸에 지니며 항상 공양하는 작은 불상)을 모신 불당이다. 칸논덴과 함께 창건 초기부터 존재했던 불당으로 원래 본존으로 아미타삼존을 모셨다. 현재 내부엔 요시마사의 동상과 서재가 있다. 일본의 국보로 지정되었으며, 도구도의 모습이 비치는 연못과 어우러진 풍경이 아름답다.	
4	**긴샤단 & 코게츠다이** 銀沙灘 & 向月台	긴샤단은 호조 앞에 넓게 은빛 모래를 깔아 만든 카레산스이 양식의 정원이다. 모래가 물결을 이루듯 가장자리는 우아한 곡선을 이루고 평평하게 다듬은 윗면엔 패턴이 그려져 있다. 한쪽에는 윗부분이 평평하게 깎인 원뿔형 모래더미 코겟츠다이가 있다. 코게츠다이에 올라앉아 동산에 떠오르는 보기 위해 만들었다는 설이 전해진다.	
5	**전망대**	전망대 도구도 앞 연못 옆 언덕으로 오르는 길을 따라 잠시 걸으면 긴카쿠지 경내를 조망할 수 있는 전망대가 나온다. 카레산스이 양식의 정원을 가운데 두고 왼쪽의 칸논덴(긴카쿠)과 오른쪽 호조까지, 아름다운 긴카쿠지의 풍경이 한눈에 들어온다.	

사진제공 : 나코우치 나오히코

테츠가쿠노미치(철학의 길)
哲学の道

MAP P.351C
VOL.1 P.103

긴카쿠지 진입로 입구 부근부터 구마노냐쿠오지 신사 앞까지 수로를 따라 남쪽으로 1.5km가량 이어진 길. 일본의 유명한 철학자 니시다 기타로가 매일 교토 대학교로 가면서 명상을 즐기던 길이어서 '철학의 길'이라는 이름이 붙었다. 수로를 따라 벚나무를 빼곡하게 심어 봄이면 벚꽃이 터널을 이루는 장관을 연출한다.

구글 지도 **철학의 길**

Ⓑ 5·17·32·203·204번 시버스 승차 후 긴카쿠지미치 정류장 하차, 도보 7분 Ⓞ 24시간 Ⓗ 연중무휴 Ⓟ 무료

신뇨도
真如堂

MAP P.351C

984년에 창건된 천태종 사찰로 정식 명칭은 레이쇼잔 신쇼고쿠라쿠지다. 봄엔 벚꽃이, 가을엔 붉은 단풍이 경내를 물들이는데, 특히 단풍에 둘러싸인 산주노토의 풍경이 아름답다. 유료 입장 구역인 카레산스이 양식의 정원은 누워 있는 석가모니와 불제자들의 모습, 갠지스강을 석조물로 표현한 것이다.

구글 지도 **진정극락사(진여당)**

Ⓑ 5·32·93·203·204번 시버스 승차 후 신뇨도마에 정류장 하차, 도보 9분 Ⓣ 075-771-0915 Ⓞ 09:00~16:00 Ⓗ 부정기 Ⓟ 무료(서원·정원 고등학생 이상 500¥, 중학생 400¥) Ⓦ https://shin-nyo-do.jp

호넨인
法然院

MAP P.351C

1680년에 세운 사찰. 규모가 크지 않지만 붐비지 않아 고즈넉한 일본 사찰의 아름다움을 즐기기 좋다. 일본의 유명한 소설가 타니자키 준이치로의 무덤이 있는 곳으로 잘 알려졌으며 가을철 단풍도 아름답다. 가람 내부는 공개하지 않지만 4월 1~7일, 11월 1~7일, 연 2회 일반에게 공개된다. 철학의 길에서 가까워 산책 중 잠시 들르기 좋다.

구글 지도 **법연원(호넨인)**

Ⓑ 5·17·32·93·203·204번 시버스 승차 후 긴린샤오코마에 정류장 하차, 도보 11분 Ⓣ 075-771-2420 Ⓞ 06:00~16:00 Ⓗ 연중무휴 Ⓟ 무료(봄가을 가람 특별 공개 800¥) Ⓦ www.honen-in.jp

에이칸도
永観堂

MAP P.351C
VOL.1 P.114

진언종 창시자 쿠카이가 853년에 창건한 고찰. 교토 최고의 단풍 명소 중 하나로 다른 곳에 비해 특히 빨간 단풍색이 곱다. 고개를 왼쪽으로 돌린 불상 아미타여래의 전설도 유명하다. 승려 에이칸이 염불을 외는데 아미타여래상이 불단에서 내려왔다. 그러고는 놀라는 에이칸에게 고개를 돌리며 "에이칸, 느리군"이라 말했다고 전해진다.

구글 지도 **젠린지(에이칸도)**

Ⓑ 5번 시버스 승차 후 난젠지·에이칸도미치 정류장 하차, 도보 5분, 또는 32번 시버스 승차 후 미야노마에초 정류장 하차, 도보 5분 Ⓣ 075-761-0007 Ⓞ 09:00~17:00(입장은 16:00까지) Ⓗ 연중무휴 Ⓟ 어른 600¥, 초·중·고등학생 400¥ Ⓦ www.eikando.or.jp

난젠지

南禅寺

MAP P.351C

카메야마 왕이 모친의 별궁으로 지은 것을 1291년에 선종 사찰로 기증한 곳. 중요문화재로지정되었으며 일본 3대 산몬 중 하나인 거대한 산몬의 2층 난간에 오르면 경내 풍경을 감상할 수 있다. 카레산스이식 정원과 내부 여러 벽화가 그려진 방장은 일본의 국보로 지정돼 있다. 경내는 붉은색 벽돌로 만든 수로가 지나며 여러 포토 스폿을 만든다.

구글 지도 **남선사(난젠지)**

Ⓕ 지하철 토자이선 케아게역 1번 출구에서 도보 7분 Ⓣ 075-771-0365 Ⓞ 3월 1일~11월 30일 08:40~17:00, 12월 1일~2월 28일 08:40~16:30 Ⓗ 12월 28일~31일 Ⓟ 호조테이엔 어른 600¥ / 산몬 어른 600¥ / 난젠인 어른 400¥ Ⓦ https://nanzenji.or.jp

오카자키 공원

岡崎公園

MAP P.351C

1895년에 박람회장으로 사용된 부지를 공원으로 조성한 곳이다. 입구에 주홍색의 거대한 토리이가 눈에 띈다. 교토를 대표하는 종합 공원으로 거대한 규모를 자랑한다. 공원 내에는 박물관과 미술관, 도서관, 동물원, 야구장 등 다양한 문화 시설이 들어서 있다. 봄철 공원 주변의 수로를 따라 핀 벚꽃을 감상하며 즐기는 뱃놀이도 빼놓을 수 없다.

Ⓕ 5·46·86번 시버스 승차 후 오카자키코엔비주츠칸·헤이안 진구마에 정류장 하차 Ⓞ 24시간 Ⓗ 연중무휴 Ⓟ 무료 Ⓦ www.kyoto-okazaki.jp

헤이안 진구

平安神宮

MAP P.351C

헤이안 천도 1100년을 기념해 1895년에 세운 신궁. 어머니가 백제 무령왕의 후손으로 알려진 간무 왕과 헤이안쿄의 마지막 왕인 고메이 왕을 제신으로 모신다. 참배 공간뿐 아니라 결혼식 장소로도 사용된다. 신전을 둘러싼 4개의 정원으로 이루어진 신엔은 헤이안쿄 조경 기법을 집대성해 계절마다 아름다운 풍경을 보여준다.

구글 지도 **헤이안 신궁**

Ⓕ 5·46·86번 시버스 승차 후 오카자키코엔비주츠칸·헤이안 진구마에 정류장 하차, 도보 5분 Ⓣ 075-761-0221 Ⓞ 06:00(신엔 08:30)~18:00(3월 15일~9월 30일, 그 외 시즌에 따라 17:00 또는 17:30에 폐관) Ⓗ 연중무휴 Ⓟ 경내 무료 / 신엔 어른 600¥, 어린이 300¥ Ⓦ www.heianjingu.or.jp

EATING →

히노데 우동

日の出うどん

MAP P.351C

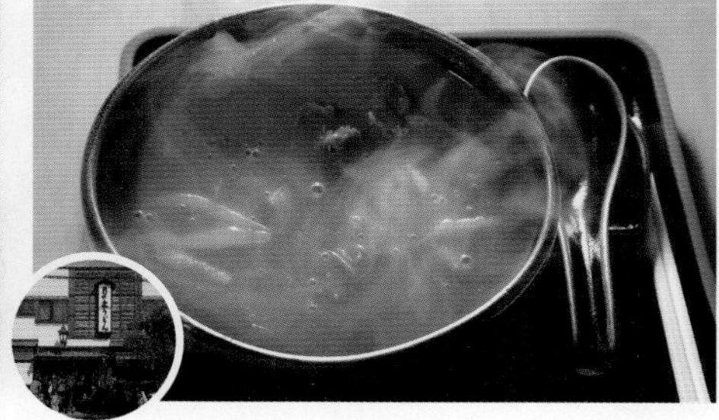

짧은 영업시간, 언제 가도 서 있는 줄 때문에 부지런해야 맛볼 수 있는 우동 전문 식당. 일본 영화 <어제 뭐 먹었어?> 촬영지이기도 하다. 대표 메뉴는 카레 우동으로 소고기, 닭고기, 두부, 미역 등의 토핑으로 메뉴를 구분한다. 면은 우동 면과 메밀 면, 중화 면 중 선택 가능하다. 카레 우동 외에도 다양한 종류의 우동이 있다.

Ⓕ 5번 시버스 승차 후 난젠지·에이칸도미치 정류장 하차, 도보 7분, 또는 32번 시버스 승차 후 미야노마에초 정류장 하차, 도보 2분 Ⓣ 075-751-9251 Ⓞ 11:00~15:30 Ⓗ 일요일, 첫째·셋째 주 월요일 Ⓟ 소고기 카레 우동·닭고기 카레 우동 각 1000¥

갓포 카츠타케

割烹 かつ竹

MAP P.351C

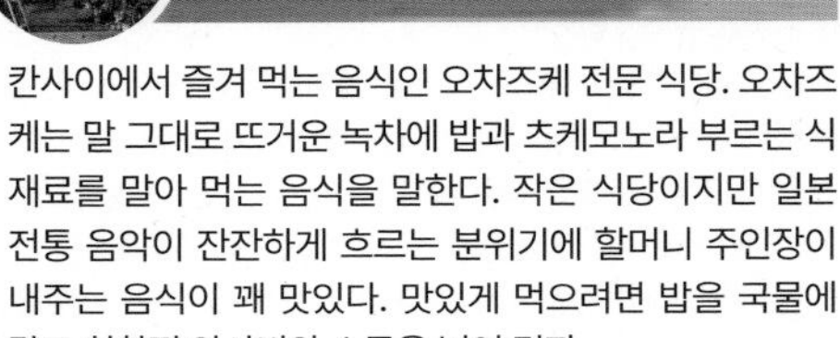

칸사이에서 즐겨 먹는 음식인 오차즈케 전문 식당. 오차즈케는 말 그대로 뜨거운 녹차에 밥과 츠케모노라 부르는 식재료를 말아 먹는 음식을 말한다. 작은 식당이지만 일본 전통 음악이 잔잔하게 흐르는 분위기에 할머니 주인장이 내주는 음식이 꽤 맛있다. 맛있게 먹으려면 밥을 국물에 말고 취향껏 와사비와 소금을 넣어 먹자.

Ⓕ 5·17·32·203·204번 시버스 승차 후 긴카쿠지미치 정류장(시버스) 하차, 도보 5분 Ⓣ 075-752-1189 Ⓞ 11:30~15:00, 17:00~22:00(저녁은 하루 전까지 예약) Ⓗ 월요일(공휴일인 경우 영업), 1월 1~3일 Ⓟ 하모차즈케 1500¥ Ⓦ https://kappokatsutake.wixsite.com/website

오멘 긴카쿠지 본점

おめん 銀閣寺本店

MAP P.351C

양념 국물에 원하는 만큼 참깨와 채소를 넣고 면을 국물에 찍어 먹는 츠케멘 스타일의 우동을 판매하는 식당. 이런 방식의 우동은 군마현에서 기원한 것이라 한다. 오멘 おめん이라는 식당 이름도 그 지역의 방언으로 면을 뜻하는 오멘 御麺에서 가져온 것. 냉·온면을 고를 수 있고 사바(고등어) 스시, 덴푸라 등과 어우러진 세트 메뉴도 있다.

Ⓕ 5·17·32·203·204번 시버스 승차 후 긴카쿠지미치 정류장 하차, 도보 10분 Ⓣ 075-771-8994 Ⓞ 월~수요일 11:00~18:30(L.O 17:30), 금~일요일 11:00~21:00(L.O 20:00) Ⓗ 목요일, 부정기(홈페이지에 공지) Ⓟ 오멘(냉·온) 1280¥, 사바 스시 세트 2100¥ Ⓦ https://omen.co.jp

모안

茂庵

MAP P.351C
VOL.1 P.157

철학의 길에서 약간 떨어진 곳에 위치한 야트막한 산 위에 숨듯이 자리한 카페. 20세기 초에 다실로 만든 목조건물을 개조해 만들었다. 매우 조용하고 고즈넉하며 단아한 분위기가 가득하다. 수다와 과도한 사진 촬영을 금한다는 것을 염두에 둘 것. 각종 음료와 간단한 디저트를 판매한다. 교토다운 고요함을 즐기고 싶은 사람에게 추천.

Ⓕ 킨린샤코마에 정류장에서 도보 15~20분 Ⓣ 075-761-2100 Ⓞ 수~일요일 12:00~16:30 Ⓗ 월·화요일 Ⓟ 각종 음료 1100¥, 디저트(음료와 세트로 주문해야 함) 400~700¥ Ⓦ https://mo-an.com

효테이 별관

瓢亭 別館

MAP P.351C
VOL.1 P.137

미슐랭 3스타에 빛나는 교토의 유명 요정 효테이의 별관으로, 아침 식사와 점심 벤토 전문으로 운영한다. 특히 이곳의 아침 죽은 교토 조식 문화의 최고봉이라고 할 정도로 수준이 높다. 최고급 쌀로 정성껏 쑨 죽에 진한 가츠오부시 소스를 뿌려서 먹는데, 맛이 완벽한 조화를 이룬다. 전화 예약 필수이므로 숙박 중인 숙소에 예약을 부탁하자.

구글 지도 **효테이 본점**

Ⓕ 지하철 토자이선 케아게역 2번 출구에서 도보 8분 Ⓣ 075-771-4116 Ⓞ 금~수요일 조식 08:00~10:00, 점심 벤토 12:00~14:30 Ⓗ 목요일 Ⓟ 아침 죽 정식 5445¥ Ⓦ http://hyotei.co.jp

블루보틀 커피 교토 카페
Blue Bottle Coffee Kyoto Café

MAP P.351C
VOL.1 P.150

블루보틀의 교토 대표 매장이자 교토 1호점. 난젠지 부근에 자리해 다른 지점과 구분할 필요가 있을 때는 '난젠지점'이라고도 하나, 정식 명칭은 '블루보틀 커피 교토'다. '쿄마치야(옛 교토 전통식 주택)' 두 채를 개조해 카페로 꾸민 곳으로, 두 건물 사이의 야외와 각 건물 내부에 좌석이 있다. 고풍스러우면서도 개방감 있는 것이 특징이다.

Ⓕ 지하철 토자이선 케아게역 2번 출구에서 도보 8분 Ⓞ 09:00~18:00 Ⓗ 부정기 Ⓟ 각종 커피 550~660¥ Ⓦ bluebottlecoffee.jp

교토교엔
京都御苑

MAP P.350A

교토 시내 중앙에 직사각 형태로 동서 약 750m, 남북 약 1.4km 규모로 조성된 공원. 공원이 교토고쇼와 센토교쇼를 둘러싸고 있어 방대한 넓이를 짐작게 한다. 왕이 거주하던 당시엔 고쇼 주변에 군주의 집과 관청 등의 건물이 있었으나, 왕이 거처를 도쿄로 옮기며 공원으로 조성됐다. 녹음 사이를 걸으며 조용히 산책을 즐기기 좋다.

Ⓕ 지하철 카라스마선 마루타마치역 1번 출구에서 도보 2분, 또는 이마데카와역 3번 출구에서 도보 3분 Ⓣ 075-211-6364 Ⓞ 24시간 Ⓗ 연중무휴 Ⓟ 무료 Ⓦ https://fng.or.jp/kyoto

교토고쇼
京都御所

MAP P.350A

1331년 고곤왕의 즉위 때부터 메이지유신까지 일왕이 거주하던 곳. 즉위식 등 여러 의식이 행해지던 시신덴을 비롯해 여러 건물과 정원이 주요 볼거리다. 쇼다이부노마는 유리를 통해 내부도 볼 수 있다. 가이드 투어 참여는 사전 신청이 필요하나 자유 관람은 예약이 필요 없다. 홈페이지에서 한국어 음성 가이드 앱을 다운로드 할 수 있다.

Ⓕ 지하철 카라스마선 이마데카와역 3번 출구에서 도보 10분 Ⓣ 075-211-1215 Ⓞ 09:00~17:00 가이드 투어 일어 09:30·10:30·13:30·14:30, 영어 10:00·14:00 Ⓗ 월요일(공휴일인 경우 다음 날), 12월 28일~1월 4일, 궁내 행사일 Ⓟ 무료 Ⓦ https://sankan.kunaicho.go.jp/guide/kyoto.html

교토 센토고쇼
京都仙洞御所

MAP P.350A

일본의 상왕(퇴위한 왕)이 거주하던 곳. 1630년에 퇴위한 고미즈노 왕을 위해 건립되었다. 1854년에 고텐(왕의 거처)이 소실된 후 재건되지 않아 건물보다 정원이 주요 볼거리다. 자유 관람이 불가해 사전 신청 후 가이드 투어만 가능하다. 가을 단풍과 어우러진 연못 주변 풍경이 특히 아름답다. 무료로 한국어 음성 가이드를 대여할 수 있다.

구글 지도 **센토고쇼**

Ⓕ 지하철 카라스마선 마루타마치역 1번 출구에서 도보 12분 Ⓣ 075-211-1215 Ⓞ 09:30·11:00·13:30·14:30·15:30(일 5회) Ⓗ 월요일(공휴일인 경우 다음 날), 12월 28일~1월 4일, 궁내 행사일(홈페이지에 공지) Ⓟ 무료 Ⓦ https://sankan.kunaicho.go.jp/guide/sento.html

니조 성
二条城

MAP P.350A

1598년 도요토미 히데요시가 사망하고 휘하에 있던 도쿠가와 이에야스가 세키가하라 전투 이후 실권을 장악하게 된다. 1603년에는 일왕으로부터 세이타이 쇼군으로 임명되며 에도(도쿄의 옛 이름) 막부의 초대 쇼권이자 최고 권력자의 자리에 올랐다. 1603년에 완공된 니조 성은 에도 막부가 교토고쇼에 거처하는 일왕의 경비와 도쿠가와 이에야스가 교토를 방문할 때 거처로 사용하기 위해 만든 것이다. 일본의 국보인 니노마루고텐과 성내 여러 건축물이 중요문화재로 지정되었다. 니조 성에서는 텐슈카쿠(천수각)의 모습을 볼 수 없다. 원래 6층짜리 건물이 있었지만 1750년에 낙뢰로 소실된 후 재건되지 않았다. 현재는 텐슈카쿠의 기초에 해당하는 이시가키 石垣만 남아 성의 전경을 둘러볼 수 있는 전망대 역할을 하고 있다. 별도 유료 입장 구역인 니노마루고텐과 텐슈카쿠가 있던 자리인 혼마루 구역, 해자를 따라 이어진 정원 구역으로 이루어져 있다. 벚꽃이 만발하는 봄철 정원의 풍경이 특히 아름답다. 유네스코 세계문화유산으로 지정되었다.

F 지하철 토자이선 1번 출구에서 도보 3분, 또는 9·12·50번 시버스 승차 후 니조조마에 정류장 하차, 도보 2분 T 075-841-0096 O 08:45~17:00(입장은 16:00까지) H 12월 29일~31일(니노마루고텐은 1·7·8·12월 화요일, 12월 26일~28일, 1월 1~3일, 공휴일인 경우 다음 날) P 니조 성 어른 800¥, 중·고등학생 400¥, 초등생 300¥ / 니조 성+니노마루고텐 어른 1300¥, 중·고등학생 400¥, 초등학생 300¥ W https://nijo-jocastle.city.kyoto.lg.jp

ZOOM ——————— IN

니조 성 핵심 볼거리

1	**니노마루고텐** 二の丸御殿	도쿠가와 이에야스의 거처로 사용하던 건물. 6개 건물로 이루어져 있으며, 내실의 넓이는 다다미 800장 이상 규모라고 한다. 벽에는 황금색을 배경으로 한 벽화로 장식되어 화려하기 그지없다. 나무와 못을 사용해 만든 니노마루고텐의 복도는 사람이 밟을 때마다 새소리 같은 소리가 나도록 만들었다. 이는 도쿠가와 이에야스의 거처에 사람이 들고 날 때 알 수 있도록 해 침입에 대비한 것이라고 한다.
2	**혼마루고텐** 本丸御殿	니노마루고텐이 완성된 이후 에도막부의 3대 쇼군인 도쿠가와 이에미츠가 성의 서쪽을 확장해 1626년에 완공했다. 원래의 건물은 소실됐고 현재의 혼마루고텐은 1894년에 교토고쇼에 있는 궁전의 일부를 옮겨온 것이다. 일왕 등 외부의 중요한 손님을 접객하거나 정무를 본 뒤 휴식을 취하기 위한 공간 등이 있다.
3	**정원** 庭園	니조 성의 정원은 니노마루 정원과 혼마루 정원, 성 전체를 둘러 이어지는 정원이 있다. 니노마루 정원은 연못 중앙에 작은 섬을 두고 다리로 연결해 정원을 둘러볼 수 있게 한 것이 일본식 정원의 특징을 잘 보여준다. 방문객의 카페로 이용하는 와라쿠안과 식사나 결혼식장으로 사용되기도 하는 코운테이가 있는 세류엔의 풍경도 아름답다.

도시샤 대학
同志社大学

MAP P.350A

메이지시대 교육자이자 크리스트교 전도사였던 니시마 조가 1875년에 세운 학교. 캠퍼스가 크지 않지만, 붉은색 벽돌과 시계탑, 예배당 등 예쁘고 낭만적인 요소로 가득하다. 우리나라에는 시인 윤동주가 유학했던 학교로 잘 알려졌다. 캠퍼스 내에 윤동주와 '향수'로 유명한 정지용의 시비가 있어 지금도 한국인의 발길이 끊이지 않는다.

Ⓕ 지하철 카라스마선 이마데가와역 3번 출구에서 도보 1분 Ⓣ 075-251-3120 Ⓞ 24시간 Ⓗ 연말연시 Ⓟ 무료 Ⓦ www.doshisha.ac.jp

치쿠유안타로아츠모리
竹邑庵太郎敦盛

MAP P.350A

테이블과 다다미석이 마련된 실내는 지인의 가정집에 놀러 온 듯 편안한 분위기의 식당. 껍질째 갈아낸 메밀로 면을 뽑아 면의 색이 진한 갈색을 띤다. 메뉴는 세 종류의 소바. 날달걀과 구조 파를 담은 그릇에 국물을 붓고 잘 저어 메밀면을 국물에 담갔다 먹는 방식이다. 함께 나오는 우메보시(매실 장아찌)도 입맛을 돋운다.

Ⓕ 지하철 카라스마선 마루타마치역 2번 출구에서 도보 2분 Ⓣ 075-256-2665 Ⓞ 11:00~14:30 Ⓗ 일요일, 공휴일 Ⓟ 아츠모리 소바 950¥, 웃카케사라 소바 970¥, 스스시로 소바 1400¥

니조코야
二条小屋

MAP P.350A
VOL.1 P.153

창고 또는 헛간처럼 보이는 허름하고 작은 공간이나, 알고 보면 지금 교토 최고의 핸드 드립 전문점으로 주목받는 곳이다. 바리스타가 마치 예술품을 만들듯 정성 들여 커피를 내린다. 한 번에 5~6명만 들어갈 수 있을 정도로 좁고 좌석이 없어 모두 서서 마셔야 한다. 테이크아웃으로 주문하면 전용 윈도에서 바리스타가 핸드 드립으로 내려준다.

Ⓕ 니조 성 근처, 지하철 니조조마에역에서 도보 5분 Ⓣ 090-6063-6219 Ⓞ 수~월요일 11:00~18:00 Ⓗ 화요일, 부정기(페이스북에 고지) Ⓟ 커피 핫 450¥, 아이스 550¥ Ⓦ www.facebook.com/nijokoya

료쿠주안시미즈
緑寿庵清水

MAP P.125

1847년에 개업한, 일본에서 유일한 콘페이토(별사탕) 가게. 콘페이토는 포르투갈에서 일본으로 전해진 후 왕족과 귀족, 고급 무사가 먹는 귀한 과자로 인기를 얻었다. 다양한 재료를 사용해 오랜 시간에 걸쳐 수제로 만드는데, 맛과 색이 다른 종류가 60가지가 넘는다. 설탕을 넣지 않고 굳혀 많이 달지 않고 재료의 맛을 잘 표현한다.

Ⓕ 케이한 본선·에이잔 전철 본선 데마치야나기역 2번 출구에서 도보 8분, 또는 3·17·201·203·206번 시버스 승차 후 햐쿠만벤 정류장 하차, 도보 2분 Ⓣ 075-771-0755 Ⓞ 10:00~17:00 Ⓗ 수요일(공휴일인 경우 영업) Ⓟ 고부쿠로(작은 주머니) 648¥ Ⓦ www.konpeito.co.jp

SOUTHERN KYOTO

교토 남부

이 책에서는 JR 교토역을 기준으로 남쪽 히가시야마구와 후시미구, 그리고 교토역 인근을 교토 남부 지역으로 구분했다. 교토역은 토카이도·산요 신칸센을 비롯해 다른 도시로 운행하는 JR의 각 노선, 교토시 지하철, 하치조구치 터미널, 교토 시내 각 지역으로 운행하는 시내버스 승강장을 갖춘 교토 교통의 중심지로 교토 내 주요 관광지 또는 다른 도시로 이동하기 편리해 교토 여행의 거점으로 활용하기에도 좋은 지역이다. JR 교토역은 교토에서도 가장 현대적인 건축물로 꼽힌다. 기차역이자 백화점이며 지하 식당가까지 갖추어 그 자체로 대형 쇼핑몰이다.

교통 한눈에 보기

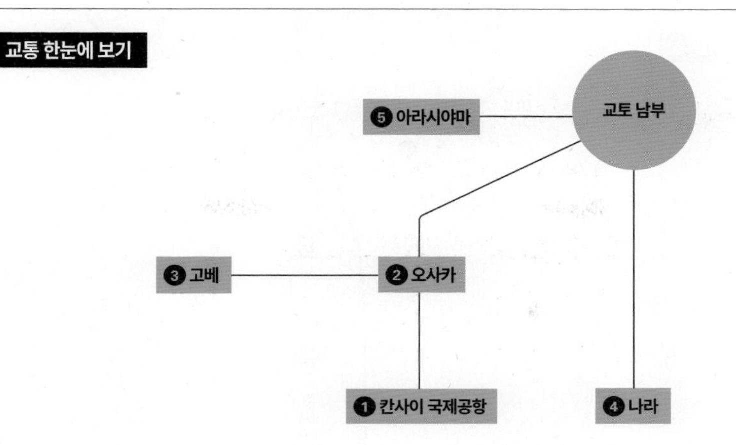

① 칸사이 국제공항→교토 남부	JR 특급 하루카(칸사이공항역-교토역)	80분~	3110¥(자유석)
	JR(칸사이공항역-오사카역-교토역)	117분	1910¥
	칸사이 공항 리무진 버스(칸사이 국제공항-교토역 하치조구치 정류장)	88분~	2800¥
② 오사카→교토 남부	JR 특급 하루카(오사카역-교토역)	30분	1340¥(자유석)
	JR(산노미야역-오사카역-교토역)	29분	580¥
③ 고베→교토 남부	JR 특급 슈퍼 하쿠토(산노미야역-교토역)	46분	2310¥(자유석)
	JR(산노미야역-교토역)	52분	1110¥
④ 나라→교토 남부	JR(나라역-교토역)	44분	720¥
	킨테츠 전철(킨테츠나라역-교토역)	51분	760¥
⑤ 아라시야마→교토 남부	JR(사가아라시야마역-교토역)	16분~	240¥

※여행 팁 : JR 쾌속 및 신쾌속 전철 이용 시 출발지 역에서 목적지 역까지 표를 구입하는 것보다 중간 역에서 환승하면서 표를 나눠서 구입하면 좀 더 저렴하다.
예) 칸사이 국제공항-오사카(1210¥)-교토(580¥) / 산노미야-오사카(420¥)-교토(580¥)

교토 남부 지역 다니는 방법

WALK JR 교토역에서 교토 타워와 히가시혼간지까지는 도보로 이동 가능하다.

SUBWAY JR 교토역에서 토후쿠지나 후시미이나리타이샤에 갈 때 편하게 이용할 수 있다.

BUS JR 교토역에서 도지, 니시혼간지, 교토 철도 박물관, 산주산겐도 등의 관광지는 버스 이용이 편리하다.

TAXI JR 교토역을 기준으로 주요 관광지가 멀지 않은 거리이니 상황에 따라 이용해볼 만하다.

TO DO LIST

- □ 교토 라멘 코지에서 일본 전국에서 유명한 라멘 가게의 라멘 맛보기

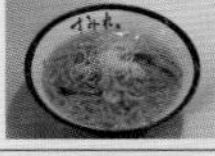

- □ 산토리 맥주 공장 견학 프로그램 참여해 맥주 시음해보기

- □ 교토의 유명 양조장인 겟케이칸 오쿠라 기념관에서 니혼슈 맛보기

- □ 교토 철도 박물관에서 기차 운전 시뮬레이터 즐기고 증기기관차 열차 탑승해보기

- □ 교토 타워 전망대에서 교토 도심 전망 감상하기

- □ 후시미이나리타이샤에서 영화 <게이샤의 추억> 장면처럼 인생 사진 찍어보기

교토 남부 한눈에 보기

N
0
500m
A
B
162
9
14
171
E1
79
카미카츠라
上桂駅
니시쿄고쿠
西京極駅
탄바구
丹波口
교토 철도 박
京都鉄道博物館 P.
니시오지
西大路駅
카츠라
桂駅
라쿠사이구치
洛西口駅
카츠라카와
桂川駅
무코마치
向日町駅
히가시무코
東向日駅
니시무코
西向日駅
나가오카텐진
長岡天神駅
나가오카쿄
長岡京駅
산토리 천연수의
맥주 공장 교토
サントリー天然水の
ビール工場 京都 P.395
니시야마텐노잔
西山天王山駅

C
D
고조
五条
키요미즈고조
清水五条
귀 무덤 耳塚 P.392
교토 타워
京都タワー
P.390
교토 국립박물관
京都国立博物館 P.392
요도바시카메라
멀티미디어 교토
ヨドバシカメラ
マルチメディア京都
P.395
쇼세이엔
渉成園 P.390
시치조
七条駅
산주산겐도
三十三間堂 P.392
교토 포르타 京都ポルタ P.393
그릴 캐피탈 토요테이 교토 포르타점
グリルキャピタル東洋亭京都ポルタ店 P.394
만시게 쇼안 万重 P.394
신푸쿠사이칸 본점 新福菜館 本店 P.394
혼케 다이이치 아사히 본점 本家 第一旭 本店 P.394
미사사기
御陵
야마시나
山科駅
히가시노
東野駅
교토역
京都駅
P.390
토지
東寺駅
토후쿠지
東福寺駅
구조
九条
토후쿠지
東福寺 P.393
센뉴지
泉涌寺 P.393
도바카이도
鳥羽街道駅
주조
十条
나기츠지
椥辻駅
후시미이나리
伏見稲荷駅
후시미이나리타이샤
伏見稲荷大社 P.392
이나리
稲荷駅
류코쿠다이마에 후카쿠사
龍谷大前深草駅
쿠이나바시
くいな橋駅
오노
小野駅
타케다
竹田駅
후지노모리
藤森駅
다이고
醍醐駅
스미조메
墨染駅
JR후지노모리
JR藤森駅
후시미
伏見駅
이시다
石田駅
탄바바시
丹波橋駅
모모야마고료마에
桃山御陵前駅
후시미모모야마
伏見桃山駅
로쿠지조
六地蔵駅
겟케이칸 오쿠라 기념관
月桂冠大倉記念館 P.395
칸게츠쿄
観月橋駅
모모야마미나미구치
桃山南口駅
추쇼지마
中書島駅
고와타
木幡駅
고하타
木幡駅
무카이지마
向島駅
오바쿠
黄檗駅
오바쿠
黄檗駅
E1
E89
24
143
115
68
1

교토 남부 추천 코스

교토역 주변 코스 1

맥주에 관심이 없거나 예약을 하지 않은 경우, 아이와 동행한 가족이라면 산토리 맥주 공장 방문 일정을 빼도 된다. 봄철 야간 라이트업 기간에는 벚꽃과 어우러진 아름다운 토지의 풍경을 만날 수 있다.

| **소요 시간 : 약 9시간 30분**

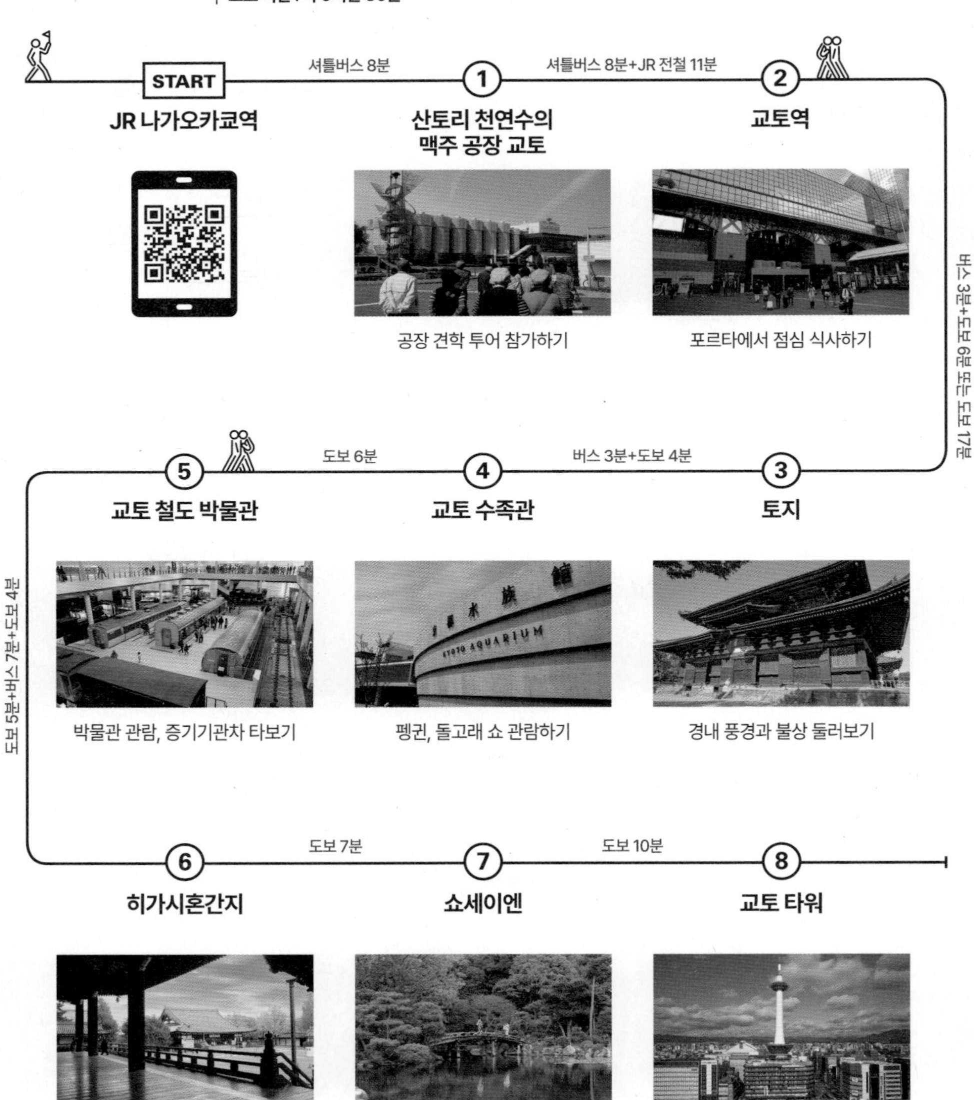

타워 전망대에서 교토 도심 풍경 감상하기

교토역 주변 코스 2 니혼슈에 관심이 없다면 겟케이칸 오쿠라 기념관 일정은 빼도 좋다. 가을 단풍철 토후쿠지는 어마어마한 인파가 몰려 이동에 많은 시간이 걸리니 일정을 여유 있게 잡아야 한다. | **소요 시간 : 약 9시간**

START 케이한 전철 주쇼지마역

도보 7분

1 겟케이칸 오쿠라 기념관

양조장 관람하고 시음해보기

도보 7분+케이한 전철 10분 +도보 4분

2 후시미이나리타이샤

토리이 길 걸으며 영화 속 장면처럼 기념사진 찍기

JR 전철 2분 또는 케이한 전철 3분+도보 12분

3 토후쿠지

극락으로 가는 다리 츠텐교를 걸어보고 4개의 정원 둘러보기

택시 6분 또는 도보 11분 +버스 4분+도보 4분

4 산주산겐도

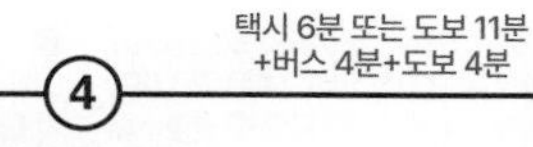

본당 내부에 있는 1000여 개의 불상 감상하기

도보 1분

5 교토 국립박물관

수많은 전시물과 로댕의 '생각하는 사람' 조각상 감상하기

도보 7분

6 귀 무덤

귀 무덤 둘러보기

교토역
京都駅

MAP P.387C

우메다 스카이 빌딩, 삿포로 돔 등의 건축물을 설계한 하라 히로시가 설계해 1997년에 완공한 건물. 기차역이지만 JR 이세탄 백화점을 비롯해 여러 가게와 음식점, 호텔이 입점해 있고 스카이웨이 전망대, 옥상에 야외 정원까지 갖춘 복합 쇼핑·문화 공간이기도 하다. 2층에 한국어 안내도 가능한 교토 종합 관광 안내소가 있다.

Ⓕ JR·지하철 카라스마선 교토역 하차, 또는 4·5·9·17·26·28·33·50·81·86·88·205·206·208번 시버스 승차 후 교토에키마에 정류장 하차 Ⓣ 075-361-4401 Ⓞ 역 구내 24시간, 상업 구역은 가게마다 영업시간 다름 Ⓗ 연중무휴 Ⓟ 무료 Ⓦ www.kyoto-station-building.co.jp

교토 타워
京都タワー

MAP P.387C

JR 교토역 건너에 우뚝 솟은 흰색 전망 타워. 1953년에 완공돼 1964년에 신칸센 개통을 기념해 전망실을 만들었다. 지상 100m 높이의 타워 전망실에 오르면 주변 도심 풍경을 360도로 감상할 수 있다. 가까이는 토지와 기요미즈데라 등 유명 사찰이 보이고 날씨가 좋은 날은 멀리 오사카까지 보인다. 전망대에서 보는 교토의 야경이 아름답다.

Ⓕ 교토 포르타(JR 교토역 북쪽 출구 앞 광장 지하상가) 2번 출구 앞 Ⓣ 075-361-3215 Ⓞ 전망실 10:00~21:00(입장은 20:30까지) Ⓗ 부정기 Ⓟ 어른 900¥, 고등학생 700¥, 초등·중학생 600¥, 3세 이상 200¥ Ⓦ www.kyoto-tower.jp

히가시혼간지
東本願寺

MAP P.387C

정토진종 신슈오타니파의 본산으로 공식 명칭은 신슈혼뵤다. 1272년에 시작된 사찰이지만 에도시대 네 번의 화재로 소실돼 현재 건물은 메이지시대에 재건된 것이다. 사찰의 본당 코에이도는 가로가 76m, 높이 38m에 이르는 세계 최대의 목조건물이기도 하다. 아미타여래를 안치한 아미타도 내부는 기둥과 천장에 금색으로 장식돼 있다.

구글 지도 진종본묘(히가시혼간지)

Ⓕ 5·26·86·205·206번 시버스 승차 후 카라스마나나조 정류장 하차, 도보 1분 또는 교토 포르타(JR 교토역 북쪽 출구 앞 광장 지하상가) 2번 출구에서 도보 6분 Ⓣ 075-371-9181 Ⓞ 3~10월 05:50~17:30, 11~2월 06:20~16:30 Ⓗ 연중무휴 Ⓟ 무료 Ⓦ www.higashihonganji.or.jp

쇼세이엔
涉成園

MAP P.387C

히가시혼간지의 부속 정원. 에도막부 3대 쇼군인 도쿠카와 이에미츠가 기증한 부지에 조성되었다. 인케츠지 연못과 어우러진 다리와 건축물, 다실, 꽃과 나무가 쇼세이엔 13경이라 부르는 아름다운 풍경을 그려낸다. 봄, 가을 야간 라이트업 때는 색색의 조명을 받은 나무가 연못에 반영되는 황홀한 풍경을 마주할 수 있다.

Ⓕ 교토역 1번 출구에서 도보 12분 Ⓣ 075-371-9210 Ⓞ 09:00~17:00(11~2월은 16:00까지, 입장은 종료 30분 전까지) Ⓗ 연중무휴 Ⓟ 어른 700¥, 고교생 이하 300¥ Ⓦ www.higashihonganji.or.jp

니시혼간지

西本願寺

MAP P.387C

정토진종 혼간지파의 본산으로 공식 명칭은 혼간지다. 분리된 히가시혼간지와 구분하기 위해 니시혼간지라 부른다. 유네스코 세계문화유산으로 지정되었으며, 본당 고엔도와 여러 건물은 일본의 국보이기도 하다. 연못과 어우러진 비운카쿠는 킨카쿠, 긴카쿠와 함께 교토 3대 누각으로 꼽힌다. 가을엔 노랗게 물든 커다란 은행나무가 시선을 끈다.

Ⓕ 9·28번 시버스 승차 후 니시혼간지마에 정류장 하차 Ⓣ 075-371-5181 Ⓞ 05:30~17:00 Ⓗ 연중무휴 Ⓟ 무료 Ⓦ www.hongwanji.kyoto

토지

東寺

MAP P.387C

토지는 794년 헤이안쿄(교토의 옛 이름)로 천도할 무렵(794년) 사이지 西寺와 쌍을 이뤄 건립됐다. 토지는 현존하는 헤이안쿄의 유일한 유적으로, 유네스코 세계문화유산이기도 하다. 국보인 고주노토(오중탑)은 높이가 55m로 현존하는 목조탑 중 가장 높고, 내부엔 여러 불상을 모시고 있다. 매월 21일엔 경내에서 플리마켓 코보이치가 열린다.

Ⓕ 207번 시버스 승차 후 토지히가시몬마에 정류장 하차, 도보 1분, 또는 202·207·208번 시버스 승차 후 구조오미야 정류장 하차, 도보 3분 Ⓣ 075-691-3325 Ⓞ 05:00~17:00 Ⓗ 부정기 Ⓟ 경내 무료, 긴도·고도 500¥(보물전 기간 800¥, 라이트업 기간 1000¥) Ⓦ https://toji.or.jp

교토 철도 박물관

京都鉄道博物館

MAP P.386A

우메코지 증기기관차관을 리뉴얼해 2016년에 개관했다. 현역에서 은퇴한 증기기관차부터 신칸센까지 실물 열차가 전시되어 있다. 1/80 스케일의 대형 철도 디오라마와 열차 운전 시뮬레이터는 '철덕'을 흥분시키기에 충분하다. 야외 전시관에서는 왕복 1km 구간을 운행하는 증기기관차 'SL 스팀호' 열차를 탑승해볼 수 있다.

Ⓕ 33번 시버스 승차 후 우메코지코엔·교토테츠도하쿠부츠칸마에 정류장 하차 Ⓣ 0570-080-462 Ⓞ 10:00~17:00(입장은 16:30까지) Ⓗ 수요일, 12월 30일~1월 1일, 부정기 Ⓟ 어른 1500¥, 고등·대학생 1300¥, 초등·중학생 500¥, 3세 이상 200¥ Ⓦ www.kyotorailwaymuseum.jp

교토 수족관

京都水族館

MAP P.387C

우메코지 공원에 있는 아쿠아리움. 일본의 천연기념물이자 세계 최대 양서류라 불리는 오산쇼우오(큰 도롱뇽)를 전시하는 곳이다. 500톤의 바닷물을 저장해 바닷속 풍경을 재현한 대수조, 수중과 육지에서의 펭귄 모습을 볼 수 있는 관람 시설 등을 갖췄다. 야외에서는 돌고래 공연도 관람할 수 있다. 아이와 함께 가볼 만하다.

Ⓕ 33·58·86·88·205·206·207·208번 시버스 승차 후 나나조오미야·교토스이조쿠칸마에 정류장 하차, 도보 5분 Ⓣ Ⓞ 10:00~18:00, 10:00~20:00, 09:00~20:00(시기, 요일에 따라 다름) Ⓗ 연중무휴 Ⓟ 대학생 이상 2400¥, 고등학생 1800¥, 초등·중학생 1200¥ Ⓦ www.kyoto-aquarium.com

산주산겐도
三十三間堂

MAP P.387C

1164년에 창건되었으며 정식 명칭은 렌게오인이다. 약 120m에 달하는 법당의 기둥 사이에 33칸이 있어 산주산겐도라 부른다. 일본의 국보인 본당은 세계에서 가장 긴 목조건물로도 인정받는다. 내부엔 일본의 국보로 지정된 1000개의 관음 입상과 1개의 관음 좌상, 풍신·뇌신상, 고대 인도에서 유래한 28신의 입상이 늘어서 장관을 이룬다.

Ⓕ 86·88·206·208번 시버스 승차 후 하쿠부츠칸산주산켄도마에 정류장 하차, 도보 1분 Ⓣ 075-561-0467 Ⓞ 4월 1일~11월 15일 08:30~17:00, 11월 16일~3월 31일 09:00~16:00(입장은 15:30까지) Ⓗ 연중무휴 Ⓟ 어른 600¥, 중·고등학생 400¥, 초등학생 300¥ Ⓦ www.sanjusangendo.jp

교토 국립박물관
京都国立博物館

MAP P.387C

도쿄 국립박물관, 나라 국립박물관과 함께 일본의 3대 박물관 중 하나로 꼽힌다. 비공개 구역인 메이지 고도관은 고풍스러운 서양식 건물로 1897년에 개관했다. 현대적인 건축물인 헤이세이 지신관에는 평상 전시와 특별 전시로 구분해 일본과 중국 등 동양의 도자기와 회화, 조각품, 불상, 공예품 등 다양한 미술품을 소개한다.

Ⓕ 86·88·206·208번 시버스 승차 후 하쿠부츠칸산주산켄도마에 정류장 하차, 도보 1분 Ⓣ 075-525-2473 Ⓞ 09:30~17:00(입장은 16:30까지) Ⓗ 월요일(공휴일인 경우 다음 날), 연말연시 Ⓟ 정원 어른 300¥ / 명품 갤러리 어른 700¥ / 특별전 어른 1800¥ Ⓦ www.kyohaku.go.jp

귀 무덤
耳塚

MAP P.387C

임진왜란과 정유재란 때 일본군이 전승의 증거로 베어낸 조선인의 귀와 코를 묻은 무덤. 일본군은 공적을 인정받기 위해 베어낸 귀와 코를 소금에 절여 도요토미 히데요시에게 보냈다. 더 많은 공을 세우기 위해 남녀노소, 심지어 살아 있는 사람도 베어냈다고 한다. 인근에 도요토미 히데요시를 신으로 모신 신사가 있다는 사실도 아이러니하다.

Ⓕ 86·88·206·208번 시버스 승차 후 나나조케이한마에 정류장 하차, 도보 5분, 또는 케이한 본선 시치조역 6번 출구에서 도보 6분 Ⓞ 24시간 Ⓗ 연중무휴 Ⓟ 무료

후시미이나리타이샤
伏見稲荷大社

MAP P.387C
VOL.1 P.090

일본 전국 약 3만 개 이나리 신사의 총본사. 신토의 신 중 인기가 높은 쌀과 차, 술을 관장하는 이나리신에게 풍작과 사업 번창, 가내 안전, 소원 성취를 기원한다. 경내 곳곳에 이나리신의 사자인 이나리키츠네(이나리 여우)상이 있다. 주홍색 토리이가 끝없이 늘어서 터널을 이루는 모습이 장관이며 영화 <게이샤의 추억> 촬영지이기도 하다.

구글 지도 **후시미 이나리 신사**

Ⓕ JR 이나리역에서 도보 3분 또는 케이한 본선 후시미이나리역에서 도보 5분 Ⓣ 075-641-7331 Ⓞ 일출~일몰 Ⓗ 연중무휴 Ⓟ 무료 Ⓦ https://inari.jp

센뉴지
泉涌寺

MAP P.387C

진언종 센뉴지파의 총본산으로 본존으로 석가여래와 아미타여래, 미륵여래를 모신다. 일본 왕실과 관계가 깊어 '미데라'로도 부른다. 1242년엔 일본 87대 왕인 시조 왕의 장례를 치르고 릉이 조성되었다. 그 후 난보쿠초시대부터 아즈치모모야마시대, 에도시대의 여러 왕의 릉이 이곳에 모셔졌다. 레이메이덴에는 일왕의 위패도 모시고 있다.

Ⓕ JR, 케이한본선 토후쿠지역에서 도보 20분 Ⓣ 075-561-1551 Ⓞ 09:00~17:00(입장은 16:30까지, 3월~11월), 09:00~16:30(입장은 16:00까지, 12월~2월) Ⓗ 부정기, 넷째주 월요일 신쇼텐(보물관) 휴관 Ⓟ 고등학생 이상 500¥, 초등·중학생 300¥ Ⓦ https://mitera.org

EATING →

토후쿠지
東福寺

MAP P.387C
VOL.1 P.113

교토고잔(교토의 5개 선종 사원) 중 하나로 1255년에 창건되었다. 법당에는 독특하게 2m 길이의 불상 손이 안치돼 있는데, 화재로 소실된 15m 높이 석가여래좌상의 손이다. 교토 최고의 단풍 명소 중 하나로 경내 전체가 울긋불긋 물드는데, 본당과 개산당을 잇는 츠텐바시에서 바라보는 단풍의 풍경이 백미다.

Ⓕ JR, 케이한본선 토후쿠지역에서 도보 약 10분 Ⓣ 075-561-0087 Ⓞ 4~10월 09:00~16:30, 11월~12월 첫째 주 일요일 08:30~16:30, 12월 첫째 주 월요일~3월 09:00~16:00 Ⓗ 연중무휴 Ⓟ 혼보 정원 어른 500¥, 츠텐바시·카이산도 어른 600¥, Ⓦ https://tofukuji.jp

교토 라멘 코지
京都拉麵小路

MAP P.387C

JR 교토역 10층에 있는 라멘 전문 식당가. 일본 전국에서 소문난 인기 라멘 식당을 한곳에 모아놓은 곳이다. 가게마다 자신들의 개성을 내세운 라멘을 선보이기 때문에 맛도 종류도 다양해 취향대로 골라 먹기 좋다. 이곳에서의 생존 경쟁도 치열해 종종 새로운 라멘집으로 바뀐다.

구글 지도 Kyoto Ramen Koji

Ⓕ JR 교토역 빌딩 10층 Ⓣ 가게마다 다름 Ⓞ 11:00~22:00(L.O 21:30) Ⓗ 연중무휴 Ⓟ 가게마다 다름 Ⓦ www.kyoto-ramen-koji.com

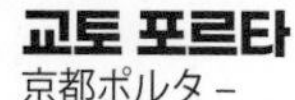

교토 포르타
京都ポルタ－

MAP P.387C

JR 교토역 북쪽 출구 앞 광장의 지하상가. 1980년에 지하철 카라스마선의 개통을 약 6개월 앞두고 쇼핑 공간을 만든 것이 포르타의 시작이다. 패션과 잡화, 뷰티 매장과 식당, 카페 등 다이닝이 주를 이룬다. 일식과 서양식, 아시아 음식, 카페와 베이커리까지 웬만한 음식 종류를 망라한다. 2024년 봄에는 대규모 리뉴얼이 예정되어 있다.

Ⓕ JR 교토역 북쪽 광장 지하 Ⓣ 075-365-7528(포르타 안내소) Ⓞ 포르타 다이닝 11:00~22:00(가게마다 다름) Ⓗ 부정기 Ⓟ 가게마다 다름 Ⓦ www.porta.co.jp

그릴 캐피탈 토요테이 교토 포르타점

MAP P.387C

グリルキャピタル東洋亭 京都ポルタ店

교토 포르타 1897년에 개업한 서양 요리 식당. 포르타점은 교토역 지하상가에 있어 본점보다 접근성이 훨씬 좋다. 간판 메뉴는 뜨거운 팬 위에 빵빵하게 부푼 알루미늄 포일에 싸여 나오는 함박스테이크. 스튜와 어우러진 소고기, 육즙 가득 머금은 햄버그스테이크는 입안에서 녹아내린다. 세트 메뉴에 포함된 토요테이 명물 통토마토 샐러드도 인기.

Ⓕ 교토 포르타(JR 교토역 북쪽 출구 앞 광장 지하상가) 내 서쪽 에어리어 C10 출구 옆 Ⓣ 075-343-3222 Ⓞ 11:00~22:00(L.O 21:00) Ⓗ 연중무휴 Ⓟ 하쿠넨요쇼쿠 햄버그스테키 단품 1520¥, 런치 1720¥ Ⓦ www.touyoutei.co.jp

만시게 쇼안

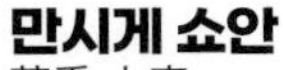

MAP P.387C

萬重 小庵

교토 포르타 교토 포르타에 자리한 전통 음식 전문점. 정갈한 벤토, 오반자이 정식 등을 합리적인 가격에 선보인다. 점포가 넓어 자리가 많고 브레이크 타임 없이 영업해 애매한 시간에도 식사가 가능한 것이 장점. 어르신과 함께 교토역 근처에서 식사할 곳을 찾을 때 무난하게 떠올릴 만한 곳이다. 예약은 받지 않는다.

Ⓕ 교토 포르타 서쪽 구역 Ⓣ 075-343-392 Ⓞ 11:00~22:00 Ⓗ 부정기(교토 포르타 휴무에 준함) Ⓟ 각종 벤토 정식 1980~2500¥ Ⓦ www.kyoryori-manshige.co.jp

신푸쿠사이칸 본점

MAP P.387C

新福菜館 本店

1938년에 개업한, 교토에서 손꼽히는 유명 주카 소바(중화 소바) 전문점. 주카 소바 식당답게 상호도 '새로운 복 요리점'이란 의미다. 쇼유(간장) 베이스에 닭과 돼지 뼈를 우려 맛을 낸 진한 갈색 국물이 특징이다. 라멘의 양과 고기, 멘마 등 위에 올리는 토핑에 따라 메뉴가 달라진다.

구글 지도 푸쿠사이칸 본점

Ⓕ 교토 포르타(JR 교토역 북쪽 출구 앞 광장 지하상가) A3 출구에서 도보 3분 Ⓣ 075-371-7648 Ⓞ 09:00~20:00 Ⓗ 수요일, 부정기 Ⓟ 주카 소바 소 700¥, 보통 850¥ Ⓦ https://shinpukusaikan.net

혼케 다이이치 아사히 본점

MAP P.387C

本家 第一旭 本店

둘째가라면 서러울 인기 라멘집. 새벽 오픈 전부터 줄 서는 사람들을 볼 수 있다. 식재료에 많은 공을 들이는데, 지방이 적고 맑은 국물을 내기 위해 2회 출산한 무게 120kg 정도의 암퇘지만 고집한다. 후시미산 간장과 쿠조 파를 사용하는 것도 본점의 장점. 국물이 넘칠 정도로 그릇 가득 담겨 나오는 비주얼만으로도 군침이 돈다.

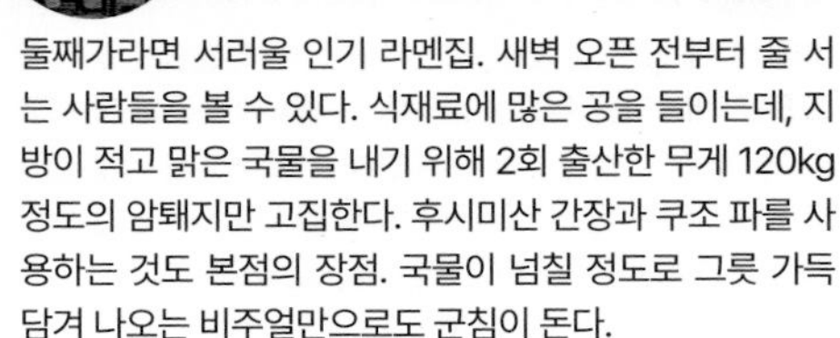

Ⓕ 교토 포르타(JR 교토역 북쪽 출구 앞 광장 지하상가) A3 출구에서 도보 3분 Ⓣ 075-351-6321 Ⓞ 06:00~다음 날 01:00 Ⓗ 목요일 Ⓟ 도쿠세 라멘 1050¥, 멘마 라멘 950¥ Ⓦ www.honke-daiichiasahi.com

SHOPPING →

JR 교토 이세탄
JR 京都伊勢丹

MAP P.387C

미츠코시 이세탄 그룹의 백화점. 교토점은 1990년 JR 교토역이 개축되면서 칸사이 1호점으로 개점했다. 1886년에 기모노 가게로 시작해 교토점에도 기모노 매장이 자리 잡고 있다. 지하 1층 교토 전통식 니시쿄즈키 식당, 프랑스풍 베이커리에도 들러보자. 11층엔 그릴 캐피탈 토요테이와 1889년에 개업한 츠키지스시 세이도 있다.

구글 지도 **JR교토 이세탄백화점**

Ⓕ JR 교토역과 연결 Ⓣ 075-352-1111 Ⓞ 10:00~20:00(7~11층 식당은 11:00~22:00 또는 23:00까지) Ⓗ 부정기 Ⓟ 가게마다 다름 Ⓦ www.mistore.jp/store/kyoto.html

요도바시카메라 멀티미디어 교토
ヨドバシカメラ マルチメディア京都

MAP P.387C

일본을 대표하는 가전제품 양판점 중 하나. 오사카의 우메다 지점보다 규모가 작다. 라이벌 중 하나인 빅카메라에 비해 고급 오디오나 게임, 프라모델 관련 제품 등 매니아악한 상품도 많이 갖추고 있는 것이 특징이다. 그 외 여행관련 상품, 문방구, 신발 매장이 있고 6층 식당가엔 현지인들도 많이 찾는 인기 식당도 여럿 있다.

Ⓕ 지하철 토자이선 교토역 2번 출구에서 도보 약 1분 Ⓣ 075-351-1010 Ⓞ 09:30~22:00 Ⓗ 부정기 Ⓟ 제품마다 다름 Ⓦ www.yodobashi.com

ENJOYING →

겟케이칸 오쿠라 기념관
月桂冠大倉記念館

MAP P.387D

1637년에 교토 후시미 지역의 오쿠라 가문에서 창업한 교토를 대표하는 니혼슈 브랜드. 사전 예약을 통해 양조 기술자의 안내로 기념관과 1906년에 지은 주조장 견학을 할 수 있다. 투어 마지막엔 시음도 할 수 있는데, 계절마다 다양한 술을 준비한다. 투어에서만 맛볼 수 있는 세 종류의 사케 원액을 시음하기도 한다.

구글 지도 **월계관 사케 박물관**

Ⓕ 케이한 주쇼지마역 북쪽 출구에서 도보 6분 Ⓣ 075-623-2056 Ⓞ 09:30~16:30, 가이드 투어(예약제) 토·일요일·공휴일 14:15 Ⓗ 8월 13일~16일, 12월 28일~1월 4일, 부정기 Ⓟ 일반 견학 20세 이상 600¥, 가이드 투어 3000¥ Ⓦ www.gekkeikan.co.jp

산토리 천연수의 맥주 공장 교토
サントリー 天然水のビール工場 京都

MAP P.386B

일본의 유명 맥주 브랜드 중 하나인 산토리의 맥주 공장. 사전 신청자를 대상으로 공장 견학 프로그램을 운영한다. 친절한 직원의 안내로 맥주를 생산하는 제조 공정을 따라 공장 곳곳을 둘러볼 수 있다. 견학 마지막엔 갓 생산된 신선한 맥주의 시음도 한다. 일본어로만 진행되는 것이 아쉬운 점. 가이드 투어 신청은 홈페이지에서 가능하다.

구글 지도 **산토리(천연수 맥주 공장)교토**

Ⓕ 한큐 니시야마텐노잔역에서 셔틀버스로 약 18분 또는 JR 나가오카쿄역에서 셔틀버스로 약 8분(홈페이지에 운행 시간 공지) Ⓣ 075-952-2020 Ⓞ 09:30~17:00 Ⓗ 연말연시+부정기 Ⓟ 일반 가이드 투어 무료, 더 프리미엄 몰츠 가이드 투어 1500¥ Ⓦ www.suntory.co.jp/factory/kyoto

WESTHERN KYOTO

교토 서부

이 책에서는 니조 성과 아라시야마 사이에 위치한 지역, 교토시 북서쪽에 해당하는 곳을 교토 서부로 구분했다. 킨카쿠지를 비롯해 료안지, 닌나지 등의 관광지가 모두 몰려 있어 교토 여행에서 빼놓을 수 없는 지역이다. 유명 관광지 외에는 눈에 띄는 번화가가 없으며, 대부분은 주거지로 이루어져 있다. 대중교통 노선도 다소 제한적이어서 관광지를 지나는 몇 개의 버스 노선과 일부 지역을 지나는 JR 산인 본선, 란덴 노면전철이 전부다. 주요 관광지로 이동할 때 약간 걸을 생각을 한다면 대중교통으로 여행할 수 있지만, 상황에 따라 택시를 이용하는 것이 편리할 때도 있다.

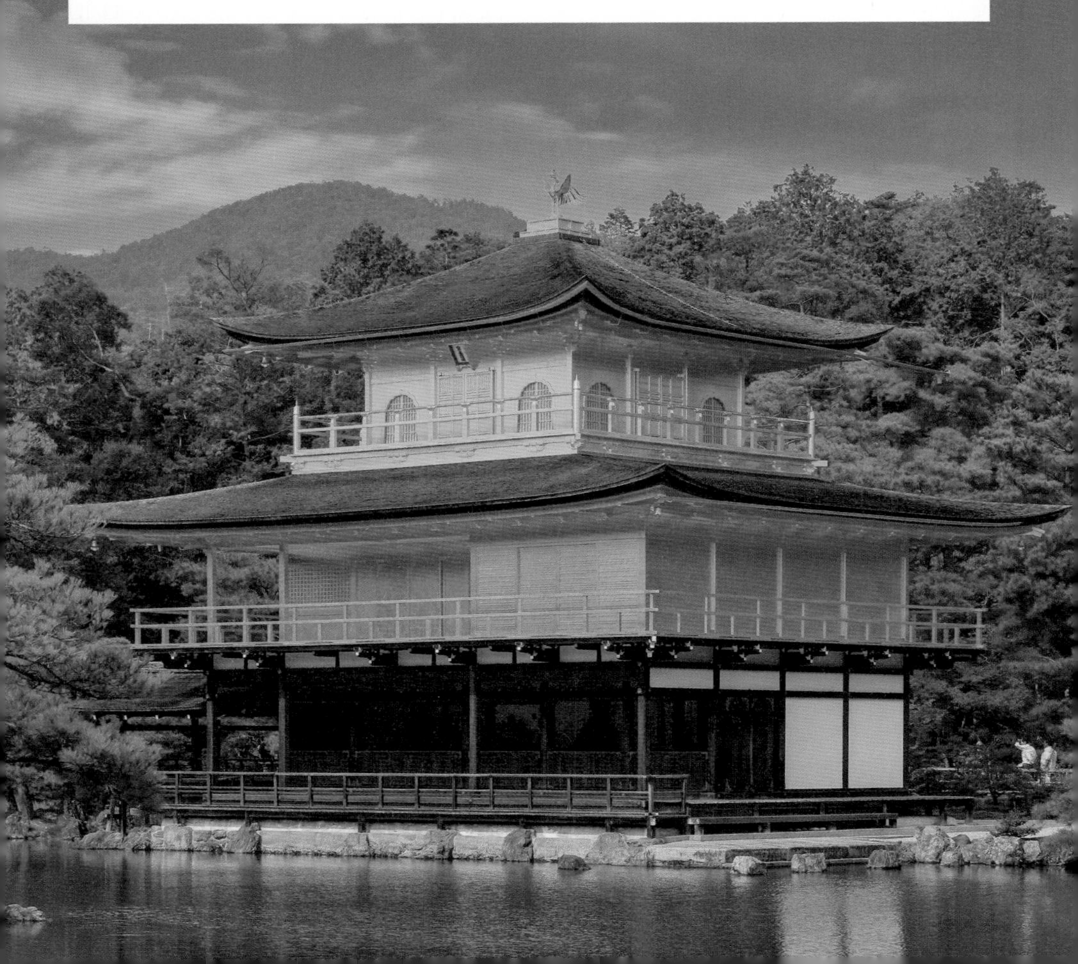

교통 한눈에 보기

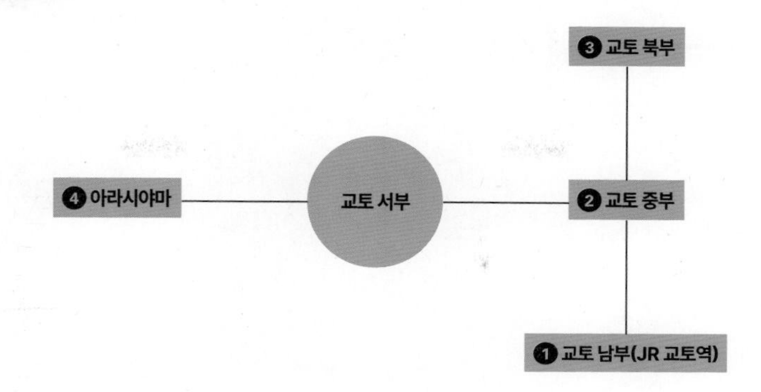

구간	교통수단	소요 시간	요금
① 교토 남부→교토 서부	JR(교토역-우즈마사역)	14분	200¥
	시버스 205번(교토에키마에 B3 정류장-킨카쿠지미치 정류장)	50분~	230¥
② 교토 중부→교토 서부	시버스 205번(시조카와라마치 F 정류장-킨카쿠지미치 정류장)	40분~	230¥
	시버스 204번(긴카쿠지미치 정류장-킨카쿠지미치 정류장)	40분	230¥
	란덴 전철(시조오미야역-우즈마사코류지역)	13분	250¥
	란덴 전철(시조오미야역-카타비라노츠지역-료안지역)	약 30분	250¥
③ 교토 북부→교토 서부	시버스 204번(시모가모진자마에 정류장-킨카쿠지미치 정류장)	20분~	230¥
④ 아라시야마→교토 서부	JR(사가아라시야마역-우즈마사역)	2분	150¥
	란덴 전철(아라시야마역-우즈마사코류지역)	10분	250¥

교토 서부 지역 다니는 방법

WALK 주요 관광지가 드문드문 위치해 걸어서 이동하기에는 무리가 있다.

SUBWAY 란덴 전철로 료안지와 코류지와 토에이우즈마사 영화마을 인근까지 이동 가능하다.

BUS 교토 서부 지역의 주요 교통수단이지만 노선이 많지는 않다. 킨카쿠지에서 료안지, 닌나지, 다이카쿠지 구간 이동 시 유용하다.

TAXI 대중교통으로 주요 관광지 사이를 이동하는 것이 편리한 지역이 아니어서 상황에 따라 유용한 교통수단이 될 수 있다.

TO DO LIST

- ☐ 20kg이 넘는 금박으로 덮은 킨카쿠지의 황금 누각 구경하기
- ☐ 료안지의 카레산스이 정원 감상하며 멍때리기
- ☐ 토에이우즈마사영화마을에 있는 에반게리온 초호기 탑승하고 조종사 등급 받기
- ☐ 토에이우즈마사영화마을에서 에도시대에 관련된 여러 체험과 드라마 촬영 세트 관람하기

- ☐ 코류지에서 일본 국보 1호로 지정된 삼국시대의 불상, 목조미륵보살반가상 감상하기

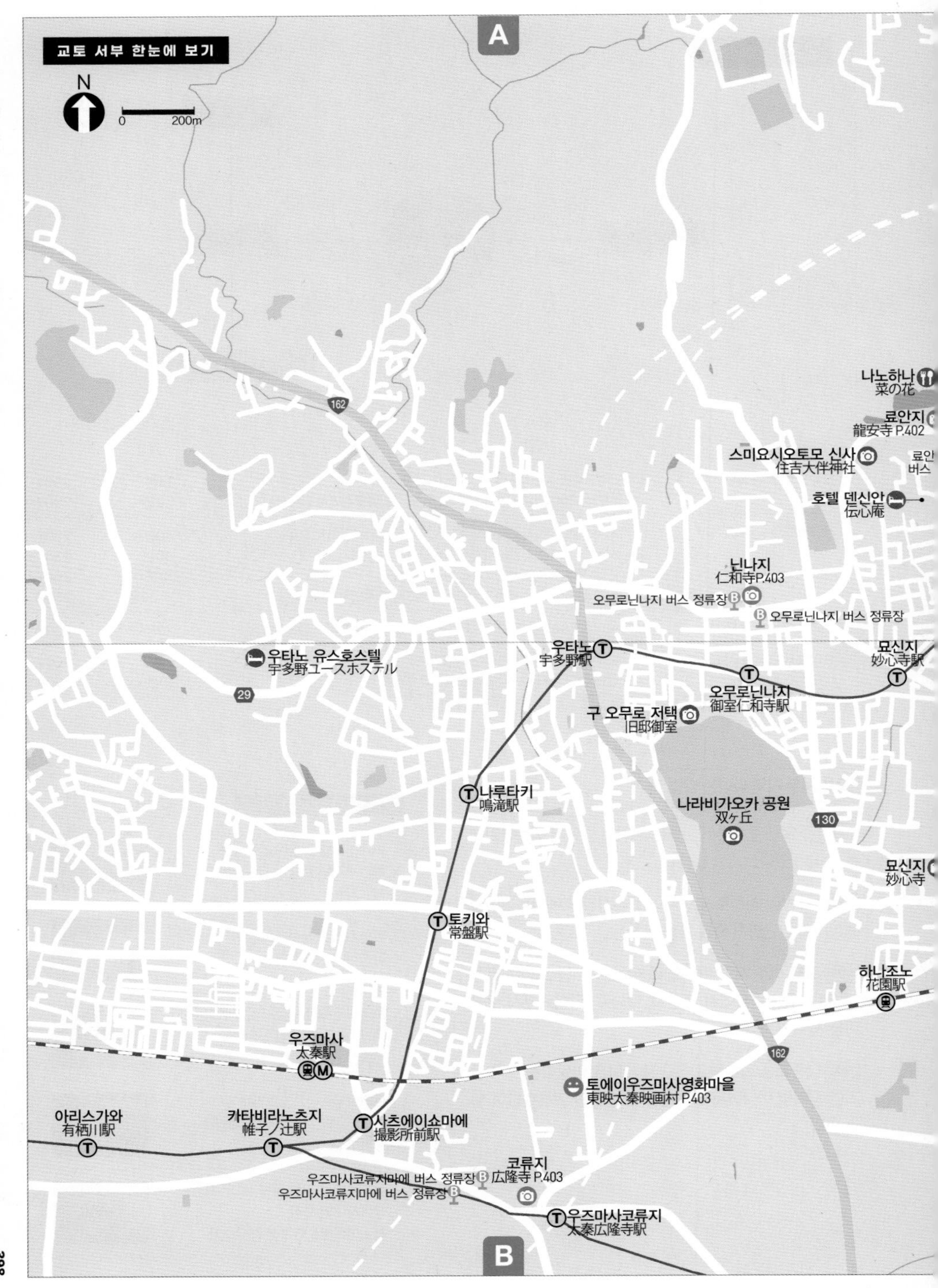
교토 서부 한눈에 보기
N
0
200m
A
B
162
29
130
162
나노하나
菜の花
료안지
龍安寺 P.402
스미요시오토모 신사
住吉大伴神社
료안
버스
호텔 덴신안
伝心庵
닌나지
仁和寺 P.403
오무로닌나지 버스 정류장
오무로닌나지 버스 정류장
우타노 유스호스텔
宇多野ユースホステル
우타노
宇多野駅
오무로닌나지
御室仁和寺駅
묘신지
妙心寺駅
구 오무로 저택
旧邸御室
나루타키
鳴滝駅
나라비가오카 공원
双ヶ丘
묘신지
妙心寺
토키와
常盤駅
하나조노
花園駅
우즈마사
太秦駅
토에이우즈마사영화마을
東映太秦映画村 P.403
아리스가와
有栖川駅
카타비라노츠지
帷子ノ辻駅
사츠에이쇼마에
撮影所前駅
코류지
広隆寺 P.403
우즈마사코류지마에 버스 정류장
우즈마사코류지마에 버스 정류장
우즈마사코류지
太秦広隆寺駅

C
킨카쿠지 버스 정류장
킨카쿠지미치 버스 정류장
킨카쿠지
金閣寺 P.401
후나오카야마 공원
船岡山公園
교토부립 도모토 인쇼 미술관
京都府立堂本印象美術館
31
리츠메이칸 대학
立命館大学
히라노 신사
平野神社
토지인
等持院
키타노텐만구
北野天満宮 P.402
101
토지인
等持院
키타노하쿠바이초
北野白梅町駅
101
엔마치
円町駅
호텔 엑설런스 엔마치 에키마에
ホテルエクセレンス円町駅前
111
니조 성
二条城
D

교토 서부 추천 코스

킨카쿠지 주변 코스 숙소에서 토에이우즈마사영화마을로 이동하는 것이 편하다면 제시한 동선의 역순으로 이동해도 무리가 없다. 닌나지는 교토의 벚꽃 명소 중 하나다. 식당이 많은 지역이 아니어서 이름난 맛집을 찾기가 어렵다. 점심 식사를 위해 동선에서 가까운 식당을 미리 알아봐두는 것도 좋다. | **소요 시간 : 약 7시간 30분**

파크 내 관람 및 기모노 체험해보고 에반게리온 초호기와 기념 촬영 해보기

킨카쿠지
金閣寺

MAP P.399C
VOL.1 P.076

임제종 쇼코쿠지파의 탑두 사원(대사찰 인근에 소속된 작은 사찰) 중 하나로 정식 명칭은 로쿠온지다. 황금색 누각이 너무나 유명해 흔히 킨카쿠지(금각사)라고 부르지만 원래 이름은 '사슴을 기르는 뜰'이라는 뜻이다. 샤리덴은 무로마치 막부 3대 쇼군이었던 아시카가 요시미츠의 저택으로 1398년에 완성되었다. 요시미츠는 샤리덴에서 죽는 날까지 10여 년 동안 기거했다. 킨카쿠지의 역사에서 가장 유명한 사건 중 하나는 1950년에 발생한 방화 사건이다. 이로 인해 샤리덴이 화재로 전소되었다. 이 사건을 소재로 일본의 소설가 미시마 유키오가 장편소설 《킨카쿠지》를 발표했으며, 그의 대표작이 되었다. 소실된 샤리덴은 1955년에 금박을 입혀 재건했으나 금박이 너무 얇아 시간이 지나며 금박이 벗겨지는 일이 생겼다. 1987년에 일본 버블 경제의 자본력으로 기존보다 5배 더 두꺼운 금박을 사용해 보수하면서 지금의 모습을 갖췄다. 맑은 날 햇빛에 비치는 찬란한 황금색과 인공 연못 교코치에 반영되는 샤리덴의 모습은 감탄을 자아낸다. 1994년엔 유네스코 세계문화유산에도 등재되었다.

구글 지도 금각사

Ⓕ 12·59·204·205번 시버스 승차 후 킨카쿠지미치 정류장 하차, 도보 4분 Ⓣ 075-461-0013 Ⓞ 09:00~17:00 Ⓗ 연중무휴 Ⓟ 고등학생 이상 500¥, 초등·중학생 300¥ Ⓦ www.shokoku-ji.jp/kinkakuji

ZOOM ———————— IN

킨카쿠지 핵심 볼거리

1	**샤리덴** 舎利殿	화려한 황금색으로 단장된, 사리를 안치한 누각. 샤리덴 덕에 이 사찰이 킨카쿠지라고 불리게 됐다. 방화로 인한 화재로 1955년에 재건되었으며 1987년에 보수되었는데, 이때 샤리덴의 벽면에 약 20kg에 달하는 얇은 금박을 붙여 지금의 모습을 완성했다. 층마다 각기 다른 세 가지 건축양식을 적용한 점도 독특하다.	
2	**리쿠슈노마츠** 陸舟の松	요시미네데라의 유유노마츠 遊龍の松, 호센인의 고요노마츠 五葉乃松와 함께 교토미마츠(京都三松, 교토삼송)로 꼽힌다. 무로마치 막부 3대 쇼군이었던 아시카가 요시미츠가 분재였던 소나무를 땅에 심은 것이라 전해져 수령을 600년 이상으로 추정한다. 배를 닮은 독특한 형태가 시선을 끈다.	
3	**셋카테이** 夕佳亭	다실로 사용하던 작은 정자. 셋카테이라는 이름을 살펴보면 저녁이라는 의미인 셋, 뛰어나다, 좋다, 아름답다 등의 의미인 카, 정자라는 의미인 테이로 이루어져 있다. 여기서 내려다보이는 석양에 비친 금각사의 모습이 무척 아름다워 붙은 이름이라고 한다.	
4	**다실**	킨카쿠지의 관람 경로 끝부분에서 만날 수 있는 다실은 지친 다리를 잠시 쉬어 가기에 좋다. 빨간색으로 장식된 테이블은 이끼 정원으로 둘러싸여 차를 마실 때 마음이 차분해진다. 다실에서 다도 체험도 해볼 수 있다.	

료안지
龍安寺

MAP P.398A
VOL.1 P.083

1450년에 창건된 사찰로 일본 카레산스이 양식의 정원을 대표하는 곳이다. 모래가 깔린 정원엔 완벽을 의미하는 15개의 돌이 있는데, 어느 각도에서든 하나의 돌은 보이지 않는다. 이는 불완전을 의미하며, 가진 것에 감사하라는 의미라고 한다. 1975년 영국 엘리자베스 2세 여왕이 방문한 뒤 세계적으로 알려졌다.

Ⓕ 59번 시버스 승차 후 료안지마에 정류장 하차, 도보 1분, 또는 케이후쿠 전철 아라시야마선(란덴 전철) 료안지역에서 도보 10분 Ⓣ 075-463-2216 Ⓞ 3~11월 08:30~17:00, 12~2월 08:30~16:30 Ⓗ 부정기 Ⓟ 어른 600¥, 고등학생 500¥, 중학생 300¥ Ⓦ www.ryoanji.jp

키타노텐만구
北野天満宮

MAP P.399C

947년에 창건된 텐진 신앙의 발상지이자 일본에 1만 개가 넘는 텐만구, 텐진사의 총본사. 텐진 신앙은 헤이안시대 정치가이자 학자였던 스가와라 미치자네 사후에 신으로 숭배하는 신앙을 말한다. 학업이나 문화 예술의 성취나 액막이를 기원하는 참배객이 많이 찾는다. 매월 25일에는 텐진이치라고 부르는 플리마켓이 열린다.

Ⓕ 10·50·203번 시버스 승차 후 키타노텐만구마에 정류장 하차, 도보 6분 Ⓣ 075-461-0005 Ⓞ 07:00~17:00 Ⓗ 연중무휴 Ⓟ 경내 무료 Ⓦ https://kitanotenmangu.or.jp

닌나지
仁和寺

MAP P.398A

888년에 창건된 진언종 오무로파의 총본산. 100여년 전까지 일본의 왕족이 출가해 주지를 맡을 정도로 왕실과 관계가 깊어 고쇼풍 건물 특징을 보인다. 유명한 닌나지의 니오몬은 치온인, 난젠지의 산몬과 함께 '교토 3대 문'이라고 부른다. 유네스코 세계문화유산으로 지정되었으며, 교토의 대표적인 벚꽃 명소이기도 하다.

Ⓕ 10·26·59번 시버스 승차 후 오무로닌나지 정류장 하차 Ⓣ 075-461-1155 Ⓞ 3~11월 09:00~17:00(입장은 16:30까지), 12~2월 09:00~16:30(입장은 16:00까지) Ⓗ 연중무휴 Ⓟ 닌나지고쇼테이엔 어른 800¥, 고등학생 이하 무료 / 레이호칸 어른 500¥, 고등학생 이하 무료 Ⓦ https://ninnaji.jp

코류지
広隆寺

MAP P.398B

603년에 창건된 진언종 사찰로 교토에서 가장 오래된 절이며, 쇼토쿠 태자가 건립했다고 전해지는 7개의 사찰 중 하나다. 코류지의 여러 문화재 중 일본 국보 1호인 목조미륵보살반가사유상은 우리의 주목을 끈다. 삼국시대에 제작된 금동미륵보살반가사유상과 거의 비슷한 형식을 띠어 불교미술 전파의 상징적인 존재로 여겨지기 때문이다.

Ⓕ 11번 시버스 승차 후 우즈마사코류지마에 정류장 하차, 도보 1분 Ⓣ 075-861-1461 Ⓞ 09:00~17:00(12~2월은 16:30까지) Ⓗ 연중무휴 Ⓟ 어른 800¥, 고등학생 500¥, 초등·중학생 400¥

ENJOYING →

토에이우즈마사영화마을
東映太秦映画村

MAP P.398B
VOL.1 P.181

토에이 영화사가 운영하는 테마파크이자 사극 촬영소. 기모노나 사극 의상을 입고 에도시대 거리를 재현한 오픈 세트장을 걸어보거나 닌자 체험을 해볼 수 있다. 드라마나 영활 촬영이 있는 경우 견학도 가능하다. 애니메이션 <에반게리온>에 나오는 초호기 조종석에 탑승해 기념 촬영도 해보자. 2024년부터 2028년까지 진행될 전면 리뉴얼을 통해 천연 온천과 교토 정통 요리, 커피 하우스, 신규 어트랙션이 등의 시설이 추가된다고 한다.

구글 지도 도에이 우즈마사영화촌

Ⓕ 91·93번 시버스 승차 후 우즈마사에이가무라미치 정류장 하차, 도보 5분, 또는 케이후쿠 전철 아라시야마선(란덴 전철) 우즈마사코류지역에서 도보 7분, 또는 JR 우즈마사역에서 도보 15분 Ⓣ 0570-06-4349 Ⓞ 09:00~17:00(시즌에 따라 변동, 홈페이지에 공지) Ⓗ 부정기 Ⓟ 어른 2400¥, 중·고등학생 1400¥, 3세 이상 1200¥ Ⓦ www.toei-eigamura.com

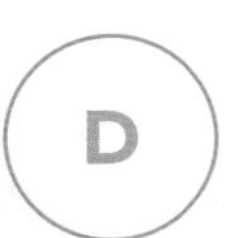

NORTHERN KYOTO

교토 북부

이 책에서는 데마치야나기역을 기준으로 Y자로 분기되는 카모강과 타카노강 인근 지역을 교토 북부로 구분했다. 교토 부립 식물원을 중심으로 북쪽에 카미가모 신사, 남쪽에 시모가모 신사가 있다. 데마치야나기역에서 에이잔 전철로 편하게 갈 수 있는 이치조지는 교토 로컬의 감성을 잘 느낄 수 있는 동네다. 칸사이에서 라멘 골목으로 유명하며, 일본에서 가장 아름답다는 서점 케이분샤와 드라마 촬영지였던 카페도 있어 골목을 천천히 걸으며 동네 구경하기 좋다. 데마치야나기역에서 케이한 전철로 오사카와 교토 남부 토후쿠지, 후시미이나리, 우지 방면, 나라 방면으로 이동할 수 있다.

교통 한눈에 보기

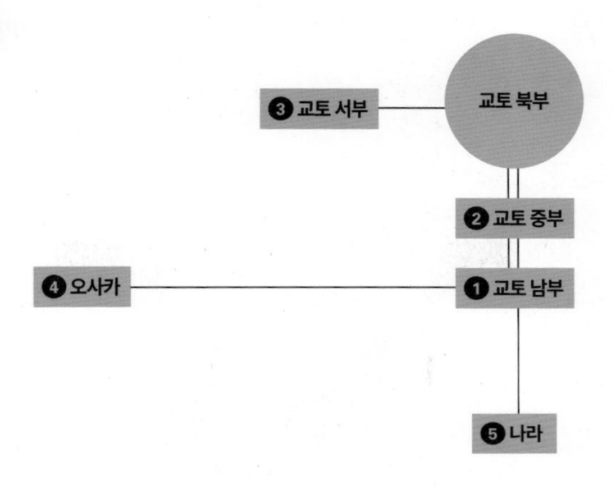

구간	교통편	소요 시간	요금
① 교토 남부→교토 북부	교토 버스 17번(교토에키마에 C3 정류장-아카노미야 정류장(이치조지))	40분~	230¥
	시버스 205번(교토에키마에 A2 정류장-시모가모진자마에 정류장)	30분~	230¥
	지하철 카라스마선(교토역-기타야마역)	15분	290¥
	케이한 전철(후시미이나리역 또는 토후쿠지역-데마치야나기역)	13~15분	280¥
② 교토 중부 →교토 북부	시버스 4번 또는 205번(시조카와라마치 A 또는 B정류장- 시모가모진자마에 정류장)	20분~	230¥
	지하철+에이잔 전철(기온시조역-데마치야나기역-이치조지역)	약 15분	450¥
③ 교토 서부→교토 북부	시버스 204번(킨카쿠지미치 정류장-시모가모진자마에 정류장)	20분~	230¥
④ 오사카→교토 북부	케이한 전철(요도야바시역-데마치야나기역)	57분	590¥
⑤ 나라→교토 북부	JR+케이한 전철(JR 나라역-토후쿠지역-데마치야나기역)	약 75분	1000¥
	킨테츠 전철+케이한 전철(킨테츠나라역-탄바바시역-데마치야나기역)	약 60분	1020¥

교토 북부 지역 다니는 방법

WALK 이치조지 지역 내 주요 관광지와 맛집은 도보로 이동 가능하다.

SUBWAY 이치조지 지역으로 갈 때 데마치야나기역에서 이치조지역까지 에이잔 전철을 이용할 수 있다. 지하철 카라스마선을 이용해 교토 부립 식물원으로 갈 수 있다.

BUS 교토 북부의 주요 관광지와 교토 내 다른 지역으로 이동하는 데 버스가 주요 교통수단이 된다. 다만 각 방면으로 노선이 다양하지 않아 환승해야 하는 경우가 종종 있으니 1일 교통 패스를 이용하면 도움이 된다.

TAXI 버스나 지하철을 여러 번 환승해야 하는 노선인 경우나 정류장까지 거리가 먼 경우 이용을 고려해볼 수 있다.

TO DO LIST

- ☐ 일본에서 가장 아름다운 서점이라는 케이분샤에 들러보기

- ☐ 칸사이에서도 라멘 골목으로 유명한 이치조지에서 마음에 드는 라멘 맛보기

- ☐ 아날로그 감성을 싣고 동네 주택가를 지나는 에이잔 전철 타보기

- ☐ 시센도 또는 엔코지에서 유유자적하게 정원을 감상하며 힐링하기

- ☐ 시모가모신사 연리지 앞에서 좋은 인연 기원하기

교토 북부 한눈에 보기
N
0
200m
A
카미가모 신사
上賀茂神社 P.410
미도로이케키후네 신사
深泥池貴船神社
구루메 시티 키타야마점
グルメシティ北山店
캐피탈 토요테이 본점
キャピタル東洋亭 本店
키타야마
北山駅
교토 부립 도판 명화의 정원
京都府立陶板名画の庭 P.410
로손 편의점
교토 부립 식물원
京都府立植物園 P.410
교토부립대학 시모가모 캠퍼스
京都府立大学 下鴨キャンパス
세븐일레븐 편의점
이온몰 키타오지
イオンモール北大路
키타오지
北大路駅
그릴 하세가와
グリルはせがわ
다이토쿠지
大徳寺 P.411
호텔 야도야 교토 시모가모
宿ya 京都下鴨
시모가모 신사
下鴨神社 P.410
구라마구치
鞍馬口駅
다도 종합자료관
茶道総合資料館
호쿄지
宝鏡寺
가와이 신사
河合神社
쇼코쿠지
相国寺
리버트 교토 가모카와
リヴェルト京都鴨川
구 미츠이 가 시모가모 별채
旧三井家下鴨別邸
이온 스타일 니시진 코마치
イオンスタイル西陣小町
도시샤 대학
同志社大学
이마데카와
今出川駅
니시진직물회관
西陣織会館
교토교엔
京都御苑
B

C
타카라가이케
宝が池
타카라가이케 공원
宝が池公園
타카라가이케
宝ヶ池駅
세키잔젠인
赤山禅院 P.411
슈가쿠인리큐
修学院離宮 P.411
마츠가사키
松ヶ崎駅
슈가쿠인
修学院駅
교토공예섬유대학
京都工芸繊維大学
만슈인 몬제키
曼殊院門跡 P.411
멘야 곳케이
麺屋極鶏 P.413
타카야스
髙安 P.412
이치조지
一乗寺駅
엔코지
圓光寺 P.412
케이분샤 이치조지점
恵文社 一乗寺店 P.413
이치조지 나카타니
一乗寺中谷 P.413
시센도
詩仙堂 P.412
이치조지 공원
一乗寺公園
아카츠키 커피
アカツキコーヒー P.413
콘푸쿠지
金福寺 P.412
라쿠호쿠 한큐 스퀘어
洛北阪急スクエア
텐카잇핀 총본점
天下一品 総本店
자야마·교토게이주쓰다이가쿠
茶山·京都芸術大学駅
라이프 키타 시라카와
ライフ北白川店
교토예술대학
京都芸術大学
모토타나카
元田中駅
키친 고릴라
キッチンごりら
D

교토 북부 추천 코스

카미가모 신사 주변 관광지 교토답지 않게 비교적 한적하게 여행할 수 있는 지역이다. 시간이 충분치 않은 경우 시모가모 신사와 카마가모 신사 중 한 곳만 방문하는 것도 괜찮다. 지하철 키타오지역 인근에 있는 경양식 집 그릴 하세가와는 식사를 위해 들러볼 만하다. | **소요 시간 : 약 5시간 30분**

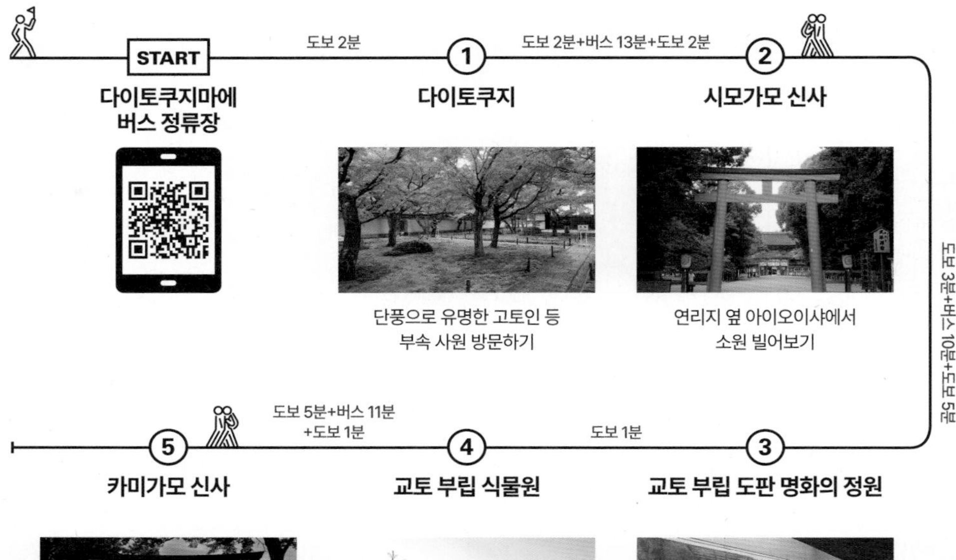

경내 둘러보고 소원 빌어보기, 매월 넷째 주 일요일에 열리는 수공예품 플리마켓 둘러보기

식물원 풍경 감상하며 산책 즐기기

천천히 정원을 둘러보며 명화 감상하기

이치조지·슈가쿠인 주변

오전에 슈가쿠인리큐를 방문하려면 인터넷에서 사전 방문 신청을 해야 한다. 슈가쿠인리큐 방문 전 시간 여유가 있다면 세키잔젠인을 먼저 방문해도 된다. 관광지 간 거리가 다소 멀고 대중교통이 마땅치 않으니 체력을 잘 안배하자. | **소요 시간 : 약 8시간**

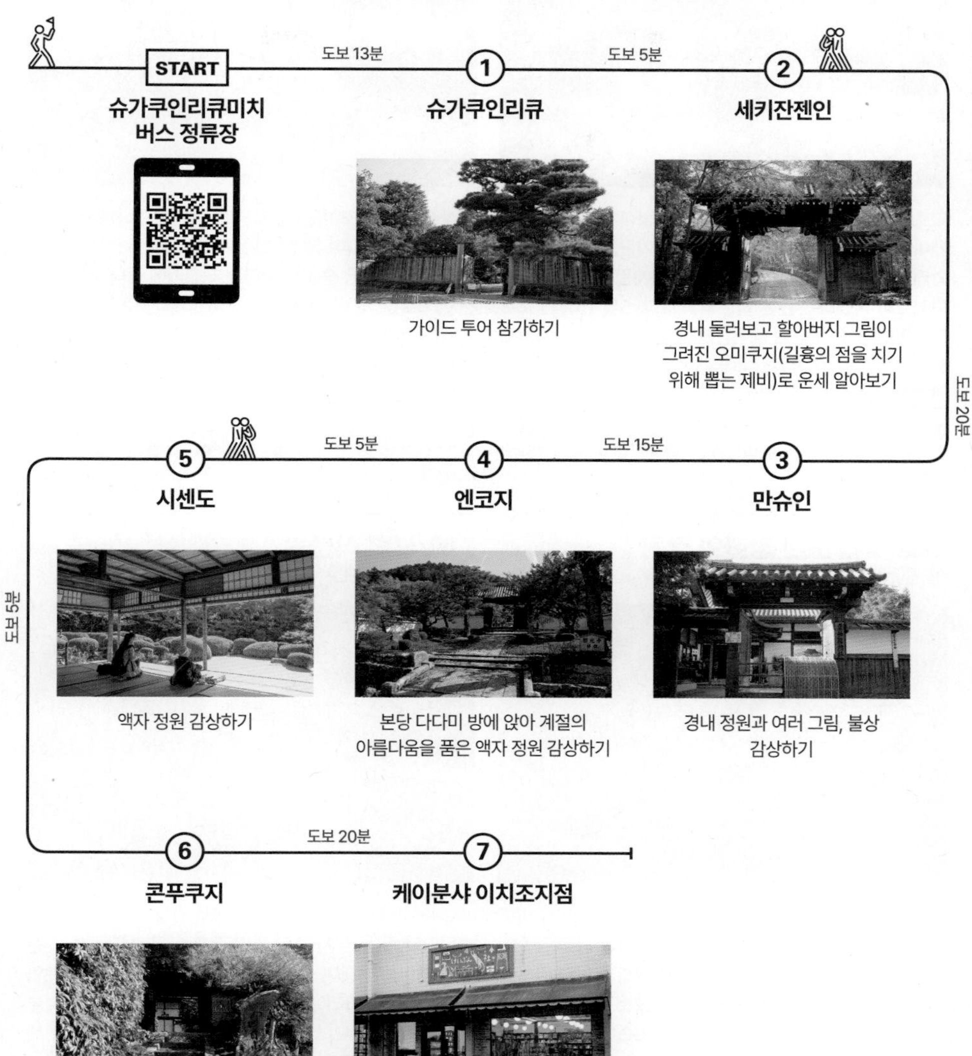

카미가모 신사

MAP P.406A

上賀茂神社

교토에서 가장 오래된 신사 중 하나. 정식 명칭은 카모와케이카즈치진자다. 교토의 호족 카모 가문의 조상신 카모와케이카즈치를 모신다. 유네스코 세계문화유산에 등재되었으며 혼덴과 곤덴은 일본의 국보다. 5월 15일엔 교토 3대 마츠리 중 하나로 헤이안시대 일본 왕실의 신사참배 행렬을 재현한 가모마츠리(아오이마츠리)가 열린다.

구글 지도 **가모와케이카즈치 신사**

Ⓕ 4·46번 시버스 승차 후 카미가모진자마에 정류장 하차, 도보 3분 Ⓣ 075-781-0011 Ⓞ 05:30~17:00 Ⓗ 연중무휴 Ⓟ 무료 Ⓦ www.kamigamojinja.jp

시모가모 신사

MAP P.406B

下鴨神社

정식 명칭은 카모미오야진자. 교토에서 가장 오래된 신사 중 하나로 여겨지며 유네스코 세계문화유산에 등재돼 있다. 앞에 펼쳐진 넓은 숲길을 따라 산책하기에 좋다. 시모가모 신사의 로몬 앞, 아이오이샤에는 두 나무가 중간에 하나로 합쳐진 연리지가 있는데 절차에 따라 에마(소원을 빌면서 바치는 나무판)를 봉납하면 인연이 맺어진다고 한다.

구글 지도 **가모미오야 신사 (시모가모신사)**

Ⓕ 205번 시버스 승차 후 시모가모진자마에 정류장 하차, 도보 3분 Ⓣ 075-781-0010 Ⓞ 06:00~17:00 Ⓗ 연중무휴 Ⓟ 무료 Ⓦ www.shimogamo-jinja.or.jp

교토 부립 도판 명화의 정원

MAP P.406A

京都府立陶板名画の庭

전 세계 최초 시도된 옥외 회화 정원. '마지막 심판'을 비롯한 세계적으로 유명한 명화의 도판화 8점을 건물 곳곳에 전시해놓았다. 건물은 일본의 유명한 건축가 안도 타다오가 설계한 것으로도 유명하다. 정원 안으로 들어서면 노출된 콘크리트와 물이 어우러진 건물의 모습이 안도 타다오의 전형적인 건축양식을 따른다.

Ⓕ 지하철 카라스마선 기타야마역 3번 출구에서 도보 1분, 또는 북8번 시버스 승차 후 쇼쿠부츠엔키타몬마에 정류장 하차, 도보 1분 Ⓣ 075-724-2188 Ⓞ 09:00~17:00(입장은 16:30까지) Ⓗ 12월 28일~1월 4일, 시설 점검일 Ⓟ 어른 100¥ Ⓦ http://kyoto-toban-hp.or.jp

교토 부립 식물원

MAP P.406A

京都府立植物園

1924년에 개원한 이곳은 일본에서 가장 오래된 종합 식물원이다. 넓은 부지에 잘 가꾼 꽃과 나무, 산책로를 갖춘 교토 시민의 나들이 장소다. 약 4500종에 이르는 세계의 열대식물을 한자리에 모아놓은 회유식 관람 온실은 일본에서 가장 큰 규모다. 봄가을엔 연못 주변에 핀 벚꽃과 색색의 단풍으로 물드는 아름다운 풍경을 볼 수 있다.

Ⓕ 지하철 카라스마선 기타야마역 3번 출구에서 도보 1분 Ⓣ 075-701-0141 Ⓞ 식물원 09:00~17:00(입장은 16:00까지), 온실 10:00~16:00(입장은 15:30까지) Ⓗ 12월 28일~1월 4일 Ⓟ 어른 200¥, 고등학생 150¥ / 온실 어른 200¥, 고등학생 150¥ Ⓦ www.pref.kyoto.jp/plant

다이토쿠지
大徳寺

MAP P.406B

선종 불교 임제종 다이토쿠지파의 대본산으로 1315년에 창건되었다. 일본 다도를 정립했다는 센노 리큐가 자주 찾고 히데요시의 노여움을 사 자결한 곳이어서 다도의 정신적 고향으로 부른다. 20개가 넘는 부속 사찰 중 소켄인에는 도요토미 히데요시의 주군이었던 오다 노부나가의 묘지가 있다. 카레산스이 정원과 고토인의 단풍이 아름답다.

Ⓕ 북8·12·204·205·206번 시버스 승차 후 다이토쿠지마에 정류장 하차, 도보 3분 Ⓣ 075-491-0019 Ⓞ 09:00~17:00(사찰별로 폐문 시간이 다름) Ⓗ 연중무휴 Ⓟ 경내 무료(경내 유료 사찰 입장료 별도, 사찰마다 다름) Ⓦ www.rinnou.net/cont_03/07daitoku

세키잔젠인
赤山禅院

MAP P.407C

888년에 창건된 천태종 사원. 불교뿐 아니라 일본의 토착 신앙인 신토의 사상도 함께 숭배하는 곳이다. 세키잔 묘진(신토에서 신령에게 붙이는 존칭)의 제사일인 5일에 이곳에서 참배하면 상인인 경우 수금이 잘된다고 한다. 본당으로 통하는 입구에 커다란 염주를 두른 독특한 모양의 출입구가 눈에 띈다. 가을에 단풍이 예쁜 곳이기도 하다.

구글 지도 **적산 선원**

Ⓕ 5번 시버스 승차 후 슈가쿠인리큐미치 정류장 하차, 도보 15분 Ⓣ 075-701-5181 Ⓞ 06:00~18:00 Ⓗ 월요일(공휴일인 경우 다음 날), 12월 28일~1월 4일, 부정기 Ⓟ 무료

슈가쿠인리큐
修学院離宮

MAP P.407C

1600년대 중반에 지은 일본 왕실의 이궁. 높이가 다른 세 곳에 각기 다른 방식으로 꾸민 상리궁, 중리궁, 하리궁이라 부르는 정원과 건물이 있다. 방문하려면 인터넷에서 사전 신청을 하거나, 방문 당일 입구에서 오후 1시 30분과 3시에 출발하는 가이드 투어 신청을 할 수 있다. 한국어 음성 가이드도 무료로 대여할 수 있다.

Ⓕ 5번 시버스 승차 후 슈가쿠인리큐미치 정류장 하차, 도보 15분, 또는 에이잔 전철 슈가쿠인역에서 도보 20분 Ⓣ 075-211-1215 Ⓞ 가이드 투어 09:00·10:00·11:00·13:30·15:00 Ⓗ 월요일(공휴일인 경우 다음 날), 12월 28일~1월 4일+부정기 Ⓟ 무료 Ⓦ https://sankan.kunaicho.go.jp

만슈인 몬제키
曼殊院門跡

MAP P.407C

일본의 왕족이나 섭정 귀족의 자녀가 대대로 주지가 되는 몬제키 사원으로 1495년에 처음 창건되었다. 1656년에 이르러 지금의 장소에 자리 잡았다. 차를 마시며 일본의 유명한 조원가인 코보리 엔슈가 조성했다는 아름다운 정원을 감상할 수 있다. 봄에는 경내에 진달래와 벚꽃이 피고 가을에는 단풍이 정원의 아름다움을 더한다.

구글 지도 **만수원(만슈인)**

Ⓕ 북8·5번 시버스 승차 후 이치조지시미즈초 정류장 하차, 도보 18분 Ⓣ 075-781-5010 Ⓞ 09:00~17:00(입장은 16:30까지) Ⓗ 부정기 Ⓟ 어른 600¥, 고등학생 500¥, 초등·중학생 400¥ Ⓦ www.manshuinmonzeki.jp

엔코지
圓光寺

MAP P.407C

도쿠가와 이에야스가 학교를 만들기 위해 1601년에 세운 사찰. 학교로 쓰인 만큼 여러 서적을 출판하기도 했으며, 일본에서 가장 오래된 목제 활자 5만4000개가 중요문화재로 지정돼 보관되고 있다. 카레산스이 양식과 더불어 봄에는 벚꽃이 피고 여름엔 이끼와 신록이 푸르며, 가을엔 붉은 단풍으로 뒤덮이는 정원이 아름다운 사찰이다.

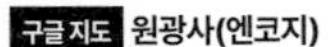

구글 지도 원광사(엔코지)

Ⓕ 북8·5번 시버스 승차 후 이치조지사가리마츠초 정류장 하차, 도보 10분, 또는 에이잔 전철 본선 이치조지역에서 도보 16분 Ⓣ 075-781-8025 Ⓞ 09:00~17:00 Ⓗ 연중무휴 Ⓟ 어른 600¥, 초·중·고등학생 300¥ Ⓦ www.enkouji.jp

콘푸쿠지
金福寺

MAP P.407D

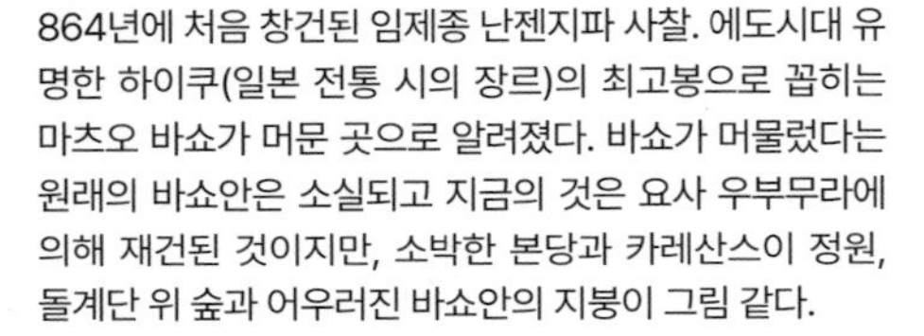

864년에 처음 창건된 임제종 난젠지파 사찰. 에도시대 유명한 하이쿠(일본 전통 시의 장르)의 최고봉으로 꼽히는 마츠오 바쇼가 머문 곳으로 알려졌다. 바쇼가 머물렀다는 원래의 바쇼안은 소실되고 지금의 것은 요사 우부무라에 의해 재건된 것이지만, 소박한 본당과 카레산스이 정원, 돌계단 위 숲과 어우러진 바쇼안의 지붕이 그림 같다.

Ⓕ 북8·5번 시버스 승차 후 이치조지사가리마츠초 정류장 하차, 도보 10분, 또는 에이잔 전철 본선 이치조지역에서 도보 15분 Ⓣ 075-791-1666 Ⓞ 09:00~17:00 Ⓗ 부정기 Ⓟ 어른 500¥, 중·고등학생 300¥

시센도
詩仙堂

MAP P.407D
VOL.1 P.116

정식 명칭은 오토츠카로 도쿠가와 이에야스의 측근이자 경관 건축가로도 알려진 이시카와 조잔이 노후를 보내기 위해 지었다. 조잔이 주실인 시센노마에 걸어둔 옛 중국 시인 36명의 초상 때문에 시센도라 부른다. 다다미가 깔린 시센노마에 앉아 정원 풍경을 바라보면 마음이 차분해진다. 영국 찰스 황태자와 고 다이애나비가 방문하기도 했다.

구글 지도 시선당(시센도)

Ⓕ 북8·5번 시버스 승차 후 이치조지사가리마츠초 정류장 하차, 도보 8분, 또는 에이잔 전철 본선 이치조지역에서 도보 13분 Ⓣ 075-781-2954 Ⓞ 09:00~17:00(입장은 16:45까지) Ⓗ 5월 23일 Ⓟ 어른 700¥, 고등학생 500¥, 초등·중학생 300¥ Ⓦ https://kyoto-shisendo.net

EATING →

타카야스
髙安

MAP P.407C

이치조지에서 손꼽히는 라멘 맛집 중 하나. 진한 국물이 인상적이다. 라멘 종류는 추카(중화) 라멘과 스지(소 힘줄) 라멘, 차슈 라멘, 세 가지다. 라멘 못지않게 치킨 가라아게도 평이 좋은데, 평일은 오후 5시까지 라멘과 치킨 가라아게, 공깃밥으로 구성된 세트 메뉴를 선택할 수 있다.

Ⓕ 에이잔 전철 본선 이치조지역에서 도보 4분 Ⓣ 075-721-4878 Ⓞ 11:30~다음 날 02:00 Ⓗ 부정기 Ⓟ 추카 라멘 920¥, 스지 라멘 1220¥, 차슈 라멘 1220¥ Ⓦ http://takayasuramen.com

아카츠키 커피

アカツキコーヒー

MAP P.407D

하늘색과 흰색이 어우러진 인테리어로 소박하지만 세련된 느낌의 감성 카페. 부부가 운영하는 동네 카페지만 커피는 물론 샌드위치와 과자도 현지인들에게 인기를 얻고 있다. 일본에서 방영된 드라마 <빵과 스프, 고양이와 함께하기 좋은 날>의 촬영지이기도 하다. 여행 중 잠시 들러 힐링의 시간을 가지기 좋다.

Ⓕ 에이잔 전철 본선 이치조지역에서 도보 7분 Ⓣ 075-702-5399 Ⓞ 10:00~17:00 Ⓗ 일요일, 둘째·넷째 주 수요일, 부정기 Ⓟ 카페라테 590¥, 캐롯 케이크 500¥ Ⓦ https://akatsukikohi.base.shop

멘야 곳케이

麺屋極鶏

MAP P.407C

라멘으로 경쟁이 치열한 이치조지에서도 색다른 맛으로 독보적인 입지를 구축한 라멘집이다. 이곳의 라멘은 닭고기로 맛을 낸 것이 특징인데, 많은 양의 닭을 넣어 진하다 못해 되직하기까지 한 국물을 완성한다. 이외에도 고춧가루를 추가한 라멘, 마늘을 넣은 라멘, 생선을 넣은 라멘까지 꽤 개성 강한 메뉴로 구성되어 있다.

Ⓕ 에이잔 전철 본선 이치조지역에서 도보 7분 Ⓣ 075-711-3133 Ⓞ 11:30~22:00(재료 소진 시 영업 종료) Ⓗ 월요일 Ⓟ 니와토리다쿠(보통)·구로다쿠(보통) 각 800¥

SHOPPING →

이치조지 나카타니

一乗寺中谷

MAP P.407D
VOL.1 P.162

1935년에 개업한 일본식 화과자 전문점. 수십 년 동안 향토 과자로 인기를 얻은 뎃치요칸(뎃치 양갱)으로 잘 알려진 곳이다. 뎃치요칸은 이치조지 마을 젊은이들이 오츠시에 참배하러 갈 때 도시락 대신 들고 간 것이 시작이라고 한다. 하얀색 티라미수에 콩을 올리고 슈거 파우더를 뿌린 기누고시료쿠치차 티라미수도 인기 높은 메뉴다.

Ⓕ 북8·5번 시버스 승차 후 이치조지사가리마츠초 정류장 하차, 도보 2분, 또는 에이잔 전철 본선 이치조지역에서 도보 6분 Ⓣ 075-781-5504 Ⓞ 09:00~18:00(찻집 L.O 17:00) Ⓗ 수요일 Ⓟ 뎃치요칸(소) 480¥, 기누고시료쿠차 티라미수 1640¥ Ⓦ www.ichijouji-nakatani.com

케이분샤 이치조지점

恵文社 一乗寺店

MAP P.407D

'일본에서 가장 아름다운 서점'이라는 별명이 붙은 작은 동네 서점이다. 붉은색 벽돌과 낡아 보이는 나무 간판, 몇십 년은 사용한 듯한 책장과 텅스텐 조명으로 밝힌 실내가 감성적인 공간을 연출한다. 서적 외에 작가들이 만든 생활 소품이나 잡화 등도 판매하니 한 번쯤 들러 구경해 볼 만하다.

Ⓕ 에이잔 전철 본선 이치조지역에서 도보 3분 Ⓣ 075-711-5919 Ⓞ 11:00~19:00 Ⓗ 1월 1일 Ⓟ 제품에 따라 다름 Ⓦ www.keibunsha-books.com

SECRET KYOTO

시크릿 교토

교토 도심의 서쪽 끝에 있는 아라시야마는 헤이안시대 귀족들이 별장을 짓고 휴양하던 지역이다. 카츠라강 주변에는 온천과 료칸이 있고 벚꽃과 단풍이 번갈아 여행자의 시선을 끈다. 우지시는 일본에서 녹차로 세 손가락에 드는 지역이다. 헤이안시대 중반인 1000년경에 쓰여 일본 고전문학의 최고 걸작으로 꼽히는 《겐지모노가타리》의 주요 배경지이기도 하다. 오하라는 사찰의 정원이 아름답기로 이름난 지역이다. 몇몇 유명한 사찰을 제외하고는 작고 조용한 시골 마을의 풍경이어서 마음 푸근하게 산책을 즐기기도 좋다.

교통 한눈에 보기

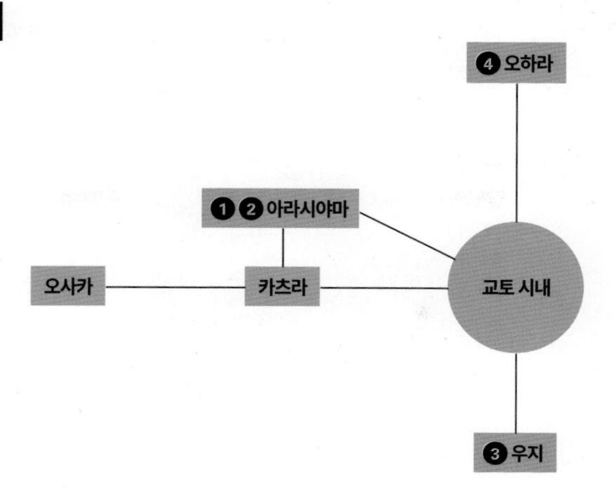

① 교토 시내→아라시야마	JR(교토역-사가아라시야마역)	16분	240¥
	한큐 전철(교토카와라마치역-카츠라역-아라시야마역)	17분	240¥
	란덴 전철(시조오미야역-아라시야마역)	24분	250¥
② 오사카→아라시야마	JR(오사카역-교토역-사가아라시야마역)	약 60분	990¥
	한큐 전철(오사카우메다역-카츠라역-아라시야마역)	약 45분	410¥
③ 교토 시내→우지	JR(교토역-우지역)	16분	240¥
	케이한 전철(기온시조역-주쇼지마역-우지역)	약 30분	320¥
④ 교토 시내→오하라	교토 버스 17번(교토에키마에 C3 정류장-오하라 정류장)	약 70분	560¥
	교토 버스 16·17번(시조카와라마치 F 정류장-오하라 정류장)	약 50분	530¥

※여행 팁 : JR 오사카-사가아라시야마 구간은 매표 시 오사카-교토 구간(580¥) 구입 후 교토역에서 교토-사가아라시야마 구간(240¥) 따로 사는 것이 더 저렴하다.

시크릿 교토 다니는 방법

WALK 아라시야마, 우지, 오하라 세 곳 모두 동네 안에서 도보로 주요 관광지의 여행이 가능하다.

SUBWAY 세 지역 모두 동네 안에서 이동할 수 있는 지하철이 없다.

BUS 우지와 오하라는 작은 동네여서 굳이 버스를 이용할 필요는 없다. 아라시야마는 도보 20분 이상 거리를 이동할 때 버스 노선이 있다면 이용을 고려해볼 수 있다.

TAXI 아라시야마에서 도보 20분 이상 거리를 이동할 때 이용을 고려해볼 수 있다.

TO DO LIST

- ☐ 아라시야마에서 사가노 토롯코 열차 타고 강을 따라 이어지는 절경 감상하기

- ☐ 호즈강 상류에서 출발하는 호즈가와쿠다리 보트를 타고 때 묻지 않은 자연 풍경 감상하기

- ☐ 치쿠린(대숲)을 걸으며 힐링하고 노노미야 신사에서 좋은 인연 기원하기

- ☐ 아라시야마의 명물 먹거리인 유바 치즈 맛보기

- ☐ 일본에서 가장 오래된 찻집 우지의 츠우엔차야 또는 타이호안에서 차 마셔보기

- ☐ 오하라 호센인에서 액자 정원 감상하기

시크릿 교토・아라시야마 한눈에 보기
N
0
25m
A
다이카쿠지
大覚寺 P.424
아다시노 넨부츠지
あだし野念仏寺 P.424
50
136
29
기오지
祇王寺 P.424
세이료지
清凉寺 P.424
50
니손인
二尊院 P.423
29
조잣코지
常寂光寺 P.423
嵯峨嵐山駅
사가노 토롯코 열차
嵯峨野トロッコ列車 P.426
요지야 카페 사가노아라시야마점
よーじやカフェ 嵯峨野嵐山店 P.415
디오라마 교토 재팬
ジオラマ 京都 Japan P.425
29
노노미야 신사
野宮神社 P.423
치쿠린(대숲)
竹林 P.423
토롯코아라시야마
トロッコ嵐山駅
호즈가와쿠다리
保津川下り P.426
토롯코아라시야마 역 기준
약 7.5km
오코치산소 정원
大河内山荘庭園
란덴사가
嵐電嵯峨駅
텐류지
天龍寺 P.422
아라시야마
嵐山駅
아라시야마공원 카메야마지구
嵐山公園 亀山地区
쇼라이안
松籟庵 P.425
두부 요리 마츠가에
豆腐料理 松ヶ枝
호텔 아라시야마 벤케이
嵐山温泉 嵐山辨慶
에비스야 교토 아라시야마 총본점
えびす屋 京都嵐山總本店 P.426
29
호즈가와쿠다리 도착점
保津川下り
후쿠다미술관
福田美術館
스이란, 럭셔리 컬렉션 호텔, 교토
Suiran, a Luxury Collection Hotel, Kyoto
% 아라비카 교토
아라시야마
%Arabica 京都嵐山 P.425
토게츠교
渡月橋 P.422
아라시야마 공원
嵐山公園
아라시야마 몽키파크 이와타야마
嵐山モンキーパークいわたやま P.422
교토 아라시야마 온천
도게츠테이 헤키센카쿠
京都嵐山温泉 渡月亭 碧川閣
아라시야마(한큐)
嵐山駅
호린지
法輪寺 P.422
29
B

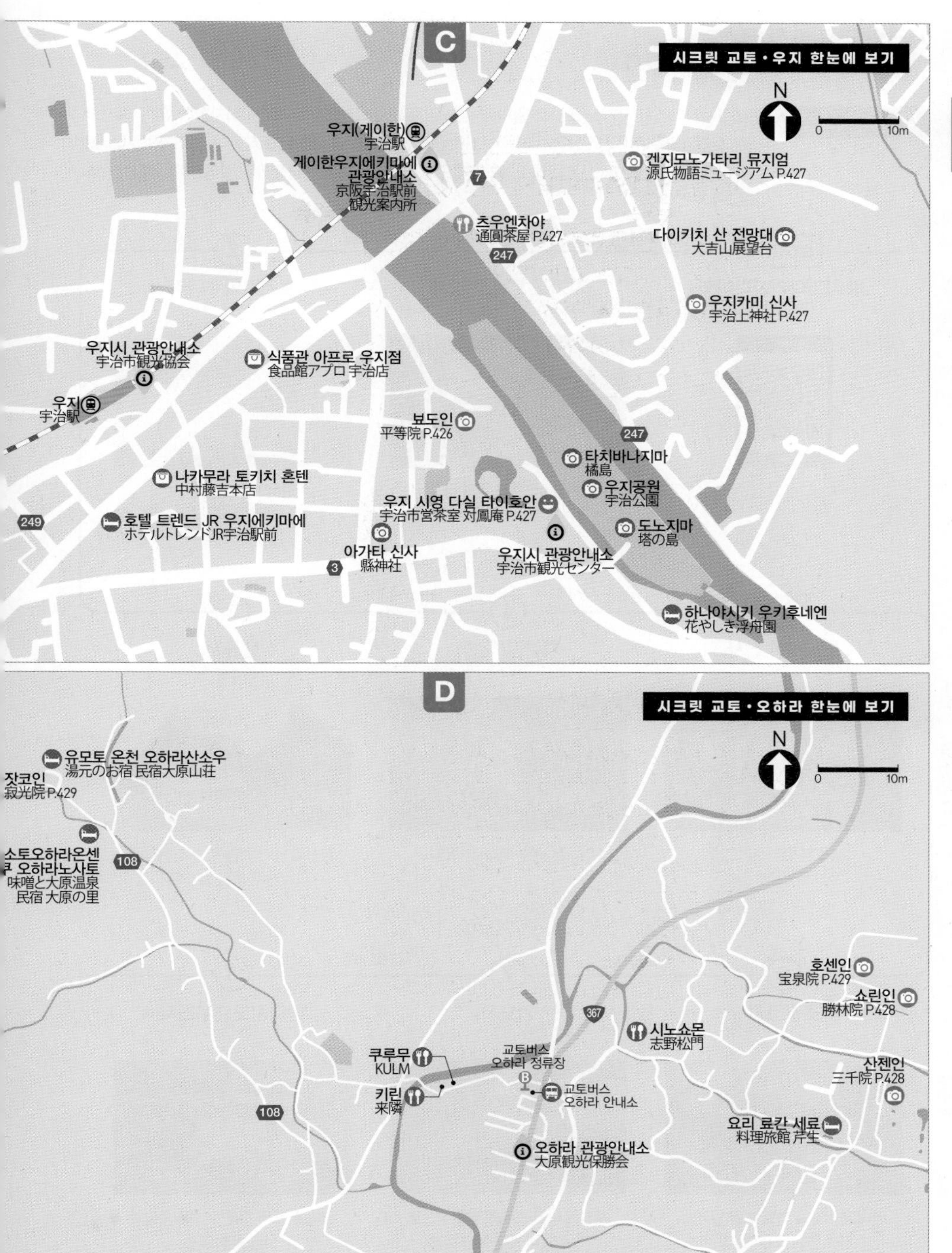
C
시크릿 교토・우지 한눈에 보기
N
0
10m
우지(게이한)
宇治駅
게이한우지에키마에 관광안내소
京阪宇治駅前観光案内所
7
겐지모노가타리 뮤지엄
源氏物語ミュージアム P.427
츠우엔차야
通圓茶屋 P.427
247
다이키치 산 전망대
大吉山展望台
우지카미 신사
宇治上神社 P.427
우지시 관광안내소
宇治市観光協会
식품관 아프로 우지점
食品館アプロ 宇治店
우지
宇治駅
뵤도인
平等院 P.426
247
타치바나지마
橘島
나카무라 토키치 혼텐
中村藤吉本店
우지공원
宇治公園
우지 시영 다실 타이호안
宇治市営茶室 対鳳庵 P.427
249
호텔 트렌드 JR 우지에키마에
ホテルトレンドJR宇治駅前
도노지마
塔の島
아가타 신사
縣神社
3
우지시 관광안내소
宇治市観光センター
하나야시키 우키후네엔
花やしき浮舟園
D
시크릿 교토・오하라 한눈에 보기
N
0
10m
유모토 온천 오하라산소우
湯元のお宿 民宿大原山荘
잣코인
寂光院 P.429
소토오하라온센
오하라노사토
味噌と大原温泉
民宿 大原の里
108
호센인
宝泉院 P.429
쇼린인
勝林院 P.428
367
시노쇼몬
志野松門
쿠루무
KULM
교토버스
오하라 정류장
산젠인
三千院 P.428
키린
来隣
교토버스
오하라 안내소
108
요리 료칸 세료
料理旅館 芹生
오하라 관광안내소
大原観光保勝会

시크릿 교토 추천 코스

아라시야마 코스 1 토롯코사가역에서 사가노 토롯코 열차에 승차한 후 토롯코카메오카역에서 하차한다. 역 앞에서 버스로 호즈가와쿠다리 선착장까지 이동해 보트를 타면 토게츠교 근처에 도착한다. 호즈가와쿠다리만 이용하고 싶은 경우 JR 전철을 타고 JR 카메오카역에서 하차해 선착장까지 걸어갈 수 있다. | **소요 시간 : 약 7시간 30분**

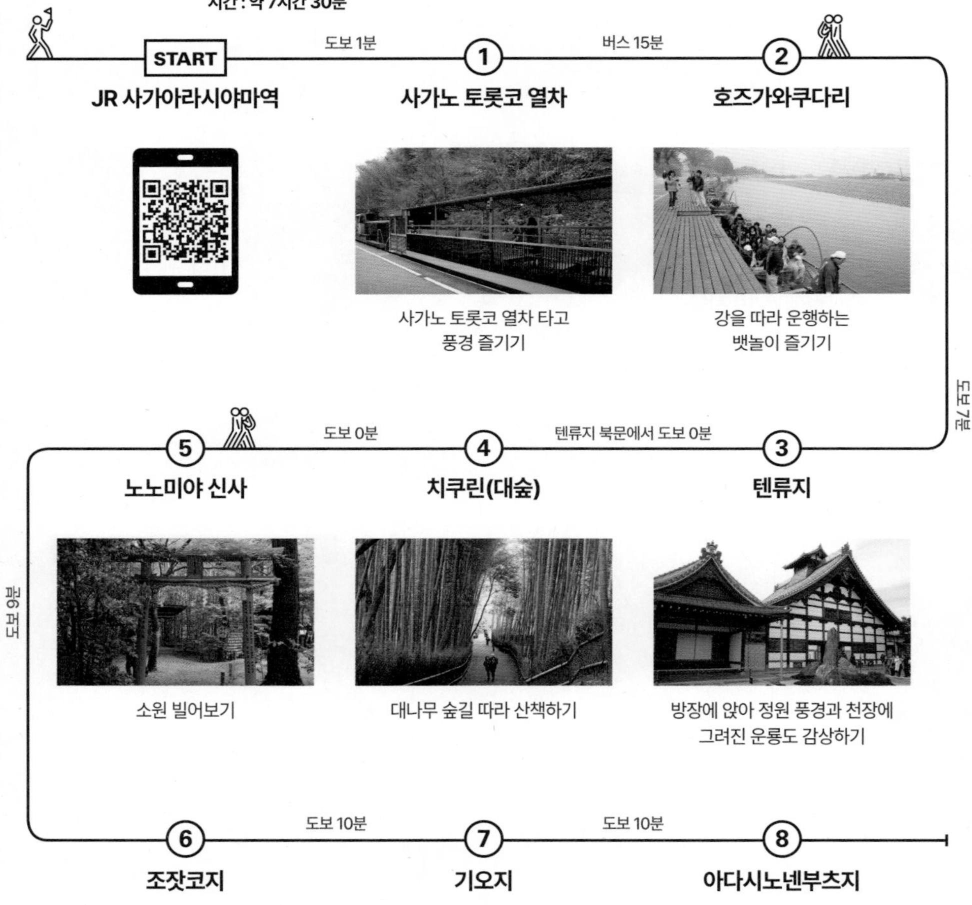

경내 둘러보고 타호토 탑 앞에서 시내 풍경 조망해보기

계절에 따라 초록과 빨간색으로 풍경이 바뀌는 이끼 정원 풍경 감상하기

경내를 가득 채운 수많은 석불과 석탑 둘러보기

아라시야마 코스 2 에비스야 인력거를 이용할 때 소요 시간과 요금이 다른 여러 코스 중 원하는 것을 선택할 수 있다. 대숲을 지나는 코스를 선택하면 일반 관광객은 지날 수 없는 길도 가볼 수 있다. | **소요 시간 : 약 7시간**

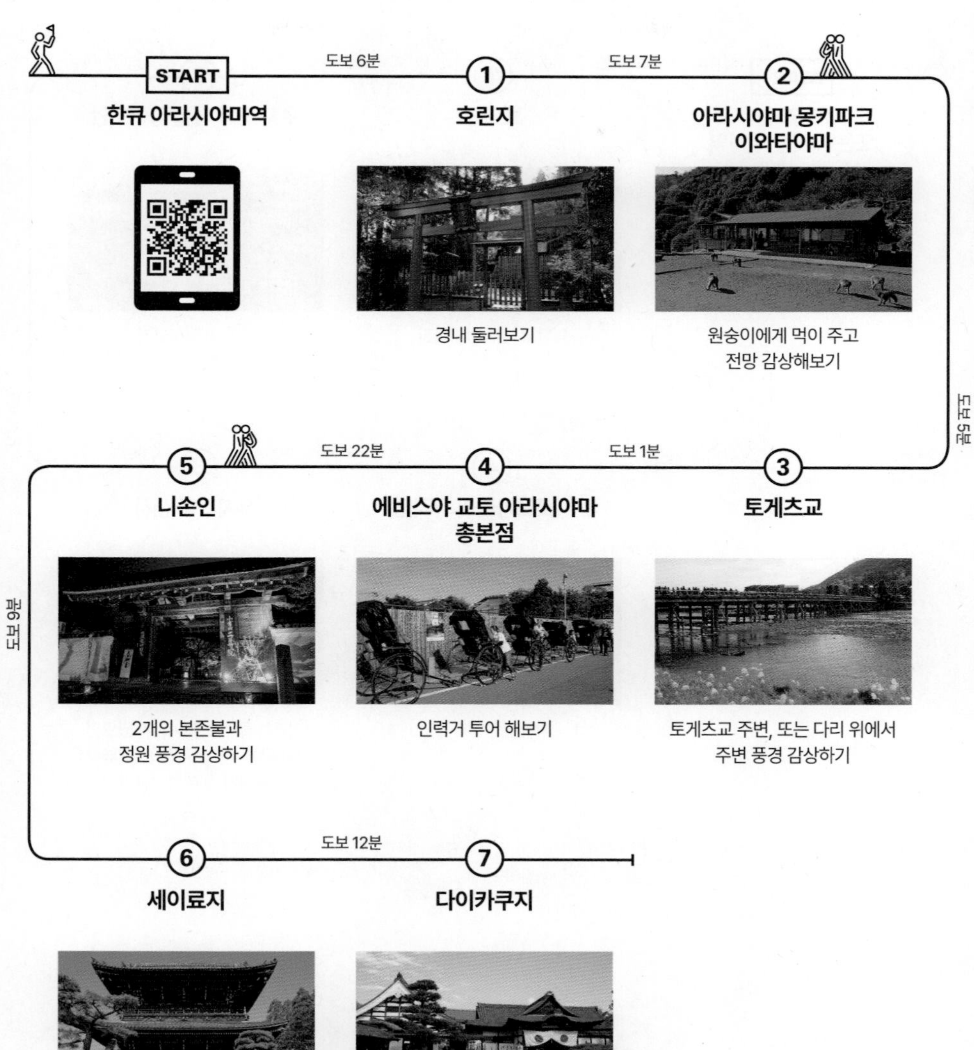

우지 우지시의 주요 관광지를 모두 돌아보는 동선이다. 자신의 취향에 따라 타이호안 대신 뵤도인 경내 찻집이나 츠우엔차야에서 차를 마셔도 좋다 | **소요 시간 : 약 4시간 30분**

오하라 시간 여유가 없다면 잣코인은 일정에서 제외하고 여유가 있다면 잣코인 가는 길은 산책하듯 걸으며 동네 구경하기 좋다. 식사와 온천 제공하는 숙박업소에서 1박 하며 힐링하는 것도 추천. | **소요 시간 : 약 5시간**

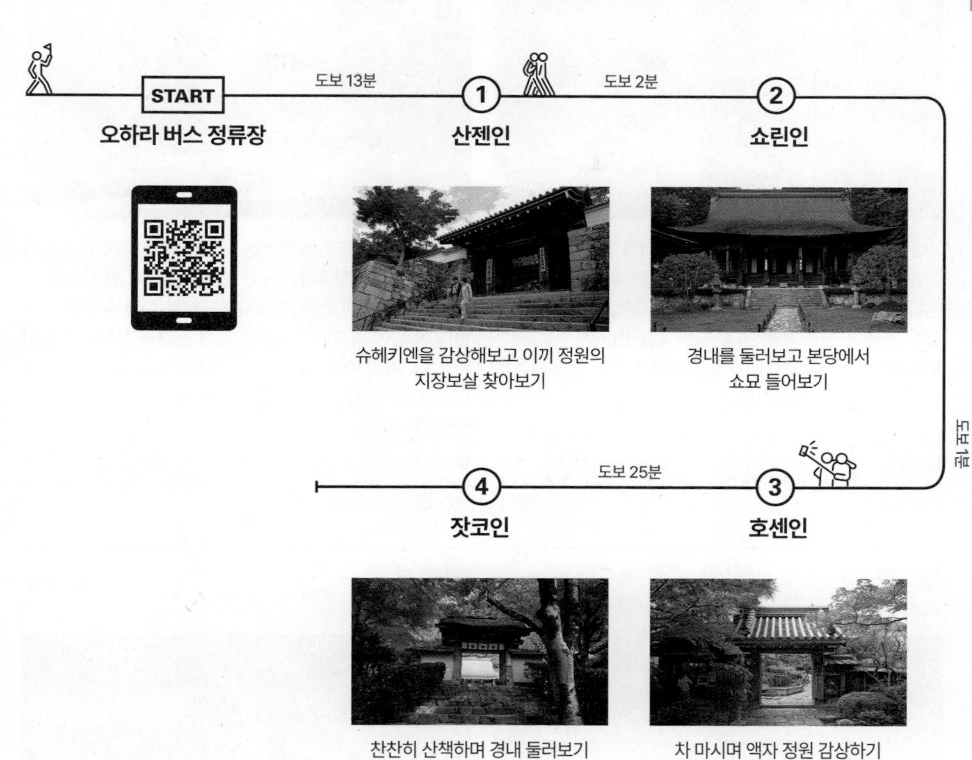

슈헤키엔을 감상해보고 이끼 정원의 지장보살 찾아보기

경내를 둘러보고 본당에서 쇼묘 들어보기

찬찬히 산책하며 경내 둘러보기

차 마시며 액자 정원 감상하기

호린지
法輪寺

MAP P.416B

713년에 창건된 작은 사찰. 특이한 것은 사찰 내에 있는 덴덴구 電電宮 신사인데, 전기와 전파를 수호하는 신을 모신다. 카츠라카와 남쪽 아라시야마산 중턱에 있어 토게츠교의 전경이 한눈에 보인다. 매년 4월 13일에는 13세가 되는 남녀가 허공장보살에게 참배를 드리는 통과의례를 치르는 것으로도 유명하다.

Ⓕ 한큐아라시야마선 아라시야마역에서 도보 6분 Ⓣ 075-862-0013 Ⓞ 09:00~17:00(입장은 16:30까지) Ⓗ 연중무휴 Ⓟ 무료 Ⓦ www.kokuzohourinji.com

아라시야마 몽키파크 이와타야마
嵐山モンキーパークいわたやま

MAP P.416B

아라시야마 산 중턱에 위치한 원숭이 테마파크. 약 120마리의 원숭이가 자유롭게 노는 모습을 볼 수 있다. 파크 입구에서 원숭이가 있는 곳까지 약 20분 정도 숲길을 오르는데, 덕분에 파크에서 교토 도심의 전경을 한눈에 조망할 수 있다. 파크 내 휴게소에서는 먹이를 구입해 원숭이에게 먹이 주는 체험도 해볼 수 있다.

구글 지도 몽키파크

Ⓕ 한큐아라시야마선 아라시야마역에서 도보 8분 Ⓣ 075-872-0950 Ⓞ 09:00~16:00 Ⓗ 1월 1일, 부정기(악천후 시) Ⓟ 16세 이상 600¥, 4~15세 300¥ Ⓦ www.monkeypark.jp

토게츠교
渡月橋

MAP P.416B

836년에 승려 토쇼가 카츠라카와에 만든 목조다리. 현지인은 토게츠교를 경계로 강의 상류 쪽은 오이카와, 하류 쪽은 카츠라카와로 부른다. 그리고 오이카와의 상류는 호즈카와로 부른다. 원래 이름은 호린지바시였지만 가마쿠라시대에 카메야마 왕이 달이 건너는 것처럼 보인다고 감탄하며 토게츠교라는 이름을 붙였다고 한다.

구글 지도 도게츠 교

Ⓕ 란덴(케이후쿠 전철) 아라시야마역에서 도보 3분 Ⓣ 없음 Ⓞ 제한 없음 Ⓗ 연중무휴 Ⓟ 무료 Ⓦ 없음

텐류지
天龍寺

MAP P.416B

1255년에 아라시야마산을 조망할 수 있는 자리에 지은 이궁을 1339년에 선종 사원으로 바꾼 사찰이다. 창건 당시엔 선종 사원의 특징인 일직선의 가람에 산몬과 불전, 법당, 방장이 있었지만 오닌의 난 때 대부분 소실되고, 정원만이 창건된 당시의 모습을 유지하고 있다. 방장에서 바라보는 연못과 어우러진 카레산스이 정원이 아름답다.

Ⓕ 란덴(케이후쿠 전철) 아라시야마역에서 도보 2분 Ⓣ 075-881-1235 Ⓞ 08:30~17:00 Ⓗ 연중무휴 Ⓟ 고등학생 이상 500¥, 초등 · 중학생 300¥ Ⓦ www.tenryuji.com

치쿠린(대숲)

竹林

MAP P.416B
VOL.1 P.075

하늘을 가릴 정도로 수십 미터 높이로 웃자란 대나무가 숲을 이루는 곳. 아라시야마를 대표하는 장소 중 하나로 일본에서는 CF와 드라마 촬영지로도 잘 알려졌다. 대나무 사이로 난 길을 따라 걸으면 몸도 마음도 치유되는 듯한 느낌이다. 관광객이 너무 붐비는 것은 함정! 아침 이른 시간에 가면 붐비는 인파를 피해 여유로운 산책을 즐길 수 있다.

Ⓕ 란덴(케이후쿠 전철) 아라시야마역에서 도보 6분 Ⓣ 없음 Ⓞ 제한 없음 Ⓗ 연중무휴 Ⓟ 무료 Ⓦ 없음

노노미야 신사

野宮神社

MAP P.416B

아라시야마의 대숲 안에 있는 작은 신사. 인연을 맺어주고 자녀를 갖게 해주는 신과 학업의 신을 모신다. 경내에는 '오카메이시 神石(亀石)'라는 유명한 돌이 있는데, 팻말에 '기도를 담아 쓰다듬으면 소원이 이루어진다'라고 쓰여 있다. 노노미야 신사는 고전 소설 《겐지모노가타리》에도 등장한다. 원목 자체를 사용한 검은 도리이도 특징이다.

Ⓕ 란덴(케이후쿠 전철) 아라시야마역에서 도보 8분 Ⓣ 075-871-1972 Ⓞ 제한 없음 Ⓗ 연중무휴 Ⓟ 무료 Ⓦ www.nonomiya.com

조잣코지

常寂光寺

MAP P.416A

아즈치모모야마시대 승려 닛신이 이곳에서 은둔 생활을 하며 1596년에 세운 사찰. 조잣코지라는 이름은 사찰의 아름다운 풍경에서 불교의 이상향을 뜻하는 조자코토에서 기원했다. 절이 크지는 않지만 높지 않은 오구라산 중턱에 있어 아라시야마 동네 전경이 시야에 들어온다. 가을 단풍 시즌에 특히 아름다운 곳이다.

Ⓕ 란덴(케이후쿠 전철) 아라시야마역에서 도보 17분 Ⓣ 075-861-0435 Ⓣ 09:00~17:00(입장은 16:30까지) Ⓗ 연중무휴 Ⓟ 500¥ Ⓦ https://jojakko-ji.or.jp

니손인

二尊院

MAP P.416A

834~848년경 창건된 천태종 사찰. 목조 석가여래와 아미타여래, 두 본존을 모시고 있어 니손인이라는 이름이 붙었다. 봄철 벚꽃도 좋지만, 가을 단풍은 아라시야마의 명소 중 하나로 꼽힐 만큼 아름답다. 정문인 소몬을 들어서 본당으로 향하는 약 100m 참배길 구간을 따라 단풍이 터널을 이룬다.

Ⓕ JR 산인본선 사가아라시야마역에서 도보 24분 Ⓣ 075-861-0687 Ⓞ 09:00~16:30 Ⓗ 연중무휴 Ⓟ 중학생 이상 500¥ Ⓦ https://nisonin.jp

기오지

祇王寺

MAP P.416A

여름엔 초록의 이끼가, 가을엔 떨어진 낙엽으로 붉게 물드는 정원이 인상적인 절이다. 사찰의 건물은 주택만 한 크기의 본당이 유일하다. 내부에는 계절에 따라 바뀐 나뭇잎의 색이 비쳐 '무지개 창'이라 부르는 둥근 요시노 창이 있다. 헤이안시대의 권력자에게 버림받은 여인이 비구니가 된 사연이 전해지며 4개의 목조 비구니상이 안치되어 있다.

Ⓕ 11·28·93번 시버스, 62·72·92·94번 교토버스 승차 후 사가쇼갓코마에 정류장 하차, 도보 10분 Ⓣ 075-861-3574 Ⓞ 09:00~16:50(입장은 16:30까지) Ⓗ 1월 1일 Ⓟ 어른 300¥, 초·중·고등학생 100¥ / 기오지 · 다이카쿠지 공통권 600¥ Ⓦ www.giouji.or.jp

아다시노 넨부츠지

あだし野念仏寺

MAP P.416A

약 1200년 전 코보대사가 창건한 정토종 사찰. 헤이안시대에 넨부츠지 절터는 풍장(화장 후 뼛가루를 바람에 날리는 장례 풍습)을 지내던 화장장이었다. 경내의 수천에 달하는 석불과 석탑은 옛날 이곳에 묻힌 사람들의 무덤이라 할 수 있다. '아다시'는 허무하다는 뜻으로 세상에 다시 태어나거나 극락정토로 가기를 바라는 소원이 담겨 있다.

구글 지도 **아다시노염불사(아다시노넨부츠지)**

Ⓕ 11·28·93번 시버스, 62·72·92·94번 교토버스 승차 후 사가쇼갓코마에 정류장 하차, 도보 22분 Ⓣ 075-861-2221 Ⓞ 09:00~17:00(입장은 16:30까지, 1·2·12월은 15:30까지) Ⓗ 부정기 Ⓟ 어른 500¥, 중·고등학생 400¥ Ⓦ www.nenbutsuji.jp

다이카쿠지

大覚寺

MAP P.416A

876년에 창건된 진언종 다이카쿠지파의 본산이다. 원래는 사가왕의 혼인 신방으로 사용할 별궁으로 만들었던 것이어서 사가고쇼라고도 부른다. 신전과 심경전을 연결하는 회랑을 따라 건물 내부와 정원의 풍경을 둘러볼 수 있다. 경내 커다랗게 자리한 오사와이케 연못 주변의 풍경도 아름답다. 일본의 사극 드라마 촬영지로 활용되기도 한다.

구글 지도 **대각사(다이가쿠지)**

Ⓕ 28·91번 시버스, 94번 교토버스 승차 후 다이카쿠지 정류장 하차 또는 JR 사가아라시야마역에서 도보 16분 Ⓣ 075-871-0071 Ⓞ 09:00~17:00(입장은 16:30까지) Ⓗ 연중무휴 Ⓟ 어른 500¥, 초·중·고등학생 300¥ Ⓦ www.daikakuji.or.jp

세이료지

清凉寺

MAP P.416A

본존의 석가여래상이 유명해 '사가샤카도'라는 이름으로 잘 알려진 정토종의 사찰. 국보로 지정된 석가여래상은 37세의 젊은 석가의 모습이라고 한다. 사가 왕의 열두 번째 왕자 미나모토노 토오루의 별장이었지만 사망 후 세이료지라 부르던 것이 이름의 유래가 되었다. 토오루는 《겐지모노가타리》의 주인공 히카루 겐지의 모델이라는 설도 있다.

Ⓕ 28·91번 시버스, 62·72·92·94번 교토버스 승차 후 사가샤카도마에 정류장 하차, 도보 2분 또는 JR 사가아라시야마역에서 도보 15분 Ⓣ 075-861-0343 Ⓞ 09:00~16:00(레이호칸 특별 공개 4·5·10·11월) Ⓗ 연중무휴 Ⓟ 어른 400¥, 중·고등학생 300¥, 초등생 200¥ Ⓦ http://seiryoji.or.jp

% 아라비카 교토 아라시야마

% Arabica 京都嵐山

MAP P.416B
VOL.1 P.154

일명 '응커피'라고 불리는 곳으로, 교토에서 시작해 세계로 뻗어나간 커피숍 체인이다. 최근 아라시야마점이 인기가 가장 높은데, 이곳의 커피를 들고 호즈가와를 배경으로 찍는 사진이 아라시야마 대세 인증숏 장소일 정도. 에스프레소에 좋은 우유를 부은 '교토 라테'가 간판 메뉴로, 달콤하면서도 부드럽다. 소이 밀크, 오트 밀크 옵션도 가능하다.

구글 지도 **아라비카 % 카페 교토 아라시야마**

Ⓕ 케이후쿠 전철 아라시야마선(란덴 전철) 아라시야마역에서 도보 4분 Ⓣ 075-748-0057 Ⓞ 09:00~18:00 Ⓗ 부정기 Ⓟ 각종 커피 350~550¥, 밀크 옵션 소이 밀크 50¥, 오트 밀크 100¥ 추가 Ⓦ arabica.coffee

쇼라이안

松籟庵

MAP P.416B
VOL.1 P.141

아라시야마 공원 카메야마 지구 내 전망 좋은 곳에 자리한 두부 요리 전문점. 유도후를 비롯해 다양한 두부 요리를 정성스러운 카이세키 코스로 선보인다. 교토의 두부가 그려내는 다채로운 세계와 조우하는 인상적인 식사 경험을 할 수 있다. 예약은 필수라고 생각하는 것이 편하다. 원칙적으로는 전화 예약만 받으며 방문 예약은 가능하나 인터넷 예약은 불가능하다.

Ⓕ 케이후쿠 전철 아라시야마선(란덴 전철) 아라시야마역에서 도보 15분 Ⓣ 075-861-0123 Ⓞ 월~목요일 11:00~16:00, 금~일요일 11:00~16:00·17:30~20:00 Ⓗ 부정기 Ⓟ 카이세키 코스 4180~1만1000¥ Ⓦ shoraian.jp

요지야 카페 사가노아라시야마점

よーじやカフェ 嵯峨野嵐山店

MAP P.416B
VOL.1 P.161

마이코와 게이코가 사용하는 화장품 가게로 시작해 기름종이로 잘 알려진 요지야에서 운영하는 카페. 여러 지점이 있었지만 현재는 교토역 지하 포르타점과 아라시야마점만 남았다. 화장품처럼 대부분 음료와 디저트 메뉴에 요지야의 로고인 여자 얼굴이 그려져 있는 것이 특징이다. 우지 말차를 사용한 카푸치노와 파르페가 인기다.

Ⓕ JR 사가아라시야마역에서 도보 8분 Ⓣ 075-865-2213 Ⓞ 10:00~18:00(L.O 17:30) Ⓗ 연중무휴 Ⓟ 요지야 특제 말차 카푸치노 850¥ Ⓦ https://yojiyacafe.com

ENJOYING →

디오라마 교토 재팬

ジオラマ 京都 Japan

MAP P.416B

'철덕'이라면 절대 지나칠 수 없는 전시관. 교토를 작게 축소해놓은 철도 디오라마를 전시하는 곳으로 서일본에서 가장 큰 규모다. 교토역을 비롯해 정교하게 만든 교토의 명소와 유명 사찰 등의 건물이 디오라마에 빼곡하게 놓여 있고, 그 사이를 신칸센을 비롯한 여러 종류의 열차가 달린다. 전기 기관차의 운전석도 조작해볼 수 있다.

구글 지도 **Diorama Kyoto JAPAN**

Ⓕ JR 산인본선 사가아라시야마역 앞 토롯코사가역 내 Ⓣ 075-871-3994 Ⓞ 09:00~17:00(입장은 16:30까지, 사가노 토롯코 열차 운행 시간에 따라 변동) Ⓗ 부정기 Ⓟ 어른 530¥, 어린이 320¥(사가노 토롯코 열차 이용 시 어른 420¥, 어린이 210¥) Ⓦ www.sagano-kanko.co.jp/diorama.php

사가노 토롯코 열차
嵯峨野トロッコ列車

MAP P.416B
VOL.1 P.075

토롯코 사가역에과 토롯코 카메오카역 사이 호즈강을 따라 협곡을 달리는 관광 열차. 주변 경치를 즐길 수 있도록 느린 속도로 운행하는데, 편도 소요 시간은 26분이다. 창밖으로 때 묻지 않은 자연의 풍경을 즐길 수 있으며 크리스마스 등 이벤트 열차도 운행한다. 인기가 좋아 만석이 되는 경우가 많으니 홈페이지에서 사전 예약하는 것이 좋다.

구글 지도 도롯코사가

Ⓕ JR 산인본선 사가아라시야마역 앞 토롯코사가역 Ⓣ 075-861-7444 Ⓞ 09:02~17:04(운행 시간표 홈페이지에 공지) Ⓗ 수요일, 12월 30일~2월 말일(그 외 부정기 운휴일 홈페이지에 공지) Ⓟ 12세 이상 편도 880¥, 6~11세 편도 440¥ Ⓦ www.sagano-kanko.co.jp

호즈가와쿠다리
保津川下り

MAP P.416B
VOL.1 P.116

카메오카에서부터 아라시야마까지 협곡의 풍경을 감상하며 즐기는 뱃놀이. 1600년대 초반 교토의 상인이 탄바시와 교토시를 연결하는 호즈강 물길을 개척해 물자를 운반한 것에서부터 시작되었다. 계절마다 바뀌는 아름다운 풍경과 저마다 이름이 붙은 독특한 형상의 바위가 흥미를 더하고 코스 중간에 만나는 급류는 스릴을 더한다.

구글 지도 도게츠 교

Ⓕ 사가노 관광 철도 토롯코카메오카역에서 버스로 약 15분 Ⓣ 0771-26-5846 Ⓞ 09:00~17:00(운항시간 홈페이지에 공지) Ⓗ 부정기 Ⓟ 어른 6000¥, 4세~초등학생 4500¥ Ⓦ www.hozugawakudari.jp

에비스야 교토 아라시야마 총본점
えびす屋 京都嵐山總本店

MAP P.416B

일본의 왕족이나 귀족이 별장지로 아름다운 풍경을 즐겼던 아라시야마를 산책할 수 있는 관광용 인력거. 1992년에 아라시야마에서 3대의 인력거로 시작해 지금은 일본의 주요 관광지에 지점을 두고 있다. 인력거로 산책을 즐기며 기념 촬영은 물론, 주요 관광지 설명과 방문도 가능하다. 이용하는 코스에 따라 각기 다른 기념품을 제공한다.

구글 지도 Ebisuya Arashiyama Rickshaw

Ⓕ 케이후쿠 전철 아라시야마선(란덴 전철) 아라시야마역에서 도보 3분 Ⓣ 075-864-4444 Ⓞ 09:30~일몰(시즌에 따라 변동) Ⓗ 연중무휴 Ⓟ 4000~7만4500¥(코스와 인원에 따라 다름) Ⓦ www.ebisuya.com

우지 SIGHTSEEING →

뵤도인
平等院

MAP P.417C

10엔짜리 동전에 새겨진 봉황당의 전경과 1만 엔짜리 뒷면에 그려진 봉황의 모습으로 유명한 사찰. 후지와라 요시도리의 명으로 1052년에 창건되었다. 연못에 떠 있는 궁전 같은 아름다운 봉황당의 전경이 유명하다. 지붕에는 한 쌍의 황금색 봉황이 날개를 펼치고 있는데 지폐에 있는 그 봉황의 모습이다. 박물관 호쇼칸의 관람도 놓치지 말 것.

Ⓕ 케이한우지선 우지역에서 도보 8분, 또는 JR 나라선 우지역 남쪽 출구에서 도보 11분 Ⓣ 0774-21-2861 Ⓞ 정원 09:30~17:30, 호도 09:30~16:10, 호쇼칸 09:00~17:00 Ⓗ 연중무휴 Ⓟ 정원+호쇼칸 어른 700¥, 중·고등학생 400¥, 초등학생 300¥ Ⓦ www.byodoin.or.jp

우지카미 신사
MAP P.417C

宇治上神社

건조물이나 토지를 수호하는 신을 모시는 신사. 1060년에 지은 신사의 본당은 일본에 현존하는 신사 건축물 중 가장 오래된 것이다. 바이덴(배전)은 본당과 함께 일본 국보로 지정돼 있다. 바이덴 앞 '기요메노스나'라 부르는 2개의 원뿔형 모래 더미는 '깨끗한 모래'라는 뜻으로 설날이나 축제 때 경내에 뿌려 1년간 신사를 깨끗하게 해준다고.

구글 지도 **우지가미 신사**

Ⓕ 케이한우지선 우지역에서 도보 10분, 또는 JR 나라선 우지역 남쪽 출구에서 도보 17분 Ⓣ 0774-21-4634 Ⓞ 09:00~16:30 Ⓗ 연중무휴 Ⓟ 무료 Ⓦ www.pref.kyoto.jp/isan/ujigami.html

겐지모노가타리 뮤지엄
MAP P.417C

源氏物語ミュージアム

헤이안시대 중기에 무라사키 시키부가 쓴 장편소설 《겐지모노가타리》를 테마로 한 박물관. 《겐지모노가타리》는 일본 최초의 장편소설이자 고전문학의 걸작으로도 꼽힌다. 소설 마지막 10장의 공간적 배경이 우지시다. 소설과 관련된 전시물이 있고, 영화도 상영하며, 관련 강좌와 세미나가 열리기도 한다.

구글 지도 **우지시 겐지모노가타리 뮤지엄**

Ⓕ 케이한우지선 우지역에서 도보 9분, 또는 JR 나라선 우지역 남쪽 출구에서 도보 16분 Ⓣ 0774-39-9300 Ⓞ 09:00~17:00(입장은 16:30까지) Ⓗ 월요일(공휴일인 경우 다음 날), 연말연시 Ⓟ 어른 600¥, 어린이 300¥ Ⓦ www.city.uji.kyoto.jp/site/genji

EATING →

츠우엔차야
MAP P.417C
VOL.1 P.161

通圓茶屋

헤이안시대 말기인 1160년에 개업한 노포 찻집이다. 우지교의 보초로 일하던 은퇴한 사무라이가 지친 여행자에게 차를 대접하면서 시작됐다고 한다. 일본에서 가장 오래된 찻집이며 도요토미 히데요시와 토쿠가와 이에야스 같은 권력자도 이곳에서 차를 마셨다. 소설 《미야모토 무사시》에 나오는 원조 블렌드 차 무사시가 유명하다.

구글 지도 **츠엔혼텐**

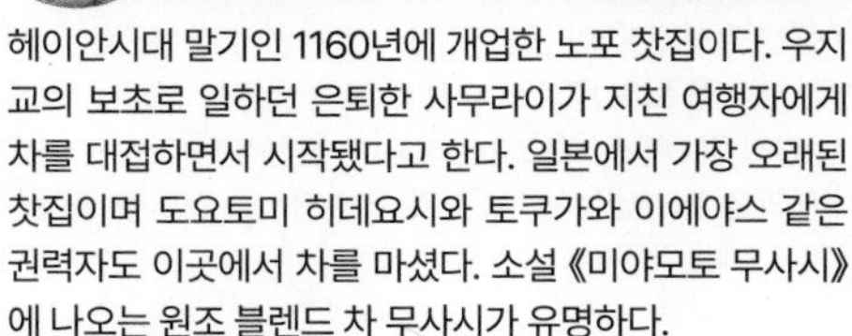

Ⓕ 케이한우지선 우지역에서 도보 3분, 또는 JR 나라선 우지역 남쪽 출구에서 도보 11분 Ⓣ 0774-21-2243 Ⓞ 09:30~17:30 Ⓗ 연중무휴 Ⓟ 만텐 말차 700¥, 만텐 말차와 과자 세트 900¥ Ⓦ www.tsuentea.com

ENJOYING →

우지 시영 다실 타이호안
MAP P.417C

宇治市営茶室 対鳳庵

우지차를 홍보하기 위해 시에서 운영하는 찻집. 헤이안시대에 당나라에서 전해졌다고 알려진 우지차는 시즈오카, 사야마와 함께 일본의 3대 녹차 산지로 불린다. 녹차 중에서도 가루로 만든 말차가 특히 유명한데, 떫고 쌉싸름한 맛 뒤에 단맛과 감칠맛이 느껴지는 것이 특징이다. 다다미가 깔린 방에서 일본식 다도 체험을 해볼 수 있다.

*타이호안 옆에 있는 우지시 관광 센터에서 티켓을 구입하면 된다.

Ⓕ 케이한우지선 우지역에서 도보 13분, 또는 JR 나라선 우지역 남쪽 출구에서 도보 14분 Ⓣ 0774-23-3334 Ⓞ 10:00~16:00 Ⓗ 12월 21일~1월 9일 Ⓟ 말차 1000~3000¥ Ⓦ www.city.uji.kyoto.jp/site/uji-kankou/7035.html

산젠인
三千院

MAP P.417D

대대로 왕족이 주지를 이어온 몬제키 사원. 슈헤키엔과 유세이엔, 삼나무가 어우러진 경내는 격조 높은 아름다움을 뽐낸다. 캬쿠덴 툇마루에 앉아 슈헤키엔을 바라보면 속세의 근심이 사르르 녹는 듯하다. 오조고쿠라쿠인(왕생극락원)에는 일본의 국보로 신자가 임종할 때 아미타여래와 그 수행자들이 극락정토에서 맞이하러 오는 모습을 표현한 3개의 불상, 아미타삼존좌상이 모셔져 있다. 이끼 정원 곳곳에 숨어 있는 귀여운 지장보살도 놓치지 말고 찾아보자.

Ⓕ 16·17·19번 교토버스 승차 후 오하라 정류장(종점) 하차, 도보 13분 Ⓣ 075-744-2531 Ⓞ 3~10월 09:00~17:00, 11월~12월 7일 08:30~17:00, 12월 8일~2월 28일 09:00~16:00 Ⓗ 연중무휴 Ⓟ 어른 700¥, 중·고등학생 400¥, 초등학생 150¥ Ⓦ www.sanzenin.or.jp

쇼린인
勝林院

MAP P.417D

1013년에 창건된 사찰로 정토종의 호넨과 천태종의 겐신이 논쟁을 펼친 '오하라 문답'의 장소로 유명하다. 본존불 아미타여래는 당시 호넨의 답변이 옳다는 증거로 손바닥에서 이상한 낌새를 보여 '증거의 아미타'라는 별명이 붙었다. 일본 쇼묘*가 시작된 교잔오하라의 중심 사찰로 훗날 일본 음악의 원천이 된 텐다이쇼묘의 발상지다. 불상 옆에 마련된 버튼을 누르면 쇼묘를 들을 수 있다. 사찰 입구 산도카와(현세와 내세의 경계에 있는 강)에 걸린 작은 다리를 건너면 극락정토인 사찰로 들어선다는 의미를 지닌다.

*쇼묘 : 법요 의식에서 경전을 노래처럼 부르는 종교 음악

Ⓕ 16·17·19번 교토버스 승차 후 오하라 정류장(종점) 하차, 도보 10분 Ⓣ 075-744-2409 Ⓞ 09:00~17:00(입장은 16:30까지) Ⓗ 연중무휴 Ⓟ 어른 300¥, 초등·중학생 200¥ Ⓦ www.shourinin.com

호센인
宝泉院

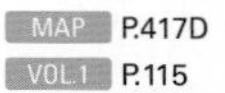

무료로 제공되는 말차와 화과자를 맛보며 약 700년 된 고목이 있는 액자 정원을 감상하는 신선놀음을 할 수 있다. 도요토미 히데요시 군대와 격전을 벌인 후 자결한 수백의 도쿠가와 이에야스 부하들의 피가 묻은 후시미성의 마루를 가져와 천장으로 사용했다는 이야기도 유명하다. '치유의 소리'라고 하는 스이킨쿠츠 대나무 구멍에도 귀를 대보자. 동굴 속 떨어지는 물방울의 반향음이 종소리처럼 들린다. 가을철 기간 한정 야간 라이트업도 놓칠 수 없는 볼거리다.

Ⓕ 16·17·19번 교토버스 승차 후 오하라 정류장(종점) 하차, 도보 10분 Ⓣ 075-744-2409 Ⓞ 09:00~17:00(입장은 16:30까지) Ⓗ 연중무휴 Ⓟ 어른 900¥, 중·고등학생 800¥, 초등학생 700¥(말차 이용권 포함) Ⓦ www.hosenin.net

잣코인
寂光院

MAP P.417D

594년에 쇼토쿠태자가 아버지인 요메이왕의 추모를 위해 지은 천태종의 비구니 사찰. 13세기 일본 군기 문학작품 《헤이케모노가타리》에도 등장하는 헤이시 무신 정권의 수장 타이라노 키요모리의 딸 타이라노 토쿠코가 정권이 몰락한 후 출가해 여생을 보낸 곳으로 유명하다. 방문 시 신청하면 경문을 베껴 쓰는 사경 체험을 해볼 수 있다. 캬쿠덴에서 말차를 마시며 잠시 휴식을 취해보자. 규모가 크지 않고 오하라 서쪽 끝에 있어 조용히 시간을 보내기 좋다.

Ⓕ 16·17·19번 교토버스 승차 후 오하라 정류장(종점) 하차, 도보 16분 Ⓣ 075-744-3341 Ⓞ 3~11월 09:00~17:00·09:00~16:30, 12월 10:00~16:00, 1월~2월 말일 09:00~16:30 Ⓗ 연중무휴 Ⓟ 고등학생 이상 600¥, 중학생 350¥, 초등학생 100¥ Ⓦ www.jakkoin.jp

1868년에 개항하면서 외국인과 서양 문물이 유입된 도시로 지금까지 곳곳에 이국적인 풍경이 남아 있는 효고현의 중심 도시다. 오사카만을 사이에 두고 칸사이 국제공항과 마주 보는 위치이며 동쪽 오사카까지는 전철로 20~30분 정도면 갈 수 있는 거리다. 교토가 1000년 전 일본 수도로서의 헤리티지를 간직한 도시라면 고베는 근대 개항기 이후에 급속히 발전하며 지금의 모습을 갖춘 도시다. 일본에서도 유명한 커피와 빵, 디저트 브랜드가 즐비하고 바다를 낀 항구의 풍경도 아름답다.

무작정 따라하기

Step 1

고베 시내 중심지로 이동하기

산노미야는 고베의 번화가이자 교통의 중심지이다. JR과 한큐, 한신 산노미야역이 한자리에 모여 있으며 지하철 세이신·야마테선도 지난다. 포트라이너와 여러 시내버스 노선의 출발점이며 시티 루프 버스, 포트 루프 버스까지 신칸센을 제외한 고베의 모든 대중 교통수단을 만날 수 있다.

오사카에서 고베 가기

JR

한큐, 한신 전철에 비해 조금 빠르지만 요금 또한 조금 비싸다. 오사카 시내에서 JR 오사카 순환선을 이용할 경우 JR 오사카역에서 산노미야행 전철로 바로 환승할 수 있어 사철에 비해 환승이 편하다.

출발역	중간 환승역	소요 시간 (환승 소요 시간 제외)	도착역	요금
JR 오사카역	-	신쾌속 21분	JR 산노미야역	420¥
JR 신오사카역	-	신쾌속 33분		570¥
JR 모리노미야역	JR 오사카역	보통 11분+ 신쾌속 21분		660¥
JR 텐노지역	JR 오사카역	야마토지 쾌속 15분+ 신쾌속 21분		740¥
JR 유니버설 시티역	JR 니시쿠조역 + JR 오사카역	보통 5분+ 야마토지 쾌속 5분+ 신쾌속 21분		660¥

사용 가능한 패스
JR 패스, JR 칸사이 와이드 패스, JR 칸사이 패스, JR 칸사이 미니 패스

한큐 전철

JR에 비해 요금이 저렴해 가성비가 좋다. 출발역이 오사카 우메다역이어서 오사카 시내 다른 지역에서 출발하는 경우 지하철을 이용한 뒤 한큐 오사카 우메다역까지 이동해야 하므로 환승이 다소 번거로울 수 있다.

출발역	소요 시간 (환승 소요 시간 제외)	도착역	요금
오사카 우메다역	특급 28분	고베 산노미야역	330¥

사용 가능한 패스
칸사이 레일웨이 패스, 한큐한신 1DAY 패스

한신 전철

한큐 전철과 조건이 비슷하지만 JR이나 한큐 전철에는 없는 난바에서 출발하는 직행 노선이 있어 오사카 난바역에서 출발할 때 편리하다.

출발역	소요 시간 (환승 소요 시간 제외)	도착역	요금
오사카 우메다역	직통 특급 31분	고베 산노미야역	330¥
오사카 난바역	쾌속 급행 41분		420¥

사용 가능한 패스
칸사이 레일웨이 패스, 한큐한신 1DAY 패스

교토에서 고베 가기

JR

한큐·한신 전철과 달리 환승 없이 갈 수 있는 직행이 있어 편리하다. 다만 가격이 2배 가까이 비싸다는 것이 단점이다. JR 패스 소지자는 신고베역까지 무료로 신칸센을 이용할 수 있다. JR 칸사이 와이드 패스 소지자의 경우 교토 → 신오사카 구간은 신칸센을 이용할 수 없다는 것에 주의하자.

출발역	중간 환승역	소요 시간 (환승 소요 시간 제외)	도착역	요금
JR 교토역	-	신칸센 히카리 28분	JR 신고베역	2870¥ (자유석)
JR 교토역	-	신쾌속 51분	JR 산노미야역	1110¥
JR 니조역	JR 교토역	보통 7분+ 신쾌속 51분		1340¥

JR 이나리역	JR 교토역	보통 5분+ 신쾌속 51분	JR 산노미야역	1340¥
JR 우지역		미야코지 쾌속 16분+ 신쾌속 51분		1520¥
JR 사가아라시야마역		쾌속 12분+ 신쾌속 51분		1520¥

사용 가능한 패스
신칸센 : JR 패스(노조미, 미즈호 제외)
그외 : JR 패스, JR 칸사이 와이드 패스, JR 칸사이 패스, JR 칸사이 미니 패스

한큐 전철

중간에 환승해야 한다는 불편함이 있지만 JR 대비 요금이 훨씬 저렴하다. 출발역이 교토 카와라마치역으로 JR과 다르다.

출발역	중간 환승역	소요 시간 (환승 소요 시간 제외)	도착역	요금
교토 카와라마치역	주소역	특급 38분+ 특급 24분	고베 산노미야역	640¥
카라스마역	주소역	특급 36분+ 특급 24분		640¥
오미야역	카츠라역+ 주소역	준급 7분+ 특급 30분+ 특급 24분		640¥
아라시야마역	카츠라역+ 주소역	준급 7분+ 특급 30분+ 특급 24분		640¥

사용 가능한 패스
칸사이 레일웨이 패스, 한큐한신 1DAY 패스

나라에서 고베 가기

JR

킨테츠·한신처럼 직통 노선이 없어 중간에 한 번 환승을 해야 한다는 것이 단점이다. JR 패스 소지자라면 JR 나라역에서 JR 교토역으로 이동해 신칸센(노조미, 미즈호 제외)을 이용하는 방법도 있다.

출발역	중간 환승역	소요 시간 (환승 소요 시간 제외)	도착역	요금
JR 나라역	JR 오사카역	야마토지 쾌속 52분+ 신쾌속 21분	JR 산노미야역	1280¥
JR 호류지역	JR 오사카역	야마토지 쾌속 41분+ 신쾌속 21분	JR 산노미야역	1110¥

사용 가능한 패스
JR 패스, JR 칸사이 와이드 패스, JR 칸사이 패스, JR 칸사이 미니 패스

킨테츠·한신 전철

오사카 난바역을 경유해 환승 없이 고베 산노미야역까지 운행하는 직통 노선이라 편하다는 것이 장점이다. 요금도 JR보다 조금 저렴하다.

출발역	소요 시간 (환승 소요 시간 제외)	도착역	요금
킨테츠 나라역	쾌속 급행 83분	고베 산노미야역	1100¥

사용 가능한 패스 칸사이 레일웨이 패스

히메지에서 고베 가기

JR

신쾌속은 한신 전철과 요금은 동일하지만 훨씬 빨라 가성비가 가장 좋은 교통수단이다. JR 칸사이 와이드 패스 소지자는 신칸센 노조미나 미즈호, 사쿠라를 이용할 경우 15~16분 만에 JR 신고베역에 도착할 수 있다.

출발역	소요 시간 (환승 소요 시간 제외)	도착역	요금
JR 히메지역	신칸센(히카리) 22분	JR 신고베역	2750¥ (자유석)
JR 히메지역	신쾌속 39분	JR 산노미야역	990¥

사용 가능한 패스
신칸센: JR 패스(노조미, 미즈호 제외), JR 칸사이 와이드 패스
신쾌속: JR 패스, JR 칸사이 와이드 패스, JR 칸사이 패스

한신 전철

JR 신쾌속과 요금이 동일하지만 시간이 더 오래 걸린다. 칸사이 레일웨이 패스 이용자에게 추천하는 노선이다.

출발역	소요 시간 (환승 소요 시간 제외)	도착역	요금
산요 히메지역	직통 특급 66분	고베 산노미야역	990¥

사용 가능한 패스 칸사이 레일웨이 패스

Step 2

고베 시내 교통 한눈에 보기

고베 시영 지하철과 광역 전철

고베 도심 지하철 노선은 크게 신고베역, 산노미야역을 지나는 세이신·야마테선과 항만 지역의 미나토모토마치역, 하버랜드역을 지나는 카이간선이 있다. 두 노선은 신나카타역에서만 환승 가능해 도심 가까운 거리도 돌아가야 하기 때문에 다소 비효율적이다. 산노미야역에서 2정거장, 호쿠신선 타니가미역에서 산다선으로 환승해 아리마온센역으로 갈 때 유용한 교통수단이다. 광역 전철은 JR과 한큐, 한신 전철이 지나며 산노미야역에서 모토마치역, 신나카타, 나다고고 지역으로 이동할 때 이용할 만하다.

고베 시영 지하철 1회 승차 요금

구간	어른 요금	어린이 요금
1구간~9구간 (호쿠신선 미포함)	210~470¥	105~235¥
호쿠신 1구간+1구간~8구간 (호쿠신선 포함)	280~510¥	140~255¥

노선별 주요 관광지

노선 이름	역 이름	주변 관광지
세이신·야마테선	신고베역	누노비키 폭포, 키타노이진칸, 키타노텐만 신사, 누노비키하브엔 & 로프웨이, 신칸센 환승역
	산노미야역	고베 한큐 백화점, 고베 마루이, 고베 산노미야 센터가이, 토어 로드 & 토어 웨스트, 이쿠타 신사
	켄초마에역	소라쿠엔
	신나카타역	철인 28호 모뉴먼트
카이간선	산노미야·하나도케마에역	고베 한큐 백화점, 고베 마루이, 고베 산노미야 센터가이, 고베 시청 전망 로비
	큐쿄류치·다이마루마에역	구 거류지, 모토마치 상점가, 난킨마치, 다이마루 고베점
	하버랜드역	고베 하버랜드, 고베항 크루즈, 고베 포트 타워, 메리켄 파크, 고베 해양 박물관·가와사키 월드
	신나카타역	철인 28호 모뉴먼트
JR	산노미야역	세이신·야마테선 산노미야역과 동일
	모토마치역	모토마치 상점가, 난킨마치, 다이마루 고베점
	고베역	카이간선 하버랜드역과 동일
	신나카타역	철인 28호 모뉴먼트
한큐	고베 산노미야역	세이신·야마테선 산노미야역과 동일
한신	이시야가와역	슈신칸
	스미요시역	하쿠츠루주조 자료관
	우오자키역	키쿠마사무네 주조 기념관, 사쿠라마사무네 기념관
	고베 산노미야역	세이신·야마테선 산노미야역과 동일
	모토마치역	JR 모토마치역과 동일

포트라이너·롯코라이너

포트라이너는 산노미야역에서 포트 아일랜드로, 롯코라이너는 산노미야에서 롯코 아일랜드로 운행하는 고가 전철이다. 두 섬은 관광지보다 항구와 근린 시설, 공원 등이 주를 이루어 여행자의 방문이 많은 지역은 아니다. 칸사이 국제공항에서 베이 셔틀을 타고 산노미야로 갈 때 고베공항역에서 포트라이너를 이용하게 된다.

포트라이너 1회 승차 요금

구간	어른 요금	어린이 요금

1구간	210¥	100¥
2구간	250¥	120¥
3구간	290¥	140¥
4구간	340¥	170¥

롯코라이너 1회 승차 요금

구간	어른 요금	어린이 요금
1구간	210¥	100¥
2구간	250¥	120¥

시티 루프 버스·포트 루프 버스

고베 도심의 주요 관광지를 순환하는 버스. 고베 도심 여행자에게 가장 유용한 교통수단이다. 고베 도심 전역을 순환하는 시티 루프와 산노미야역에서 항만 지역을 순환하는 포트 루프, 2개 노선이 있다. 첫차와 막차 부근 시간대에는 버스가 노선 전체를 다 돌지 않고 중간에 운행이 종료되니 이 시간대에는 버스가 어디까지 운행하는지 시간표를 확인하자.

홈페이지 : 시티 루프 버스 www.shinkibus.co.jp/bus/cityloop
포트 루프 버스 www.shinkibus.co.jp/bus/portloop

1회 승차 요금

버스 종류	어른	어린이(초등학생 이하)
시티 루프 버스	260¥	130¥
포트 루프 버스	210¥	110¥

운행 시간

버스 종류	평일	토·일요일·공휴일
시티 루프 버스	08:18~21:10 (1일 39회 운행)	08:13~23:25 (1일 53회 운행)
포트 루프 버스	08:50~21:10 (1일 35회 운행)	08:55~21:10 (1일 35회 운행)

시티 루프 버스 & 포트 루프 버스 이용 방법

① 시티 루프(또는 포트 루프) 버스 정류장에 있는 운행 시간표에서 다음번 도착할 버스의 시간을 확인한다.

② 버스가 정류장에 도착하면 버스 앞면에 쓰인 운행 방면을 확인하고 뒷문으로 승차한다.

③ 자리에 앉아 정류장 안내 방송에 귀를 기울인다.

④ 도착할 정류장이 다가오면 하차 벨을 누른다.

⑤ 1회 승차일 경우 안내양(포트 루프 버스는 운전기사 옆 요금함)에게 요금을 지불한다. 1일/2일권 소지자는 승차권을 보여주면 된다.

⑥ 목적지에 도착하면 뒷문(포트 루프 버스는 앞문)으로 하차한다.

시티 루프 & 포트 루프 주요 정류장 주변 관광지

노선 이름	정류장	주변 관광지
시티 루프	1 카모메리아	고베 관광선 선착장, 모자이크, 고베 포트 타워, 메리켄 파크, 고베 해양 박물관·카와사키 월드
	2 하버랜드 (모자이크마에)	고베 하버랜드 우미에, 모자이크, 고베 크루즈 콘체르토, 고베 호빵맨 어린이 박물관 & 쇼핑몰
	4 난킨마치 (차이나타운)	난킨마치(차이나타운), 모토마치 상점가
	5 구거류지	구 거류지, 고베 시립 박물관
	6 산노미야 센터 가이 히가시구치	산노미야 센터가이, 고베 마루이, 고베 한큐 백화점
	7 치카테츠산노미야에키마에 (키타노이진칸·신고베 방면)	JR 산노미야역, 한큐 산노미야역, 지하철 산노미야역, 이쿠타 신사

시티 루프	8 키타노코보노 마치(토어 로드)	키타노 공방의 마을, 토어 로드 & 토어 웨스트
	10 키타노이진칸	키타노이진칸, 키타노텐만 신사
	11 누노비키하브 엔 & 로프웨이	누노비키 폭포, 누노비키하브엔 & 로프웨이
	12 신고베에키	신칸센 신고베역, 지하철 신고베역
	13 지카테츠 산노미야에키 (난킨마치·항구·하버랜드 방면)	JR 산노미야역, 한큐 산노미야역
	14 시야쿠쇼마에	고베 시청 전망 로비
	15 모토마치 쇼텐가이 (난킨마치마에)	모토마치 상점가, 난킨마치(차이나타운), 다이마루 고베점
	16 메리켄 파크	메리켄 파크, 고베항 지진 메모리얼 파크, 고베 해양 박물관· 카와사키 월드
	17 포트 타워마에	고베 포트 타워, 메리켄 파크, 고베 해양 박물관· 카와사키 월드
포트 루프	30 신고베 에키마에	신칸센 신고베역, 지하철 신고베역, 누노비키 폭포, 누노비키하브엔 & 로프웨이
	31 산노미야 에키마에	산노미야 센터가이, 고베 마루이, 고베 한큐 백화점, JR 산노미야역, 한큐 산노미야역
	32 시야쿠쇼· 히가시유엔치마에	고베 시청 전망 로비
	35 메리켄파크	시티 루프 버스 16 메리켄 파크 정류장과 동일
	36 포트 타워마에	고베 포트 타워, 메리켄 파크, 고베 해양 박물관· 카와사키 월드
	37 하버랜드	시티 루프 2 하버랜드(모자이크마에) 정류장과 동일
	38 카모메리아	시티 루프 버스 1 카모메리아 정류장과 동일
	41 히가시 유엔치마에	고베 시청 전망 로비
	42 산노미야센터 가이히가시구치	산노미야 센터가이, 고베 마루이, 고베 한큐 백화점, JR 산노미야역, 한큐 산노미야역

고베 시티 루프 & 포트 루프 버스 1일/2일 승차권

시티 루프 버스와 포트 루프 버스, 신키 버스 야마테선, 시내 노선버스(포트아일랜드선, 시라카와고베선)를 1일 또는 연속 2일 동안 무제한으로 이용할 수 있는 승차권. 포트 루프 버스 1회 승차 요금이 260¥이므로 세 번 이상 승차하면 이득이다. 고베 도심 관광지 곳곳을 둘러보려 한다면 가장 편리하고 가성비 좋은 방법이다. 승차권에서 이용하려는 날짜의 월, 일을 긁어 사용한다. 버스 하차 시 승차권의 날짜가 표시된 부분을 펼쳐서 보여주면 된다. 고베 시내 약 30개 관광 시설에서 입장료 할인 또는 특전 혜택을 받을 수 있다.

구입처 : 고베시 종합 인포메이션 센터(JR 산노미야역 남쪽), 신고베역 관광 안내소(JR 신고베역 개찰구 부근), 신키 버스 고베 산노미야 버스 터미널, 키타노 공방의 거리, 시티 루프 버스 차내(1일권만 가능)

1일/2일 승차권으로 이용 가능한 버스 노선

버스 종류	노선 이름	유효 운행 구간
시티 루프 버스	시티 루프	전체 구간
포트 루프 버스	포트 루프	전체 구간
신키 버스	야마테선 (山手線)	전체 구간 (산노미야센타가이히가시구치 ↔ 고베에키마에)
노선버스	포트아일랜드선 (ポートアイランド線)	①신고베에키 ↔ 산노미야에키마에 ↔ 고베포트오아시스마에 ②고베에키미나미구치 ↔ 고베포트오아시스마에
노선버스	시라카와이다이선 (白川台神戸線)	미나토카와코엔니시데구치 ↔ 고베에키

1일/2일 승차권 가격

승차권 종류	어른	어린이(초등학생 이하)
1일권	700¥	350¥
2일권	1000¥	500¥

Step 3

고베 여행 코스

고베 도심 핵심 관광지 100% 즐기기

산노미야 지역과 항만 지역까지 고베 도심의 주요 관광지를 하루에 돌아보는 코스.

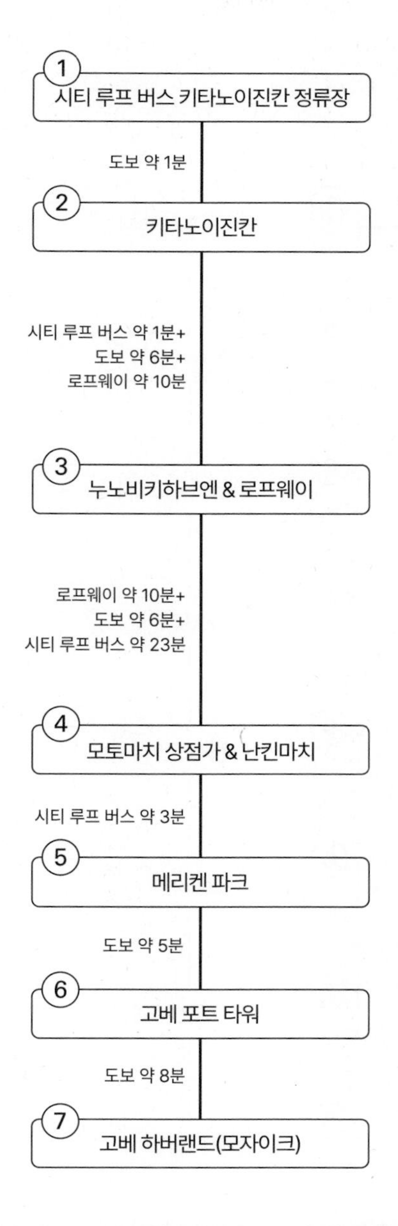

맛있는 술과 음식이 함께하는 애주가의 보람찬 체험 여행

고베 도심 동쪽, 술의 동네 나다고고에서 이름난 니혼슈를 만나보고 유명한 고베의 스테이크도 맛보자. 400m 높이에서 고베 도심 전경과 바다를 바라보며 차 한잔 마시는 여유도 부려볼 수 있다.

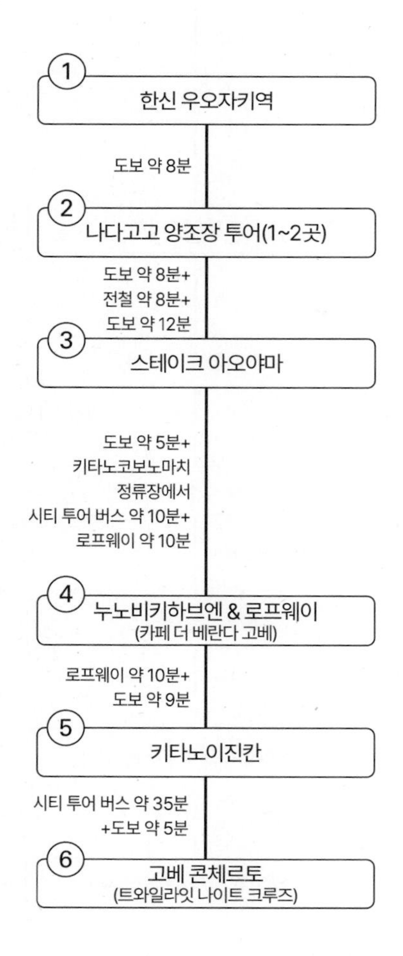

자연과 온천으로 힐링하는

롯코·아리마 1박 2일 휴식 코스

고베 도심 동쪽, 술의 동네 나다고고에서 이름난 니혼슈를 만나보고 유명한 고베의 스테이크도 맛보자. 400m 높이에서 고베 도심 전경과 바다를 바라보며 차 한잔 마시는 여유도 부려볼 수 있다.

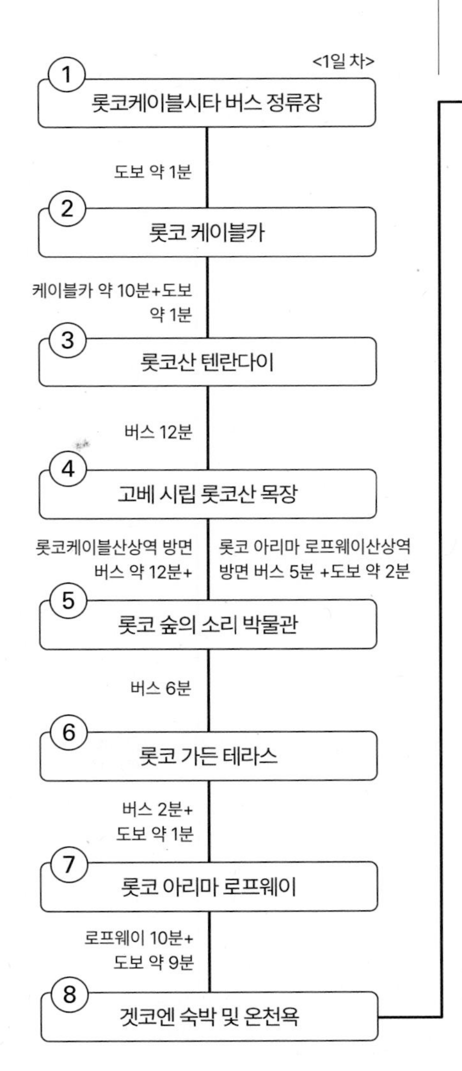

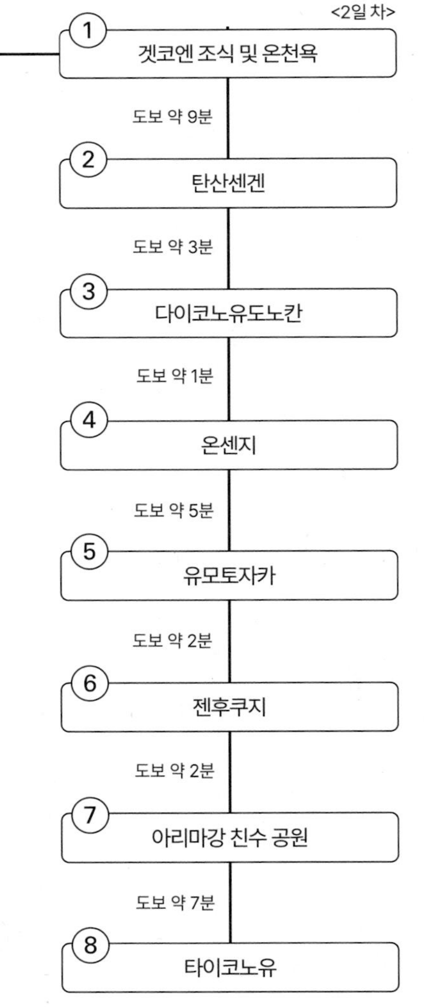

다이어트가 뭐예요?
디저트의 도시에서 맛있으면 0칼로리!

일본에서도 손꼽히는 커피와 빵, 디저트 브랜드가 즐비한 도시에서 즐기는 오감이 행복한 여행.

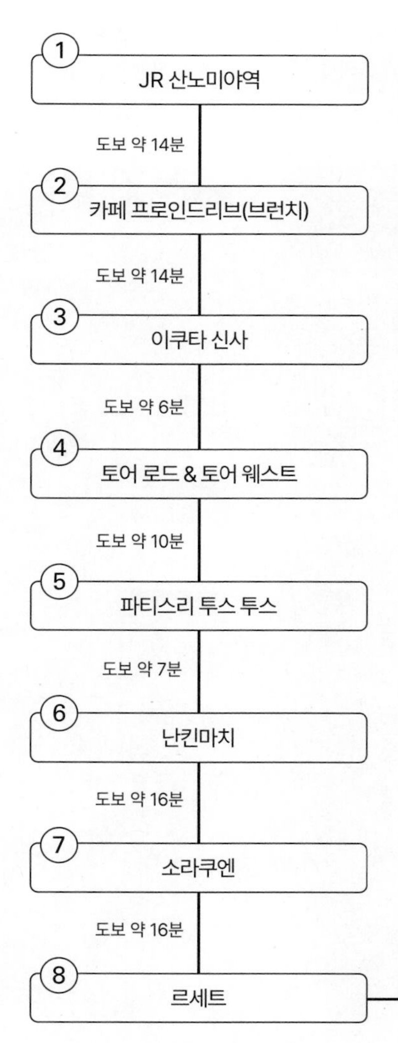

카페 프로인드리브 브런치

파티스리 투스 투스

9
마야 뷰라인 &
마야산 키쿠세이다이(야경)

가노초산초메 정류장에서
JR 롯코미치 방면 18번 버스 약 25분+
마야 케이블 & 곤돌라 15분+도보 약 1분

SANNOMIYA

산노미야

고베 최대의 번화가인 산노미야라는 지명은 산노미야역 인근에 있는 이쿠타 신사에서 유래한 것이다. 이쿠타 신사 안에는 8개의 작은 신사가 있는데, 그중 세 번째 신사를 뜻하는 산노미야 三宮가 지명으로 사용되었다. 산노미야역 주변은 JR과 한큐 전철, 한신 전철, 고베 시영 지하철, 포트라이너, 고속버스와 칸사이 공항 리무진 버스, 시내버스가 출발하고 도착하는 고베 교통의 중심지다. 한큐 백화점과 다이마루 백화점, 민트 고베 등 대형 백화점과 쇼핑몰, 상점가, 식당 및 가게가 밀집한 상업 지구로 고베 여행의 거점으로 적합한 지역이다.

교통 한눈에 보기

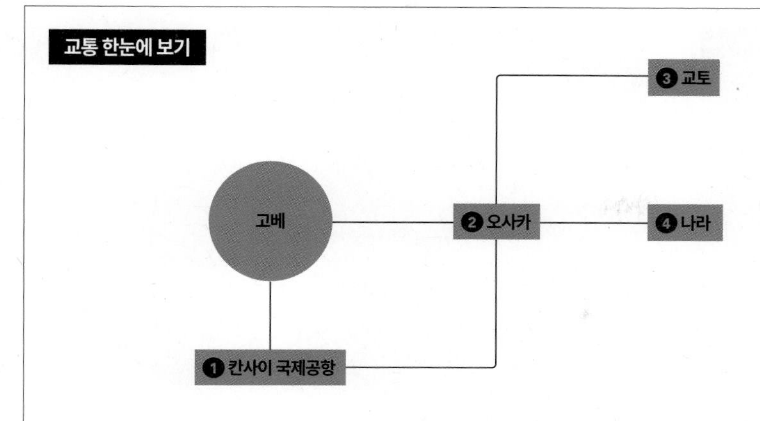

① 칸사이 국제공항→산노미야	JR(칸사이공항역-오사카역-산노미야역)	108분	1740¥
	칸사이 공항 리무진 버스(고베 산노미야행)	65분~	2200¥
	베이 셔틀(칸사이 국제공항-포트라이너 고베 공항역-산노미야역)	약 70분	외국인 할인가 840¥
② 오사카→산노미야	JR(오사카역-산노미야역)	22분	420¥
	한큐 전철(오사카우메다역-고베산노미야역)	27분~	330¥
	한신 전철(오사카우메다역-고베산노미야역)	31분~	330¥
	한신 전철(오사카난바역-고베산노미야역)	41분~	420¥
③ 교토→산노미야	JR(교토역-산노미야역)	53분	1110¥
	한큐 전철(교토카와라마치역-주소역-고베산노미야역)	72분~	640¥
④ 나라→산노미야	JR(나라역-오사카역-산노미야역)	약 80분	1240¥
	킨테츠 & 한신 전철(고베산노미야역-오사카난바역-킨테츠나라역)	85분	1100¥
⑤ 고베 항만 지역→산노미야	시티 루프 버스 또는 포트 루프 버스(하버랜드 정류장-산노미야 정류장)	약 15분	260¥ 또는 210¥

고베 산노미야 지역 다니는 방법

WALK 산노미야역에서 키타노이진칸까지는 도보 20분 거리여서 고베 도심의 가까운 관광지는 걸어서 이동 가능하다.

SUBWAY 산노미야역이나 키타노이진칸 주변 지역은 지하철을 이용할 필요가 없다. 고베 도심에서 외곽으로 이동할 때 지하철을 이용하면 좋다.

BUS 여행자에게는 고베 도심의 주요 관광지를 두루 거쳐 순환하는 시티 루프 버스가 유용하다.

TAXI 도심 내에서 이동하는 경우 이용할 일이 거의 없다. 필요에 따라 이용하자.

TO DO LIST

- ☐ 키타노이진칸 영국관 펍에서 음식 먹어보기

- ☐ 키타노이진칸 키타노 외국인 클럽에서 드레스 입고 기념 촬영하기

- ☐ 키타노이진칸 향기의 집 오란다관에서 나만의 향수 만들어보기

- ☐ 누노비키하브엔 카페 '더 베란다 고베'에서 뷰 감상하며 디저트 즐기기

- ☐ 일본에서도 유명한 고베규 또는 스테이크 먹어보기

- ☐ 고베의 커피와 유명한 베이커리의 디저트 맛보기

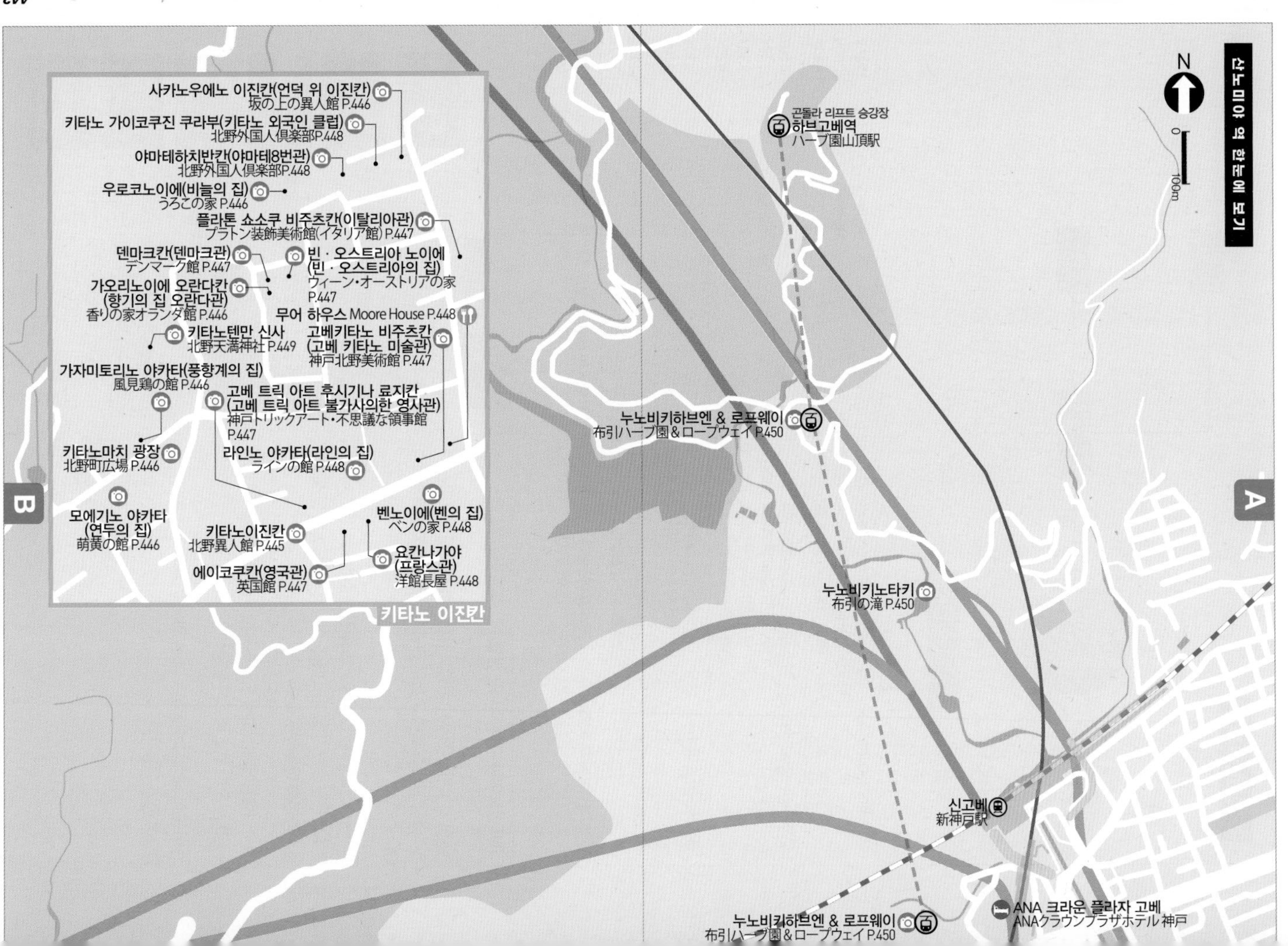
산노미야 역 한눈에 보기
N
0
100m
A
B
곤돌라 리프트 승강장
하브고베역
ハーブ園山頂駅
누노비키하브엔 & 로프웨이
布引ハーブ園＆ロープウェイ P.450
누노비키노타키
布引の滝 P.450
신고베
新神戸駅
ANA 크라운 플라자 고베
ANAクラウンプラザホテル神戸
누노비키하브엔 & 로프웨이
布引ハーブ園＆ロープウェイ P.450
키타노 이진칸
사카노우에노 이진칸(언덕 위 이진칸)
坂の上の異人館 P.446
키타노 가이코쿠진 쿠라부(키타노 외국인 클럽)
北野外国人倶楽部P.448
야마테하치반칸(야마테8번관)
北野外国人倶楽部P.448
우로코노이에(비늘의 집)
うろこの家 P.446
플라톤 쇼소쿠 비주츠칸(이탈리아관)
プラトン装飾美術館(イタリア館) P.447
덴마크칸(덴마크관)
デンマーク館 P.447
빈 · 오스트리아 노이에
(빈 · 오스트리아의 집)
ウィーン・オーストリアの家
P.447
가오리노이에 오란다칸
(향기의 집 오란다관)
香りの家オランダ館 P.446
무어 하우스 Moore House P.448
키타노텐만 신사
北野天満神社 P.449
고베키타노 비주츠칸
(고베 키타노 미술관)
神戸北野美術館 P.447
가자미토리노 야카타(풍향계의 집)
風見鶏の館 P.446
고베 트릭 아트 후시기나 료지칸
(고베 트릭 아트 불가사의한 영사관)
神戸トリックアート・不思議な領事館
P.447
키타노마치 광장
北野町広場 P.446
라인노 야카타(라인의 집)
ラインの館 P.448
모에기노 야카타
(연두의 집)
萌黄の館 P.446
키타노이진칸
北野異人館 P.445
벤노이에(벤의 집)
ベンの家 P.448
요칸나가야
(프랑스관)
洋館長屋 P.448
에이코쿠칸(영국관)
英国館 P.447

C

D

키타노 이진칸

카페 프로인드 리브 フロインドリーブ P.454

키타노마치 광장 北野町広場 P.446

가자미도리노 야카타(풍향계의 집) 風見鶏の館 P.446

키타노이진칸 北野異人館 P.445

스타벅스 키타노이진칸점 スターバックスコーヒー 神戸北野異人館店 P.455

우로코노이에 うろこの家 P.446

사카노 우에노 이진칸 坂の上の異人館 P.446

키쿠초 키타노자카점 菊兆 北野坂店 P.451

레멘타로 산노미야 본점 らあめんたろう 三宮本店 P.451

니시무라 커피 나카야마테 본점 神戸にしむら珈琲店 中山手本店 P.455

르세트 Recette P.454

이쿠타 신사 生田神社 P.449

고베비프스테키 모리야 본점 神戸ビーフステーキ モーリヤ本店 P.451

스테이크 아오야마 ステーキ青山 P.454

토어 로드 トアロード P.449

몬 もん P.452

타코고야 蛸之徳 P.455

이스즈 베이커리 이쿠타 로드점 イスズベーカリー 生田ロード店 P.453

산리오 기프트 게이트 Sanrio Gift Gate

토어 웨스트 トアウエスト P.449

마리아주 드 파리 고베점 マリアージュ フレール 神戸店 P.455

모토마치역 元町駅

산노미야역 三ノ宮駅

산노미야역 三ノ宮駅

아 라 캉파뉴 산노미야점 ア・ラ・カンパーニュ 三宮店 P.453

고베산노미야역 神戸三宮駅

스테이크랜드 고베점 ステーキランド 神戸店 P.450

레드 록 본점 レッドロック 本店 P.451

모로조프 고베 본점 モロゾフ 神戸本店 P.453

민트 고베 ミント神戸

고베 마루이 神戸マルイ

고베 한큐 백화점 神戸阪急

블랑제리 콤시노와 ブランジェリー コム・シノワ P.453

비고노미세 고베 고쿠사이 가이칸점 ビゴの店 神戸国際会館店 P.454

산노미야·하나도케이마에역 三宮・花時計前駅

파티스리 투스투스 본점 パティスリー トゥース トゥース 本店 P.452

복산 산노미야점 ボックサン 三ノ宮店 P.452

규쿄류치·다이마루마에역 旧居留地・大丸前駅

동크 다이마루 고베점 ドンク 大丸神戸店 P.452

켄초마에역 県庁前駅

훼미리마트 편의점

소라쿠엔 相楽園 P.449

비너스 브리지 ビーナスブリッジ P.450

산노미야 추천 코스

산노미야 역·키타노이진칸 주변

시티 루프 버스 1일권을 소지하고 있다면 지하철을 이용하지 말고 조금 돌아가더라도 시티 루프 버스를 이용해 이동한다. 키타노이진칸과 누노비키하브엔에서 머무는 시간에 따라 전체 일정의 소요 시간이 크게 달라진다. 본인의 취향에 따라 시간을 안배하도록 하자. | **소요 시간 : 약 7시간**

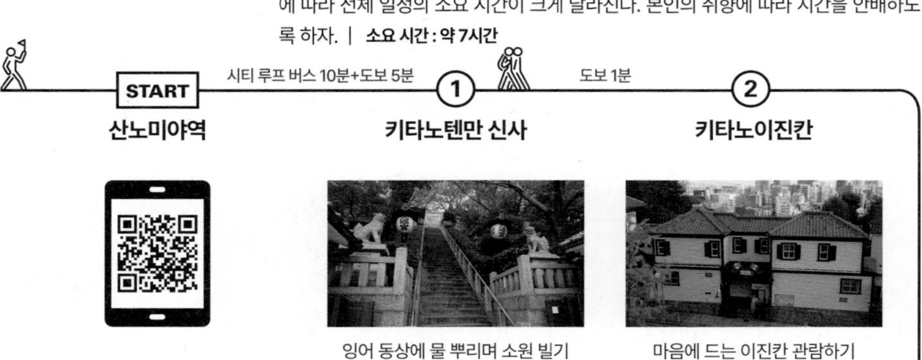

잉어 동상에 물 뿌리며 소원 빌기

마음에 드는 이진칸 관람하기

도보 12분+로프웨이 10분

로프웨이 10분+도보 20분

도보 14분+지하철 2분+도보 5분

③ 누노비키하브엔

정원과 향기의 자료관 등 둘러보고
더 베란다 고베에서 디저트 먹기

④ 누노비키 폭포

폭포 풍경 감상하며
잠시 휴식 취하기

⑤ 토어로드&토어 웨스트

카페와 상점 둘러보기

키타노이진칸
北野異人館

MAP P.442B
VOL.1 P.099

고베 도심 북부에 서양 건축양식으로 지은 주택이 모여 있는 구역으로 고베 개항기에 외국인들이 거주하던 동네다. 1854년에 미국에 의해 처음 일본이 개항되고 개항지가 점차 확대되면서 1868년에 고베항도 개항되었다. 이후 고베를 방문하는 외국인의 수가 늘어나면서 치외법권 구역인 거류지의 용지가 부족해졌다. 이에 일본 정부는 일본인과 함께 어울려 살 수 있도록 동쪽으로 이쿠타카와, 서쪽으로 우지카와로 한정해 새로운 거주지를 지정했다. 남쪽으로 고베항을 조망할 수 있는 키타노 지역에 유럽풍 외국인 주택이 생겨난 것이 키타노이진칸의 시작이다. 이후 태평양전쟁을 거치고 도시의 발달로 빌딩과 재건축이 늘어나며 대부분의 이진칸이 사라지고 10여 채의 건물만이 남아 지금의 모습에 이르렀다. 현재는 옛 이진칸의 특성을 살린 전시관으로 운영된다. 100여 년 전 생활 모습과 이국적인 건축물, 생활 도구 등을 둘러볼 수 있다. 관람하고 싶은 이진칸이 여러 곳이라면 할인 패스도 고려해볼 수 있다. 2개, 3개, 4개, 7개의 이진칸을 묶어 관람할 수 있는 할인 패스를 판매한다. 본인의 취향을 고려해 고르면 된다.

구글 지도 기타노이진칸

Ⓕ 지하철 산노미야역 북1번 출구에서 도보 20분 또는 시티 루프 버스 키타노이진칸 정류장에서 하차 후 도보 4분 Ⓣ 078-251-8360(키타노 관광안내소) Ⓞ 전시관에 따라 다름 Ⓗ 전시관에 따라 다름 Ⓟ 할인 패스 : 키타노 7관 주유 패스(중학생 이상 3300¥, 초등학생 880¥, 우로코노이에 & 전망 갤러리, 야마테하치반칸, 키타노가이코쿠진 클럽, 사카노우에노이진칸, 에이쿠코칸, 요칸나가야, 벤노이에) / 야마노테 4관 패스(중학생 이상 2200¥, 초등학생 550¥ 우로코노이에 & 전망 갤러리, 야마테하치반칸, 키타노가이코쿠진 클럽, 사카노우에노이진칸) / 키타노도리 3관 패스(중학생 이상 1540¥, 초등학생 330¥, 에에코쿠칸, 요칸나가야, 벤노이에) / 3관 공통권(어른 1400¥, 중·고등학생 1000¥, 초등학생 700¥, 카오리노이에 오란다칸, 덴마크칸, 빈·오스트리아노이에) / 2관 공통권(650¥, 카자미토리노야카타 · 모에기노야카타) Ⓦ www.kobeijinkan.com

키타노이진칸 핵심 볼거리

1 **키타노마치 광장**
北野町広場

이진칸이 모여 있는 동네 입구에 조성된 작은 커뮤니티 광장. 광장 한쪽에 키타노 관광 안내소가 자리하며, 광장 곳곳엔 작은 분수대와 악기를 연주하는 동상, 화분이 놓여 있다. 군것질을 하며 벤치에 앉아 잠시 휴식을 취하기 좋다.

---

2 **우로코노이에(비늘의 집)**
うろこの家

'비늘의 집'이라는 이름은 물고기의 비늘을 닮은 외벽 때문에 붙었다. 원통형 벽면이 어우러져 있어 얼핏 중세 유럽의 성처럼 보이기도 한다. 키타노에 있는 이진칸 중에서도 이곳에서 고베항 쪽을 바라보는 전망이 좋다.

Ⓞ 4~9월 09:30~18:00, 10~3월 09:30~17:00 Ⓗ 부정기 Ⓟ 중학생 이상 1100¥, 초등학생 220¥ Ⓦ https://kobe-ijinkan.net/uroko

---

3 **카자미토리노 야카타 (풍향계의 집)**
風見鶏の館
2023년 10월 1일부터 공사로 인한 장기 휴관

키타노마치 광장에서 가장 먼저 눈에 띄는, 키타노이진칸의 랜드마크 같은 건물이다. 키타노마치의 상징으로도 여겨지는 삼각형 지붕의 닭 모양 풍향계 때문에 풍향계의 집이라는 이름이 붙었다. 붉은색 벽돌을 사용해 1909년경에 독일인 무역상의 집으로 지은 건물이다.

Ⓞ 09:00~18:00 Ⓗ 2·6월 첫째 주 화요일(공휴일인 경우 다음 날) Ⓟ 어른 500¥(시티 루프 버스 1일 승차권 소지 시 450¥), 고등학생 이하 무료 Ⓦ https://kobe-kazamidori.com

---

4 **모에기노 야카타(연두의 집)**
萌黄の館

1903년에 미국 총영사의 자택으로 지은 건물. 100여 년 전 지은 미국식 건물의 전형을 보여주는 듯한 목조건물로 마치 마크 트웨인의 소설 속에 나올 것 같은 모습이다. 건물을 연두색으로 칠해 '연두의 집'이라는 이름이 붙었다. 내부는 100년 전 소박한 생활 모습을 엿볼 수 있으며, 2층 창가 복도는 포토 스폿으로도 인기를 끌고 있다.

Ⓞ 09:30~18:00 Ⓗ 2월 셋째 주 수요일~목요일 Ⓟ 어른 400¥, 고등학생 이하 무료

---

5 **카오리노이에 오란다칸 (향기의 집 오란다관)**
香りの家オランダ館

오랜동안 네덜란드 총영사가 거주하던 주택으로 내부엔 당시 사용하던 가구도 전시하고 있다. 네덜란드를 주제로 하는 이진칸이어서 봄철의 튤립과 네덜란드 전통 의상, 나막신 등도 볼 수 있다. 매장에서는 여러 가지 잡화와 함께 향수를 판매하는데, 좋아하는 여러 가지 향을 조합해 나만의 향수도 만들어 구입할 수도 있다.

Ⓞ 10:00~17:00 Ⓗ 부정기 Ⓟ 어른 700¥, 중·고생 500¥, 초등학생 300¥ Ⓦ www.orandakan.shop-site.jp

---

6 **사카노우에노 이진칸 (언덕 위 이진칸)**
坂の上の異人館

지금의 이름으로 바뀌기 전까지 중국 영사관으로 부르던 이진칸. 키타노 지역의 이진칸 중 유일하게 동양의 분위기를 머금은 곳이다. 내부에는 명나라와 청나라시대의 가구와 미술품 도자기 등으로 장식되어 있다. 안뜰에 입을 벌린 한 쌍의 사자 사이를 걸어 통과하면 커플의 애정이 높아진다는 얘기도 있다.

Ⓞ 10:00~17:00 Ⓗ 평일(토·일요일·공휴일만 개관) Ⓟ 중학생 이상 550¥, 초등학생 110¥ Ⓦ https://kobe-ijinkan.net/sakanoue

7 **덴마크칸(덴마크관)**
デンマーク館

원통형 건물 내부에는 원래 크기의 1/2로 축소해 만든 것이라는 바이킹 배에는 귀여운 모습의 바이킹 인형도 놓여 있다. 덴마크의 유명한 동화 작가 안데르센의 서재가 재현되어 있으며, 인어공주 동상도 이곳에서 만날 수 있다.
Ⓞ 10:00~17:00 Ⓗ 부정기 Ⓟ 중학생 이상 500¥, 초등학생 300¥ Ⓦ www.orandakan.shop-site.jp

8 **고베키타노 비주츠칸**
(고베 키타노 미술관)
神戸北野美術館

1898년에 지어 1978년까지 미국 영사의 관저로 사용하던 건물. 현재는 제휴를 맺은 프랑스 파리 몽마르트르 화가들의 작품을 전시하는 미술관으로 이용된다. 내부 공간 중 일부는 카페로 사용해 작품을 감상하며 잠시 쉬어 가기 좋다.
Ⓞ 09:30~17:30 Ⓗ 부정기 Ⓟ 중학생 이상 500¥, 초등학생 300¥ Ⓦ www.kitano-museum.com

9 **고베 트릭 아트**
후시기나 료지칸
(고베 트릭 아트
불가사의한 영사관)
神戸トリックアート・不思議な領事館

1900년대 초반에 지어 태평양전쟁 이후에는 파나마 영사관으로 사용하던 건물이다. 2010년대 중반까지 파나마 영사관을 주제로 한 전시관이었다. 이후 내부를 모두 리뉴얼해 트릭 아트 전시관으로 바꾸었다. 고베에서 볼 수 있는 모습이나 명화를 주제로 한 것 등 재미있는 사진을 찍을 수 있는 여섯 가지 테마의 트릭 아트를 만날 수 있다.
Ⓞ 10:00~17:00 Ⓗ 부정기 Ⓟ 중학생 이상 800¥, 초등학생 200¥ Ⓦ https://kobe-ijinkan.net/trick

10 **빈·오스트리아 노이에**
(빈·오스트리아의 집)
ウィーン・オーストリアの家

오스트리아의 생활과 문화를 엿볼 수 있는 전시물, 모차르트와 관련된 전시물을 볼 수 있는 이진칸. 합스부르크의 유일한 여성 통치자였던 마리아 테레지아의 모습이 담긴 벽화와 100여 년 전 그림을 바탕으로 모차르트가 태어난 방을 재현한 곳을 만날 수 있다. 야외 노천 리큐어 숍에서는 오스트리아 맥주와 와인도 판매한다.
Ⓞ 10:00~17:00 Ⓗ 부정기 Ⓟ 중학생 이상 500¥, 초등학생 300¥ Ⓦ www.orandakan.shop-site.jp

11 **플라톤 쇼소쿠 비주츠칸**
(이탈리아관)
プラトン装飾美術館(イタリア館)

키타노 지역의 이진칸 중에서 유일하게 소유주가 거주하며 공개하고 있는 곳이다. 세월의 흔적이 묻은 이탈리아 감성을 가득 품은 건물과 주인장이 유럽에서 수집한 18~19세기 미술품, 생활용품이 실내를 가득 채우고 있다. 주말과 공휴일에 카페로 운영하는 풀장 딸린 정원 테라스에선 차와 디저트를 맛볼 수 있다.
Ⓞ 09:30~17:00 Ⓗ 12월 30~1월 2일 Ⓟ 어른 800¥, 중·고등학생 500¥

12 **에이코쿠칸(영국관)**
英国館

1909년에 영국인이 설계한 이진칸. 건축 당시 모습을 그대로를 유지하고 있다. 정문을 들어서자마자 고풍스러운 검은색 차량이 시선을 끈다. 아서 코넌 도일의 추리소설에 나오는 베이커 거리 221B번지는 소설 속 홈스와 왓슨의 모습이 실감 나는 소품과 함께 재현되어 있다. 고풍스러운 영국식 펍에서 가볍게 한잔 즐길 수도 있다.
Ⓞ 4~9월 09:30~18:00, 10~3월 09:30~17:00 Ⓗ 부정기 Ⓟ 중학생 이상 880¥, 초등학생 220¥ Ⓦ https://kobe-ijinkan.net/england

13	**키타노 가이코쿠진 쿠라부 (키타노 외국인 클럽)** 北野外国人倶楽部	개항기 회원제로 이용하던 외국인 사교장을 재현한 이진칸. 입구에 사자상이 있어 라이온 하우스 3호관이라 불렸다. 프랑스 부르봉 왕조의 귀족 저택에 있던 목제 벽난로와 중세의 부엌, 침실, 마차 등을 볼 수 있다. 별도의 비용을 내면 45분간 마음에 드는 드레스를 입고 사진을 촬영할 수도 있다(1일 4팀 이용 가능). 예약이 필요하지만 방문시 예약자가 없다면 당일 이용도 가능하다. Ⓞ 4~9월 09:30~18:00, 10~3월 09:30~17:00 Ⓗ 부정기 Ⓟ 중학생 이상 550¥, 초등학생 110¥ Ⓦ https://kobe-ijinkan.net/club	
14	**요칸나가야(프랑스관)** 洋館長屋	1908년에 2가구가 거주할 수 있도록 한 외국인 아파트로 지어 좌우가 대칭을 이룬 독특한 구조를 띤다. 실내에는 나폴레옹 시대와 19세기 말 가구가 배치돼 있다. 19세기 말에 만든 여행용루이 비통 골동품 트렁크가 특히 눈에 띈다. 에밀 갈레와 돔 형제의 유리공예품, 아르누보시대의 작품 등도 볼 수 있다. Ⓞ 4~9월 09:30~18:00, 10~3월 09:30~17:00 Ⓗ 부정기 Ⓟ 중학생 이상 550¥, 초등학생 110¥ Ⓦ https://kobe-ijinkan.net/france	
15	**벤노이에(벤의 집)** ベンの家	영국인 사냥가였던 벤 엘리슨을 기리는 박물관으로 동물의 박제품을 전시해놓은 이진칸. 전시된 박제는 벤이 모두 사냥한 것은 아니라고 한다. 시선을 끄는 커다란 북극곰부터 조그만 나비 표본에 이르기까지 종류와 수도 상당하다. 독특한 전시관이긴 하지만 동물에 흥미가 없는 여행자라면 그다지 매력적이지 않을 수 있다. Ⓞ 4~9월 09:30~18:00, 10~3월 09:30~17:00 Ⓗ 부정기 Ⓟ 중학생 이상 550¥, 초등학생 110¥ Ⓦ https://kobe-ijinkan.net/ben	
16	**야마테하치반칸 (야마테8번관)** 山手八番館	의자에 앉으면 소원을 이루게 된다고 TV에 소개되어 일본에서도 화제가 된 새턴의 의자가 인기다. 19세기에 만든 이 의자는 원래 이탈리아의 교회에 있던 것을 가져왔다고 한다. 3대 조각 거장으로 꼽히는 로댕, 부르델, 베르나르의 작품과 피카소가 영향을 받았다는 탄자니아의 마콘데 조각, 인도 간다라와 태국의 불상도 전시돼 있다. Ⓞ 4~9월 09:30~18:00, 10~3월 09:30~17:00 Ⓗ 부정기 Ⓟ 중학생 이상 550¥, 초등학생 110¥ Ⓦ https://kobe-ijinkan.net/yamate	
17	**라인노 야카타(라인의 집)** ラインの館	1915년 프랑스인 J. R 드레웰 부인이 건축해 살던 주택이다. 다른 이진칸과는 달리 키타노의 이진칸에 대한 안내소 역할을 하는 곳으로 유일하게 입장료가 무료다. 이 지역에 이진칸이 지어진 이유 등에 대한 설명을 볼 수 있다. 설명 자료 외에 기본적인 가구와 생활용품도 있어 들러볼 만하다. Ⓞ 09:00~18:00 Ⓗ 2·6월 셋째 주 목요일(공휴일인 경우 다음 날) Ⓟ 무료 Ⓦ https://kobe-kazamidori.com/rhine	
18	**무어 하우스** Moore House	100여 년간 무어 가족이 거주하던 저택을 2020년에 티 룸으로 개조해 일반에 개방했다. 우아한 흰색 목조건물과 계단식 정원이 자리한 이진칸의 로망 같은 외관을 자랑한다. 커피, 홍차, 허브티 등의 음료 및 딸기와 계절 과일을 사용한 디저트를 주로 선보인다. 너무 덥거나 춥지 않다면 야외 테이블에 자리를 잡아볼 것. Ⓕ 키타노도리·키타노이진칸 매표소를 바라보고 길을 따라 오른쪽으로 약 100m Ⓣ 078-855-9789 Ⓞ 수~월요일 11:00~17:00 Ⓗ 화요일 Ⓟ 각종 음료 770¥, 딸기 밀푀유 단품 1500¥·음료 세트 2500¥ Ⓦ kitanomoore.com	

토어 로드 & 토어 웨스트
トアロード＆トアウエスト

MAP P.443C

산노미야역과 모토마치역 사이 남북으로 1km 정도 경사진 길, 토어 로드가 있다. 토어 웨스트는 토어 로드를 기준으로 서쪽의 구역을 말한다. 고베 개항 당시 비즈니스 구역이던 구 거류지 구역과 외국인의 거주지인 키타노 지역을 연결하는 길이었다. 지금도 이국적이고 세련된 의류와 잡화 매장, 카페, 셀렉트 숍 등이 들어서 있다.

Ⓕ 지하철 세이신·야마테선 산노미야역 W3 출구에서 도보 4분, 또는 한큐 고베선 고베산노미야역 서쪽 4번 출구에서 도보 4분, 또는 JR 모토마치역 동쪽 출구에서 도보 4분 Ⓞ 가게마다 다름 Ⓗ 가게마다 다름 Ⓟ 가게마다 다름 Ⓦ https://torroad.jp

이쿠타 신사
生田神社

MAP P.443C

산노미야 도심에 있는 신사. 정확한 창건 시기는 알려지지 않았는데, 일본에서 가장 오래된 신사 중 하나일 것으로 추측된다. 만물을 낳고 기르며 성장을 수호하는 신을 숭배해 연애와 결혼을 기원하는 사람들의 발길이 끊이지 않는다. 고베라는 지명과 산노미야라는 지명이 모두 이쿠타 신사에서 유래된 것이라고 알려져 있다.

Ⓕ 지하철 산노미야역 서쪽 3번 출구에서 도보 1분 Ⓣ 078-321-3851 Ⓞ 09:00~17:00 Ⓗ 연중무휴 Ⓟ 무료 Ⓦ https://ikutajinja.or.jp

소라쿠엔
相楽園

MAP P.443D

메이지시대 말기인 1900년대 초반에 전 고베 시장 부친의 저택에 조성한 정원. 봄에는 철쭉과 진달래가, 가을엔 빨간색 단풍이 정원을 덮는다. 소라쿠엔은 폭포가 있는 심산유곡과 강물이 바다로 흐르는 풍경을 축소해 표현한 지천회유식 정원이다. 바다를 상징한다는 연못 주위 돌다리와 징검돌을 건너며 찬찬히 정원의 풍경을 감상해보자.

Ⓕ 지하철 세이신·야마테선 켄초마에역 1번 출구에서 도보 4분 Ⓣ 078-351-5155 Ⓞ 09:00~17:00(입장은 16:30까지) Ⓗ 목요일(공휴일인 경우 다음 날) Ⓟ 15세 이상 300¥, 초등·중학생 150¥ Ⓦ www.sorakuen.com

키타노텐만 신사
北野天満神社

MAP P.442B

키타노마치 광장에서 계단을 오르면 만나는 작은 신사. 학문의 신 스가와라 미치자네를 모셔 학업 성취나 액막이를 위해 기도하려는 사람들이 주로 찾는다. 경내에 있는 잉어 동상에 물을 뿌리고 소원을 빌면 이루어진다고 한다. 매달 25일에는 플리마켓이 열린다. 벚꽃이 피는 시기에 여기서 바라보는 키타노마치와 고베 도심의 풍경이 아름답다.

구글 지도 **기타노텐만 신사**

Ⓕ 시티 루프 버스 키타노이진칸 정류장에서 하차 후 도보 4분 Ⓣ 078-221-2139 Ⓞ 07:30~17:00 Ⓗ 연중무휴 Ⓟ 무료 Ⓦ www.kobe-kitano.net

비너스 브리지

ビーナスブリッジ

MAP P.443D

키타노이진칸에서 서쪽, 스와야마 공원에 있는 전망 브리지. 마야산이나 롯코산에 비해 낮고 도심에서 가까워 고베의 스카이라인이 선명하게 보인다. 그만큼 야경도 아름답지만 밤에 차 없이 가는 길은 조금 으슥하기 때문에 주의가 필요하다. 연인들의 애정 표현을 상징하는 사랑의 자물쇠도 많이 걸려 있다.

구글 지도 Venus Bridge

Ⓕ 시버스 7번 승차 후 스와야마코엔시타 정류장에서 하차해 도보 20분 ⓞ 24시간 Ⓗ 연중무휴 Ⓟ 무료

누노비키노타키

布引の滝

MAP P.442A

신칸센이 정차하는 신고베역 뒤쪽, 고베 도심을 남북으로 흐르는 이쿠타강 상류에 있는 폭포. 도심과 가까운 곳에 이런 폭포가 있다는 사실도 놀랍지만 일본 폭포 백선에 꼽힐 정도로 아름다운 풍경을 자랑한다. 온타키, 멘타키, 메오토타키, 츠츠미가타키라는 이름이 붙은 4개의 폭포가 하나의 누노비키노타키(누노비키의 폭포)를 이룬다.

구글 지도 누노비키 폭포

Ⓕ JR·지하철 세이신·야마테선·호쿠신선 신고베역에서 도보 20분 ⓞ 24시간 Ⓗ 연중무휴 Ⓟ 무료

누노비키하브엔 & 로프웨이

布引ハーブ園 & ロープウェイ

MAP P.442A
VOL.1 P.106

일본 최대 규모의 허브 공원으로 테마가 다른 12개의 정원에 계절마다 색색의 꽃을 피우는 곳이다. 로프웨이 승강장에서 곤돌라에 탑승해 고베의 풍경을 감상하다 보면 어느새 공원에 닿는다. 발트부르크 성을 모티브로 만들었다는 레스트 하우스 주변은 독일 분위기가 물씬 풍긴다. 카페에서 고베 풍경을 감상하며 차를 마시는 것도 좋다.

구글 지도 고베 누노비키 허브정원/로프웨이

Ⓕ 신고베역에서 도보 5분, 누노비키 로프웨이 탑승 Ⓣ 078-271-1160 ⓞ 10:00~17:00 또는 10:00~20:30(기간, 요일에 따라 다름, 홈페이지 참조) Ⓗ 연중무휴 Ⓟ 고등학생 이상 편도 1400¥, 왕복 2000¥(로프웨이+허브원 입장료) Ⓦ www.kobeherb.com

EATING →

스테이크랜드 고베점

ステーキランド 神戸店

MAP P.443C

가성비를 중요시하는 여행자를 사로잡은 스테이크 전문점이다. 오전 11시부터 오후 2시까지 일반 소고기를 사용해 서비스 런치를 운영하는데, 이 시간에는 고기의 부위와 양에 따라 1200¥부터 4500¥ 이하의 금액으로 스테이크를 즐길 수 있다. 본격적인 와규나 고베규 코스도 다른 식당에 비해 조금 저렴한 편이다. 맛보다 가성비!

Ⓕ 한큐고베선 고베산노미야역 서쪽 2번 출구에서 바로 Ⓣ 078-332-1653 ⓞ 11:00~22:00(L.O 21:00) Ⓗ 부정기 Ⓟ 스테이크(L) 150g 런치 1700¥, 텐더 스테이크 160g 디너 6000¥ Ⓦ https://steakland-kobe.jp

레드 록 본점
レッドロック 本店

MAP P.443C
VOL.1 P.134

얇게 썰어낸 소고기를 쌓아 올리고 채소와 요거트 소스, 달걀을 얹은 덮밥으로 로스트비프동의 유행을 선도한 곳. 맛 외에도 비교적 저렴한 가격과 한 끼 식사로 든든한 양, 혼자도 먹을 수 있는 소고기라는 판매 전략이 인기의 비결이다. 이제는 가격이 꽤 올랐지만, 일본 여러 미디어에 소개되어 인기를 얻으며 지점을 확장해가고 있다.

구글 지도 레드락 본점

🅕 한큐 전철 산노미야역 서쪽 4번 출구 방향 고가 철로 아래 상점가 내 🅣 078-334-1030 ⊙ 11:30~21:30(L.O 21:00) / 연말연시 영업시간 변동 있을 수 있음 🅗 연중무휴 🅟 로스트 비프동(레귤러) 1300¥, 스테키동(레귤러) 1800¥ Ⓦ www.redrock-kobebeef.com

고베비프스테키 모리야 본점
神戸ビーフステーキ モーリヤ 本店

MAP P.443C
VOL.1 P.127

1885년에 개업한 철판구이 스테이크 전문점. 모리야에서 맛의 비결로 꼽는 것이 고기의 품질인데 고베규의 원종인 다지마규 혈통 중 효고현의 계약 목장에서 출산 경험이 없는 암소 중 32개월 이상 살을 찌운 고기를 사용한다. 고베규 답게 고기가 입안에서 녹는다. 단점은 가볍게 맛보기엔 가격이 비싸다는 것. 홈페이지에서 예약이 가능하다.

구글 지도 모리야 본점

🅕 지하철 세이신·야마테선 산노미야역 E1 출구에서 도보 1분 🅣 078-391-4603 ⊙ 11:00~22:00(L.O 21:00) 🅗 부정기(홈페이지에 공지) 🅟 점심 우치모모 스테키 120g 6840¥, 고쿠조리브로스 스테키 150g 1만 7850¥ Ⓦ www.mouriya.co.jp

라멘타로 산노미야 본점
らぁめんたろう 三宮本店

MAP P.443C

토마토 라멘, 토마토 카레 라멘 같은 독특한 메뉴를 선보이며 인기를 모으는 라멘 전문점. 라멘과 사이드 메뉴를 원하는 것으로 선택해 세트 메뉴를 구성할 수도 있다. 크리미한 느낌의 국물을 머금은 돈코츠 라멘처럼 기본 메뉴도 충실하다. 한국인의 기준으로 조금은 어설픈 맛이지만 김치도 제공된다.

구글 지도 Ramen Taro Sannomiya Honten

🅕 지하철 세이신·야마테선 산노미야역 E8 출구에서 도보 3분 🅣 078-331-1075 ⊙ 11:00~22:00 🅗 연중무휴 🅟 타로짱 라멘 1050¥ Ⓦ https://kobe-ramentaro.com

키쿠초 키타노자카점
菊兆 北野坂店

MAP P.443C

효고현의 아카시시의 향토 음식인 아카시야키 전문 식당으로 1970년에 개업한 키쿠초의 지점이다. 아카시야키는 소스를 뿌려 먹는 타코야키와 달리 가다랑어로 우려낸 국물에 담갔다 먹는다는 차이가 있다. 문어를 품은 반죽은 달걀을 넣어 부드러운 식감을 낸다. 관광객이 없는 현지 노포 분위기를 즐기기에도 좋다.

구글 지도 菊兆 北野坂店

🅕 지하철 세이신·야마테선 산노미야역 E8 출구에서 도보 3분 🅣 078-331-9813 ⊙ 17:00~다음 날 02:00 🅗 일요일 🅟 아카시야키 680¥ Ⓦ https://kikucho.shop

몬
もん

MAP P.443C

레트로한 느낌의 서양식 음식점으로 우리나라로 치면 추억의 경양식집 느낌의 식당이다. 대표 메뉴인 비프 커틀릿을 비롯해 돈카츠, 새우튀김, 굴튀김, 크로켓, 오믈렛, 스키야키, 샤부샤부 등 메뉴가 수십 가지에 이른다. 비프 커틀릿의 맛도 인테리어 만큼이나 레트로한 느낌이 나는데, 식감이 부드러운 고기와 바삭한 튀김옷이 잘 어우러진다.

구글 지도 **Mon**

Ⓕ 지하철 세이신·야마테선 산노미야역 W1 출구에서 도보 1분 Ⓣ 078-331-0372 ⓞ 11:00~21:00 Ⓗ 셋째 주 월요일 Ⓟ 비프 커틀릿 2640¥, 돈카츠 정식 1980¥

파티스리 투스투스 본점
パティスリー トゥーストゥース 本店

MAP P.443C

외관부터 인테리어까지 유럽풍의 세련되고 고급스러운 느낌이 가득한 디저트 전문점. 1층은 케이크나 쿠키를 판매하는 매장이고 2층은 럭셔리한 분위기의 티 살롱이다. 애프터눈 티세트와 과일로 만든 디저트, 크레페, 파스타 등을 맛볼 수 있다. 새콤한 과일과 벌꿀, 치즈 크림이 어우러져 상큼하면서 깔끔한 단맛을 낸다.

구글 지도 **Patisserie Tooth Tooth**

Ⓕ 지하철 규코류치·다이마루마에역 3번 출구에서 도보 2분 Ⓣ 078-334-1350 ⓞ 월~금요일 10:00~20:00(2층 11:00~19:00), 토·일요일 10:00~20:00(2층 11:00~20:00) Ⓗ 부정기 Ⓟ 크림 브륄레 990¥, 애프터눈 티 세트 3190¥~ Ⓦ https://toothtooth.com/patisserie-tooth-tooth

복산 산노미야점
ボックサン 三ノ宮店

MAP P.443C

고베에 기반을 둔 제과점으로 유럽의 제과 기술을 도입해 일본인의 입맛에 맞춘 과자를 만든다. 1935년에 처음 개업했고 1964년부터 운영 중인 2대 오너는 고베 마이스터이기도 하다. 이곳은 케이크가 맛있기로 유명한데, 폭신폭신한 스펀지 같은 느낌이 나는 빵이 특징이다. 거기에 생크림과 제철 과일을 듬뿍 올려 많은 인기를 얻고 있다.

구글 지도 **Bocksun**

Ⓕ 지하철 카이간선 규코류치·다이마루마에역 3번 출구에서 도보 1분 Ⓣ 078-391-3955 ⓞ 11:00~19:00(L.O 18:30) Ⓗ 1월 1일 Ⓟ 코다와리롤 346¥, 타쿠미 치즈 427¥ Ⓦ www.bocksun.com

동크 다이마루 고베점
ドンク 大丸神戸店

MAP P.443C
VOL.1 P.163

프랑스 빵 특유의 바삭바삭한 빵 껍질과 촉촉한 속을 만들기 위해 프랑스에서 전용 가마를 수입해 맛을 재현하는 빵집이다. 일본 내 여러 유명 프랑스 레스토랑도 이곳의 빵을 사용한다고 한다. 프랑스 빵을 지향하기 때문에 빵 종류는 바게트와 크루아상을 비롯한 유럽식 하드 빵이 주류를 이룬다.

구글 지도 **다이마루고베점 DONQ**

Ⓕ JR·한신 전철 모토마치역에서 도보 4분 또는 지하철 카이간선 규코류치·다이마루마에역 1번 출구 앞 다이마루백화점 지하 1층 Ⓣ 078-333-6880 ⓞ 10:00~20:00 Ⓗ 부정기(백화점 휴무일에 따름) Ⓟ 멘타이코프랑스(명란바게트) 302¥, 라이무기팡(호밀빵) 486¥ Ⓦ https://donq.co.jp

모로조프 고베 본점
モロゾフ 神戸本店

MAP P.443C
VOL.1 P.159

1931년에 초콜릿 상점으로 시작한 고급 양과자 전문점. 고품질이면서도 다른 유명 초콜릿에 비해 합리적인 가격으로 인기를 얻었다. 1962년 출시된 후 아이부터 노인까지 즐겨 찾는다는 커스터드 푸딩이 대표 메뉴다. 효고현산 우유만 사용해 만들며 캐러멜소스와 어우러져 맛을 낸다. 덴마크 크림치즈 케이크도 인기 제품.

구글 지도 **모로조프**

Ⓕ 산티카(산노미야역 지하상가) A6 출구에서 도보 3분, 고베산노미야 센터가이 내 Ⓣ 078-391-8718 Ⓞ 11:00~20:00 Ⓗ 1월 1일, 부정기 Ⓟ 커스터드 푸딩 170g 357¥, 덴마크 크림치즈 케이크 1080¥ Ⓦ www.morozoff.co.jp

아라캉파뉴 산노미야점
ア·ラ·カンパーニュ 三宮店

MAP P.443C
VOL.1 P.162

프랑스 남부 지방 프로방스를 콘셉트로 하는 타르트 전문 카페. 타르트의 주재료로 과일을 사용하는데, 대표 메뉴인 타르트 메리멜로의 경우 얼핏 봐도 여섯 가지 정도의 과일이 듬뿍 올라가 있다. 쇼케이스에는 레귤러 메뉴에 시즌 메뉴까지 더해 12~18가지 타르트를 진열한다. 파티시에가 일일이 수작업으로 만드는 것도 맛의 비결이라고.

구글 지도 **아 라 캄파뉴**

Ⓕ 지하철 세이신·야마테선 산노미야역 W1 출구에서 바로 Ⓣ 078-322-0130 Ⓞ 12:00~22:00(L.O 21:15) Ⓗ 연중무휴 Ⓟ 타르트 메리메로 918¥ Ⓦ www.alacampagne.jp

이스즈 베이커리 이쿠타 로드점
イスズベーカリー 生田ロード店

MAP P.443C
VOL.1 P.163

1946년 개업해 질리지 않고 일상에서 매일 먹을 수 있는 빵을 콘셉트로 한 빵집이다. 가게 규모가 크진 않지만, 180종류의 빵을 갖추고 있다는 말처럼 빵 종류가 상당히 다양하다. 크로켓에 수제 카레와 삶은 달걀이 들어 있는 스카치 에그 카레빵으로 많은 인기를 얻었는데, 꾸준히 신제품을 내놓아 여러 종류의 빵이 인기를 얻고 있다.

구글 지도 **이스즈베이커리**

Ⓕ 한큐고베선 고베산노미야역 서쪽 1번, 서쪽 4번 출구에서 도보 1분, 또는 지하철 세이신·야마테선 산노미야역 W1 출구에서 도보 2분 Ⓣ 078-333-4180 Ⓞ 09:00~22:00 Ⓗ 연중무휴 Ⓟ 스카치 에그 카레빵 194¥ Ⓦ https://isuzu-bakery.jp

불랑제리 콤시노와
ブランジェリー コム・シノワ

MAP P.443C
VOL.1 P.163

고베의 프랑스 요리점인 비스트로 콤시노와를 개업한 프랑스 요리사가 오픈한 빵집. 맛있는 빵으로 입소문 났지만, 빵 종류도 다양하다. 다른 곳에서 볼 수 없는 이곳만의 빵도 많다. 요리사가 어릴 때 남프랑스에서 먹은 크루아상에 감명받아 만들었다는 '사쿠' 크루아상이 유명하다. 브런치를 맛볼 수 있는 카페도 함께 운영한다.

Ⓕ 지하철 카이간선 산노미야·하나도케마에역 3번 출구 옆 Ⓣ 078-242-1506 Ⓞ 08:00~18:00 Ⓗ 월요일, 수요일 Ⓟ 쿠로비루노 러시아 바게트 1개 584¥(1/2개 292¥) Ⓦ www.comme-chinois.com/honten/boulangerie

비고노미세 고베 고쿠사이 가이칸텐

MAP P.443C
VOL.1 P.163

ビゴの店 神戸国際会館店

프랑스 빵을 일본에 보급한 비고 필립이 1972년에 개업한 빵집. 비고 필립은 1965년에 도쿄 국제전시회에서 프랑스 빵을 선보인 후 고베의 동크 베이커리에서 프랑스 빵을 전수했다. 바게트와 크루아상 등 프랑스풍 빵이 주류인데, 그중 명란 바게트가 특히 유명하다. 빵 가격표에 바게트가 아닌 '프랑스'라고 표기되어 있으니 헷갈리지 말 것.

구글 지도 비고노미세

Ⓕ 지하철 카이간선 산노미야·하나도케마에역 1번 출구 앞 고베 국제회관 건물 지하 2층 Ⓣ 078-230-3367 Ⓞ 10:00~20:00 Ⓗ 고베 국제회관 휴무 일정에 따름 Ⓟ 멘타이코 프랑스 345¥, 카눌레 드보르도 345¥ Ⓦ www.bigot.co.jp

카페 프로인드 리브

MAP P.443C

カフェ フロインドリーブ

옛 유니온 교회 건물을 개조해 만든 카페로 고베에서 유명한 카페로 손에 꼽히는 곳이다. 유럽 분위기 물씬 풍기는 외관과 인테리어는 교회 건물이 주는 기품과 화려함이 그대로 남아 있다. 음료와 함께 제철 과일을 사용한 케이크와 타르트, 로스트비프 샌드위치를 맛볼 수 있다. 캐주얼한 메뉴로 구성된 아침과 점심 식사도 가능하다.

구글 지도 프로인드리브 본점

Ⓕ 지하철 세이신·야마테선 산노미야역 E2 출구에서 도보 11분 Ⓣ 078-231-6051 Ⓞ 10:00~18:00(L.O 17:30) Ⓗ 수요일(공휴일인 경우 다음 날) Ⓟ 마론 프룬다 427¥, 월넛 링 케이크(S) 2138¥ Ⓦ http://h-freundlieb.com/wp1

스테이크 아오야마

MAP P.443C
VOL.1 P.127

ステーキ青山

고베규 중에서도 A5 등급의 최고급 고기를 사용하는 스테이크 전문점. 좋은 고기를 사용하는 만큼 매일 문전성시를 이룬다. 런치와 디너는 같은 고기지만 런치엔 고기의 양 끝부분을, 디너엔 가운데 부분을 사용하는 것이 차이라고 한다. 새것처럼 윤이 나는 철판은 1963년 개업 때 사용한 것을 매일 닦는다며 얼굴에 얼핏 자부심을 내비친다.

Ⓕ 지하철 세이신·야마테선 산노미야역 W3 출구에서 도보 4분 Ⓣ 078-391-4858 Ⓞ 12:00~21:00(L.O), 런치 12:00~14:30 Ⓗ 수요일, 연말연시 Ⓟ 스테이크(런치) 2200¥, 아오야마토구센마야 코스 9900¥ Ⓦ www.steakaoyama.net

르세트

MAP P.443C
VOL.1 P.142

Recette

산노미야에서 키타노이진칸으로 올라가는 언덕길 중간쯤에 위치한 아담한 프렌치 레스토랑. 소박하고 다정하면서도 섬세한 솜씨가 돋보이는 프렌치 코스 요리를 합리적인 가격에 선보인다. 고베의 유명 프렌치 레스토랑 중 가격대가 가장 저렴한 편에 속한다. 와인을 포함해 1만¥ 안팎에 고베 프렌치를 접하고 싶은 사람에게 추천.

구글 지도 루세트

Ⓕ 키타노자카·고베산노미야역에서 도보 10~15분 Ⓣ 078-221-0211 Ⓞ 화~일요일 12:00~15:00, 18:00~22:00 Ⓗ 월요일 Ⓟ 런치 8800¥·1만1000¥, 디너 1만6500¥·2만2000¥(서비스 요금 10% 별도) Ⓦ recette-kobe.jp

스타벅스 키타노이진칸점
MAP P.443C

スターバックス コーヒー 神戸北野異人館店

고베 개항기에 잡거지 구역이었던 키타노의 이진칸 건물에 입점한 스타벅스. 2층짜리 목조건물로 처음에 미국인이 거주하던 주택이었다. 문화재로 지정된 지금의 건물은 1995년 한신·아와지 대지진 때 무너졌던 것을 복원한 것이다. 내부는 방마다 공간에 벽난로나 테이블, 의자 등 개항기 가구가 남아 있어 이국적인 분위기다.

구글 지도 **스타벅스커피 고베 기타노이진칸점**

Ⓕ 시티 루프 버스 키타노이진칸 정류장에서 하차 후 도보 3분 Ⓣ 078-230-6302 Ⓞ 08:00~22:00 Ⓗ 부정기 Ⓟ 카페 아메리카노(tall) 410¥, 카푸치노(tall) 455¥ Ⓦ www.starbucks.co.jp

마리아주 프레르 고베점
MAP P.443C
VOL.1 P.151

マリアージュ フレール 神戸店

프랑스의 유명한 홍차 브랜드를 전문적으로 취급하는 카페로 차를 좋아하는 여행자라면 꼭 들러볼 만하다. 메뉴판의 여러 페이지에 걸쳐 글씨가 빼곡하게 적혀 있을 정도로 다양한 차를 취급한다. 티폿에 우려 내주는 차는 여러 잔을 마실 수 있는 양이어서 2층에서 창밖 풍경을 보며 여유로운 시간을 보내기 좋다.

구글 지도 **Mariage Freres**

Ⓕ 지하철 카이간선 규쿄류치·다이마루마에역 3번 출구에서 도보 2분, BAL 건물 2층 Ⓣ 078-391-6969 Ⓞ 11:00~20:00 Ⓗ 연중무휴 Ⓟ 마르코폴로 1320¥ Ⓦ www.mariagefreres.co.jp

SHOPPING →

니시무라 커피 나카야마테 본점
MAP P.443C

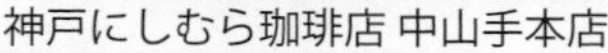
神戸にしむら珈琲店 中山手本店

1948년에 개업한 카페로 흰색과 초록색이 어우러진 독일풍 5층짜리 건물은 존재감이 확실하다. 실내는 조금 올드하면서도 중후한 느낌을 준다. 태평양전쟁 후 커피가 귀한 시절에 일본 최초로 고급 원두를 사용한 스트레이트 커피를 선보이며 유명해졌다. 6종의 커피를 개별 로스팅해 블렌딩한 니시무라 오리지널 블렌드 커피가 인기 메뉴.

구글 지도 **니시무라 나카야마테 본점**

Ⓕ 지하철 세이신·야마테선 산노미야역 W2·W3 출구에서 도보 5분 Ⓣ 078-221-1872 Ⓞ 08:30~23:00 Ⓗ 부정기 Ⓟ 니시무라 오리지널 블렌드 커피 650¥ Ⓦ https://kobe-nishimura.jp

타루코야
MAP P.443C

樽珈屋

매장에서 커피 원두를 직접 로스팅해 판매하는 곳으로 자자한 입소문을 통해 실력을 입증받은 가게. 오너는 30년 넘게 이 매장에서 커피를 볶았다고 한다. 커피는 크게 싱글과 블렌드로 나뉘는데, 싱글의 경우 쿠바와 코스타리카, 에티오피아, 브라질, 과테말라, 케냐 등 여러 지역의 원두를 사용한다. 블렌드는 선호하는 맛에 따라 고를 수 있다.

구글 지도 **TARUKOYA**

Ⓕ 지하철 세이신·야마테선 산노미야역 W1 출구에서 도보 4분 Ⓣ 078-333-8533 Ⓞ 11:00~19:00 Ⓗ 수요일, 셋째 주 목요일 Ⓟ 스카이 블렌드 원두 100g 670¥, 클래식 블렌드 원두 100g 590¥ Ⓦ www.tarukoya.jp

B BAY AREA

항만 지역

이 책에서는 편의상 항만 지역을 산노미야역 남쪽과 모토마치역 주변, 난킨마치, 고베역 및 항구 주변, 포트 & 롯코 아일랜드로 구분했다. 이 지역의 매력은 항구 주변의 아름다운 풍경과 다양한 먹거리다. 바다에는 흰색 유람선이 오가고 붉은색 타워와 이국적인 건물이 불을 밝히면 아름다운 야경이 시선을 사로잡는다. 겨울에 열리는 루미나리에 행사도 빼놓을 수 없는 볼거리다. 중화풍 음식을 맛볼 수 있는 고베 난킨마치는 요코하마, 나가사키와 더불어 일본의 3대 차이나타운 중 하나로 꼽힌다. 항만 지역 주요 관광지는 시티 루프 버스와 포트 루프 버스를 이용해 편리하게 접근할 수 있다.

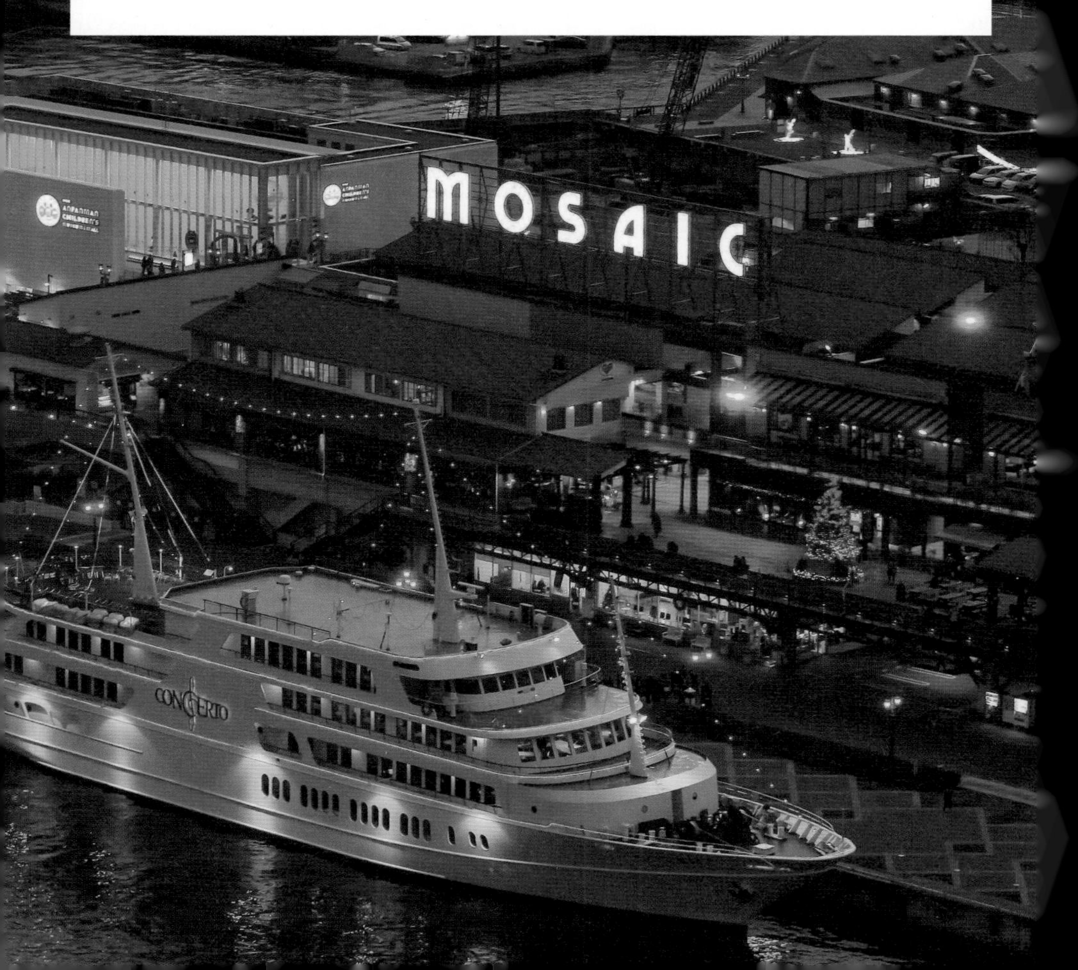

교통 한눈에 보기

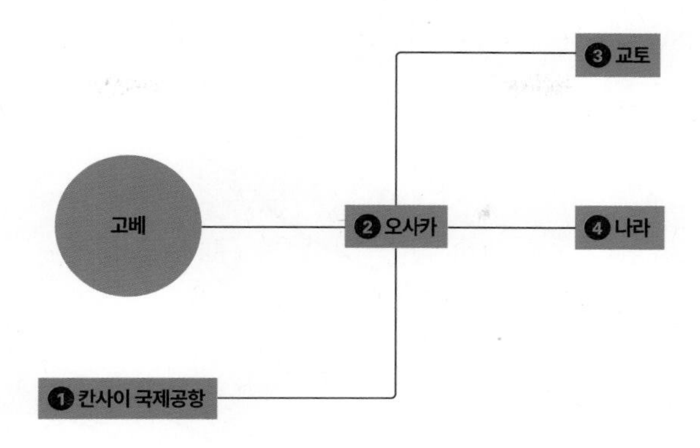

① 칸사이 국제공항→항만 지역	JR(칸사이공항역-오사카역-모토마치역 또는 고베역)	110~113분	1740¥
② 오사카→항만 지역	JR(오사카역-모토마치역 또는 고베역) 한신 전철(오사카우메다역-모토마치역)	25~29분 33분	420¥ 또는 460¥ 330¥
③ 교토→항만 지역	JR(교토역-산노미야역-모토마치역) JR(교토역-고베역)	60분 55분	1110¥ 1110¥
④ 나라→항만 지역	JR(나라역-오사카역-산노미야역-모토마치역) JR(나라역-오사카역-고베역) 킨테츠 & 한신 전철(킨테츠나라역-고시엔역-모토마치역)	87분 86분 88분	1280¥ 1450¥ 1100¥
⑤ 산노미야→항만 지역	시티 루프 버스 또는 포트 루프 버스(산노미야 정류장-하버랜드 정류장)	약 15분	260¥ 또는 210¥

고베 항만 지역 다니는 방법

WALK 모토마치역에서 난킨마치, 고베 하버랜드 주변은 도보로 이동 가능하다.

SUBWAY 하버랜드 방향은 한큐 전철 산노미야역-고소쿠고베역 또는 JR 전철 산노미야역-고베역 구간을 이용한다. 포트 아일랜드로 이동하는 경우 산노미야역에서 포트라이너를, 롯코 아일랜드로 이동하는 경우는 스미요시역에서 롯코 라이너를 이용한다.

BUS 여행자에게는 고베 도심의 주요 관광지를 두루 거쳐 순환하는 시티 루프 버스와 포트 루프 버스가 유용하다.

TAXI 항만 지역 내 관광지로 이동하는 경우 이용할 일이 거의 없다. 필요에 따라 이용하자.

TO DO LIST

- ☐ 하버랜드 모자이크에서 아름다운 고베항 풍경 감상하기

- ☐ 고베항에서 출발하는 관광선 또는 크루즈 탑승해보기

- ☐ 고베 포트 타워 전망대에 올라 주변 풍경 감상하기

- ☐ 일본의 3대 차이나타운 중 하나로 불리는 난킨마치에서 맛있는 음식 맛보기

- ☐ 고베 시청 전망 로비에서 고베 도심 풍경 감상하기

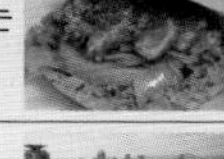

- ☐ 겨울에 개최되는 고베 루미나리에 구경하기

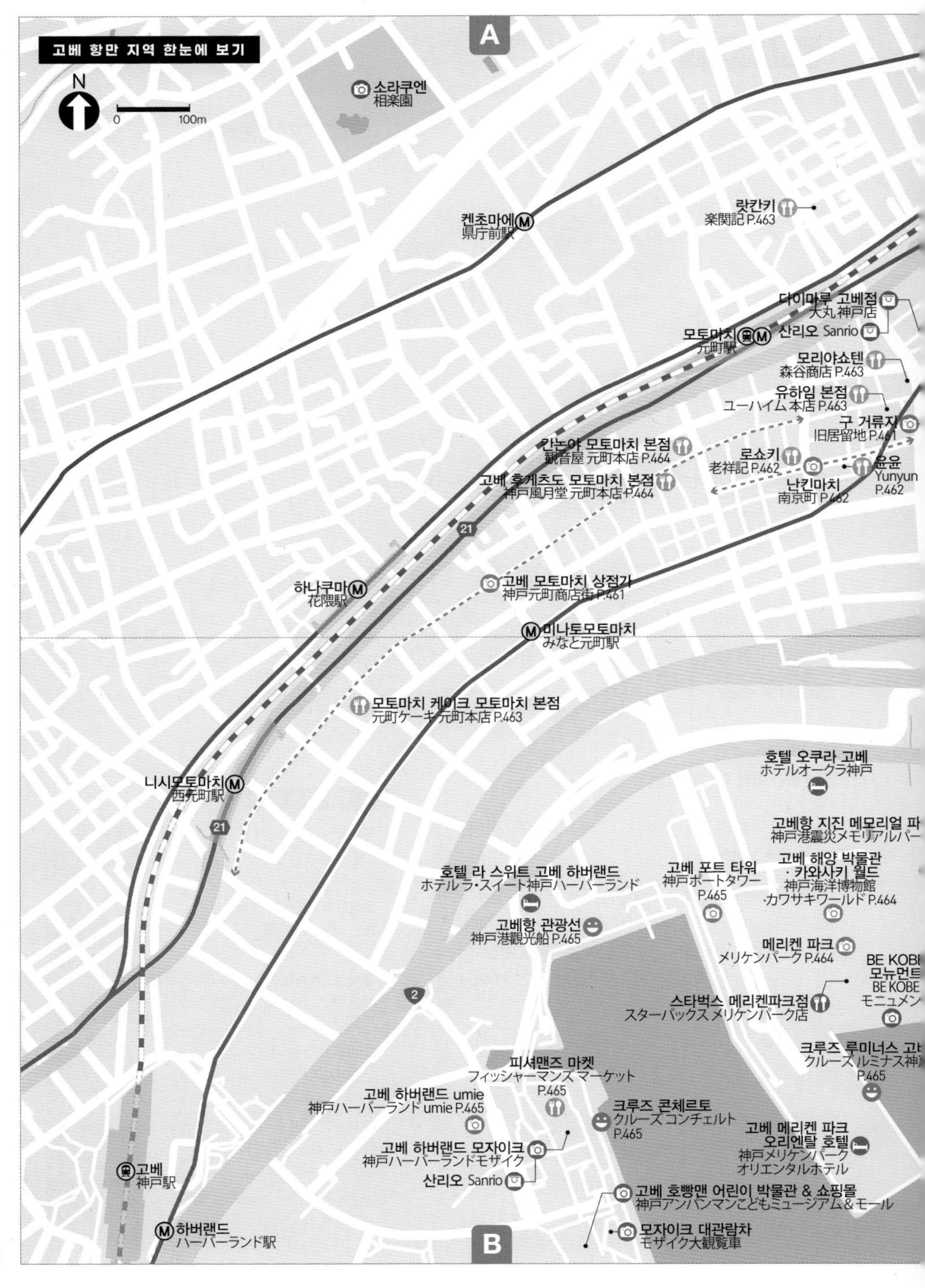

고베 항만 지역 한눈에 보기
A
N
0
100m
소라쿠엔
相楽園
켄초마에
県庁前駅
랏칸키
楽関記 P.463
다이마루 고베점
大丸神戸店
모토마치
元町駅
산리오 Sanrio
모리야쇼텐
森谷商店 P.463
유하임 본점
ユーハイム本店 P.463
구 거류지
旧居留地 P.461
칸논야 모토마치 본점
観音屋 元町本店 P.464
로쇼키
老祥記 P.462
윤윤
Yunyun
P.462
고베 후게츠도 모토마치 본점
神戸風月堂 元町本店 P.464
난킨마치
南京町 P.462
21
하나쿠마
花隈駅
고베 모토마치 상점가
神戸元町商店街 P.461
미나토모토마치
みなと元町駅
모토마치 케이크 모토마치 본점
元町ケーキ 元町本店 P.463
호텔 오쿠라 고베
ホテルオークラ神戸
니시모토마치
西元町駅
21
고베항 지진 메모리얼 파
神戸港震災メモリアルパー
호텔 라 스위트 고베 하버랜드
ホテルラ・スイート神戸ハーバーランド
고베 포트 타워
神戸ポートタワー
P.465
고베 해양 박물관
· 카와사키 월드
神戸海洋博物館
·カワサキワールド P.464
고베항 관광선
神戸港観光船 P.465
메리켄 파크
メリケンパーク P.464
BE KOBE
모뉴먼트
BE KOBE
モニュメン
2
스타벅스 메리켄파크점
スターバックス メリケンパーク店
크루즈 루미너스 고베
クルーズ ルミナス神
P.465
피셔맨즈 마켓
フィッシャーマンズ マーケット
P.465
고베 하버랜드 umie
神戸ハーバーランド umie P.465
크루즈 콘체르토
クルーズ コンチェルト
P.465
고베 메리켄 파크 오리엔탈 호텔
神戸メリケンパーク オリエンタルホテル
고베 하버랜드 모자이크
神戸ハーバーランドモザイク
산리오 Sanrio
고베
神戸駅
고베 호빵맨 어린이 박물관 & 쇼핑몰
神戸アンパンマンこどもミュージアム&モール
하버랜드
ハーバーランド駅
B
모자이크 대관람차
モザイク大観覧車

C
고베산노미야(한큐)
神戸三宮駅
산노미야·하나도케마에
旧居留地·大丸前駅
고베 시청 전망 로비
神戸市役所展望ロビー P.461
보에키센터
貿易センター駅
구 거류지
旧居留地 P.461
구 거류지
旧居留地 P.461
히가시유엔치 공원
東遊園地
구 거류지
旧居留地
P.461
구 거류지
旧居留地 P.461
고베 시립 박물관
神戸市立博物館 P.461
30
구 거류지 旧居留地 P.461
구 거류지 旧居留地 P.461
미나토노모리 공원
みなとのもり公園
구 거류지
旧居留地 P.461
구 거류지
旧居留地 P.461
2
174
고베산노미야 페리 터미널
神戸三宮フェリーターミナル
고베 미나토 온센 렌
神戸みなと温泉 蓮
포트터미널
ポートターミナル駅
D

항만 지역 추천 코스

항만 지역 모토마치역에서 모자이크까지 곧장 이동하면 도보로 20분 정도 걸리는 거리다. 취향에 따라 관광선 대신 저녁 식사가 포함된 크루즈를 이용하는 것도 좋다. | **소요 시간 : 약 7시간**

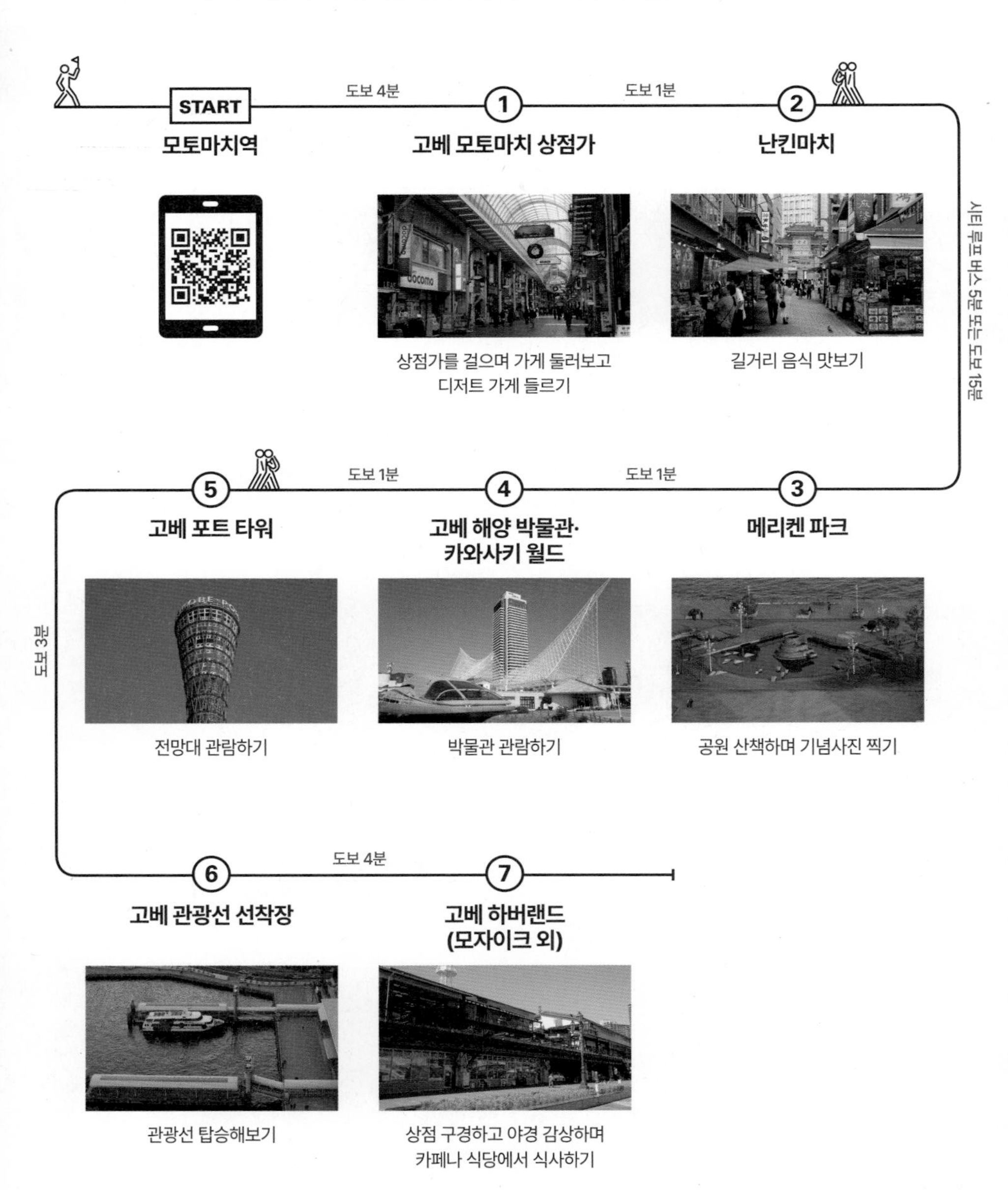

고베 모토마치 상점가
神戸元町商店街

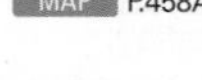

MAP P.458A

다이마루 고베점 앞부터 니시모토마치 키라라 광장 앞까지 약 1.2km 길이의 상점가. 가게가 늘어선 거리를 1874년에 정식 상점가로 정비했다. 당시는 수입품 가게의 영어 간판이 늘어선 이국적인 풍경의 상점가였다. 1번가 입구에 스테인드글라스로 장식한 파란색 아치 게이트가 인상적이다. 유명한 디저트 가게와 생활용품 가게가 많다.

구글 지도 **모토마치 상점가**

Ⓕ 지하철 카이간선 규쿄류치·다이마루마에역 2번 출구에서 도보 2분 Ⓣ 078-391-0831 Ⓞ 가게마다 다름 Ⓗ 가게마다 다름 Ⓟ 가게마다 다름 Ⓦ www.kobe-motomachi.or.jp

고베 시청 전망 로비
神戸市役所展望ロビー

MAP P.459C

고베 시청 건물의 전망층. 24층에 있어 지상에서 약 100m 높이에서 고베 도심 풍경을 감상할 수 있다. 북쪽으로 기타노이진칸 주변과 누노비키하브엔, 동쪽으로 롯코아일랜드, 남쪽으로는 포트 아일랜드, 서쪽으로 하버랜드 주변의 풍경이 시야에 들어온다. 낮 풍경도 좋지만 해 질 무렵의 석양과 도심의 야경이 아름답다.

구글 지도 **고베 시청 전망대**

Ⓕ 산노미야역 지하 통로 C7 출구 앞 고베 시청 24층 Ⓣ 070-5651-0454 Ⓞ 평일 09:00~22:00, 토·일요일·공휴일 10:00~22:00 Ⓗ 12월 29일~1월 3일, 설비 점검일 Ⓟ 무료 Ⓦ www.city.kobe.lg.jp

고베 시립 박물관
神戸市立博物館

MAP P.459C

1982년 구 거류지 구역에 개관한 박물관. 쇼와시대인 1935년 준공된 옛 요코하마 쇼킨 은행 건물을 사용한다. 상설전시관에서 고베의 역사에 관한 전시물과 7만 점에 달하는 소장품을 관람할 수 있다. 16~17세기경 서양인과 처음 접하면서 출현한 미술 양식인 난반 미술품을 통해 당시 사회 분위기도 엿볼 수 있다.

Ⓕ JR 산노미야역 서쪽 출구에서 도보 10분 Ⓣ 078-391-0035 Ⓞ 개관 시 09:30~17:30(금·토요일은 17:30까지) Ⓗ 월요일(월요일이 공휴일인 경우 다음 날) Ⓟ 1층 무료 / 2층 컬렉션 전시실 어른 300¥, 대학생 150¥, 고등학생 이하 무료 Ⓦ www.kobecitymuseum.jp

구 거류지
旧居留地

MAP P.458A
P.459C

1868년 1월 1일에 고베가 개항되면서 일본인과 분쟁을 피하기 위해 지정된 외국인 거류지. 10번지에 준공된 구츠쇼 & Co의 창고를 시작으로 126구획의 도심지가 건설되었다. 당시에 이 지역은 서양식 건축물이 들어서면서 아름다운 거리로 명성이 높았다고 한다. 지금도 곳곳에 당시 건축물이 남아 명품 숍 등으로 활용되고 있다.

구글 지도 **구거류지38번관**

Ⓕ 지하철 카이간선 규쿄류치·다이마루마에역 2번 출구에서 도보 5분, 또는 시티 루프 버스 구 거류지 정류장 하차 Ⓣ 078-332-0151 Ⓞ 24시간 Ⓗ 연중무휴 Ⓟ 무료 Ⓦ www.kobe-kyoryuchi.com

고베 루미나리에
神戸ルミナリエ

VOL.1 P.025 P.120

1995년 한신·아와지 대지진이 발생한 후 사망자의 명복을 빌고 도시의 부흥과 재생에 대한 희망을 위해 시작된 이벤트로 매년 12월 또는 1월에 개최된다. 해가 지면 구 거류지에 차량 통행을 제한한 도로를 따라 아름답게 장식된 수많은 루미나리에가 불을 밝힌다. 관람 행렬이 끝나는 히가시 유원지 주변엔 길거리 음식을 파는 노점도 있다.

Ⓕ JR 모토마치역 맞은편 구 거류지 일대 및 메리켄 파크 Ⓣ 078-230-1001 Ⓞ 개최 기간 일몰 무렵부터 Ⓗ 개최 기간 이외 Ⓟ 무료 Ⓦ www.feel-kobe.jp/kobe_luminarie

난킨마치
南京町

MAP P.458A

고베의 차이나타운. 고베 개항기에 중국은 일본과 조약이 체결되지 않은 국가였다. 난킨마치는 그 당시 외국인 거류지에 살 수 없던 중국인이 자리를 잡으며 형성되었다. 당시 일본인이 중국에서 온 사람을 친근하게 '난킨'이라 불렀기에 중국 마을이라는 의미인 난킨마치라 부른다. 중국풍으로 장식한 중국 음식점들이 들어서 있다.

Ⓕ 지하철 카이간선 규쿄류치·다이마루마에역 2번 출구에서 도보 5분, 또는 시티 루프 버스 난킨마치(차이나타운) 정류장 하차 후 도보 2분 Ⓣ 가게마다 다름 Ⓞ 10:00~22:00(가게마다 다름) Ⓗ 가게마다 다름 Ⓟ 가게마다 다름 Ⓦ www.nankinmachi.or.jp

EATING →

로쇼키
老祥記

MAP P.458A
VOL.1 P.131

난킨마치 중앙 광장 정자와 조형물 주변에 많은 사람이 긴 줄을 이루며 서 있다면 십중팔구 로쇼키로 들어가는 줄이라고 생각하면 된다. 난킨마치의 터줏대감 격인 로쇼키는 중국 텐진 파오즈를 돼지고기를 넣은 만두인 부타망이라는 이름으로 선보인 원조 가게다. 부타망은 따뜻할 때 먹는 것이 가장 맛있다.

Ⓕ 한신 전철 모토마치역 서쪽 출구에서 도보 4분, 난킨마치 내 Ⓣ 078-331-7714 Ⓞ 10:00~18:30(재료 소진 시 영업 종료) Ⓗ 월요일(공휴일인 경우 다음 날), 부정기(홈페이지에 공지) Ⓟ 부타망 6개 600¥, 10개 1000¥ Ⓦ https://roushouki.com

윤윤
Yunyun

MAP P.458A

쌀국수 비훈(중국어로 미펀 米粉)과 샤오롱바오를 판매하는 중국식 패스트푸드 식당. 중국 남부에서 유래한 음식이라는 비훈은 중국 사람들이 아침 식사로 즐겨 먹는 음식 중 하나다. 샤오롱바오는 가게 앞에 긴 줄을 서게 만드는 상하이의 대표 음식이다. 바닥을 튀기듯 구워내고 속엔 육즙이 가득한 겉바속촉의 정석이다.

구글 지도 **Yunyun**

Ⓕ 한신 전철 모토마치역 서쪽 출구에서 도보 4분, 난킨마치 내 Ⓣ 078-392-2200 Ⓞ 11:00~18:00(재료 소진 시 영업 종료) Ⓗ 12월 30일~1월 1일, 부정기 Ⓟ 야키 쇼롱포 3개 400¥ Ⓦ www.k-yunyun.jp Ⓖ Yunyun

랏칸키
楽関記

MAP P.458A
VOL.1 P.131

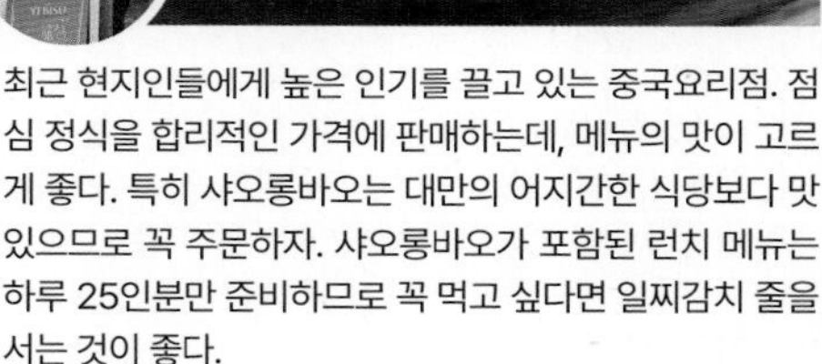

최근 현지인들에게 높은 인기를 끌고 있는 중국요리점. 점심 정식을 합리적인 가격에 판매하는데, 메뉴의 맛이 고르게 좋다. 특히 샤오롱바오는 대만의 어지간한 식당보다 맛있으므로 꼭 주문하자. 샤오롱바오가 포함된 런치 메뉴는 하루 25인분만 준비하므로 꼭 먹고 싶다면 일찌감치 줄을 서는 것이 좋다.

구글 지도 Rakkanki

🅕 모토마치역에서 북쪽으로 약 150m 🅣 078-334-7172 ⊙ 수~월요일 11:30~14:00, 17:30~21:30 🅗 화요일 🅟 샤오롱바오 런치 1380¥, 셰프 추천 런치 1380¥, 샤오롱바오 단품 5개 830¥ 🅦 rakkanki.com

모토마치 케이크 모토마치 본점
元町ケーキ 元町本店

MAP P.458B
VOL.1 P.160

모토마치 인근에서 손꼽히는 인기 케이크 가게. 1946년에 손수레에서 과자를 파는 것으로 시작했다. 간판에 '엄마의 선택'이라는 문구를 넣을 만큼 아이를 생각하는 엄마의 과자라는 콘셉트에 진심이다. 매장이 작지만, 안팎에 테이블을 두어 카페처럼 매장에서 먹을 수도 있다. 수십 종류의 케이크와 타르트, 푸딩, 마들렌 등을 판다.

구글 지도 모토마치 케이크

🅕 지하철 한신 고베고속선 니시모토마치역 동쪽 출구에서 도보 2분 🅣 078-341-6983 ⊙ 10:00~18:00 🅗 수·목요일 🅟 치즈 케이크(조각) 340¥, 자쿠로 320¥ 🅦 https://motomachicake.com

모리야쇼텐
森谷商店

1873년에 개업한 고베규 전문 정육점. 직영 목장에서 고베규인 다지마규를 생산해 판매까지 일괄 처리 시스템을 갖추었다. 여행자에게는 정육점보다 현지인도 줄 서서 사 먹는 고로케 가게로 더 유명하다. 바삭한 튀김옷 속을 꽉 채운 고기와 저렴한 가격, 입안에서 살살 녹는 맛을 내니 인기가 없을 수 없다. 근처에 간다면 꼭 맛볼 것.

🅕 지하철 카이간선 규쿄류치·다이마루마에역 2번 출구에서 도보 2분 🅣 078-391-4129 ⊙ 평일 10:30~19:30, 토·일요일·공휴일 10:00~19:30 🅗 부정기(홈페이지에 공지) 🅟 모리야노 고로케 100¥, 민치카츠 150¥ 🅦 www.moriya-kobe.co.jp

유하임 본점
ユーハイム 本店

MAP P.458A
VOL.1 P.160

제1차 세계대전 때 히로시마 수용소에 포로였던 독일의 과자 장인 카를 유하임이 석방된 후 1923년에 개업한 바움쿠헨 가게. 유하임은 일본의 바움쿠헨의 역사 그 자체라고 할 수 있다. 바움쿠헨은 오븐에서 회전시키며 20겹 이상으로 구워낸 층이 보여 나이테 빵이라고도 부른다. 푹신한 식감과 겉면에 바른 화이트 초콜릿의 달달함이 일품이다.

구글 지도 Juchheim's

🅕 지하철 카이간선 규쿄류치·다이마루마에역 2번 출구에서 도보 2분, 고베 모토마치상점가 내 🅣 078-333-6868 ⊙ 11:00~19:00(카페 17:30 L.O, 레스토랑 14:30 L.O) 🅗 수요일 🅟 마이스타노데야키 바움 2376¥, 마이스타노데야키 바움 1조각+음료 1400¥ 🅦 www.juchheim.co.jp

칸논야 모토마치 본점
観音屋 元町本店

MAP P.458A
VOL.1 P.160

수많은 베이커리와 제과점이 있는 고베 모토마치에서 치즈 케이크 하나로 손에 꼽히는 인기를 얻고 있는 디저트 가게. 대표 메뉴는 빵 위에 덴마크산 치즈를 녹여낸 덴마크 치즈 케이크다. 따끈따끈한 상태로 쭉 늘어나는 치즈를 즐기며 먹는 것이 더 맛있다. 특이하게 가게에 관음상을 모시고 있으며, 상호도 '관음 집'을 뜻하는 칸논야다.

구글 지도 칸논야 모토마치혼텐

Ⓕ 한신 전철 모토마치역 서쪽 출구에서 도보 1분 Ⓣ 078-391-1710 Ⓞ 10:30~20:30 Ⓗ 1월 1일 Ⓟ 덴마크 치즈 케이크 단품 408¥

고베 후게츠도 모토마치 본점
神戸風月堂 元町本店

MAP P.458A
VOL.1 P.162

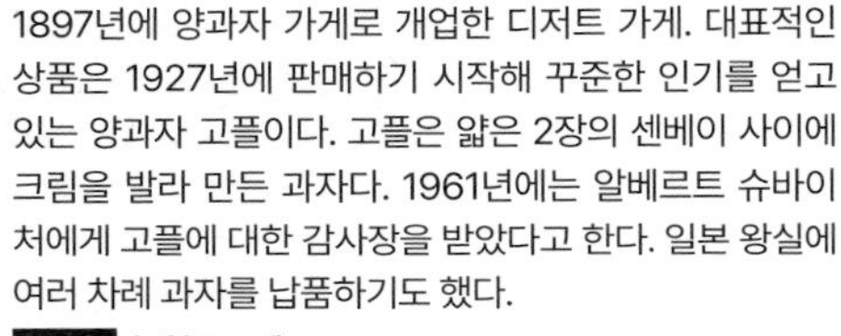

1897년에 양과자 가게로 개업한 디저트 가게. 대표적인 상품은 1927년에 판매하기 시작해 꾸준한 인기를 얻고 있는 양과자 고플이다. 고플은 얇은 2장의 센베이 사이에 크림을 발라 만든 과자다. 1961년에는 알베르트 슈바이처에게 고플에 대한 감사장을 받았다고 한다. 일본 왕실에 여러 차례 과자를 납품하기도 했다.

구글 지도 후게츠도 고베

Ⓕ 한신 전철 모토마치역 서쪽 출구에서 도보 2분, 고베 모토마치 상점가 내 Ⓣ 078-321-5598 Ⓞ 10:00~18:00(카페 17:30 L.O) Ⓗ 1월 1일(카페 월요일, 1월 1일) Ⓟ 고플 6개입 702¥, 피낭시에 183¥ Ⓦ www.kobe-fugetsudo.co.jp

메리켄 파크 주변 SIGHTSEEING →

메리켄 파크
メリケンパーク

MAP P.458B

일본의 미항 중 하나로 꼽히는 고베 항구 동쪽 지역에 조성된 광장형 공원. 드넓은 공간이 있어 항구와 바다의 풍경을 감상하며 산책을 즐기거나 저녁엔 야경을 감상하기 좋다. 1995년 한신·아와지 지진을 기억하기 위한 메모리얼 파크와 물고기가 춤추는 듯한 조형물 피시댄스, 포토 스폿으로 인기가 높은 비 고베 Be Kobe 조형물 등이 있다.

구글 지도 메리켄 공원

Ⓕ 고베 시티 루프 버스 메리켄 파크 정류장 또는 포트 타워마에 정류장 하차 Ⓞ 24시간 Ⓗ 연중무휴 Ⓟ 무료 Ⓦ www.feel-kobe.jp/area-guide/meriken-harbor

고베 해양 박물관·카와사키 월드
神戸海洋博物館·カワサキワールド

MAP P.458B

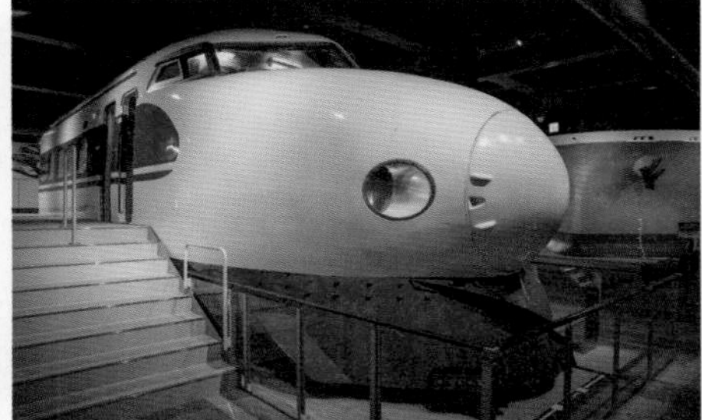

고베항 개항 120주년 기념 사업의 일환으로 세운 박물관. 입구에 들어서면 대형 목조 범선이 시선을 끈다. 항구도시인 고베에 관한 여러 전시물을 관람하거나 고베항 크레인과 배를 조종하는 시뮬레이터 체험도 가능하다. 카와사키월드에서는 초기 신칸센과 헬기, 오토바이의 실물을 만나고 여러 가지 체험 및 관람 코너를 둘러 볼 수 있다.

Ⓕ 고베 시티 루프 버스 포트 타워마에 정류장 하차 Ⓣ 078-327-8983 Ⓞ 10:00~18:00(입장은 17:30까지) Ⓗ 월요일, 연말연시 Ⓟ 어른 900¥, 초·중·고생 400¥ Ⓦ 고베 해양 박물관 https://kobe-maritime-museum.com, 카와사키 월드 www.khi.co.jp/kawasakiworld

고베 포트 타워

神戸ポートタワー

MAP P.458B

고베항 선착장 동쪽 제방에 있는 타워. 가운데가 좁고 위아래가 넓은 형태로 우아한 곡선미를 뽐낸다. 붉은색은 고베항 풍경에 포인트가 되며 조명을 더한 저녁에 더욱 아름답다. 내부에는 360도로 풍경을 조망할 수 있는 전망대와 회전 카페&바가 있다. 레노베이션을 거쳐 2024년에 4층 테라스 카페와 최상층 야외 전망대가 추가되었다.

Ⓕ 고베 시티 루프 버스 포트 타워마에 정류장 하차 Ⓣ 078-391-6751 Ⓞ 09:00~23:00(숍, 카페, 레스토랑 별도) Ⓗ 연중무휴 Ⓟ 고등학생 이상 전망 플로어+옥상 덱 1200¥, 전망층 1000¥ Ⓦ www.kobe-port-tower.com

고베 하버랜드

神戸ハーバーランド

MAP P.458B

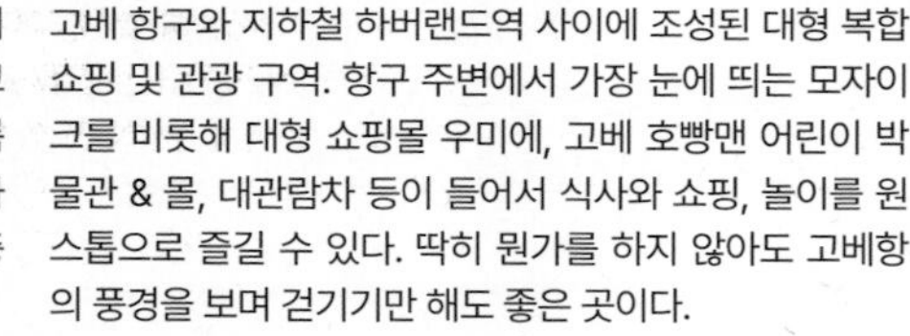

고베 항구와 지하철 하버랜드역 사이에 조성된 대형 복합 쇼핑 및 관광 구역. 항구 주변에서 가장 눈에 띄는 모자이크를 비롯해 대형 쇼핑몰 우미에, 고베 호빵맨 어린이 박물관 & 몰, 대관람차 등이 들어서 식사와 쇼핑, 놀이를 원스톱으로 즐길 수 있다. 딱히 뭔가를 하지 않아도 고베항의 풍경을 보며 걷기기만 해도 좋은 곳이다.

Ⓕ 지하철 카이간선 하버랜드역에서 연결되는 지하도 듀오 고베 DUO KOBE 27번 출구에서 도보 3분 또는 고베 시티 루프 버스 하버랜드(모자이크마에) 정류장 하차 후 도보 2분 Ⓣ 078-360-3639 Ⓦ https://harborland.co.jp

EATING →

피셔맨즈 마켓

フィッシャーマンズ マーケット

MAP P.458B

고베 하버랜드 모자이크 2층에 있는 바이킹 뷔페식당. 요즘 한국에서도 보기 힘든 합리적인 가격에 시간제한 없이 마음껏 음식을 먹을 수 있는 가성비 식당이다. 그릴 요리와 피자, 파스타, 대게를 포함한 해산물까지 준비된 음식의 수가 수십 가지에 이른다. 창가 좌석에 앉으면 덤으로 고베항의 아름다운 풍경을 감상할 수 있다.

구글 지도 **FISHERMAN'S MARKET**

Ⓕ JR 고베역에서 도보 10분 Ⓣ 078-360-3695 Ⓞ 11:00~22:00(런치 접수 종료 15:00, 디너 입점 21:00까지) Ⓗ 연중무휴 Ⓟ 평일 런치 2198¥, 디너 3188¥ / 토·일요일·공휴일 런치 2748¥, 디너 3298¥ Ⓦ https://shop.create-restaurants.co.jp/1158 FISHERMAN'S MARKET

ENJOYING →

고베항 관광선

神戸港観光船

MAP P.458B

고베항에는 배를 타고 인근 해안을 유람하며 풍경을 즐길 수 있는 관광선 상품이 여럿 있다. 규모가 작은 관광선부터 콘체르토나 루미너스2 같은 크루즈선까지 다섯 종류의 배가 운항된다. 크루즈선은 점심이나 저녁 식사, 티타임을 즐길 수 있는 다양한 상품을 운영한다. 기념일이라면 케이크와 꽃다발 등이 준비되는 옵션도 선택할 수 있다.

Ⓕ 고베 관광선 선착장 및 고베 하버랜드 모자이크 주변(관광선별로 선착장이 다름) Ⓦ https://thekobecruise.com(콘체르토, 루미너스고베2), https://kobebayc.co.jp(고자부네 아타케마루, 로열프린세스), www.kobe-seabus.com(보보고베)

SECRET KOBE

시크릿 고베

나다고고는 롯코 아일랜드 북쪽에 위치한 동네로 예로부터 '술의 고장'으로 유명하다. 이름난 양조장이 모여 있어 일본 술에 관심이 있다면 양조장 투어를 해볼 만하다. 일본에서 손꼽히는 전망 스폿인 마야산과 롯코산은 산 능선 전망대까지 케이블카와 로프웨이로 오른다. 산정의 여러 관광지를 연결하는 버스도 운행해 접근성이 좋다. 일본 3대 명천 중 하나로 꼽히는 아리마온센은 고베와 오사카에서 1시간 정도면 갈 수 있다. 숙박은 물론, 온천과 식사를 묶은 당일치기 상품도 많다. 히메지 성은 일본에서 가장 아름다운 성으로 꼽힌다. 당일치기로도 히메지 시내 주요 관광지를 여행할 수 있다.

교통 한눈에 보기

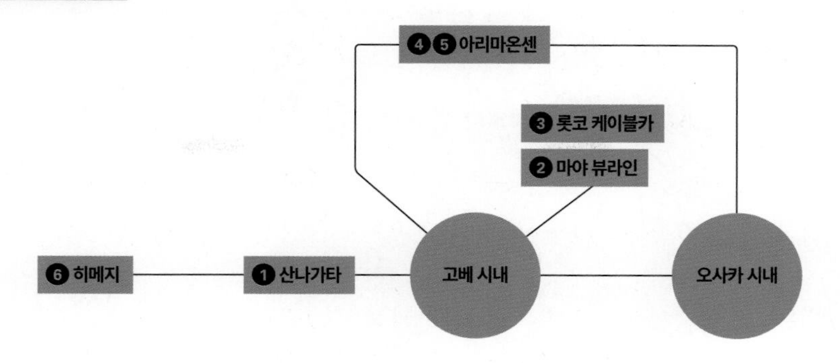

① 고베 시내→신나가타	JR(산노미야역-신나가타역) 지하철(산노미야역-신나가타역)	9분 11분	190¥ 240¥
② 고베 시내→마야 뷰라인	18번 버스(산노미야에키터미널마에역-마야케이블시타역)	25분~	210¥
③ 고베 시내→롯코 케이블카	JR+16·106번 버스(산노미야역-롯코미치역-롯코케이블시타 정류장) 한큐 전철+16·106번 버스(고베산노미야역-롯코역-롯코케이블시타 정류장) 한신 전철+16번 버스(고베산노미야역-한신미카게역-롯코케이블시타 정류장)	약 30분~ 약 35분~ 약 45분~	380¥ 410¥ 410¥
④ 고베 시내→아리마온센	지하철(산노미야역-타니가미역-아리마구치역-아리마온센역) 한신 버스(산노미야 민트고베 터미널-아리마온센 터미널)	약 35분 50분~	690¥ 710¥
⑤ 오사카 시내→아리마온센	한큐 버스(우메다 한큐3번가 터미널-아리마온센 터미널)	60분	1400¥
⑥ 고베 시내→히메지	JR(산노미야역-히메지역) 한신 전철(고베산노미야역-산요히메지역)	41분 63분	990¥ 990¥

시크릿 고베 지역 다니는 방법

WALK 아리마온센 마을 내 주요 온천과 관광지는 도보로 이동 가능하다. 히메지역에서 히메지 성까지는 도보 이동이 가능하며 버스도 이용할 수 있다.

SUBWAY 고베 시내에서 신나카타는 JR이나 고베 지하철을, 히메지로 이동 시 JR이나 한신전철을 이용면 편리하다.

BUS 고베 시내에서 마야 케이블시타역, 아리마온센 이동 시 버스를 이용하면 편리하다. 롯코산 정상의 케이블카 역에서 각 관광지까지 노선버스를 운행한다.

TAXI 고베 시내에서 시크릿 각 지역까지 택시로 이동하기엔 거리가 멀고 요금이 비싸다.

TO DO LIST

- ☐ 원조 철인28호의 1:1 스케일 조형물 만나보기

- ☐ 마야산과 롯코산 전망대에서 파노라마 뷰 감상하기

- ☐ 고베 시립 롯코산 목장에서 이국적인 스위스 산골 마을 감성 즐기기

- ☐ 롯코 숲의 소리 박물관의 자동 연주 오르간 콘서트 감상하기

- ☐ 아리마온센에서 맛있는 식사와 함께 온천욕 즐기기

- ☐ '백로의 성'이라는 별명으로 유명한 히메지 성 방문하기

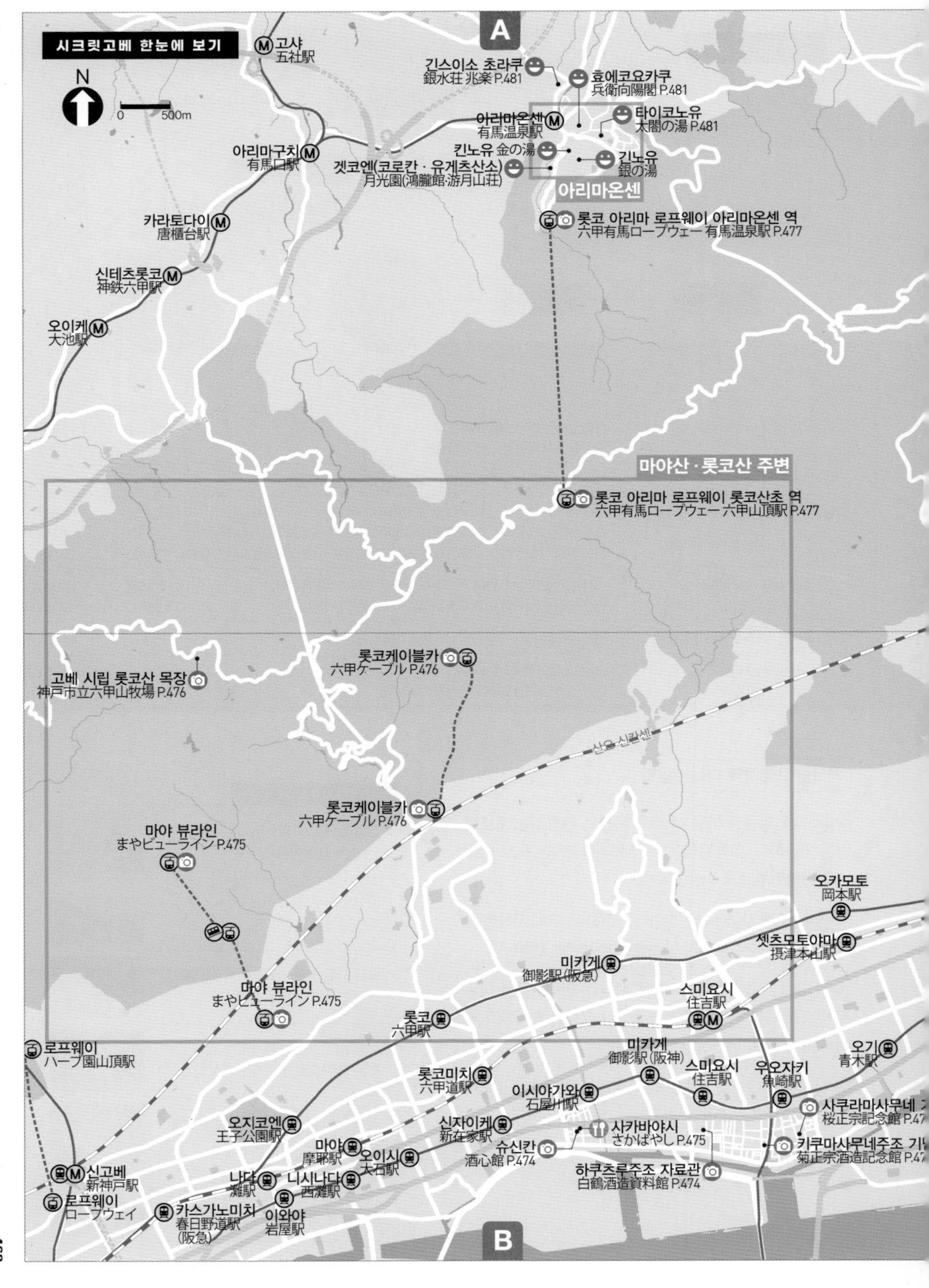
시크릿고베 한눈에 보기
N
0 500m
A
고샤
五社駅
긴스이소 초라쿠
銀水荘 兆楽 P.481
효에코요카쿠
兵衛向陽閣 P.481
아리마온센
有馬温泉駅
타이코노유
太閤の湯 P.481
아리마구치
有馬口駅
킨노유 金の湯
긴노유
銀の湯
겟코엔(코로칸 · 유게츠산소)
月光園(鴻朧館·游月山荘)
아리마온센
카라토다이
唐櫃台駅
롯코 아리마 로프웨이 아리마온센 역
六甲有馬ロープウェー 有馬温泉駅 P.477
신테츠롯코
神鉄六甲駅
오이케
大池駅
마야산 · 롯코산 주변
롯코 아리마 로프웨이 롯코산초 역
六甲有馬ロープウェー 六甲山頂駅 P.477
롯코케이블카
六甲ケーブル P.476
고베 시립 롯코산 목장
神戸市立六甲山牧場 P.476
산요 신칸센
롯코케이블카
六甲ケーブル P.476
마야 뷰라인
まやビューライン P.475
오카모토
岡本駅
셋츠모토야마
摂津本山駅
미카게
御影駅(阪急)
마야 뷰라인
まやビューライン P.475
스미요시
住吉駅
롯코
六甲駅
로프웨이
ハーブ園山頂駅
미카게
御影駅(阪神)
오기
青木駅
스미요시
住吉駅
우오자키
魚崎駅
롯코미치
六甲道駅
이시야가와
石屋川駅
사쿠라마사무네 기
桜正宗記念館 P.47
오지코엔
王子公園駅
신자이케
新在家駅
사카바야시
さかばやし P.475
마야
摩耶駅
오이시
大石駅
슈신칸
酒心館 P.474
키쿠마사무네주조 기념
菊正宗酒造記念館 P.47
신고베
新神戸駅
나다
灘駅
니시나다
西灘駅
하쿠츠루주조 자료관
白鶴酒造資料館 P.474
로프웨이
ロープウェイ
카스가노미치
春日野道駅
(阪急)
이와야
岩屋駅
B

C
아리마온센
N
0 500m
긴스이소 초라쿠
銀水荘 兆楽 P.481
아리마강 친수공원기준 약 5.5km
효에코요카쿠
兵衛向陽閣 P.481
아리마강 친수 공원
有馬川親水公園 P.479
타이코노유
太閤の湯 P.481
젠후쿠지
善福寺 P.479
텐진센겐
天神泉源 P.478
아리마 완구 박물관
有馬玩具博物館 P.479
킨노유
金の湯 P.480
고쇼센겐
御所源泉 P.478
우와나리센겐
妬泉源 P.478
유모토자카
湯本坂 P.479
온센지
温泉寺 P.480
타이코노유도노칸
太閤の湯殿館 P.480
고쿠라쿠센겐
極楽泉源 P.478
긴노유
銀の湯 P.480
겟코엔(고로칸 · 유게츠산소)
月光園(鴻朧館·游月山荘) P.481
탄산센겐
炭酸泉源 P.478
D
야산 · 롯코산 주변
N
0 500m
롯코 아리마 로프웨이
六甲有馬ロープウェー P.477
롯코 가든 테라스
六甲ガーデンテラス P.477
롯코 숲의 소리 박물관
六甲森の音ミュージアム P.476
롯코 고산식물원
六甲高山植物園 P.477
고베 시립 롯코산 목장
神戸市立六甲山牧場 P.476
롯코 케이블카
六甲ケーブル P.476
롯코산 텐란다이
六甲山天覧台 P.476
산요 신칸센
롯코 케이블카
六甲ケーブル P.476
마야 뷰라인
まやビューライン P.475
마야산 키쿠세이다이
摩耶山掬星台 P.475
미카게
御影駅(阪急)
마야 뷰라인
まやビューライン P.475
롯코
六甲駅
스미요시
住吉駅

시크릿 고베 추천 코스

롯코산 주변 고베 시립 롯코산 목장에서 롯코 숲의 소리 박물관으로 갈 때는 롯코마야 스카이 셔틀버스를 타고 롯코케이블산조에키 정류장에서 내린 뒤 롯코아라미로프웨이 방면 롯코산조 버스로 환승해야 한다. 홈페이지에서 미리 두 버스의 운행시간표를 확인하자. | **소요 시간 : 약 6시간 40분**

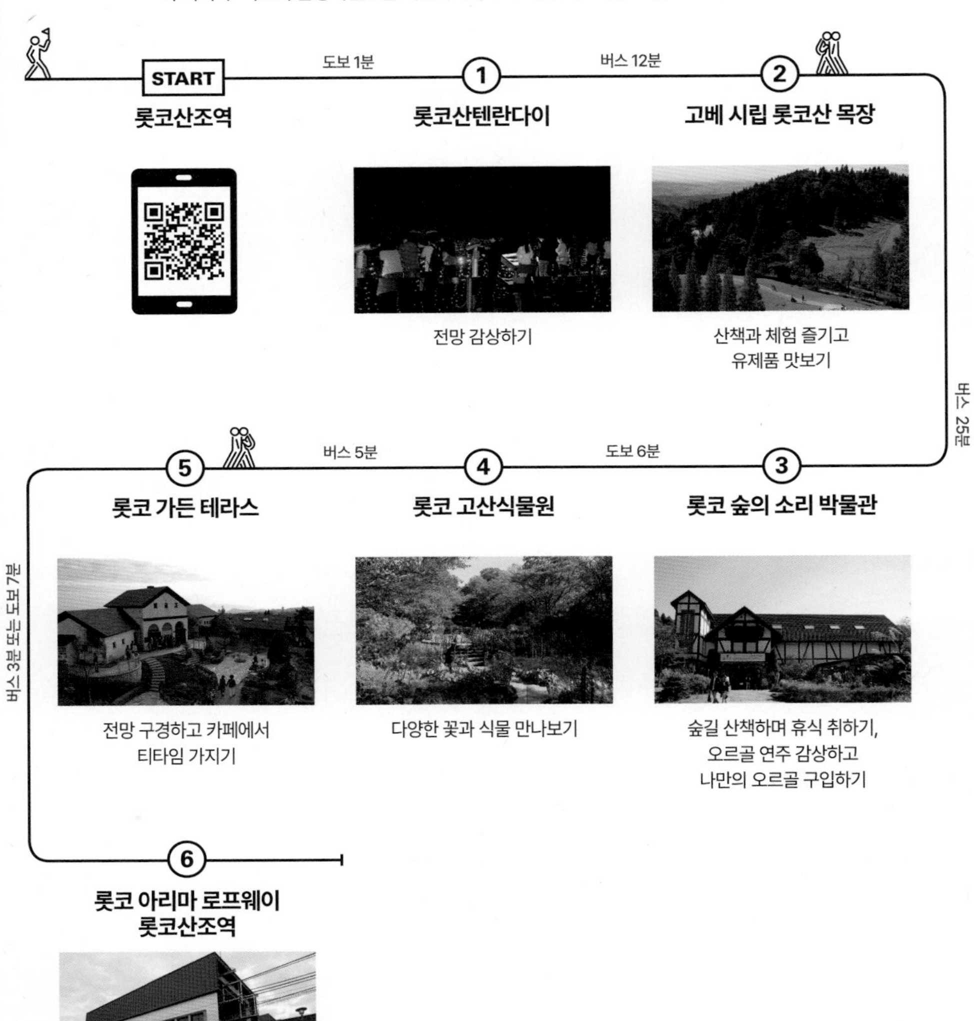

아리마온센으로 이동

아리마온센 1
(당일치기)

걷다가 휴식이 필요할 때는 킨노유 앞 무료 족탕에서 발을 담그며 잠시 쉬어 가도 된다. 버스 터미널에서 오사카나 고베로 가는 버스를 탈 수 있다. | **소요 시간 : 약 5시간**

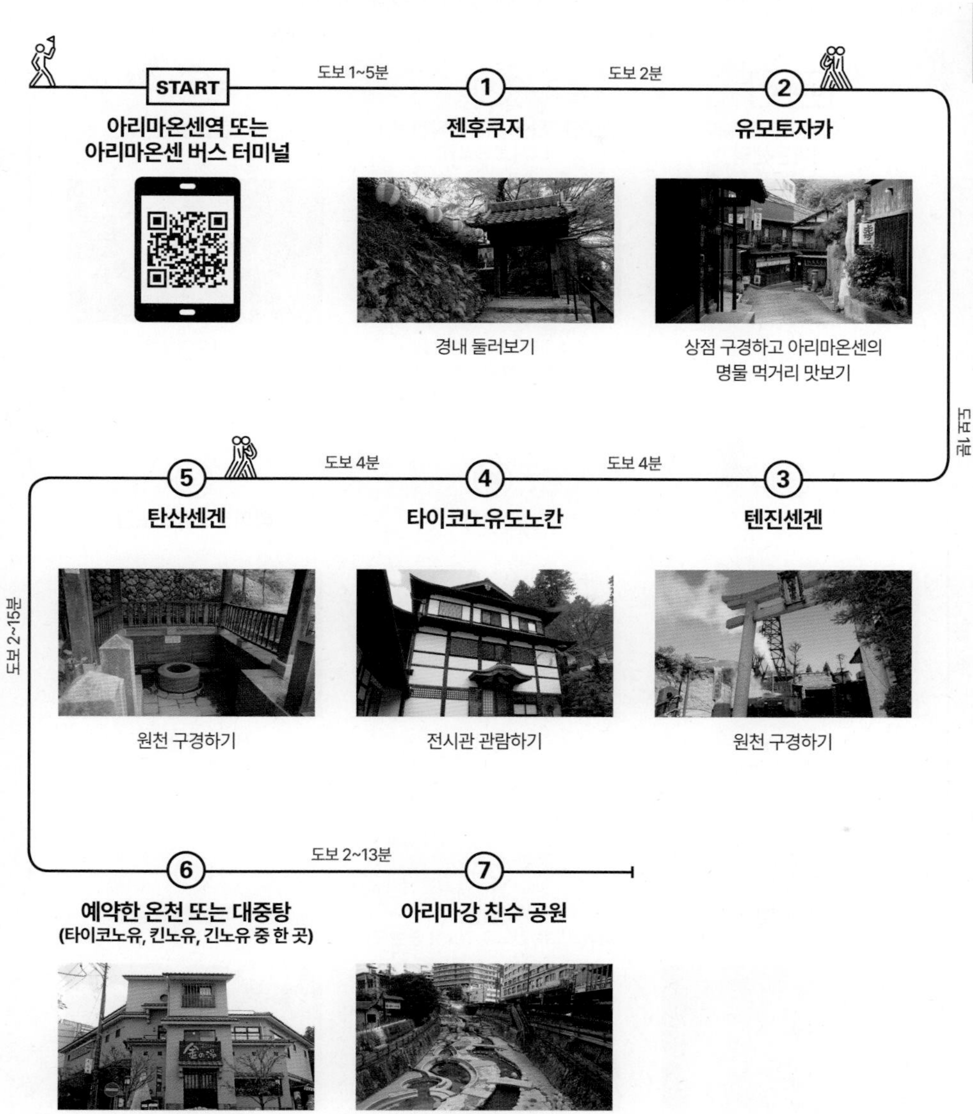

아리마온센 2

롯코산 관광 후 아리마온센에 숙박

숙소의 온천과 외부 대중 온천, 두 번의 온천욕을 즐기는 경우 적갈색의 킨센과 무색의 긴센, 두 종류의 물을 모두 경험해보자. 오사카나 고베 등에서 아리마온센에 도착한 첫째 날이라면 동네 관광을 즐긴 뒤 숙소에서 제공하는 석식과 온천을 즐기면 된다. | **소요 시간 : 약 6시간**

히메지 쇼샤잔엔교지로 갈 때는 JR 히메지역 북쪽 출구 앞 10번 승강장에서 8번 버스를 타고 쇼샤잔 로프웨이 정류장까지 이동한다. 돌아올 때는 8번 버스를 타고 히메지조오테몬마에 정류장에서 하차해 히메지 성으로 갈 수 있다.
| **소요 시간 : 약 5시간 30분**

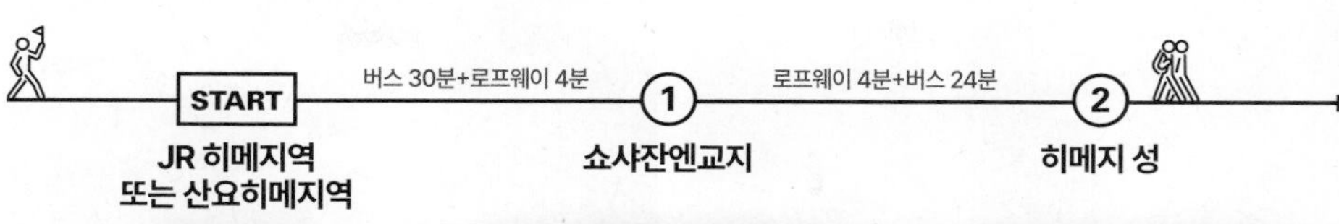

**JR 히메지역
또는 산요히메지역**

쇼샤잔엔교지

경내 둘러보기

히메지 성

동선을 따라 관람하고 텐슈카쿠에서
히메지 시내 전경 감상하기

슈신칸
酒心館

MAP P.468B
VOL.1 P.166

유명 니혼슈 브랜드 '후쿠주 福寿'의 전시관 겸 팩토리 숍. 후쿠주의 역사와 제조 과정을 영상 및 시뮬레이션을 통해 셀프 견학 코스로 돌아본 뒤 시음을 즐길 수 있다. 최소 방문 이틀 전에 홈페이지를 통해 견학 예약을 해야 한다. 굳이 견학이 아니더라도 내부의 식당을 찾거나 기념사진이나 팩토리 숍 방문 목적으로 찾아도 좋은 곳이다.

구글 지도 고베 슈신칸

Ⓕ 한신본선 이시야가와역에서 도보 15분 Ⓣ 미공개 Ⓞ 10:00~18:30 Ⓗ 부정기 Ⓟ 무료 Ⓦ https://shushinkan.co.jp

하쿠츠루주조 자료관
白鶴酒造資料館

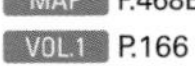

MAP P.468B
VOL.1 P.166

일명 '백학 사케'로 불리는 니혼슈 브랜드 하쿠츠루의 전시관. 약 2층 규모의 건물에 니혼슈 및 하쿠츠루의 역사와 전통 주조 방법에 대한 다양한 실물 크기 모형을 전시한다. 견학 코스를 자유롭게 개방해 기념사진 찍기 매우 좋으며, 니혼슈 관련 지식 또한 직관적으로 다가온다. 시음을 무료 및 무인으로 운영한다.

구글 지도 하쿠츠루슈조 자료관

Ⓕ 한신본선 스미요시역에서 도보 10분 Ⓣ 078-822-8907 Ⓞ 09:30~16:30 Ⓗ 부정기 Ⓟ 무료 Ⓦ www.hakutsuru.co.jp

키쿠마사무네주조 기념관
菊正宗酒造記念館

MAP P.468B
VOL.1 P.166

우리나라에서는 '국정종'이라는 이름으로 잘 알려진 니혼슈 브랜드 키쿠마사무네의 전시관. 일본에서도 가장 유명한 브랜드 중 하나이며, 고베에서 가장 큰 규모의 양조 공장이기도 하다. 브랜드의 역사와 전통 주조 과정에 대한 견학 코스와 팩토리 숍, 시음장을 돌아볼 수 있다. 시음장은 유인으로 운영하며 2종류의 술을 1잔씩 제공한다.

구글 지도 기쿠마사무네 사케 기념관

Ⓕ 한신본선 우오자키역에서 도보 10분 Ⓣ 078-854-1029 Ⓞ 09:30~16:30 Ⓗ 부정기 Ⓟ 무료 Ⓦ www.kikumasamune.co.jp/kinenkan

사쿠라마사무네 기념관
桜正宗記念館

MAP P.468B
VOL.1 P.167

청주를 '정종'이라고 부르게 된 유래가 된 니혼슈 브랜드 사쿠라마사무네의 기념관. 고베에서 가장 유서 깊은 니혼슈 브랜드 중 하나다. 내부에 전시 공간과 숍, 가이세키 요리를 선보이는 식당, 니혼슈 바, 카페가 있다. 전시 공간은 협소한 편이므로 니혼슈 쇼핑 또는 카페나 바에 들르는 목적으로 방문하는 것을 권한다.

구글 지도 사쿠라마사무네 기념관 - 사쿠라엔

Ⓕ 한신본선 우오자키역에서 도보 10분 이내 Ⓣ 078-436-3030 Ⓞ 11:30~15:00, 17:00~21:00 Ⓗ 화요일 Ⓟ 무료 Ⓦ sakuramasamune.co.jp

EATING →

사카바야시
さかばやし

MAP P.468B

슈신칸 부지 내에 위치한 일본 전통식 식당. 슈신칸 본관 옆에 자그마한 별채처럼 딸려 있다. 두부, 채소 절임, 회, 튀김 등이 포함된 고급스러운 일식 점심 정식을 합리적인 가격에 내놓는다. 흰밥 외에도 소바가 포함된 정식도 있다. 이제 막 통에서 꺼낸 신선한 후쿠주를 반주로 마실 수 있다.

🅕 슈신칸 내, 본관 건물을 바라보고 왼쪽 🅣 078-841-2612 🅞 목~화요일 11:30~14:30, 17:30~21:00 🅗 수요일 🅟 소바정식 2200¥, 회정식 2500¥, 미카게정식 3000¥ 🅦 www.shushinkan.co.jp/sakabayashi

신나가타 역 주변

SIGHTSEEING →

철인 28호 모뉴먼트
鉄人28号モニュメント

VOL.1 P.181

신나가타역 인근 와카마츠공원에 있는 철인 28호 1:1 스케일 조형물로 1956년에 발표된 초기 디자인의 모습이다. 주변 상권의 활성화를 위해 원작 만화가 요코야마 미츠테루의 고향인 신나가타에 조형물을 만들었다. 만화에서 설정된 18m 전고에 맞춰 제작됐으며 조형물의 높이는 15m 30cm에 이른다. 주변의 가로등도 철인 머리 모양이다.

구글 지도 **철인28호 기념물**

🅕 JR·지하철 세이신·야마테선·카이간선 1번 출구에서 도보 3분 🅣 24시간 🅗 연중무휴 🅟 무료

마야산·롯코산 주변

SIGHTSEEING →

마야 뷰라인
まやビューライン

MAP P.469D

고베 마야산의 하부와 산상 능선까지 연결하는 케이블카와 로프웨이. 산악 철로를 달리는 케이블카는 산 아래 마야 케이블역에서 중턱에 있는 니지노역까지 운행한다. 여기서 케이블에 매달려 오르는 로프웨이로 갈아타면 마야산 산상에 있는 호시노역에 닿는다. 호시노역 앞에는 마야산 전망대가 있으며 도보 20분 거리에 텐조지가 위치한다.

🅕 산노미야에키터미널마에 정류장에서 18번 시버스 승차 후 마야 케이블시타 정류장 하차 🅣 078-861-2998 🅞 마야 케이블 10:00~21:00, 마야로프웨이 10:10~20:50 🅗 화요일, 부정기 🅟 편도 어른 900¥, 어린이 450¥ , 왕복 어른 1560¥, 어린이 780¥ 🅦 https://koberope.jp/maya

마야산 키쿠세이다이
摩耶山掬星台

MAP P.469D
VOL.1 P.121

마야산 해발 약 700m 호시노역 앞에 있는 전망대. 키쿠세이다이라는 이름은 '별을 손으로 잡을 수 있을 만큼 가까이 보이는 전망대'라는 뜻으로 붙은 이름이다. 고베 시가지와 항구, 포트 아일랜드, 롯코 아일랜드가 파노라마처럼 펼쳐지는 야경이 환상적이다. 고베의 마야·롯코산에서 보는 야경은 일본 3대 야경으로도 꼽힌다.

🅕 마야 케이블시타역에서 마야 케이블과 곤돌라 승차 후 정상에서 하차해 도보 1분 🅞 24시간 🅗 연중무휴 🅟 무료 🅦 https://kobe-rokko.jp/maya

롯코 케이블카
六甲ケーブル

MAP P.469D

롯코산 하부 롯코케이블시타역과 산상 롯코산조역을 운행하는 케이블카. 1932년부터 운행을 시작해 현재 3세대 차량이 운행하고 있다. 롯코산조역 앞에서 여러 관광지로 운행하는 롯코산 순환 버스와 롯코마야 스카이 셔틀버스를 탈 수 있다. 롯코 케이블카와 순환버스, 롯코 아리마 케이블카를 모두 이용할 수 있는 세트 승차권도 판매한다.

구글 지도 **Rokko Cable Line**

Ⓕ JR 롯코미치역 앞에서 16·26·106번 시버스 승차 후 롯코케이블시타 정류장 하차 Ⓣ 078-861-4700 Ⓞ 07:10~21:10 Ⓗ 연중무휴 Ⓟ 편도 12세 이상 600¥, 6~11세 300¥ / 왕복 12세 이상 1100¥, 6~11세 550¥ Ⓦ www.rokkosan.com/cable

롯코산 텐란다이
六甲山天覧台

MAP P.469D

롯코산조역 앞에 있는 전망대로 이곳의 야경은 홋카이도의 하코다테산, 나가사키의 이나사야마 공원과 함께 일본 3대 야경으로 꼽힌다. 전망대에 카페가 있어 마야산에 비해 분위기가 훨씬 좋지만, 전망대 아래쪽 능선이 풍경 일부를 가리는 것이 마야산에 비해 아쉽다. 날씨가 좋으면 오사카의 아베노하루카스300 빌딩도 시야에 들어온다.

Ⓕ 롯코 케이블카 승차 후 산 위 롯코산조에키 정류장 하차 Ⓣ 078-861-5288 Ⓞ 07:10~21:00 Ⓗ 연중무휴 Ⓟ 무료 Ⓦ www.rokkosan.com/tenrandai

고베 시립 롯코산 목장
神戸市立六甲山牧場

MAP P.469D
VOL.1 P.179

말과 양, 염소, 토끼 등 다양한 동물을 만날 수 있는 목장. 언덕 위에는 스위스풍 건물이 이국적인 유럽 감성을 자아낸다. 치즈 퐁뒤, 스테이크 등 알프스 지방의 향토 요리도 맛볼 수 있다. 목장 동물에게 먹이를 주는 체험은 아이들에게 인기가 높다. 치즈 공장을 견학하거나 목장에서 만든 신선한 우유와 치즈, 빵도 맛볼 수 있다.

Ⓕ 롯코케이블산조에키 정류장에서 롯코마야 스카이 셔틀버스 승차 후 롯코산보쿠조 정류장 하차, 도보 1분 Ⓣ 078-891-0280 Ⓞ 09:00~17:00 Ⓗ 화요일, 연말연시, 부정기(7~8월 피크 기간은 무휴) Ⓟ 3~11월 고등학생 이상 600¥, 12~2월 고등학생 이상 400¥ Ⓦ https://rokkosan.jp

롯코 숲의 소리 박물관
六甲森の音ミュージアム

MAP P.469D

인상주의 화풍의 그림을 떠올리게 하는 정원이 있는 오르골 박물관. 19~20세기에 만든 독특한 디자인의 오르골을 전시해놓았으며, 오르골 음악을 감상할 수 있는 콘서트도 연다. 마음에 드는 디자인의 케이스와 곡을 선택해 직접 조립해보는 체험도 가능하다. 정원을 산책하면서 카페의 테라스 좌석에서 여유로운 시간을 보내도 좋다.

구글 지도 **롯코 오르골 뮤지엄**

Ⓕ 롯코케이블산조에키 정류장에서 롯코산조버스 승차, 뮤지엄마에 정류장 하차 후 도보 2분 Ⓣ 078-891-1284 Ⓞ 10:00~17:00 Ⓗ 목요일(공휴일, 성수기인 경우 영업), 12월 31일~1월 1일 Ⓟ 중학생 이상 1500¥, 4세~초등학생 750¥ Ⓦ www.rokkosan.com/museum

롯코 고산식물원
六甲高山植物園

MAP P.469D

롯코산 정상 부근에 있는 식물원. 해발 800m가 넘는 높이로 홋카이도 남부 지역과 기온이 비슷해 주로 고산식물과 한랭지 식물, 롯코산의 자생식물 등 약 1500종의 식물이 자란다. 봄부터 여름 사이에 다양한 꽃이 피는데, 6월엔 에델바이스도 볼 수 있다. 관람로를 따라 찬찬히 산책을 즐기고 카페와 식물 관련 잡화를 파는 가게도 들러보자.

Ⓕ 롯코케이블산조에키 정류장에서 롯코 산조 버스 승차, 고잔쇼쿠부츠엔 정류장 하차 후 도보 2분 Ⓣ 078-891-1247 Ⓞ 10:00~17:00 Ⓗ 11월 중순~3월 중순+부정기 Ⓟ 중학생 이상 900¥, 4세~초등학생 450¥ Ⓦ www.rokkosan.com/hana

롯코 가든 테라스
六甲ガーデンテラス

MAP P.469D

이국적인 유럽식 건물과 오사카만 주변 풍경을 조망할 수 있는 롯코산정의 전망 포인트. 중세 유럽의 성의 일부를 연상시키는 전망 타워에서 바라보면 롯코 아일랜드, 포트 아일랜드, 칸사이 국제공항, 멀리 아카시대교까지 시야에 들어온다. 계절마다 열리는 LED 라이트를 이용한 야간 라이트업과 야경은 황홀한 분위기를 연출한다.

Ⓕ 롯코케이블산조에키 정류장에서 롯코 산조 버스 승차 후 롯코가든 테라스 정류장 하차 Ⓣ 078-894-2281 Ⓞ 10:00~21:00 Ⓗ 연중무휴 Ⓟ 무료(롯코시다레 중학생 이상 1000¥) Ⓦ www.rokkosan.com/gt

롯코 아리마 로프웨이
六甲有馬ロープウェー

MAP P.469D

1970년부터 롯코산정과 아리마온센 마을 사이를 운행하는 곤돌라. 아리마온센 마을까지 빠르게 닿을 수 있어 고베 시내에서 출발해 롯코산 관광 후 아리마온센에서 온천을 즐기거나 하룻밤을 묵는 일정일 때 유용한 교통수단이다. 이 경우 롯코 케이블카와 롯코 산상 버스, 아리마 로프웨이를 모두 이용할 수 있는 패스권이 유용하다.

구글 지도 **Rokko Arima Ropeway**

Ⓕ 롯코케이블산조에키 정류장에서 롯코 산조 버스 승차 후 로프웨이산조에키 정류장 하차 Ⓣ 078-891-0031 Ⓞ 09:30~20:10 Ⓗ 연중무휴 Ⓟ 편도 12세 이상 1030¥, 6~11세 520¥, 왕복 12세 이상 1850¥, 6~11세 930¥ Ⓦ https://koberope.jp/rokko

아리마온센 SIGHTSEEING →

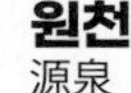

원천
源泉

MAP P.469D

일본의 3대 온천 중 하나로 꼽히는 아리마온센 마을에는 물의 색깔과 성분, 효능이 각기 다른 여러 온천수가 용출된다. 그 때문에 마을 곳곳에서 온천수가 솟는 원천의 모습을 볼 수 있다. 아리마의 온천수는 크게 적갈색을 띠는 킨센(금천)과 투명한 빛깔의 긴센(은천)으로 구분한다. 킨센은 철분과 염분을 함유한 것이 특징이며, 긴센은 탄산을 함유한 것이 특징이다.

Ⓣ 078-904-0708(관광 안내소) Ⓞ 24시간 Ⓗ 연중무휴 Ⓟ 무료

원천 핵심 스폿

1 탄산센겐
炭酸泉源

긴노유 인근 탄산센겐코엔에 있는 원천. 물의 온도 18.6°C로 높지 않아 마실 수 있다. 이름대로 이산화탄소를 머금어 톡 쏘는 느낌이 있으며, 철분 함유량이 높아 철 냄새를 연상시켜 썩 맛있지는 않다. 과거에는 이 물에 설탕을 넣어 사이다를 만들기도 했다. 현재는 이 물로 과자나 떡을 만드는 가게들이 있다.

Ⓕ 긴노유에서 도보 3분

2 텐진센겐
天神泉源

아리마 덴진 신사 경내에 있어 텐진센겐이라 부른다. 킨노유(금탕)에서 사용하는 온천수가 솟는 곳으로 황토색 빛깔을 띠는 온천수다. 원래는 투명한 색의 물이 솟지만 공기와 접촉한 뒤 시간이 지나면서 철분이 공기에 닿아 산화하며 점점 붉은색을 띤다. 600만 년 전 해수로 추정되며 염분 때문에 일주일에 한 번씩 파이프를 교체한다.

Ⓕ 킨노유에서 도보 2분

3 고쇼센겐
御所源泉

좁은 골목을 따라 걷다 만나는 공중목욕탕 마츠카제 옆에 있는 원천. 고쇼센겐은 다른 원천에 비해 비교적 최근인 1951년에 굴착했다고 한다. 수질은 철분과 염분을 함유한 킨센으로 용출되는 물의 온도는 97°C에 이른다. 온도가 높지만 밖으로 수증기를 뿜어내지 않아 다소 심심한 모습이다.

Ⓕ 킨노유에서 도보 3분, 호텔 하나코야도 옆

4 고쿠라쿠센겐
極楽泉源

도요토미 히데요시가 만든 유덴에서 사용하는 온천수로 알려진 원천이다. 히데요시와 네네를 비롯해 여러 다이묘가 즐겼던 온천수가 바로 고쿠라센겐이다. 고쿠라센겐도 킨센으로 염분을 함유하고 있는데, 미네랄 성분은 보통 해수의 2배에 달한다고 한다.

Ⓕ 타이코노유도노칸과 긴노유 사이

5 우와나리센겐
妬泉源

우와나리는 질투라는 뜻을 지니고 있다. 옛날 남편의 외도를 알게 된 아내가 남편의 애인을 죽이고 스스로 온천에 몸을 던졌다. 그 후 아름다운 여자가 온천 옆에 서면 탕이 질투로 격렬하게 끓어 이런 이름이 붙었다는 전설이 전해진다. 전설을 간직한 기존 우물은 물이 고갈되었고 뒤쪽에 새로운 수원이 굴착되었다.

Ⓕ 넨부츠지에서 도보 2분

아리마강 친수 공원

MAP P.469C

有馬川親水公園

아리마온센역에서 마을로 향하는 입구 아리마강 주변을 정비해 만든 작은 공원으로 다이코바시부터 네네하시까지 약 130m에 이른다. 공원 주변에 벚나무가 많아 봄이면 벚꽃잎이 날리는 아름다운 풍경을 볼 수 있다. 벚꽃이 만발하는 3월 말, 4월 초에는 아리마 사쿠라 축제가 열린다. 7~8월에는 맥주 축제 아리마료후 비어 가든도 열린다.

구글 지도 아리마가와 친수공원

Ⓕ 고베전철 아리마선 아리마온센역에서 도보 4분, 또는 한큐버스 아리마 터미널에서 도보 2분 Ⓣ 078-904-0708(관광 안내소) Ⓞ 24시간 Ⓗ 연중무휴 Ⓟ 무료

유모토자카

MAP P.469C

湯本坂

약 400m 구간에 많은 상점이 모여 있어 아리마온센 관광 1번지라 할 수 있는 메인 거리. 개업한 지 400년이 넘는 노포와 먹거리, 기념품 가게가 밀집해 있다. 놓치지 말아야 할 간식거리는 미츠모리혼텐의 탄산센베이와 타케나카니쿠텐의 크로켓, 아리마 사이다 등이다. 킨노유 앞, 무료로 이용할 수 있는 타이코노아시유에서 족욕도 즐겨보자.

Ⓕ 고베전철 아리마선 아리마온센역에서 도보 7분 또는 한큐버스 아리마 터미널에서 도보 3분 Ⓣ 078-904-0708(관광 안내소) Ⓞ 가게마다 다름 Ⓗ 가게마다 다름 Ⓟ 가게마다 다름

아리마 완구 박물관

MAP P.469C

有馬玩具博物館

장난감 디자이너였던 가토 유조가 1995년에 발생한 한신·아와지 대지진 이후 친구와 의기투합해 만든 박물관. 200여 년 전 만든 독일의 전통 장난감과 철도 모형, 기계식으로 움직이는 장난감인 오토마타 등을 볼 수 있다. 어른과 아이 모두 즐길 수 있는 공예 체험 프로그램도 준비되어 있다.

Ⓕ 한큐버스 아리마 터미널에서 도보 1분 Ⓣ 078-903-6971 Ⓞ 10:00~17:00 Ⓗ 부정기 Ⓟ 중학생 이상 800¥, 3세~초등학생 500¥ Ⓦ www.arima-toys.jp

젠후쿠지

MAP P.469C

善福寺

버스 터미널 앞 돌계단을 오르면 아담한 산몬을 만나는 사찰. 일본 중요문화재로 가마쿠라시대에 제작했다는 쇼토쿠 태자상을 모시고 있다. 수령 200년 이상으로 추정되는 수양 벚꽃은 가지를 늘어뜨린 모양새로 실 벚꽃이라 부르기도 한다. 가을에는 붉은색 나뭇잎이 경내를 둘러싸는 단풍 명소이기도 하다.

구글 지도 Zenpukuji

Ⓕ 한큐버스 아리마 터미널에서 도보 1분 Ⓣ 078-904-0708(관광 안내소) Ⓞ 09:00~16:30 Ⓗ 연중무휴 Ⓟ 무료

온센지
温泉寺

MAP P.469C

나라시대 초기인 724년에 창건된, 아리마에서 가장 오래된 사찰. 약사여래와 함께 온센지를 건립한 승려 기요키와 가마쿠라시대에 아리마온센을 중흥시킨 승려 닌사이의 목상을 모시고 있다. 연초에는 두 목상이 목욕하는 행사가 열린다. 사전 전화 예약을 하면 좌선과 중국풍 정진 요리인 후차료리를 맛보는 체험에 참여할 수 있다.

Ⓕ 한큐버스 아리마 터미널에서 도보 5분 Ⓣ 078-904-0650 Ⓞ 09:00~16:30 Ⓗ 연중무휴 Ⓟ 무료

타이코노유도노칸
太閤の湯殿館

아리마온센의 역사와 문화를 소개하는 자료관. 내부에는 1995년 한신·아와지 대지진으로 파손된 고쿠라쿠지 뒤편에서 출토된 온천탕과 기와, 다기 등 여러 유물을 전시한다. 도요토미 히데요시의 명으로 만든 유노야마고텐에서 사용한 것으로 추정되는 것들이다. 유노야마고텐은 히데요시가 아리마온센에 올 때 머물던 곳으로 알려져 있다.

구글 지도 태합의 탕전관

Ⓕ 한큐버스 아리마 터미널에서 도보 5분 Ⓣ 078-904-4304 Ⓞ 09:00~17:00(입장은 16:30까지) Ⓗ 수요일 Ⓟ 어른 200¥, 어린이·학생 100¥ Ⓦ https://arimaspa-kingin.jp/taiko-01.htm

ENJOYING →

킨노유
金の湯

MAP P.469C
VOL.1 P.186

유모토자카에 있는 공중목욕탕으로 적갈색을 띠는 온천수를 금빛에 비유해 킨노유라고 부른다. 원천에서 솟는 철분과 나트륨 성분을 함유한 물이 90°C가 넘는 고온이라 목욕에 적합한 온도로 수온을 낮춰 사용한다. 이치노유와 니노유로 남녀 욕실이 구분되어 있으며, 목욕탕 앞 골목에 무료로 족욕할 수 있는 아시유가 있다.

구글 지도 킨노유(금탕)

Ⓕ 한큐버스 아리마 터미널에서 도보 1분 Ⓣ 078-904-0680 Ⓞ 08:00~22:00 Ⓗ 둘째·넷째 주 화요일, 1월 1일 Ⓟ 어른 월~금요일(성수기 제외) 650¥, 토·일요일·공휴일 800¥, 초등·중학생 350¥, 킨노유+긴노유 공통권 1200¥ Ⓦ https://arimaspa-kingin.jp

긴노유
銀の湯

MAP P.469C
VOL.1 P.187

적갈색을 띠는 킨노유와 달리 투명한 온천수를 사용해 은빛에 비유해 긴노유라고 부른다. 킨노유와 마찬가지로 작은 대중탕이어서 우리나라 동네 목욕탕 모습과 크게 다르지 않다. 여기서 사용하는 온천수는 이산화탄소가 함유된 탄산천이어서 탕에 들어가면 물에 녹아 있는 기포가 피부를 기분 좋게 자극한다.

구글 지도 긴노유(은탕)

Ⓕ 한큐버스 아리마 터미널에서 도보 6분 Ⓣ 078-904-0256 Ⓞ 09:00~21:00 Ⓗ 첫째·셋째 주 화요일, 1월 1일 Ⓟ 어른 월~금요일(성수기 제외) 550¥, 토·일요일·공휴일 700¥, 초등·중학생 300¥, 킨노유+긴노유 공통권 1200¥ Ⓦ https://arimaspa-kingin.jp

겟코엔(고로칸·유게츠산소)

MAP P.469C

月光園(鴻朧館·游月山荘)

고로칸과 유게츠산소, 2개의 숙소로 이루어진 온천 숙박 시설. 시냇물과 숲이 만나는 곳에 있어 자연 속에서 쉬며 온천을 즐길 수 있다. 고로칸과 유게츠산소 모두 객실과 온천을 갖추고 있는데, 금탕과 은탕, 와인탕, 노천탕, 대욕장 등 테마가 다양하다. 숙박하지 않고 식사와 온천을 패키지로 즐길 수 있는 당일 온천 코스도 운영한다. 예약 필수.

구글 지도 Gekkoen

ⓕ 한큐버스 아리마 터미널에서 도보 7분 ⓣ 고로칸 078-903-5503, 유게츠산소 078-904-0366 ⓞ 고로칸 06:00~08:00, 09:00~24:00, 유게츠산소 06:00~09:00, 15:00~24:00 ⓗ 연중무휴 ⓟ 당일코스(토·일요일·공휴일만 가능) 7700~1만3860¥ ⓦ www.gekkoen.co.jp

긴스이소 초라쿠

MAP P.469C

銀水荘 兆楽

아리마온센 마을 가장자리에 위치해 한가로운 분위기를 즐길 수 있는 곳이다. 건물 외관은 호텔이나 리조트 분위기지만 내부는 료칸처럼 다다미 객실과 빌라 타입의 객실도 마련돼 있다. 아리마의 금탕과 은탕 온천수 모두 즐길 수 있으며, 여름에는 야외 수영장도 이용할 수 있다. 숙박 없이 당일로 식사와 온천만 즐길 수도 있다. 예약 필수.

구글 지도 긴수이소우 초라쿠

ⓕ 아리마온센역에서 도보 8분 ⓣ 078-904-3306 ⓞ 대욕장 11:30~15:00·15:00~22:00, 쿠누기노유 12:00~15:00·15:00~22:00 ⓗ 연중무휴(당일 코스 연말연시 1주일간 휴업) ⓟ 당일 코스 점심 6270~8800¥, 저녁 6930~9680¥ ⓦ https://choraku.com

타이코노유

MAP P.469C
VOL.1 P.186

太閤の湯

아리마온센에서 유일한 테마파크형 온천이다. 총 26가지의 다양한 테마 온천이 마련돼 있는데, 크게는 대욕장과 노천탕, 냉기욕장으로 구성된다. 암반욕장과 노천탕을 비롯해 독특하게 오사카 성의 황금 다실을 본떠 만든 황금의 증기탕과 도요토미 히데요시가 유노야마고텐에서 즐겼다는 찜탕도 재현되어 있다.

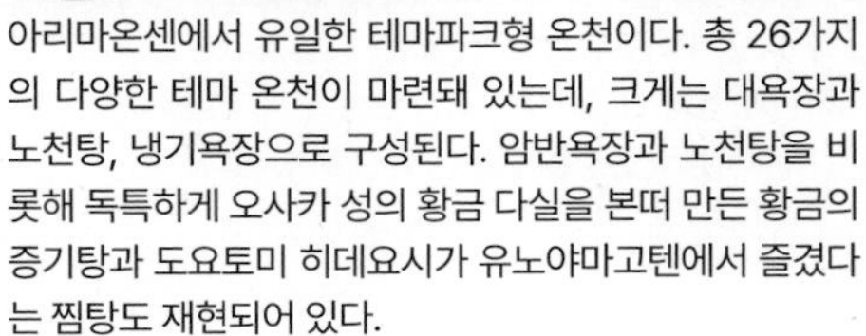

ⓕ 아리마온센역에서 도보 8분 또는 한큐버스 아리마 터미널에서 도보 6분 ⓣ 078-904-2291 ⓞ 10:00~22:00(입장은 21:00까지) ⓗ 부정기 ⓟ 평일 중학생 이상 2750¥(풀타임), 2090¥(60분) / 토·일·공휴일 중학생 이상 2970¥(풀타임), 2200¥(60분) ⓦ www.taikounoyu.com

효에코요카쿠

MAP P.469C
VOL.1 P.187

兵衛向陽閣

개업 이래 무려 700여 년의 시간 동안 아리마온센 마을을 지킨 고급 숙소. 일본식 인테리어로 꾸민 이치노유와 로마식 인테리어인 니노유는 남탕과 여탕으로 매일 번갈아가며 운영된다. 산노유는 커다란 유리문을 사이에 두고 내탕과 노천탕이 공존하는 형태다. 공용 휴식 공간에서는 오후 2시 30분부터 9시 30분까지 무료 음료를 제공한다.

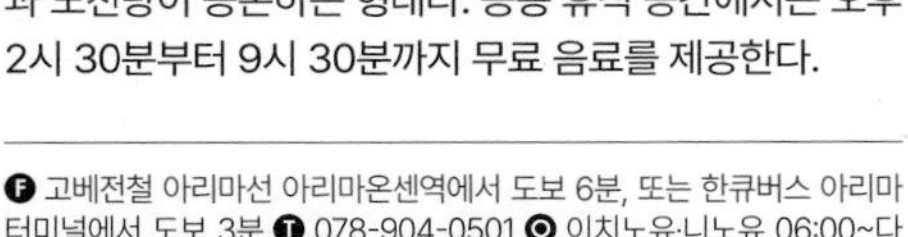

ⓕ 고베전철 아리마선 아리마온센역에서 도보 6분, 또는 한큐버스 아리마 터미널에서 도보 3분 ⓣ 078-904-0501 ⓞ 이치노유·니노유 06:00~다음 날 01:00, 산노유 05:00~23:00 ⓗ 부정기(홈페이지에 공지) ⓟ 당일 코스(온천+점심 식사) 3850~7920¥ ⓦ www.hyoe.co.jp

히메지 성
姫路城

일본에서 가장 잘 보존된 성으로, 일본의 국보이자 1993년에 호류지와 함께 유네스코 세계문화유산에 등재되었다. 성의 하얀색 외벽이 백로의 모습과 비슷해 보여 시라사기조(白鷺鷺城, 백로성)라는 이름으로도 부른다. 성이 처음 축조되기 시작한 것은 슈고 다이묘였던 아카마츠 노리무라가 히메야마(히메산)에 요새를 세운 1333년이다. 오랜 세월을 거치며 증축되어 1617년경에 이르러 현재의 모습을 갖추었다. 히메지 성은 일본에서도 손꼽히는 목조건물인 텐슈카쿠 안으로 들어서면 건물을 떠받치는 목조 구조물들을 볼 수 있다. 텐슈카쿠를 떠받치는 이시가키(石垣, 축벽)은 훼손이 거의 없이 건축 당시의 모습을 간직하고 있다. 성의 아름다움으로는 일본 내 독보적인 성이라 할 만하다. 성에 1000그루가 넘는 벚나무가 있어 벚꽃이 피는 시기에 가장 아름답다. 주말과 공휴일에는 해자에서 보트 유람도 할 수 있다. 해질 무렵부터 자정까지 조명을 밝힌 히메지 성의 모습도 아름답다. 하늘이 어두워지니 하얀색의 텐슈카쿠가 몽환적으로 도드라져 보인다. 그 모습은 JR 히메지 역에서도 보이는데 현대적인 도심의 거리와 어우러진 모습이 색다르게 다가온다. 히메지 성 남쪽, 오테마에 공원 앞 히메지 시민 플라자 옥상에서 히메지성의 전경을 한눈에 감상할 수 있다.

ⓕ JR 히메지역 북쪽 출구 앞 버스 정류장 6번 승강장에서 히메지 루프 버스 승차 후 히메지조테몬마에 정류장 하차, 또는 JR 히메지역 북쪽 출구에서 도보 20분, 또는 산요전철본선 산요히메지역에서 도보 16분 ⓣ 079-285-1146 ⓞ 09:00~17:00(입장은 16:00까지) ⓗ 12월 29일, 30일 ⓟ 히메지 성 18세 이상 1000¥, 초등·중·고등학생 300¥, 히메지 성+고코엔 공통권 18세 이상 1050¥, 초등·중·고등학생 360¥ ⓦ www.city.himeji.lg.jp/castle

ZOOM ——————— IN

히메지 성 주변 볼거리

1 **코코엔**
好古園

히메지가 시로 정비된 100년이 된 것을 기념해 1992년에 조성한 정원. 히메지 성과는 서쪽 해자를 사이에 두고 마주 보고 있다. 그 때문에 히메지 성을 차경으로 하는 정원의 풍경이 아름다운 곳이다. 9개의 정원군으로 이루어져 있어 조금씩 정취가 다른 풍경을 만날 수 있다. 일본의 여러 영화나 드라마 촬영지이기도 하다.

Ⓕ 히메지 성 오테몬에서 도보 4분 Ⓣ 079-289-4120 Ⓞ 09:00~17:00(입장은 16:30까지) Ⓗ 12월 29일, 30일 Ⓟ 18세 이상 310¥, 초·중·고등학생 150¥ / 히메지 성·코코엔 공통권 18세 이상 1050¥ , 초·중·고등학생 360¥ Ⓦ www.himeji-machishin.jp/ryokka/kokoen

2 **히메지 시립 동물원**
姫路市立動物園

히메지 성 동쪽 해자 주변에 조성된 동물원. 동물원으로서 넓지는 않다. 소박하지만 몇 개의 놀이기구도 갖추었다. 펭귄과 낙타, 캥거루 같은 다소 의외의 동물을 포함해 수십 종의 동물을 만날 수 있다. 동물원 내 붉은색의 다리 시로미바시 너머로 보이는 텐슈카쿠와 주변 벚꽃 군락이 만드는 풍경은 일품이다.

Ⓕ 히메지 성 오테몬에서 도보 1분, 히메지 성 산노마루 광장 내 Ⓣ 079-284-3636 Ⓞ 09:00~17:00(입장은 16:30까지) Ⓗ 12월 29일~1월 1일 Ⓟ 고등학생 이상 250¥, 5세~중학생 50¥ Ⓦ www.city.himeji.lg.jp/dobutuen

쇼샤잔엔교지
書寫山圓教寺

966년에 창건된 천태종 수행도장의 사찰. 톰 크루즈와 와타나베 켄이 출연한 영화 《라스트 사무라이》의 촬영지로 잘 알려졌다. 입구에는 교토의 기요미즈데라의 본당을 연상시키는 무대식 '부타이즈쿠리 舞台造' 구조가 적용된 건물, 마니덴이 눈에 띈다. 'ㄷ' 자 형태로 배치된 혼도와 지키도, 조교도는 보는 이를 압도하는 힘이 느껴진다. 사찰을 에워싼 청정 숲 사이에 난 오솔길을 따라 경내를 걸으면 여유로운 분위기에 마음이 평온해진다.

구글 지도 **엔교지**

Ⓕ JR 히메지역 북쪽 출구 버스 정류장에서 8번 버스 승차 후 쇼샤 로프웨이 정류장(종점) 하차, 쇼샤 로프웨이 이용 Ⓣ 079-266-3327 Ⓞ 봄~가을 08:30~18:00, 겨울 08:30~17:00 Ⓗ 연중무휴(로프웨이는 점검을 위한 운휴일 있음) Ⓟ 중학생 이상 500¥, 초등학생 300¥ Ⓦ www.shosha.or.jp

• AREA 04 •

NARA

나라

나라 서쪽으로 오사카, 북쪽으로 교토가 전철로 약 1시간 거리여서 오사카나 교토에서 당일치기로 방문하는 여행자가 많이 찾는 도시다. 나라시는 지하철이 없어 시내 주요 관광지를 둘러보는 교통수단은 시내버스와 도보다. 도심의 규모가 작아 칸사이의 다른 대도시에 비해 호젓한 여행을 즐길 수 있다. 나라는 일본 고대국가의 기틀이 마련된 지역으로 에도 시대와 헤이안시대 이전에 일본의 수도였던 곳이다. 오랜 역사만큼 지금까지 전해지는 여러 문화 유적과 도심의 절반이 녹지인 것도 매력이다.

무작정 따라하기

Step 1

나라 시내 중심지로 이동하기

나라 시내에는 JR과 킨테츠 일본철도가 운영하는 2개의 나라 역이 있다. 두 역은 도보 15분 정도 거리로 걸어서 이동 가능하다. 출발하는 도시에서 역의 위치, 교통 패스 소지 여부에 따라 편리한 노선을 선택하면 된다.

JR 나라역

킨테츠 나라역

오사카에서 나라 가기

JR

JR 오사카역에서 JR 텐노지역까지 구간에서 출발할 때는 JR 나라역으로 직행하는 야마토지 쾌속 大和地快速을 이용할 수 있다. USJ에서 출발하는 경우 유니버설시티역에서 유메사키선 탑승 후 니시쿠조역에서 나라행 야마토지 쾌속으로 환승한다. JR 난바역이나 그 외 오사카 순환선 JR 역에서 출발하는 경우 JR 텐노지역에서 야마토지 쾌속으로 환승한다.

출발역	중간 환승역	소요 시간 (환승 소요 시간 제외)	도착역	요금
JR 오사카역	-	야마토지 쾌속 50분	JR 나라역	820¥
JR 니시쿠조역	-	야마토지 쾌속 50분		740¥
JR 벤텐초역	-	야마토지 쾌속 43분		740¥
JR 난바역	JR 텐노지역	보통 6분+ 야마토지 쾌속 33분		580¥
JR 신이마미아역	-	야마토지 쾌속 36분		580¥
JR 텐노지역	-	야마토지 쾌속 33분		510¥

사용 가능한 패스
JR 패스, JR 칸사이 와이드 패스, JR 칸사이 패스, JR 칸사이 미니 패스

킨테츠 전철

오사카의 난바, 츠루하시 지역에서 출발할 때 환승 없이 편리하게 이용할 수 있는 노선이다. JR 전철과 달리 킨테츠 나라역으로 도착한다. 특급은 추가 요금이 발생하니 이용 전 확인하자. 칸사이 레일웨이 패스를 소지한 여행자의 경우 특급을 제외한 일반 전철을 무료로 이용할 수 있다.

출발역	중간 환승역	소요 시간 (환승 소요 시간 제외)	도착역	요금
오사카 난바역	-	쾌속 급행 38분	킨테츠 나라역	680¥
킨테츠 닛폰바시역	-	쾌속 급행 35분		680¥
오사카우에 혼마치역	-	쾌속 급행 33분		680¥
츠루하시역	-	쾌속 급행 31분		590¥

사용 가능한 패스 칸사이 레일웨이 패스

교토에서 나라 가기

JR

JR 교토역에서 JR 나라역까지 직행하는 전철을 이용할 수 있다. 아라시야마 지역에서 나라로 이동할 경우 JR 사가아라시야마역에서 전철로 JR 교토역까지 이동한 후 나라선 전철로 환승한다.

출발역	중간 환승역	소요 시간 (환승 소요 시간 제외)	도착역	요금
JR 교토역	-	미야코지 쾌속 44분	JR 나라역	720¥
JR 토후쿠지역	-	미야코지 쾌속 41분		720¥
JR 이나리역	JR 로쿠지조역	보통 약 60분 또는 보통 9분+ 미야코지 쾌속 33분		680¥

사용 가능한 패스
JR 패스, JR 칸사이 와이드 패스, JR 칸사이 패스, JR 칸사이 미니 패스

킨테츠 전철

JR 교토역 건물 내 남쪽에 있는 교토역(킨테츠 일본철도)에서 킨테츠 전철이 킨테츠나라역까지 운행한다. 직행 전철의 운행 간격이 넓은 시간대가 있는데 이 경우 야마토사이다이지역으로 가는 전철을 탄 후 야마토사이다이지역에서 킨테츠나라역으로 가는 전철로 환승하는 방법도 있다.

출발역	중간 환승역	소요 시간 (환승 소요 시간 제외)	도착역	요금
교토역	-	급행 47분	킨테츠 나라역	760¥
	야마토사이다이지역	급행 41분+ 급행 6분		

사용 가능한 패스 칸사이 레일웨이 패스

고베에서 나라 가기

JR

고베에서는 나라로 직행하는 JR 노선이 없어 JR 오사카역에서 나라행 야마토지 쾌속으로 환승해야 한다.

출발역	중간 환승역	소요 시간 (환승 소요 시간 제외)	도착역	요금
JR 산노미야역	JR 오사카역	신쾌속 27분+ 야마토지 쾌속 50분	JR 나라역	1280¥

사용 가능한 패스
JR 패스, JR 칸사이 와이드 패스, JR 칸사이 패스, JR 칸사이 미니 패스

한신 · 킨테츠 전철

고베산노미야역에서 한신 전철을 이용하면 오사카난바역을 거쳐 킨테츠나라역까지 환승 없이 직행한다. 쾌속급행 'rapid exp'과 보통 'local' 두 종류의 전철이 운행한다. 요금은 동일하며 정차역 수에 따라 운행 시간에서 차이가 난다. 빠른 쾌속 급행을 이용하면 된다. 오사카난바역에서 킨테츠나라역까지 구간은 킨테츠 철도 노선을 이용한다.

출발역	중간 환승역	소요 시간 (환승 소요 시간 제외)	도착역	요금
고베 산노미야역	-	쾌속급행 78분	킨테츠 나라역	1100¥

사용 가능한 패스 칸사이 레일웨이 패스

히메지에서 나라 가기

JR

고속전철 신칸센을 이용할 수 있다는 장점이 있지만, 환승 횟수가 늘어 장점이 퇴색된다. 패스 소지자 중 신칸센을 이용하려는 경우가 아니라면 신쾌속을 이용하는 쪽이 가성비가 좋다.

출발역	중간 환승역	소요 시간 (환승 소요 시간 제외)	도착역	요금
JR 히메지역	JR 신오사카역 + JR 오사카역	신칸센 (히카리) 35분+ 쾌속 4분+ 야마토지 쾌속 50분	JR 나라역	4070¥ (자유석)
JR 히메지역	JR 오사카역	신쾌속 61분+ 야마토지 쾌속 50분	JR 나라역	2310¥

사용 가능한 패스
신칸센 : JR 패스(노조미, 미즈호 제외), JR 칸사이 와이드 패스(노조미, 미즈호 포함)
신쾌속 : JR 패스, JR 칸사이 와이드 패스, JR 칸사이 패스, JR 칸사이 미니 패스

산요 · 한신 · 킨테츠 전철

JR보다 시간은 더 걸리지만 요금이 조금 저렴하다.

출발역	중간 환승역	소요 시간 (환승 소요 시간 제외)	도착역	요금
산요 히메지역	아마가사키역	직통 특급 86분+쾌속 급행 56분	킨테츠 나라역	2090¥

사용 가능한 패스 칸사이 레일웨이 패스

Step 2

시크릿 나라 지역으로 이동하기

호류지 法隆寺

호류지로 가는 가장 편리한 방법은 JR 호류지역에서 호류지행 버스를 이용하는 것이다. JR 호류지역은 JR의 야마토지선(JR 텐노지역~JR 나라역) 구간에 있다. 칸사이 내 각 지역에서 JR 전철을 이용해 JR 호류지역에서 하차해 남쪽 출구로 나와 버스 정류장에서 호류지행 72번 버스를 이용한다.

고베, 오사카에서 JR 호류지역 가기

고베 JR 산노미야역에서 출발하는 경우 JR 전철을 이용해 JR 오사카역까지 이동한다. JR 오사카역에서는 JR 나라역행 야마토지 쾌속전철을 이용해 JR 호류지역에서 하차한다.

출발역	중간 환승역	소요 시간 (환승 소요 시간 제외)	도착역	요금
JR 산노미야역	JR 오사카역	신쾌속 약 27분 +야마토지 쾌속 39분	JR 호류지역	1110¥
JR 오사카역	-	야마토지 쾌속 39분	JR 나라역	660¥

사용 가능한 패스
JR 패스, JR 칸사이 와이드 패스, JR 칸사이 패스, JR 칸사이 미니 패스

교토, 나라에서 JR 호류지역 가기

JR 교토역에서 출발하는 경우 JR 전철을 이용해 JR 나라역까지 이동한다. JR 나라역에서는 텐노지행 야마토지 쾌속 전철을 이용해 JR 호류지역에서 하차한다.

출발역	중간 환승역	소요 시간 (환승 소요 시간 제외)	도착역	요금
JR 교토역	JR 나라역	신쾌속 44분+ 야마토지 쾌속 11분	JR 호류지역	990¥
JR 나라역	-	야마토지 쾌속 11분		230¥

사용 가능한 패스
JR 패스, JR 칸사이 와이드 패스, JR 칸사이 패스, JR 칸사이 미니 패스

72번 버스 이용하기

출발	소요시간	도착	편도 요금
호류지역 法隆寺駅 정류장 2번 승강장	약 7분	호류지산도法隆寺参道 정류장	220¥

호류지역 정류장 운행 시간표(2023년 3월 18일 개정)

시	평일	토·일요일·공휴일
8		58
9	12 32 55	17 37 54
10	20 44	17 35 57
11	2 20 44	20 44
12	2 20 44	2 20 44
13	2 20 44	2 20 44
14	2 20 44	2 20 44
15	2 20 44	2 20 40 58
16	2 20 44	18 46

※ 호류지산도 정류장에서 호류지역 정류장행 버스 시간표 : 호류지역 각 출발 시각 9분 뒤

Step 3

나라 시내 교통 한눈에 보기

나라 시내 중심지와 나라 공원 주변으로 여행지를 한정한다면 도시 규모는 그리 크지 않다. 대부분 주요 관광지는 걷더라도 1시간 이내로 닿을 만한 거리에 있다. 도시 내 지하철이 없은 없으며 주요 교통수단은 버스다. 체력에 자신이 있다면 걷거나 자전거를 이용하는 것도 방법이다.

버스

나라 시내 중심지를 여행하는 데 가장 유용한 노선은 도심을 순환하는 노란색 1번과 2번 버스다. 이 노선만 이용해도 JR 나라역과 킨테츠나라역, 나라 공원 주변, 시내 중심지의 주요 관광지로 접근하는 데 큰 어려움이 없다. 그 외 이용할 만한 노선은 카스가타이샤 신사로 갈 수 있는 77·78·97·98번 정도다.

순환형 1·2번 버스

나라 시버스

나라 시내 순환형 1·2번 버스

- 1번 버스 : JR 나라역 정류장(동쪽 출구 5번 승강장), 나라 시내를 시계 방향으로 순환
- 2번 버스 : JR 나라역 정류장(동쪽 출구 2번 승강장), 나라 시내를 시계 반대 방향으로 순환
- 요금 : 1회 탑승 250¥(탑승 거리에 상관없음)
- 운행 시간 : 시간대에 따라 7~24분 간격으로 운행

정류장 번호	정류장 이름	정류장 주변 주요 관광지
N-1	JR 나라에키 JR奈良駅	JR 나라역, 산조도리
N-3	킨테츠나라에키 近鉄奈良駅	킨테츠나라역, 히가시무키상점가
N-4	켄초마에(코후쿠지) 県庁前(興福寺)	나라현청, 코후쿠지
N-6 (2번만 정차)	히무로진자·고쿠리츠하쿠부츠칸 氷室神社·国立博物館	나라 공원, 나라 국립박물관
N-7 (1번만 정차)	토다이지다이부츠덴·고쿠리츠하쿠부츠칸 東大寺大仏殿·国立博物館	나라 공원, 토다이지, 나라 국립박물관
N-7 (2번만 정차)	토다이지다이부츠덴·카스가타이샤마에 東大寺大仏殿·春日大社前	나라 공원, 토다이지, 카스가타이샤 신사
N-8	카스가타이샤오모테산도 春日大社表参道	우키미도
N-13	타나카초 (나라마치미나미구치) 田中町(ならまち南口)	나라마치

JR 나라역 관광 안내소

킨테츠나라역 관광 안내소

나라시 교통 패스

▪ 나라 공원·니시노쿄 세계유산 1데이 패스 :
JR 나라역을 중심으로 동쪽 나라 공원 지역과 서쪽 니시노쿄 지역으로 운행하는 버스를 당일 하루(24시간이 아님) 동안 무제한으로 이용할 수 있는 교통 패스

구입처	JR 나라역 관광 안내소, 킨테츠나라역 관광 안내소
가격	어른 600¥, 어린이 300¥
이용 방법	승차 시 패스를 운전기사에게 제시
혜택	나라 시내 관광지와 음식점, 가게 등 60곳에서 할인 혜택 제공

자전거

나라 시내, 나라 공원 주변 지역은 거의 평탄한 지형으로 되어 있어 자전거를 이용하기에 큰 어려움이 없다. 체력에 자신이 없다면 전동 자전거 대여도 고려해보자.

▪ 렌털 사이클 에키린쿤 JR 나라역점 レンタサイクル駅リンくん

찾아가기	동쪽 출구 오른쪽 계단으로 내려와 약 30m 전방 철도 고가 아래
전화	0742-26-3929
영업시간	08:00~18:00
휴무일	연중무휴
가격	일반 자전거 700¥(당일)

▪ 나라 자전거 센터(킨테츠나라) 奈良自転車センター(近鉄奈良)

찾아가기	킨테츠나라역 6번 출구 옆
전화	0742-22-5475
영업시간	09:00~19:30(18:30까지 반납)
휴무일	12월 30일~1월 3일
가격	일반 자전거 당일 1000¥, 3시간 이내 800¥

Step 4

나라 여행 코스

호류지·나라 공원 주변 주요 관광지 일주 코스

JR 나라역 동쪽에는 나라 시내 중심지와 드넓은 나라 공원이 펼쳐진다. 나라에 왔다면 꼭 봐야 할 주요 관광지가 이쪽에 모두 모여 있다.

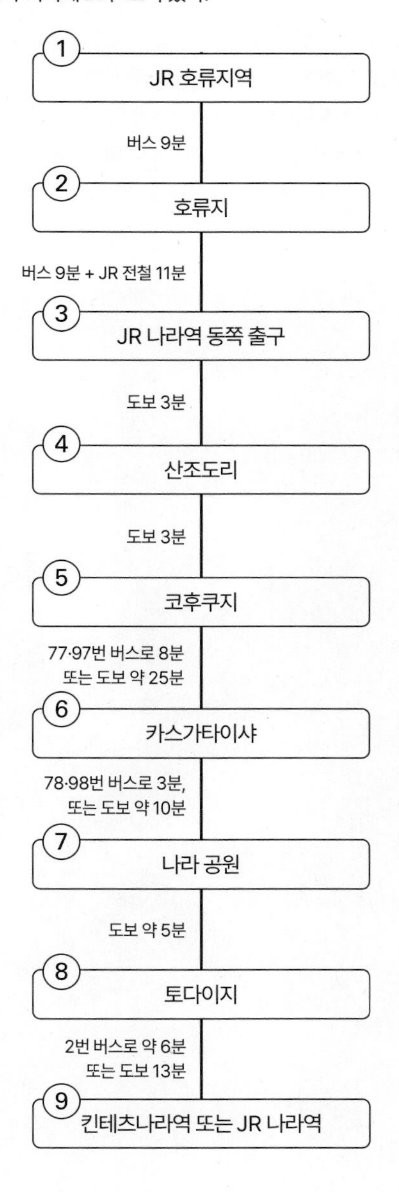

나라 걸어보기, 산책 여행 코스

나라 시 동쪽 지역은 도시 자체가 하나의 커다란 공원과 같다. 사슴으로 유명한 나라 공원 외에도 전통적인 가옥 양식을 잘 보존한 동네 나라마치, 나라시 전경을 한눈에 볼 수 있는 와카쿠사산까지 찬찬히 걸어보자. 자전거를 빌리는 것도 좋다.

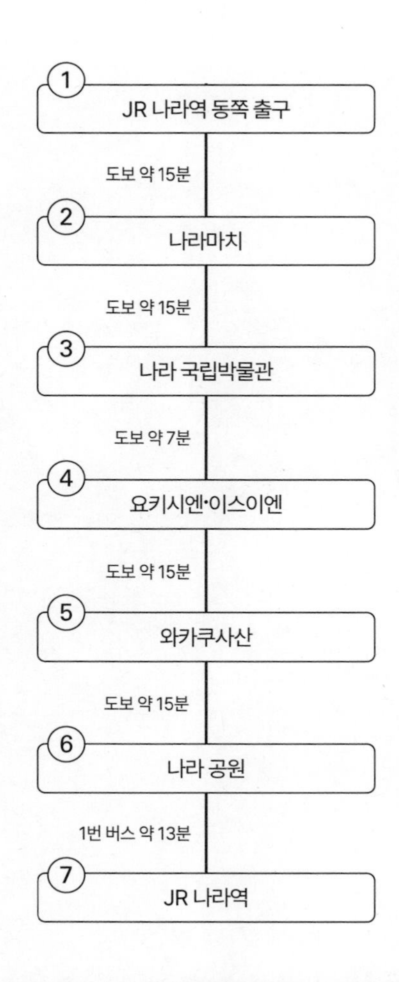

NARA PARK

나라 공원

나라는 고대 아스카, 나라시대에 일본의 수도였던 지역으로 오래된 문화유적을 만날 수 있는 지역이다. 나라 공원이라는 광활한 녹지가 도심과 어우러져 자연 친화적인 분위기를 느낄 수 있다. JR 나라역을 기준으로 도시의 동쪽으로 산조도리와 킨테츠 나라역, 토다이지와 사슴 공원이 이어진다. 고대 일본의 불교문화와 더불어 나라 여행이 독특한 것은 나라 공원과 그 주변을 자유로이 활보하는 약 1200마리의 사슴 때문이다. 그리고 한반도의 삼국에서 건너간 승려와 장인이 지은 토다이지 등 고대 한반도의 흔적을 만날 수 있는 곳이기도 하다.

교통 한눈에 보기

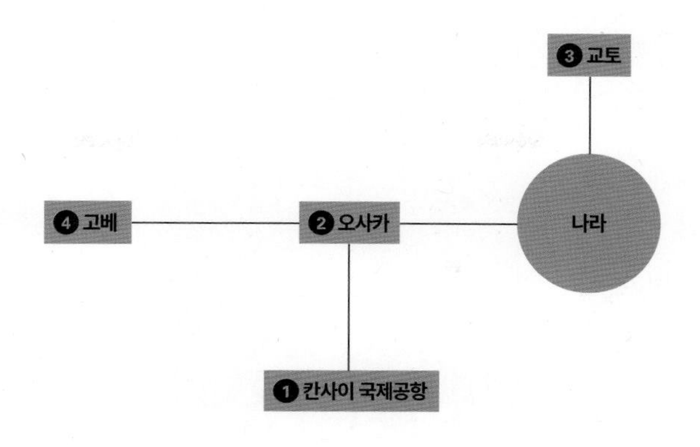

① 칸사이 국제공항→나라	칸사이 공항 리무진 버스(JR 나라역행)	85분~	2400¥
② 오사카→나라	JR(텐노지역-나라역) 킨테츠 전철(오사카난바역-킨테츠나라역)	33분 33분	510¥ 1200¥
③ 교토→나라	JR(교토역-나라역) 킨테츠 & 한신 전철(교토역-야마토사이다이지역-킨테츠나라역)	44분 약 53분	720¥ 760¥
④ 고베→나라	JR(산노미야역-오사카역-나라역) 킨테츠 & 한신 전철(고베산노미야역-오사카난바역-킨테츠나라역)	약 80분 85분	1240¥ 1100¥

나라 공원 지역 다니는 방법

WALK 킨테츠나라역에서 나라 공원 주변 주요 관광지는 대부분 도보로 5~30분 정도면 갈 수 있다. JR 나라역에서 나라 공원 주변 관광지까지는 걷기에 다소 거리가 있다.

SUBWAY 나라시내에는 지하철이 운행하지 않는다.

BUS 나라시내를 여행하는 데 가장 유용한 교통수단이다. 특히 JR 나라역과 나라 공원 주변까지 순환하는 1·2번 버스가 여행자에게 유용한 노선이다.

TAXI 전철역에서 나라 공원 주변 주요 관광지까지의 거리가 멀지 않아 걷기 힘든 경우 이용할 만하다.

TO DO LIST

- □ 나라 공원에서 사슴에게 먹이 주기

- □ 토다이지 다이부츠덴의 거대한 불상을 만나고 기둥 구멍 통과해보기

- □ 나라마치 골목길을 산책하며 마음에 드는 카페나 가게에 들러보기

- □ 나라마치에 있는 하루시카 매장에서 니혼슈 맛보기

- □ 나라 공원에서 인력거 타보기

- □ 나라 현청 옥상 전망대에서 노을이 지는 도시 풍경 감상하기

나라공원 한눈에 보기
A
N
0
100m
나라 여자대학
奈良女子大学
나라 현립대학
奈良県立大学
나라현립미술관
奈良県立美術館
안 그란데 호텔 나라
An-Grandeホテル奈良
나라 현청 옥상 전망대
奈良県庁屋上展望台 P.500
세븐일레븐 편의점
754
호텔 아실 나라
ホテルアジール奈良
킨테츠나라
近鉄奈良駅
회전 초밥 토토긴 킨테츠나라에키마에텐
回転寿司とときん 近鉄奈良駅前店 P.502
히가시무키 상점가
東向商店街 P.499
오카루
おかる P.502
코후쿠지
興福寺 P.499
스타벅스 나라 사루사와이케점
スターバックスコーヒー
猿沢池店
호텔 닛코 나라
ホテル日航奈良
나라 역에서 약 100m
나라
奈良駅
산조도리
三条通り P.499
나카타니도
中谷堂 P.502
카메야
かめや P.503
멘토안
麺闘庵 P.502
사루사와이케 연못
猿沢池園地
수퍼 호텔 로하스 JR 나라 에키
スーパーホテルPremierJR奈良駅
로손 편의점
나라 공예관
奈良工藝館
쿠치나 레조나레 야나가와
クッチーナリジョナーレ
ヤナガワ
게스트하우스 나라 코마치
ゲストハウス奈良小町
포쿠포쿠
ぽくぽく P.503
나라마치
奈良町 P.498
시게노이 우동
重乃井 奈良店
간고지
元興寺 P.498
요시노쿠즈 사쿠라
吉野葛佐久良
나라마치 스에히로도
奈良町 末廣堂
카나카나
カナカナ P.503
그리루 타로
グリルTALO
나라마치 자료관
奈良町資料館
B

C
754
토다이지
東大寺 P.501
와카쿠사산
若草山 P.501
이스이엔
依水園 P.500
요시키엔
吉城園 P.500
나라 공원
奈良公園 P.500
이자사 토다이지몬젠유메카제히로바텐
ゐざさ 東大寺門前夢風ひろば店 P.503
나라 국립박물관
奈良国立博物館 P.499
169
카스가타이샤
春日大社 P.501
우키미도
浮見堂 P.501
나라 호텔
奈良ホテル
80
이마니시케쇼인
今西家書院 P.498
169
하루시카
春鹿 P.498
D

나라 공원 추천 코스

나라 공원 주변 코스 1 하루에 다 돌아보려면 나라마치와 나라 국립박물관에서의 시간 안배를 잘해야 한다. 일정이 조금 무리스럽다고 느껴지면 취향에 따라 한두 곳 정도 일정에서 제외해도 된다. 많이 걷는 데다 버스 이용이 힘드니 체력 안배를 잘하도록 하자. | **소요 시간 : 약 9시간 30분**

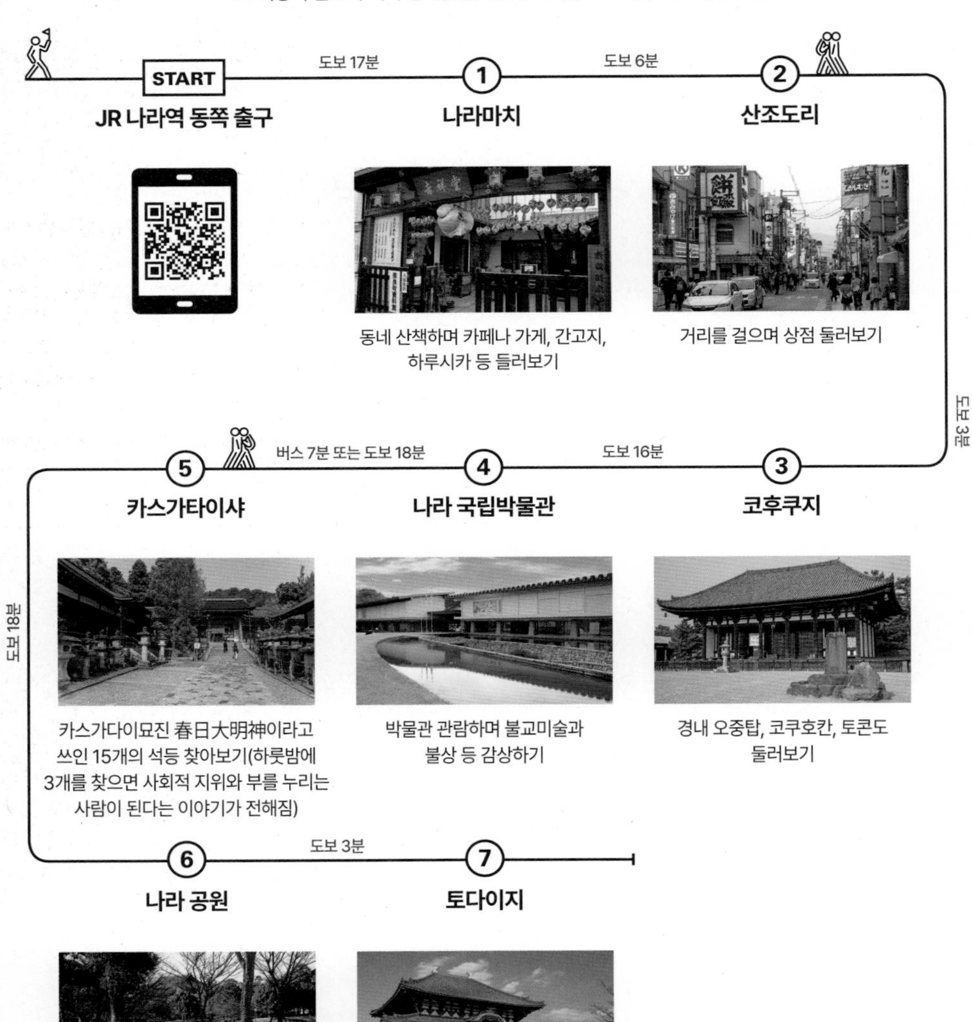

풍경 감상하며 산책하고 사슴에게 먹이 주기

경내 둘러보고 다이부츠덴 내 기둥의 액운을 막아준다는 구멍 통과해보기(체격이 큰 사람은 시도하지 말 것!)

나라 공원 주변 코스 2 박물관이나 사찰에 큰 관심이 없는 여행자에게 해당하는 동선이다. 나라 현청 옥상 전망대까지 일정을 마치고 시간 여유가 있으면 나라마치 일정을 추가하는 것도 좋다. | **소요 시간 : 약 5시간 40분**

옥상 전망대에 올라
나라 시내 풍경 감상하기

천천히 걸으며
정원과 풍경 감상하기

경내 둘러보고 다이부츠덴 내
기둥의 액운을 막아준다는
구멍 통과해보기(체격이 큰 사람은
시도하지 말 것!)

나라마치
奈良町

MAP P.494B
VOL 1 P.084

나라시대 당시 게이쿄 外京라 불렀던 동네로 헤이안시대 말기 사찰에 종사하는 사람들이 모여 마을로 형성되었다. 현재 동네의 모습에서도 에도시대 말기와 메이지시대에 걸쳐 갖춰져 당시의 분위기를 느낄 수 있다. 주민들이 거주하는 평범한 동네지만 오랜 역사를 간직한 절과 역사적인 건축물도 만날 수 있다. 골목 곳곳에 가정집을 개조해 만든 작은 식당, 포근한 분위기의 카페와 찻집, 아기자기한 소품을 파는 잡화점이 있어 나라마치 여행이 지루하지 않다. 처마에 붉은 천으로 원숭이를 형상화해 걸어둔 나쁜 액을 대신 받아준다는 부적 미가와리자루는 나라마치의 풍습이다.

Ⓕ JR 나라역 동쪽 출구에서 도보 5분 또는 킨테츠선 킨테츠나라역 2번 출구에서 도보 5분 또는 1·2번 시버스 승차 후 다나카초(나라마치미나미구치) 정류장 하차, 도보 2분 Ⓣ 0742-26-8610 Ⓞ 24시간 Ⓗ 가게마다 다름 Ⓟ 무료 Ⓦ https://naramachiinfo.jp

ZOOM ———— IN

나라마치 핵심 볼거리

1	**간고지** 元興寺	8세기 초에 후지와라쿄(지금의 나라현 가시하라시)에서 헤이조쿄(지금의 나라시)로 천도하면서 일본 최초의 본격적 가람인 아스카데라를 옮겨온 사찰. 규모가 그리 크지 않음에도 오랜 역사가 말해주듯 유네스코세계문화유산으로 지정되었으며 국보와 중요 문화재가 여럿이다. 인적이 많지 않아 고즈넉한 분위기를 즐길 수 있다. Ⓞ 09:00~17:00(입장은 16:30까지) Ⓗ 연중무휴 Ⓟ 어른 이상 500¥, 중·고등학생 300¥, 초등학생 100¥	
2	**이마니시케쇼인** 今西家書院	무로마치시대 초기에 지은 이마니시 가문의 서원 건물. 당시 건축양식을 잘 보존하고 있어 1937년에 교토의 니조진야와 오사카의 요시무라 저택과 함께 민간 소유 건축물로는 처음으로 일본의 국보로 지정되었다. 현재는 카페로도 운영해 정원 풍경을 감상하며 차와 간단한 음료를 마실 수 있다. Ⓞ 10:30~16:00(입장은 15:30까지) Ⓗ 월~수요일, 오봉, 연말연시 Ⓟ 400¥	
3	**하루시카** 春鹿	1884년에 창업한, 나라 지역을 대표하는 양조장. 일본 술의 발상지로 알려진 나라에서도 좋은 술로 인정받아 나라현의 고급 카이세키 식당에서도 만날 수 있는 브랜드다. 500¥을 지불하면 여러 종류의 니혼슈를 조금씩 맛볼 수 있다. 술과 관련한 기념품도 판매한다. 니혼슈에 관심이 있는 사람이라면 꼭 들러야 할 곳. Ⓞ 10:00~17:00 Ⓗ 오봉, 연말연시, 9월 주조 축제 개최 시	

산조도리
三条通り

MAP P.494B

나라 시내 중심부를 동서로 길게 관통하는 번화가. JR 나라역과 킨테츠 나라역 사이를 지나며 코후쿠지와 히가시무키 같은 관광지와도 연결된다. 길을 따라 식당과 카페, 상점, 숙박 시설이 많아 매주 일요일 오전 11시경부터 오후 7시경까지 차 없는 보행자 거리로 운영된다. 과거엔 카스가타이샤로 향하는 참배길이기도 했다.

Ⓕ JR 나라역 동쪽 출구에서 도보 2분 또는 킨테츠나라역 6·7-s 출구에서 도보 4분 Ⓣ 가게마다 다름 Ⓞ 24시간(가게마다 다름) Ⓗ 가게마다 다름 Ⓟ 가게마다 다름

히가시무키 상점가
東向商店街

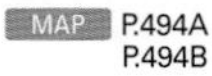

MAP P.494A P.494B

킨테츠나라역 2번 출구 앞에서부터 산조도리까지 남북으로 이어진 약 250m 길이의 상점가. 1300여 년 전 나라시대 일본의 수도였던 헤이조쿄 시절에 코후쿠지 부지와 접해 상점가의 서쪽에만 동쪽을 바라보고 가게가 들어서 '동향'이란 뜻의 히가시무키라는 이름이 붙었다. 식당과 상점, 생활 편의 시설이 상점가를 가득 채우고 있다.

구글 지도 Higashimuki Shopping Street

Ⓕ 킨테츠선 킨테츠나라역 2번 출구에서 바로 Ⓣ 가게마다 다름 Ⓞ 가게마다 다름 Ⓗ 가게마다 다름 Ⓟ 가게마다 다름 Ⓦ https://higashimuki.jp

코후쿠지
興福寺

MAP P.494B

645년에 창건돼 1300년이 넘는 역사를 지닌 사찰로 법상종의 대본산이다. 경내에선 가람의 중심 건물인 나카가네도 옆 국보인 오중탑이 눈에 띈다. 730년에 약 45m 높이로 세운 오중탑은 나라의 풍경을 대표하는 건축물 중 하나다. 고쿠호칸과 도콘도에는 문화재급 불상이 여럿 보관돼 있는데, 그중 아수라상이 특히 유명하다.

구글 지도 고후쿠지(흥복사)

Ⓕ 킨테츠선 킨테츠나라역 2번 출구에서 도보 6분 Ⓣ 0742-22-7755 Ⓞ 09:00~17:00(입장은 16:45까지) Ⓗ 연중무휴 Ⓟ 경내 무료, 코쿠호칸 대학생 이상 700¥, 중·고등학생 600¥, 초등학생 300¥ Ⓦ www.kohfukuji.com

나라 국립박물관
奈良国立博物館

MAP P.495C
VOL 1 P.061

도쿄 국립박물관, 교토 국립박물관과 더불어 메이지시대에 설립된 일본의 대표적인 박물관 중 하나다. 1894년에 완공된 본관 건물은 르네상스기 프랑스 건축양식으로 지은 것이다. 전시물 중 대표적인 것이 다양한 불상인데, 아스카시대부터 가마쿠라시대에 이르는 일본의 불상과 중국, 우리나라의 불상을 한자리에서 볼 수 있다.

Ⓕ 1·2번 노란색 순환버스 승차 후 히무로진자·코쿠리츠하쿠부츠칸 정류장 하차 Ⓣ 0742-22-7771 Ⓞ 09:30~17:00 Ⓗ 월요일(공휴일인 경우 다음 날), 12월 28일~1월 1일+부정기 Ⓟ 어른 700¥, 대학생 350¥ Ⓦ www.narahaku.go.jp

나라 현청 옥상 전망대

奈良県庁屋上展望台

MAP P.494A

높은 건물이 많지 않은 나라 시내에서 도심을 전망할 수 있는 몇 안 되는 전망 포인트 중 하나다. 맞은편 코후쿠지와 나라 공원의 풍경은 물론, 파노라마처럼 펼쳐지는 나라 시내의 풍경을 360도로 감상할 수 있다. 잔디와 보행로, 벤치, 망원경으로 꾸민 옥상은 작은 공원 같은 느낌을 준다. 이곳에서 바라보는 석양도 아름답다.

구글 지도 나라 현청

Ⓕ 킨테츠선 킨테츠나라역 1번 출구에서 도보 6분 또는 1·2번 노란색 순환버스 승차 후 켄초마에(코후쿠지) 정류장 하차 Ⓣ 0742-22-1101 Ⓞ 월~금요일 08:30~17:30, 토·일요일·공휴일 4~10월 10:00~17:00·11~3월 13:00~17:00 Ⓗ 부정기 Ⓟ 무료 Ⓦ www.pref.nara.jp

나라 공원

奈良公園

MAP P.495C
VOL 1 P.078

나라 도심 동쪽 코후쿠지와 나라 국립박물관, 토다이지, 카스가타이샤 등을 둘러싼 광활한 녹지 구역으로 1880년에 개설되었다. 나라 공원은 자유롭게 서식하는 약 1100마리의 사슴으로 유명하다. 공원 곳곳에서 판매하는 센베이를 구입해 사슴에게 먹이를 줄 수도 있다. 봄에 만발하는 벚꽃과 가을 단풍도 공원의 아름다움을 더한다.

Ⓕ 토다이지다이부츠덴·고쿠리츠하쿠부츠칸 정류장 하차, 도보 5분 Ⓣ 0742-22-0375 Ⓞ 24시간 Ⓗ 연중무휴 Ⓟ 무료 Ⓦ www3.pref.nara.jp/park

요시키엔

吉城園

MAP P.495C

단아한 분위기의 일본식 정원. 원래는 코후쿠지의 승려가 거주하던 마니슈인이 있던 곳이었지만 메이지시대에 민간인 소유가 되었다가 현재는 나라시 소유로 운영되고 있다. 연못 정원과 이끼 정원, 차꽃 정원으로 구성된다. 이끼 정원에는 차경 기법을 적용해 만든 다실이 자리해 풍경을 감상하며 차를 즐길 수 있다.

구글 지도 Yoshikien Garden

Ⓕ 킨테츠선 킨테츠나라역 1번 출구에서 도보 13분 또는 1·2번 노란색 순환버스, 77·78·97·98번 시버스 승차 후 켄초히가시 정류장 하차, 도보 4분 Ⓣ 0742-22-5911 Ⓞ 09:00~17:00(입장은 16:30까지) Ⓗ 2월 24~28일 Ⓟ 무료(다실 이용은 유료)

이스이엔

依水園

MAP P.495C

에도시대에 만든 전원 前園과 메이지시대에 만든 후원 後園, 두 부분으로 구성되는데, '물에 의존한다'는 의미를 지닌 이름대로 연못과 작은 폭포 등을 활용한 정원이다. 후원은 차경 기법을 도입한 것으로도 유명한데, 멀리 와카쿠사산을 배경으로 토다이지의 풍경이 정원의 풍경과 어우러진다.

구글 지도 의수원·영락미술관

Ⓕ 1·2번 노란색 순환버스, 77·78·97·98번 시버스 승차 후 켄초히가시 정류장 하차, 도보 4분 Ⓣ 0742-25-0781 Ⓞ 09:30~16:30 Ⓗ 화요일(공휴일인 경우 다음 평일), 9월 하순, 12월 말~1월 중순 Ⓟ 어른 1200¥, 대학생 500¥, 고등학생 500¥, 초등·중학생 300¥ Ⓦ https://isuien.or.jp

우키미도
浮見堂

MAP P.495D

나라 공원의 남쪽 끄트머리 사기이케 연못에 있는 정자. 정자의 이름은 시가현에 있는 사찰 만게츠지의 우키미도에서 가져온 것이다. 헤이안시대 승려인 에신소즈 겐신이 왕래하는 사람들의 안전과 구제를 기원하며 다리와 정자를 지었다고 한다. 해 질 무렵 호수에 정자가 비친 풍경이 아름답기로 유명하다.

Ⓕ 1·2번 노란색 순환버스, 6·160번 시버스 승차 후 카스가타이샤오모테산도 정류장 하차, 도보 4분 Ⓞ 24시간 Ⓗ 연중무휴 Ⓟ 무료

토다이지
東大寺

MAP P.495C
VOL 1 P.059

728년에 창건된 사찰로 유네스코 세계문화유산에 등재되어 있다. 높이 약 49m의 세계 최대 목조건물 다이부츠덴과 높이 약 15m인 대불이 유명하다. 현재 다이부츠덴은 12세기에 화재로 소실된 후 재건되었다가 1709년에 중건된 것이다. 내부 기둥에는 대불의 콧구멍 크기와 같다는 구멍이 나 있는데, 그곳을 통과하면 액운을 막아준다고 한다.

구글 지도 도다이지

Ⓕ 1·2번 노란색 순환버스, 77·78·97·98번 시버스 승차 후 토다이지다이부츠덴·코쿠리츠하쿠부츠칸 정류장 하차, 도보 8분 Ⓣ 0742-22-5511 Ⓞ 07:30~17:30(4월~10월), 08:00~17:00(11월~3월) Ⓗ 연중무휴 Ⓟ 다이부츠덴 중학생 이상 800¥, 초등학생 400¥ Ⓦ www.todaiji.or.jp

카스가타이샤
春日大社

MAP P.495D

일본 역사상 최고의 세도가였던 후지와라 가문의 신을 모신 것을 시초로 768년에 건립되었다. 푸른 숲을 배경으로 세운 아름다운 주홍색 건물이 대비를 이룬다. 신사 입구에 난 1km의 참배로와 경내에 설치된 약 3000개의 토로(석등 또는 등롱)는 매년 2월과 8월 만토로 마츠리에 불을 밝혀 장관을 이룬다.

Ⓕ 77·97번 시버스 승차 후 카스가타이샤혼덴 정류장 하차, 도보 2분 Ⓣ 0742-22-7788 Ⓞ 4~10월 06:30~17:30, 11~2월 07:00~17:00 / 코쿠호덴 10:00~17:00 Ⓗ 연중무휴 Ⓟ 경내 무료(코쿠호덴 어른 500¥, 고등·대학생 300¥, 초등·중학생 200¥) Ⓦ www.kasugataisha.or.jp

와카쿠사산
若草山

MAP P.495C

나라 공원 동쪽 지역에 광범위한 면적을 차지하는 야산. 높이가 해발 342m로 산책하듯 정상에 오를 수 있다. 와카쿠사산은 3개의 언덕으로 이루어져 있는데, 각 언덕 정상에서 바라보는 나라 시내 풍경이 조금씩 다르게 보인다. 산 정상에 있는 거대 고분에서 귀신이 나왔다는 미신 때문에 매년 1월에 산에 불을 놓는 행사를 연다.

Ⓕ 77·97번 시버스 승차 후 카스가타이샤혼덴 정류장 하차, 도보 5분 Ⓣ 0742-22-0375 Ⓞ 09:00~17:00 Ⓗ 3월 셋째 주 토요일~12월 둘째 주 일요일 이외의 기간 Ⓟ 중학생 이상 150¥, 3세 이상 80¥ Ⓦ www3.pref.nara.jp/park/item/2585.htm

회전 초밥 토토긴 킨테츠나라에키마에텐
MAP P.494A

回転寿司とときん 近鉄奈良駅前店

부담 없는 가격대로 스시를 맛볼 수 있는 가성비 식당. 신선한 제철 생선과 미에현에서 재배한 고시히카리 품종의 쌀을 사용한다는 스시의 맛도 나쁘지 않다. 회전 초밥집답게 스시의 종류가 다양해 취향대로 골라 먹기 좋다. '토토긴'이라는 이름은 물고기를 뜻하는 오토, 맛있는 밥을 뜻하는 긴샤리를 조합해 만든 이름이라고 한다.

구글 지도 Kaiten sushi Totogin

Ⓕ 킨테츠선 킨테츠나라역 2번 출구에서 바로 Ⓣ 0742-20-1010 Ⓞ 11:00~21:00 Ⓗ 연중무휴 Ⓟ 1접시 132~682¥ Ⓦ www.totogin.com

오카루
MAP P.494B

おかる

나라 시내에서 인기 있는 오코노미야키 전문점. 토핑을 아낌없이 올린 특제 메뉴를 비롯해 오코노미야키, 모단야키, 야키소바, 야키우동으로 구분돼 있으며, 토핑에 따른 메뉴가 다양해 골라 먹는 재미가 있다. 술과 잘 함께 나오는 세트 메뉴도 있다. 킨테츠나라역 앞 히가시무키 상점가 내에 있어 현지인뿐 아니라 관광객도 많이 찾는다.

Ⓕ 킨테츠선 킨테츠나라역 2번 출구에서 도보 3분 Ⓣ 0742-24-3686 Ⓞ 월~목요일 11:30~15:00·17:00~19:30(L.O), 토·일요일 11:30~19:30(L.O) Ⓗ 수요일, 12월 31일~1월 1일 Ⓟ 스페셜 오코노미야키 2000¥, 모단야키 1400¥

나카타니도
MAP P.494B

中谷堂

안에는 팥이 가득하고 겉에는 콩가루를 묻힌 쑥 찹쌀떡 가게. 기계를 사용하지 않고 전통 방식대로 수작업을 통해 떡을 만든다. 한 사람은 절구에 떡을 치고 다른 사람은 반죽을 고르는데, 절묘한 두 사람의 호흡으로 빠르게 메치기를 할 때면 이를 구경하기 위해 가게 앞에 사람들이 모여들 정도다. 부드럽고 쫄깃한 찹쌀떡 맛이 일품이다.

Ⓕ JR 나라역 동쪽 출구에서 산조도리로 도보 15분, 또는 킨테츠선 킨테츠나라역 2번 출구에서 도보 5분 Ⓣ 0742-23-0141 Ⓞ 10:00~17:00 Ⓗ 부정기 Ⓟ 1개 150¥ Ⓦ www.nakatanidou.jp

멘토안
MAP P.494B

麺闘庵

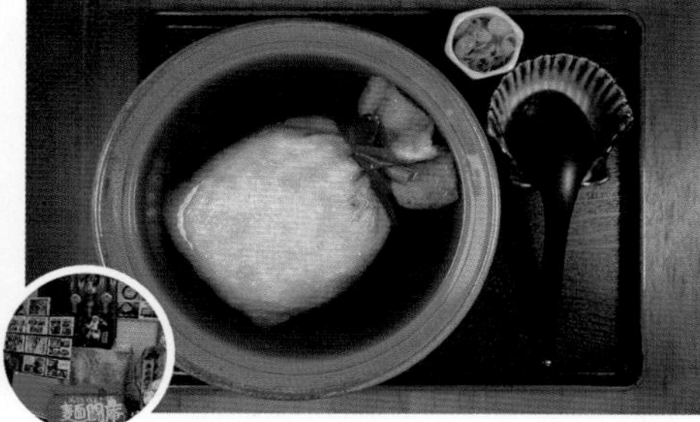

유부 주머니에 면을 넣어 파로 묶은 독특한 비주얼의 우동인 킨차쿠 키츠네 우동으로 유명한 식당. 안으로 들어서면 벽에 걸린 수많은 사인이 맛집 포스를 풍긴다. 주인은 일본 전국의 맛있는 우동을 연구하면서 재미있는 우동을 만들고 싶었다고 한다. 맛은 짐작 가능한 담백한 우동의 맛, 그대로다. 카레 우동과 튀김 우동도 맛볼 만하다.

구글 지도 멘토안우동

Ⓕ JR 나라역 동쪽 출구에서 산조도리로 도보 15분, 또는 킨테츠선 킨테츠나라역 2번 출구에서 도보 5분 Ⓣ 0742-25-3581 Ⓞ 11:00~15:00 Ⓗ 월~목요일 Ⓟ 킨차쿠 키츠네 우동 1100¥, 카레 킨차쿠 우동 1200¥

카메야
かめや

MAP P.494B

1965년에 개업한 가성비 좋은 오코노미야키 식당. 메뉴는 크게 오코노미야키와 모단야키, 야키소바, 데판야키 정도로 구분되며, 다양한 토핑을 조합해 종류가 40여 가지에 이른다. 대표 메뉴는 파, 오징어, 새우, 소고기, 지쿠와, 달걀 등을 넣어 만든 거대한 크기의 오코노미야키에 마요네즈로 다이부츠 大仏라 쓴 다이부츠야키다.

Ⓕ JR 나라역 동쪽 출구에서 산조도리로 도보 16분, 또는 킨테츠선 킨테츠나라역 2번 출구에서 도보 6분 Ⓣ 0742-22-2434 ⓞ 11:00~14:00, 11:00~22:00(L.O 21:00) Ⓗ 부정기 Ⓟ 다이부츠야키 1550¥, 야키소바 660¥

포쿠포쿠
ぽくぽく

MAP P.494B

야마토 포크(나라 지역에서 자란 돼지)로 만든 돈카츠와 돈테키(돼지고기 스테이크)가 인기 메뉴다. 바삭한 식감을 자랑하는 돈카츠에 샐러드와 반찬, 채소를 가득 넣은 국이 함께 나온다. 주문 시 돈카츠 양을 선택할 수 있다. 조그만 식당이어서 4인 이하로만 손님을 받으며 방문 전 영업 외 시간 또는 휴일에 전화로 예약해야 한다.

구글 지도 **Poku-Poku**

Ⓕ 킨테츠선 킨테츠나라역 2번 출구에서 도보 13분 Ⓣ 0742-31-2537 ⓞ 11:15~14:30(입장은 13:30까지), 17:30~20:00 Ⓗ 화요일, 금요일, 첫 번째 월요일+부정기 Ⓟ 사쿠사쿠 돈카츠노 세트 2200~2800¥(80g~200g) Ⓦ http://pokupoku-yamato.cocolog-nifty.com

카나카나
カナカナ

MAP P.494B

나라마치에서 볼 수 있는 전형적인 고민가 건물에 자리한 가정식 식당이다. 카나카나 고향이라는 이름의 소박한 일본 가정식을 맛볼 수 있는 곳으로, 매일 반찬이 조금씩 바뀌어 지역 주민도 많이 찾는다. 식사 외 커피와 케이크, 푸딩도 판매해 식사와 디저트를 한자리에서 즐길 수 있다. 자극적이지 않은 음식을 찾는다면 추천.

Ⓕ 킨테츠선 킨테츠나라역 2번 출구에서 도보 18분 Ⓣ 0742-22-3214 ⓞ 11:00~19:00(L.O 18:30) Ⓗ 월요일(공휴일인 경우 다음 날) Ⓟ 카나카나 고향 1683¥ Ⓦ https://kanakana.info

이자사 토다이지몬젠유메카제히로바텐
ゐざさ 東大寺門前夢風ひろば店

MAP P.495C

나라 지역의 향토 음식인 감잎 초밥으로 유명한 이자사의 토다이지 인근 지점. 2층 건물에 1층은 감잎 초밥 테이크아웃 판매점으로, 2층은 창밖 전망을 감상하며 음식을 먹을 수 있는 식당으로 운영한다. 감잎 초밥을 먹을 때는 스시의 겉에 감싼 감잎을 벗겨내고 간장을 찍지 않은 채 그대로 먹는다.

구글 지도 **이자사 나카타니 혼포 유메카제 히로바**

Ⓕ 1·2번 순환버스 승차 후 토다이다이부츠덴·코쿠리츠하쿠부츠칸 정류장 하차 Ⓣ 0742-22-8133 ⓞ 평일 10:00~17:00, 토·일·공휴일 10:00~18:00(계절에 따라 변동) Ⓗ 월요일+부정기 Ⓟ 무시카키노하즈시 세트 1500¥ Ⓦ www.izasa.co.jp

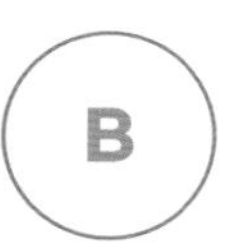

SECRET NARA

시크릿 나라

나라 시내 남서쪽 외곽, 조용한 시골 마을 이카루가초에 호류지가 있다. 이카루가는 쇼토쿠 태자를 부처님처럼 모시는 성덕종의 총본산을 일컫는 옛 이름이다. 아스카시대에 쇼토쿠 태자가 수도를 이곳으로 옮긴 뒤 지금의 토인가란 東院伽藍 자리에 거주했기 때문에 이카루가 궁 또는 절이라는 의미인 이카루가데라로 불렀다. 호류지 주변에는 아스카시대의 불교 유적이 여럿 남아 있으며, 일대의 불교 유적은 호류지와 함께 유네스코 세계문화유산에 등재되었다. 우리나라에는 현존하지 않는 삼국시대의 사찰 건축양식을 추측해볼 수 있는 호류지와 한적한 일본의 시골 마을의 정취를 느껴보자.

교통 한눈에 보기

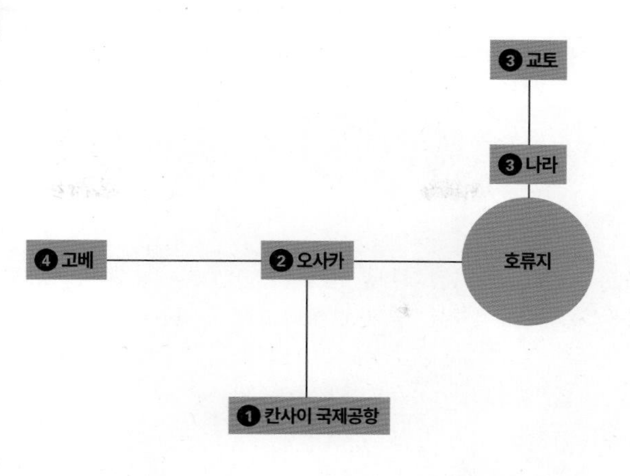

① 칸사이 국제공항→호류지	JR(칸사이공항역-텐노지역-호류지역)	약 80분	1560¥
② 오사카→호류지	JR(텐노지역-호류지역)	22분	480¥
③ 교토→호류지	JR(교토역-나라역-호류지역)	64분	990¥
④ 고베→호류지	JR(산노미야역-오사카역-호류지역)	73분	1110¥
⑤ 나라→호류지	JR(나라역-호류지역)	11분	230¥

호류지 다니는 방법

WALK JR 호류지역에서 호류지까지는 도보로 30분 정도 소요된다. 호류지 경내는 도보로 이동한다.

SUBWAY 오사카 또는 나라 방면에서 전철로 오는 경우 JR 호류지역을 이용한다.

BUS JR 호류지역에서 호류지 앞까지 72번 버스를 이용한다.

TAXI 요금은 대략 860~950¥ 정도 예상하고 소요 시간은 10분 이내다. 굳이 이용할 일은 없다.

TO DO LIST

- ☐ 현존하는 가장 오래된 목조건물인 금당과 고주노토 둘러보기
- ☐ 사이인가란 다이코도에 모신 약사삼존불 관람하기
- ☐ 사이인가란 킨도에 모신 석가여래삼존상과 금당벽화(모사품) 관람하기
- ☐ 다이호조인에 모신 목조관음입상(백제관음상) 관람하기
- ☐ 토인가란의 유메도노에 모신 구세관음상 관람하기
- ☐ 주쿠지에 앉아서 쇼토쿠 태자의 부인인 이나베노 타치바나가 자수를 놓아 만든 천수국수장 감상하기

호류지
法隆寺

VOL.1 P.057

호류지는 쇼토쿠 태자를 종파의 원조로 하는 성덕종의 총본산으로 일본 최초로 유네스코 문화유산으로 등재된 사찰이다. 창건 시기에 대해서는 두 가지 설이 전해진다. 하나는 금당의 약사여래상 광배명에 있는 글귀에 근거한 것이다. 요메이 일왕 사후에 스이코 일왕(요메이 일왕의 여동생)과 쇼토쿠 태자가 요메이 일왕의 명복을 빌며 유지를 받들어 607년에 건립했다는 설이다. 다른 하나는 《일본서기》 내용에 근거한 것이다. 쇼토쿠 태자가 수도를 옮기며 605년에 이카루가 궁(현재의 호류지)으로 이동해 살았다는 기록에 근거해 이때 호류지가 이미 완공되었을 것으로 추측하는 설이다. 호류지의 가란은 크게 서쪽의 사이인가란과 동쪽 토인가란으로 나눌 수 있다. 사이인가란에는 금당과 고주노토(오중탑)를 비롯한 호류지의 주요 건물이 모여 있다. 토인가란은 쇼토쿠 태자가 거주했던 곳으로 현재의 정각은 쇼토쿠 태자 사후에 재건된 것이다. 토인가란 옆에는 쇼토쿠 태자가 어머니의 극락왕생을 기원하며 건립한 주쿠지라는 비구니 사찰이 있다. 호류지는 고구려의 승려 담징이 그렸다는 금당벽화로도 유명하다. 하지만 학계에서는 호류지의 건립 연대와 벽화의 제작자가 담징이라는 것에 대해 아직 논쟁의 여지가 있다고 한다. 원본 벽화는 1949년에 수리 중 발생한 화재로 소실되었고 남은 벽화는 호류지의 수장고에 보관되어 있다. 현재 우리가 킨도에서 볼 수 있는 금당벽화는 필사한 복제본이다. 호류지 홈페이지에서 화재로 소실되기 전 금당벽화 원본을 촬영한 12장의 그림을 볼 수 있다.

Ⓕ JR 호류지역에서 72번 버스 승차 후 호류지산도 정류장에서 하차 Ⓣ 0745-75-2555 Ⓞ 08:00~17:00(11월 4일~2월 21일은 16:30까지) Ⓗ 연중무휴 Ⓟ 경내 무료(사이인가란·다이호조인·토인가란 내부 관람 중학생 이상 1500¥, 초등학생 750¥) Ⓦ www.horyuji.or.jp

ZOOM —————— IN

호류지 핵심 볼거리

1	**난다이몬** 南大門	호류지의 정문 역할을 하는 문. 사이인가란과 일직선으로 배치되어 있어 난다이몬에서 사이인가란으로 통하는 주몬과 고주노토 등의 건축물이 시야에 들어온다. 호류지의 건물이 아스카시대의 것인데 난다이몬은 무로마치시대인 1438년에 재건된 것이다. 원래의 것은 지금보다 50m 정도 안쪽에 있었지만 화재로 소실되어 이축되었다. 문을 지날 때는 계단 아래 도미 모양(많이 닮지는 않았다)이라는 돌 타이이시鯛石도 찾아보자.	
2	**사이인가란** 西院伽藍	호류지의 서쪽 가란으로 호류지의 중심이 되는 곳이다. 주몬을 중심으로 회랑이 둘려져 있고 가람 중심에 킨도(금당)와 고주노토(오중탑)가 나란해 배열돼 있으며 그 뒤로 다이코도가 배치된 형태다. 호류지가 현존하는 가장 오래된 목조건물이라는 것은 사이인가란의 킨도와 고주노토, 주몬, 회랑을 가리켜 말하는 것이다. 가란을 바라보고 있으면 부여 백제문화단지에 백제 왕실의 사찰을 재현한 능사의 모습과 놀랍도록 닮았다는 생각이 든다.	
3	**콘도** 金堂	호류지에서 가장 유명한 건물이다. 내부에는 본존불인 석가삼존상을 비롯해 약사여래상, 아미타삼존상 등 여러 불상이 안치돼 있다. 그중 석가삼존상은 백제계 도래인 쿠라츠쿠리노 도리가 만든 것으로 알려졌다. 킨도의 내부 벽면은 벽화로 장식돼 있는데 이것이 유명한 금당벽화다. 처마 밑 구름 모양의 히지키 肘木가 아스카시대의 건축양식을 보여준다.	
4	**고주노토** 五重塔	일본에서 가장 오래된 탑으로 꼽히는 높이 약 32m의 목조 오층탑. 탑의 중심에는 심주가 있어 오랫동안 지진에도 쓰러지지 않고 견딜 수 있었다고 한다. 1층 심주 주변엔 석가모니 설화에 나오는 네 가지 장면이 소조상으로 표현돼 있다. 발굴조사 때는 탑의 지하에서 백제와 신라의 영향을 받은 것으로 보이는 사리함이 발견되기도 했다.	
5	**다이호조인** 大宝蔵院	호류지의 여러 보물을 보관하고 있는 건물. 이곳의 보물 중 가장 유명한 것이 목조관음입상(백제관음상)으로 아스카 조각품을 대표하는 불상이다. 높이 209.4cm로 늘씬한 곡선과 손의 굴곡 등이 우아해 동양의 비너스라 부르기도 한다. 백제계 장인이 제작했을 것으로 추정하지만 제작한 곳이 한반도인지, 일본인지에 대해서는 논쟁의 여지가 있다.	
6	**토인가란** 東院伽藍	쇼토쿠 태자가 거주했던 이카루가 궁이 있던 구역. 쇼토쿠 태자 사후에 황폐해진 것을 안타까워한 승려 교신이 태자를 공양하기 위한 가란을 건립했다. 팔각형의 유메도노는 토인가란의 본당으로 내부에는 국보인 구세관음상을 모셔놓았다. 샤리덴은 쇼토쿠 태자가 합장할 때 손바닥에서 나왔다는 사리를 안치한 건물이다.	

Day-30 무작정 따라하기 여행준비

D-30

여권&항공권 등 서류 체크하기

1. 준비할 서류 미리 보기

☐ **여권**(반드시 유효기간이 6개월 이상 남아있어야 한다. 그렇지 않으면 입국이 거부될 수 있다.)

☐ **항공권**

☐ **여행자보험**(선택 사항)

☐ **국제운전면허증**(렌터카 이용 시)

2. 여권 만들기

출국일을 기준으로 6개월 이상의 유효기간이 남아있는 여권을 가지고 있다면 별도의 여권을 발급받을 필요가 없다. 만약 출국일을 기준으로 잔여 유효기간이 6개월 미만이거나 여권이 없다면 여권을 발급받아 두어야 한다.

신청 기관 서울시 각 구청과 각 광역시청(서울특별시청은 제외) 및 구청, 그리고 각 지방 도청과 군청, 시청. 자세한 내용은 외교부 여권 안내 홈페이지에서 확인 가능.

신청 시 필요서류 여권용 사진 1장, 신분증(주민등록증 또는 운전면허증), 여권발급신청서(접수처에 비치되어 있음), 병역관계서류(25~37세 병역 미필 남성의 경우)

여권의 종류 및 발급 수수료(전자여권 및 사진전사식 여권 기준)

복수여권	10년 이내 (18세 이상)		58면	53,000원
			26면	50,000원
	5년 (18세 미만)	8세 이상	58면	45,000원
			26면	42,000원
		8세 미만	58면	33,000원
			26면	30,000원
단수여권	1년 이내		-	20,000원

PLUS TIP 여권사진 찍을 때 주의하세요!

여권사진 규격(가로 3.5cm, 세로 4.5cm)으로 6개월 이내 촬영한 컬러 사진이어야 한다. 모자등을 착용하지 않고 정면 사진으로 정수리부터 턱까지의 머리 길이가 3.2~3.6cm이어야 한다. 배경은 흰색이어야 하므로 흰색과 잘 구분되지 않는 밝은색의 의상은 피하도록 한다. 컴퓨터로 과도한 보정을 한 사진은 사용할 수 없다.

3. 여행자보험

온라인과 오프라인에서 가입할 수 있으며 온라인 보험 비교 사이트에서 내게 적합한 저렴한 보험 상품을 찾을 수 있다.

신청 장소 공항의 보험사 부스 또는 보험사의 인터넷 사이트

신청 서류 공항에서 가입 시 여권 필요, 인터넷 가입 시에는 필요서류가 없디.

비**용** 여행 기간과 나이, 보장 내용에 따라 다르다.

4. 국제운전면허증

일본에서 운전을 하려고 한다면 반드시 필요한 서류다. 또한 현지 렌터카 업체들이 우리나라 운전면허증도 함께 요구하는 곳이 있으므로 반드시 유효한 우리나라 운전면허증도 함께 가져가도록 한다. 칸사이의 주요 도시는 대중교통을 이용하기에 어려움이 없어 일부러 자동차를 이용한 여행을 계획한 경우가 아니라면 필요하지 않다.

D-29

여행 정보 수집 및 예산 짜기

1. 여행 정보 수집하기

아무 정보 없이 떠나는 것도 여행의 묘미를 즐기는 방법 중 하나지만 정보가 있으면 편안하고 알찬 여행을 즐길 수 있다. 사전에 수집한 정보를 통해 가고 싶은 곳, 먹고 싶은 것, 하고 싶은 것 등을 골라 여행 일정을 만들어 보자. 그러면 일정에 따른 경비도 예상해볼 수 있다.

2. 예산 항목 및 지출 예상 경비

☐ **사전 준비비**(여권 발급비, 여행 물품 구입비, 여행자

보험, 유심 구입 또는 포켓 와이파이 렌트비, 여행 도서 구입비 등)

- ☐ **항공 요금** 25~35만원(세금, 유류 할증료 포함)
- ☐ **교통비**(공항~시내, 도시 간 이동경비, 시내에서의 이동경비) 1일 700~2000¥
- ☐ **숙박비** 1박 2000¥부터
- ☐ **식비** 끼니당 700~3000¥
- ☐ **입장료** 300~2,000¥
- ☐ **기타 용돈** 여행비용은 항공요금 및 식비, 숙박업소 등에 따라 달라지므로 참고용으로 활용하자.

D-28

항공권 구입하기

여행할 날짜가 결정되었다면 가장 먼저 항공권부터 구입하도록 한다. 저비용 항공사나 얼리버드 항공권 등 여러 할인 이벤트에 신경을 곤두세워 조금이라도 싼 티켓을 확보하도록 한다. 여러 항공사의 항공권 가격을 비교해 보여주는 사이트를 이용할 수 있다. 항공사에 회원가입을 해 두고 뉴스레터 수신을 허용하면 얼리버드 티켓 오픈일 등에 대한 소식을 받아볼 수 있다 요즘은 할인 티켓이 나오면 알림 . 서비스를 해주는 스마트폰 어플도 나와 있으니 여러 채널을 열어놓고 적극적으로 저렴한 티켓을 찾아보자. 저렴한 항공권의 경우 스케줄을 변경할 수 없거나 변경 시 수수료를 내야 하는 경우가 많으니 구입 시 조건을 꼼꼼히 확인하는 것이 필요하다. 무료로 허용되는 수화물의 중량도 확인하자. 우리나라에서 출발하는 모든 직항노선은 칸사이국제공항으로 도착한다.

우리나라에서 칸사이국제공항까지 직항 운항하는 항공사

대한항공(인천·김포출발) https://kr.koreanair.com
아시아나 항공(인천·김포·김해출발) http://flyasiana.com
제주항공(인천, 김포·김해·무안출발) www.jejuair.net
진에어(인천·김해출발) www.jinair.com
티웨이항공(인천·김해·대구·제주·청주출발) www.twayair.com
이스타항공(인천출발) www.eastarjet.com
에어서울(인천출발) https://flyairseoul.com
에어부산(인천, 김해출발) www.airbusan.com
에어로케이항공(청주출발) www.aerok.com
JAL 일본항공(인천·김포출발) www.jal.co.jp
ANA 전일본공수(인천·김포출발) www.ana.co.jp
피치항공(인천출발) www.flypeach.com
(2024년 3월 기준)

항공권 구입 시 확인할 사항

- ☐ 항공권을 예약할 때는 여권상 영문 이름과 동일해야 한다. 알파벳 스펠링이 틀리지 않도록, 성과 이름의 기입 순서가 바뀌지는 않았는지 확인한다.
- ☐ 출발, 도착일 날짜 및 시간을 확인한다.
- ☐ 구입 조건을 확인한다. 여정을 변경할 때 수수료가 부과되지는 않는지, 날짜 변경이 불가능 한 항공권은 아닌지 등을 꼼꼼히 읽어보아야 한다.
- ☐ 마일리지 적립 유무도 확인한다.
- ☐ 항공권 구입 후 취소하게 되는 경우 수수료가 있는지, 있다면 금액은 얼마인지도 확인한다.
- ☐ 수화물 규정도 확인해야할 사항이다. 국내 대형항공사는 보통 23kg까지의 위탁 수화물을무료로 허용하는 경우가 많고 국내 저가 항공사는 15kg까지 허용하는 경우가 많다. 부피에 따라서도 제한이 있으니 확인해야 한다. 피치항공의 경우 수화물 규정이 까다롭다고 알려져 있는 항공사이므로 예약 시 꼼꼼한 확인이 필요하다. 피치항공의 경우 짐이 많다고 판단되면 온라인 결제를 이용하는 것이 유리하다. 공항에서 체크인 할 때보다 비용이 훨씬 저렴해진다.

D-27

숙소 예약하기

어느 여행지나 마찬가지겠지만 오사카의 숙소는 성수기와 비성수기, 숙소의 종류와 지역에 따라 가격 차이가 많이 난다. 특히 COVID-19 팬데믹 이후 막혔던 해외여행 수요의 폭발적인 증가와 일본인의 내수 여행 수요, 일본 정부의 숙박세 도입 등의 이유로 2020년 이

전보다 숙박 요금이 많이 올랐다. 여행하고자 하는 도시와 도시 간 이동 계획, 숙소의 위치, 시설, 가격 등의 요소를 고려해 마음에 드는 숙소를 예약하도록 하자. 숙소를 일찍 예약하면 저렴한 빈방이 남아있는 경우가 많으므로 선택의 폭이 넓어진다.

D-7

심 카드 또는 포켓 와이파이 주문하기

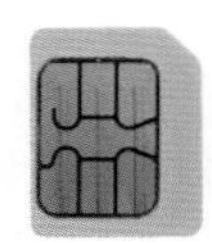
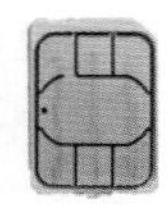

e심을 지원하는 최신형 스마트폰인 경우는 구입한 e심을 QR코드로 등록해 설정해주면 일본에서 데이터를 사용할 수 있어 편리하다.

현지에서 인터넷을 이용하려고 하는 여행자라면 심 카드나 포켓 와이파이를 준비하는 것도 좋다. 대체로 통신사에서 데이터 로밍을 신청하는 것보다 저렴한 가격에 구입할 수 있다. 현지에 도착해서 심 카드를 구매하거나 포켓와이파이를 대여할 수도 있지만 대체로 한국보다 비싼 편이다. 혼자 사용할 예정이라면 심 카드를 사용하는 것이 편리하고 일행이 여럿이라면 포켓와이파이를 대여하는 것이 유리하다. 둘 다 음성통화는 지원되지 않으며 데이터만 사용할 수 있다. 지인과의 음성통화는 메신저 음성 채팅 기능을 이용할 수 있다. 인터넷으로 주문 후 제품을 택배로 받거나 출국 시 공항에서 픽업하는 방법이 있다.

D-4

면세점 쇼핑 및 환전하기

출국할 때나 귀국 할 때 공항 면세점에서 쇼핑을 할 수도 있지만 인터넷 면세점을 이용하거나 시내에 있는 면세점에 방문해서 출국 전 미리 쇼핑을 할 수도 있다. 구입한 물품은 출국시 공항에 있는 면세점 인도장에서 찾을 수 있다. 구입한 물건을 찾을 때는 여권과 항공권을 함께 제시해야 한다. 구입한 면세품을 귀국 시 다시 국내로 반입할 때 해외에서 구입한 물건과 함께 면세 한도 US$ 800에 포함된다는 사실을 기억하자. 환전은 출국 시 공항에서 하기보다는 미리 해두는 것이 좋다. 공항은 환전 시 적용 환율이 가장 불리한 곳이다. 자신이 환율 우대를 받을 수 있는 주거래 은행이나 모바일 앱을 이용하면 환율이 유리하다. 트래블 로그 또는 트래블 월렛 같은 체크카드를 이용하는 것도 방법이다.

D-3

비지트 재팬 웹 등록하기

비지트 재팬 웹은 일본 입국 시 기존 종이에 작성하던 입국카드를 대체하는 기능을 한다. 입국카드보다 빠른 입국 심사처리를 위해 미리 등록 해두면 좋다. 항공권과 숙소 예약이 끝났다면 늦어도 일본 입국 6시간 전까지는 등록이 완료되어야 한다. 등록 후 일정이나 호텔의 변경 사항이 생겨도 수정이 가능하다. 비지트 재팬 웹에 등록하지 않는 경우 기존처럼 비행기나 일본 공항에서 입국카드를 작성하면 된다.

D-2

짐 꾸리기

짐 꾸리기 체크리스트

☐ 여권(복사본 1장 포함)

☐ 항공권

☐ 여행경비(현금 및 해외에서 사용 가능한 신용카드 또는 체크카드)

☐ 의류&신발(속옷과 갈아입을 겉옷, 편한 운동화 등)

☐ 모자, 선글라스

☐ 현지에서 사용할 작은 가방
☐ 화장품
☐ 세면도구(수건, 칫솔, 치약, 샴푸, 린스, 바디워시, 비누, 면도기 등)
☐ 비상약품(두통약, 소화제, 1회용 밴드, 연고, 종합 감기약, 모기나 벌레물린데 바르는 약 등)
☐ 여성용품
☐ 카메라
☐ 휴대폰, 충전기
☐ 110V용 플러그
☐ 계절별 준비물(겨울철 여행 시에는 따뜻한 겨울용 잠바나 외투를 준비한다)
☐ 그 외 개인적으로 필요한 물품

PLUS TIP 짐 꾸릴 때 주의할 점

부득이 가져가야 하는 100ml를 초과하는 액체류(생수, 음료수, 화장품, 젤타입 제품 등)가 있다면 기내 반입이 허용되지 않으므로 반드시 수화물로 보내는 가방에 넣도록 한다. 그 외 양산, 우산, 카메라용 삼각대도 수화물로 보내야 한다. 보조배터리와 라이터, 페인트, 부탄가스 등 화재의 위험이 있는 물건들은 수화물로도 부칠 수 없으니 주의해야 한다.

D-0

출국하기

1. 공항으로 이동하기

칸사이국제공항 직항편이 출발하는 인천, 김해, 대구 등 각 공항까지 리무진 버스나 공항철도 택시 승용차 등으로 이동한다 . 적어도 출발 두 시간 전까지는 공항에 도착하는 것이 좋고 성수기나 출국 인파가 몰리는 날이라면 더 여유 있게 도착하도록 한다.

2. 비행기 탑승 수속

공항에 도착하면 전광판에서 각 항공기 편별 체크인 카운터 위치를 확인한 뒤 해당 체크인 카운터에서 수화물로 짐을 부치고 보딩 패스를 발권 받는다. 도심공항터미널에서 미리 체크인 수속을 마쳤다면 이 과정은 생략하고 바로 출국장으로 이동할 수 있다. 체크인은 창구에서 할 수 있지만 줄이 긴 경우 창구 앞에 있는 무인 체크인 기계에서 셀프 체크인을 하면 기다리는 시간을 줄일 수 있다.

3. 환전하기

공항에서 환전하는 것보다 미리 환전해오는 것이 환율이 유리하다. 하지만 미처 환전을 하지 못했다면 공항에서라도 환전하면 된다.

4. 여행자보험 가입하기

미리 여행자 보험에 가입해두지 않았다면 공항에 있는 여행자보험 데스크 창구에서도 가입할 수 있다. 여행자 보험의 가입은 개인의 선택이므로 본인이 가입하는 것이 좋다고 판단되는 경우에 가입하도록 한다.

5. 데이터 로밍, 심카드 구입, 포켓 와이파이 수령

통신사 데이터 로밍을 사용할 경우 통신사 어플에서 신청하거나 자동 로밍인 경우 신청이 필요 없다. 일본은 자동 로밍 지역이므로 최근 몇 년 내 출시된 신형 휴대폰의 경우 현지에서 바로 인식하거나 전원을 껐다 켜는 것만으로 충분하다. 일본 심카드를 구입하거나 미리 신청해둔 포켓 와이파이 업체에서 기기를 수령하도록 한다.

6. 출국 심사

출국장 입구에서 보딩 패스와 여권을 보여주고 통과하면 곧바로 보안 검색대가 나온다. 여기서부터는 100ml이상의 용량을 가진 액체류는 반입이 되지 않으므로 주의한다. 기내에 반입할 가방과 주머니에 들어있는 소지품 등을 모두 수화물 검색대 위에 올려놓은 뒤 X-Ray 검색대를 통과한다. 이때 노트북 같은 전자제품은 가방에서 꺼내 검색대에 올리도록 한다. 별 이상이 없으면 다시 소지품을 챙겨 출국 심사대에서 여권과 보딩 패스를 제시하고 심사 대를 통과한다.

TIP 자동 출입국 심사하기

법무부 직원을 통한 출입국 심사 대신 미리 등록한 여권과 지문, 얼굴 인식만으로 셀프 출입국 심사를 할 수 있는 제도다. 출입국 심사 시 줄 서서 기다리는 시간을 줄일 수 있어 편리하다. 등록은 한 번만 하면 다음부터는 등록절차 없이 출입국 심사가 가능하다. 인천공항의 경우 3층 출국장 F카운터 부근에 있는 법무부 자동출입국심사 등록 센터에서 가능하며등록하는데 1분 정도 소요된다. 업무시간 06:30~19:30.

7. 면세품 인도장에서 물건 찾기 & 면세점 쇼핑

시내 또는 인터넷 면세점에서 미리 구입한 물건이 있다면 해당 면세점의 인도장에서 물건을 찾는다 항공기 출발 시간에 여유가 . 있거나 구입해야할 물건이 있다면 면세점에서 물건을 구입할 수 있다. 이곳에서 구입한 물건을 다시 국내로 반입할 경우는 면세한도 미화 800$에 포함 된다는 것을 기억하자. 해외에서 여행자 휴대품으로 구내 반입하는 경우 면세한도 미화 800$와는 별도로 주류 2병(전체 용량 2L이하이고 총 가격이 미화 400$ 이하), 향수는 100ml 이하까지 면세범위에 해당된다.

8. 탑승 대기

항공사 체크인 카운터에서 받은 보딩 패스에 적힌 시간까지 늦지 않도록 해당 탑승 게이트에 도착해 탑승을 기다리도록 한다.

9. 비행기 탑승 후 출국 완료

탑승이 시작되면 직원의 안내에 따라 항공기에 탑승해

자리에 착석하고 안전벨트를 맨다. 휴대폰은 전원을 끄거나 비행기 모드로 전환해 둔다.

TIP 서울역 도심공항터미널 이용하기

① 서울역 도착 후 공항철도 서울역 입구로 에스컬레이터를 타고 지하 2층으로 이동한다.
② 직통열차 승차권 발매기에서 공항 행 직통열차 티켓을 구입한다(직통 열차를 이용해야만 얼리체크인 서비스 이용 가능).
③ 매표소 오른쪽에 있는 도심공항터미널로 이동한다.
④ 각 항공사 체크인 카운터에서 항공기 출발 3시간 전까지 탑승 수속을 하고 수화물을 부친다.
⑤ 법무부 출국관리사무소에서 출국 심사를 받은 후 공항행 직통 열차에 승차한다.
⑥ 인천공항에 도착하면 전용 출국 통로를 통해 출국한다.

수속 가능 항공사

인천공항 터미널	항공사	비고
1터미널	아시아나항공	공동운항편 포함 전 노선
	제주에어	미주(괌, 사이판), 중국 노선 제외한 전 노선
	티웨이항공	미주(괌, 사이판)을 제외한 전 노선
	에어서울	공동운항편 포함 전 노선
	에어부산	공동운항편 포함 전 노선
2터미널	대한항공	공동운항편 포함 전 노선
	진에어	미주(괌, 사이판)을 제외한 전 노선

INDEX

ㄷ

ㄹ

ㅁ

ㅂ

ㅅ

ㅇ

ㅈ

ㅊ

ㅋ

ㅌ

ㅍ

ㅎ

사진 제공

P.021 헬로키티
dean bertoncelj / Shutterstock.com
P.043 엘모의 리틀 드라이브
gowithstock / Shutterstock.com
P.051 닌텐도
Sann von Mai / Shutterstock.com
P.068 하루카스 300
MADSOLAR / Shutterstock.com
P.069 사키시마 코스모 타워 전망대
Nbeaw / Shutterstock.com
P.088~089 화보 이미지
Wichawon Lowroongroj / Shutterstock.com
P.096 우메다 스카이 빌딩 공중 정원 전망대
yousang / Shutterstock.com
P.097 일몰 사진
f11photo / Shutterstock.com
P.098 모자 활용 사진
Akmalism / Shutterstock.com
P.098 오사카 시립 주택 박물관
Kit Leong / Shutterstock.com
P.098 오사카 시립 주택 박물관
Sean Pavone / Shutterstock.com
P.106 누노비키하브엔
Supachita Krerkkaiwan / Shutterstock.com
P.108 화보 사진
Alexander Hagseth / Shutterstock.com
P.109 기온 마츠리
Jasonyan / Shutterstock.com
P.110 타나바타
Kasia Soszka / Shutterstock.com
P.111 도톤보리가와만토사이
Sean Pavone / Shutterstock.com
P.113 호즈카와구다리
Javen / Shutterstock.com
P.115 호센인
Korkusung / Shutterstock.com
P.116 시센도
iamshutter / Shutterstock.com
P.117 화보 사진
iamshutter / Shutterstock.com
P.119 나라루리에
MyPixelDiaries / Shutterstock.com
P.120 오사카 이루미네숀
Mai.Chayakorn / Shutterstock.com
Shawn.ccf / Shutterstock.com
P.171 타치노미야
Osaze Cuomo / Shutterstock.com
P.174, 176 레고랜드 디스커버리 센터
MR. AEKALAK CHIAMCHAROEN / Shutterstock.com
P.177, 329 레고랜드 디스커버리 센터
Tooykrub / Shutterstock.com
P.188 화보 사진
Leon Rafael / Shutterstock.com
P.191 돈키호테
MR. AEKALAK CHIAMCHAROEN / Shutterstock.com
P.194 화보 사진
Vassamon Anansukkasem / Shutterstock.com
P.228 JR 패스
YingHui Liu / Shutterstock.com

오사카 지하철 노선도

M 지하철 미도스지선
T 지하철 타니마치선
Y 지하철 요츠바시선
C 지하철 츄오선
S 지하철 센니치마에선
K 지하철 사카이스지선
N 지하철 나가호리츠루미료쿠치선
I 지하철 이마자토스지선
P 뉴트램 난코포트타운센
신칸센
JR센
기타 노선

역내 또는 근처에 환승이 가능한 역으로 갈아탈 수 있는 구역

환승역. 역내에서 환승이 가능한 역